7の段	8の段	9の段	10の段	11の段	12の段
× 0 = **0**	8 × 0 = **0**	9 × 0 = **0**	10 × 0 = **0**	11 × 0 = **0**	12 × 0 = **0**
× 1 = **7**	8 × 1 = **8**	9 × 1 = **9**	10 × 1 = **10**	11 × 1 = **11**	12 × 1 = **12**
× 2 = **14**	8 × 2 = **16**	9 × 2 = **18**	10 × 2 = **20**	11 × 2 = **22**	12 × 2 = **24**
× 3 = **21**	8 × 3 = **24**	9 × 3 = **27**	10 × 3 = **30**	11 × 3 = **33**	12 × 3 = **36**
× 4 = **28**	8 × 4 = **32**	9 × 4 = **36**	10 × 4 = **40**	11 × 4 = **44**	12 × 4 = **48**
× 5 = **35**	8 × 5 = **40**	9 × 5 = **45**	10 × 5 = **50**	11 × 5 = **55**	12 × 5 = **60**
× 6 = **42**	8 × 6 = **48**	9 × 6 = **54**	10 × 6 = **60**	11 × 6 = **66**	12 × 6 = **72**
× 7 = **49**	8 × 7 = **56**	9 × 7 = **63**	10 × 7 = **70**	11 × 7 = **77**	12 × 7 = **84**
× 8 = **56**	8 × 8 = **64**	9 × 8 = **72**	10 × 8 = **80**	11 × 8 = **88**	12 × 8 = **96**
× 9 = **63**	8 × 9 = **72**	9 × 9 = **81**	10 × 9 = **90**	11 × 9 = **99**	12 × 9 = **108**
× 10 = **70**	8 × 10 = **80**	9 × 10 = **90**	10 × 10 = **100**	11 × 10 = **110**	12 × 10 = **120**
× 11 = **77**	8 × 11 = **88**	9 × 11 = **99**	10 × 11 = **110**	11 × 11 = **121**	12 × 11 = **132**
× 12 = **84**	8 × 12 = **96**	9 × 12 = **108**	10 × 12 = **120**	11 × 12 = **132**	12 × 12 = **144**

さの単位の変換

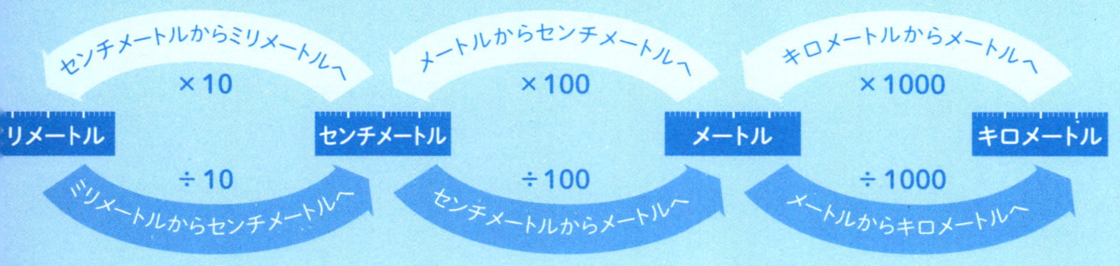

体積の単位の変換

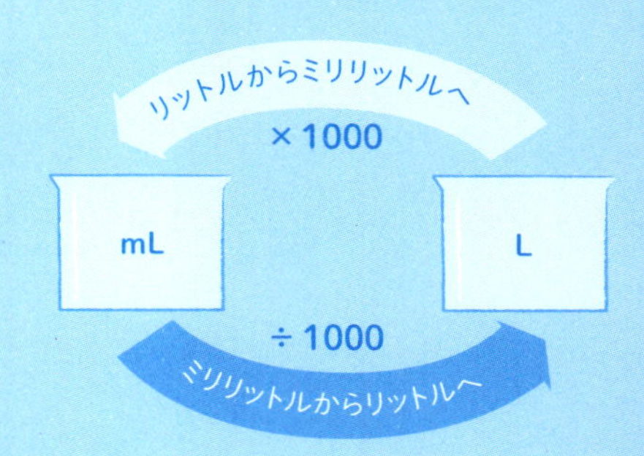

さの単位の変換

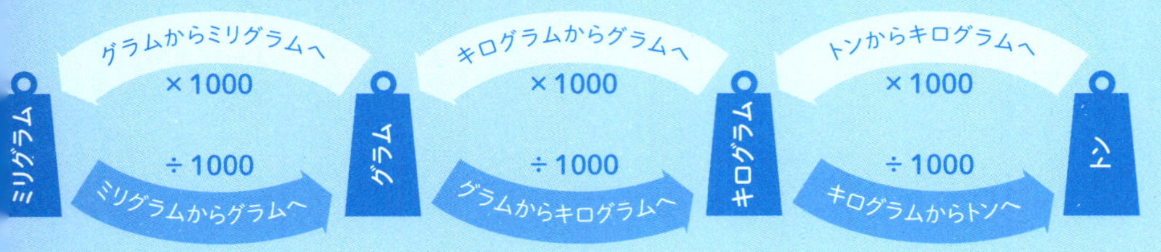

りの長さを求める公式

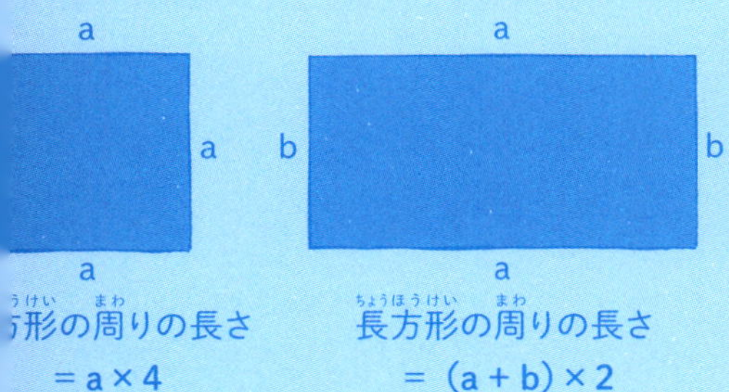

形の周りの長さ
= a × 4

長方形の周りの長さ
= (a + b) × 2

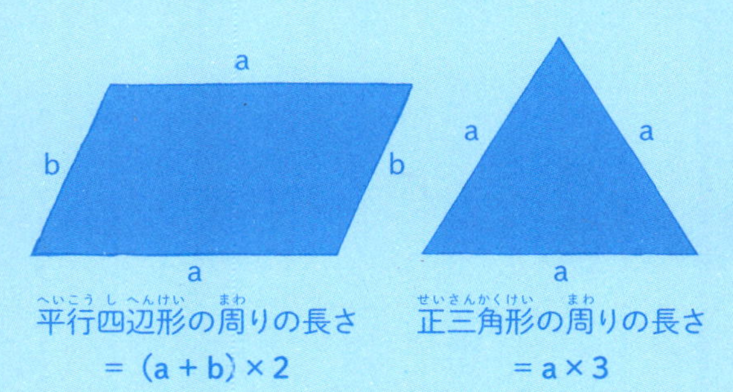

平行四辺形の周りの長さ
= (a + b) × 2

正三角形の周りの長さ
= a × 3

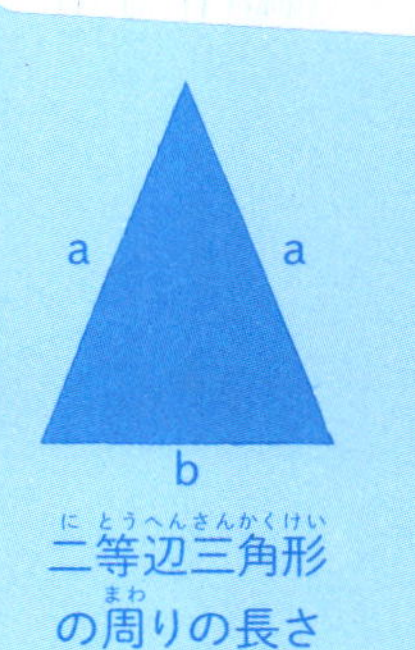

二等辺三角形の周りの長さ
= a × 2 + b

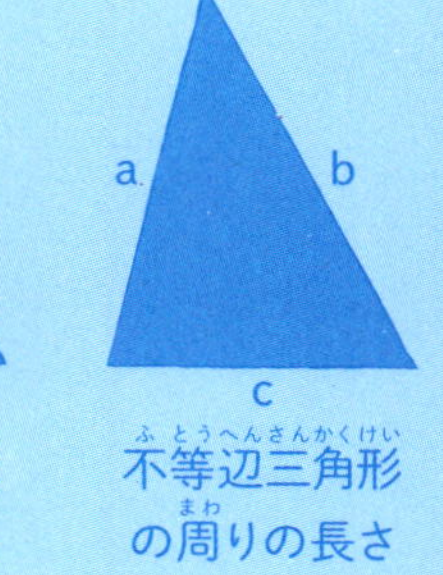

不等辺三角形の周りの長さ
= a + b + c

面積を求める公式

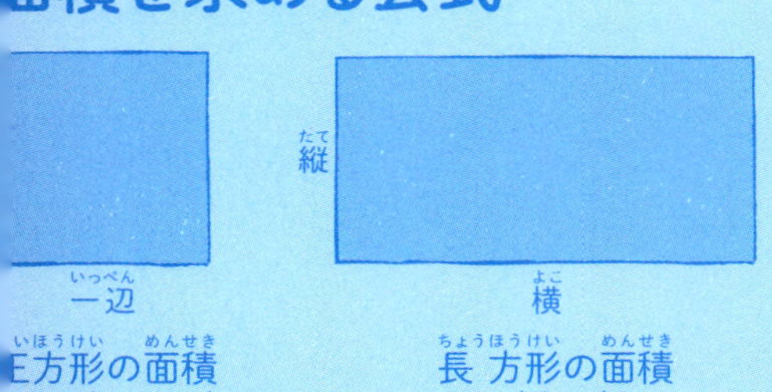

方形の面積
一辺 × 一辺

長方形の面積
= 縦 × 横

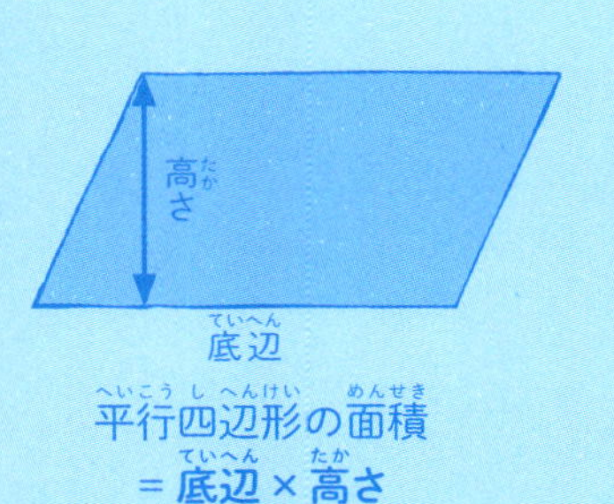

平行四辺形の面積
= 底辺 × 高さ

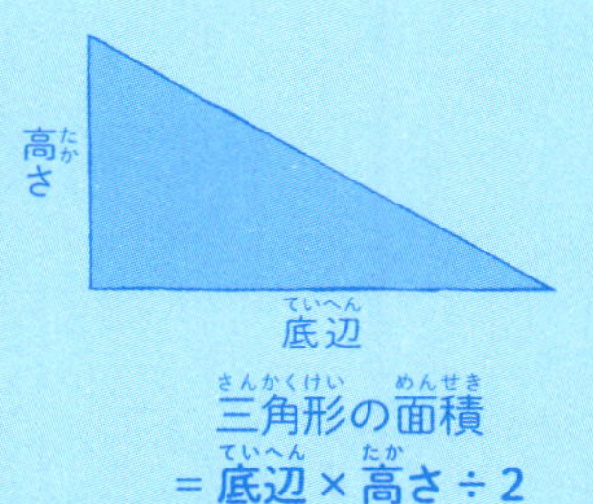

三角形の面積
= 底辺 × 高さ ÷ 2

How to be good at maths

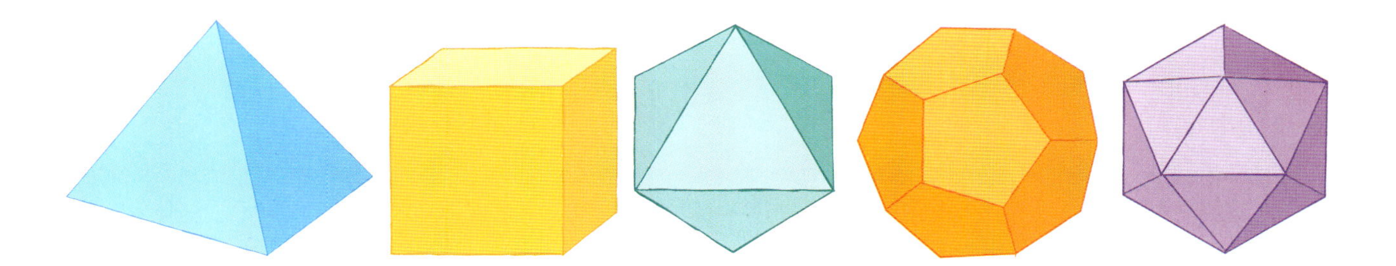

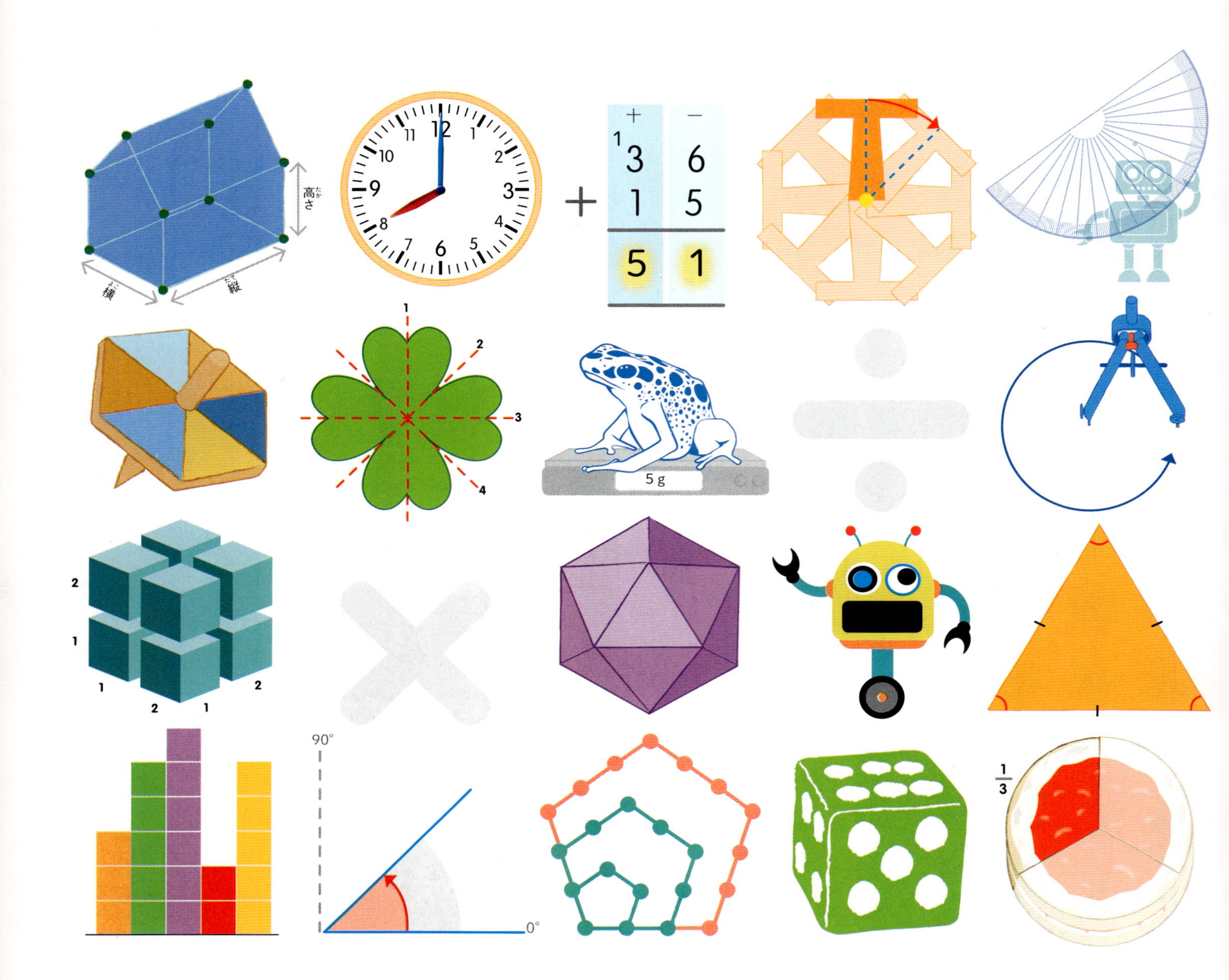

高さ
横
縦
5 g
90°
0°

子供の科学ビジュアル図鑑

How to be good at maths

算数の図鑑

子供の科学 特別編集
キャロル・ヴォーダマン 著

小学生のうちに伸ばしたい
数＆図形センスをみがく

誠文堂新光社

●著者
キャロル・ヴォーダマン（Carol Vorderman）

ケンブリッジ大学修士、工学専攻。キャメロン政権時代は数学教育に関するアドヴァイザーも務めた。子供や親たちへ算数の教育普及活動を続けている。英国の科学番組の司会のほか、オンライン数学スクールも運営。著書に『親子で学ぶ数学図鑑』、『10才からはじめるプログラミング図鑑』（ともに創元社）など多数。

●日本語版監修者
吉田映子（よしだ えいこ）

元日本数学教育学会研究部常任幹事、元杉並区立高井戸第三小学校指導教諭。「第54回 読売教育賞」最優秀賞受賞。著書に『さわって、つくって、みつけて…算数！「考えるって楽しい！」授業』（東洋館出版社）など。

●日本語版翻訳：松原麻実（まつばら あさみ）
●日本語版カバー＆本文DTP：SPAIS（宇江喜桜 熊谷昭典）
●日本語版校正：佑文社

子供の科学特別編集
算数の図鑑
小学生のうちに伸ばしたい
数&図形センスをみがく

NDC410
2017年9月13日 発 行

著 者 キャロル・ヴォーダマン
発行者 小川雄一
発行所 株式会社 誠文堂新光社
〒113-0033 東京都文京区本郷3-3-11
（編集）電話 03-5805-7762
（販売）電話 03-5800-5780
http://www.seibundo-shinkosha.net/

ISBN978-4-416-51744-4

Contents －目次－

3 量と測定

［保護者の方へ］

日本語版まえがき

本書はイギリスで発売された図鑑「How to be good at Maths」（原題「算数が得意になる方法」）を日本語に翻訳したものです。カラフルな絵が豊富でわかりやすいと、原書はイギリスで大変評判になっています。1つのテーマが見開き2ページでまとめられており、算数が苦手でもとっつきやすい紙面になっていることも魅力の1つでしょう。

幅広い算数の世界を、絵を使いながら限られた紙面で紹介する、というのは、簡単なことではありません。月刊『子供の科学』を制作している編集部はそれがよくわかるので、原書を見たときは感動しました。日本中の「算数が苦手」と思っている小学生に、ぜひ読んでほしいと思いました。図解しながらの丁寧な解説は、きっと深い意味理解につながるはずです。

イギリスでは7～11歳の子ども向け、ということになっていた本書ですが、日本の教科書とは表現やカバーする範囲が少し異なっていたので、ベテランの小学校教員である吉田映子先生に監修していただきました。日本の教育現場にあわせて修正を加えた部分も多々あります。
一方で、日本とは違う教え方がのっているのも本書の特長です。日本語だろうと英語だろうと、計算や図形問題の答えはもちろん1つです。でも、答えにたどり着く道筋は1つではありません。本書で「こんな考え方もあるんだ！」と驚いてもらえれば、算数を面白いと思うきっかけになるでしょう。

日々の授業に使える計算、図形の分野では、その基本を徹底的に解説しています。また、現在の日本の教育界でも重視されている「数の概念」や「統計」の分野については、意外なほど奥深いところまで解説されています。特に「統計」については、時代の要請もあり、今後日本の小学校でも、現在の中学数学で習うレベルの内容を教えることがきまっています。そういう点でも、本書はまさに現代の子どもたちにぴったりな一冊といえるでしょう。

そもそも知っておくべき算数の知識は世界共通なのです。著者であるキャロル・ヴォーダマン氏も、原書の「はじめに」でこう書いています。
「算数は単なる科目ではなくひとつの言葉。それも、世界共通の言葉です。算数という言葉で話せるようになれば、大きな力と自信、そして不思議な驚きが得られるのです」

最後にお願いです。本書は参考書のような学年別のくくりはありません。だから学校でまだ習っていないと思ってもあきらめないで下さい。ゆっくり読めばきっとわかります。ページを読み進めていたら、いつのまにか中学、高校レベルの深いところまで理解できていた、となるように作ってあります。
算数が苦手な人にはもちろん、算数が得意！ 大好き！ という人にも、長い間愛用してもらえる図鑑になることを願っています。

2017年9月　子供の科学編集部

算数は世界共通の言葉
—キャロル・ヴォーダマン　Carol Vorderman

第１章

数（かず）

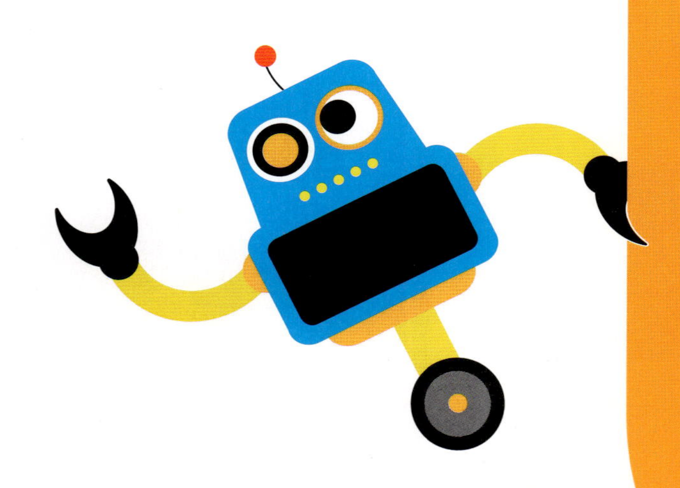

NUMBERS

数とは、私たちがものを数えたり測ったりするために使う記号のことです。数字は 0 ～ 9 までのたった 10 種類しかありませんが、これを使えば、思いつく限り、あらゆるものの量を表したり数えたりすることができます。数には正の数もあれば負の数もあります。また分数もあれば小数もあります。

数字ってなんだ !?

人々は大昔から、何かを数えたり、測ったり、時刻を伝えたり、ものを売り買いしたりできるように、日常生活の中で数を使ってきました。

僕たちが全ての数を作り出すのに使う10種類の記号のことを、数字っていうんだよ。

さまざまな数字

数字とは、量や数を表す一連の記号のことです。古代の人々は、数を書いたり使ったりするためにさまざまな方法を生み出しました。

数は、リンゴなどのものや量を数えるために発明されました

1 この図は、私たちが使っているインド・アラビア数字を、その他の古代の数字と比較したものです。

0	1	2	3

今では、世界中でインド・アラビア数字が使われています

1から9までの古代エジプト数字は指を表したものだと考えられています

2 全ての数字の中で、私たちが使っている数字にだけゼロの記号があります。また、バビロニアとエジプトの数字が似ていることもわかりますね。

古代ローマの数字	I	II	III
古代エジプトの数字	|	||	|||
古代バビロニアの数字	𒁹	𒈫	𒐈

ローマ数字

下の図がローマ数字です。さまざまな文字を組み合わせて数を作り出しています。

大きい方の記号と後ろにある記号の数をたします

一の倍数	I 1	II 2	III 3	IV 4	V 5	VI 6	VII 7	VIII 8	IX 9
十の倍数	X 10	XX 20	XXX 30	XL 40	L 50	LX 60	LXX 70	LXXX 80	XC 90
百の倍数	C 100	CC 200	CCC 300	CD 400	D 500	DC 600	DCC 700	DCCC 800	CM 900
千の倍数	M 1000	MM 2000	MMM 3000	$\overline{IV}$ 4000	$\overline{V}$ 5000	$\overline{VI}$ 6000	$\overline{VII}$ 7000	$\overline{VIII}$ 8000	$\overline{MX}$ 9000

1 6の数字を見て下さい。5を表すV、その後に1を表すIが続いていますね。これは「5より1大きい」、つまり5 + 1という意味です。

2 今度は9の数字を見て下さい。今回は、IがXの前にあります。これは「10より1小さい」、つまり10 − 1という意味です。

大きい方の記号から前にある記号の数をひきます

身の回りの算数

数字のヒーロー「ゼロ」

全ての数字に、私たちが使っているようなゼロ（0）の記号があるわけではありません。ゼロは、単独だと「何もないこと」を表しますが、大きな数の一部になると、（数を当てはめる場所をとっておく）「空位のゼロ」と呼ばれます。つまり、ある数の位置に他の数字が入らない場合にゼロを置くことで場所をとっておくことができるのです。

ゼロがあれば、24時間制の時計で正確な時刻がわかります

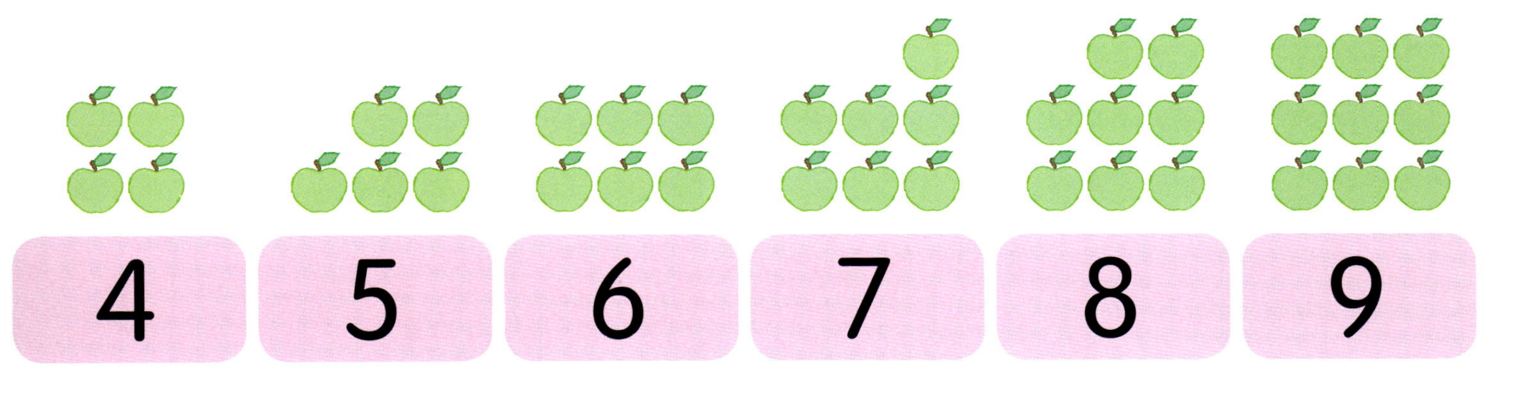

バビロニアの数字には、5000年を超える歴史があります

ローマ人は、数字を表す記号として文字を使いました

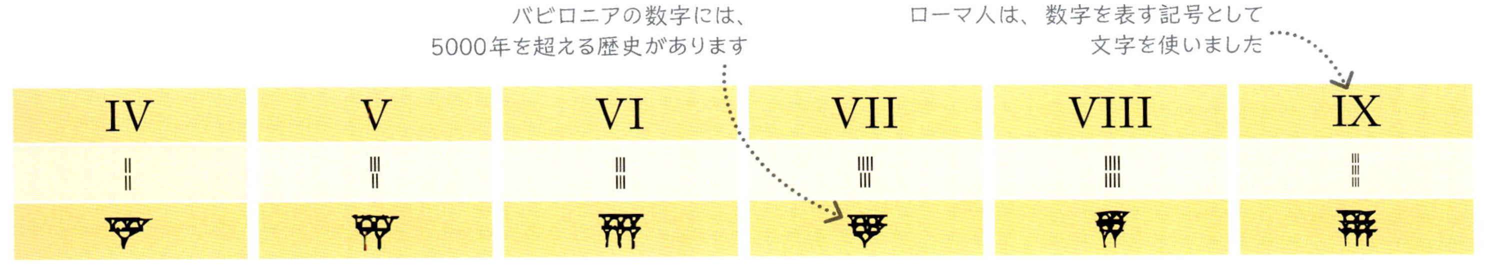

長い数や日付の読み方

ローマ数字の長い数や日付をインド・アラビア数字に変えるには、まず小分けにしてから、部分ごとの数を合計します。

1 CMLXXXIIという数を当ててみましょう。まずは、この数を4つに分けます。

CM　L　XXX　II

「M」の前に「C」があるので、「1000より100小さい」という意味になります

2 次に、部分ごとの数を出していきます。その数を合計すると、「982」という答えが出ます。

CM	= 1000 − 100	= 900	+
L		= 50	
XXX	= 3 × 10	= 30	
II	= 2 × 1	= 2	
		982	

やってみよう

日付をいってみよう

今でもローマ数字で書かれた日付を目にすることがあります。ここで学んだことを使って、次の数を導きだせるでしょうか?

1 これは何年でしょう?

MCMXCVIII

2 それでは、次の年をローマ数字で書いてみましょう。

1666　　2015

答えは319ページ

位の値

私たちが使っている数字では、ある数が表す大きさは、その数字を書く位置によって決まります。この大きさを、その位の値といいます。

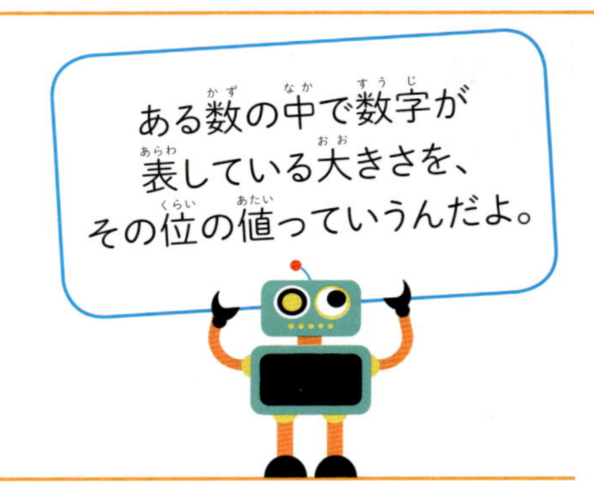

位の値とは?

1、10、100という数を見てみましょう。どの数も同じ1と0という数字でできていますが、それぞれの数字の値は異なっています。

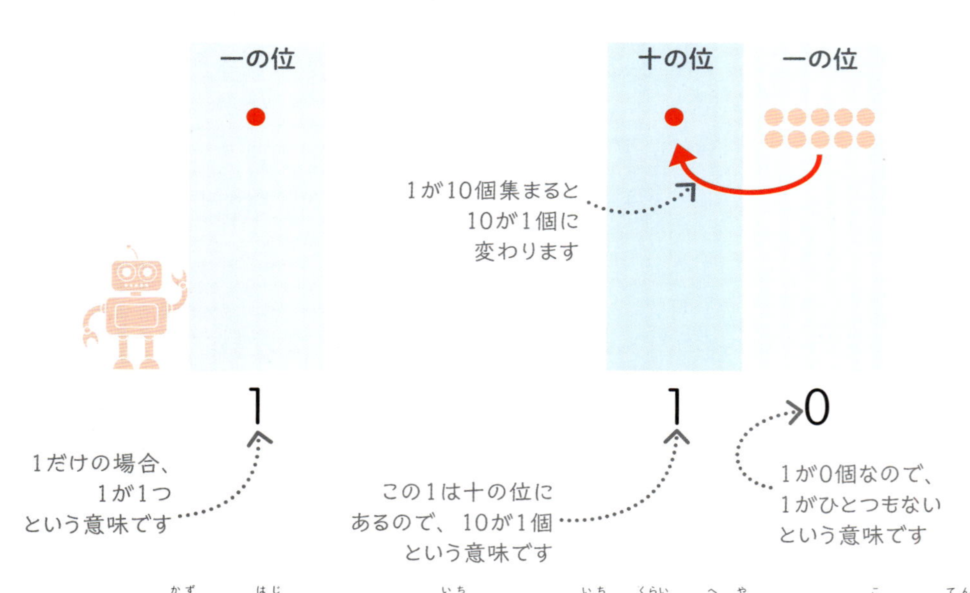

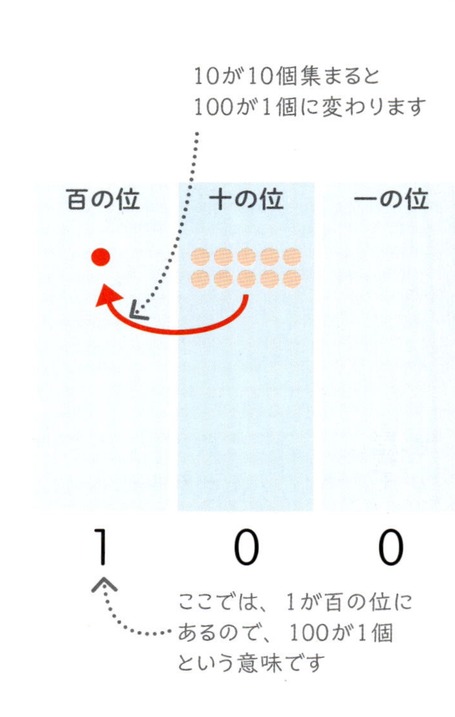

1 1という数から始めましょう。一の位の部屋を作り、そこに点を1つ入れて、この数を表します。

2 一の位の部屋には、9個まで点が入ります。10になったら、一の位の部屋にある10個の点が、新しい十の位の部屋の点1個に変わります。

3 2つの部屋を使えば、99まで表せます。100になったら、十の位の点10個が百の位の点1個に変わります。

千の位	百の位	十の位	一の位
	5	7	6

4 それでは、点の代わりに、部屋に数を入れてみましょう。576という数は、
100が5個、つまり100×5で500、
10が7個、つまり10×7で70、
1が6個、つまり1×6で6、
でできていることがわかります。

千の位	百の位	十の位	一の位
5	0	7	6

5 5076という数を部屋に入れると、ステップ4と同じ数字に違う位がつきます。例えば5は、ここでは千の位の部屋にあるので、値が500から5000に上がったことになります。

位の値の仕組み

2576という数を使って、位の値の仕組みについてもう少し考えてみましょう。

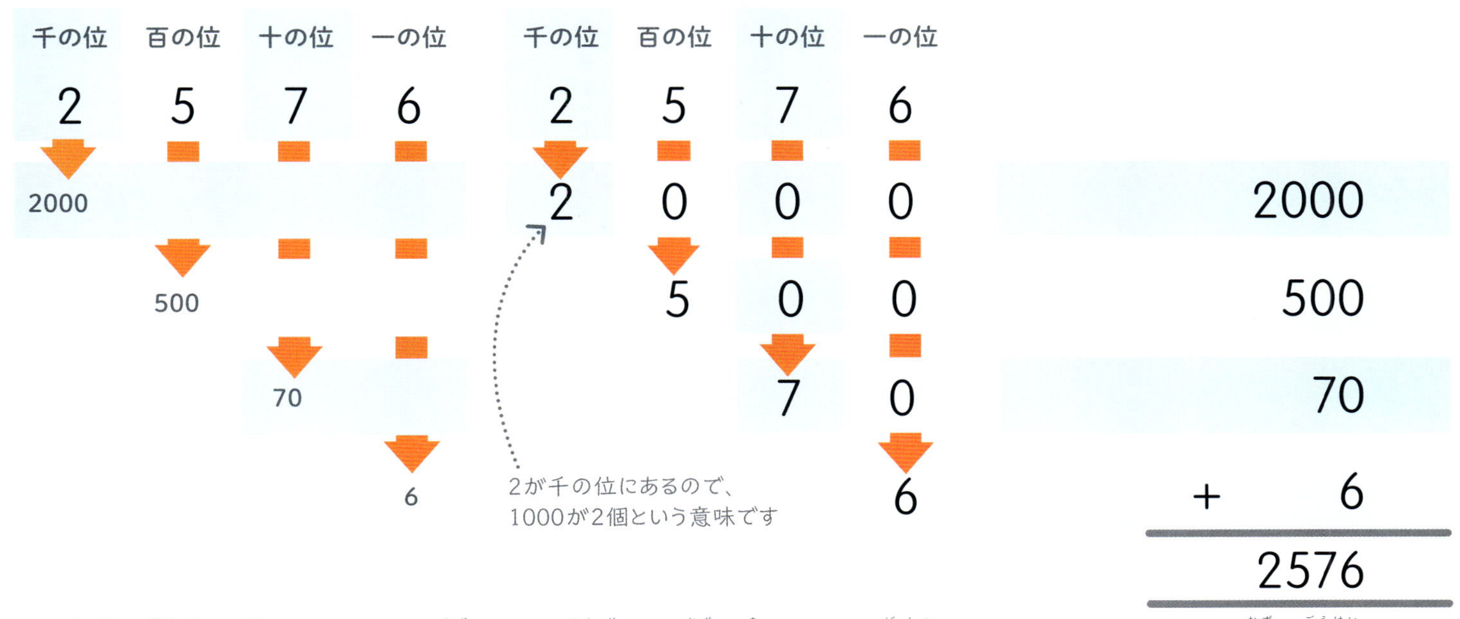

1 部屋に数字を入れると、その数が千、百、十、一のいくつ分かということがわかります。

2 今度は、数を当てはめる場所をとっておくためのゼロを使い、もう一度数を入れてみると、4つの別々の数ができます。

3 ここで、4つの数を合計すると、元の数、2576ができます。これで、この位の値が正しいことがわかりましたね！

10倍大きいか、$\frac{1}{10}$か

位の値の部屋では、10ごとに桁を上げたり下げたりします。これは、私たちが10、100などで数をかけたりわったりするとき、とても役に立ちます。

1 437を10でかけたりわったりするとどうなるのか、見ていきましょう。

2 437を10でわると、それぞれの数字が右に1列ずつ移ります。新しくできた数は43.7です。小数点という点が、一の位の数と$\frac{1}{10}$の位の数を分けています。

3 437に10をかけるには、それぞれの数字を左に1列ずつ移します。新しくできた数は4370、つまり437 × 10です。

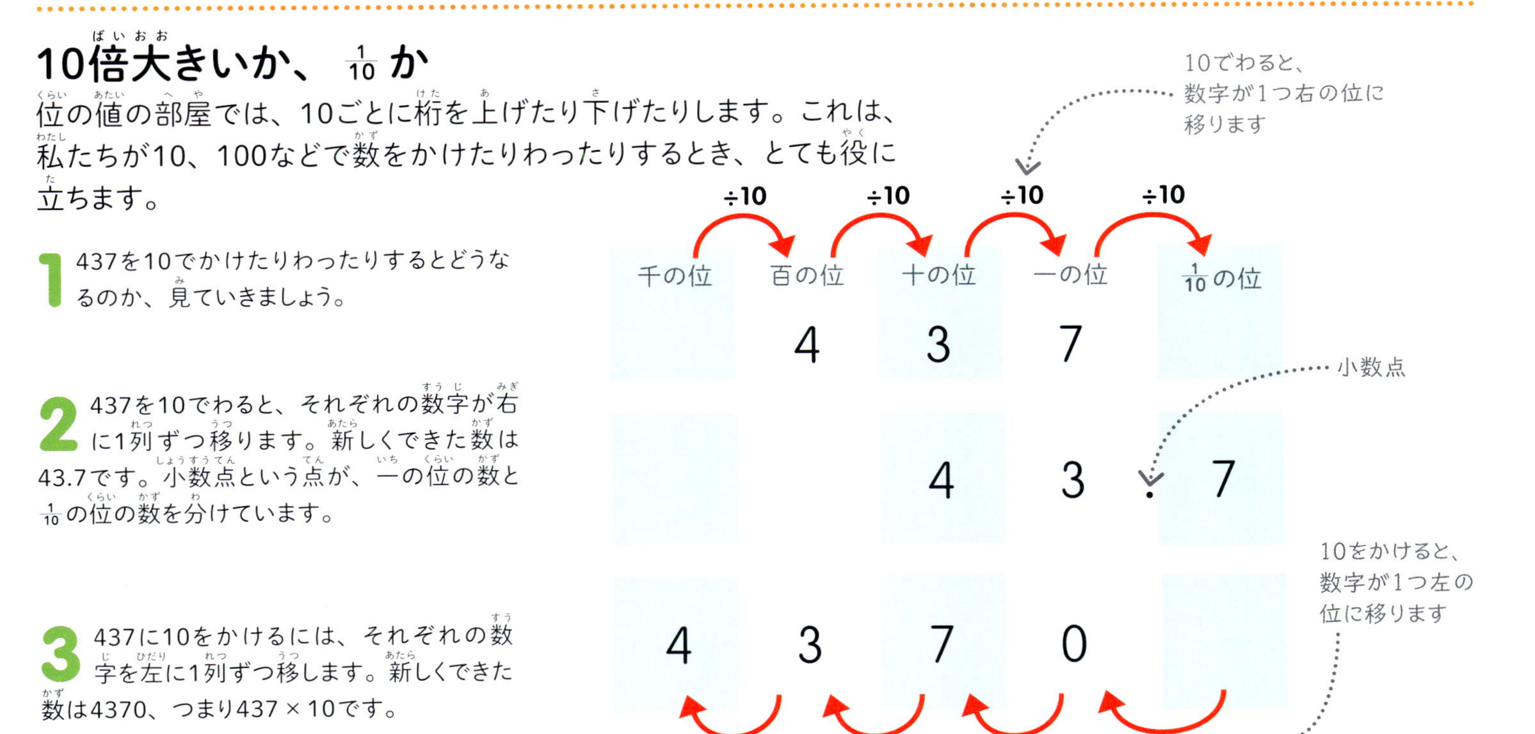

数列ときまり

数列とは、特別な順番で並べられた、項という数の連続のことです。数列はいつも決まった法則、つまりきまりに従っているので、数列の中にある他の項を当てることができます。

数列は、項という数が並んでいる列のことで、法則というきまりに従っているんだよ。

1 下の図のように家が並んでいます。ドアに付いている数は、1、3、5、7です。この並び方のきまりを見つけられるでしょうか?

2 それぞれの数が、前の数より2つずつ大きくなっていますね。つまり、この数列のきまりは、「各項に2をたすと、次の項がわかる」ということです。

3 このきまりを使えば、次の2つの項は9と11になると答えられますね。つまり、この数列は、1, 3, 5, 7, 9, 11, ... になるということです。点「...」は、この数列が続いていくことを表しています。

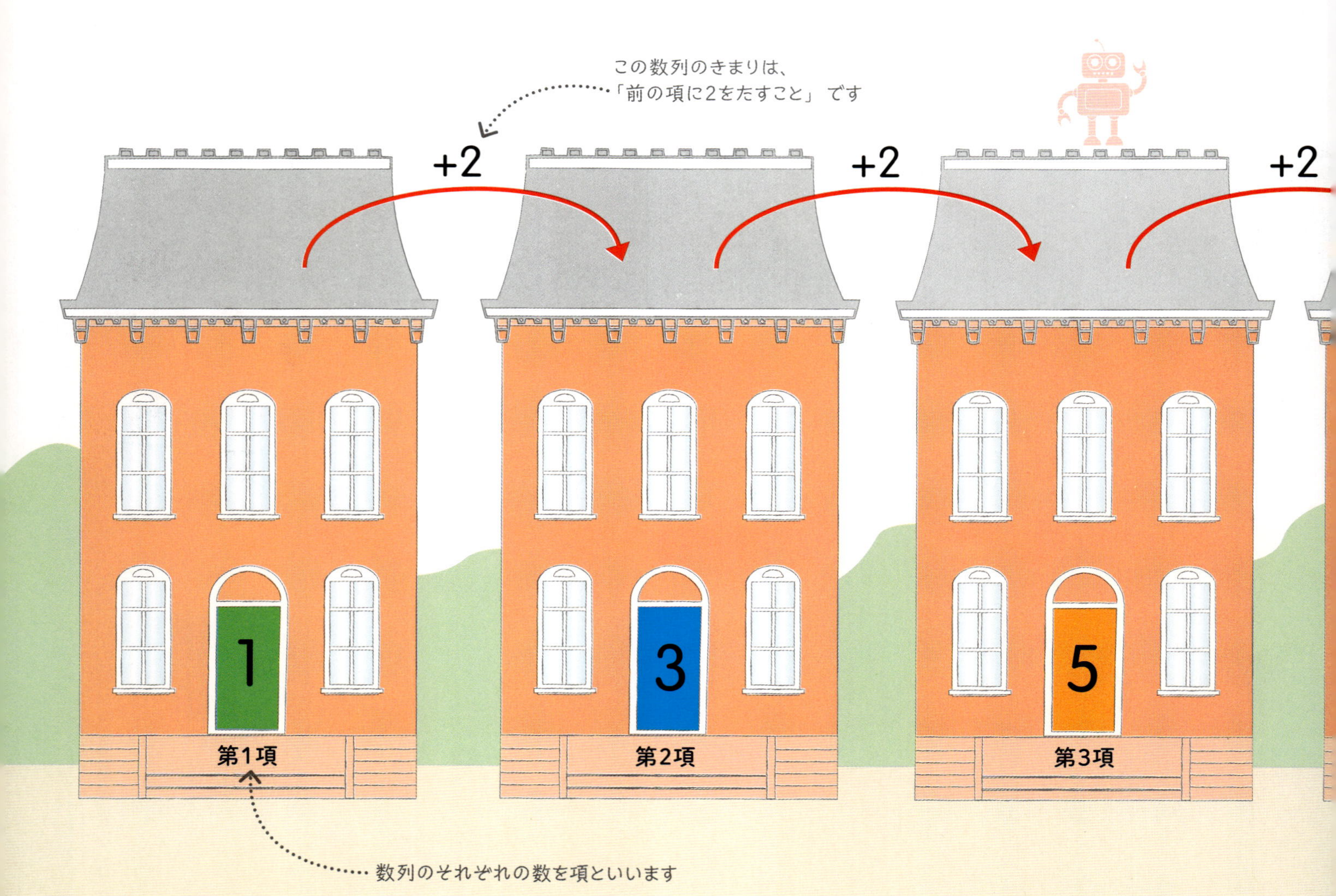

単純な数列

数列を作るにはいろいろな方法があります。例えば、たし算、ひき算、かけ算、あるいはわり算をもとに数列を作ることもできます。

点「…」は、この数列が続いていくことを表しています

1 右の数列では、各項に1をたして次の項を出します。

+1　+1　+1　+1　+1

1,　2,　3,　4,　5,　6,　…

きまり：1をたす

2 この数列では、各項に10をかけて次の項を出します。

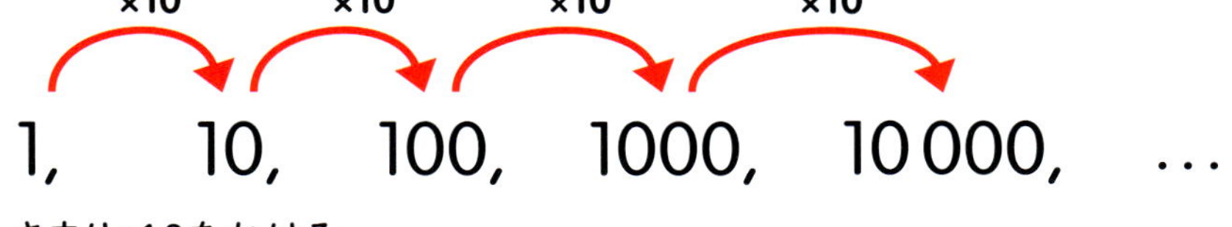

きまり：10をかける

3 2つのきまりが組み合わされている場合もあります。この数列では、まず1をたし、それに2をかけて、その後また1をたすことをくり返します。

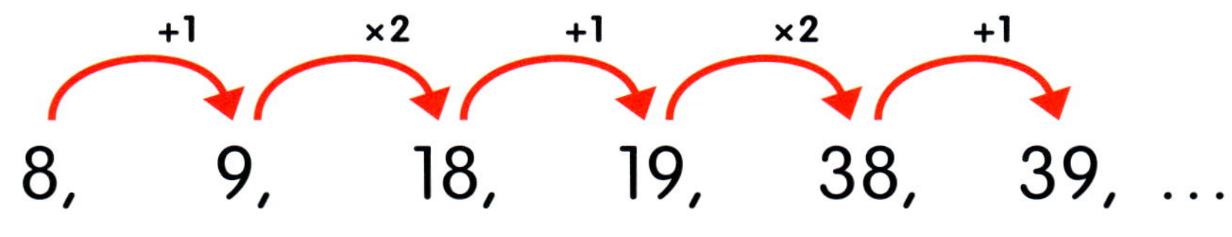

きまり：1をたして、それから2をかける

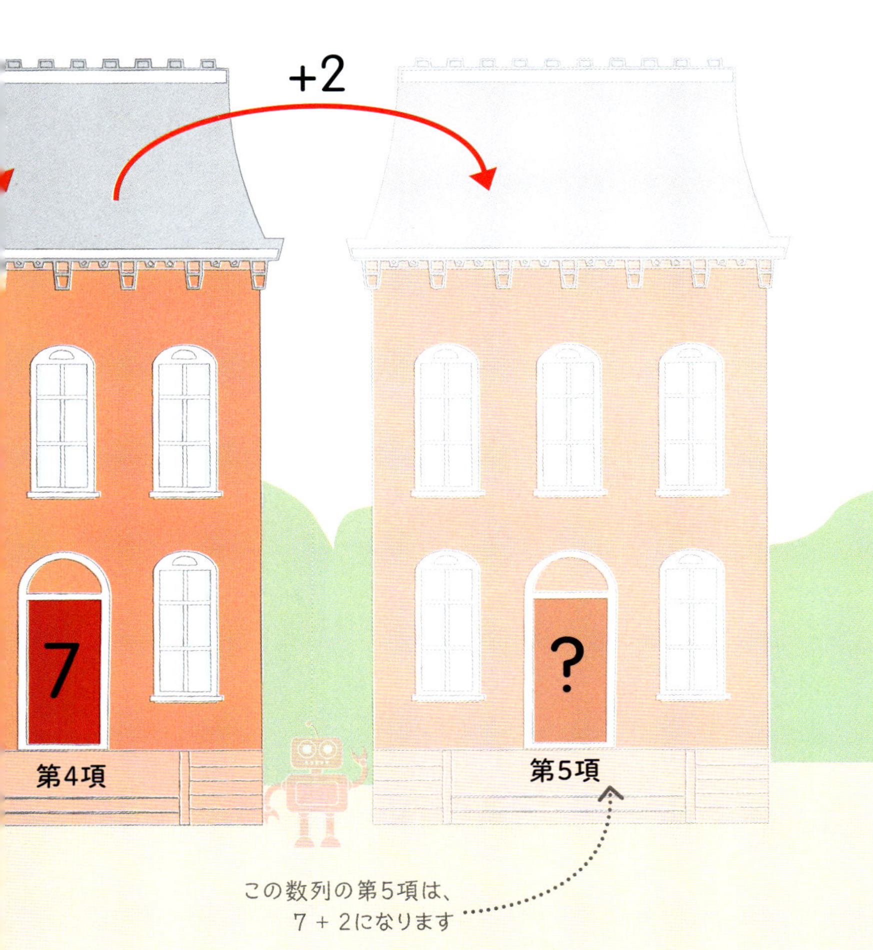

この数列の第5項は、7 + 2になります

やってみよう

きまりを見つけよう

それぞれの数列の後に続く2つの項を当てられるでしょうか？　まず、各数列のきまりを見つけなければなりません。数直線を書くとやりやすいかもしれませんよ。（※きまりは1つだよ）

1. 22,　31,　40,　49,　58,　…
2. 4,　8,　12,　16,　20,　…
3. 100,　98,　96,　94,　…
4. 90,　75,　60,　45,　30,　…

答えは319ページ

数列と形

数列を使って図形を作ることができます。
数列の項を辺の長さなど図形の一部に当てます。

三角数

形で表せる数列のひとつに、三角数があります。1, 3, 6, 10, 15, …という数は、右のイラストのように、正三角形の形に並べることができます。

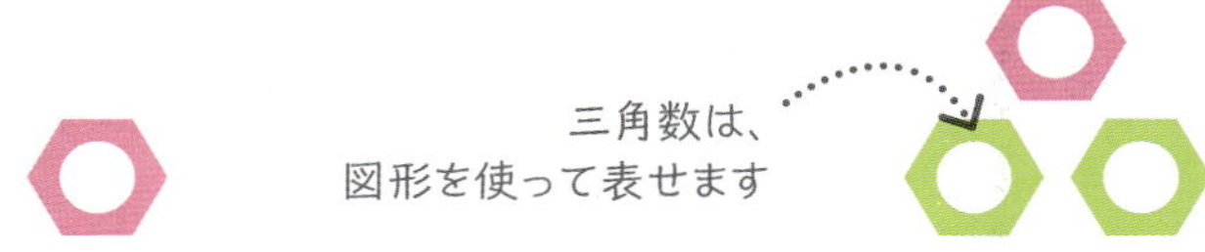

1 この数列は1から始まります。これを1つの図形で表します。

2 これに2をたすと、三角形になります。

1 + 2 = 3

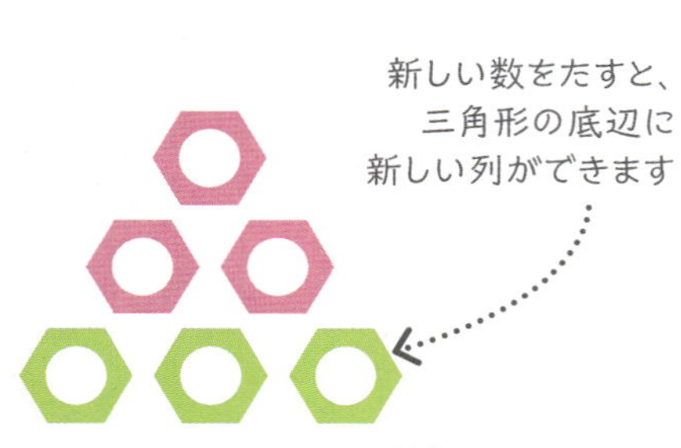

3 これに3をたすと、新しい三角形ができます。

1 + 2 + 3 = 6

4 今度は4をたし、4つ目の三角形を作ります。

1 + 2 + 3 + 4 = 10

5 これに5をたすと5つ目の三角形ができ上がり、その後も続いていきます。

1 + 2 + 3 + 4 + 5 = 15

平方数

1, 2, 3, 4, 5にそれぞれ同じ数をかけると、1, 4, 9, 16, 25, ... という数列ができます。この数列は、正方形を使って表せます。

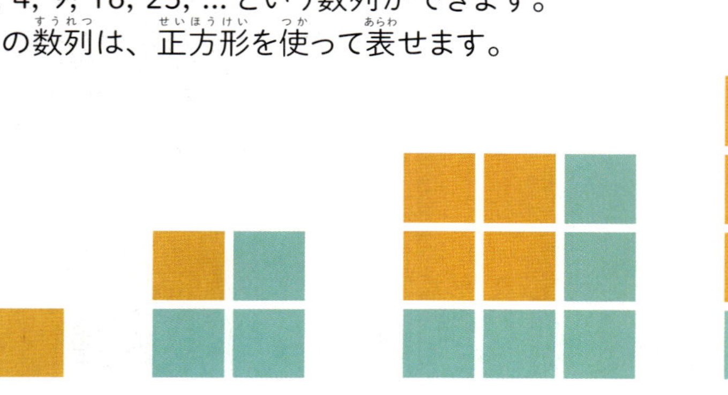

1 × 1 = 1　**2 × 2 = 4**　**3 × 3 = 9**

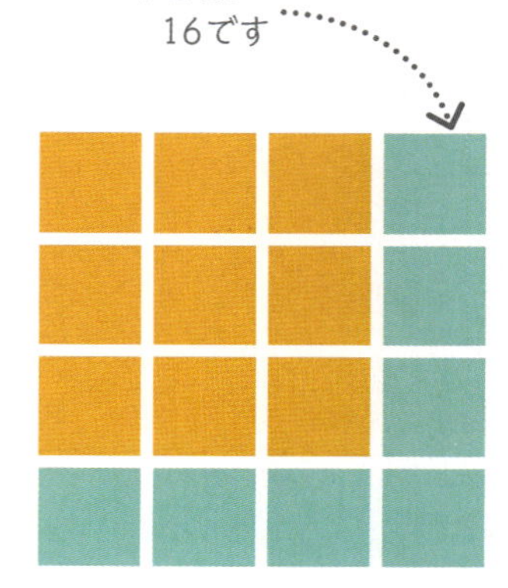

4 × 4 = 16

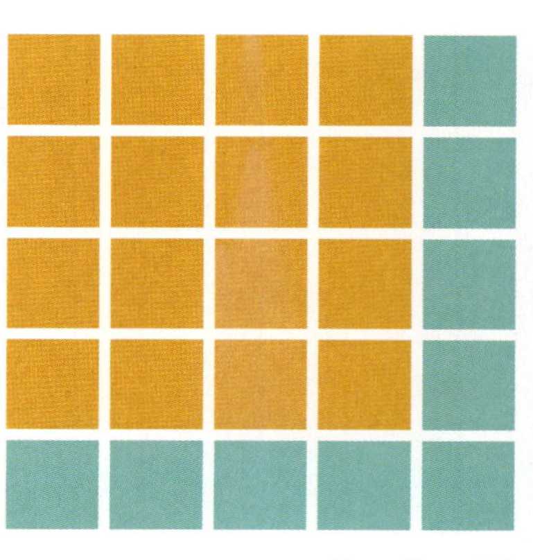

5 × 5 = 25

五角数

五角形という多角形の辺は、等間隔の点でできています。まず1つの点から始めて、それぞれの五角形の点を数えていくと、1, 5, 12, 22, 35, ... という数列になることがわかります。この数列を五角数といいます。

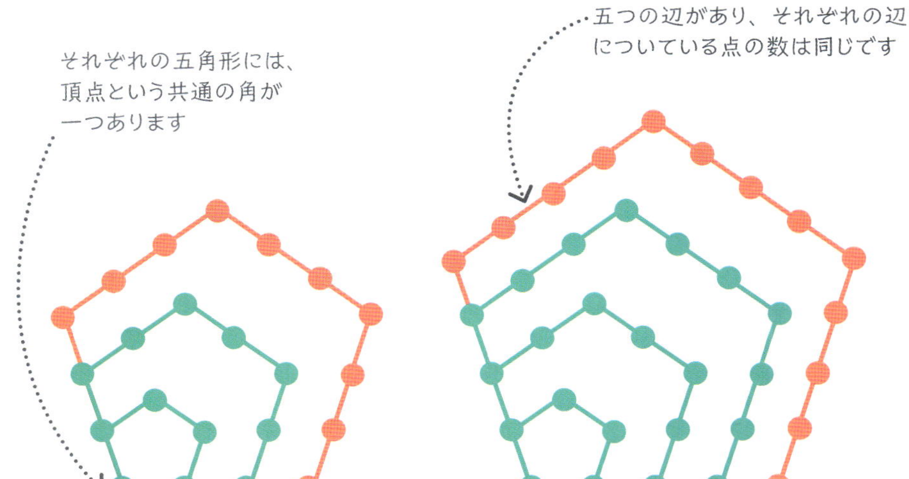

それぞれの五角形には、頂点という共通の角が一つあります
それぞれの五角形には五つの辺があり、それぞれの辺についている点の数は同じです

個の点

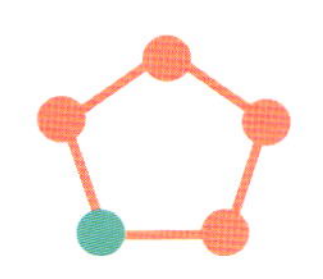

5個の点

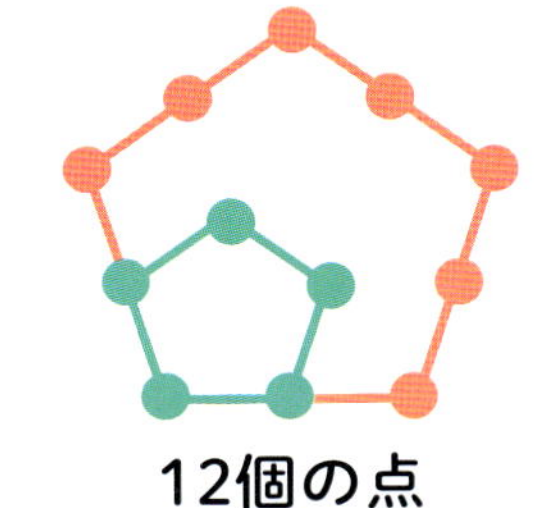

12個の点

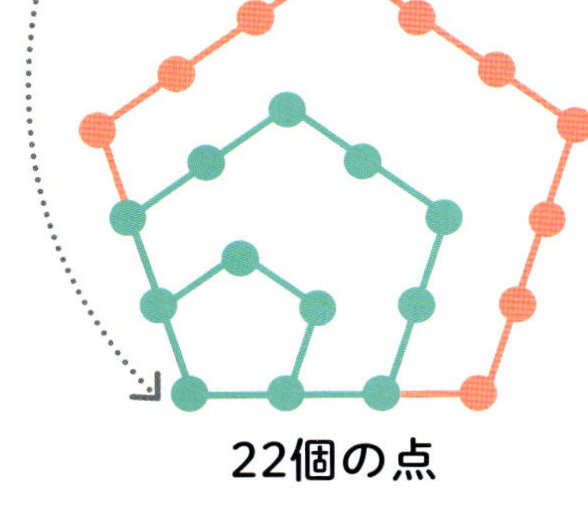

22個の点

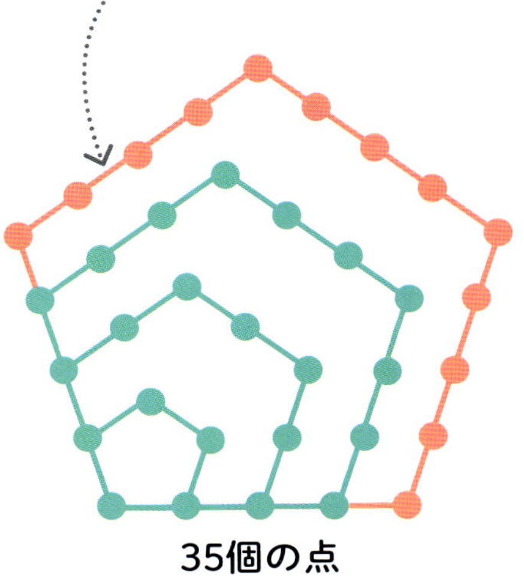

35個の点

身の回りの算数

フィボナッチ数列

算数の世界には、面白い数列がいろいろあります。そのひとつが、13世紀のイタリア人数学者の名前がついた、フィボナッチ数列です。この数列の最初の2つの項は1になっています。その後は、前の2つの項をたして、次の項を出します。

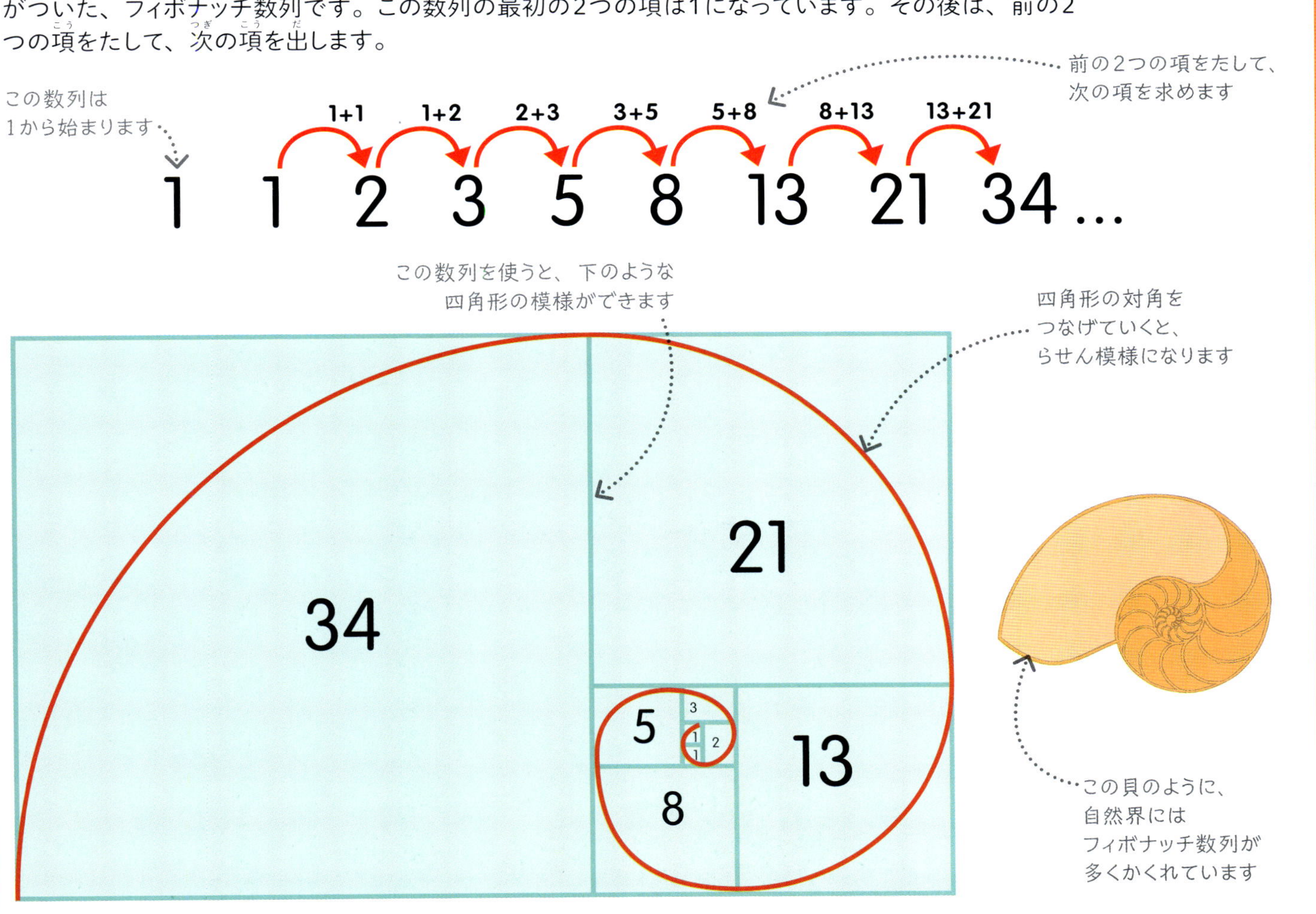

正の数と負の数

正の数とは、ゼロよりも大きい全ての数のことです。負の数は、ゼロよりも小さい数のことで、いつも数の前に負号（−）がつきます。これはマイナスと呼びます。（−1）は「マイナスいち」と読みます。

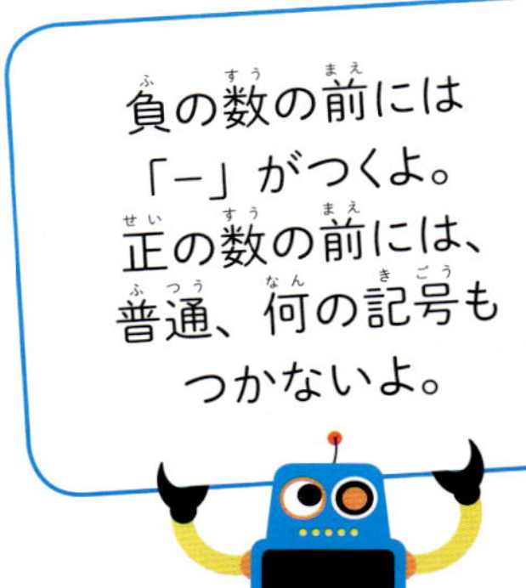
負の数の前には「−」がつくよ。正の数の前には、普通、何の記号もつかないよ。

正の数、負の数とは?

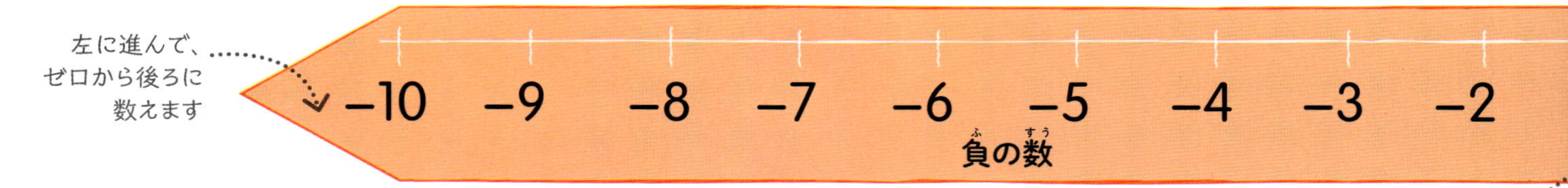
左に進んで、ゼロから後ろに数えます
−10 −9 −8 −7 −6 −5 −4 −3 −2
負の数

1 この道しるべに書かれている直線のように、数直線に数を入れると、負の数はゼロから後ろに数え、正の数はゼロから大きくなっていくことがわかります。

2 負の数とは、ゼロよりも小さい数です。計算するときは、（−2）のように負の数をかっこに入れ、読みやすくします。

正の数・負の数のたし算とひき算

正の数・負の数をたしたりひいたりするときは、この簡単なきまりを覚えておきましょう。数直線を使うと、このきまりをわかりやすく表すことができます。

1 正の数をたす
正の数をたすときは、数直線の上を右方向に進みます。

2 + 3 = 5

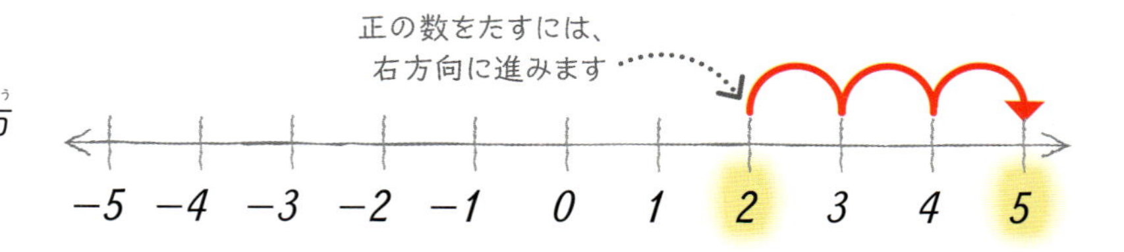
正の数をたすには、右方向に進みます
−5 −4 −3 −2 −1 0 1 2 3 4 5

2 負の数をひく
負の数をひくときも、数直線の上を右に進みます。つまり、2 から−3をひくのは、2 + 3と同じです。

2 − (−3) = 5

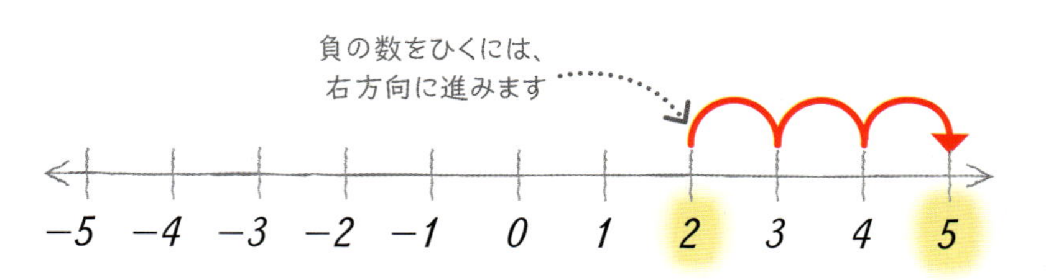
負の数をひくには、右方向に進みます
−5 −4 −3 −2 −1 0 1 2 3 4 5

身の回りの算数

上と下

国によっては、正の数と負の数を使って建物の階を表すことがあります。地下の階には、負の数がつくのです。日本では0階とはいいませんね。また地下は B1、B2と表しています。

-2 -1 0 1 2 3 4 5 6 7 8 9

やってみよう

複雑な計算を簡単に

数直線を使って、下の計算問題を解いてみましょう。

1. $7-(-3)=?$
2. $-4+(-1)=?$
3. $7+(-9)=?$
4. $-2-(-7)=?$

答えは319ページ

右に進んで、ゼロから順に数えます

0 1 2 3 4 5 6 7 8 9 10

正の数

3 ゼロ（0）は正でも負でもありません。正の数と負の数を分ける点になります。

4 正の数の前には普通、何の記号も入れません。つまり、記号のない数は、いつも正の数であるということです。

3 正の数をひく

それでは、正の数をひいてみましょう。2から3をひくには、左方向に進んで答えを出します。

2 − 3 = −1

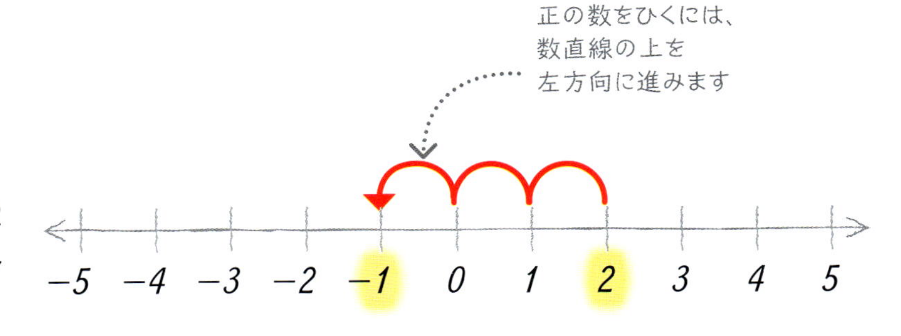

4 負の数をたす

負の数をたすと、正の数をひくときと同じ答えが出ます。2に−3をたすには、数直線の上を左に進みます。

2 + (−3) = −1

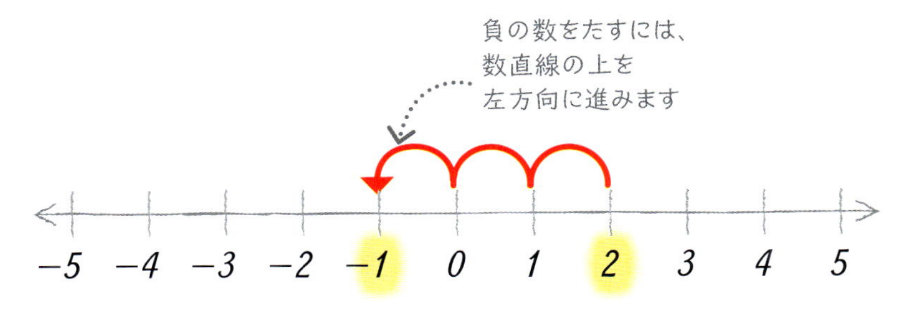

数の比較

私たちの生活の中で、ある数が別の数と同じなのか、小さいのか、それとも大きいのかを調べることはよくあります。このように数を比べることを、数の比較といいます。

2つの数の関係を表すときは、等号や不等号という記号を使うんだよ。

多い？ 少ない？ それとも同じ？

日常生活では、ものの量を比べるときに、「多い」、「少ない」、「大きい」、「小さい」、「同じ」といった言葉を使います。

1 等しい

お皿にのったカップケーキを見て下さい。上と下の段に5個ずつ並んでいますね。つまり、上の段の数と下の段の数は「等しい」ということです。

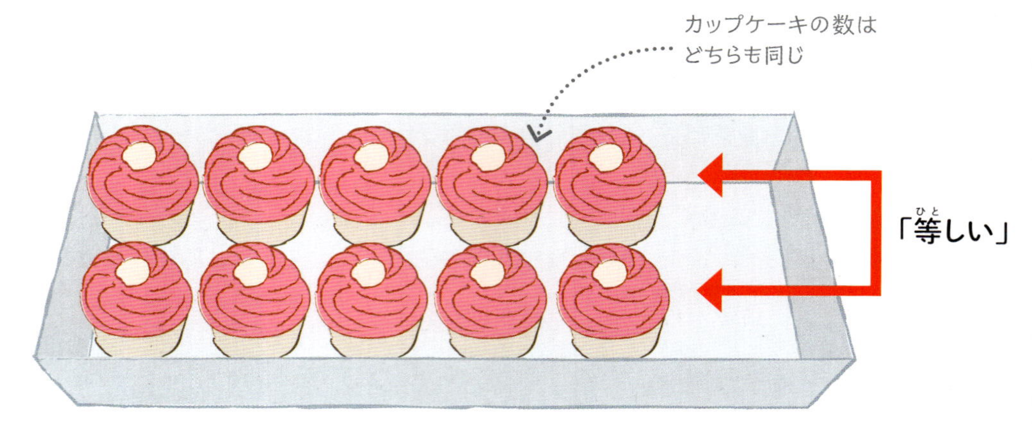

2 多い

次は、上の段に5個、下の段に3個のカップケーキが並んでいます。つまり、「上の段の数は下の段の数より大きい」ということになります。

3 少ない

今回は、上の段に5個、下の段に6個のカップケーキが並んでいます。つまり、「上の段の数は下の段の数より小さい」ということになります。

記号を使って数を比べる方法

数や量を比べるときは、等号（=）、不等号（<、>）という記号を使います。

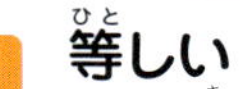

1 等しい
この記号は「～は～と等しい」という意味です。例えば、90 + 40 = 130は「90 + 40と130は等しい」という意味になります。

2 ～は～より大きい
この記号は「～は～より大きい」という意味です。例えば、24 > 14は「24は14より大きい」という意味になります。

3 ～は～より小さい
この記号は「～は～より小さい」という意味です。例えば、11 < 32は「11は32より小さい」という意味になります。

数の比べ方

数を比べるときは、大きい位から比べましょう。最も大きい位が同じときは、次に2番目に大きい位を比べます。こうして順に比べていくのです。

1 右の数には4つの数字があります。最も位が大きい数字から、最も位が小さい数字の順に注目していきます。

1 4 0 4

一番大きい位 / 2番目に大きい位 / 3番目に大きい位 / 一番小さい位

2 1404と1133を比べてみましょう。最も位が大きい数字（千の位）は同じ値なので、2番目に位が大きい数字を比較します。

千	百	十	一
1	4	0	4
1	1	3	3

一番大きい数字は同じ

3 1404の百の位の「4」は1133の百の位の「1」より大きいので、1404の方が大きい数だということになります。

1 4 0 4 > 1 1 3 3

こちらの2番目に大きい数字の方が大きい

やってみよう

どの記号になるかな?

今回学習した3つの記号のうち正しいものを入れて、下の式を完成させましょう。

必要な記号は、この3つでしたね：

= 「～と等しい」

> 「～は～より大きい」

< 「～は～より小さい」

1. 5123 ? 10 221
2. –2 ? 3
3. 71 399 ? 71 100
4. 20 – 5 ? 11 + 4

答えは319ページ

数に順位をつける方法

私たちの生活ではたくさんの数を全部比べて、順番に並べなければいけないこともよくあります。そのためには、位の値のことを思い出しましょう。

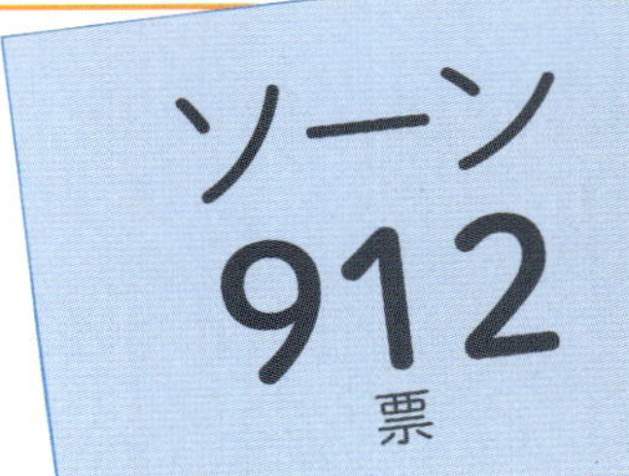

1 サイバータウンで市長選挙が行われました。そこで、獲得票の多い方から順に、候補者を並べていきます。

	万	千	百	十	一
ソーン			9	1	2
ジート				4	5
ムープ		5	2	3	4
フルッグ			4	4	4
クロッグ	1	0	4	2	3
ジーク		5	1	2	1

2 まず、最も大きい位の数字を比べるために、候補者の得票数を表に入れます。

	万	千	百	十	一
クロッグ	1	0	4	2	3

最初に注目すべきは一番左にある数字です

3 それでは、最も大きい位の数字を見てみましょう。万の位に数字があるのは、クロッグの得票数だけです。つまり、クロッグの得票数が最も多いので、新しい表の最も上に入れます。

	万	千	百	十	一
クロッグ	1	0	4	2	3
ムープ		5	2	3	4
ジーク		5	1	2	1

「クロッグに投票を!」

4 2番目に大きい位の数字を比べてみると、ムープとジークの千の位には、同じ数字が入っています。そこで、3番目に大きい位の数字を比べます。ムープの数字の方がジークの数字より大きいですね。

	万	千	百	十	一
クロッグ	1	0	4	2	3
ムープ		5	2	3	4
ジーク		5	1	2	1
ソーン			9	1	2
フルッグ			4	4	4
ジート				4	5

5 最も大きい数から最も小さい数まで、リスト全体に順位がつくまで、位の値の数字を比べていきます。その結果、クロッグが新市長に決定です!

昇順と降順

何かを順番に並べるとき、最も大きな数から並べたいこともあれば、最も小さな数から並べたいこともあります。

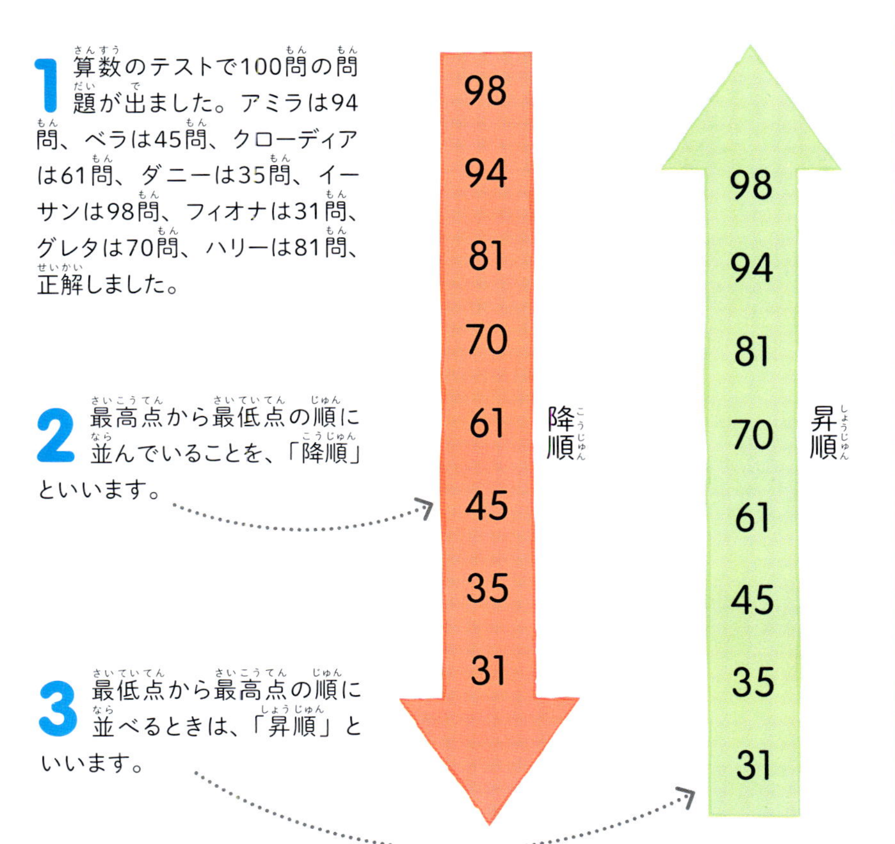

1 算数のテストで100問の問題が出ました。アミラは94問、ベラは45問、クローディアは61問、ダニーは35問、イーサンは98問、フィオナは31問、グレタは70問、ハリーは81問、正解しました。

2 最高点から最低点の順に並んでいることを、「降順」といいます。

3 最低点から最高点の順に並べるときは、「昇順」といいます。

やってみよう

順番に並べてみよう

下の年齢表を昇順にして、順位をつける練習をしましょう。みなさんのお友達や家族の順位表も作ってみませんか？　年齢順、身長順、または誕生日順にしてもいいですね。

答えは319ページ

名前	年齢
ジェイク（僕）	9歳
ママ	37歳
スナネズミのトレバー	1歳
パパ	40歳
おじいちゃん	67歳
犬のバスター	7歳
おばあちゃん	68歳
ダンおじさん	35歳
アンナお姉ちゃん	13歳
猫のベラ	3歳

概算

ものを測ったり計算したりするとき、正確な答えを出さなくても、概数という「およその数」を出すだけで十分なこともあります。

概算というのは、正しい答えに近い「およその数」を求めることだよ。

ほぼ等しい

1 等しい
等しいものに使う記号は、もう覚えましたね。

2 ほぼ等しい
日本では使いませんが、これは、ほとんど同じものに使う記号だそうです。日本では「約」を表す「≒」があります。

ざっと数える

日常生活では、正確に数えなくていいこともあります。そういうときは、だいたい何個ぐらいあるか、どのくらいの大きさなのかわかっていれば、それで十分なのです。

イチゴが一番たくさん入っているのは、3つのカゴのうちどれでしょう。

1 ここに、イチゴの入ったカゴが3つあります。どれも同じ値段ですが、入っているイチゴの数が違います。

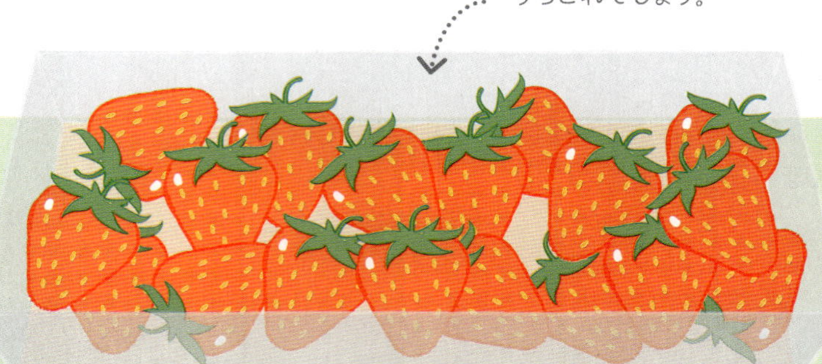

2 実際に数えて確かめなくても、3番目のイチゴが一番多いことは、ひと目見ればわかりますよね。つまり、3番目のカゴが一番お得です。

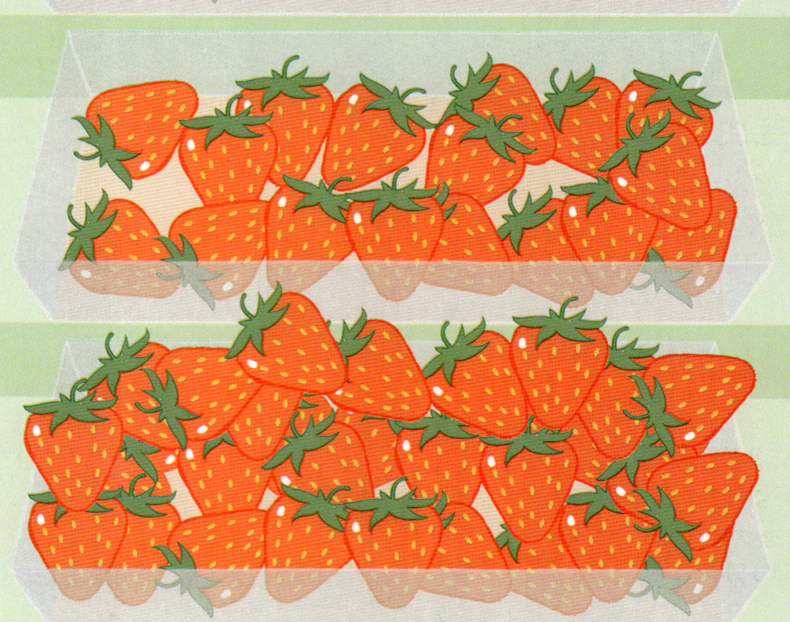

全部の数を概算する方法

全部を数えたり、計算したりして、正確な答えを出そうとしたら、ものすごく時間がかかりそう。そんなときにも、概算を使います。

1 右のチューリップの花壇を見て下さい。チューリップが全部で何本くらいあるのか、1本1本数えずに、およその数を出したいと思います。

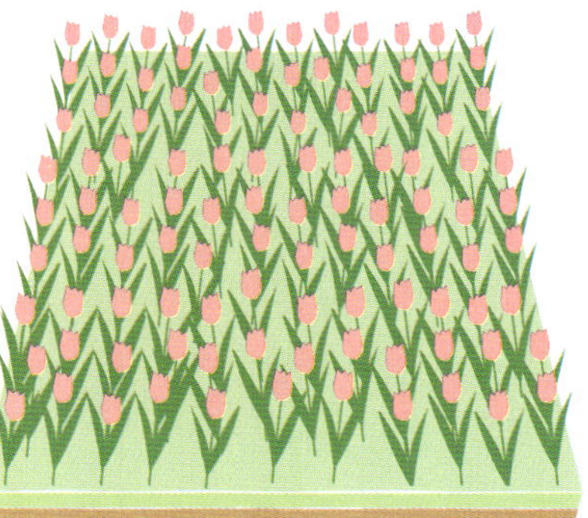

2 チューリップはきちんとした列になっていませんが、最前列の11本を数えることはできますね。全部で9列あるので、11（本）×9（列）、つまり約99本あるといえます。

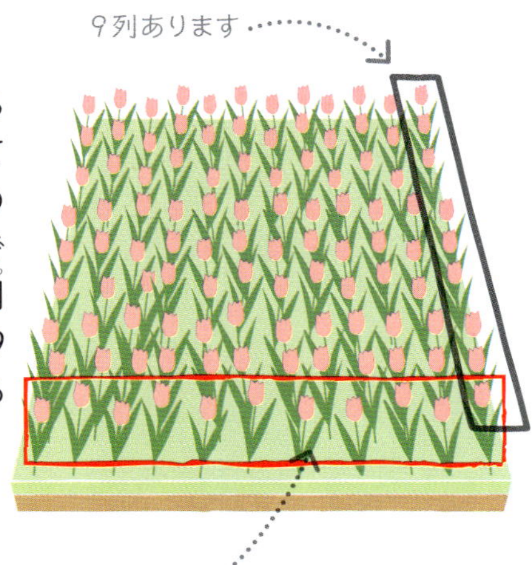
9列あります

最前列のチューリップは11本です

3 もう1つ方法があります。花壇を大まかな正方形に分けることです。1つの正方形の中に何本あるかを数えれば、花壇全体のチューリップの数を概算できます。

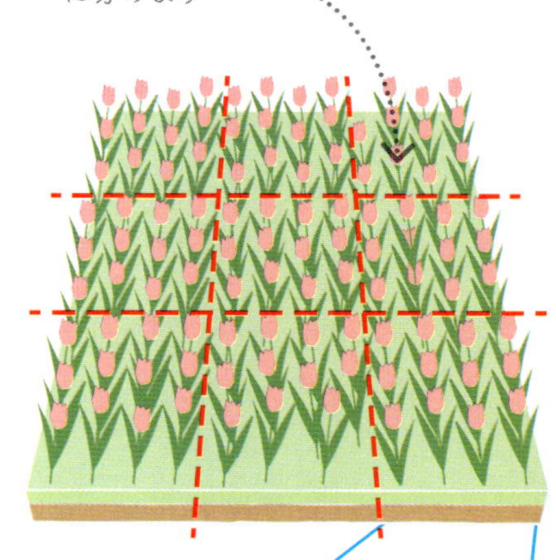
大まかに9個の正方形に分けます

4 右下の正方形には12本ありますね。ですから、チューリップの数は全部でおよそ12（本）×9（個）、つまり約108本ということです。

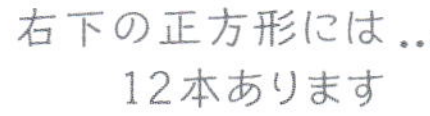
右下の正方形には12本あります

5 2つの概算により、99と108という答えが出ました。実際のチューリップの数は105本なので、どちらの概数もかなり近い数でしたね！

計算の確認

数を簡単にして、答えがどのくらいになるかの見当をつけることもあります。

概算の結果、答えは7000くらいだと見当をつけます

2847 + 4102 = ?　　3000 + 4000 = 7000　　2847 + 4102 = 6949

1 2847と4102をたしてみましょう。先に概算しておけば、全く違う答えが出たとき、計算まちがいに気づけます。

2 最初の数は3000よりわずかに小さく、2番目の数は4000よりわずかに大きくなっています。3000と4000をざっとたし算すると、7000という答えが出ます。

3 実際に計算してみると、かなり概算に近い答えが出ました。これで、正しくたし算できたと自信がもてますね。

四捨五入

四捨五入とは、あるルールに従ったときはんぱになった数を切り上げたり、切り捨てたりして、切りのいい数に変えることです。

4以下の数字を切り捨てて、5以上の数字を切り上げるのが、四捨五入のルールだよ。

切り上げと切り捨て

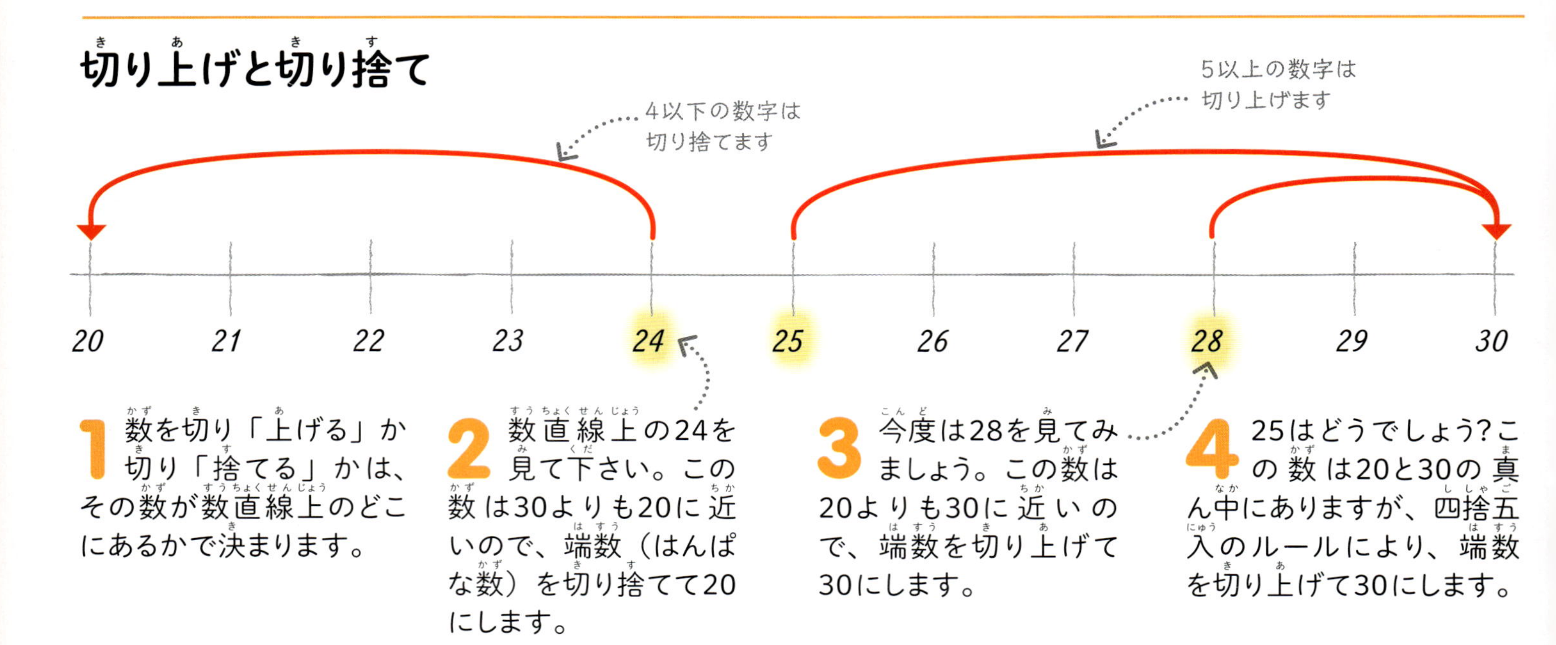

1 数を切り「上げる」か切り「捨てる」かは、その数が数直線上のどこにあるかで決まります。

2 数直線上の24を見て下さい。この数は30よりも20に近いので、端数（はんぱな数）を切り捨てて20にします。

3 今度は28を見てみましょう。この数は20よりも30に近いので、端数を切り上げて30にします。

4 25はどうでしょう？この数は20と30の真ん中にありますが、四捨五入のルールにより、端数を切り上げて30にします。

位の値を使って四捨五入する方法

数を四捨五入するときは、数字の位の値を使います。

1 四捨五入して十の位にする

一の位の数字を見て、十の位に切り上げるのか切り捨てるのかを決めます。83と89を四捨五入してみましょう。

一の位の数字が3なので、切り捨てて80にします

一の位の数字が9なので、切り上げて90にします

80　83　85　89　90

2 四捨五入して百の位にする

百の位に四捨五入するには、十の位の数字を見て、四捨五入のルールに従います。337と572を四捨五入してみましょう。

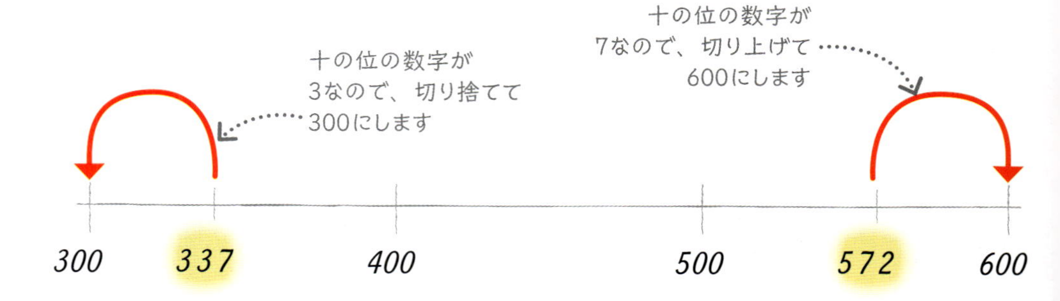

四捨五入していろいろな位にする

違う位で四捨五入すると、結果も変わります。7641をいろいろな位で四捨五入するとどうなるか、見ていきましょう。

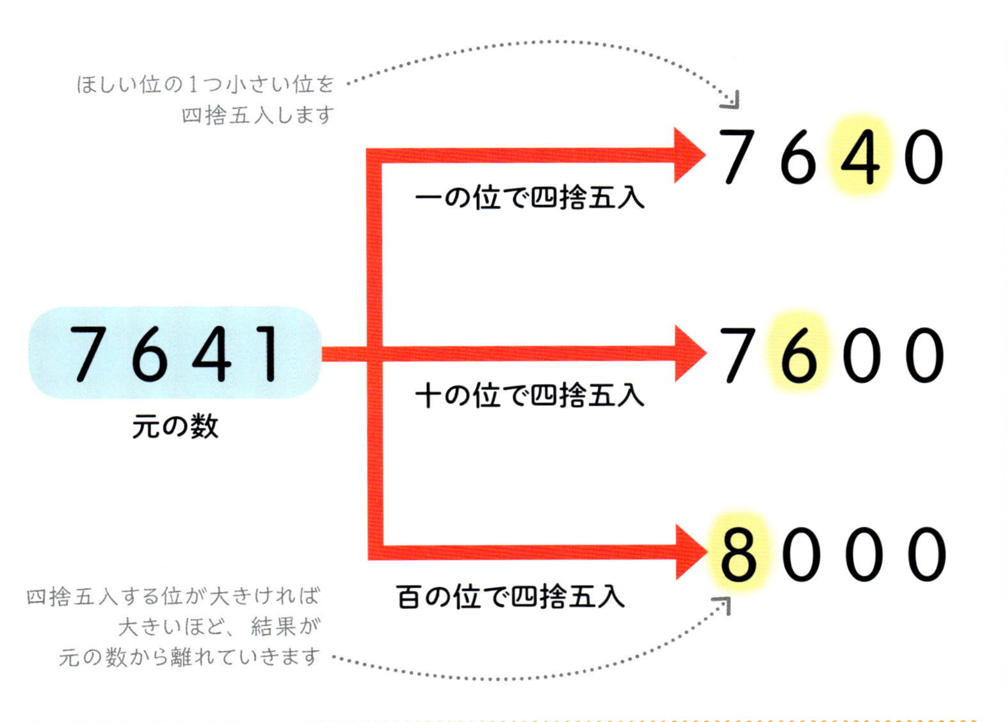

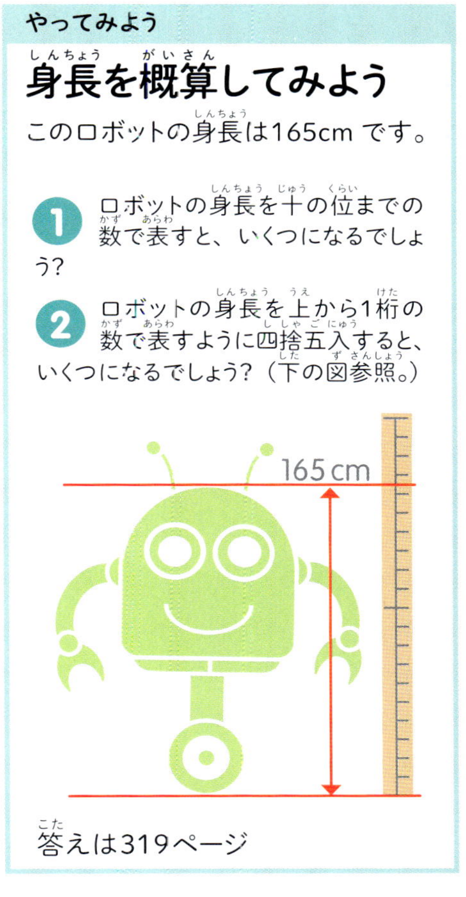

やってみよう
身長を概算してみよう
このロボットの身長は165cm です。
1 ロボットの身長を十の位までの数で表すと、いくつになるでしょう?
2 ロボットの身長を上から1桁の数で表すように四捨五入すると、いくつになるでしょう?（下の図参照。）
165 cm

答えは319ページ

比べたい位で表せるように四捨五入する

数字を比べやすいように上から1桁または2桁以上で表すように数を四捨五入しましょう。

1 6346という数を見てみましょう。最も大きな位の数字、つまり、6から注目していきます。次の数字は4以下なので、切り捨てて6000にします。

2 2番目に大きい位の数字は百の位です。次の数字は4以下なので、上から3桁で四捨五入すると、6346が6300になります。

3 3番目に大きい位の数字は十の位です。この数を上から4桁で四捨五入すると、6350になります。

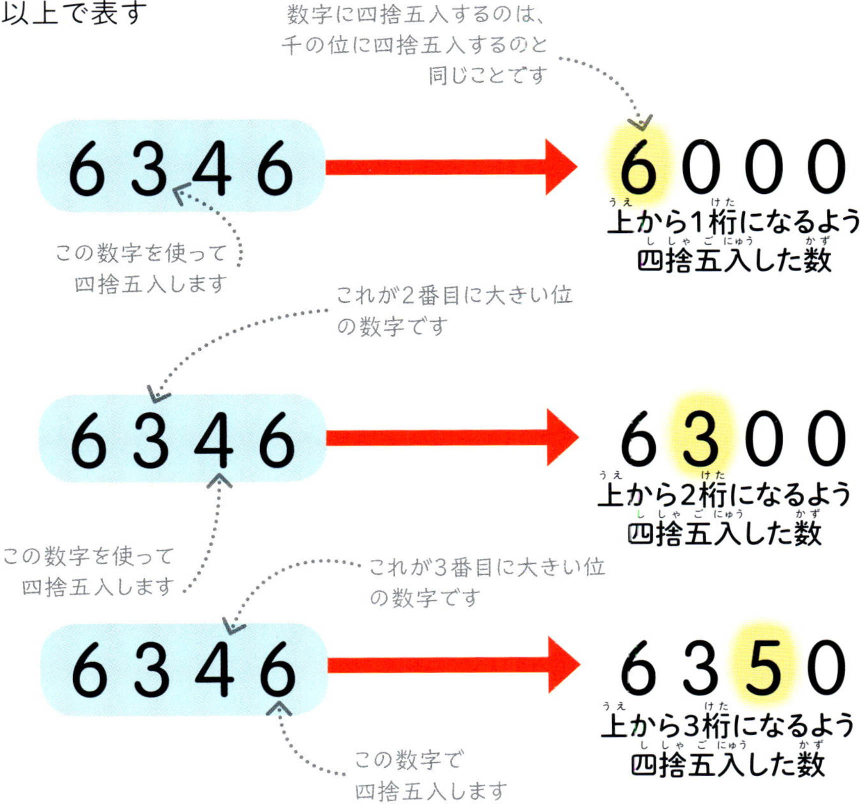

約数

約数とは、数をわったり分けたりして、別の数にすることができる整数です。どんな数も自分自身と1でわれますので、数には必ず2つ以上の約数があることになります。

約数とは?

この板チョコは、12個の正方形からできています。これを同じ大きさに分ける方法が何通りあるかを調べれば、12の約数が見つかります。

$12 \div 1 = 12$

1 この正方形12個の板チョコを1でわると、元の大きさのまま。つまり、1と12はどちらも12の約数です。

$12 \div 2 = 6$

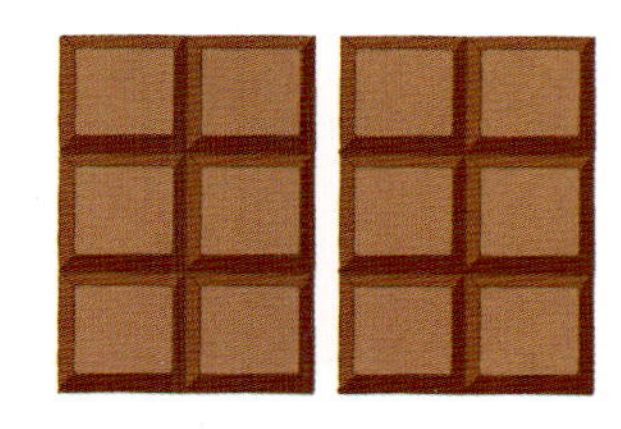

2 2つに分けると、正方形6個の板チョコが2組できます。つまり、2と6も12の約数です。

$12 \div 3 = 4$

3 3つに分けると、正方形4個の板チョコが3組できます。つまり、3と4は12の約数です。

$12 \div 4 = 3$

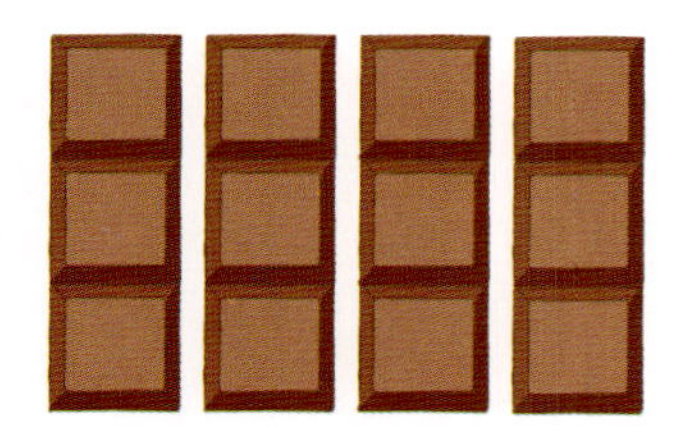

4 4つに分けると、正方形3個の板チョコが4組できます。4と3が12の約数だということは、先ほどわかりましたね。

$12 \div 6 = 2$

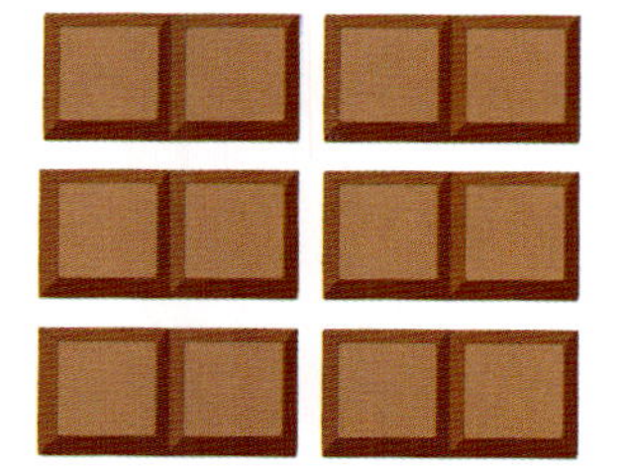

5 6つに分けると、正方形2個の板チョコが6組できます。6と2が12の約数だということは、もうわかっていますね。

$12 \div 12 = 1$

6 最後に、この板チョコを12分割すると、正方形1個の板チョコが12組できます。これで、12の約数が全部見つかりました。

ペアになる約数

約数は、常に対(ペア)になっています。かけ算すると新しい数になる2つの数を、約数ペアといいます。

$1 \times 12 = 12$ または $12 \times 1 = 12$

$2 \times 6 = 12$ または $6 \times 2 = 12$

$3 \times 4 = 12$ または $4 \times 3 = 12$

1 前に見つけた12の約数をもう一度見てみましょう。どのペアにも、2つの書き方があります。

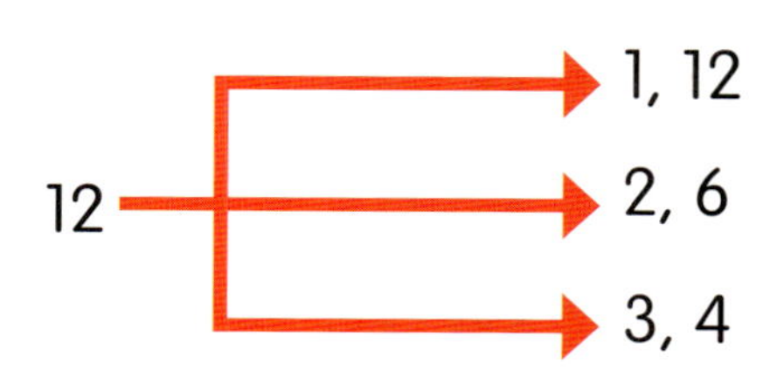

2 つまり、12の約数ペアは、1と12、2と6、そして3と4ですが、逆の順番で書くこともできます。

約数を全部見つける方法

約数を全部見つけなければいけないときには、次の方法を使えば、どんな約数も見逃さずに書き出せます。

1 30の約数を全部見つけるには、まず行の初めに1と書き、行の終わりに30と書きます。前のページで習ったように、どんな数にも、自分自身と1という2つの約数があるからです。

$1 \times 30 = 30$

1　　　　　　　　30

2 次に、2が約数かどうかを試してみると、$2 \times 15 = 30$になることがわかります。つまり、2と15は30の約数です。1のすぐ後に2を入れて、反対側の15は30のすぐ前に入れます。

$2 \times 15 = 30$

1　2　　　　　15　30

3 続いて、3を確かめてみると、$3 \times 10 = 30$になることがわかります。ですから、先ほどの約数の列に3と10をつけたすことができます。2の後に3を、15の前に10を入れましょう。

$3 \times 10 = 30$

1　2　3　　　10　15　30

4 4を確かめてみると、この数は別の整数をかけても30になりません。つまり、4は30の約数ではないということですので、この数は行に入れません。

$4 \times ? = 30$

1　2　3　　　10　15　30

5 5を確かめてみると、$5 \times 6 = 30$になることがわかります。そこで、3の後に5を、10の前に6をつけたします。6は、もうリストに入っているので、確かめる必要はありませんね。これで、30の約数の列が完成です。

$5 \times 6 = 30$

1　2　3　5　6　10　15　30

公約数

2つ以上の数に同じ約数があるときは、その約数を公約数といいます。

1 右の図は、24と32の約数です。両方とも、1、2、4、8という約数がありますね。この黄色い丸の中の数が、24と32の公約数です。

2 公約数の中で最も大きい数は、8です。これを最大公約数といいます。

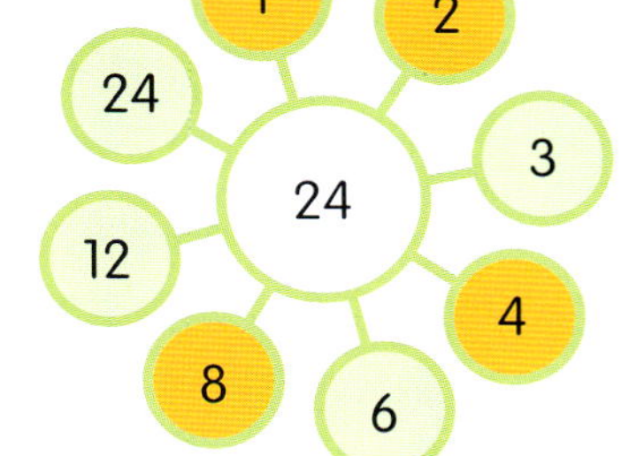

24の約数

最大公約数は8です

32　1　2　4　8　16　32

32の約数

倍数

ある数に整数をかけた数をその数の倍数といいます。

ある数の倍数というのは、
その数に他の整数を
かけた数のことだよ。

倍数の見つけ方

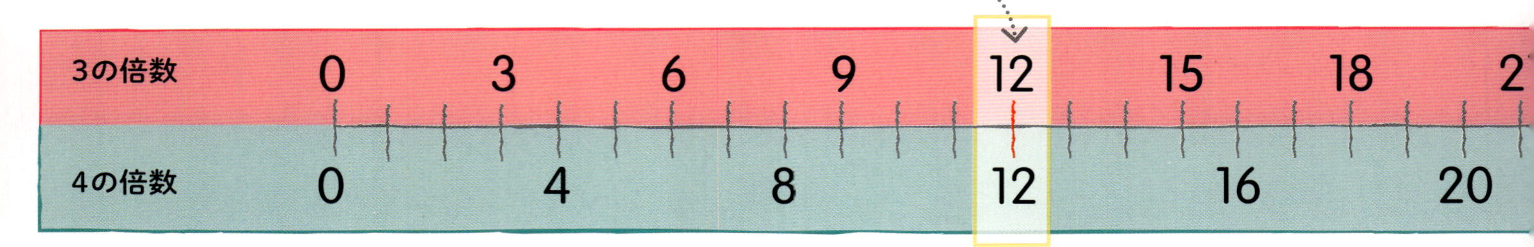

1 ある数の倍数を出すには、上のような数直線が使えます。かけ算九九表がわかっていれば、倍数を探すのがもっと簡単になりますよ！

2 この数直線の上の段に、3の倍数のうち最初の16個をのせています。倍数を見つけるには、3 × 1 = 3、3 × 2 = 6、3 × 3 = 9というように、まず3に1をかけて、次に2、次に3、と続けていきます。

公倍数

2つ以上の数の共通の倍数もあることが、これでわかりましたね。このような数を公倍数といいます。

1 右の図は、ベン図というものです。上の数直線の情報を表す、もう一つの方法です。青い円の中にある数は、1から50までの3の倍数です。緑の円には、1から50までの4の倍数が全て入っています。

2 円が重なっている部分に、12、24、36、48という4つの数があります。これらの数は、3と4の公倍数です。

3 3と4の最小公倍数は12です。数は無限に大きくなるので、最大公倍数がいくつになるかはだれにもわかりません。

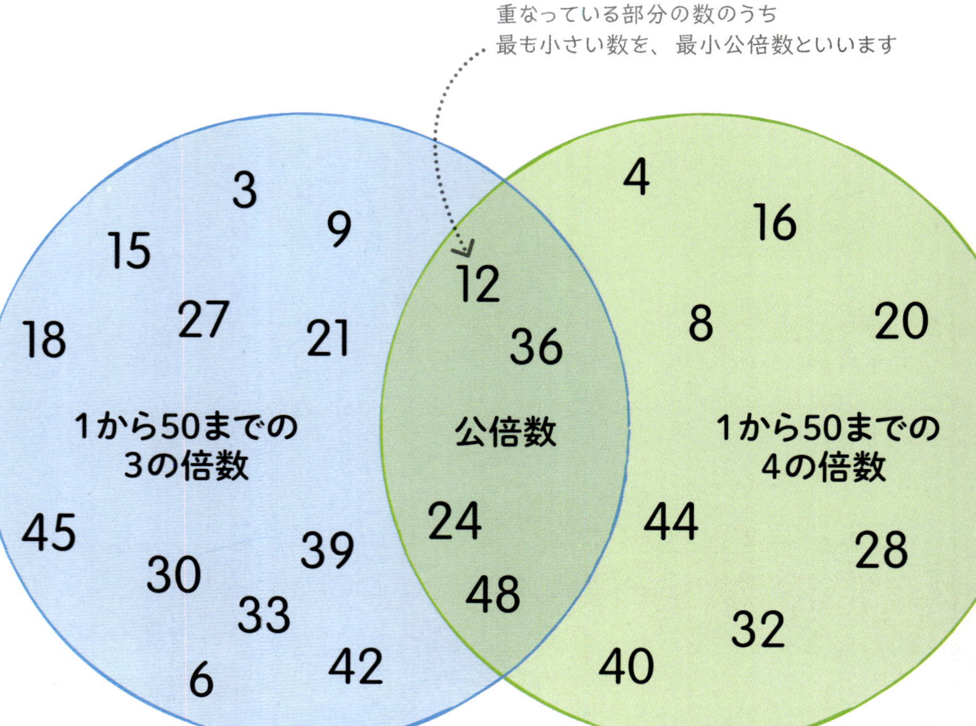

やってみよう

ごちゃまぜになった倍数

右の数から、8の倍数と9の倍数を選びましょう。8と9の公倍数も見つかるでしょうか？

答えは319ページ

64　32　36　48
16　81　108　56　90
72　144　27　18

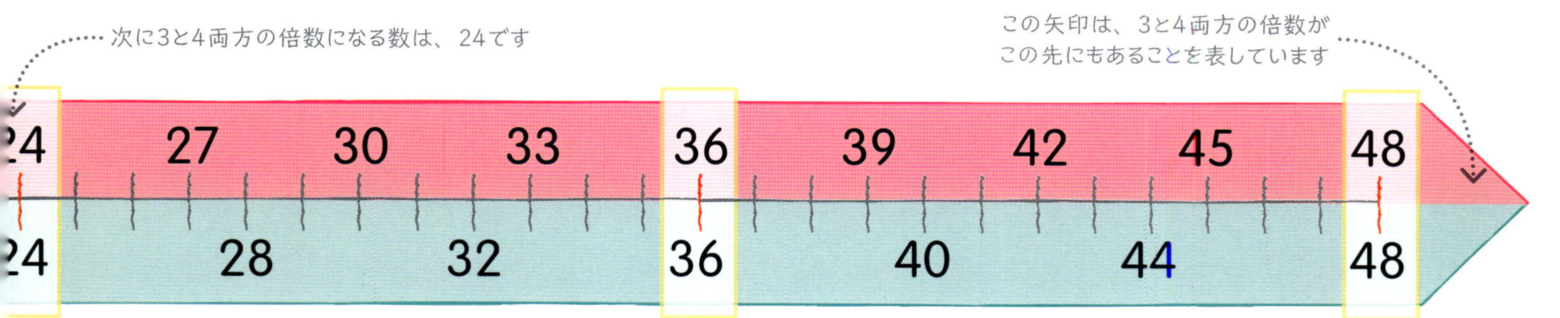

次に3と4両方の倍数になる数は、24です
この矢印は、3と4両方の倍数がこの先にもあることを表しています
24 27 30 33 36 39 42 45 48
24 28 32 36 40 44 48

3 数直線の下の段には、4の倍数をのせています。12の数を見て下さい。どちらの列にも12がありますね。つまり、この数は3と4の両方の倍数ということです。

4 倍数と約数はつながっています。倍数を出すには、2つの約数をかけ算することになるからです。つまり、3と4は12の約数、12は3と4の倍数になります。

最小公倍数の見つけ方

こちらは、3つの数の最小公倍数を見つける方法です。

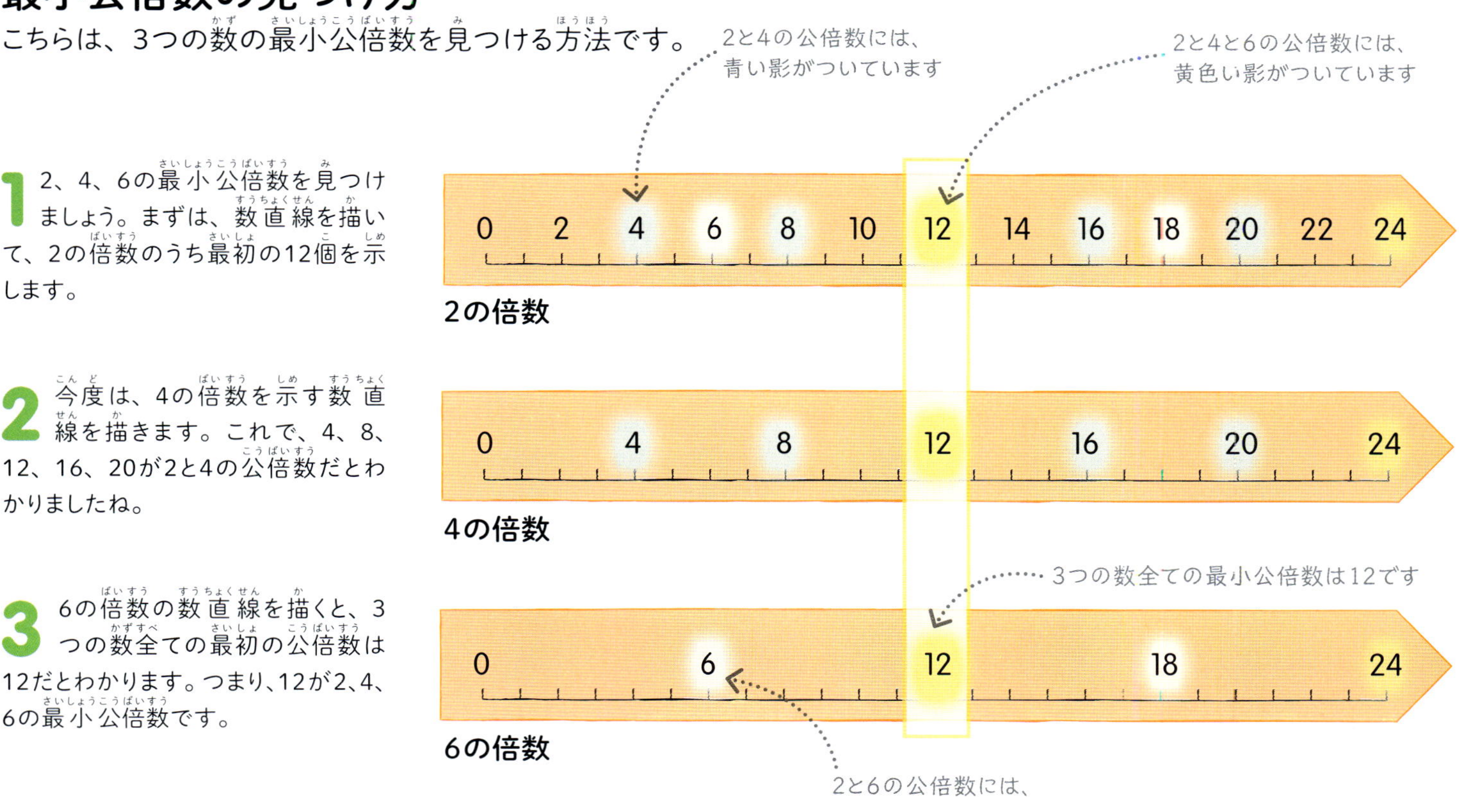

2と4の公倍数には、青い影がついています
2と4と6の公倍数には、黄色い影がついています
0 2 4 6 8 10 12 14 16 18 20 22 24
2の倍数
0 4 8 12 16 20 24
4の倍数
3つの数全ての最小公倍数は12です
0 6 12 18 24
6の倍数
2と6の公倍数には、白い影がついています

1 2、4、6の最小公倍数を見つけましょう。まずは、数直線を描いて、2の倍数のうち最初の12個を示します。

2 今度は、4の倍数を示す数直線を描きます。これで、4、8、12、16、20が2と4の公倍数だとわかりましたね。

3 6の倍数の数直線を描くと、3つの数全ての最初の公倍数は12だとわかります。つまり、12が2、4、6の最小公倍数です。

素数

素数とは、1より大きい整数で、自分自身と1以外の整数でわり切れない数のことです。

素数の約数は、
自分自身と1の
2つしかないよ。

素数の見つけ方

ある数が素数かどうかは、その数を他の整数でわり切れるかを調べてみればわかります。それでは、少し試してみましょう。

1 2は素数でしょうか?

2は、1でも自分自身でもわり切れますが、他の数ではわり切れません。つまり、2は素数だとわかりましたね。

$2 \div 1 = 2$

$2 \div 2 = 1$

その通り
2は素数です

2 4は素数でしょうか?

4は、1と自分自身でわり切れます。他の数でもわり切れるでしょうか? 試しに2でわってみましょう。$4 \div 2 = 2$になりますね。4は2でわれますので、素数ではありません。

$4 \div 1 = 4$

$4 \div 4 = 1$

$4 \div 2 = 2$

違います
4は素数ではありません

3 7は素数でしょうか?

7は、1と自分自身でわり切れます。それでは、7を他の数でわってみましょう。7は、2、3、4ではわり切れません。調べている数の半分まで終わったら、計算をやめられます。ここでは、4まで来たら終わり、ということです。つまり、7は素数になります。

$7 \div 1 = 7$

$7 \div 7 = 1$

その通り
7は素数です

4 9は素数でしょうか?

9は、1と自分自身でわり切れます。2ではわり切れませんが、$9 \div 3 = 3$になるので、3ではわり切れます。つまり、9は素数ではないということです。

$9 \div 1 = 9$

$9 \div 9 = 1$

$9 \div 3 = 3$

違います
9は素数ではありません

100までの素数

右の素数表には、1から100までの素数が全部のっています。

1は約数が1つしかないので、素数ではありません。1と自分自身が同じ数だからです！

偶数の素数は2だけです。他の偶数はどれも2でわれるので、素数ではありません

素数は、濃い紫色のマスです

非素数は、薄い紫色のマスです

1	2	3	4	5	6	7	8	9	10
11	12	13	14	15	16	17	18	19	20
21	22	23	24	25	26	27	28	29	30
31	32	33	34	35	36	37	38	39	40
41	42	43	44	45	46	47	48	49	50
51	52	53	54	55	56	57	58	59	60
61	62	63	64	65	66	67	68	69	70
71	72	73	74	75	76	77	78	79	80
81	82	83	84	85	86	87	88	89	90
91	92	93	94	95	96	97	98	99	100

素数か、非素数か？

ある数が素数かどうかを調べるには、簡単なコツがあります。下の図に従っていくだけでわかりますよ。

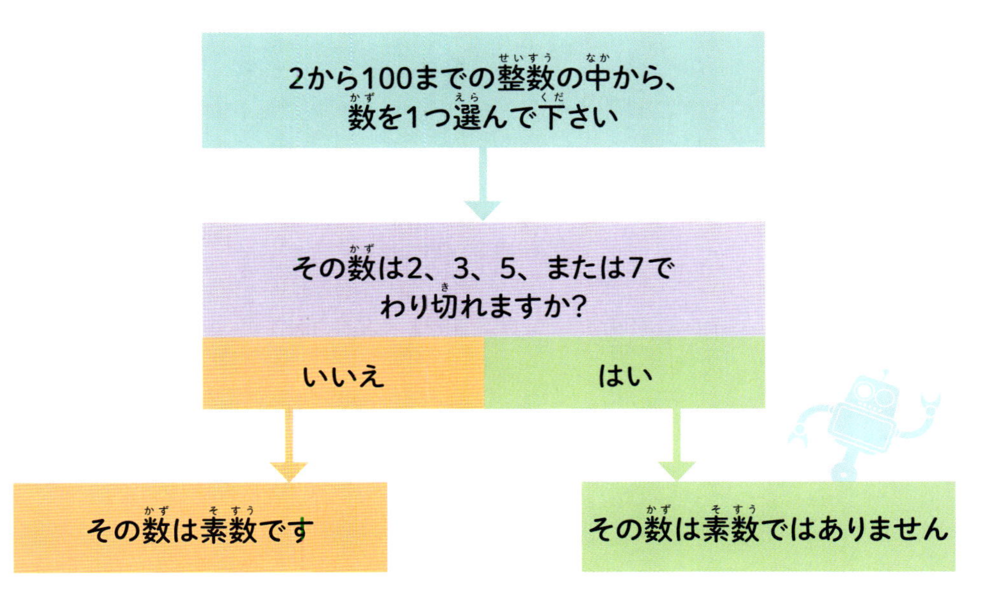

2から100までの整数の中から、数を1つ選んで下さい
その数は2、3、5、または7でわり切れますか？
いいえ
はい
その数は素数です
その数は素数ではありません

身の回りの算数

素数は無限にある？

古代ギリシャの数学者、ユークリッドは、素数に限りがないことを証明し、「最大可能素数がいくつになるのかは決してわからない」と説きました。現在わかっている最大素数は、なんと2200万桁を超えています！　この素数は、次のように書き表します。

$$2^{74\,207\,281}-1$$

これは、「2に自分自身を74207281回かけて、それから1をひく」という意味です

素因数

整数の約数で、素数でもある数のことを、素因数といいます（約数は因数とも呼ばれます）。どんな整数も「素数」か「2つ以上の素因数をかけ合わせた数」である、という特徴があります。

素因数の求め方

素数でない数は、全てが素因数に分解できるので、素数は、数の積み木が重なっているようなものです。ここでは、30の素因数を求めてみましょう。

素数には、緑の丸が付いています

$$30 \div 2 = 15$$

2と15は30の約数です

1 まずは、30を最も小さな素数、つまり2でわれるかどうかを確かめます。30は2でわり切れますね。そして2は素数ですので、2は30の素因数のひとつだといえます。

$$15 \div 2 = ?$$

2は15の約数ではありません

2 今度は、15を見てみましょう。前の式で、2の約数ペアになっていた数ですね。15は素数ではありませんので、さらに分解しなければいけません。この数は2でわり切れないので、別の数で試してみましょう。

$$15 \div 3 = 5$$

3と5は15の約数です

3 15は3でわり切れ、5という答えが出ます。3と5は両方とも素数ですので、この2つも30の素因数になります。

$$30 = 2 \times 3 \times 5$$

2、3、5が30の素因数です

4 つまり30は、2、3、5という3つの素因数をかけ合わせた数だということです。

身の回りの算数

インターネットの安全を守る素因数

インターネット上で情報を送ると、安全のためにコード化されます。このようなコードは、非常に大きな数の素因数をもとに作られているので、探すのがとても難しく、時間もかかります。ですから、悪いことをしようとする人にも見つかりにくいのです。

素数以外の整数は、2つ以上の素因数に分解できるんだよ。

約数の樹形図

約数の樹形図を描けば、素因数を簡単に見つけることができます。

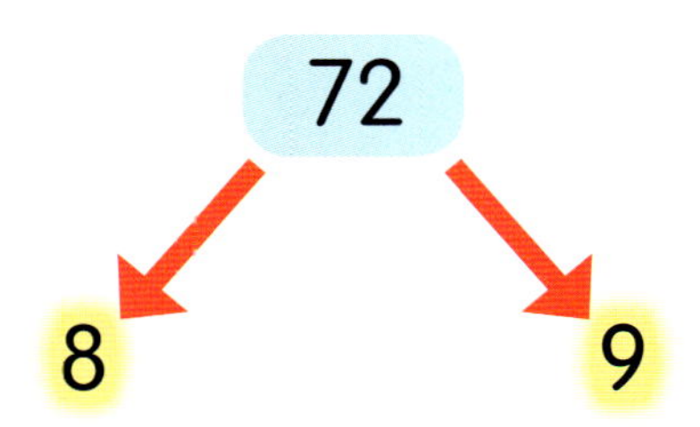

1 それでは、72の素因数を探してみましょう。かけ算九九表から、8と9は72の約数だとわかっていますので、この情報を上のように書き表すことができます。

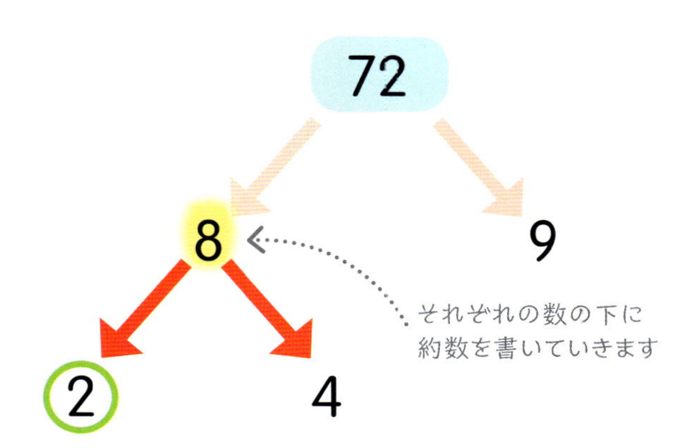

2 8と9はどちらも素数ではないので、もう少し分解しなければいけません。8を分解すると、2と4が出てきます。2は素数ですので、丸で囲んでおきます。

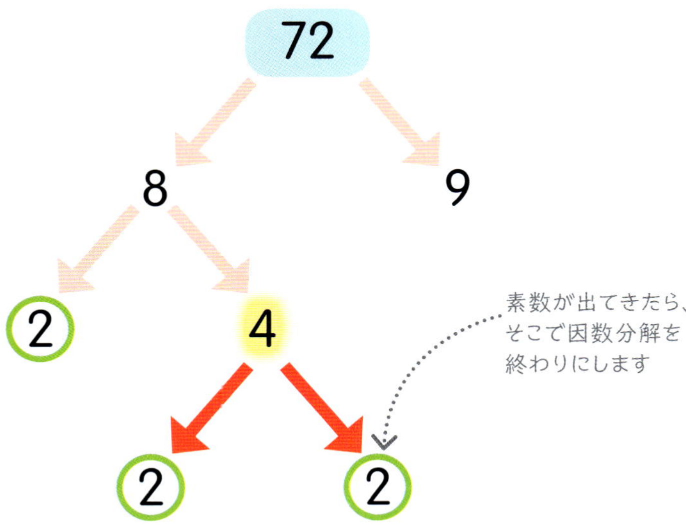

3 今度は4を分解すると、2と2が出てきます。両方とも素数ですので、こちらも丸で囲みます。

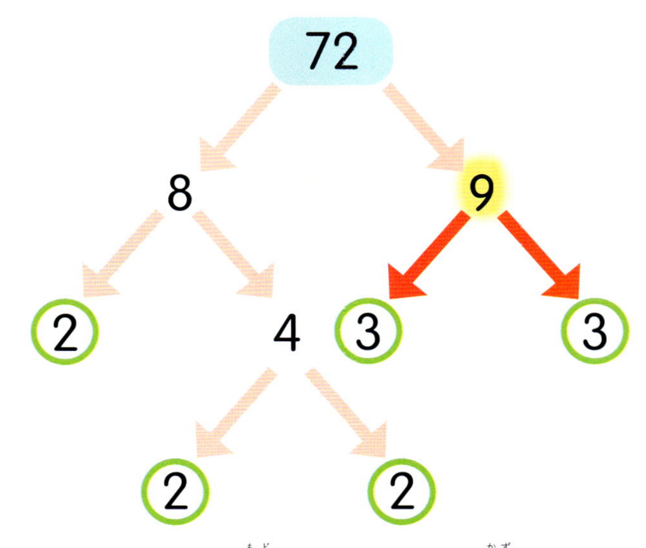

4 それでは、9に戻りましょう。この数は2ではわり切れませんが、3ではわり切れて、3という約数が2つ出てきます。両方とも素数ですので、次の式のように、72の素因数を全部書くと、次の式のようになります。
72 = 2 × 2 × 2 × 3 × 3

やってみよう

樹形図は違っても、答えは同じ

数によっては、このような樹形図の作り方が何通りもあります。これは、72を別の樹形図で表したものです。72を2でわるところから始まっていますが、最後まで解けるでしょうか？　やり方はいろいろあります。上の4番の図と同じ素因数が揃っていれば、それで正解です！

答えは319ページ

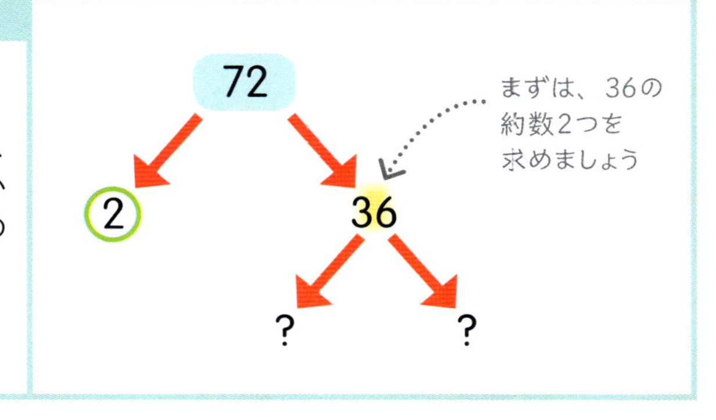

平方数

同じ整数をかけ合わせた数を、平方数といいます。平方数には、特別な記号があります。3^2のように、数の右上に小さな「2」がつくのです。

整数に同じ整数をかけると、平方数ができるんだよ。

この正方形の大きさは、2 × 2（小さな正方形の数）になります。

$2 \times 2 = 4$　つまり　$2^2 = 4$

1	2
3	4

1 数の平方は、正方形で表すことができます。小さな正方形4個でできる正方形が2^2を表します。これで、4が平方数だとわかりますね。

$3 \times 3 = 9$　つまり　$3^2 = 9$

1	2	3
4	5	6
7	8	9

2 3^2を表すこの正方形は、縦と横にそれぞれ3個、全部で9個の小さな正方形からできています。つまり、9も平方数だということです。

$4 \times 4 = 16$　つまり　$4^2 = 16$

1	2	3	4
5	6	7	8
9	10	11	12
13	14	15	16

3 4^2を正方形で表すと、小さな正方形が4×4（個）からできていて、つまり全部で正方形が16個ということです。

$5 \times 5 = 25$　つまり　$5^2 = 25$

1	2	3	4	5
6	7	8	9	10
11	12	13	14	15
16	17	18	19	20
21	22	23	24	25

4 ここでは、5^2を5 × 5（個）の小さな正方形で表しています。小さな正方形が25個あって、つまり5に5をかけるのと同じことです。これで、1の後に続く4つの平方数が、4、9、16、25だとわかりましたね。

平方数の表

1 下の表は、12 × 12までの数の平方数を表しています。7の平方数を探して、この表の仕組みを見ていきましょう。まずは、最も上の行から7を探して下さい。

平方数は、表の中で斜めに並びます

×	1	2	3	4	5	6	7	8	9	10	11	12
1	1	2	3	4	5	6	7	8	9	10	11	12
2	2	4	6	8	10	12	14	16	18	20	22	24
3	3	6	9	12	15	18	21	24	27	30	33	36
4	4	8	12	16	20	24	28	32	36	40	44	48
5	5	10	15	20	25	30	35	40	45	50	55	60
6	6	12	18	24	30	36	42	48	54	60	66	72
7	7	14	21	28	35	42	49	56	63	70	77	84
8	8	16	24	32	40	48	56	64	72	80	88	96
9	9	18	27	36	45	54	63	72	81	90	99	108
10	10	20	30	40	50	60	70	80	90	100	110	120
11	11	22	33	44	55	66	77	88	99	110	121	132
12	12	24	36	48	60	72	84	96	108	120	132	144

2 今度は、最も左の列から7を探して下さい。そして、行と列が交わる平方数のマスまでたどっていきましょう。そのマスに書いてあるのが、7の平方数です。

3 49のマスで行と列が交わりましたね。つまり、7の平方数は49だということです。

奇数の平方数は、必ず奇数になります

偶数の平方数は、必ず偶数になります

平方根

平方根とは、2乗すると特定の平方数になる数のことです。平方根を表す記号を、√（ルート）といいます。

平方根は、平方数の逆、ということだね。

1 36を見てみましょう。2乗する（平方する）と、36になる数は6ですので、36の平方根は6ということになります。これを、$\sqrt{36}=6$と書き表します。

$$\sqrt{36}=6$$

なぜなら

$6\times6=36$ つまり $6^2=36$

2 平方数は平方根の反対です。つまり、25が5の平方数であれば、5は25の平方根になるということです。

平方数

5を平方すると25になります

5 → 25

5は25の平方根です

平方根

3 平方根を求めるには、右のような平方数の表を使うことができます。64という平方数を見てみましょう。この数の平方根を見つけるには、行と列をたどって始めに戻ります。64の行と列の始めには、8がありますね。つまり、64の平方根は8だということです。

×	1	2	3	4	5	6	7	8	9	10	11	12
1	1	2	3	4	5	6	7	8	9	10	11	12
2	2	4	6	8	10	12	14	16	18	20	22	24
3	3	6	9	12	15	18	21	24	27	30	33	36
4	4	8	12	16	20	24	28	32	36	40	44	48
5	5	10	15	20	25	30	35	40	45	50	55	60
6	6	12	18	24	30	36	42	48	54	60	66	72
7	7	14	21	28	35	42	49	56	63	70	77	84
8	8	16	24	32	40	48	56	64	72	80	88	96
9	9	18	27	36	45	54	63	72	81	90	99	108
10	10	20	30	40	50	60	70	80	90	100	110	120
11	11	22	33	44	55	66	77	88	99	110	121	132
12	12	24	36	48	60	72	84	96	108	120	132	144

平方根を求めるには、行か列を逆にたどります

濃い紫色のマスが平方数です

やってみよう

平方根を求めよう

このページの表を使って、次の問題に答えましょう。

1 10はどの数の平方根でしょう？

2 4はどの数の平方根でしょう？

3 81の平方根は何でしょう？

答えは319ページ

立方数

立方数とは、同じ数を3回かけ合わせた（3乗した）数のことです。

数を立方（3乗）する方法

$$2 \times 2 \times 2 = ?$$

$$2 \times 2 = 4$$
$$4 \times 2 = 8$$

1 2の立方（3乗）を求めましょう。まず、2 × 2とかけ算して4を出します。その答え「4」にもう一度2をかけると、8になります。

$$2^3 = 8$$

なぜなら

$$2 \times 2 \times 2 = 8$$

2 これで、2の立方（3乗）が8だとわかりました。数を立方（3乗）するときは、特別な記号を使います。2^3のように、数の右上に小さな「3」をつけるのです。

立方数の数列

立方数は、1単位の小さな立方体を組み合わせた立方体で表すことができます。

1 1の立方数（$1^3=1$）から始めましょう。この立方数は、右のように、小さな立方体1個だけで表すことができます。

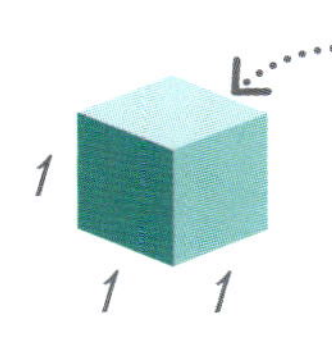

この立方体の辺は、どれも長さが1になっています

$$1 \times 1 \times 1 = 1$$

2 今度は、同じことを2の立方数（$2^3 = 8$）でやってみましょう。8も立方体で表せますが、辺の長さは小さな立方体2個分になります。

この立方体は、小さな立方体8個でできています

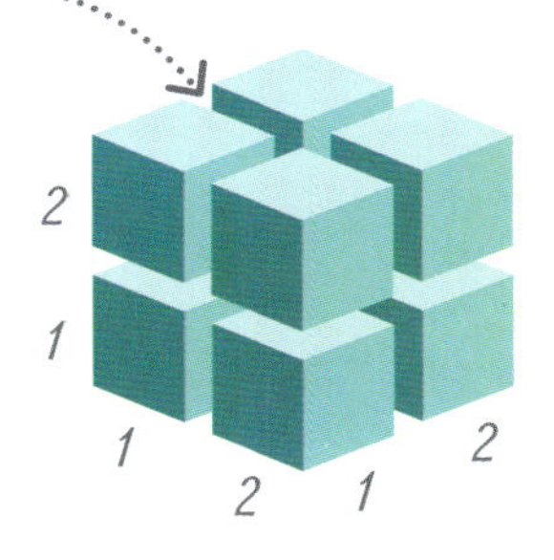

$$2 \times 2 \times 2 = 8$$

3 次は、3の立方数（$3^3 = 27$）です。この立方体の辺は、小さな立方体3個分になります。

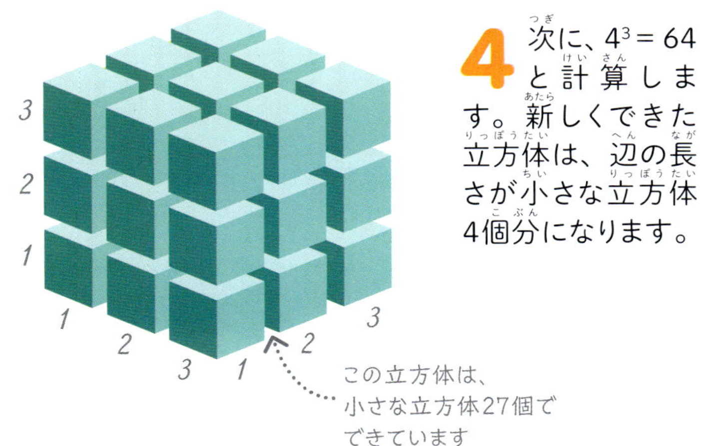

$$3 \times 3 \times 3 = 27$$

4 次に、$4^3 = 64$と計算します。新しくできた立方体は、辺の長さが小さな立方体4個分になります。

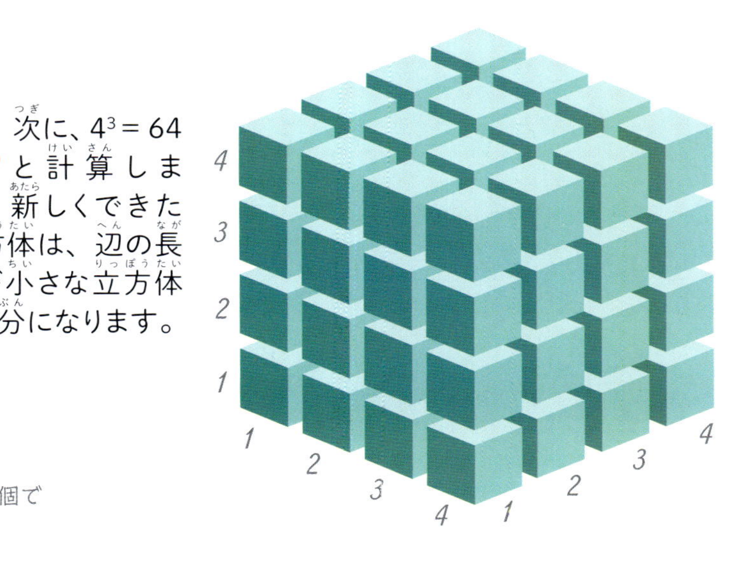

$$4 \times 4 \times 4 = 64$$

分数

分数は、全体の一部分を表します。分数を書くときは、2つの数を上と下に分けて書きます。下の数は、全体がいくつに分かれているかを表し、上の数は、分かれたものが何個分あるのかを表しています。

分数とは?

分数は、物を平等に分けるときに、とても便利です。何かを「4等分した」というのは、どういう意味でしょうか。このケーキで説明しましょう。

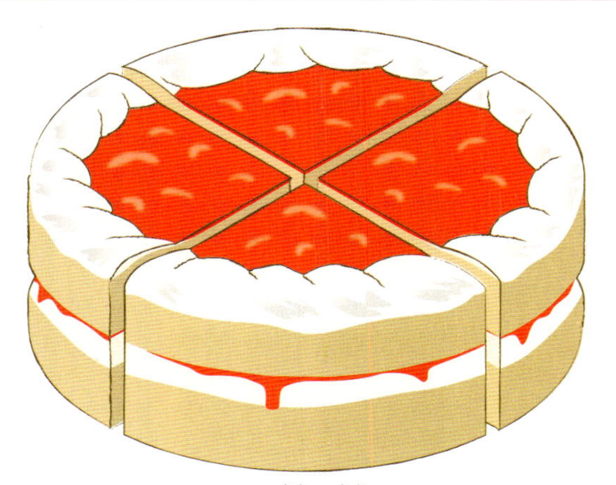

1 このケーキは、同じ大きさになるように、4つに切り分けられています。これを「4等分する」といいます。

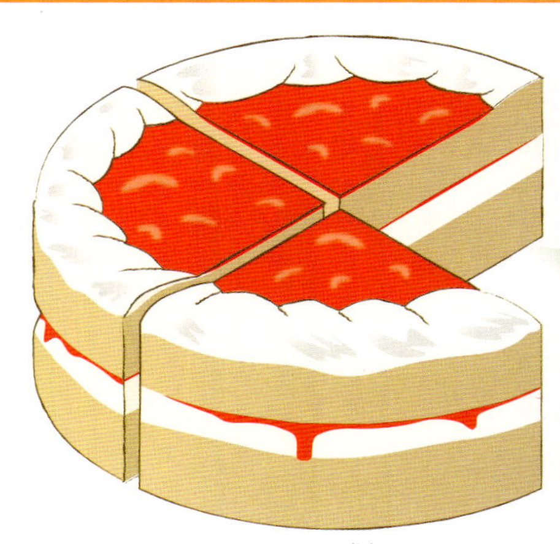

2 このケーキの1切れ分は、どれもケーキ全体の4分の1です。どういう意味でしょうか?

単位分数

分子が1の分数のことを単位分数といいます。これは、同じ大きさに分けられた物のうちの1つ、という意味です。それでは、先ほどのケーキを10分の1までの単位分数に分けてみましょう。分母が大きくなればなるほど、1切れ分が小さくなっていますね。

2分の1（半分）は、「2つに分けた物のうちの1つ分」という意味です

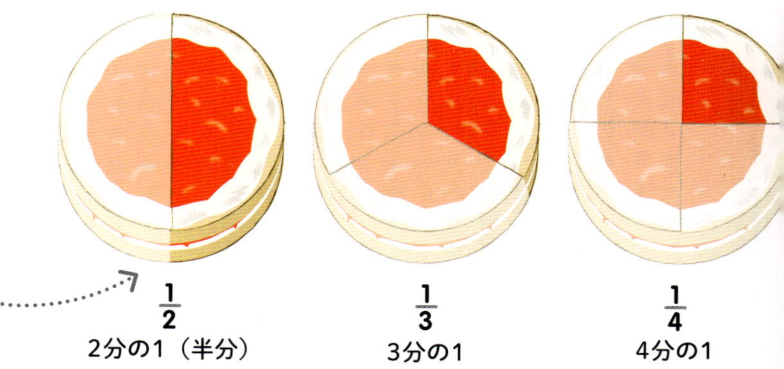

非単位分数

分子が1よりも大きい分数のことを非単位分数といいます。分数は、上のケーキのように、全体の一部分を表すこともあれば、右のカップケーキのように、グループの一部を表すこともあります。

$\frac{2}{5}$がピンク色のカップケーキなので、青いカップケーキは$\frac{3}{5}$になります

1 カップケーキが5個あります。そのうち2個がピンク色ですので、「ケーキの5分の2がピンク色」だといえますね。

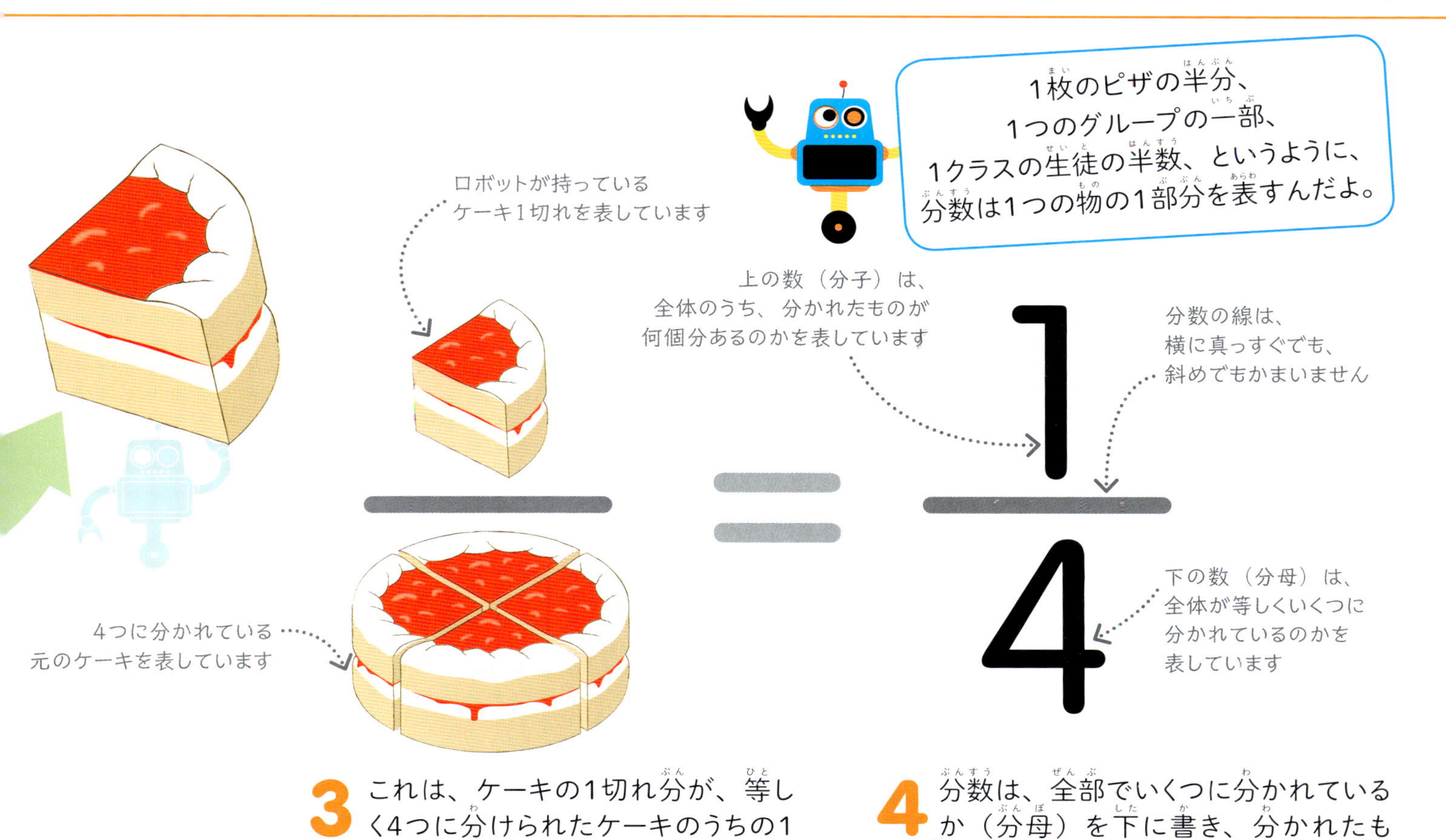
1枚のピザの半分、
1つのグループの一部、
1クラスの生徒の半数、というように、
分数は1つの物の1部分を表すんだよ。
ロボットが持っている
ケーキ1切れを表しています
上の数（分子）は、
全体のうち、分かれたものが
何個分あるのかを表しています
分数の線は、
横に真っすぐでも、
斜めでもかまいません
下の数（分母）は、
全体が等しくいくつに
分かれているのかを
表しています
4つに分かれている
元のケーキを表しています
1
4

3 これは、ケーキの1切れ分が、等しく4つに分けられたケーキのうちの1つだということです。

4 分数は、全部でいくつに分かれているか（分母）を下に書き、分かれたものが何個分あるか（分子）を上に書いて表します。

$\frac{1}{5}$ 5分の1　$\frac{1}{6}$ 6分の1　$\frac{1}{7}$ 7分の1　$\frac{1}{8}$ 8分の1　$\frac{1}{9}$ 9分の1　$\frac{1}{10}$ 10分の1

$\frac{5}{7}$がピンク色の
カップケーキなので、
青いカップケーキは
$\frac{2}{7}$になります
このカップケーキは
3等分されています

2 今度は、カップケーキが7個あり、そのうち5個がピンク色です。つまり、カップケーキの7分の5がピンク色だということです。

$\frac{5}{7}$
7分の5がピンク色

3 非単位分数も、全体の一部分を表すこともあります。右のイラストでは、3つに分かれたケーキの3分の2を表しています。

$\frac{2}{3}$
カップケーキの
3分の2

仮分数と帯分数

仮分数と帯分数は、同じ大きさを違う書き方で表しているんだよ。

分数は、必ずしも全体より小さいわけではありません。一部分の数が全体よりも大きいことを表したいときは、仮分数か帯分数で書き表します。

仮分数

分子が分母と同じか分母よりも大きい分数を仮分数といいます。これは、一部分の合計が全体を上回っているということです。

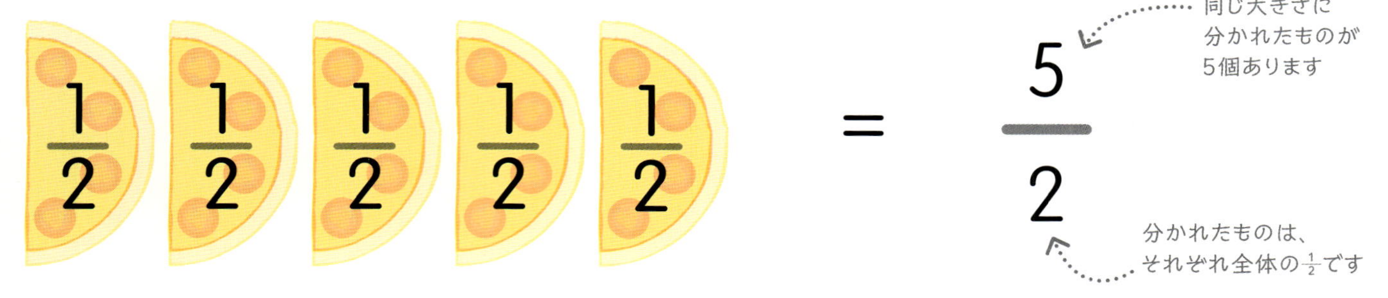

1 上のピザ5切れを見て下さい。ピザ1切れは、それぞれ全体の2分の1になっていますので、半分になったピザが5枚あるということです。

2 これを$\frac{5}{2}$という分数で書き表します。これは、1切れ分の大きさが全体の$\frac{1}{2}$のピザが、5切れある、という意味です。

帯分数

帯分数は、仮分数を別の書き方で表したものです。整数と真分数を組み合わせます。真分数とは、分子が分母より小さい分数のことです。

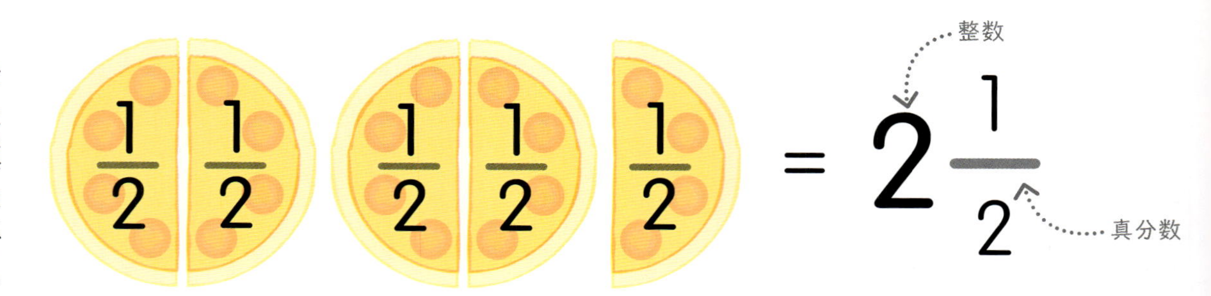

1 前のピザ半切れを全部合わせると、ピザが2枚できて、半分だけ余ります。つまり、ピザの数を「2枚と2分の1」または「2枚と半分」とも表せるということです。

2 これを、$2\frac{1}{2}$と書き表します。この帯分数は、先ほどの仮分数$\frac{5}{2}$と等しい分数です。

$$2\frac{1}{2} = \frac{5}{2}$$

仮分数を帯分数に直す方法

1 仮分数$\frac{10}{3}$を帯分数にしたら、どうなるでしょう？　右の分数は、3分の1（$\frac{1}{3}$）が10個あるという意味です。

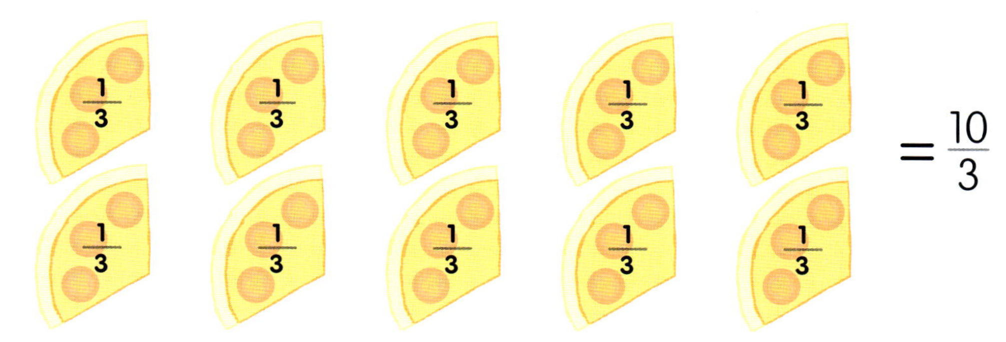

$$=\frac{10}{3}$$

2 この3分の1を全部合わせると、ピザが3枚できて、3分の1だけあまります。これは、帯分数で$3\frac{1}{3}$と書き表すことができます。

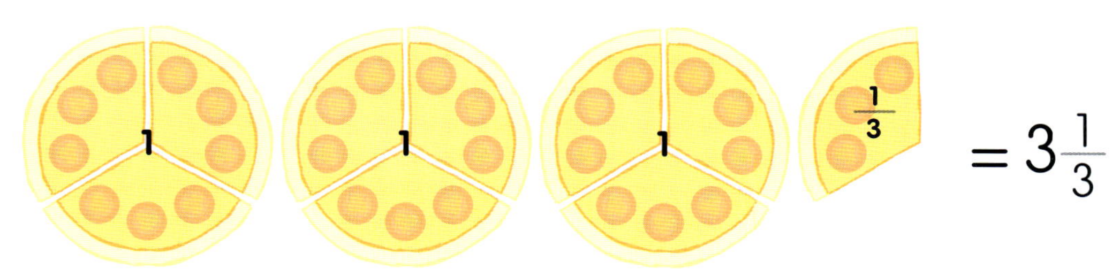

$$=3\frac{1}{3}$$

3 仮分数を帯分数にするには、分子を分母でわります。この計算の答えは「3あまり1」になりますが、まずは整数部分の3を書きましょう。それから分数を書きます。この分数は、分母が元の分母と同じ3、分子があまりの数1になります。

仮分数の分子　仮分数の分母　あまりは$\frac{1}{3}$が1こ分　3枚分

$$\frac{10}{3}=10\div3=3\frac{1}{3}$$

帯分数を仮分数に直す方法

1 今度は、$1\frac{3}{8}$を仮分数にしてみましょう。この帯分数は分数の分母が8になっているので、まず整数の1を8個に分けます。

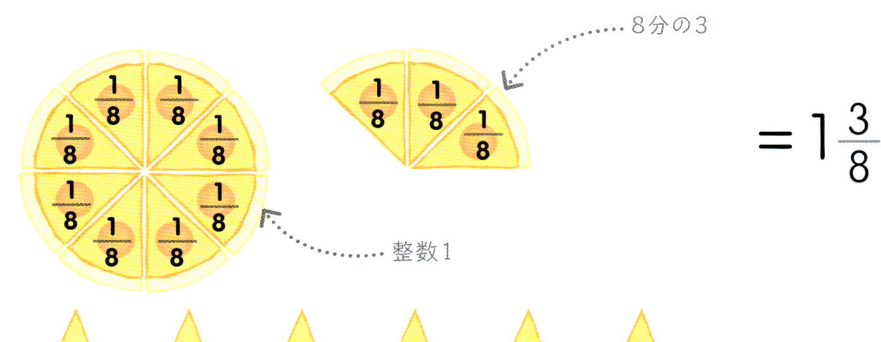

8分の3　整数1

$$=1\frac{3}{8}$$

2 整数1（ピザ1枚）に8分の1がいくつあるかを数え、それに先ほどの分数の8分の3をたすと、8分の1が全部で11個できます。これを、仮分数で$\frac{11}{8}$と書き表します。

$$=\frac{11}{8}$$

3 帯分数を仮分数に直すには、まず整数に分母をかけ、それに元の分子をたして、新しい分子を作ります。

整数　分母　分子

$$1\frac{3}{8}=\frac{1\times8+3}{8}=\frac{11}{8}$$

同値分数

同じ分数でも、違う書き方ができます。例えば、ピザ半切れ（2分の1）は、4分の2と全く同じ大きさです。このように、同じ値の分数を同値分数といいます。

1 下の表を見て下さい。これは分数表というもので、整数をいろいろな単位分数に分けるときの方法を表しています。

2 2分の1が並んでいる2行目と4分の1の行と比べてみて下さい。$\frac{1}{2}$と$\frac{2}{4}$は、全体に対して同じ大きさになっているとわかりますね。

3 これで、$\frac{1}{2}$と$\frac{2}{4}$が等しく、全体に対して同じ部分を表していることがわかりました。ですので、$\frac{1}{2}$と$\frac{2}{4}$を同値分数といいます。

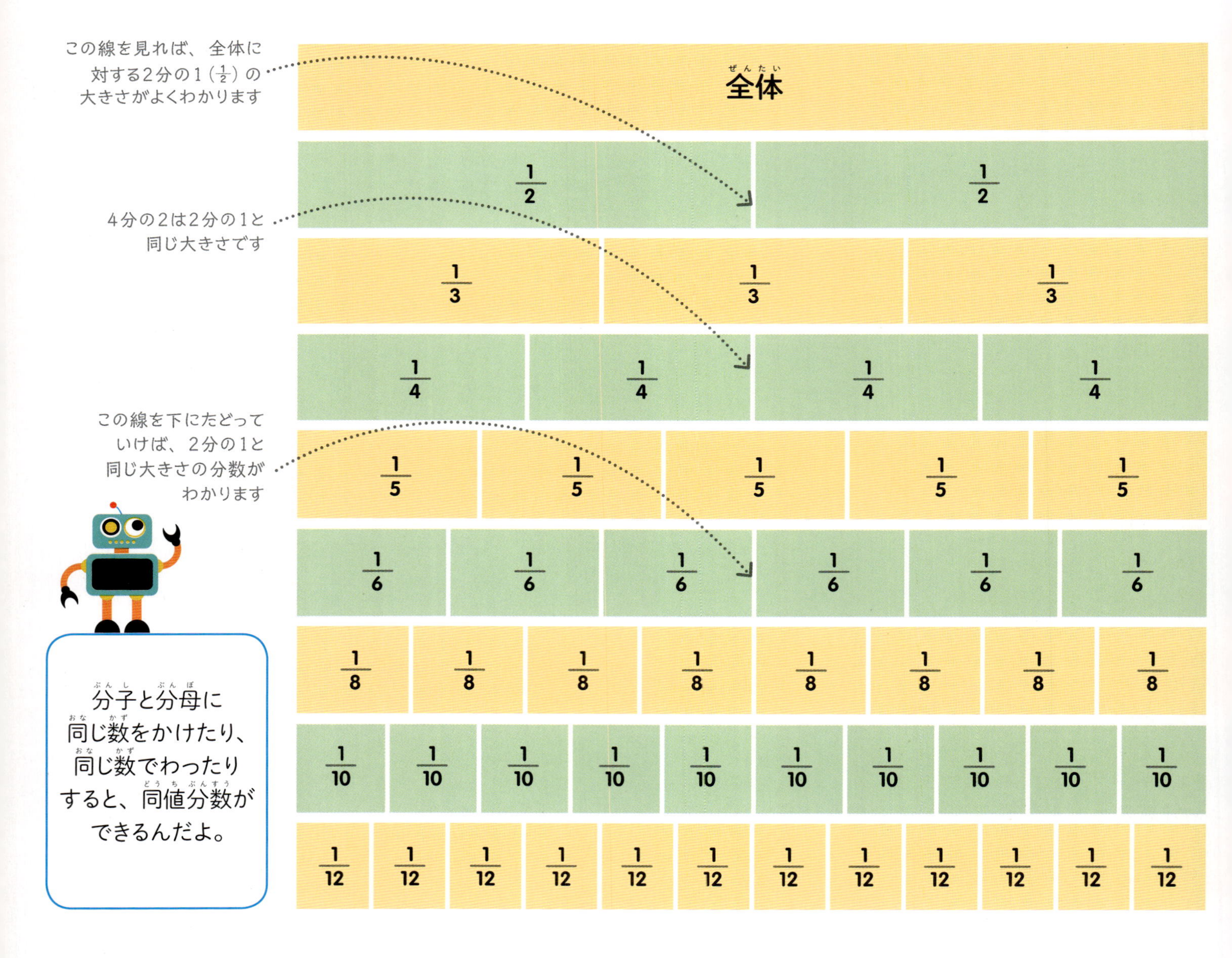

同値分数の作り方

同値分数を作るには、分数の分子と分母に整数をかけたり、整数でわったりします。分子と分母の計算には、必ず同じ整数を使いましょう！

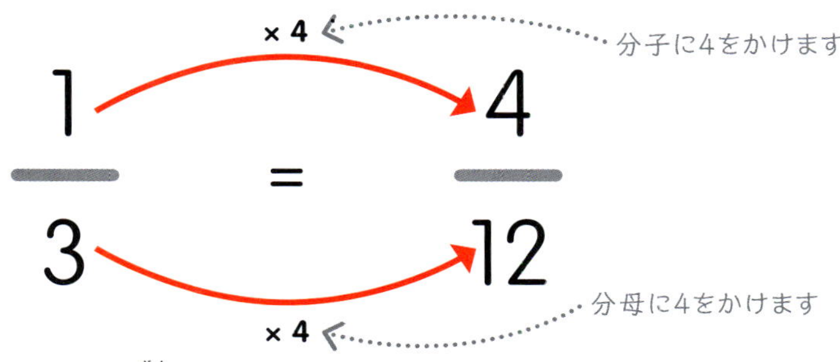

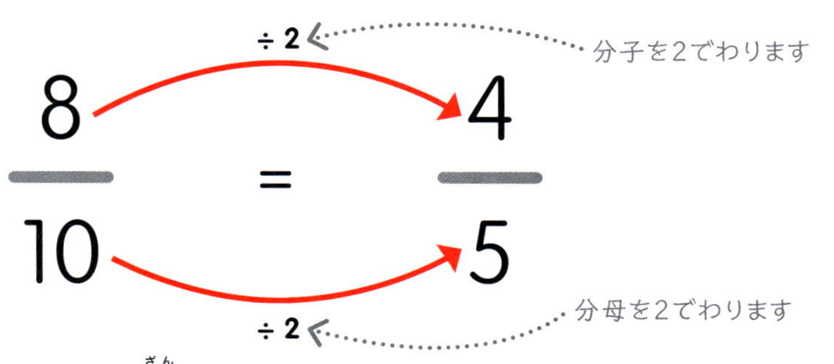

1 かけ算
$\frac{1}{3}$の分子と分母に4をかけると、$\frac{4}{12}$という同値分数になります。前のページの分数表を見て、この2つの分数が等しいかどうか、確かめてみましょう。

2 わり算
$\frac{8}{10}$の分子と分母を2でわると、$\frac{4}{5}$という同値分数に変わります。前のページの分数表を見て、$\frac{8}{10}$と$\frac{4}{5}$が等しいかどうか確かめてみましょう。

かけ算表を使って同値分数を求める方法

この表はかけ算用ですが、これを使えば、同値分数をすばやく簡単に求めることができるんですよ（106ページ参照）。

1 1行目と2行目を見て下さい。それぞれ1と2から始まっていますね。この2行の間に線があって、数を分けていると思って下さい。すると、2つの行が下のような分数になります。

$\frac{1}{2}$　$\frac{2}{4}$　$\frac{3}{6}$　$\frac{4}{8}$　$\frac{5}{10}$　…

2 最初の分数は$\frac{1}{2}$です。そこから行に沿って$\frac{12}{24}$まで見ていくと、他の分数もみな$\frac{1}{2}$と等しいことがわかります。

3 表の中で隣同士になっていない行を使っても同じことができます。例えば、7と11の行を組み合わせれば、$\frac{7}{11}$と等しい分数の行ができます。

$\frac{7}{11}$　$\frac{14}{22}$　$\frac{21}{33}$　$\frac{28}{44}$　$\frac{35}{55}$　…

×	1	2	3	4	5	6	7	8	9	10	11	12
1	1	2	3	4	5	6	7	8	9	10	11	12
2	2	4	6	8	10	12	14	16	18	20	22	24
3	3	6	9	12	15	18	21	24	27	30	33	36
4	4	8	12	16	20	24	28	32	36	40	44	48
5	5	10	15	20	25	30	35	40	45	50	55	60
6	6	12	18	24	30	36	42	48	54	60	66	72
7	7	14	21	28	35	42	49	56	63	70	77	84
8	8	16	24	32	40	48	56	64	72	80	88	96
9	9	18	27	36	45	54	63	72	81	90	99	108
10	10	20	30	40	50	60	70	80	90	100	110	120
11	11	22	33	44	55	66	77	88	99	110	121	132
12	12	24	36	48	60	72	84	96	108	120	132	144

分数を簡単にする方法

分子と分母の数を小さくして、計算しやすい同値分数に直すことを、「分数を約分する」といいます。

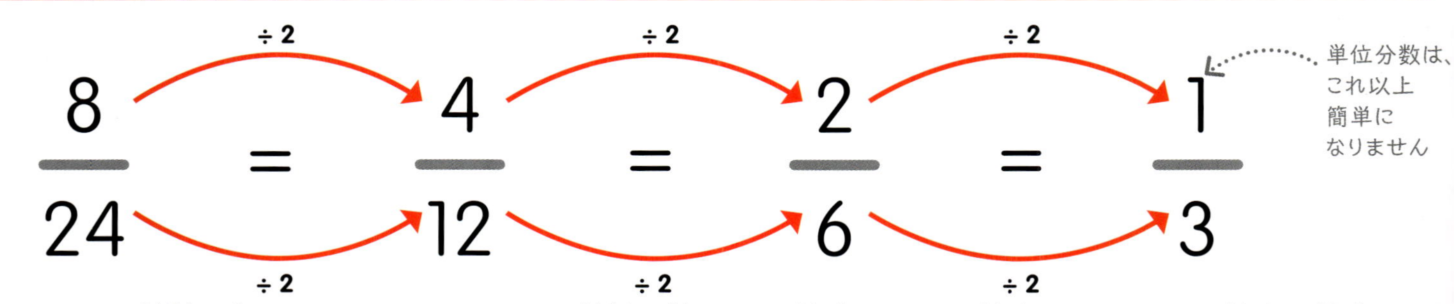

1 $\frac{8}{24}$という分数を見てみましょう。この分数の分子と分母を2で わると、$\frac{4}{12}$という同値分数ができます。

2 $\frac{4}{12}$は、もっと簡単な分数に直せるでしょうか? 分子と分母をさらに2でわると、$\frac{2}{6}$になりました。

3 今度は、$\frac{2}{6}$の分子と分母をもう一度2で割って簡単にすると、$\frac{1}{3}$になりました。

4 $\frac{1}{3}$の分子と分母はこれ以上われませんので、これで最も簡単な形になりました。

最大公約数を使って分数を簡単にする方法

分数を簡単にするには、上のように何度も計算する代わりに、分子と分母を最大公約数で割ることもできます。公約数のことは、29ページで勉強しましたね。

1 それでは、$\frac{15}{21}$という分数を簡単にしてみましょう。29ページで習った方法を使って、まずは分子「15」の約数を全部書き出します。この数の約数は、1、3、5、15です。

2 今度は、分母「21」の約数を求めます。この数の約数は、1、3、7、21ですね。分子と分母の公約数は1と3、そして最大公約数は3になります。

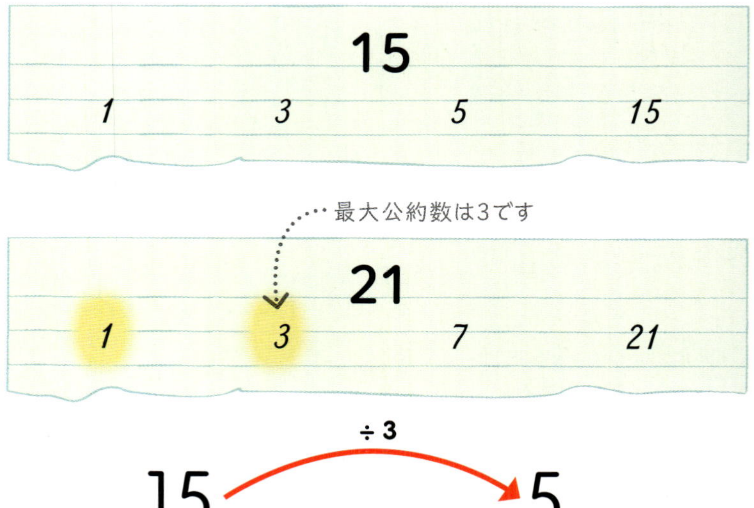

3 そこで、分子と分母を3でわり、$\frac{5}{7}$という答えを出します。これで、$\frac{15}{21}$という分数の最も簡単な形は、$\frac{5}{7}$になることがわかりましたね。

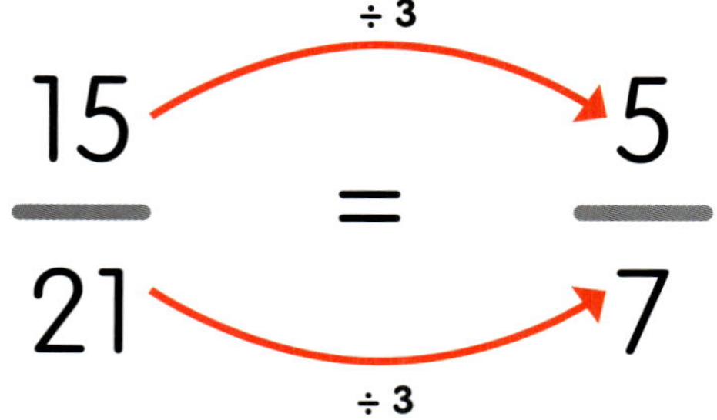

分数が表している大きさの求め方

分数が表している大きさを求めるには、全体の数を分母でわって、その答えに分子をかけるんだよ。

分数が表している数や大きさを、ぴったりの整数で求めなければいけないこともあります。やり方は次の通りです。

1 右の12頭の牛を見てみましょう。この群れの3分の2は、何頭になるでしょうか？

12 の $\frac{2}{3}$ は？

2 まず、12を分数の分母「3」でわって、この群れの3分の1が何頭になるかを求めます。答えは12 ÷ 3 = 4なので、群れの3分の1には牛が4頭いるということです。

12 の $\frac{1}{3}$ は4

3 12の3分の1は4だとわかりましたので、3分の2を求めるために、4に2をかけます。答えは4 × 2 = 8になるので、12の3分の2は8だとわかりましたね。

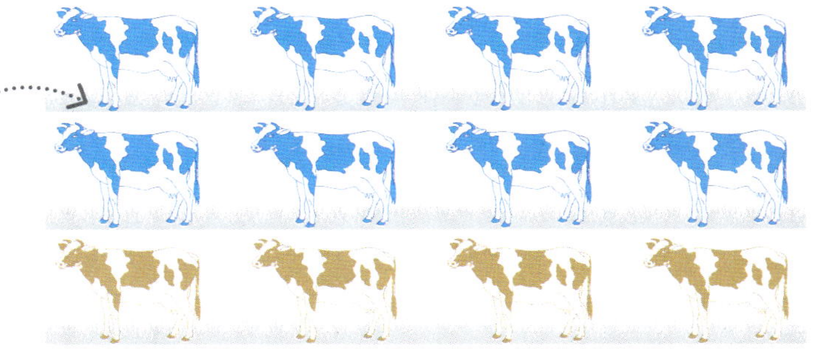

12 の $\frac{2}{3}$ は 8

やってみよう

ニワトリを数えよう

ある農夫が24羽のニワトリを飼っています。彼が群れの $\frac{3}{4}$ を売ることに決めたとすると、市場には何羽持っていくことになるでしょう？

答えは319ページ

分母が同じ分数の比べ方

分数を比べたり順番をつけたりするときは、まず分母を見ます。分母が同じであれば、あとは分子の順番に並べていくだけです。

1 右に並んでいる分数を見て下さい。最も小さい分数から順番に並べるには、どうすればいいでしょうか?

2 どの分数も分母が「8」になっています。分母は、分数の下段にあって、全体を何等分したかを表している数でしたね。

3 どの分母も同じ数ですので、分子を見るだけで、分数の大きさを比べられます。

4 分子は、等分したものが何個分あるかを表しています。分子の数が大きいと、それだけ持っている部分も多いということです。それでは、分数を小さい順に並べていきましょう。

5 上段の分数をさやに入った豆で表せば、どれが最も小さくてどれが最も大きいのかが、簡単にわかります。

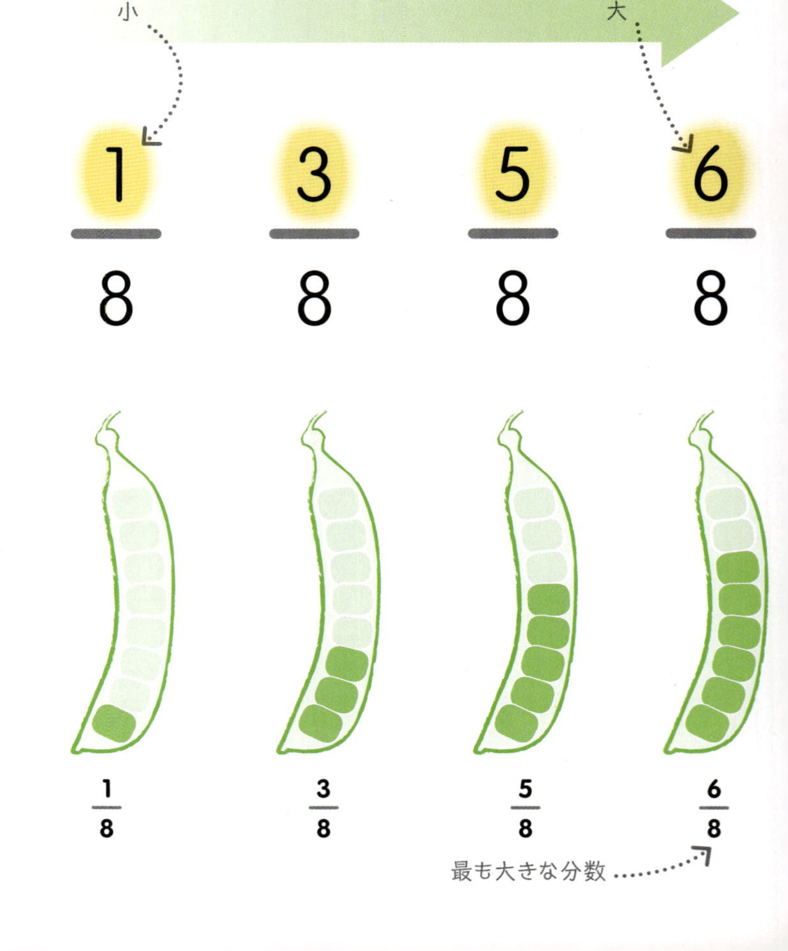

分母が同じ数になっているときは、分子の数が大きいほど、分数も大きくなるんだよ。

分母が違う分数の比べ方

単位分数とは、分子が1になっている分数のことです。
単位分数を比べるには、まず違う分母を比べてから、順番に並べます。

1 右の分数はまぜこぜになっています。これを小さい方から順に並べてみましょう。

2 どの分数も、分子は同じ数になっていますね。それぞれの分数が、何等分かしたうちの1個分だけあるということです。

3 分母を見れば、分数の大きさを比べることができます。分母が大きければ、全体がたくさんの等しい部分に分かれているということです。

4 全体を、分ける部分の数が多ければ多いほど、その部分は小さくなります。つまり、分母が大きいほど、分数は小さくなるのです。分母を使って、分数を小さい方から順に並べていきましょう。

5 これを1本のニンジンの長さで表してみます。分母が大きいときほど、それぞれの部分が小さくなることがわかりますね。

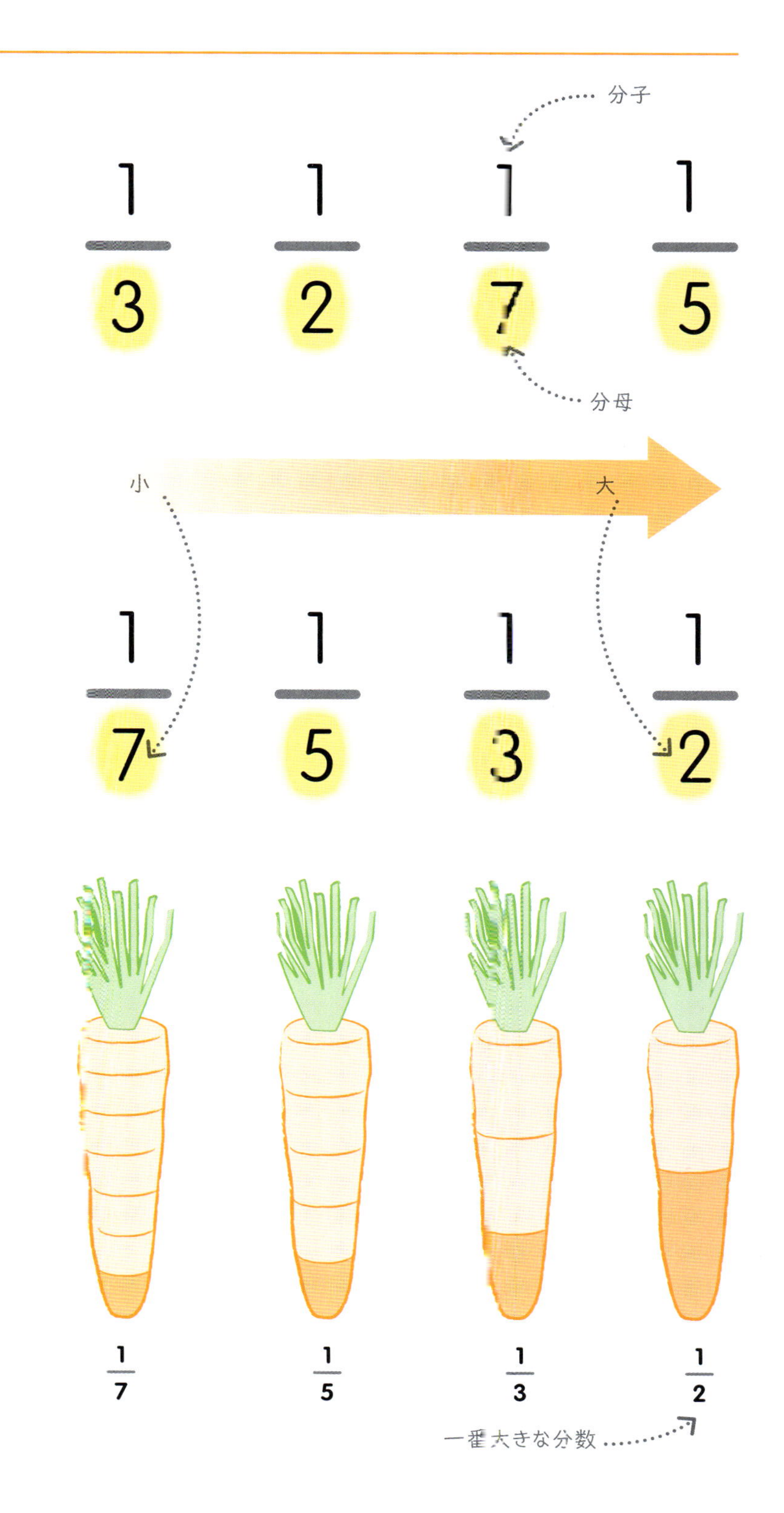

分子が同じ数になっている
ときは、分母の数が
小さいほど、分数は
大きくなるんだね。

分子が1ではない分数の比べ方

分子が1ではない分数を比べるためには、両方の分母が同じ数になるように直さなければなりません。これを「通分する」といいます。

1 右の2つの分数は、どちらが大きいでしょうか？ 分母の数が同じになるように分数をかえれば、分子の数で比べられるようになります。

2 分数の分母をそろえるためには、それぞれの分数にもう片方の分母をかけることです。まず、$\frac{3}{5}$の分母は5ですので、$\frac{2}{3}$の分子と分母に5をかけましょう。

3 次に、$\frac{2}{3}$の分母は3ですので、$\frac{3}{5}$の分子と分母に3をかけて同値分数に直します。

4 これで、2つの分数を簡単に比べられるようになりました。$\frac{10}{15}$は$\frac{9}{15}$より大きいので、同値分数である元の分数2つも同じ関係になります。つまり、$\frac{2}{3} > \frac{3}{5}$になるということです。

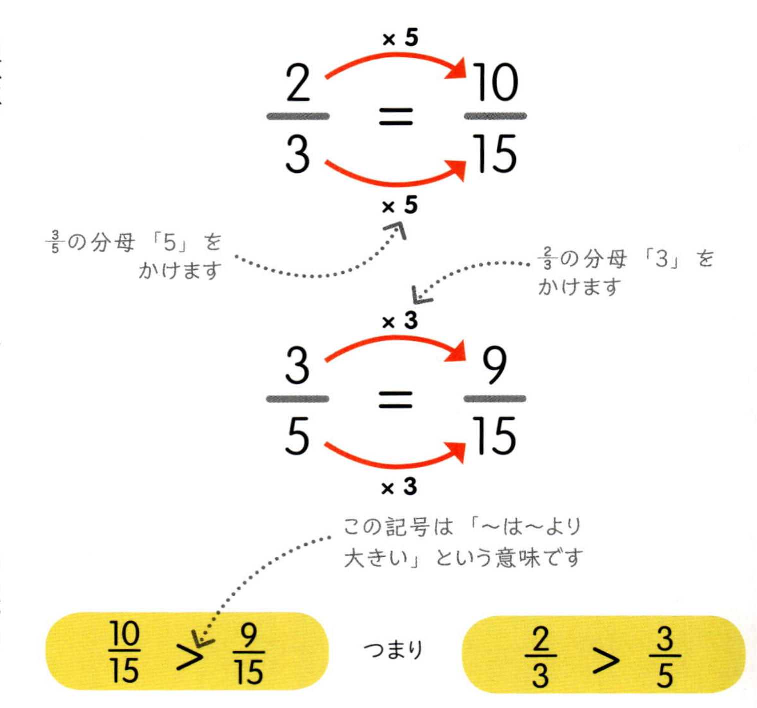

数直線を使って分数を比べる方法

整数のときと同じように、分数も数直線を使って比べることができます。この数直線は0から1までの分数を表していますが、上は4等分、下は5等分になっています。

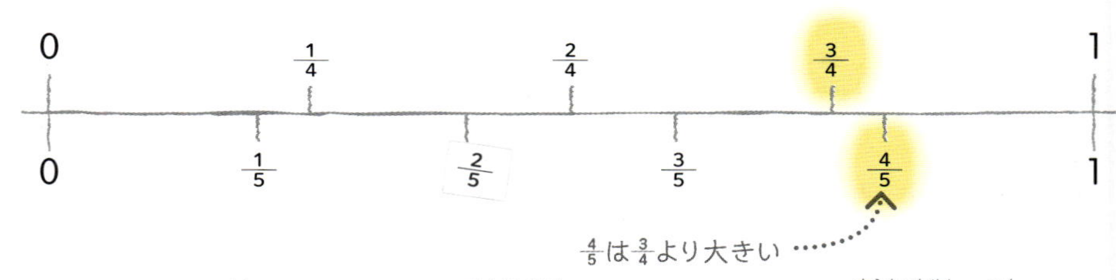

1 $\frac{3}{4}$と$\frac{4}{5}$を比べてみましょう。数直線に沿って見ていけば、$\frac{3}{4}$よりも$\frac{4}{5}$の方が大きいと簡単にわかりますね。

2 このような数直線を作れば、どんな分数も比べられます。

分母の最小公倍数を使う方法

分数の大きさを変えないで、同じ分母に直すためには、最小公倍数を使うのが一番簡単です。

1 $\frac{3}{4}$と$\frac{7}{10}$という分数を比べてみましょう。この2つを比べるには、分母の数がそろうように、分数を通分します。

$\frac{3}{4}$? $\frac{7}{10}$

2 2つの分母の最小公倍数を探しましょう。最小公倍数のことは、31ページで習いましたね。数直線を使うと、20が4と10の最小公倍数だとわかります。それでは、分母を20にそろえるために通分しましょう。

0 4 8 12 16 20
4の倍数

0 10 20
10の倍数

3 そのためには、20が元の分母の何倍になっているかを調べて、その数を分子と分母にかけます。

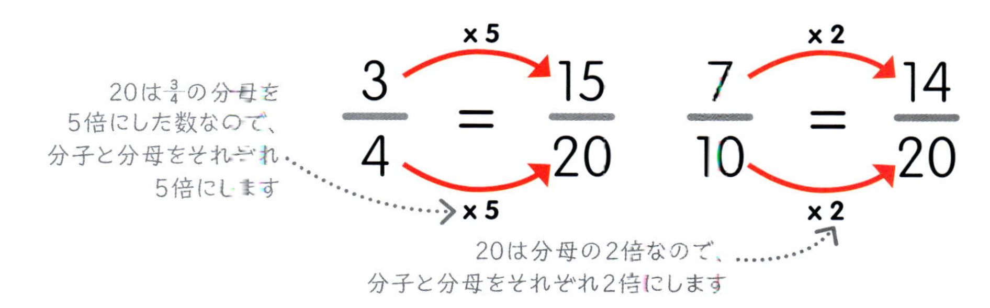

4 これで分母の数がそろいましたので、簡単に分子を比べることができます。$\frac{15}{20}$は$\frac{14}{20}$より大きいので、$\frac{3}{4}$は$\frac{7}{10}$より大きいということになります。

$\frac{15}{20} > \frac{14}{20}$ つまり $\frac{3}{4} > \frac{7}{10}$

やってみよう

テストで1番になったのは誰?

算数のテストで、ジークは$\frac{4}{5}$問、ウークは$\frac{5}{6}$問正解しました。成績が良かったのはどちらでしょう? 少しヒントを教えます。まず、分母の最小公倍数を求めるといいですよ!

答えは319ページ

分数のたし算

分数のたし算をするときは、分子だけをたしますが、まず分母の数がそろっているかどうか確かめなければいけません。

分数のたし算は分子だけをたせばいいから、分母は変わらないよ。

分母が同じ分数のたし算

分母が同じ数になっている分数をたすときは、分子同士をたすだけです。なので、$\frac{1}{5}$に$\frac{2}{5}$をたせば、$\frac{3}{5}$になります。

5分の1に5分の2をたすと5分の3になります

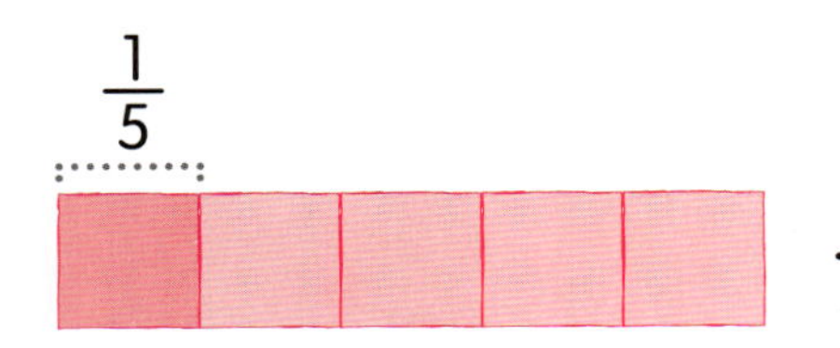

+

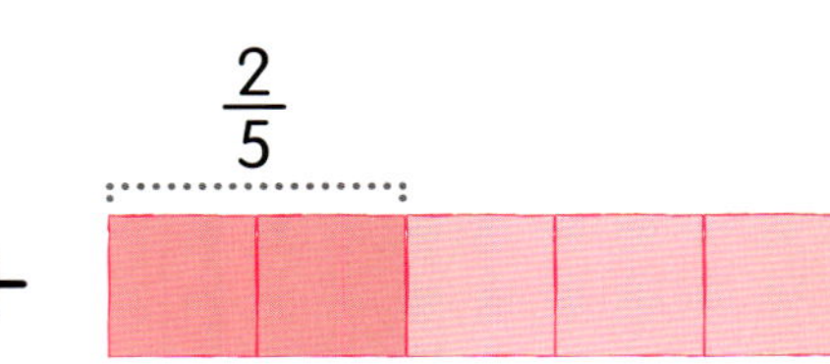

=

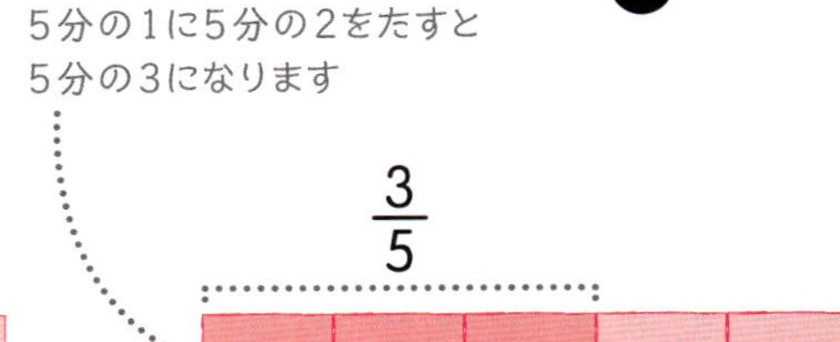

分母が違う分数のたし算

1 $2\frac{1}{4}+\frac{1}{6}$を計算してみましょう。まずは、帯分数を仮分数に直さなければいけません。

$$2\frac{1}{4}+\frac{1}{6}=?$$

2 $2\frac{1}{4}$を仮分数にします。整数の2に分母の4をかけて、分子の1をたすと、$\frac{9}{4}$になります。これで、前の式を$\frac{9}{4}+\frac{1}{6}$に直すことができます。

$$2\frac{1}{4}=\frac{2\times4+1}{4}=\frac{9}{4}$$

3 次に、2つの分数を通分して同じ分母にします。分母の最小公倍数は12ですので、51ページで習ったように、分母を12に直します。

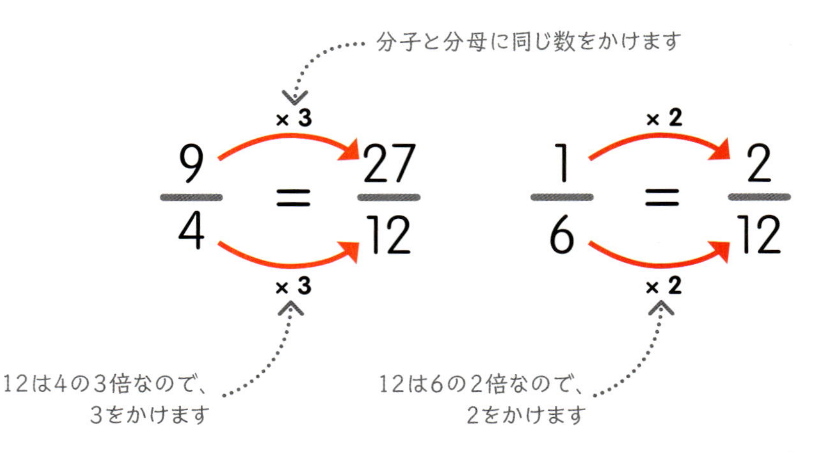

4 ここで、2つの分数の分子をたすと、$\frac{29}{12}$になります。最後に、その答えを帯分数に直します。

$$\frac{27}{12}+\frac{2}{12}=\frac{29}{12}$$

つまり

$$2\frac{1}{4}+\frac{1}{6}=2\frac{5}{12}$$

仮分数$\frac{29}{12}$を帯分数に直しました

分数のひき算

分数のひき算をするには、まず分母がそろっているかどうか確かめます。
そして、分子だけをひき算します。

分母が同じ分数のひき算

分母が同じ分数のひき算は、分子をひき算するだけです。つまり、$\frac{3}{4}$から$\frac{1}{4}$をひくと、$\frac{2}{4}$、すなわち$\frac{1}{2}$になります。

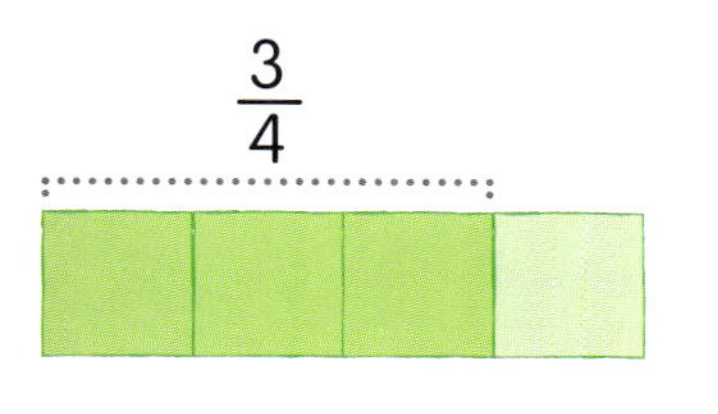
$\frac{3}{4}$

−

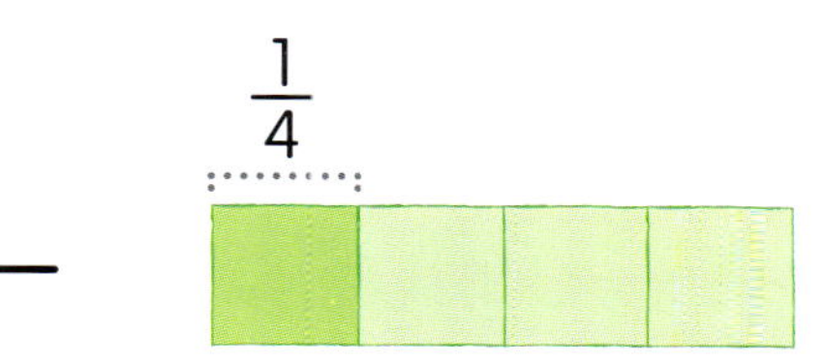
$\frac{1}{4}$

=

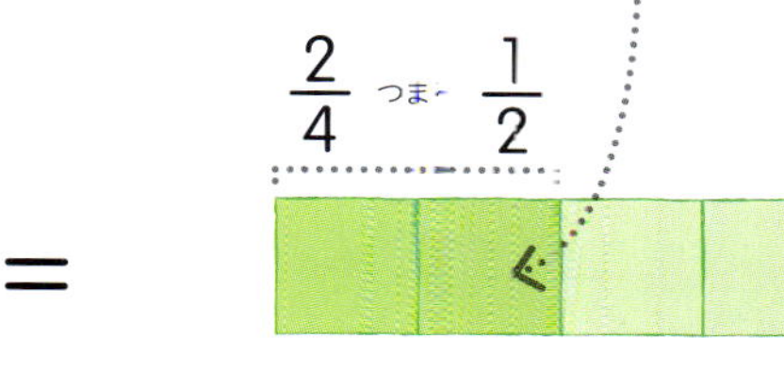
$\frac{2}{4}$ つまり $\frac{1}{2}$
元の4分の3のうち
2つが残ります

分母が違う分数のひき算

1 $3\frac{1}{2}-\frac{2}{5}$を計算してみましょう。分数のたし算と同じように、まずは帯分数を仮分数に直して、それから分数の分母をそろえなければいけません。

$$3\frac{1}{2}-\frac{2}{5}=?$$

2 整数に分数の分母「2」をかけ、それから分子「1」をたして、$3\frac{1}{2}$を$\frac{7}{2}$という仮分数に直します。

$$3\frac{1}{2}=\frac{3\times2+1}{2}=\frac{7}{2}$$

3 今度は、分数を通分して分母をそろえます。$\frac{7}{2}$と$\frac{2}{5}$の分母の最小公倍数は10ですので、2つの分数の分母を10に変えます。

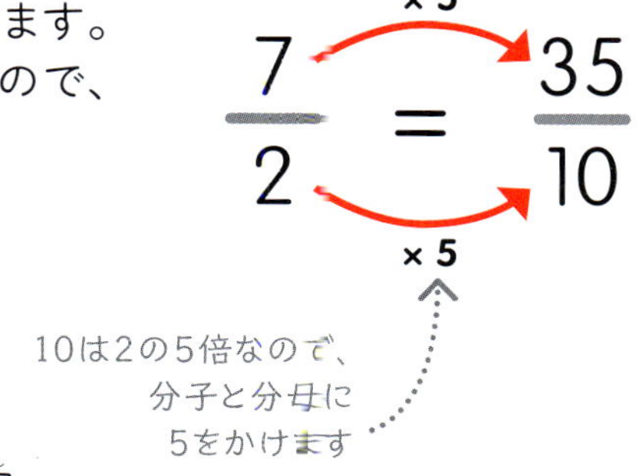
$\frac{7}{2}=\frac{35}{10}$
×5
×5
10は2の5倍なので、
分子と分母に
5をかけます

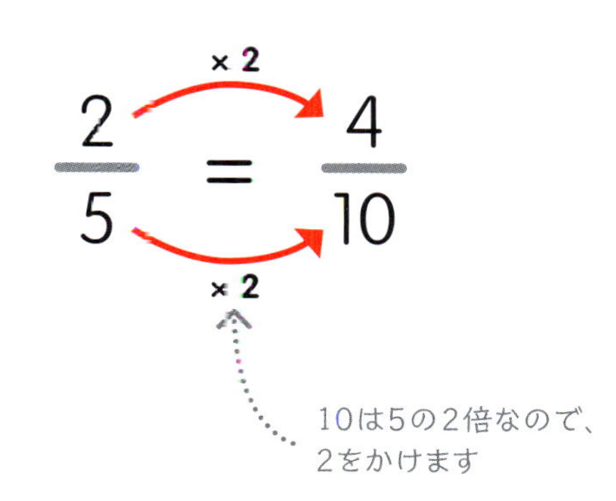
$\frac{2}{5}=\frac{4}{10}$
×2
×2
10は5の2倍なので、
2をかけます

4 これで、$\frac{35}{10}-\frac{4}{10}=\frac{31}{10}$というように、分子だけをひき算できるようになりました。$\frac{31}{10}$を帯分数に戻せば、計算は終わりです。

$$\frac{35}{10}-\frac{4}{10}=\frac{31}{10}$$ つまり $$3\frac{1}{2}-\frac{2}{5}=3\frac{1}{10}$$

分数のかけ算

分数に、整数や別の分数をかけるときのやり方を見てみましょう。

整数をかけるときと分数をかけるときの違い

分数をかけるとどうなるでしょうか？ 4に整数と真分数をかけてみましょう。真分数は、1より小さい分数でしたね。

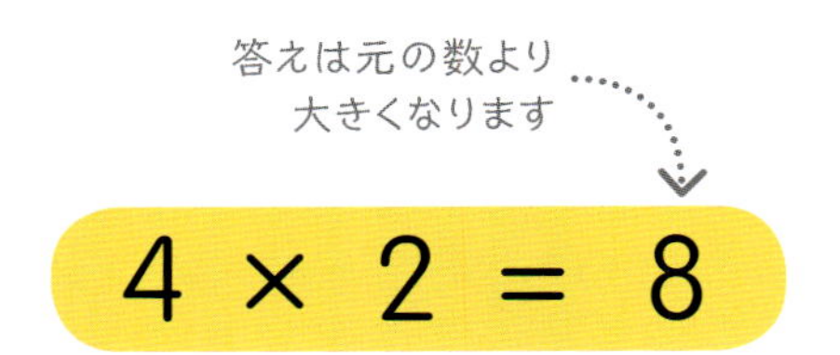

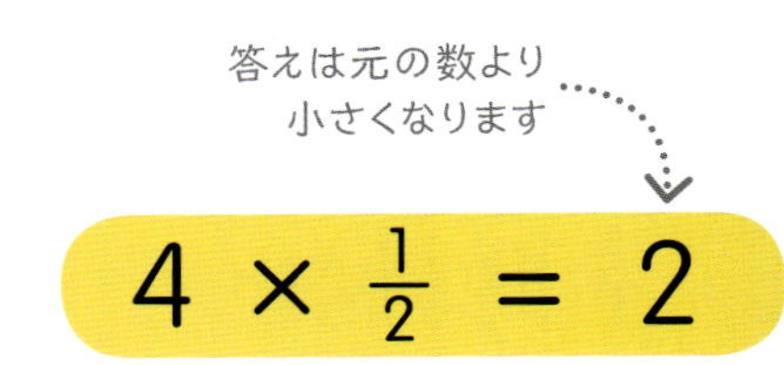

1 整数をかけるとき
4に2をかけると、8になります。こちらは思った通り、かけ算をすると数が大きくなりましたね。

2 分数をかけるとき
4に$\frac{1}{2}$をかけると、2になります。真分数をかけると、答えは必ず元の数より小さくなるのです。

分数に整数をかけるときの計算

分数に整数をかけるとどうなるか、いろいろな計算を見ながら考えてみましょう。

1 $\frac{1}{2} \times 3$を計算してみましょう。これは、$\frac{1}{2}$が3組あるのと同じことですので、数直線上で3つの2分の1をたしていくと、$1\frac{1}{2}$になります。

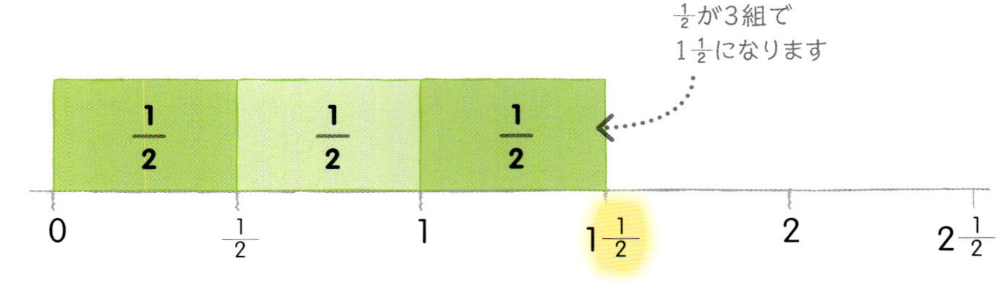

2 それでは、数直線上で$\frac{3}{4} \times 3$を解いてみましょう。3組の4分の3の中にある$\frac{1}{4}$を全部たすと、$2\frac{1}{4}$になります。

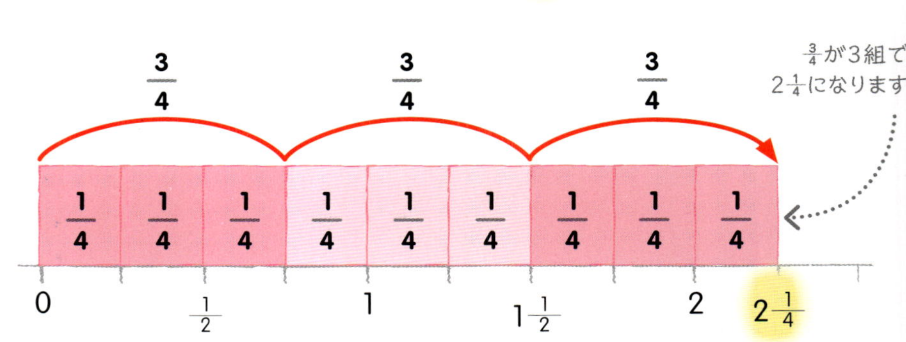

3 数直線なしで同じ計算をするには、右の式のように、分子の数に整数をかけるだけで答えが出せます。

$$\frac{1}{2} \times 3 = \frac{1 \times 3}{2} = \frac{3}{2} \text{ すなわち } 1\frac{1}{2}$$

$$\frac{3}{4} \times 3 = \frac{3 \times 3}{4} = \frac{9}{4} \text{ すなわち } 2\frac{1}{4}$$

分数表を使った分数のかけ算

分数をかけるということは、分母の数に分けた1つ分を求めるということです。$\frac{1}{2}$をかけるということは、2つに分けた1つ分を、$\frac{1}{4}$をかけるということは、4つに分けた1つ分を求める、ということです。

全体			
$\frac{1}{4}$	$\frac{1}{4}$	$\frac{1}{4}$	$\frac{1}{4}$

全体			

これは、元の4分の1が半分になったものです

全体			
$\frac{1}{8}$	$\frac{1}{8}$	$\frac{1}{8}$	$\frac{1}{8}$
$\frac{1}{8}$	$\frac{1}{8}$	$\frac{1}{8}$	$\frac{1}{8}$

1 $\frac{1}{4}\times\frac{1}{2}$の計算では、これが「$\frac{1}{4}$の半分」だと考えましょう。まずは、全体を4つの$\frac{1}{4}$に分けて、そのうち1つだけ暗くします。

2 それでは、$\frac{1}{4}$の半分を求めるために、4つの$\frac{1}{4}$の真ん中に線を引きます。$\frac{1}{4}$をそれぞれ半分にすると、今度は同じ大きさ8つに分かれますね。

3 元の$\frac{1}{4}$の上半分を暗くしましょう。これは$\frac{1}{4}$の半分ですが、全体の$\frac{1}{8}$でもあります。つまり、$\frac{1}{4}\times\frac{1}{2}=\frac{1}{8}$だということです。

$$\frac{1}{4}\times\frac{1}{2}=?$$

$\frac{1}{4}\times\frac{1}{2}$の計算は、「$\frac{1}{4}$の半分」と同じことです

$$\frac{1}{4}\times\frac{1}{2}=\frac{1}{8}$$

分数のかけ算のやり方

今度は、分数表なしで分数をかけ算する方法を見ていきましょう。

分数のかけ算は、まず分子同士をかけて、それから分母同士をかけて、新しい分母を作るんだ。

1 右の式を見て下さい。分子同士と分母同士をかけ算して答えを出していますね。

$$\frac{1}{2}\times\frac{1}{6}=?$$

分子同士をかけ算します

$$\frac{1}{2}\times\frac{1}{6}=\frac{1\times1}{2\times6}=\frac{1}{12}$$

分母同士をかけ算します

2 それでは、分子が1ではない分数のかけ算をしてみましょう。やり方は全く同じです。分子同士と分母同士をかけ算すれば、答えが出てきますよ。

$$\frac{2}{5}\times\frac{2}{3}=?$$

分子同士をかけ算します

$$\frac{2}{5}\times\frac{2}{3}=\frac{2\times2}{5\times3}=\frac{4}{15}$$

分母同士をかけ算します

分数のわり算

整数を真分数でわると、数が大きくなります。分数のわり算には、分数表を使うこともできますが、計算していく方法もあります。

整数でわるときと分数でわるときの違い

整数を真分数でわるときは、別の整数でわるときと比べて、どんな違いが出てくるのでしょうか? 真分数とは、1より小さい分数でしたね。

$$8 \div 2 = 4$$

1 整数でわるとき
8を2でわると、答えは4になります。こちらは思った通り、わり算すると数が小さくなりましたね。

分数でわると、元の数よりも大きい数になります

$$8 \div \frac{1}{2} = 16$$

2 真分数でわるとき
8を$\frac{1}{2}$でわるのは、8の中にいくつ2分の1があるのかを求めているのと同じことです。答えは16になり、元の数の8より大きくなりました。

分数を整数でわるとき

分数を整数でわると、どうして分数が小さくなるのでしょう? 分数表を使えば、その理由がわかります。

$$\frac{1}{2} \div 2 = ?$$

全体			
$\frac{1}{2}$		$\frac{1}{2}$	
$\frac{1}{4}$	$\frac{1}{4}$	$\frac{1}{4}$	$\frac{1}{4}$

$\frac{1}{2}$をわって2つの等しい部分に分けると、新しくできた部分はそれぞれ全体の$\frac{1}{4}$になります

1 $\frac{1}{2} \div 2$は、「$\frac{1}{2}$を2人で分けたもの」と考えることができます。分数表を見ると、$\frac{1}{2}$を2等分すれば、新しくできた部分はそれぞれ全体の$\frac{1}{4}$になっていることがわかります。

$$\frac{1}{2} \div 2 = \frac{1}{4}$$

$$\frac{1}{4} \div 3 = ?$$

全体											
$\frac{1}{4}$			$\frac{1}{4}$			$\frac{1}{4}$			$\frac{1}{4}$		
$\frac{1}{12}$	$\frac{1}{12}$	$\frac{1}{12}$	$\frac{1}{12}$	$\frac{1}{12}$	$\frac{1}{12}$	$\frac{1}{12}$	$\frac{1}{12}$	$\frac{1}{12}$	$\frac{1}{12}$	$\frac{1}{12}$	$\frac{1}{12}$

$\frac{1}{4}$を3つに分けると、$\frac{1}{12}$が3つできます

2 今度は、$\frac{1}{4} \div 3$を解いてみましょう。分数表では、$\frac{1}{4}$をわって3つの等しい部分に分けると、新しくできた部分はそれぞれ全体の$\frac{1}{12}$になっています。

$$\frac{1}{4} \div 3 = \frac{1}{12}$$

分数を整数でわる方法

分数を整数でわるときは、数を逆さまにすると簡単に計算できます。

1 右の式を見て下さい。3つの式には決まった法則があるのですが、わかりますか？ 整数と分母の数をかければ、答えの分母ができます。この法則を使えば、分数表を見なくても分数でわることができます。

$$\frac{1}{2} \div 8 = \frac{1}{16}$$

$$\frac{1}{3} \div 2 = \frac{1}{6}$$

$$\frac{1}{4} \div 3 = \frac{1}{12}$$

元の分母に整数をかけると、答えの分母になります

4と3をかけると、12になります

2 それでは、$\frac{1}{2} \div 3$を解いてみましょう。まずは、整数を分数に直さなければいけません。

$$\frac{1}{2} \div 3 = ?$$

3 整数の3を書き直して分数にするには、右のように、3を分子にして1を分母にします。

$$3 = \frac{3}{1}$$

整数が分子になります

整数を分数に直すときは、必ず分母が1になります

4 次に、新しくできた分数を逆さまにして、わり算の記号をかけ算の記号に変えます。これで、前の式が$\frac{1}{2} \times \frac{1}{3}$になりました。

$$\frac{1}{2} \div \frac{3}{1} = \frac{1}{2} \times \frac{1}{3}$$

分母が分子になります

記号が÷から×に変わります

分子が分母になります

5 あとは、2つの分子をかけて、それから2つの分母をかけるだけです。これで、$\frac{1}{6}$という答えが出ます。

$$\frac{1}{2} \div 3 = \frac{1}{2} \times \frac{1}{3} = \frac{1}{6}$$

やってみよう

わり算の復習

今度は自分で解いてみましょう！ 分数のわり算ができるようになったか、次のちょっと難しい問題で試してみましょう。

答えは319ページ

❶ $\frac{1}{10} \div 2 = ?$ ❷ $\frac{1}{2} \div 5 = ?$

❸ $\frac{1}{7} \div 3 = ?$ ❹ $\frac{2}{3} \div 4 = ?$

小数

小数は、整数と分数からできていると考えることもできます。
小数点という点が、小数の2つの部分（整数と分数）を分けています。

1 例えば、このレースの走者のタイムを記録するなど、何かを正確に測りたいときには、小数がとても便利です。

2 右のスコアボードで、小数点の左側にある数字は、整数の秒数を表しています。小数点の右側の数字は、秒の一部、つまり分数を表しています。

小数も分数の仲間です！

小数点の後の数字は、1より小さい数を表していますが、これは分数を別の書き方にしただけです。それでは、この仕組みを見てみましょう。

1 十分の一の位

$2\frac{7}{10}$を位の列に入れると、整数の2は一の位に入り、7は十分の一の位に入って$\frac{7}{10}$を表します。ですから、$2\frac{7}{10}$を2.7と書くこともできます。

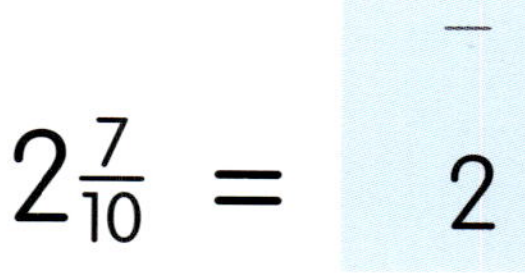

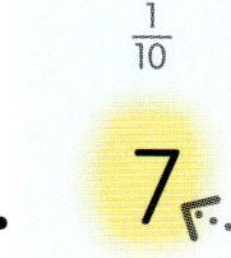

	一		$\frac{1}{10}$
$2\frac{7}{10}$ =	2	.	7

十分の一の位に入っている7は、$\frac{7}{10}$を表しています

2 百分の一の位

今度は、$2\frac{27}{100}$で同じことをやってみましょう。数字の全てを位の列に入れると、$2\frac{27}{100}$が2.72と同じだとわかります。

	一		$\frac{1}{10}$	$\frac{1}{100}$
$2\frac{72}{100}$ =	2	.	7	2

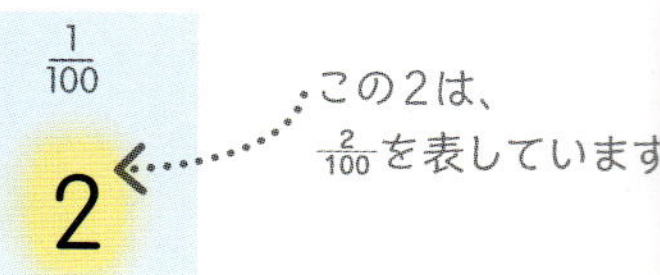

この2は、$\frac{2}{100}$を表しています

3 千分の一の位

最後に、$2\frac{721}{1000}$を位の列に入れると、$2\frac{721}{1000}$が2.721と同じだとわかりますね。

この1は、$\frac{1}{1000}$を表しています

	一		$\frac{1}{10}$	$\frac{1}{100}$	$\frac{1}{1000}$
$2\frac{721}{1000}$ =	2	.	7	2	1

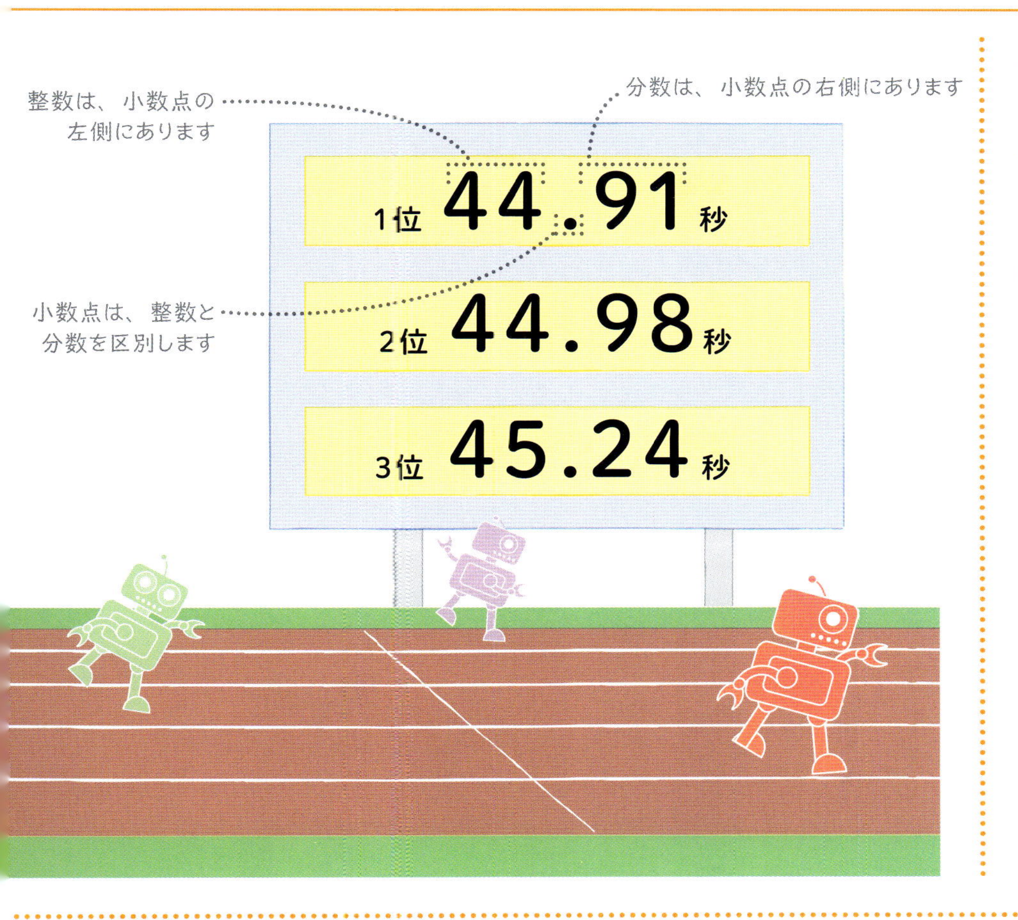

分数変換表

この表は、最もよく使われる分数と、それに等しい小数を表したものです。

分数	小数
$\frac{1}{1000}$	0.001
$\frac{1}{100}$	0.01
$\frac{1}{10}$	0.1
$\frac{1}{5}$	0.2
$\frac{1}{4}$	0.25
$\frac{1}{3}$	0.33…
$\frac{1}{2}$	0.5
$\frac{3}{4}$	0.75

分数を小数に直す方法

分数を小数に直すには、まず分母が10、100、または1000の同値分数に変えます。それには、分母をかけると10、100、または1000になる数を求めます。

1 $\frac{1}{2}$は0.5と同じ

分子と分母に5をかければ、$\frac{1}{2}$を$\frac{5}{10}$に変えられます。$\frac{5}{10}$を位の列に入れると、0.5という小数ができます。

$$\frac{1}{2} = \frac{5}{10} = 0.5$$

× 5　分子に5をかけます

× 5　分母に5をかけます

一		$\frac{1}{10}$
0	.	5

十分の一の位にある5は、「10分の5」という意味です

2 $\frac{1}{4}$は0.25と同じ

$\frac{1}{4}$の分子と分母に25をかければ、$\frac{25}{100}$に変えられます。新しくできた分数を位の列に入れると、$\frac{25}{100}$が0.25になることがわかりますね。

$$\frac{1}{4} = \frac{25}{100} = 0.25$$

× 25

× 25

一		$\frac{1}{10}$	$\frac{1}{100}$
0	.	2	5

$\frac{25}{100}$は0.25と同じ

小数を比べる方法と順番に並べる方法

小数を比べるときは、まず位が最も大きい数字を見るんだよ。

小数を比べたり順番に並べたりするときは、整数を比べるときと同じように、位の値について習ったことを使います。

小数を比べる方法

小数を比べるときは、まず位が最も大きい数字を比べて、どちらの数が大きいかを判断します。

一		$\frac{1}{10}$	$\frac{1}{100}$
0	.	1	
0	.	0	1

このゼロは、十分の一の位に数がないことを表しています

一		$\frac{1}{10}$	$\frac{1}{100}$
2	.	6	1
2	.	6	5

5は1より大きいので、2.65の方が大きい

1 0.1は0.01より大きい
一の位にある数字は同じなので、十分の一の位にある数字を比べると、0.1の方が大きい数だとわかります。

2 2.65は2.61より大きい
今度は、百分の一の位を比べます。この位の数字を比べてみると、2つの数のうち大きい方は、2.65だとわかりますね。

小数を順番に並べる方法

22ページでは、整数を順番に並べる方法を覚えましたね。小数を順番に並べるときも、やり方は全く同じです！

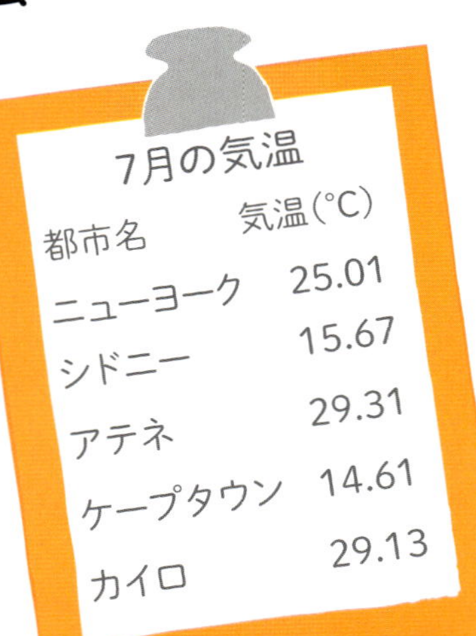

7月の気温

都市名	気温(°C)
ニューヨーク	25.01
シドニー	15.67
アテネ	29.31
ケープタウン	14.61
カイロ	29.13

最も位の大きい数字から始めて、順番に数字を比べていきます

	十	一		$\frac{1}{10}$	$\frac{1}{100}$
アテネ	2	9	.	3	1
カイロ	2	9	.	1	3
ニューヨーク	2	5	.	0	1
シドニー	1	5	.	6	7
ケープタウン	1	4	.	6	1

1 日光浴が大好きなクルーグのために、暑そうな観光地を選んであげましょう。クルーグの都市リストを見て、気温の高い都市から順番に並べていきます。整数と同じように、小数に順番をつけるときも最も位の大きい数字から比べます。

2 最も大きな数を見つけるためには、それぞれの数の最も大きい位の数字を比べます。同じときは、2番目に大きい位の数字を見ます。それでも同じときは、3番目に位の大きい数字、というように続けていきます。決着がつくまで、数を比べ続けます。

小数の四捨五入

小数の四捨五入も、整数の四捨五入と同じやり方になります（26〜27ページを見て下さい）。この仕組みを考えるには、数直線を見るのが一番簡単です。

小数も整数も四捨五入のルールは同じ。4以下の数字を切り捨てて、5以上の数字を切り上げるんだよ。

1 十分の一の位を四捨五入

これは、「十分の一の位を四捨五入して一の位にする」という意味です。1.3は十分の一の位を切り捨てて1に、1.7は切り上げて2にします。

1.3は2より1に近いので、切り捨てます

1.7は1より2に近いので、切り上げます

1 1.3 1.7 2

2 百分の一の位を四捨五入

これは、「百分の一の位を四捨五入して十分の一の位にする」という意味です。なので、1.12は百分の一の位を切り捨てて1.1に、1.15は1.2に切り上げます。

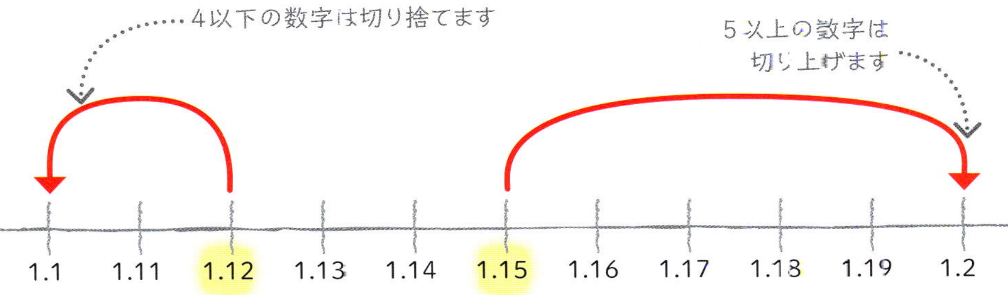

3 千分の一の位を四捨五入

千分の一の位を四捨五入して百分の一の位にすると、小数点の後に2つ数字がある数になります。なので、1.114は千分の一の位を切り捨てて1.11に、1.116は1.12に切り上げます。

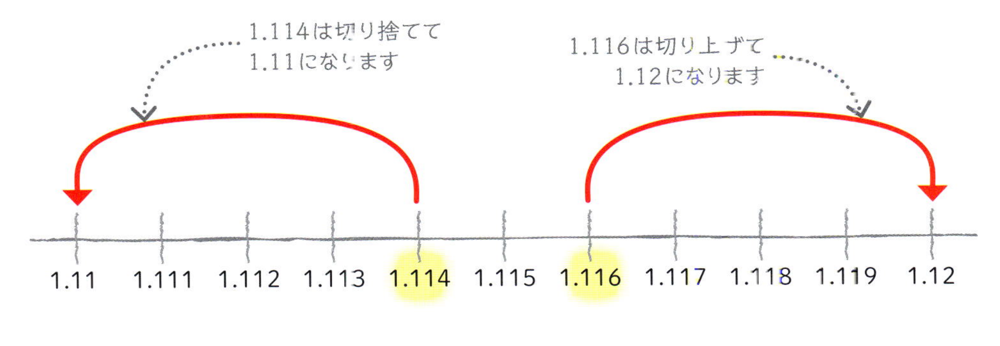

やってみよう

小数トレーニング

こちらは、メガバイト山で行われたスラローム競技の出場者のタイムをリストにしたものです。このタイムを、小数点の後に2つの数字がくるように、千分の一の位を四捨五入しましょう。一番速かったのは誰でしょう?

答えは319ページ

小数のたし算

小数は、整数と同じやり方でたし算します。
小数のたし算を筆算で解く方法は、87ページで説明します。

1 4.5と7.7をたしてみましょう。小数のたし算の仕組みがよくわかるように、この計算をブロックで表します。

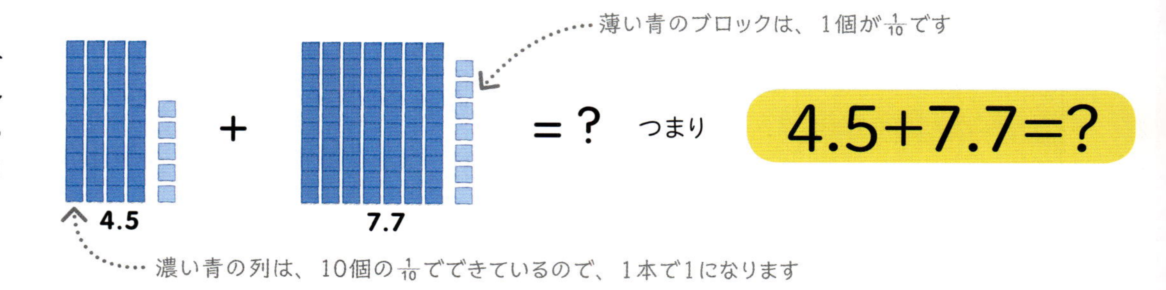

2 まず、2つの数の十分の一の位をたしましょう。0.5 + 0.7になりますね。この式の答えは $\frac{12}{10}$、すなわち1.2です。

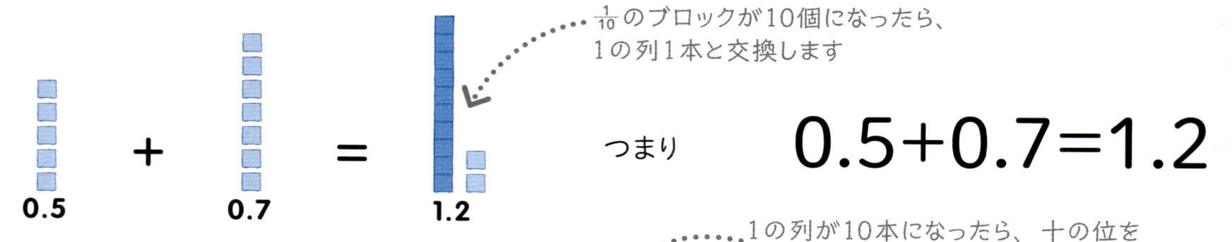

3 今度は、2つの整数をたしましょう。4と7をたすと、11になりますね。

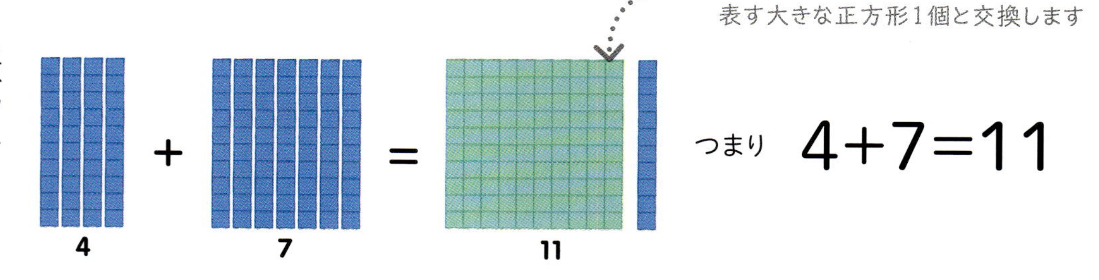

1の列が10本になったら、十の位を表す大きな正方形1個と交換します
4
+
7
=
11
つまり
4+7=11

4 これで、1.2と11という2つの答えをたせるようになり、12.2という最終的な答えが出ました。

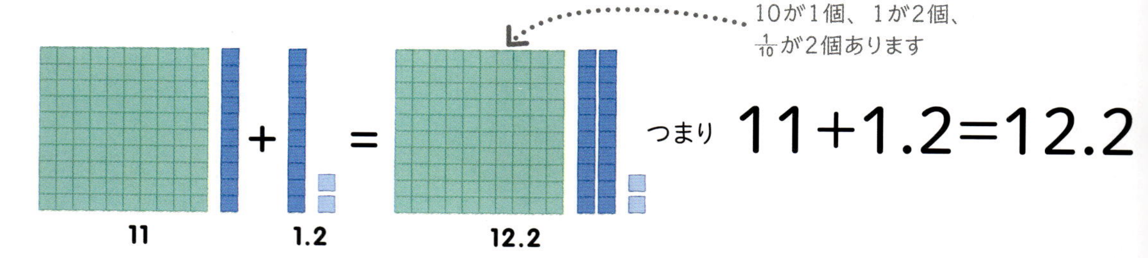

5 4.5 + 7.7 = 12.2になることがわかりましたね。この計算の筆算は、右のようになります。小数のたし算の筆算について、詳しくは87ページを見て下さい。

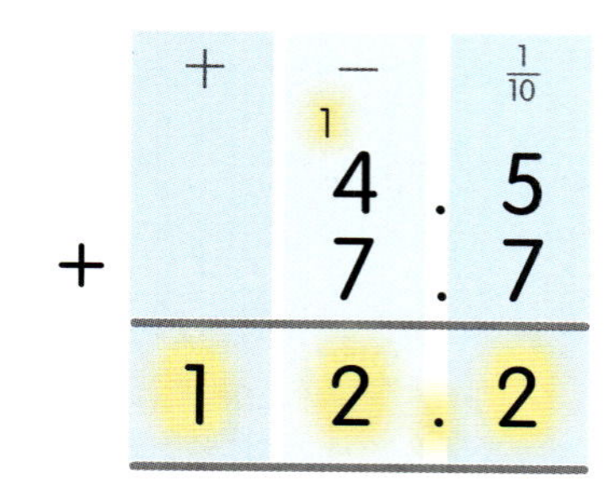

つまり

4.5+7.7=12.2

小数のひき算

小数のひき算をするときは、整数のときと同じ方法を使います。

1 8.2 − 4.7を計算してみましょう。この計算がどうなるのかを、前のブロックを使って見ていきます。

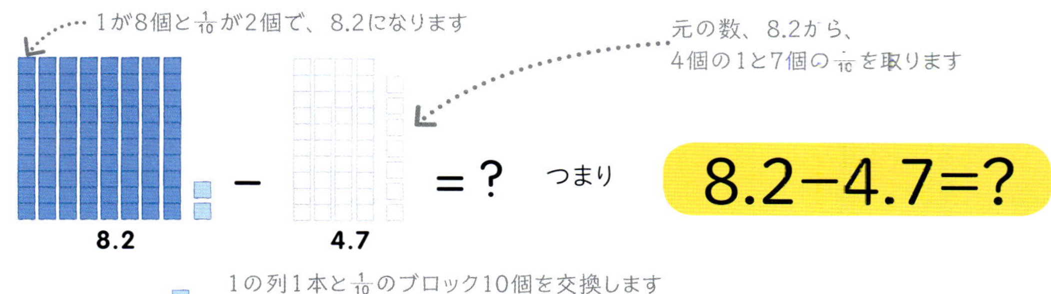

2 まず、4.7の小数部分、0.7を8.2から引きましょう。1の列1本と$\frac{1}{10}$のブロック10個を交換すれば、そこから$\frac{1}{10}$のブロック7個を取れますね。答えは7.5になります。

1の列1本と$\frac{1}{10}$のブロック10個を交換します

8.2 − 0.7 = 7.5

つまり　8.2−0.7=7.5

$\frac{1}{10}$を7個取ると、1の線7本と$\frac{1}{10}$のブロック5個が残ります。

3 今度は、7.5から整数の4をひきましょう。1の列を4本取ると、3.5が残ります。

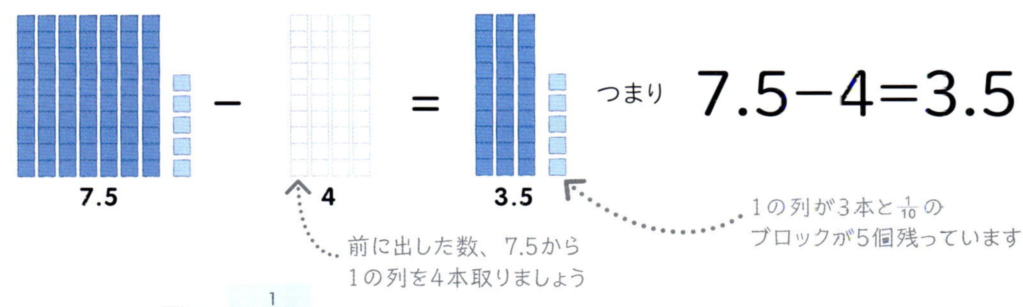

4 こうして、8.2 − 4.7 = 3.5になりました。この計算は、右のように筆算できます。ひき算の筆算について、詳しくは96〜97ページを見て下さい。

一		$\frac{1}{10}$
7		1
~~8~~	.	2
− 4	.	7
3	.	5

つまり　8.2−4.7=3.5

やってみよう

計算してみよう

小数の計算がどのくらいできるようになったか、右の問題で試してみましょう。

答えは319ページ

❶ 0.2+3.9=?

❷ 45.6−21.2=?

❸ 10.2+21.6=?

❹ 96.7−75.8=?

百分率（パーセント）

百分率は「百当たりの～」という意味で、全体を100としたときの割合を表します。つまり25パーセントは、100のうち25、という意味です。百分率を表すときは「%」という記号を使います。

100の部分

百分率は、数量を比べるのに便利です。例えば、右のロボット100体の図は、百分率にあわせて色分けされています。

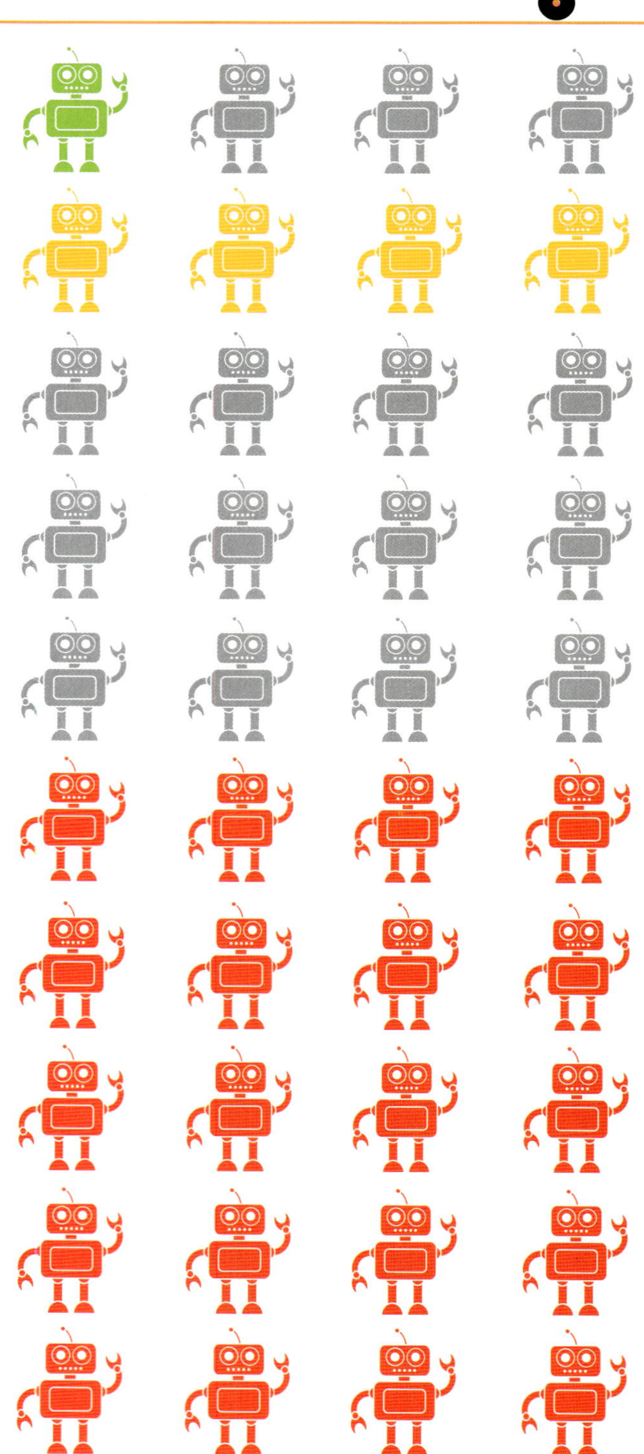

1 1%
全部で100体のロボットのうち、緑色のものは1体だけです。これは、1% と表すことができます。1% は $\frac{1}{100}$、つまり0.01と同じです。

2 10%
黄色のグループは、ロボット100体のうち10体です。これは、10% と表すことができます。これは $\frac{1}{10}$、つまり0.1と同じです。

3 50%
ロボット100体のうち50体が、赤のグループです。これは、50% と表すことができます。50% は、$\frac{1}{2}$、つまり0.5と同じです。

4 100%
緑、灰色、黄色、赤のロボットを全部合わせると、100% になります。100% は、$\frac{100}{100}$、つまり1と同じです。

やってみよう

色の濃い部分は、何パーセント?

右の図には、それぞれ100個の正方形が描かれています。図の中で、濃い紫色の部分はそれぞれ何パーセントでしょう?

答えは319ページ

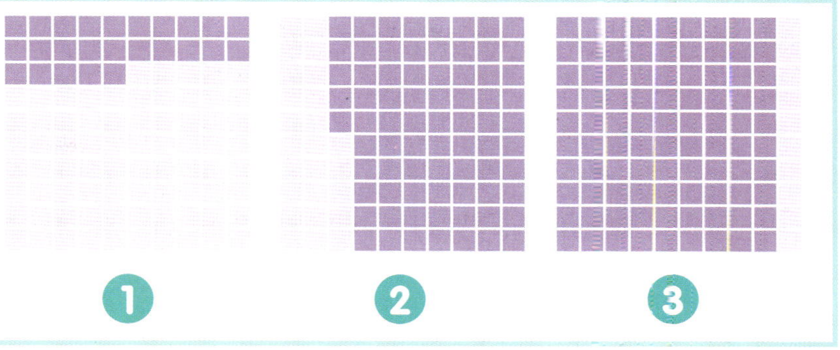

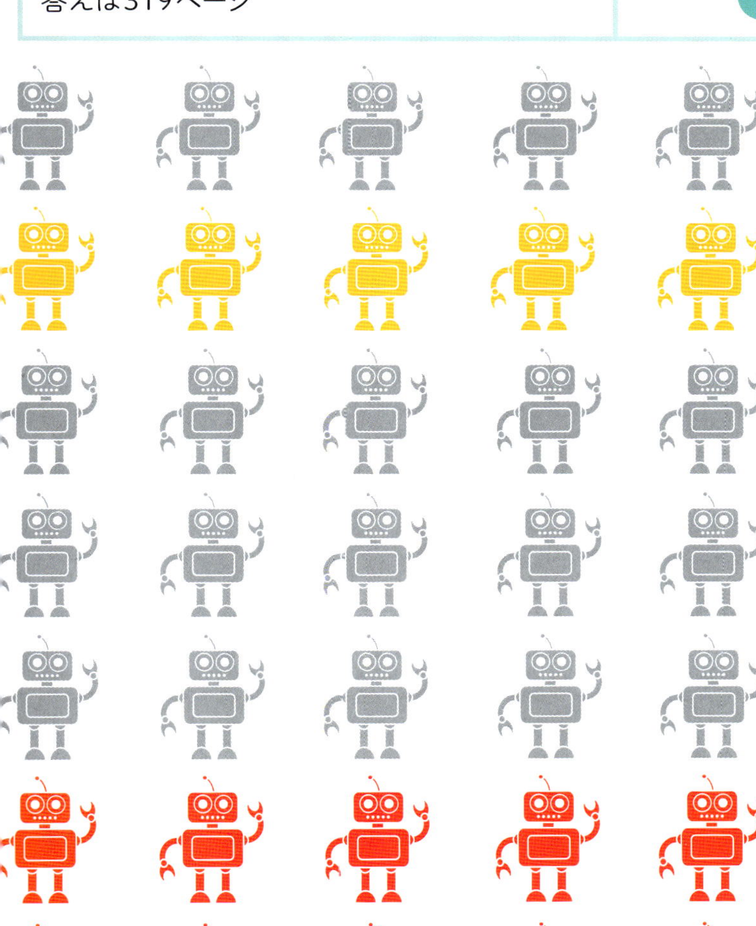

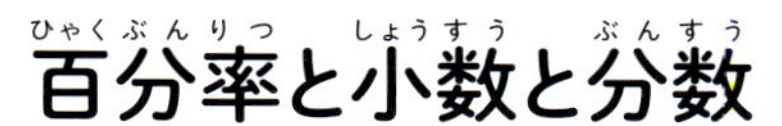

百分率と小数と分数

百分率と小数と分数は、同じ数を表すことができます。下の表では、最も一般的な百分率のいくつかを、等しい小数と分数と一緒に表しています。74～75ページには、もっと詳しい表があります。

百分率	小数	分数
1%	0.01	$\frac{1}{100}$
5%	0.05	$\frac{5}{100}$
10%	0.1	$\frac{1}{10}$
20%	0.2	$\frac{1}{5}$
25%	0.25	$\frac{1}{4}$
50%	0.5	$\frac{1}{2}$
75%	0.75	$\frac{3}{4}$
100%	1	$\frac{100}{100}$

百分率の計算

全体が100でなくても、百分率を求めることができます。ここでいう全体とは、数のこともあれば量のこともあります。時には、ある数を別の数の百分率に直した方がいいこともあります。

図形の百分率の求め方

64～65ページでは、色分けされたロボットを見て百分率を考えました。でも、もし100ではなく、10や20に分かれていたら、どうなるでしょう?

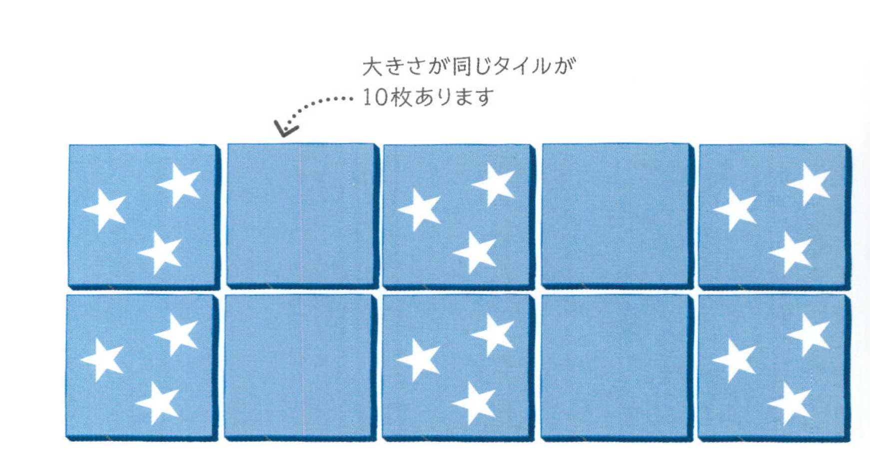

1 右の例で考えてみます。全部で10枚のタイルがありますね。では、星柄のタイルは全体の何パーセントでしょう?

2 どんな形でも、全体は100%で表します。タイル1枚が表す百分率を求めるには、100をタイルの枚数(10枚)でわります。答えは10ですので、タイル1枚は10%になります。

$$100 \div 10 = 10$$

タイル1枚は全体の10%になります

タイルの合計数

3 前の答え(10)に、星柄のタイルの枚数(6枚)をかけます。この計算の答えは60です。つまり、タイルの60%が星柄だということです。

$$10 \times 6 = 60$$

60%が星柄です

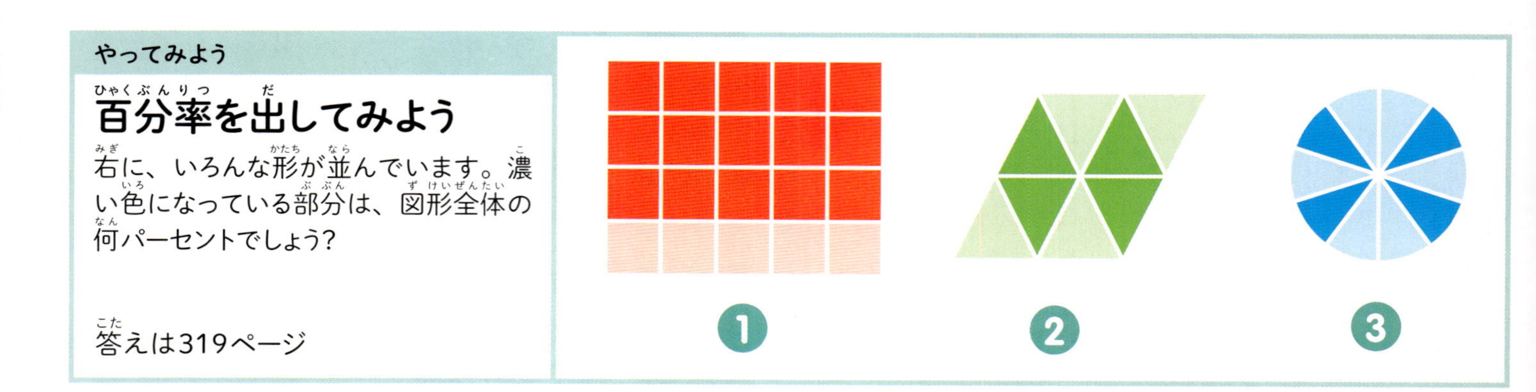

やってみよう

百分率を出してみよう

右に、いろんな形が並んでいます。濃い色になっている部分は、図形全体の何パーセントでしょう?

答えは319ページ

数の百分率の求め方

百分率を使って数を分けることもできます。これにはいろいろなやり方がありますが、1つの方法は、1%を求めるところから始めることです。

分数を別の書き方で
表したものが、
百分率なんだよ。

1 300の30%を求めてみましょう。

300の30%は？

2 まず、300の1%を求めるために、300を100でわります。

$300 \div 100 = 3$

全体を100でわります

3 次は、その答えに、求めたい百分率をかけます。

$3 \times 30 = 90$

4 これで、300の30%は90という答えが出ます。

300の30%は90

10パーセント法

上の例では、全体の1%を求めることから始めました。でも、早く答えを出すには、最初に10%を求めた方がよいときもあります。

1 この例では、300円の65%を求めます。

300円の65%は？

2 300円の10%を求めるので、この金額を10でわります。答えは30ですね。

$300 \div 10 = 30$

3 10%分が30だとわかりましたので、60%は30の6組分ということになります。

$30 \times 6 = 180$

4 これで、300の60%がわかりました。65%を出すには、あと5%分を求めるだけです。5%を求めるには、10%の金額を半分にするだけです。

$30 \div 2 = 15$

5 60%と5%をたして65%を求めます。これで、300円の65%が195円になるとわかりました。

180 + 15は195円

> やってみよう
>
> ### 10%を求める競争
>
> 次の百分率をどのくらい早く求められるか、時間を計ってみましょう。
>
> 1. 200の10%
> 2. 550の10%
> 3. 800の10%
>
> 答えは319ページ

百分率の変化

百分率は、数や物の長さなどがどれだけ変化したかを表すのにも使えます。大きさがどれだけ変わったかを百分率でわかっているときは、実際の値がどのくらい増えたり減ったりしたのかを求めるとよいでしょう。

どれだけ増えたかを計算する方法

1 このスナック・バーの重さは60g でしたが、キャンペーンで12g 重くなりました。このスナック・バーの重さは何パーセント増えたのでしょうか?

12g は 60g の何 %?

2 まず、増量分を元の重さでわります。これを式にすると、12 ÷ 60ですね。答えは0.2になります。

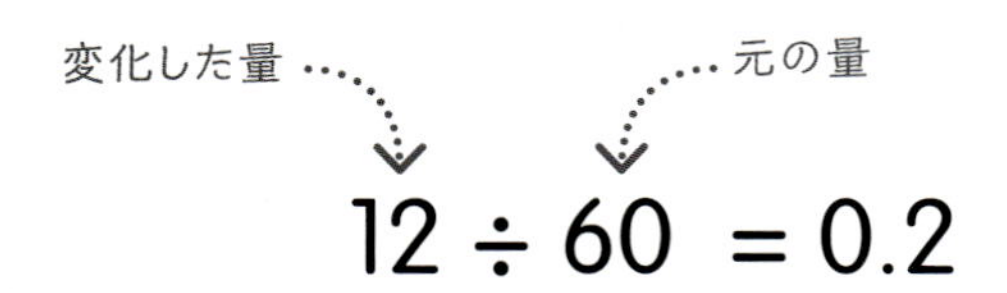

$$12 \div 60 = 0.2$$

3 次に、この答えに100をかけます。つまり、0.2 × 100を求めます。答えは20になります。

$$0.2 \times 100 = 20$$

4 つまり、新しくなったスナック・バーは、前よりも20% 重いということです。

12g は 60gの20%

どれだけ減ったかを計算する方法

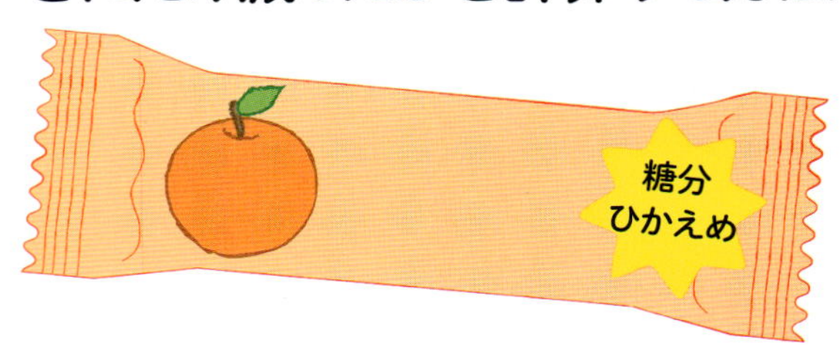

1 これは、別のスナック・バーです。このスナック・バーの糖分は、元は8g でした。もっとヘルシーになるよう、今では2g 少ない糖分で作られています。それでは、糖分の量が何パーセント減ったのかを求めてみましょう。

2g は 8g の何 %?

2 まず、糖分の減少分(減った分)を元の量でわります。これを式にすると、2 ÷ 8ですね。答えは0.25になります。

変化の大きさを元の量でわります

$$2 \div 8 = 0.25$$

3 0.25に100をかければ、百分率になります。答えは25ですね。

$$0.25 \times 100 = 25$$

4 つまり、このスナック・バーの糖分は、前よりも25% 少ないということです。

2g は 8gの25%

いくら高くなったかを求める方法

1 一年前、この自転車は20000円でした。その後、値段が5% 上がりました。今の値段は元の値段よりいくら高いでしょう?

20000円の5% は?

2 まずは、20000の1% を求めなければいけません。これは、20000を100でわるだけで出せます。100でわる方法は、136ページを見て下さい。答えは200になります。

$$20000 \div 100 = 200$$

元の値段

3 ここで求めたいのは5% ですので、先ほど出した1% の値に5をかけます。これを式にすると、200 × 5になり、答えは1000になります。

元の値段の1%

$$200 \times 5 = 1000$$

4 つまり、この自転車は1年前よりも1000円高いということです。

20000円の5%は1000円

いくら安くなったかを求める方法

1 今度は、こちらの自転車を見て下さい。この自転車は25000円でしたが、値段が30% 下がりました。今この自転車を買うと、いくらお得になるのでしょう?

25000円の30% は?

2 左の自転車のときと同じように、まずは元の値段の1% を求めます。これを式にすると、25000 ÷ 100ですね。答えは250です。

$$25000 \div 100 = 250$$

25000の1%

3 これで、1% がいくら分になるかわかりましたので、今度は次のように30% を求めます。250 × 30 = 7500になりました。

$$250 \times 30 = 7500$$

4 つまり、この自転車の値段は7500円下がったということになります。

25000円の30%は7500円

やってみよう

百分率の値を求めよう

セールで、右の商品の値段が下がりました。新しい値段がいくらになったか、分かるでしょうか? 新しい値段を出すには、値段が下がった分を計算し、元の値段からその答えを引きます。

答えは319ページ

1 2万円だったコートが50% 引きになりました。

2 このスニーカーは5000円でしたが、30% 引きになりました。

3 このTシャツは10% 引きになりました。元の値段は1500円でした。

比

比とは、2つの数や大きさを比べるときに使う言葉です。2つ以上の数や大きさを比べることもあります。

比を見れば、ある量が、別の量と比べてどのくらいあるのかわかるね。

1 右のイラストを見てみましょう。コーンに入ったアイスクリームが7つありますね。そのうち3つはストロベリー味、4つはチョコレート味ですので、チョコレート味とストロベリー味の比を、3対4といいます。

2 2つの数の比は、上下に2つの点が並んだ記号で表しますので、ストロベリー味とチョコレート味の比は3:4と書きます。

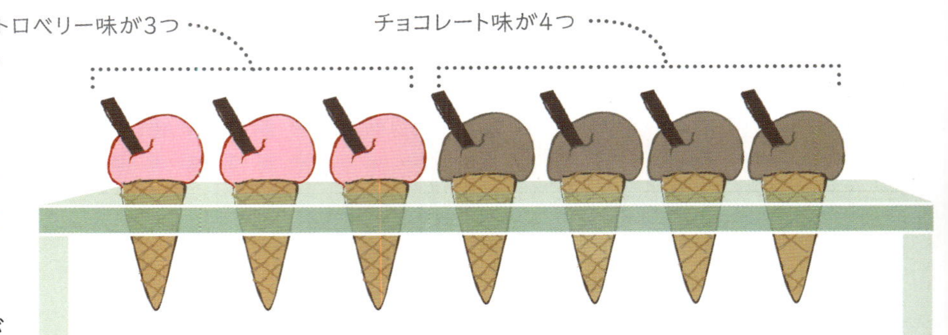

チョコレート味とストロベリー味の比は　3:4

3:4

比を簡単にする方法

比も分数と同じで、簡単にできるときはできるだけ簡単にします。比を簡単にするには、比の数を両方とも同じ数でわります。

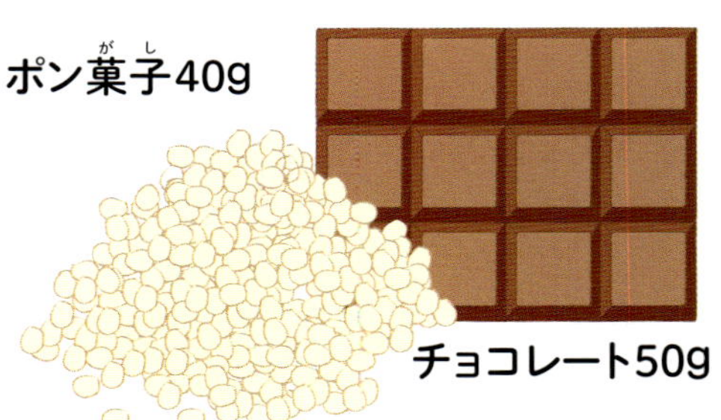

両方の数を同じ数でわって、比を簡単にします

40:50
÷10　÷10
4:5

40 : 50 = 4 : 5

1 このレシピでは、ポン菓子40gに溶かしたチョコレート50gを加えて、カップケーキを6個作ります。

2 ポン菓子40gにつき、チョコレート50gを使います。ですから、このレシピのポン菓子とチョコレートの比は、40:50です。

3 この比を簡単にするには、両方の数を10で割ると、ポン菓子とチョコレートの比が4:5になります。

割合

割合を見れば、全体に比べて、比べたいものの量がどのくらいあるかわかるんだよ。

割合は、何かの量を比べるときのもう1つの方法です。比のように、ある量を別の量と比べるのではありません、割合は、全体の量とその一部を比べます。

分数で表す割合

割合は分数で表すことがよくあります。ここにいる猫10匹のうち、黄色い猫の割合を分数で表すと、いくつになるでしょう?

1 10匹の猫のうち4匹が黄色ですね。つまり、黄色い猫は全体の$\frac{4}{10}$になります。

2 分数を約分します。ここでは$\frac{4}{10}$の分子と分母を2でわり、$\frac{2}{5}$にします。

3 つまり、グループ全体の黄色の割合を分数で書き表すと、$\frac{2}{5}$になるということです。

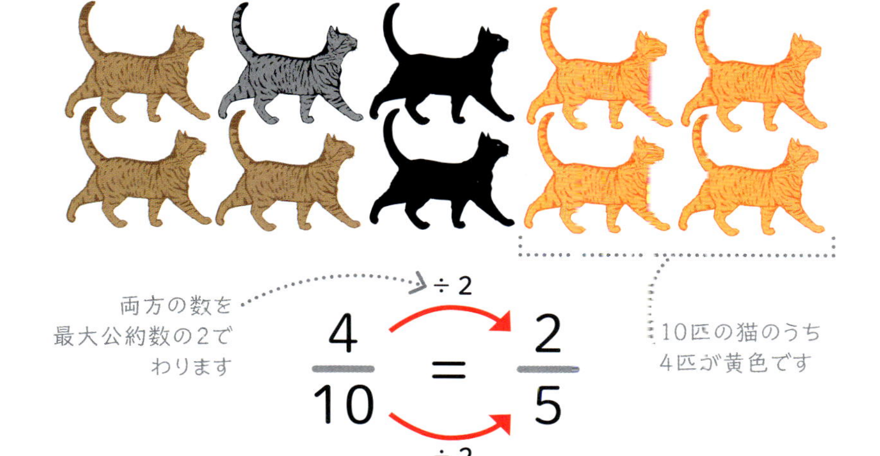

黄色い猫の割合は $\frac{2}{5}$

百分率で表す割合

百分率は分数のもう1つの書き方ですから、割合も百分率で表すことができます。前の10匹の猫のうち、灰色を百分率で表すと、いくつになるでしょう?

1 10匹の猫のうち1匹が灰色ですので、この割合を分数で表すと$\frac{1}{10}$になります。

2 $\frac{1}{10}$を百分率にするには、分母が100の同値分数に直しますので、$\frac{1}{10}$は$\frac{10}{100}$になります。

3 「$\frac{10}{100}$」は10%と同じでしたね。つまり、このグループのうち灰色の猫の割合は10%ということになります。

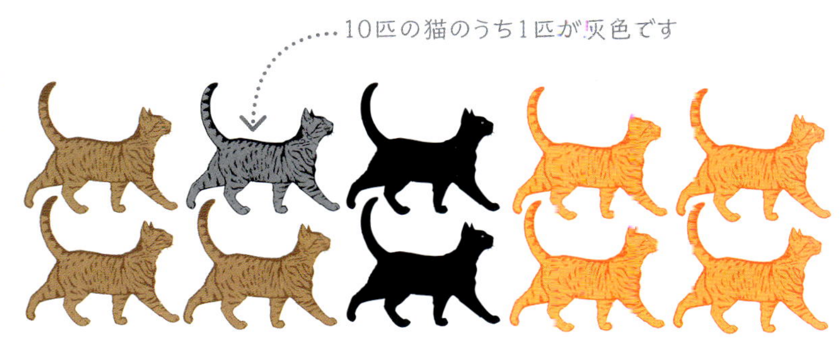

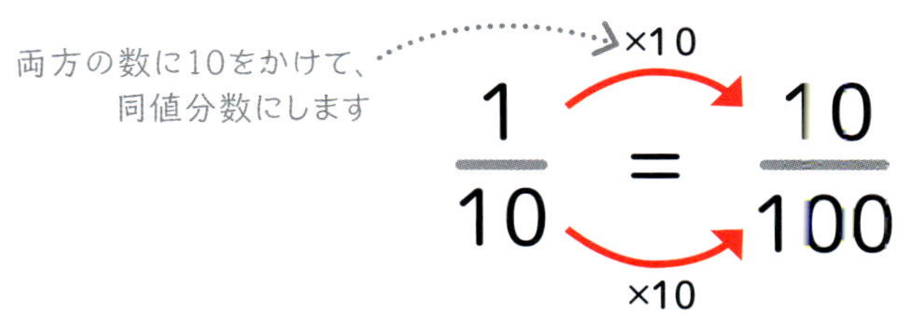

灰色の猫の割合は 10%

拡大と縮小

全部同じ割合で大きくすることを拡大、小さくすることを縮小といいます。

拡大や縮小を使えば、
数、量、
それに図形の大きさを
変えられるんだよ。

縮小

このロボットの自撮りのように、写真は縮小のいい例です。

1 ロボットの姿は同じですが、写真では小さくなっています。このロボットの大きさは、全ての部分が同じ割合で小さくなっているのです。

2 このロボットの実際の身長は75cm です。写真では、身長が15cm になっています。つまり、写真では$\frac{1}{5}$になっているということです。

3 このロボットの胴体は幅40cm です。写真では、胴体が幅8cm になっています。こちらも実際のサイズの$\frac{1}{5}$ですね。

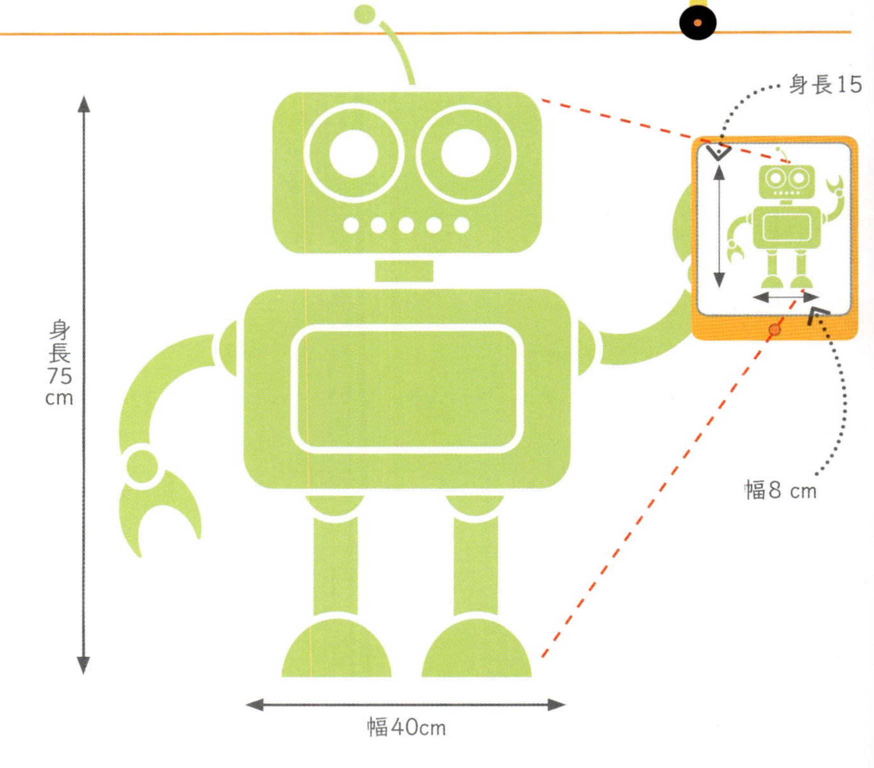

拡大

拡大とは、全ての部分を大きくすることです。物や長さだけでなく、量も拡大できます。

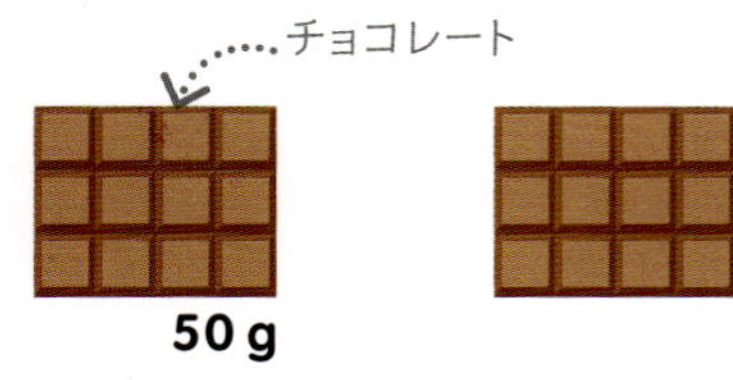

カップケーキ6個分の材料　カップケーキ12個分の材料

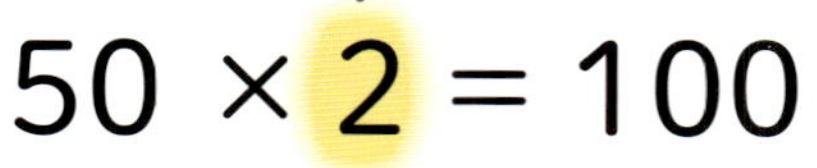

両方の量に2をかけます

$$50 \times 2 = 100$$

$$40 \times 2 = 80$$

1 70ページで見たレシピの材料は、カップケーキ6個分でしたね。このカップケーキを12個作るには、もっとたくさんの材料が必要です。でも、それぞれどのくらい増やせばいいのでしょうか?

2 12は6の2倍ですね。つまり、材料を両方とも2倍にすれば、カップケーキを2倍多く作れるということです。

3 つまり、レシピの材料を拡大するには、全ての材料に同じ数をかけます。

地図上の縮尺

縮小は、地図を作るときにも便利です。実物大の地図を使うことはできませんからね。もしあったとしても、大き過ぎて持ち運べないでしょうから！　地図には、比を表す縮尺を書きます。縮尺を見れば、地図上の長さが、実際の距離ではどのくらいになるのかがわかります。

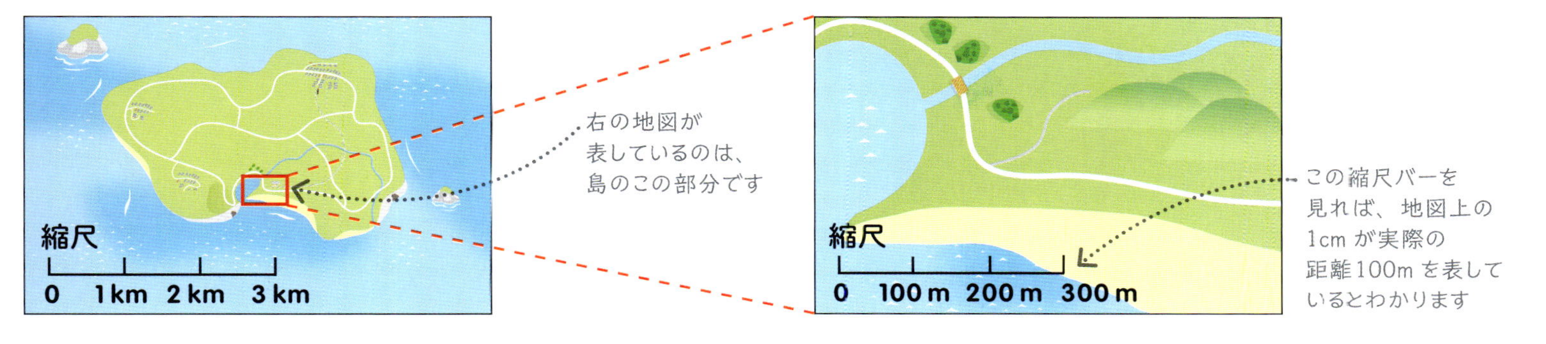

1　1cm は1km
この地図上の1cm は、実際の距離1km を表しています。この地図では、島全体が見えますが、細かいところはわかりません。

2　1cm は100m
今度は、地図上の1cm が100m を表しています。細かいところがよくわかりますが、島のごく一部しか見えません。

倍率

倍率とは、拡大や縮小をするときにかけたりわったりする数のことです。

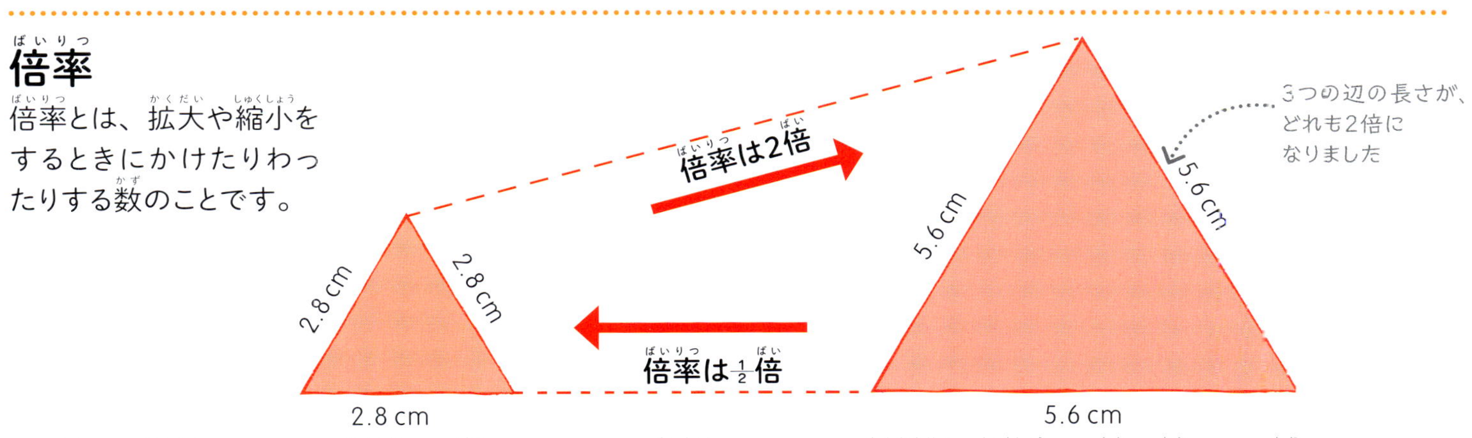

1　長さを拡大するときの倍率が2倍だとすると、全体の形は2倍になります。上の図のように、辺の長さが2.8cm の三角形は、辺の長さが5.6cm の三角形になります。

2　この三角形を縮小して元の大きさに戻したときは、$\frac{1}{2}$に縮小したといいます。

やってみよう

本物の大きさはどのくらい？

右のティラノサウルスの模型は、$\frac{1}{40}$の縮尺で作られています。この模型の高さが14cm で長さが30cm だとすると、本物のティラノサウルスの高さと長さはいくつになるでしょう？

答えは319ページ

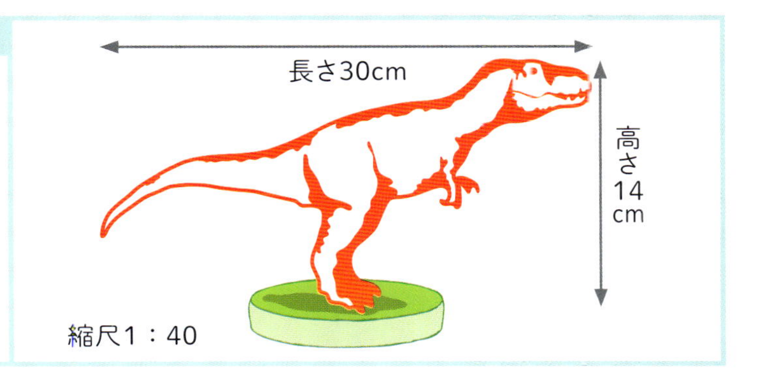

分数のいろいろな表し方

分数、小数、百分率は全部つながっているから、どれでもお互いの大きさを表せるんだよ。

小数と百分率は、分数を違う書き方で表しているだけです。そして、比と割合も分数で書き表すことができます。

割合を分数、小数、または百分率で表す方法

20本のバラのうち12本がピンク色です

右の20本のバラを見て下さい。ピンク色のバラが12本、赤いバラが8本ありますね。それでは、ピンク色のバラの割合を分数、小数、百分率で表してみましょう。

1 分数で表す
全部で20本のバラのうち、12本がピンク色です。なので、ピンク色のバラの割合は、$\frac{12}{20}$、これを約分すると、$\frac{3}{5}$になります。

2 小数で表す
$\frac{3}{5}$の分母を10にして直すと、$\frac{6}{10}$になります。これは、0.6と同じですね。つまり、グループの0.6がピンク色のバラだということです。

3 百分率で表す
$\frac{6}{10}$の分母を100にして直すと、$\frac{60}{100}$になります。これは、60%と書くこともできますね。つまり、バラの60%がピンク色だということです。

ピンク色のバラの割合

$\frac{3}{5}$ = 0.6 = 60%

比と分数

70ページでは、数の間に2つの点を入れて比を書き表すことを習いましたね。でも、分数で比を書き表すこともできるんですよ。

1 今度は、バラが3本、デイジーが12本あります。デイジーとバラの比を3:12と書き、これを簡単にすると1：4になります。

2 この比を$\frac{3}{12}$すなわち$\frac{1}{4}$、と下の様に分数で表すと、バラの数はデイジーの数の4分の1だということを表しています。

デイジーとバラの比

3:12 つまり 1:4 = $\frac{3}{12}$ つまり $\frac{1}{4}$

比の最初の数が、分数の分子になります

比の2番目の数が、分数の分母になります

同じ大きさを表す分数、小数、百分率

下の表は、同じ分数のいろいろな表し方や書き方を示したものです。

全体の一部	グループの一部	文字で表すと	分数	小数	百分率
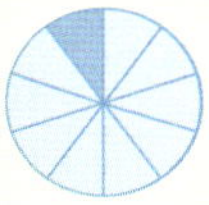	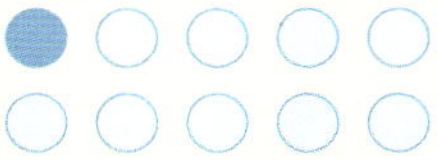	10分の1	$\frac{1}{10}$	0.1	10%
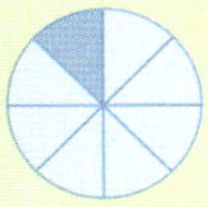	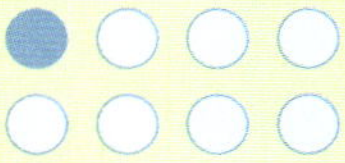	8分の1	$\frac{1}{8}$	0.125	12.5%
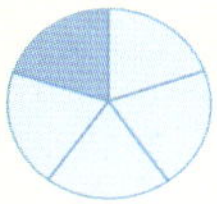		5分の1	$\frac{1}{5}$	0.2	20%
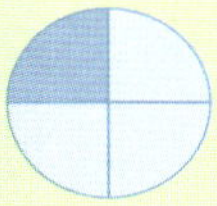	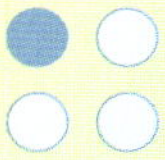	4分の1	$\frac{1}{4}$	0.25	25%
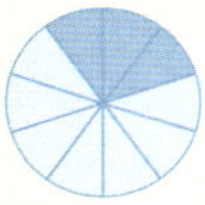	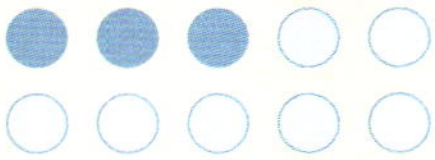	10分の3	$\frac{3}{10}$	0.3	30%
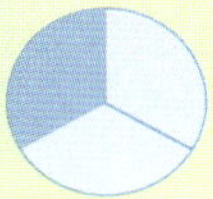		3分の1	$\frac{1}{3}$	0.33…	33%
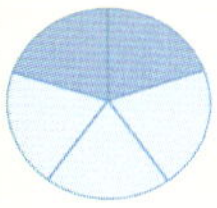		5分の2	$\frac{2}{5}$	0.4	40%
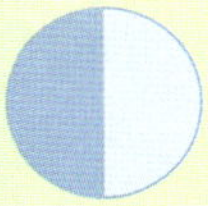		2分の1	$\frac{1}{2}$	0.5	50%
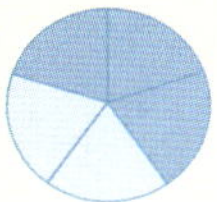		5分の3	$\frac{3}{5}$	0.6	60%
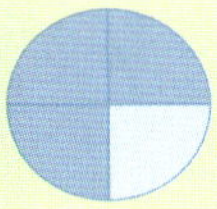	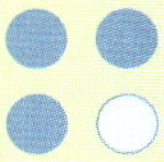	4分の3	$\frac{3}{4}$	0.75	75%

やってみよう

どのくらいわかったかな?

右のややこしい問題を解いて、頭の体操をしましょう。100% 正解できるでしょうか?

答えは319ページ

1. 0.35を分数に直して下さい。約分するのを忘れずに。
2. $\frac{3}{100}$ を百分率と小数に直して下さい。
3. 4：6という比を分数に直して下さい。答えが出たら、約分しましょう。

第2章

計算（けいさん）

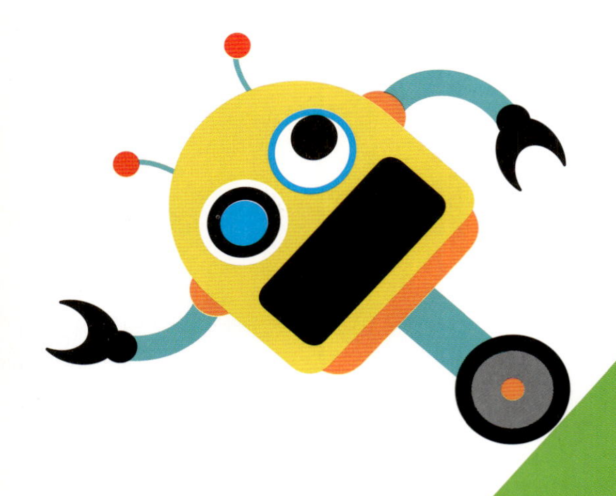

CALCULATING

たし算、ひき算、かけ算、そしてわり算など、計算することで、さまざまな問題を解くことができます。暗算できることもあれば、筆算しないと解けないこともありますが、計算の工夫をいくつか習えば、どんな大きさの数でも答えを出すことができます。また、簡単なルールを２つ３つ覚えておけば、計算を何段階かに分けてすばやく解くこともできます。

たし算

2つ以上の数をまとめて大きな数にすることを、「たし算」や「加法」といいます。たし算をどう使うかについては、2つの考え方があります。

たし算では、数を入れ替えても同じ答えになるから、順番は関係ないんだよ。

たし算とは？

右のオレンジを見て下さい。6個のオレンジと3個のオレンジを合わせると、全部で9個になります。これをいい換えると、「6（個のオレンジ）たす3（個のオレンジ）は9（個のオレンジ）」になります。

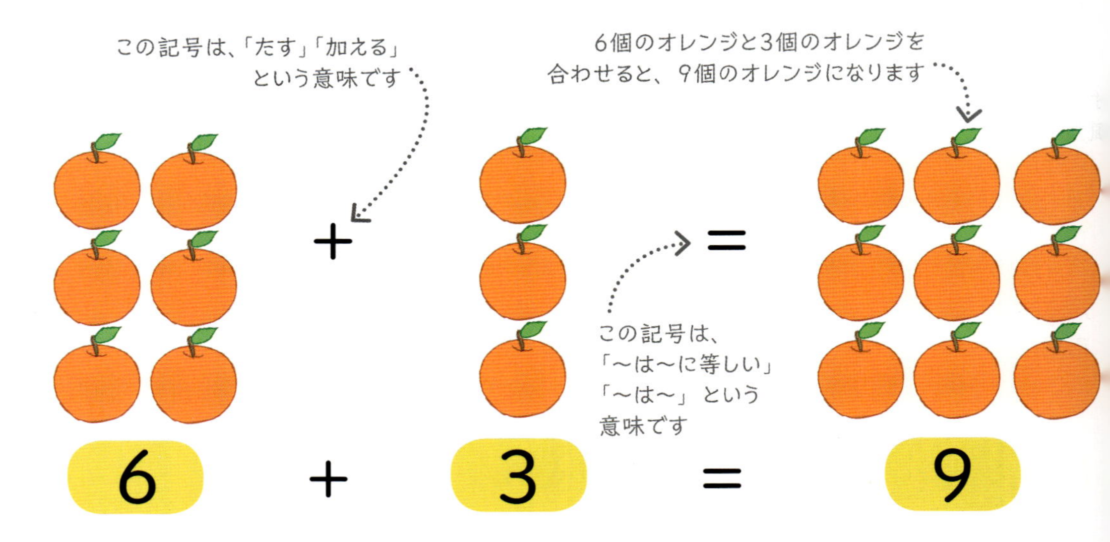

たす順番を替えても、答えは同じ

たし算では、数を入れ替えても同じ合計になるので、順番は関係ありません。これを、「たし算は交換できる」といいます。

1 右の式を見て下さい。これは、「5に2をたすと7になる」ことを表しています。

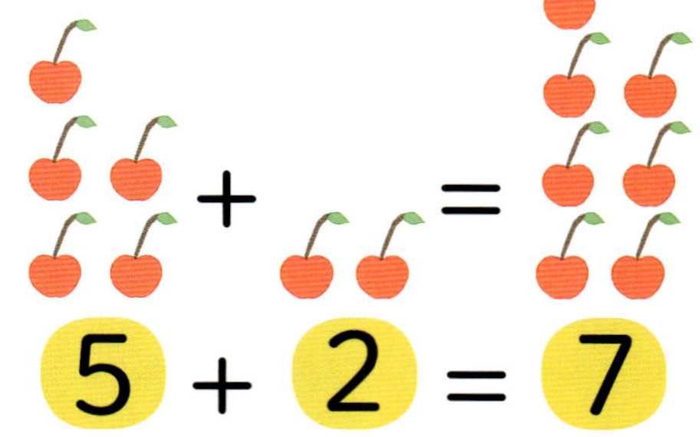

2 それでは、等号（=）の左側にある数を入れ替えてみましょう。たし算に順番は関係ないので、どちらの数を先にたしても、同じ合計になります。

2 + 5 = 7

身の回りの算数

古代の計算機

計算機の始まりは、古代エジプトや古代ギリシャなど、世界のいろいろな地域で使われていた「そろばん」でした。そろばんは、珠を置く場所によって、一、十、百といった位の違う数を表します。人々はそろばんのおかげで、楽に計算できるようになったのです。

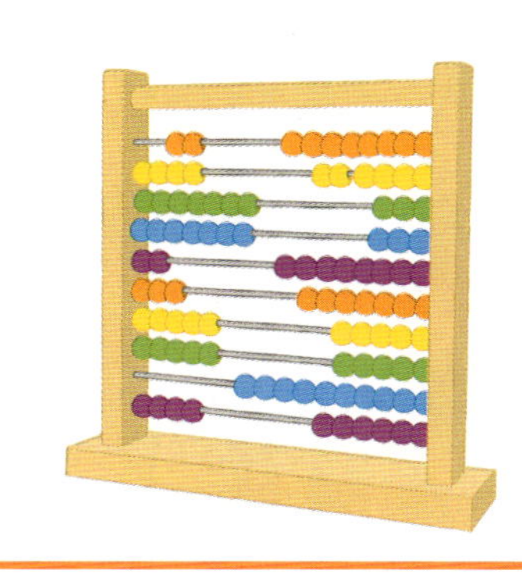

たし算の考え方①　全部数える（合わせる）

たし算は、「2つ以上に分かれた数を、1つにまとめて数えること」だと考えることができます。これが、「全部数える（合わせる）」というたし算の考え方です。

全部で7個の風船

1 上の風船を見て下さい。このロボットは、片手に2個、もう片方の手に5個の風船を持っています。

$2+5=?$

2 今度は、ロボットが風船を持ち替えて、片手で全部持っています。これは、風船を全部「まとめた」、つまり「たした」ということです。まとまった風船を全部数えれば、合計を出せますね。7個です。

3 つまり、2 + 5 = 7になります。

$2+5=7$

たし算の考え方②
続きを数える（加える）

たし算の考え方は、もう一つあります。ある数に別の数をたすときは、「大きい方の数の続きとして、小さい方の数を数える」という方法も使えます。これが、「続きを数える（加える）」という考え方です。

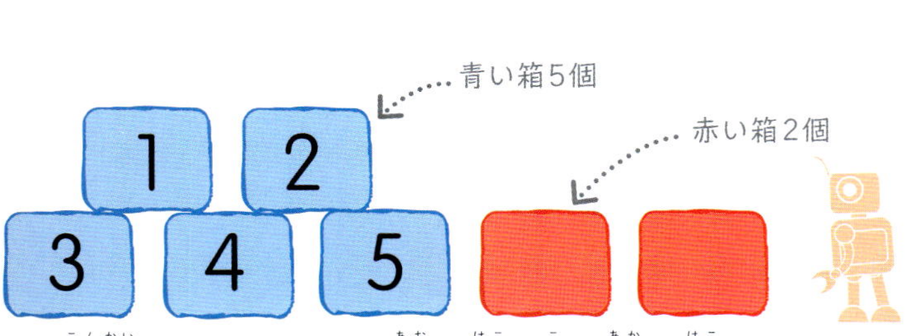

1 今回は、ロボットが青い箱5個と赤い箱2個をたしています。このたし算は、5の続きを数えていけば、答えが出せます。

$5+2=?$

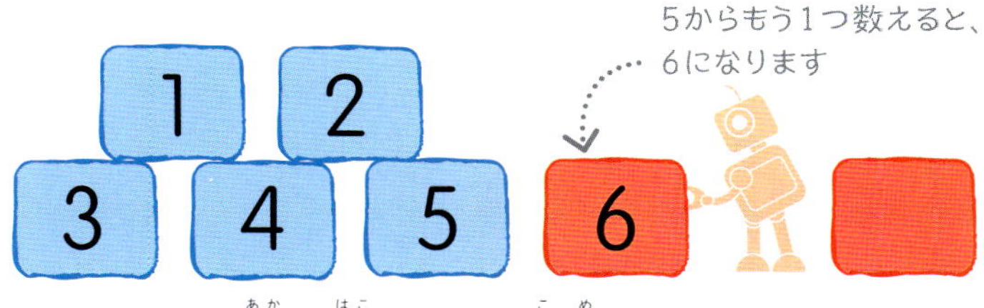

2 まず、赤い箱のうち1個目をたして、5から続けて数えると、6になります。

3 それから2個目をたして、また続きを数えると、7になります。

$5+2=7$

数直線を使ったたし算

数直線は、たし算にもひき算にも使えるんだよ。

暗算をするのは、なかなか難しいものです。計算が難しいときは、数直線を使って考えてみましょう。特に、20までの数を計算するときは、数直線が便利です。

1 数直線を使って、4と3をたしたときの答えを求めましょう。

2 まず、直線を引き、目盛りをつけて、0から10までの数を入れます。

3 この計算は4から始まっているので、まずは数直線で4を探します。

4 4に3をたす計算ですので、次は、右に向かって3歩先までジャンプします。これで、7に着きましたね。

5 つまり、4 + 3 = 7になります。

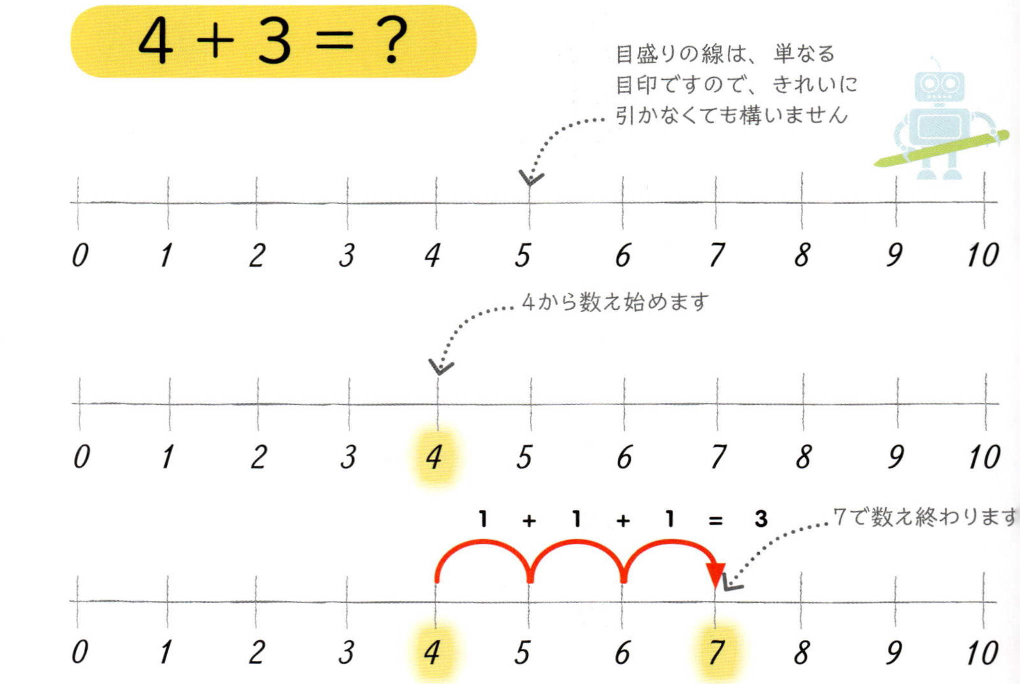

大きくジャンプして計算

もっと大きな数が出てくる計算でも、数直線を使って答えを求めることができます。数が大きくなった分だけ、大きくジャンプすればいいのです。

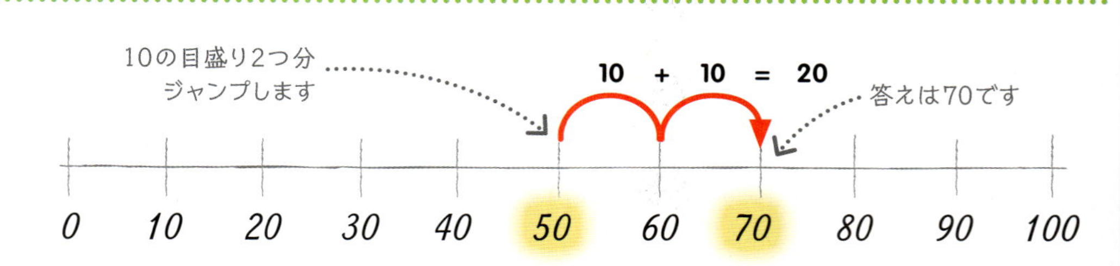

1 それでは、もっと大きな数の数直線を使って、20 + 50の答えを求めてみましょう。

2 大きい方の数から始めて、数直線に沿って10の目盛り2つ分ジャンプするだけです。答えは70ですね。

3 つまり、20 + 50 = 70になります。

数表を使ったたし算

100までの数をたすときは、数表（100までの数の一覧表）を使うこともできます。この表は、1から100までの数を10行で表しています。この表のマスからマスへとジャンプすれば、計算ができるようになっています。

数直線で計算するのが難しい数もあるよね。100までの数なら、数表が便利だよ。

1 下の数表を見て下さい。これを使えば、2段階のたし算ができます。この表は1行に10個の数が並んでいるので、10をたすときは、すぐ下の行にジャンプすれば計算できます。

2 1をたすときは、1つ右のマスに移るだけです。行の最後にきたら、すぐ下の行に移り、さらに左から右へと数えていきます。

56 + 26 = ?

1	2	3	4	5	6	7	8	9	10
11	12	13	14	15	16	17	18	19	20
21	22	23	24	25	26	27	28	29	30
31	32	33	34	35	36	37	38	39	40
41	42	43	44	45	46	47	48	49	50
51	52	53	54	55	56	57	58	59	60
61	62	63	64	65	66	67	68	69	70
71	72	73	74	75	76	77	78	79	80
81	82	83	84	85	86	87	88	89	90
91	92	93	94	95	96	97	98	99	100

56 + 26 = 82

3 それでは、この数表を使って56と26をたしてみましょう。

4 このたし算は56から始まるので、数表で56を探して印をつけましょう。

5 26には10が2組あるので、2行下にジャンプします。これで、76まで来ました。

6 今度は、26の一の位「6」をたすので、右に6マスジャンプします。これで、82に着きましたね。

7 つまり、56 + 26 = 82になります。

たし算の工夫①

たし算の工夫を知っておくと便利です、「いくつといくつで10になる」など、簡単な計算を覚えておくと、暗算しやすくなります。このような式の組み合わせをここでは「暗算リスト」と呼びます。

0 + 10 = **10**
1 + 9 = **10**
2 + 8 = **10**
3 + 7 = **10**
4 + 6 = **10**
5 + 5 = **10**
6 + 4 = **10**
7 + 3 = **10**
8 + 2 = **10**
9 + 1 = **10**
10 + 0 = **10**

この式と最後の式を比べてみましょう

数の順番が違うだけで、あとは最初の式と同じですね

1 上の暗算リストの式は、どれも答えが10になるので、「10のたし算リスト」と呼びます。

1 + 1 = **2**
2 + 2 = **4**
3 + 3 = **6**
4 + 4 = **8**
5 + 5 = **10**
6 + 6 = **12**
7 + 7 = **14**
8 + 8 = **16**
9 + 9 = **18**
10 + 10 = **20**

かけ算九九の2の段がわかっていれば、このリストの式も簡単に覚えられます

2 こちらの暗算リストは、同じ数のたし算です。これを「10 + 10までのたし算ダブルス」とよびます。今回は、答えが全部違います。

やってみよう

たし算の暗算リストを覚えて計算しよう

10のたし算リストと10 + 10までのたし算ダブルスを覚えたら、右の計算問題を解いてみましょう。

答えは319ページ

1. 60 + 40 = ?
2. 700 + 700 = ?
3. 20 + 80 = ?
4. 0.1 + 0.9 = ?
5. 70 + 30 = ?
6. 4000 + 4000 = ?

たし算の工夫②

数を計算しやすい数に分けてから、何段階かでたしていくと、もっと楽にたし算ができるようになります。分けて計算してみるのも、たし算の工夫のひとつです。

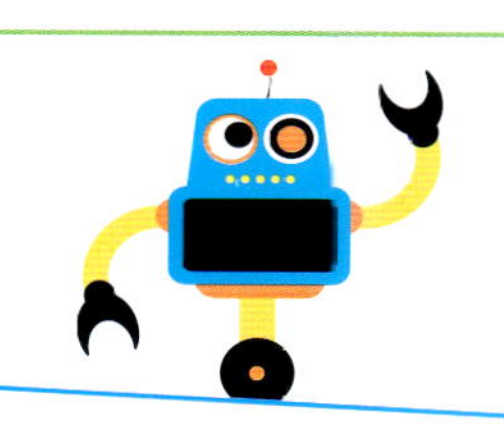

たし算は、位ごとに数を分けてから、何段階かでたしていくとうまくいくよ。

1 それでは、47と35をたしてみましょう。

47 + 35 = ?

2 計算しにくい数のときは、マスの中に数を入れて、それぞれの列に位を書いておきます。

+	−		+	−		+	−
4	7	+	3	5	=	?	?

3 まず十の位をたします。40 + 30 = 70ですね。答えを等号（=）の右に書きます。

+	−		+	−		+	−
4	0	+	3	0	=	7	0

4 そして次は、一の位をたし算します。7 + 5 = 12です。

+	−		+	−		+	−
	7	+		5	=	1	2

5 これで、2つの答えをもう一度まとめれば、70 + 12 = 82と簡単に合計が出せます。

十の位と一の位をもう一度まとめて、合計を求めます

+	−
8	2

6 数を分けて計算した結果、47 + 35 = 82になるとわかりましたね。

47 + 35 = 82

10がいくつあるかで数を分ける方法

後でたしていくのが楽になるように、片方の数だけを分ける方法もあります。たいていの場合、十の位の数と他の数に分けると計算しやすくなります。

1 80と54をたしてみましょう。

2 80はそのままでOK。54の方は、50 + 4のように、2つに分けられますね。

3 そこで、80に50をたすと、130になります。

4 あとは130に4をたすだけで、134という答えが出ます。

80 + 54
= 80 + 50 + 4
= 130 + 4
= 134

たし算の筆算①

3桁以上の数のたし算は、筆算を使って解くことができます。たし算の筆算には、2つの方法があります。ここで説明するのは、位ごとに別々にたし算して、後で答えを合計する方法です。実際によく使われるのは、まとめてたし算する筆算②です。それについては、86～87ページで説明します。このページで紹介する方法は、ふだん使う筆算②の元々の意味でもあります。

1 ここでは、筆算①を紹介します。385と157をたしてみましょう。

385 + 157 = ?

2 まず、2つの数を右のように書き出します。同じ位の数字が縦に揃うようにしましょう。位を書いておくと分かりやすいかもしれませんが、書かなくても構いません。

	百	十	一
	3	8	5
+	1	5	7

このように、同じ位の数字を揃えて書きましょう

3 ここからは、上の行と下の行の数字を一の位から順番にたしていきます。

	百	十	一
	3	8	5
+	1	5	7

一の位のたし算から始めます

4 まず、一の位の5と7をたします。答えは12ですね。新しい行の十の位に1、一の位に2を書きます。

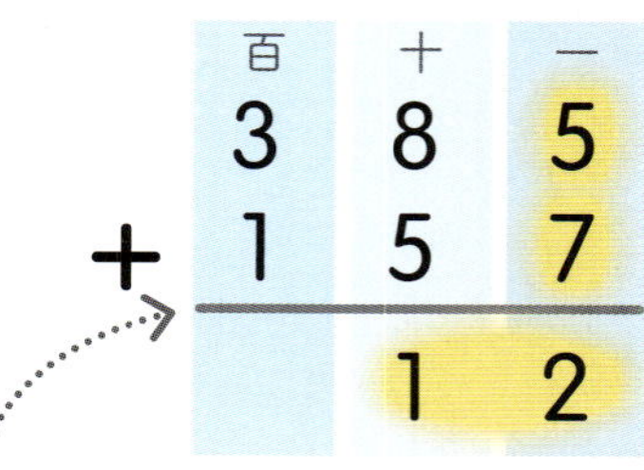

この線の下に答えを書きます。

たし算の筆算①では、同じ位の数字を揃えることが大事だよ。

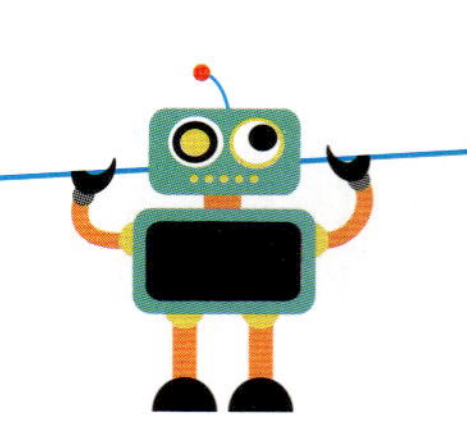

5 今度は8と5のたし算ですが、この2つの数は十の位にあるので、実際は80と50をたしていることになります。答えは130ですね。新しい行に移り、百の位に1、十の位に3、一の位に0を書きます。

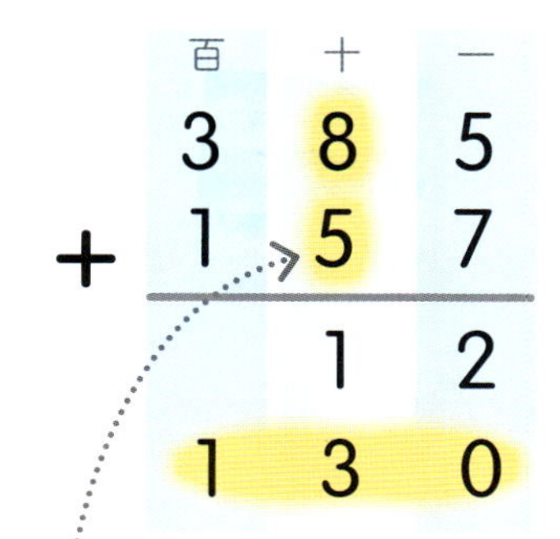

十の位の数をたします

たし算の筆算①では、分けて計算するのと同じように、計算しにくい数を一の位、十の位、百の位に分けるんだよ。

6 次は、百の位の数をたします。100と300をたすと、答えは400ですね。新しい行に移り、百の位に4、十の位に0、一の位に0と書きます。

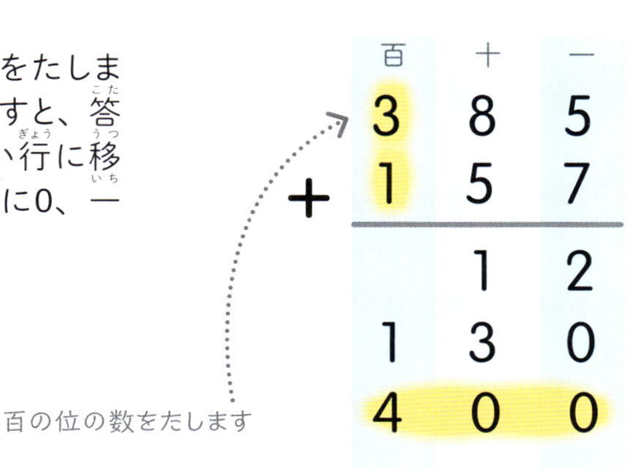

7 これで、上の行の数字に下の行の数字をたし終わりましたので、3行分の答えを全部たすと、12 + 130 + 400 = 542となります。

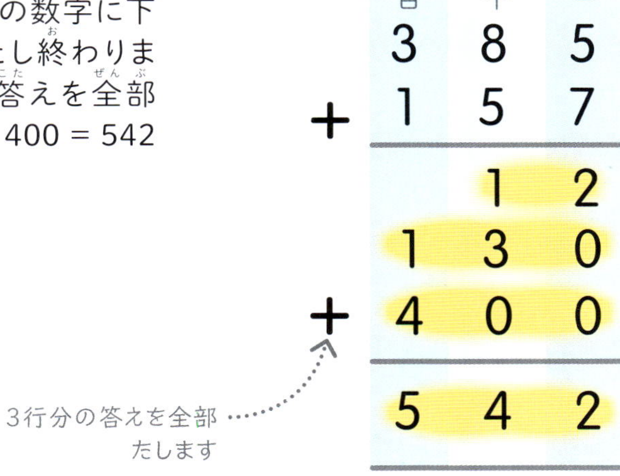

8 つまり、385 + 157 = 542になります。

385 + 157 = 542

やってみよう

合計しよう

これで、計算しにくい数をたすのに便利な方法がわかりましたね。それでは、試しに次の計算をやってみましょう。

1. 547 + 276 = ?
2. 948 + 642 = ?
3. 7256 + 4715 = ?

答えは319ページ

たし算の筆算②

ここでは、たし算のもうひとつの筆算方法を見ていきます。今回は、全部を一行にまとめるので、一の位、十の位、そして百の位の数を別々に書く前回の筆算①（84～85ページ）よりも早く計算できます。

この筆算は、やり方がわかっていれば、大きな数が出てくるたし算にも使えるよ。

1 4368と2795をたしてみましょう。

4368 ＋ 2795 ＝ ？

2 同じ位の数字が揃うように、両方の数を書くところから始めます。必要であれば、列に位を書いておきます。

	千	百	十	一
	4	3	6	8
＋	2	7	9	5

3 ここからは、上の行の数と下の行の数を、一の位から順番にたしていきます。

	千	百	十	一
	4	3	6	8
＋	2	7	9	5

一の位のたし算から始めます

4 まず、8と5をたします。答えは13ですね。一の位に3を書きましょう。ここで1は十を表していますので、十の位に繰り上げて、後でたします。

	千	百	十	一
			1	
	4	3	6	8
＋	2	7	9	5
				3

13の1は十の位に繰り上げて、次のステップでたします

5 次に、十の位の6と9をたします。答えは15ですね。これに、一の位のたし算で繰り上げた1をたして、16にします。十の位に6を書き、百の位に1を繰り上げます。

	千	百	十	一
		1	1	
	4	3	6	8
＋	2	7	9	5
			6	3

十の位の15に先ほど繰り上げた1をたして、16にします

6 今度は、百の位の3と7をたします。答えは10ですね。これに、前に繰り上げた1をたして、11にします。百の位に1を書き、千の位にもう一つの1を繰り上げます。

	千	百	十	一
	¹4	¹3	¹6	8
+	2	7	9	5
		1	6	3

百の位の10に先ほど繰り上げた1をたして、11にします

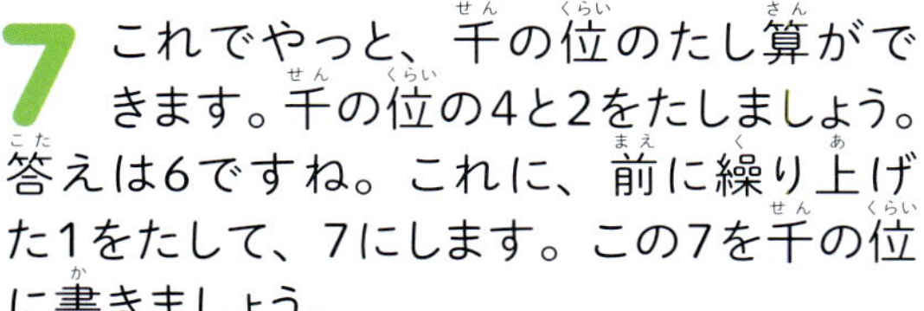

7 これでやっと、千の位のたし算ができます。千の位の4と2をたしましょう。答えは6ですね。これに、前に繰り上げた1をたして、7にします。この7を千の位に書きましょう。

	千	百	十	一
	¹4	¹3	¹6	8
+	2	7	9	5
	7	1	6	3

千の位は数の合計が10未満なので、数の繰り上げはしません

8 このように、4368 + 2795 = 7163になります。

4368 + 2795 = 7163

小数のたし算

小数のたし算も、整数をたすときと同じように、数字の位を縦に揃えて書きます。それでは、38.92と5.89をたしてみましょう。

1 まずは、大きい方の数を上の行、小さい方の数を下の行にして、小数点が揃うように書きます。また、一番下の行にも小数点を打ちます。必要であれば、列にそれぞれの位を書いておきましょう。

	十	一		$\frac{1}{10}$	$\frac{1}{100}$
	3	8	.	9	2
+		5	.	8	9
			.		

2 これで、整数のときと全く同じように、合計を求めることができます。

	十	一		$\frac{1}{10}$	$\frac{1}{100}$
	¹3	¹8	.	¹9	2
+		5	.	8	9
	4	4	.	8	1

3 このように、38.92 + 5.89 = 44.81になります。

やってみよう

できるかな?

これで、筆算②のやり方がわかりましたね。それでは、この筆算を使って、次の合計を出してみましょう。

① 1639 + 6517 = ?

② 7413 + 1781 = ?

③ 45.36 + 26.48 = ?

答えは319ページ

ひき算

ひき算は、たし算の反対です。ひき算の考え方は主に2つあります。ひとつは、「残りはいくつか?」を求めるという考え方、そしてもうひとつは、「ちがいはいくつか?」を求めるという考え方です。

ひき算にも数直線が使えるよ。線に沿って前に向かって数える方法もあれば、後ろに数える方法もあるんだ。

ひき算とは?

ある数を、別の数の分だけ減らすことがあります。これは「残りはいくつ?」を求めています。右のオレンジを見て下さい。6個のオレンジから2個のオレンジをひくと、4個のオレンジが残りますね。

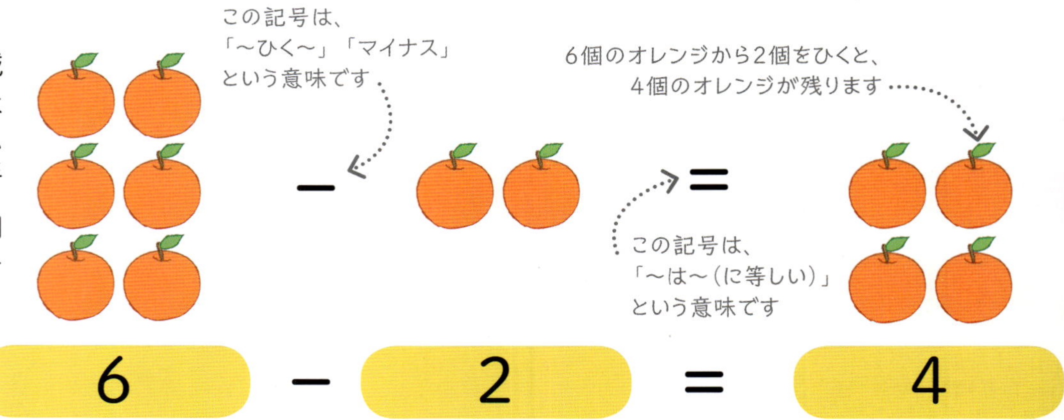
この記号は、「～ひく～」「マイナス」という意味です
6個のオレンジから2個をひくと、4個のオレンジが残ります
この記号は、「～は～(に等しい)」という意味です

6 − 2 = 4

ひき算はたし算の反対

ひき算はたし算の正反対なので、やり方は覚えやすいですね。たし算では数を加えますが、ひき算では数を取り除きます。

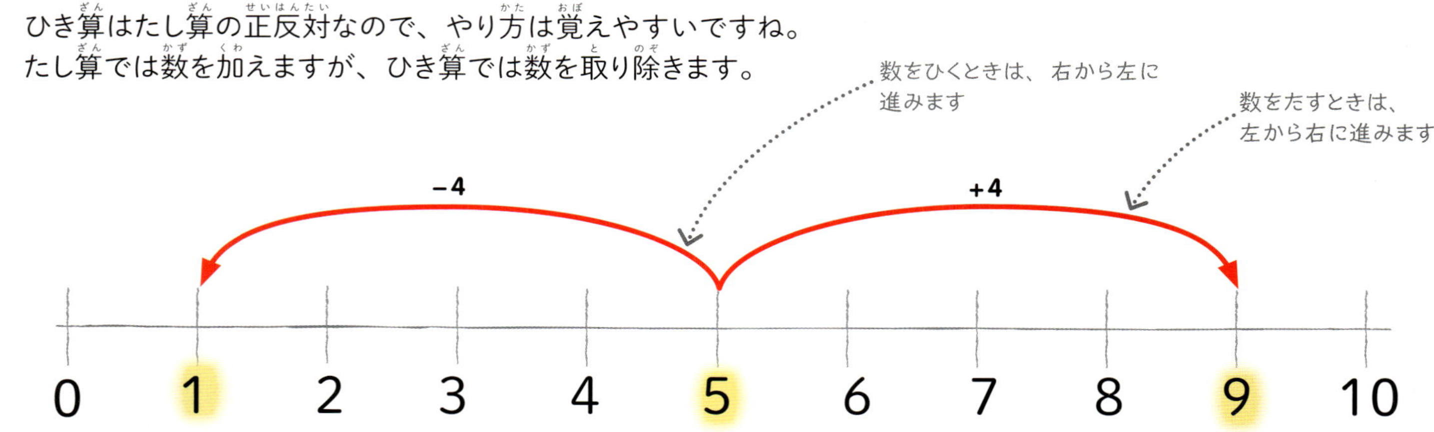
数をひくときは、右から左に進みます
数をたすときは、左から右に進みます
−4
+4
0
1
2
3
4
5
6
7
8
9
10

1 ひき算
上の数直線を使って、5から4をひいてみましょう。この計算では、数直線に沿って4歩戻り、1まで来ます。

$5 - 4 = 1$

2 たし算
ここでは、5に4をたしたので、答えは9です。この計算では、ひき算のときと同じ分だけ、逆の方向に進みました。

$5 + 4 = 9$

ひき算の考え方①　後ろに数える（残りを数える）

ひき算の考え方のひとつとして、「後ろに数える」というものがあります。ある数から別の数をひくときは、式の最初の数から2番目の数の分だけ後ろに数えているのです。残りを数えるのもこの考え方で求めます。

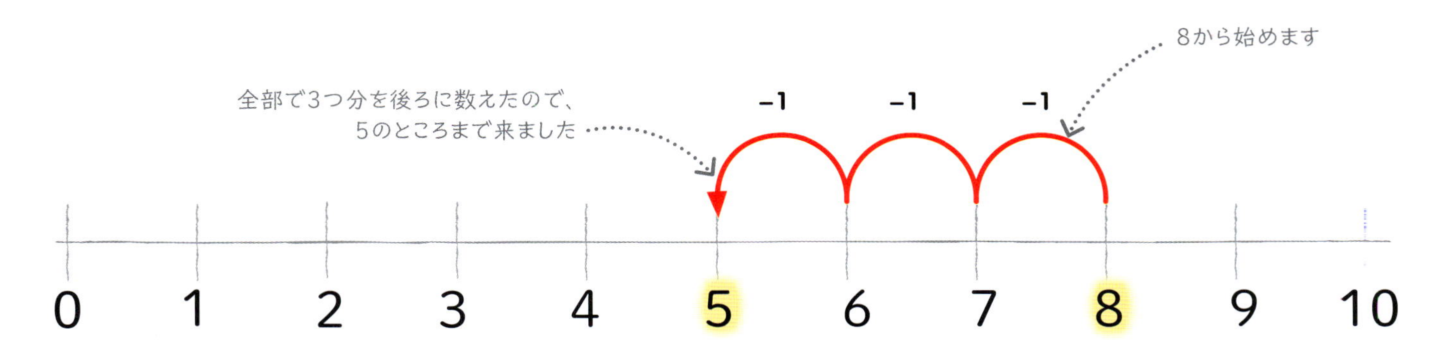

1 数直線上の8−3の計算を見て下さい。

2 8から3をひくには、まず8を探して、そこから後ろに3つ分数えます。これで、5に着きましたね。

3 つまり、8 − 3 = 5になります。

8 − 3 = ?

8 − 3 = 5

ひき算の考え方②　差（ちがい）を求める

ひき算は、「2つの数の差を求める」ことだと考えることもできます。差を求める問題に答えるとき、実は、ある数から別の数まで数えるのに何歩動けばいいのかを求めているだけなのです。つまり「3があといくつで8になるか?」を求めているのと同じです。

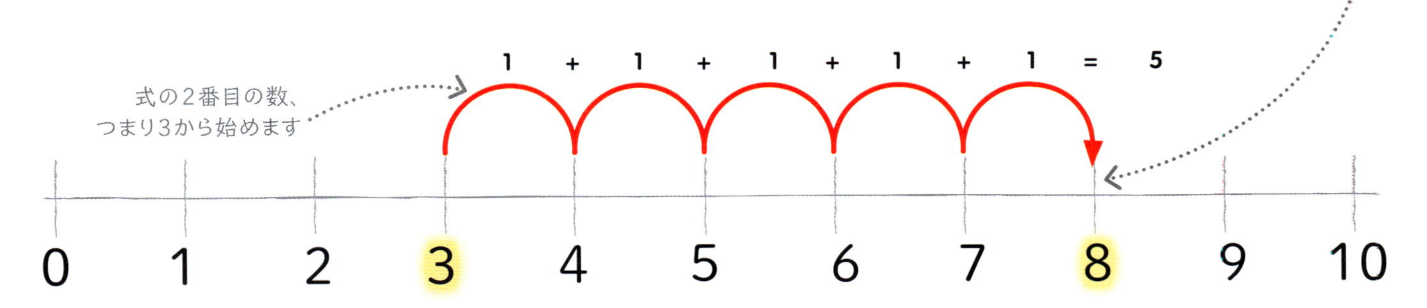

1 2つの数の差を求めるには、数直線上で数を数え上げます。それでは、前の8 − 3の計算をもう一度見てみましょう。

2 この計算は、数直線上で3を探して、そこからいくつジャンプすれば8に行けるかを考えるだけです。5つジャンプすれば行けますね。

3 つまり、8 − 3 = 5になります。

8 − 3 = ?

8 − 3 = 5

ひき算の工夫①

簡単なひき算の暗算リストを知っておくと便利です。難しい計算もぐっと楽になります。このリストにのっている暗算を覚えたら、他の計算にも応用できるようになりますよ。

ひき算の暗算リストに載っている式は、82ページのたし算の暗算リストの式の反対、つまり逆になっているんだよ。

$10 - 0 = \mathbf{10}$
$10 - 1 = \mathbf{9}$
$10 - 2 = \mathbf{8}$
$10 - 3 = \mathbf{7}$
$10 - 4 = \mathbf{6}$
$10 - 5 = \mathbf{5}$
$10 - 6 = \mathbf{4}$
$10 - 7 = \mathbf{3}$
$10 - 8 = \mathbf{2}$
$10 - 9 = \mathbf{1}$
$10 - 10 = \mathbf{0}$

この式と最後の式を比べてみて下さい

この式は最初の式と似ていますね。この2つは同じ種類の暗算です

1 これは、10のひき算リストです。ひく数が大きくなればなるほど、2つの数の差は小さくなります。

$2 - 1 = \mathbf{1}$
$4 - 2 = \mathbf{2}$
$6 - 3 = \mathbf{3}$
$8 - 4 = \mathbf{4}$
$10 - 5 = \mathbf{5}$
$12 - 6 = \mathbf{6}$
$14 - 7 = \mathbf{7}$
$16 - 8 = \mathbf{8}$
$18 - 9 = \mathbf{9}$
$20 - 10 = \mathbf{10}$

この式は、82ページで習ったたし算ダブルスの逆になっています

2 こちらは、別のひき算リストです。ここでは、ひく数がひかれる数の半分になっています。

やってみよう

ひき算の暗算リストを覚えて計算しよう

ひき算の暗算リストを覚えたら、右の計算問題を解いてみましょう。

答えは319ページ

① $1000 - 200 = ?$
② $120 - 60 = ?$
③ $140 - 70 = ?$
④ $100 - 30 = ?$
⑤ $0.1 - 0.08 = ?$
⑥ $0.4 - 0.2 = ?$

ひき算の工夫②

数を計算しやすい数に分けてから、何段階かでひいていくと、もっと簡単にひき算ができるようになります。普通は、ひかれる数の方だけを分けます。

1 81から25をひいてみましょう。ここでは、25を2つに分けて計算します。

81 − 25 = ?

2 計算しにくい数のときは、マスの中に数を入れて、それぞれの列に位を書いておきます。

+	−		+	−		+	−
8	1	−	2	5	=	?	?

3 まず、81から十の位の数をひきます。81 − 20 = 61になりましたね。

+	−		+	−		+	−
8	1	−	2	0	=	6	1

4 次に、残った61から一の位の数をひきます。これで、61 − 5 = 56になりました。

+	−		+	−		+	−
6	1	−		5	=	5	6

5 計算を2つの簡単なステップに分けて計算した結果、81 − 25 = 56になることがわかりましたね。

81 − 25 = 56

やってみよう

分けて計算してみよう

この野原には463本の花が咲いていましたが、そのうち86本をロボットが摘みました。野原に残った花は何本でしょう?

答えは319ページ

❶ この問題の答えは、ひき算をすれば出せますね。

❷ 463本あった花のうち86本を取ったので、463 − 86というひき算になります。

❸ 86を十の位と一の位に分け、463から2段階でひいてみて下さい。

数直線を使ったひき算

簡単なひき算に数直線が使えることは、もう習いましたよね。分割について知っていることを生かせば、数直線を使って、もっと難しい計算にも挑戦できます。

数直線をひき算に使うときは、式の最初の数から逆に数えてもいいし、2番目の数から数え上げてもいいんだよ。どちらも、答えは同じになるからね。

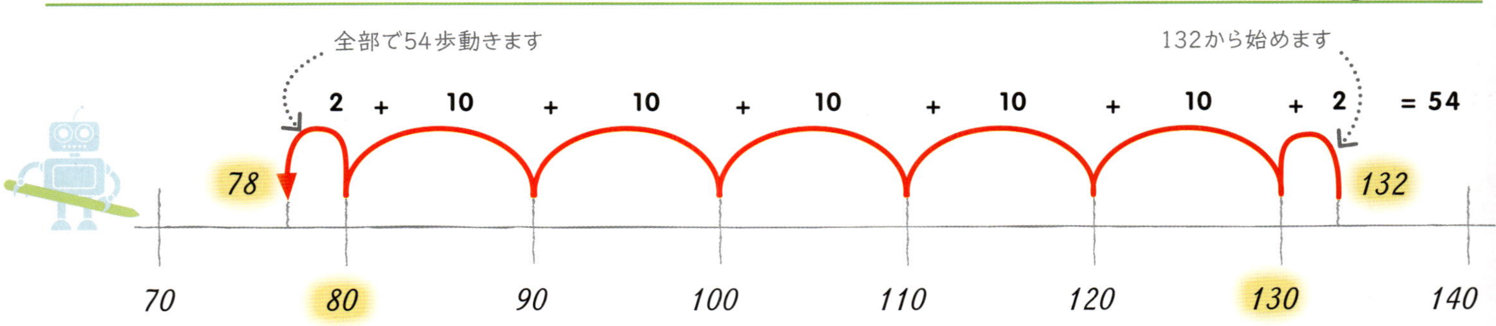

1 逆に数える

数直線を使って132 − 54を計算してみましょう。数直線に沿って動きやすくするために、54を3つに分割します。

2

132から始めて、2つ分後ろに数えて130に来ます。次に、10歩分のジャンプを5回繰り返し、全部で50歩分動きます。これで80に着きます。最後にもう2歩動きます。つまり132 − 2 − 50 − 2です。

3

全部で54歩動くと、78に着きました。つまり、132 − 54 78になります。

132 − 54 = ?

132 − 54 = 78

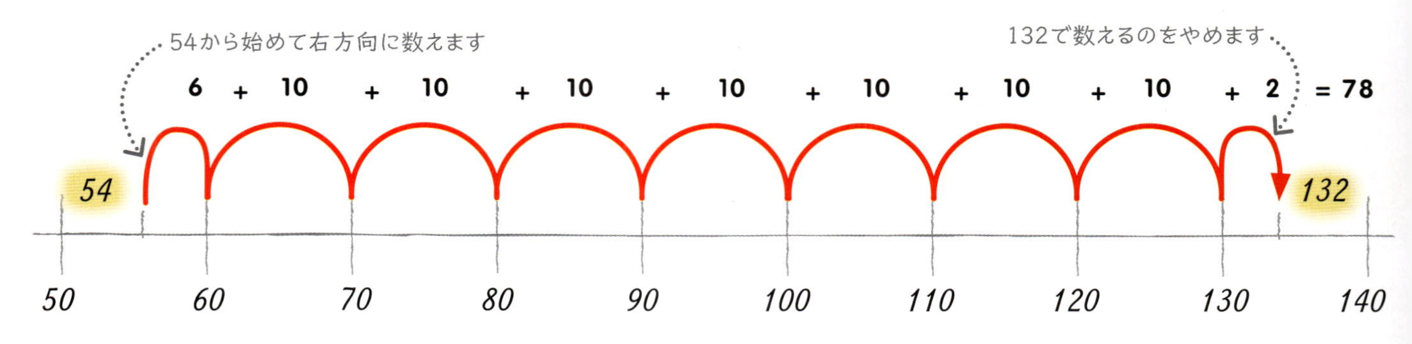

1 数え上げる

最初に説明したように、数え上げてひき算することもできます。これを、「差を求める」といいます。それでは、もう一度132 − 54を見てみましょう。

2

今回は、このひき算の2番目の数、54から始めます。そして、最初の数、132に着くまで数え上げていきます。

3

まず、6歩分数え上げて60に来ます。それから、10歩分のジャンプを7回繰り返して、最後に2歩とびます。つまり6 + 70 + 2です。全部で78歩分動いたことになりますね。132 − 54 = 78になります。

店主のたし算

お店で働いている人は、お客さんにいくらおつりを渡せばいいのか、素早く計算しなければいけません。お店の人は、おつりの額を正しく計算できるように、頭の中で数え上げることがよくあります。このひき算方法を、「店主のたし算」といいます。

1 ピーターが買った物は、全部で735円でした。そこで、1000円のお札を1枚渡しました。ピーターがもらえるおつりはいくらでしょうか？　これは、1000 − 735という式で書き表せますね。

$$1000 - 735 = ?$$

2 まずは、5円をたして、740円にしましょう。

$$735 + 5 = 740$$

3 次に、60円をたして800円にします。

$$740 + 60 = 800$$

4 あとは、200円たすだけですね。これで1000円になりました。

$$800 + 200 = 1000$$

5 最後に、これまでにたした金額をまとめると、5 + 60 + 200 = 265になり、差額の合計が出ます。

$$735 + 265 = 1000$$

6 つまり、1000円のお札で払ったときにピーターがもらえるおつりは、265円になるということです。

$$1000 - 735 = 265$$

やってみよう

店主になってみよう

このページで習った方法を使って、右の買い物のおつりを計算してみましょう。

答えは319ページ

1 合計 ¥324
預かったのは
1000円札1枚でした

2 合計 ¥1712
預かったのは
2000円札1枚でした

3 合計 ¥5998
預かったのは
5000円札2枚でした

ひき算の筆算①

3桁以上の数の差は、筆算を使って求めることができます。普通の筆算（96～97ページに掲載）が難しい場合は、たし算で答えを求めるこの筆算が便利です。この方法は、日本の学校では習いませんが、これもひき算の計算の1つです。

1 324 − 178というひき算は、324と178の差を求める計算だと考えましょう。

2 まず、2つの数を右のように書き出します。同じ位の数が縦に揃うようにしましょう。位を書いておくとわかりやすいかもしれませんが、書かなくても構いません。

3 ここからは、178が324になるまで、計算しやすい数をたしていきます。

4 まずは、178に1桁の数をたして、178に最も近い10の倍数にします。178に2をたせば180になるので、一の位に2を書きます。合計数を記録するため、右側に180と書いておきましょう。

5 次は、2桁の数をたします。180に20をたせば、最も近い100の倍数、つまり200になりますね。十の位に2、一の位に0を書きます。その右に、新しい合計数を書いておきましょう。

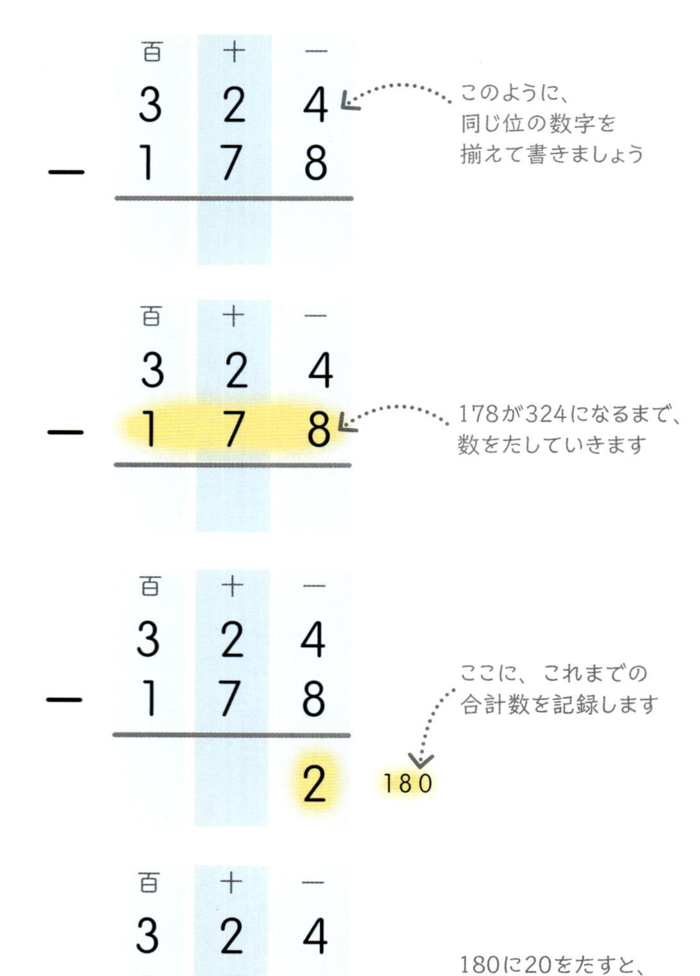

6 今度は、3桁の数をたします。100をたせば、200が300になりますね。百の位に1を書き、十の位と一の位にはゼロを書きます。その右に、新しい合計数を書いておきましょう。

	百	十	一	
	3	2	4	
−	1	7	8	
			2	180
		2	0	200
	1	0	0	300

200に100をたすと、合計が300になります

7 これで、あとは24をたして、合計を300から324にするだけです。十の位に2、一の位に4を書きましょう。

	百	十	一	
	3	2	4	
−	1	7	8	
			2	180
		2	0	200
	1	0	0	300
+		2	4	324

300に24をたすと、合計が324になります

8 最後は、2 + 20 + 100 + 24 = 146というように、これまでにたしてきた数の合計を求めます。

	百	十	一	
	3	2	4	
−	1	7	8	
			2	180
		2	0	200
	1	0	0	300
+		2	4	324
	1	4	6	

これまでにたしてきた数の合計を求めます

9 つまり、324 − 178 = 146になります。

324 − 178 = 146

やってみよう

差を求めよう

ひき算の筆算①を使って、右の数の差を求めましょう。

1. 283 − 76 = ?
2. 817 − 394 = ?
3. 9425 − 5832 = ?

答えは319ページ

日本で習うひき算とはちがう方法だけど、同じ答えにたどり着くんだね。

ひき算の筆算②

この筆算を使えば、ひき算の筆算①（94～95ページを見て下さい）よりもっと早く、大きな数のひき算ができます。最後の方はひき算が難しそうですが、この筆算には、他の位から数を繰り下げるという便利な方法があります。日本の学校で習うのと同じやり方です。

1 932から767をひいてみましょう。

932－767＝？

2 まず、2つの数を右のように書き出します。同じ位の数字が縦に揃うようにしましょう。位を書いておくとわかりやすいかもしれませんが、書かなくても構いません。

3 ここからは、上の行の数字から下の行の数字を、一の位から順番にひいていきます。

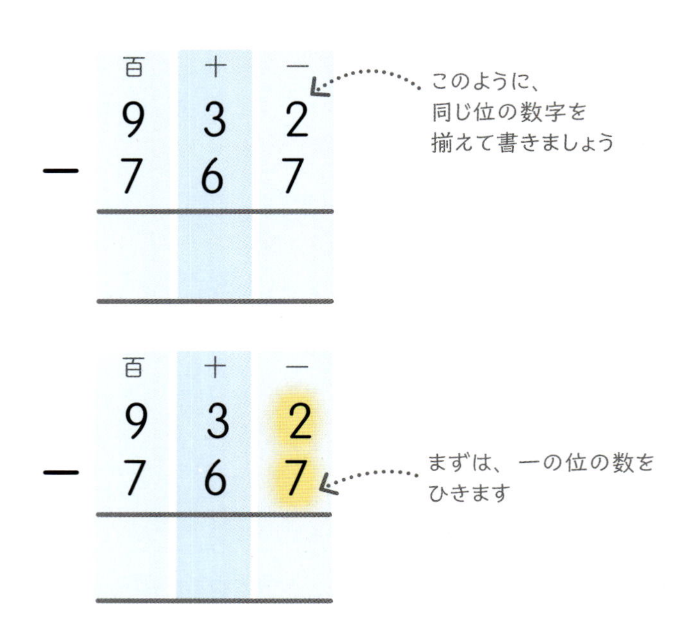

4 一の位の2から7はひけませんので、十の位から1を繰り下げましょう。これは、十の位の1を一の位の10に替えるのと同じことです。2の横に小さな1を書いて、一の位が12になったことを表します。

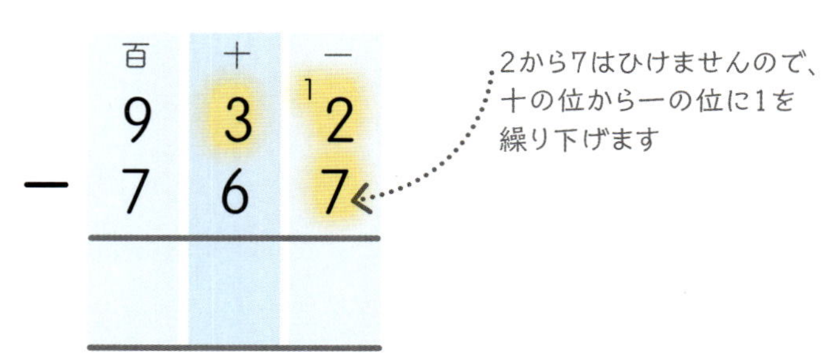

5 十の位の3を2に変えて、十の位から1を繰り下げたことを表しましょう。

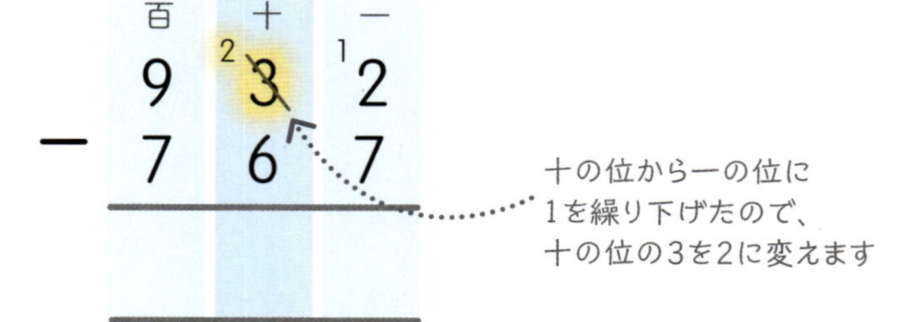

6 これで、2の代わりに、12から7をひけるようになりました。答えは5ですね。一の位に5を書きましょう。

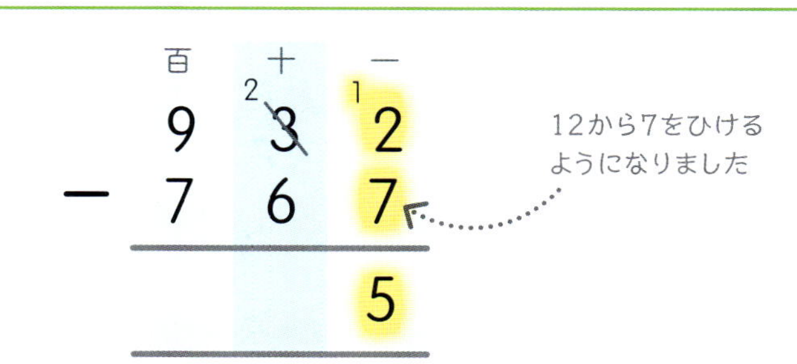

7 次は、十の位のひき算です。2から6はひけませんので、百の位から十の位に1を繰り下げなければいけません。2の横に小さな1を書いて、十の位が12になったことを表します。

2から6はひけませんので、百の位から十の位に1を繰り下げます

8 百の位の9を8に替えて、百の位から十の位に1を繰り下げたことを表しましょう。

百の位から十の位に1を繰り下げたので、百の位の9を8に変えます

9 これで、12から6をひけるようになりました。答えは6ですね。十の位に6を書きましょう。

これで、12から6をひけるようになりました

10 最後に、百の位の8から7をひいて、1にします。百の位に1を書きましょう。

これで、8から7をひけるようになりました

11 つまり、932 − 767 = 165になります。

932 − 767 = 165

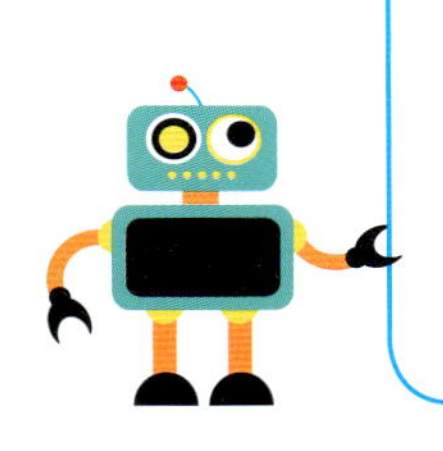

小さい数から大きい数をひけないのでそのときは、左にある位から1を繰り下げるんだよ。

かけ算

かけ算をどう使うかについては、主に2つの考え方があります。かけ算は、同じ大きさのものの集まりがたくさんあるときに、それをまとめて（たして）、全部でいくつあるのかを求めることと考えることができます。またかけ算は、何かを拡大したり縮小したりすることと考えることもできます。この考え方については、100ページで説明します。

かけ算とは?

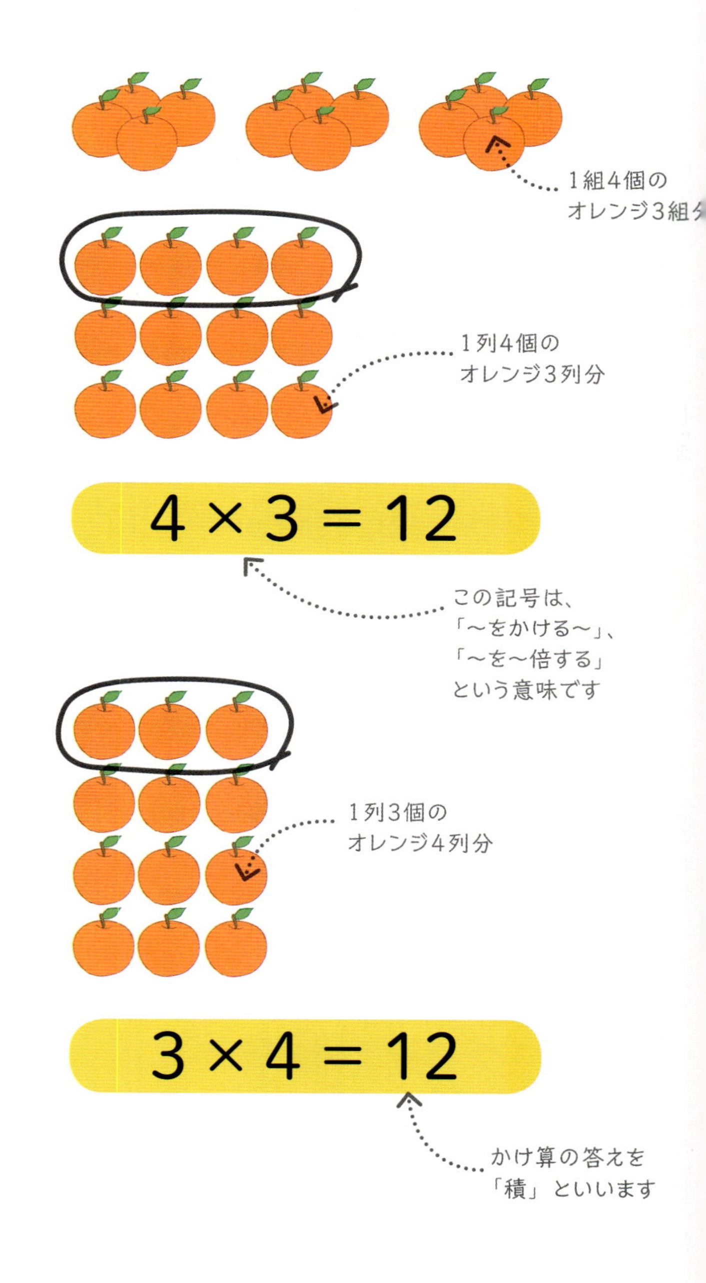

1 右にオレンジがありますね。4個のオレンジが1組になっていて、それが3組分ありますね。それでは、このオレンジが全部で何個あるのか、調べてみましょう。

2 これを数えやすくするために、「1組4個のオレンジ3組分」が「1列4個のオレンジ3列分」になるように並べてみましょう。こうやって並べることを「配列」といいます。これで、オレンジが数えやすくなりました。

3 オレンジを数えてみると、全部で12個ありましたね。これは、4 × 3 = 12というように、かけ算の式で書き表すことができます。

4 今度は、別のオレンジを「1列3個のオレンジ4列分」になるように並べてみましょう。全部で何個になるでしょうか？ 1列4個のオレンジが3列分あったときと比べて、オレンジの数は変わったでしょうか?

5 オレンジを数えてみると、やはり全部で12個ありましたね。これも、3 × 4 = 12というように、かけ算の式で書き表すことができます。

6 このように、4 × 3と3 × 4は両方とも同じ答えになりました。かけ算では、数を入れ替えても同じ合計になります。式の意味はちがいますが、答えは同じになるのです。つまり、かけ算は「交換できる」といえます。

累加として考えるかけ算

かけ算は、「同じ大きさの集まり2つ以上をたすこと」だと考えることもできます。これを「累加」といいます。2つの数をかけるには、一方の数を、もう片方の数の分だけ、たすことを繰り返せばいいのです。

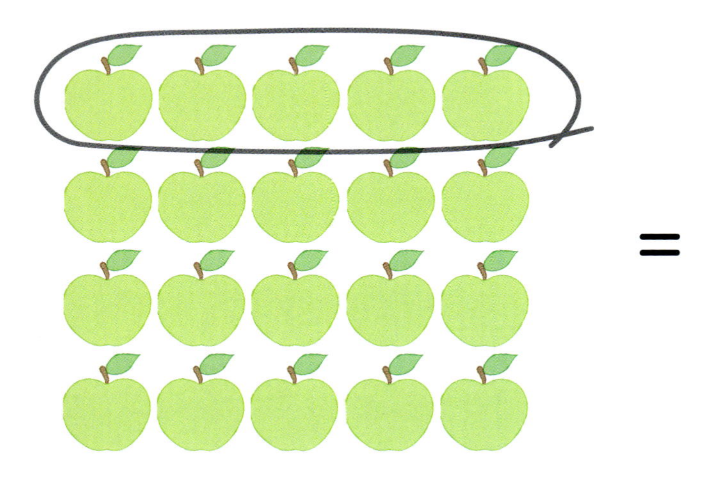

=

5
5
5
5 +
20

1 それでは、リンゴを使って、5 × 4の計算を解いてみましょう。5に4をかけたいので、答えを出しやすくするために、1列5個のリンゴ4列分として考えてみましょう。

5 × 4 = ?

2 リンゴの数の合計を出すには、5 + 5 + 5 + 5 = 20というように、5を4回たしていくだけでわかります。

3 このように、累加を使えば、5 × 4 = 20になるとわかりますね。

5 × 4 = 20

やってみよう

かけ算に挑戦

累加の式がいくつか並んでいます。この式をかけ算に書き直してから、答えを求めましょう。

答えは319ページ

1. 6 + 6 + 6 + 6 = ?
2. 8 + 8 + 8 + 8 + 8 + 8 + 8 = ?
3. 9 + 9 + 9 + 9 + 9 + 9 = ?
4. 13 + 13 + 13 + 13 + 13 = ?

かけ算では、数を入れ替えても答えは同じになります。

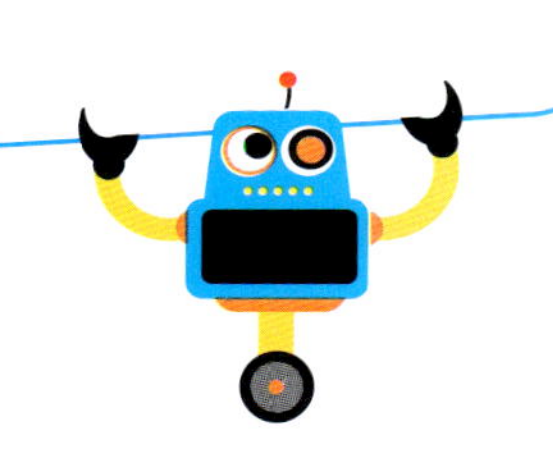

拡大・縮小として考えるかけ算

かけ算の考え方は、累加だけではありません。私たちは、あるものの大きさについて、何倍かを考えるときにもかけ算を使います。

どれくらい小さくなっているかを考えるときは、分数のかけ算を使うよ。

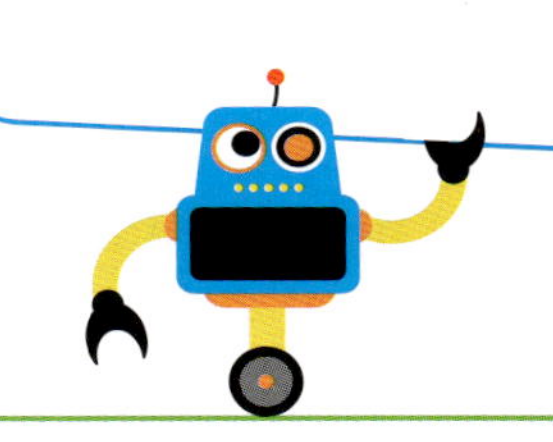

1 右に3つの建物があります。どの建物も高さが違いますね。

2 2番目の建物は、最初の建物の2倍の高さがありますので、2倍の倍率で拡大されたということになります。これを式で書き表すと、10 × 2 = 20になります。

3 3番目の建物は、2番目の建物の2倍の高さがありますので、これも2倍の倍率で拡大されたということができます。これを式で書き表すと、20 × 2 = 40になります。

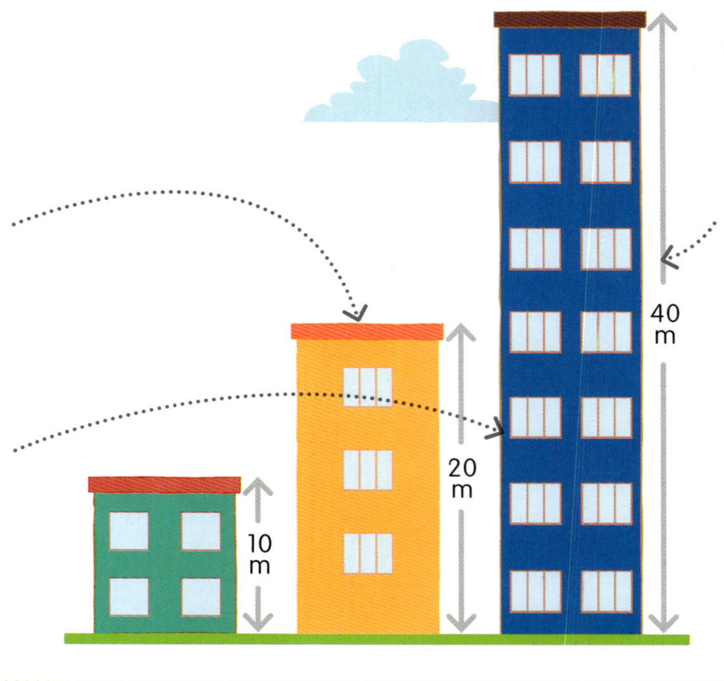

4 3番目の建物の高さは、最初の建物の4倍です。これは、4倍の倍率で拡大されたということになります。これを式で書き表すと、10 × 4 = 40になります。

5 また、それぞれの建物が縮小されていると考えることもできます。2番目の建物の高さは、3番目の建物の半分ですので40 ÷ 2 = 20 になります。この場合は$\frac{1}{2}$倍という言い方もします。式にすると40 × $\frac{1}{2}$です。

分数のかけ算

物の大きさの変化を考えるときに分数を使うこともできます。1より小さい分数である真分数をかけると、数は大きくならず、小さくなります。

1 右の計算を見て下さい。$\frac{1}{4}$に$\frac{1}{2}$をかけたいと思います。

$$\frac{1}{4} \times \frac{1}{2} = ?$$

2 右の図形を見て下さい。これは、円を$\frac{1}{4}$にしたものです。$\frac{1}{4}$に$\frac{1}{2}$をかけるときは、単に$\frac{1}{4}$の半分を取り除けばいいのです。

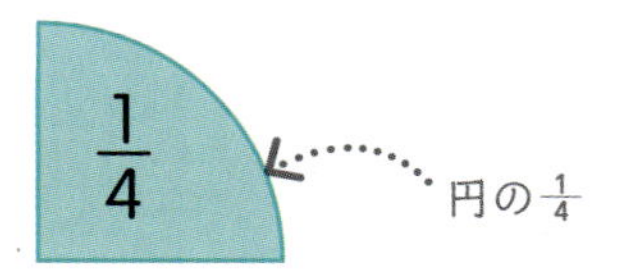

3 このように、$\frac{1}{4}$の半分は、円の$\frac{1}{8}$になりますね。

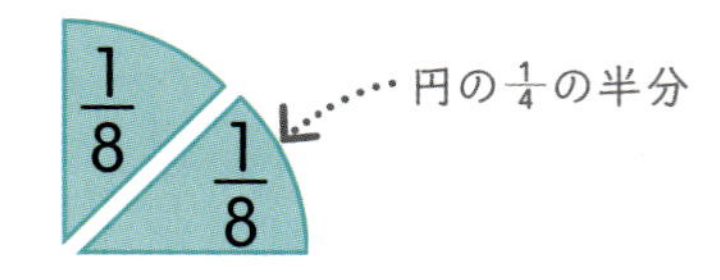

4 つまり、$\frac{1}{4} \times \frac{1}{2} = \frac{1}{8}$になります。

$$\frac{1}{4} \times \frac{1}{2} = \frac{1}{8}$$

約数ペア

答えを式から見てみると、かける数、かけられる数を約数のペアとみることができます。どんな整数にも、1と自分自身という組み合わせの約数ペアがあります。

どんな整数も、1と自分自身でわり切れるよね。だから、整数には少なくとも1組の約数ペアがあるってことなんだ。

1から12までの約数ペア

約数ペアを覚えることは、かけ算の暗算を覚えるのと同じことです。右の基本的な約数ペアを覚えておけば、かけ算をするとき役に立ちます。右の表には、1から12までの数の約数ペアが全部載っています。また、約数ペアを98〜99ページのイラストのように、並べて表しています。

数	約数ペア	並び方
1	1、1	
2	1、2	
3	1、3	
4	1、4	
	2、2	
5	1、5	
6	1、6	
	2、3	
7	1、7	
8	1、8	
	2、4	
9	1、9	
	3、3	
10	1、10	
	2、5	
11	1、11	
12	1、12	
	2、6	
	3、4	

やってみよう

約数ペアを見つけよう

下の数の約数ペアを全部見つけましょう。並べて描いて考えてもいいですよ。

1. 14
2. 60
3. 18
4. 35
5. 24

答えは319ページ

倍数で数える方法

整数に別の整数をかけたときの答えを倍数といいます。倍数については、30～31ページで勉強しましたね。倍数で数える方法を知っておくと、かけ算をするときに便利です。

1 2の倍数で数える

この数直線は、ゼロから2の倍数で数えたときに出てくる数を表しています。数列の数が、どれも2の倍数になっていますね。例えば、4回ジャンプすると8のところに来ますので、2 × 4 = 8ということになります。

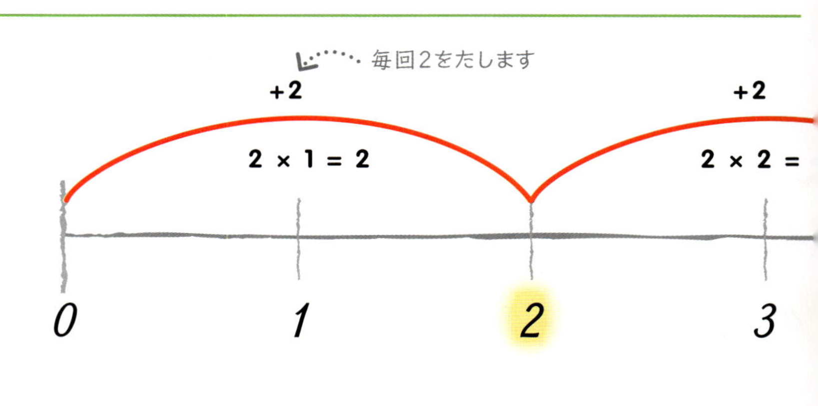

2 3の倍数で数える

この数直線は、ゼロから始めて3の倍数で数えたときに出てくる数を表しています。5回ジャンプすると15のところに来ますので、3 × 5 = 15ということになります。

3 6の倍数で数える

この数直線は、6の倍数のうち最初の方の数を表していますね。3回ジャンプすると18のところに来ますので、6 × 3 = 18となります。

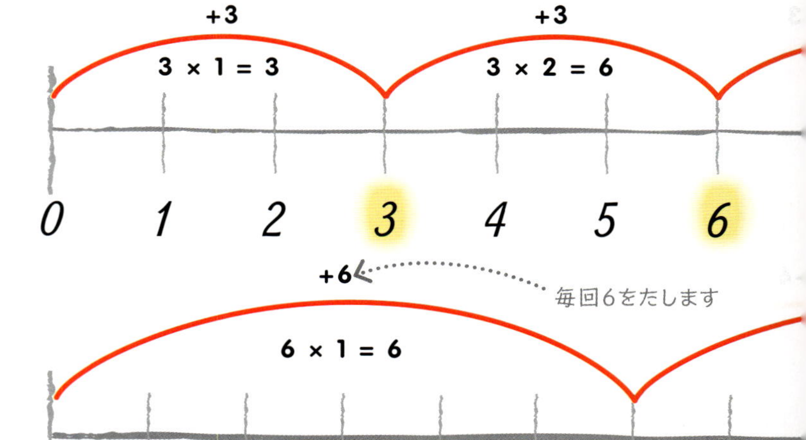

4 8の倍数で数える

この数直線は、8の倍数のうち、ゼロから数えたときの最初の3つを表しています。2回ジャンプすると16のところに来ますので、8 × 2 = 16となります。

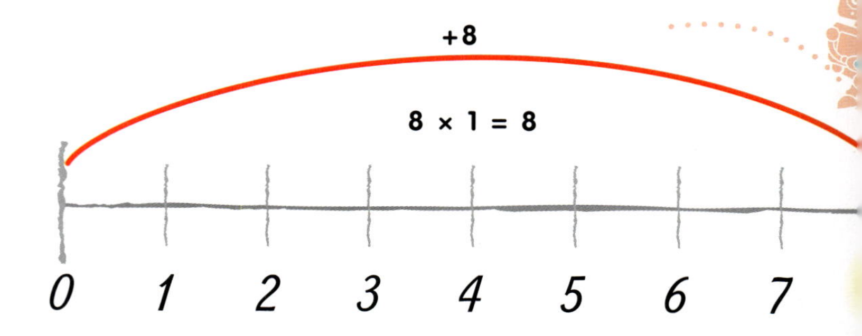

5

これらの数直線は、2、3、6、8の倍数のうち最初の方の数を表したものです。倍数で数えることを覚えておけば、104～105ページで勉強する他のかけ算表も暗記しやすくなります。

106ページのかけ算の数表には、12×12までの倍数が全部載っているよ。

やってみよう

倍数を見つけよう

今回は、2、3、6、8の倍数のうち最初の方の数をいくつか見てきました。それでは、数直線を使ったり、頭の中で数えたりして、右の7、9、11の倍数のうち、この後に続く倍数を3つずつ見つけましょう。

答えは319ページ

1. 7、14、21…
2. 9、18、27…
3. 11、22、33…

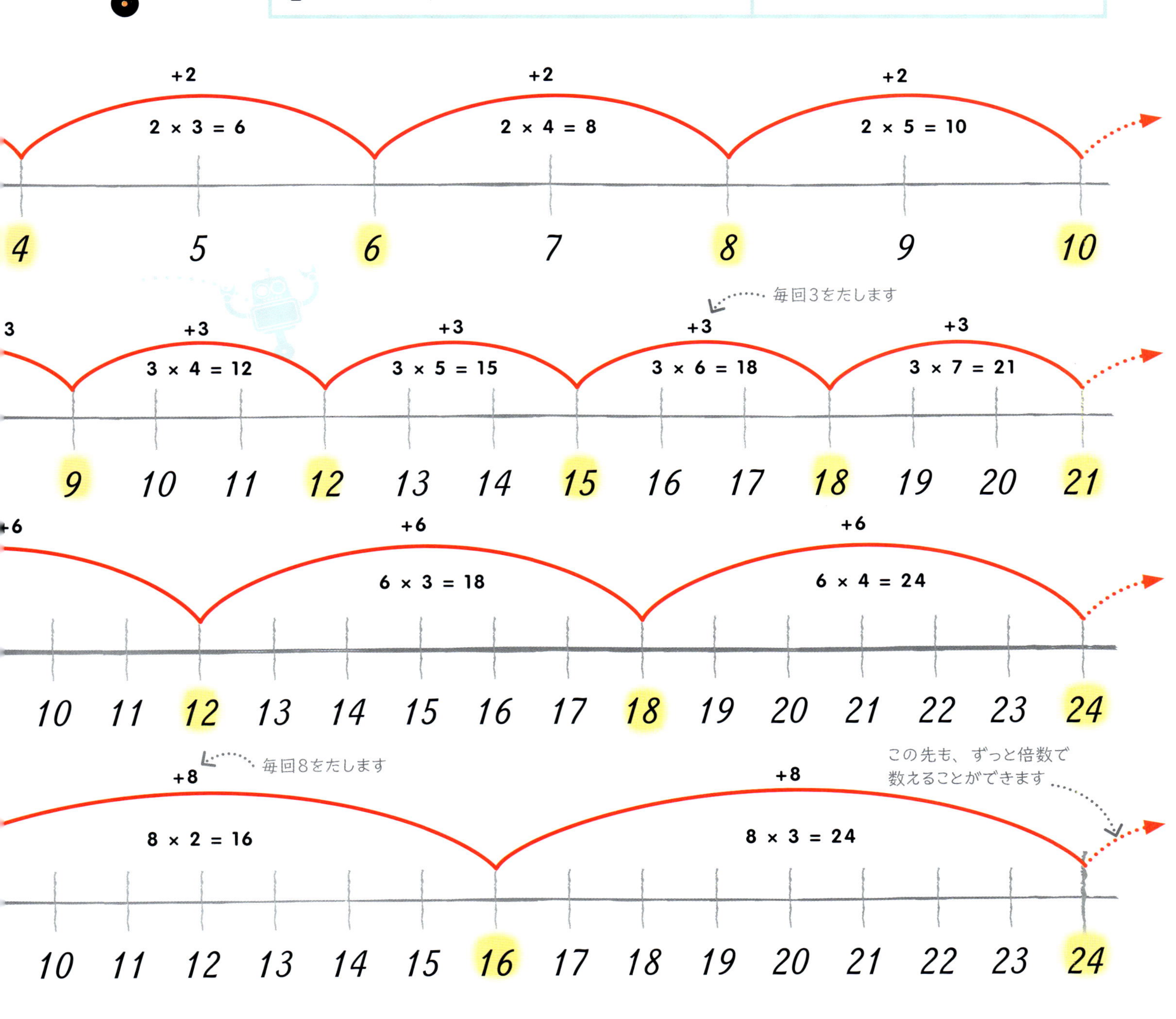

かけ算表

かけ算表は、特定の数のかけ算を覚えるための暗算リストにすぎません。日本以外の国では、この表のように12段まで覚える国もあります。暗算をするときに知っておくと便利です。

1の段				
1	×	0	=	**0**
1	×	1	=	**1**
1	×	2	=	**2**
1	×	3	=	**3**
1	×	4	=	**4**
1	×	5	=	**5**
1	×	6	=	**6**
1	×	7	=	**7**
1	×	8	=	**8**
1	×	9	=	**9**
1	×	10	=	**10**
1	×	11	=	**11**
1	×	12	=	**12**

2の段				
2	×	0	=	**0**
2	×	1	=	**2**
2	×	2	=	**4**
2	×	3	=	**6**
2	×	4	=	**8**
2	×	5	=	**10**
2	×	6	=	**12**
2	×	7	=	**14**
2	×	8	=	**16**
2	×	9	=	**18**
2	×	10	=	**20**
2	×	11	=	**22**
2	×	12	=	**24**

3の段				
3	×	0	=	**0**
3	×	1	=	**3**
3	×	2	=	**6**
3	×	3	=	**9**
3	×	4	=	**12**
3	×	5	=	**15**
3	×	6	=	**18**
3	×	7	=	**21**
3	×	8	=	**24**
3	×	9	=	**27**
3	×	10	=	**30**
3	×	11	=	**33**
3	×	12	=	**36**

4の段				
4	×	0	=	**0**
4	×	1	=	**4**
4	×	2	=	**8**
4	×	3	=	**12**
4	×	4	=	**16**
4	×	5	=	**20**
4	×	6	=	**24**
4	×	7	=	**28**
4	×	8	=	**32**
4	×	9	=	**36**
4	×	10	=	**40**
4	×	11	=	**44**
4	×	12	=	**48**

5の段				
5	×	0	=	**0**
5	×	1	=	**5**
5	×	2	=	**10**
5	×	3	=	**15**
5	×	4	=	**20**
5	×	5	=	**25**
5	×	6	=	**30**
5	×	7	=	**35**
5	×	8	=	**40**
5	×	9	=	**45**
5	×	10	=	**50**
5	×	11	=	**55**
5	×	12	=	**60**

6の段				
6	×	0	=	**0**
6	×	1	=	**6**
6	×	2	=	**12**
6	×	3	=	**18**
6	×	4	=	**24**
6	×	5	=	**30**
6	×	6	=	**36**
6	×	7	=	**42**
6	×	8	=	**48**
6	×	9	=	**54**
6	×	10	=	**60**
6	×	11	=	**66**
6	×	12	=	**72**

やってみよう

13の段

12までのかけ算表は覚えましたね。右の式は、13の段の最初の4行です。13×12まで、この続きを解いてみましょう。

答えは319ページ

13	×	1	=	**13**
13	×	2	=	**26**
13	×	3	=	**39**
13	×	4	=	**?**

.....

7の段

7	×	0	=	**0**
7	×	1	=	**7**
7	×	2	=	**14**
7	×	3	=	**21**
7	×	4	=	**28**
7	×	5	=	**35**
7	×	6	=	**42**
7	×	7	=	**49**
7	×	8	=	**56**
7	×	9	=	**63**
7	×	10	=	**70**
7	×	11	=	**77**
7	×	12	=	**84**

8の段

8	×	0	=	**0**
8	×	1	=	**8**
8	×	2	=	**16**
8	×	3	=	**24**
8	×	4	=	**32**
8	×	5	=	**40**
8	×	6	=	**48**
8	×	7	=	**56**
8	×	8	=	**64**
8	×	9	=	**72**
8	×	10	=	**80**
8	×	11	=	**88**
8	×	12	=	**96**

9の段

9	×	0	=	**0**
9	×	1	=	**9**
9	×	2	=	**18**
9	×	3	=	**27**
9	×	4	=	**36**
9	×	5	=	**45**
9	×	6	=	**54**
9	×	7	=	**63**
9	×	8	=	**72**
9	×	9	=	**81**
9	×	10	=	**90**
9	×	11	=	**99**
9	×	12	=	**108**

10の段

10	×	0	=	**0**
10	×	1	=	**10**
10	×	2	=	**20**
10	×	3	=	**30**
10	×	4	=	**40**
10	×	5	=	**50**
10	×	6	=	**60**
10	×	7	=	**70**
10	×	8	=	**80**
10	×	9	=	**90**
10	×	10	=	**100**
10	×	11	=	**110**
10	×	12	=	**120**

11の段

11	×	0	=	**0**
11	×	1	=	**11**
11	×	2	=	**22**
11	×	3	=	**33**
11	×	4	=	**44**
11	×	5	=	**55**
11	×	6	=	**66**
11	×	7	=	**77**
11	×	8	=	**88**
11	×	9	=	**99**
11	×	10	=	**110**
11	×	11	=	**121**
11	×	12	=	**132**

12の段

12	×	0	=	**0**
12	×	1	=	**12**
12	×	2	=	**24**
12	×	3	=	**36**
12	×	4	=	**48**
12	×	5	=	**60**
12	×	6	=	**72**
12	×	7	=	**84**
12	×	8	=	**96**
12	×	9	=	**108**
12	×	10	=	**120**
12	×	11	=	**132**
12	×	12	=	**144**

かけ算の数表

かけ算の数表には、かけ算表の数を全部入れることができます。一番上の行と一番左の列に入っているのが実は約数です。かけ算の答えは、その間にあります。

1 この数表を使って、7 × 3を求めてみましょう。

7 × 3 = ?

2 やり方はとても簡単です。まず、マスの左の行から、最初の約数を見つけます。ここでは7ですね。

3 2番目の約数は3ですので、次は一番上の列で3を探します。

×	1	2	3	4	5	6	7	8	9	10	11	12
1	1	2	3	4	5	6	7	8	9	10	11	12
2	2	4	6	8	10	12	14	16	18	20	22	24
3	3	6	9	12	15	18	21	24	27	30	33	36
4	4	8	12	16	20	24	28	32	36	40	44	48
5	5	10	15	20	25	30	35	40	45	50	55	60
6	6	12	18	24	30	36	42	48	54	60	66	72
7	7	14	21	28	35	42	49	56	63	70	77	84
8	8	16	24	32	40	48	56	64	72	80	88	96
9	9	18	27	36	45	54	63	72	81	90	99	108
10	10	20	30	40	50	60	70	80	90	100	110	120
11	11	22	33	44	55	66	77	88	99	110	121	132
12	12	24	36	48	60	72	84	96	108	120	132	144

九九表は約数から答えの数をみつける表とも言えるんだね。

4 最後に、行と列が交わるところまで、7から右、3から下に進みます。

5 このかけ算の約数である3と7は、21のマスで交わります。

6 つまり、7 × 3 = 21ということになります。

7 × 3 = 21

かけ算の法則と方法

かけ算にはいろいろな法則があり、かけ算を解くための簡単な方法もたくさんあります。かけ算表の式を覚えたり、もっと大きな数のかけ算をしたりするときには、そんな法則や方法が役に立ちます。このページの表では、その中でも覚えやすいものを紹介します。

かける数	やり方	例
×2	かけられる数を倍にします。つまり、その数に自分自身をたします。	11 × 2 = 11 + 11 = 22
×4	かけられる数を倍にして、それからもう一度倍にします。	8の倍は16、そして16の倍は32なので、8 × 4 = 32になります。
×5	5の倍数は、一の位の数字が5、0、5、0…の繰り返しになる、という法則があります。	5の段は、最初の4つの答えが5、10、15、20になります。
	10をかけて、それから答えを半分にします。	16に10をかけると16 × 10 = 160になり、それから160を半分にすると80になるので、16 × 5 = 80になります。
×9	かけられる数に10をかけて、それからかけられる数をひきます。	7 × 9 = (7 × 10) − 7 = 63
	9 × 10までの計算は、指で数える方法が使えます	3 × 9 の答えを出すには、まず両方の手のひらを自分の方に向けます。そして、左から3番目の指を曲げます。曲げた指の左側に2本、右側に7本の指があるので、答えは27になります。
×11	1から9までの数に11をかけるには、その数字を十の位と一の位に一回ずつ書きます。	4 × 11 = 44
×12	元の数に10をかけて、それから元の数に2をかけます。そして、この2つの答えをたします。	3 × 12 = (3 × 10) + (3 × 2) = 30 + 6 = 36

10、100、1000をかける方法

ある数に10をかけるときは、その数の数字を左の位に1つずつ移せばいいんだよ。

10、100、1000をかけるのは、とても簡単です。例えば、ある数に10をかけるときは、その数の数字を左の位に1つずつ移すだけで計算できます。

1 10をかける

それでは、3.2に10をかけてみましょう。この計算の答えは、数字を左に1桁ずつ移すだけで出せます。そうすると、3.2は32になり10倍大きくなります。

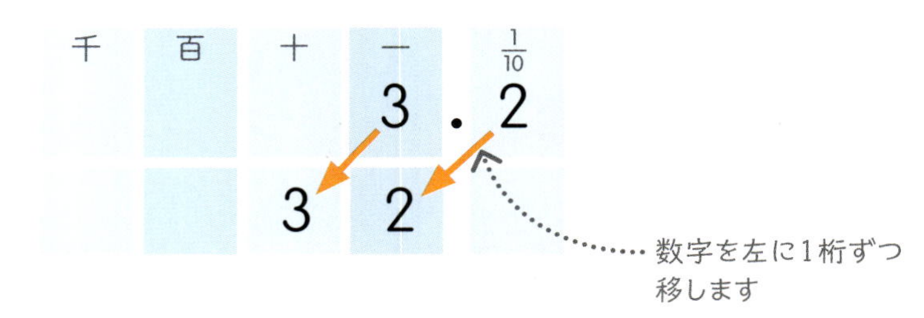
千 百 十 一 $\frac{1}{10}$
3 . 2
3 2
数字を左に1桁ずつ移します

2 100をかける

今度は、3.2に100をかけてみましょう。ある数に100をかけるときは、その数の数字を左に2桁ずつ移します。そうすると、3.2は320になり、100倍大きくなります。

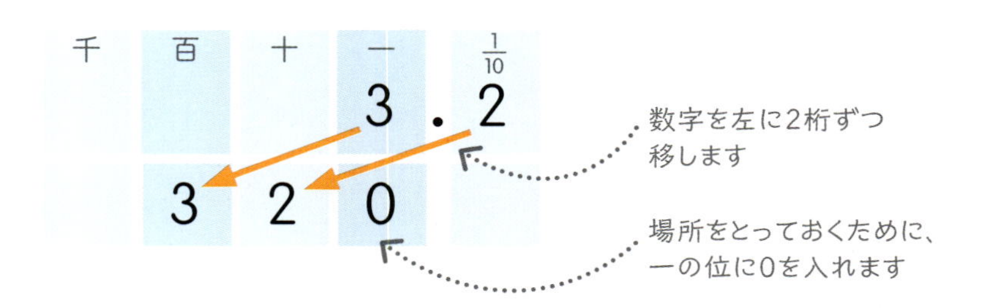
千 百 十 一 $\frac{1}{10}$
3 . 2
3 2 0
数字を左に2桁ずつ移します
場所をとっておくために、一の位に0を入れます

3 1000をかける

今度は、3.2に1000をかけてみましょう。このかけ算をするには、数字を左に3桁ずつ移します。そうすると、3.2は3200になり、1000倍大きくなります。

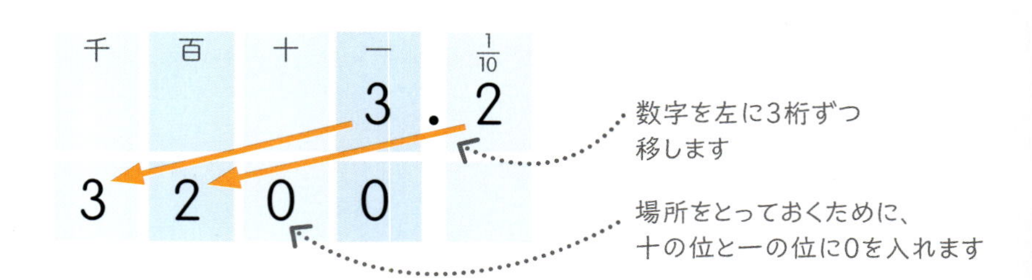
千 百 十 一 $\frac{1}{10}$
3 . 2
3 2 0 0
数字を左に3桁ずつ移します
場所をとっておくために、十の位と一の位に0を入れます

4

10000、100000、さらには1000000も同じやり方でかけることができます。

やってみよう

桁を移動しよう

このページで習った方法を使って、右の計算してみましょう。

答えは319ページ

1. $6.79 \times 100 = ?$
2. $48 \times 10\,000 = ?$
3. $0.072 \times 1000 = ?$

10の倍数をかける方法

10の倍数のかけ算を楽に計算できるようにするには、かけ算表と10をかける方法で習ったことを組み合わせます。

ある数に10の倍数をかけるときは、10の倍数を10と他の約数に分けて、1つずつ順番に計算するんだよ。

1 右の計算を見て下さい。126に20をかけたいと思います。難しそうに見えますが、10の倍数がわかっていれば簡単です。

126 × 20 = ?

2 それでは、20を2 × 10に書き直しましょう。これは、20をかけるよりも、2と10をかける方が楽だからです。

126 × 2 × 10

3 これで、126に2をかけられるようになりました。26 × 2 = 52ですので、126 × 2 = 252と解けますね。

126 × 2 = 252

4 最後は、252に10をかけるだけです。答えは2520ですね。

252 × 10 = 2520

5 つまり、126 × 20 = 2520になります。

126 × 20 = 2520

やってみよう

もっと難しい10の倍数

右の式を見て下さい。計算が簡単になるように10の倍数を分けてから、答えを出してみましょう。

答えは319ページ

❶ 25 × 50 = ?
❷ 0.5 × 60 = ?
❸ 231 × 30 = ?
❹ 43 × 70 = ?
❺ 0.03 × 90 = ?
❻ 824 × 20 = ?

かけ算の工夫①

たし算、ひき算、わり算と同じように、かけ算でも、数を分けて計算しやすくすることができます。

数直線を使って考えよう

数直線を使えば、かけ算の数の1つを小さめの数2つに分けて、計算しやすくすることができます。

1 それでは、数直線を使いながら、次の問題を解いてみましょう。「トラックの長さは12メートル、電車の長さはその15倍です。電車の長さは何メートルでしょう?」

2 この問題の答えを求めるには、トラックの長さ、つまり12メートルに、15をかけなければいけませんね。

3 このかけ算の2つの数のうち、ここでは、15を10と5に分けてみましょう。

$$12 \times 15 = ?$$

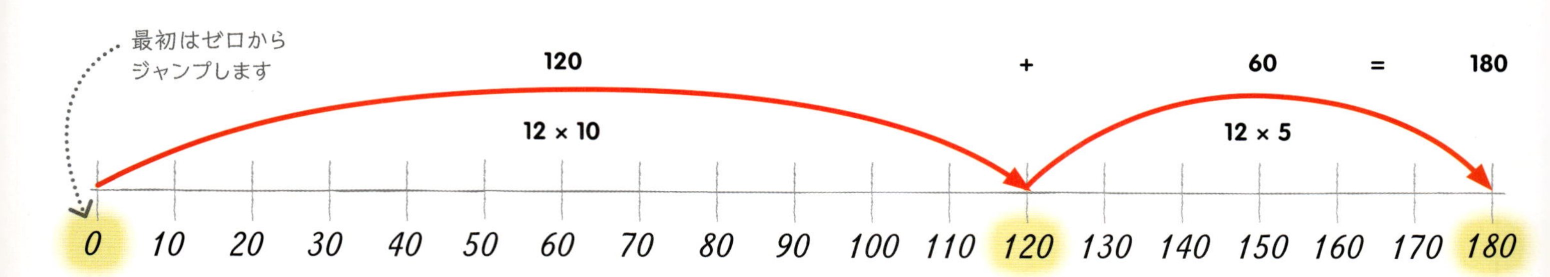

4 まず、12に10をかけます。答えは120ですね。そこで、数直線の0から120にジャンプします。

5 次は、12に残りの5をかけます。答えは60ですね。そこで、数直線の120から60ジャンプすると、180に着きました。

6 つまり、電車の長さは180メートルだということです。

$$12 \times 15 = 180$$

図を使って考えよう

かけ算の分割には、図を使うこともできます。このような図を、「面積図」といいます。

かける数、かけられる数、どちらの数でもいいので、計算しやすい数に分けてみよう。

1 もう一度、12 × 15を見てみましょう。今度は図を使って計算します。前と同じように、15を10と5に分けます。

12 × 15 = ?

2 まず、右のような長方形を描きます。この長方形の辺は、計算に出てくる数を表しています。この図は、定規を使ったり辺を測ったりせずに、ざっと描いて構いません。

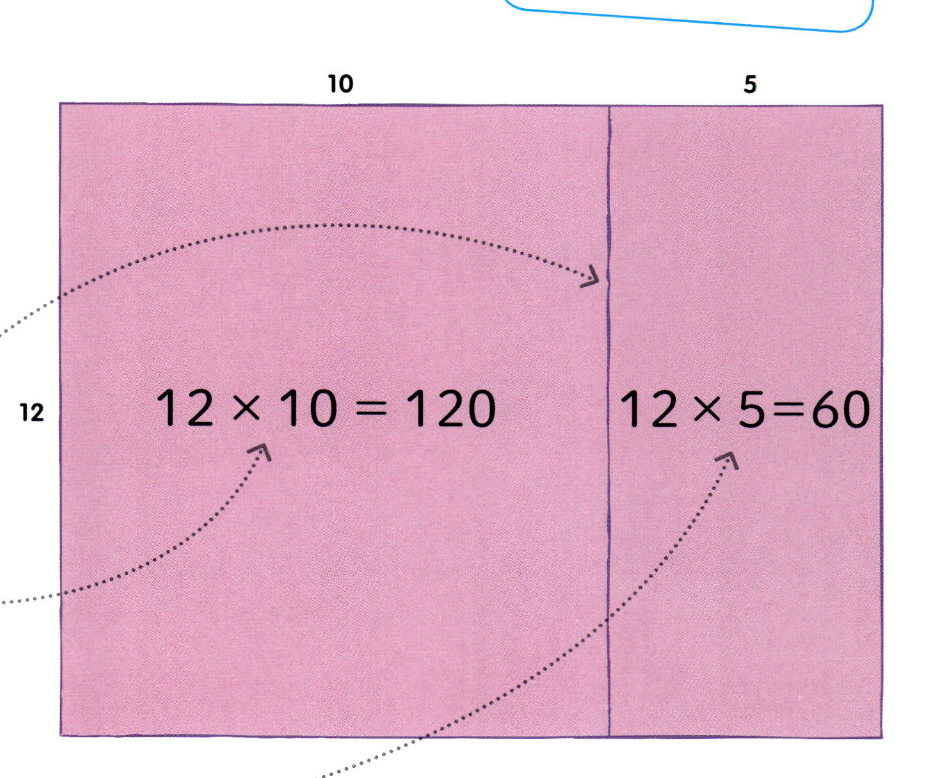

3 15を10と5に分けますので、長方形の中に線を引きます。これで、数が分割されているとわかりますね。一つの辺に12を書き、もう一つの辺には10と5を書きます。

4 それでは、2つに分けた図の辺をそれぞれかけ算します。まず、12に10をかけて、120にします。図の中に12 × 10 = 120と書きましょう。

5 次に、12に5をかけて60にします。図の中に12 × 5 = 60と書きましょう。

6 最後に、2つの答えをたせば、120 + 60 = 180になります。

7 つまり、12 × 15 = 180になります。

12 × 15 = 180

8 この計算は、図を描かなくてもできます。式で書き表すと、12 × 15 = (12 × 10) + (12 × 5) = 120 + 60 = 180になります。

やってみよう

分けて計算しよう

数直線と図の方法を使って、下のかけ算を解いてみましょう。皆さんは、どちらの方法が好きですか?

1. 35×22=?
2. 17×14=?
3. 26×12=?
4. 16×120=?

答えは319ページ

かけ算の工夫②

かけ算には、111ページで見たものとは少し違う種類の面積図を使うこともできます。今回説明する方法は、グリッド法といいます。慣れてくるにつれて、グリッドがもっと簡単な形になり、難しいかけ算がもっと早く解けるようになります。

かけ算表と10の倍数がわかっていれば、グリッド法を使うのも速くなるよ。

1 グリッド法を使って37 × 18を解いてみましょう。

37 × 18 = ?

2 まず、長方形を描いて、辺のところに計算する数を書きます。ここでは、37と18ですね。この図は、定規を使ったり辺を測ったりせずに、ざっと描いて構いません。

37

18

辺のところに計算する数を書きます

3 次に、37と18を分割して、計算しやすい小さめの数にします。まず18を10と8に分けましょう。2つの数の間に横線を引いて、長方形を2つに分けます。

37

18 10 8

18を10と8に分けます

4 今度は37を、10、10、10、7に分割します。それぞれの数の間に縦線を引いて、長方形を分けます。これで、長方形がグリッド（方眼）状になりましたね。

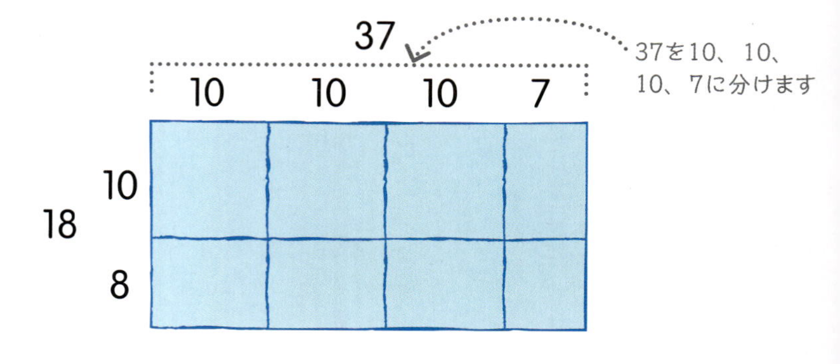

37を10、10、10、7に分けます

5 次に、上の数と左の数を1つずつかけて、グリッドのマスにそれぞれの積を書きます。

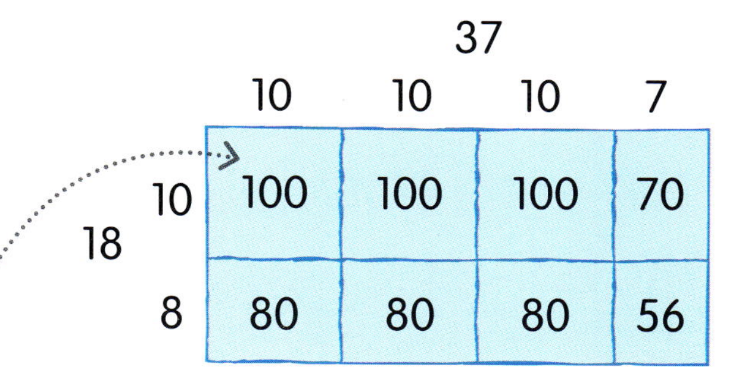

上の数と左の数を
1つずつかけます

6 最後に、マスの数を行ごとに全部たして、それぞれの行の最後に合計を書きます。合計は、370と296になりましたね。この2つの数を筆算でたせば、370 + 296 = 666になり、答えが出せます。

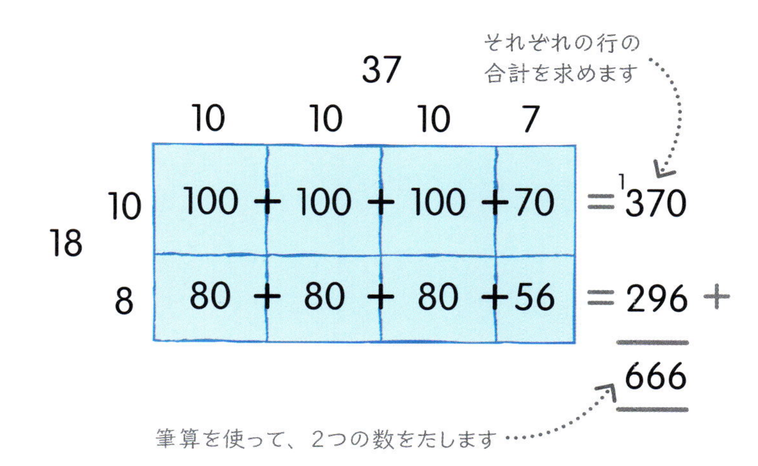

7 つまり、37 × 18 = 666になります。

37 × 18 = 666

もっと速く計算できるグリッド法

かけ算に自信がついてきたら、もっと速く計算できるグリッド法が使えるようになります。前に使った方法に似ていますが、計算する回数が少なく、もっと簡単なグリッドを使います。ここでもう一度、37 × 18を解いてみましょう。下の2つのグリッド法なら、もっと短い時間で計算できます。

数の分割を少なめにします

	30	7	
10	300	70	= 370
8	240	56	= 296 +
			666

1 数の分割が少なくなると、計算の回数も少なくてすみます。

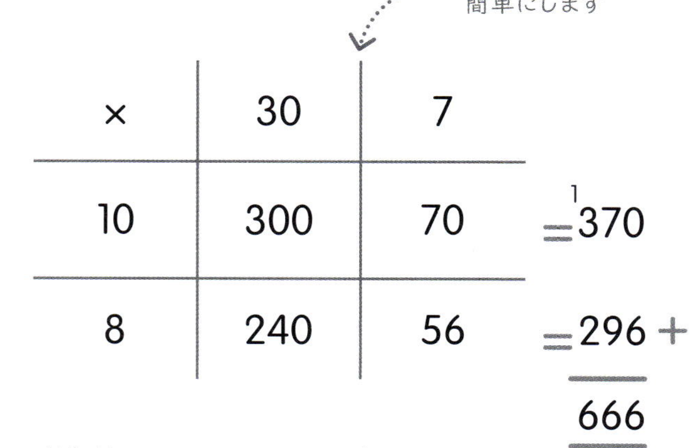

2 考え方がわかれば、マスの代わりに、もっと速く簡単に描けるグリッドで解けるようになります。

かけ算の筆算①

2桁以上の数が出てくるかけ算は、筆算にすると計算しやすくなります。かけ算の筆算には、いろいろなやり方があります。ここで説明する方法は、位ごとに別々にかけ算して、後で答えを合計する方法です。この筆算は、116ページで紹介する一般的な筆算の元々の意味につながります。

1 423に8をかけてみましょう。

$423 \times 8 = ?$

2 まず、2つの数を右のように書き出します。同じ位の数字が縦に揃うようにしましょう。位を書いておくとわかりやすいかもしれませんが、書かなくても構いません。

3 ここからは、一の位から順番に、上の行の数字に下の行の8をかけていきます。

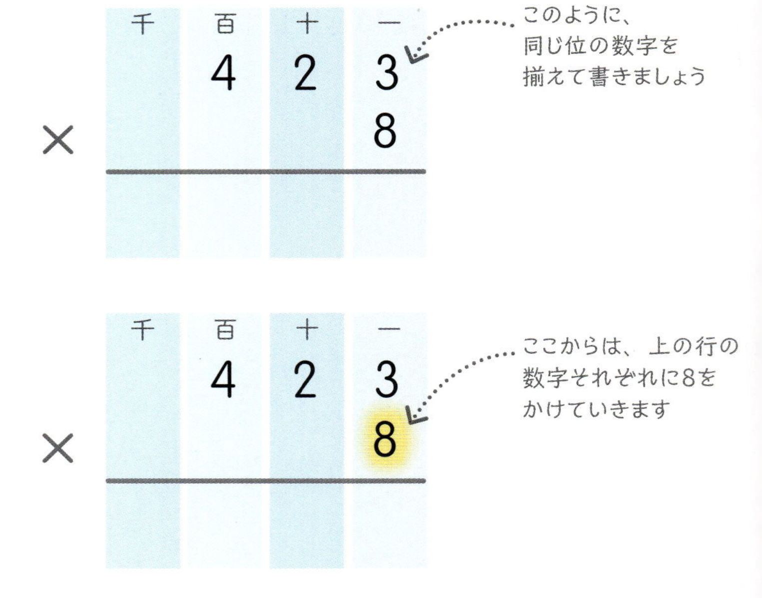

4 まず、一の位の3と8をかけます。答えは24ですね。答えの欄の最初の行に24を書きます。

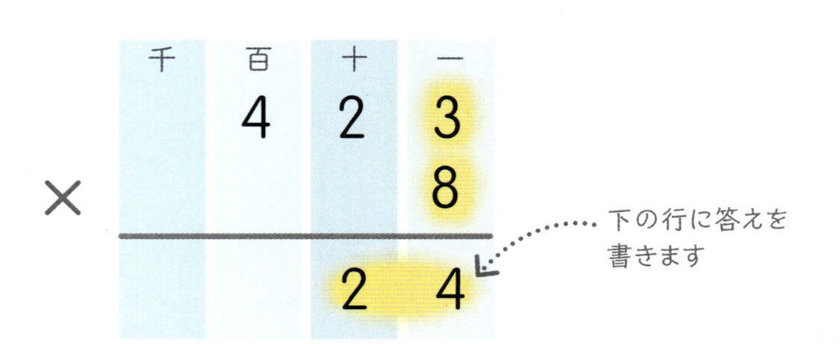

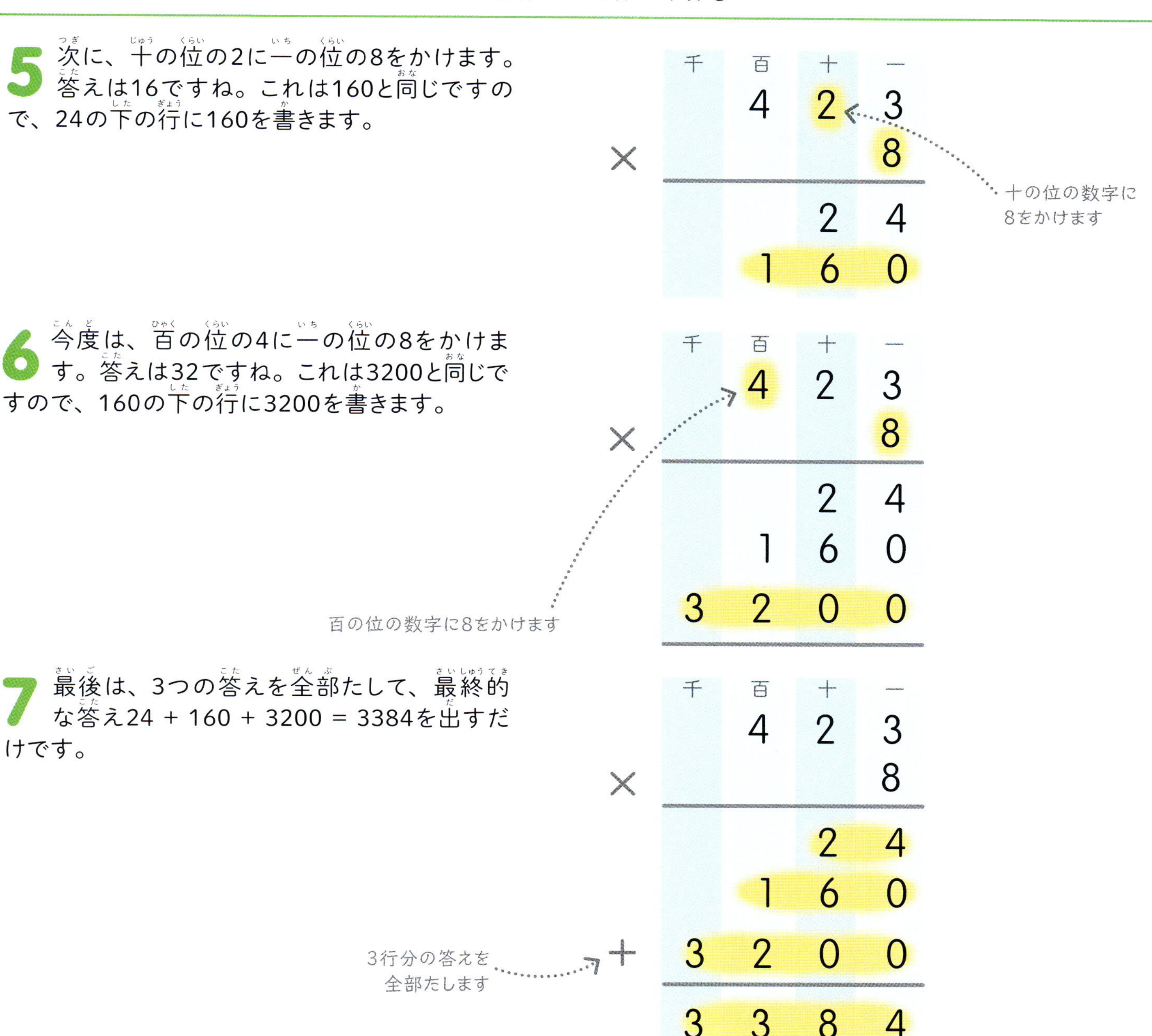

5 次に、十の位の2に一の位の8をかけます。答えは16ですね。これは160と同じですので、24の下の行に160を書きます。

6 今度は、百の位の4に一の位の8をかけます。答えは32ですね。これは3200と同じですので、160の下の行に3200を書きます。

7 最後は、3つの答えを全部たして、最終的な答え24 + 160 + 3200 = 3384を出すだけです。

8 つまり、423 × 8 = 3384になります。

$$423 \times 8 = 3384$$

やってみよう

応用問題に挑戦

クモには脚が8本あります。クモが384匹いるとすると、脚は全部で何本になるでしょう?

答えは319ページ

1 この問題は、かけ算の筆算①を使って、384に8をかけるだけで解くことができます。

2 やり方はとても簡単です。384の3つの数字それぞれに8をかけて、その答えを全部たすだけで答えられます。

かけられる数の桁が大きくなるにつれて、答えの欄の行が増えていくんだよ。

かけ算の筆算②

ここでは、よく使われている筆算方法を見ていきます。114～115ページで習った筆算①よりも、この筆算の方が速く計算できます。ここでは、一、十、百というように位ごとに別々の行に答えを書いて全部たす代わりに、1つの行でまとめて計算します。

1 736に4をかけてみましょう。

736 × 4 = ?

2 まず、2つの数を右のように書き出します。同じ位の数字が縦に揃うようにしましょう。位を書いておくとわかりやすいかもしれませんが、書かなくても構いません。

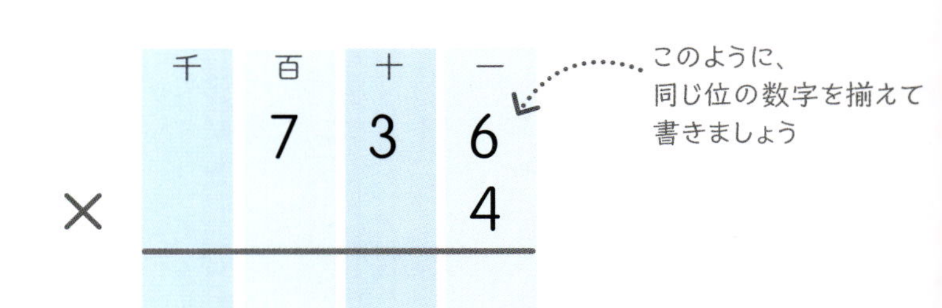

3 ここからは、上の行の数字それぞれに、下の行の数「4」をかけていきます。

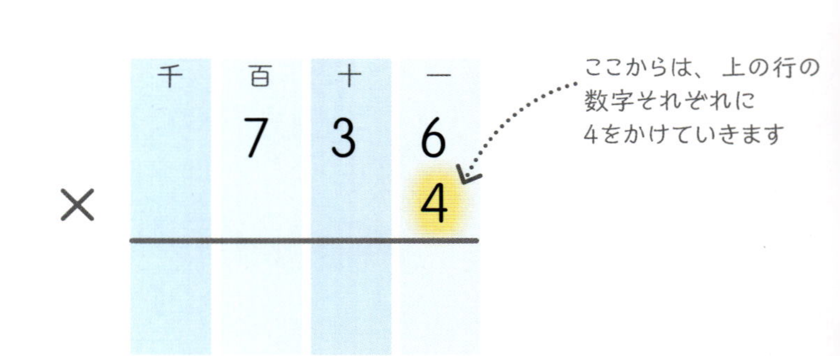

4 まず、一の位の6に4をかけます。答えは24ですね。一の位に4を書きます。この2は20を表していますので、十の位に繰り上げて、次の段階でたします。

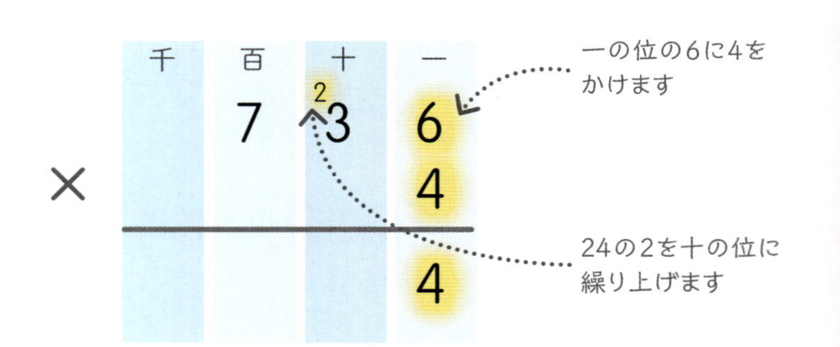

5 次は、十の位の3に4をかけます。答えは12ですね。これに、一の位のかけ算で繰り上げた2をたして、14にします。十の位に4を書き、百の位に1を繰り上げます。

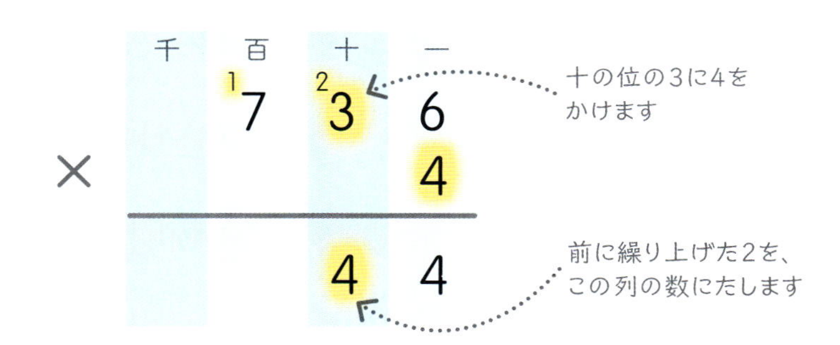

6 今度は、百の位の7に4をかけます。答えは28ですね。これに、十の位から繰り上げた1をたして、29にします。百の位に9を書いて、千の位に2を書きます。

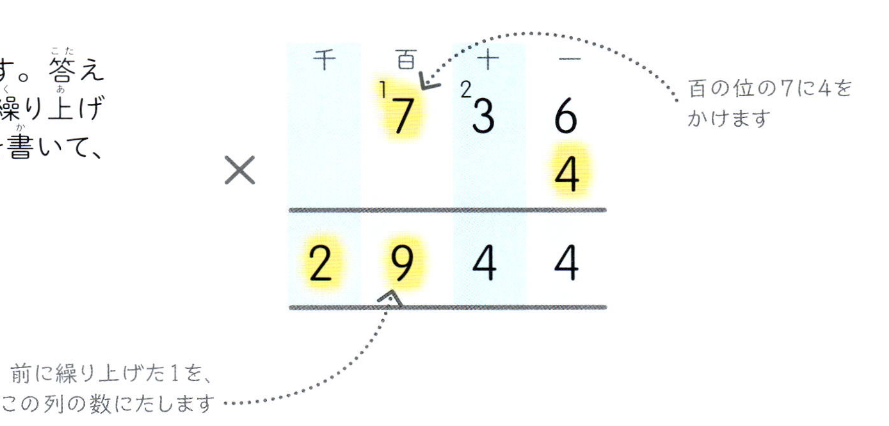

7 つまり、736 × 4 = 2944になります。

$$736 \times 4 = 2944$$

やってみよう

筆算の腕試し

筆算②を使って、右の問題を解いてみましょう。4桁の数字が出てくる計算は、筆算に千の位の列をつけたして下さい。

1. 295 × 8 = ?
2. 817 × 5 = ?
3. 2739 × 3 = ?
4. 4176 × 4 = ?
5. 6943 × 9 = ?

答えは319ページ

筆算②のやり方がわかれば、2桁以上のどんな数にも1桁の数をかけられるようになるよ。

かけ算の筆算③

2桁以上の数同士をかけるときの筆算には、主に2つのやり方があります。ここで説明するのは、それぞれの数字を1つずつかけて、別々に書いた答えを後で合計する方法です。120～123ページでは、もう一つの方法を説明します。

1 37に16をかけてみましょう。

2 まず、2つの数を右のように書き出します。同じ位の数字が縦に揃うようにしましょう。位を書いておくとわかりやすいかもしれませんが、書かなくても構いません。

3 ここからは、上の行の数字と下の行の数字を1つずつかけていきます。まずは、上の行の数字に一の位の6をかけます。

4 一の位の7と6をかけます。答えは42ですね。新しい行の十の位に4を書き、一の位に2を書きます。

5 次に、十の位の3に一の位の6をかけます。答えは十の位の18、つまり180ですね。新しい行の百の位に1、十の位に8、一の位に0を書きます。

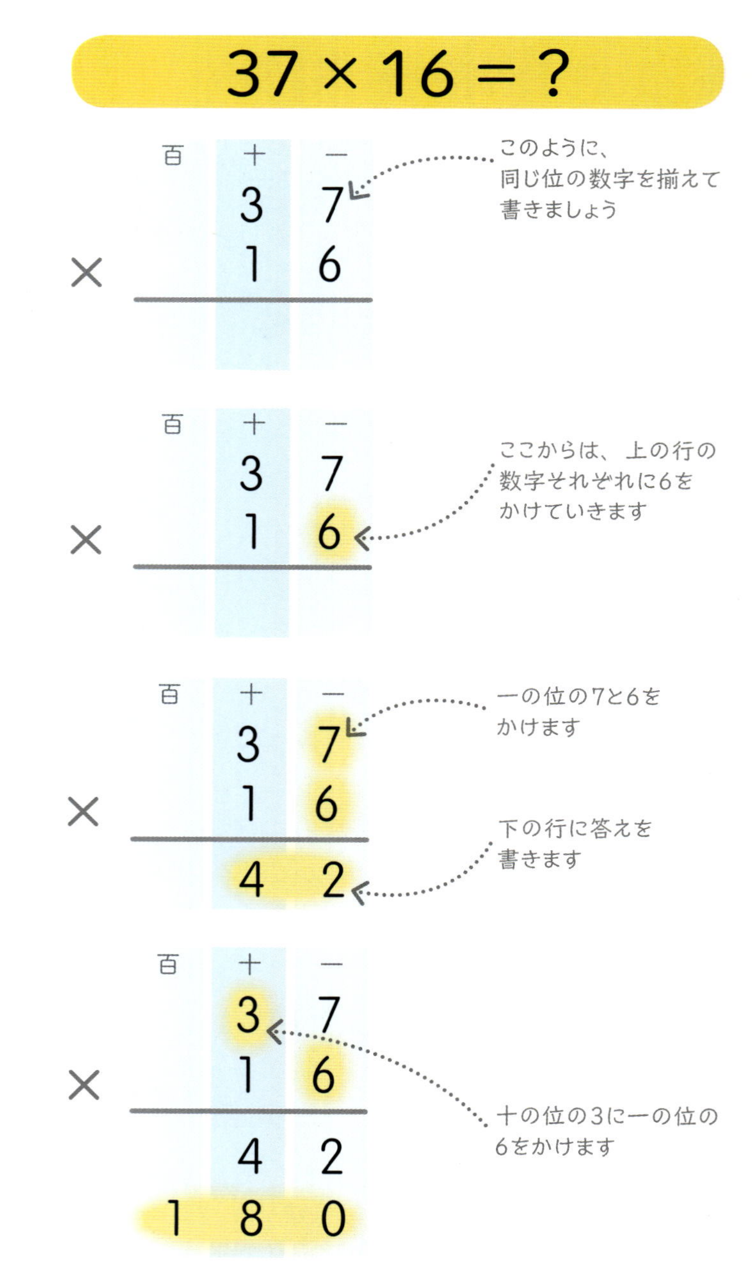

6 ここからは、上の行の全ての数字に十の位の1をかけて、下に続けて答えを書きます。

7 一の位の7に十の位の1をかけます。答えは十の位の7、つまり70ですね。また新しい行の十の位に7、一の位に0を書きます。

8 次に、十の位の3と1をかけます。答えは30に10をかけたことになるので、十の位の30、つまり300ですね。新しい行の百の位に3、十の位に0、一の位に0を書きます。

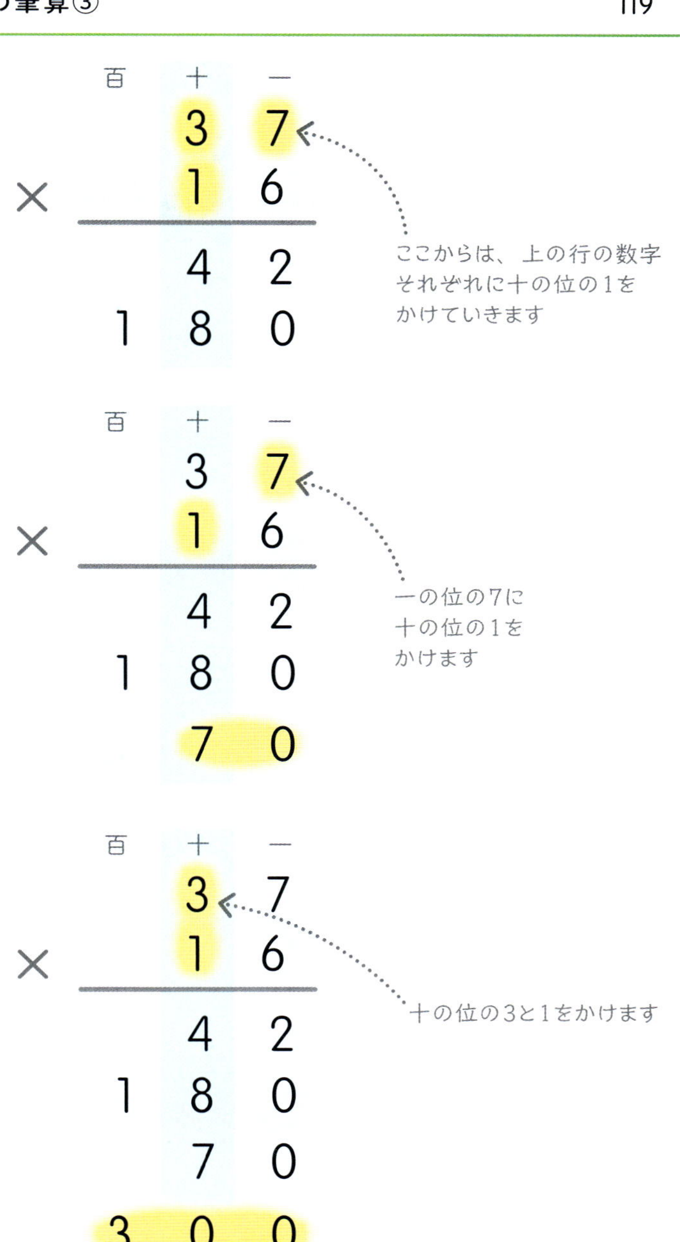
百 十 一
ここからは、上の行の数字それぞれに十の位の1をかけていきます
一の位の7に十の位の1をかけます
十の位の3と1をかけます

9 これで、上の行の数字全部と下の行の数字全部をかけ終わりましたので、4行分の答えを全部たすと、42 + 180 + 70 + 300 = 592です。

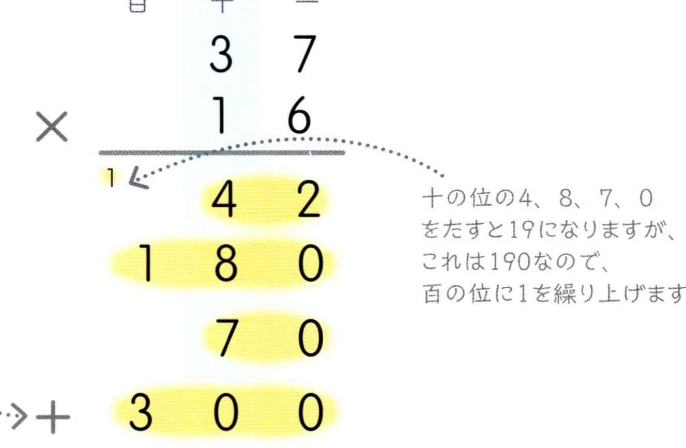
百 十 一
十の位の4、8、7、0をたすと19になりますが、これは190なので、百の位に1を繰り上げます
4つの答えを全部たします

10 つまり、37 × 16 = 592になります。

37 × 16 = 592

かけ算の筆算④

ここからは、2桁以上の数同士をかけるときの筆算方法をもう一つ見ていきましょう。日本の教科書ではこちらを習いますね。

筆算④のやり方は日本の教科書で習う方法だよ。
これができれば、
2つの数が何桁でも、
かけ算できるようになるよ。

1 86に43をかけてみましょう。

2 まずは、2つの数を右のように書き出します。同じ位の数字が縦に揃うようにしましょう。位を書くとわかりやすいかもしれませんが、書かなくても構いません。

3 ここからは、上の行の数字と下の行の数字を1つずつかけていきます。最初に、上の行の数と一の位の3をかけます。

4 まず、一の位の6と3をかけます。答えは18ですね。新しい行の一の位に8を書きます。1は10を表していますので、十の位に繰り上げて、次の段階でたします。

5 次は、十の位の8に一の位の3をかけます。答えは十の位の24ですね。これに、一の位のかけ算で繰り上げた1をたして25、つまり250にします。百の位に2、十の位に5を書きます。

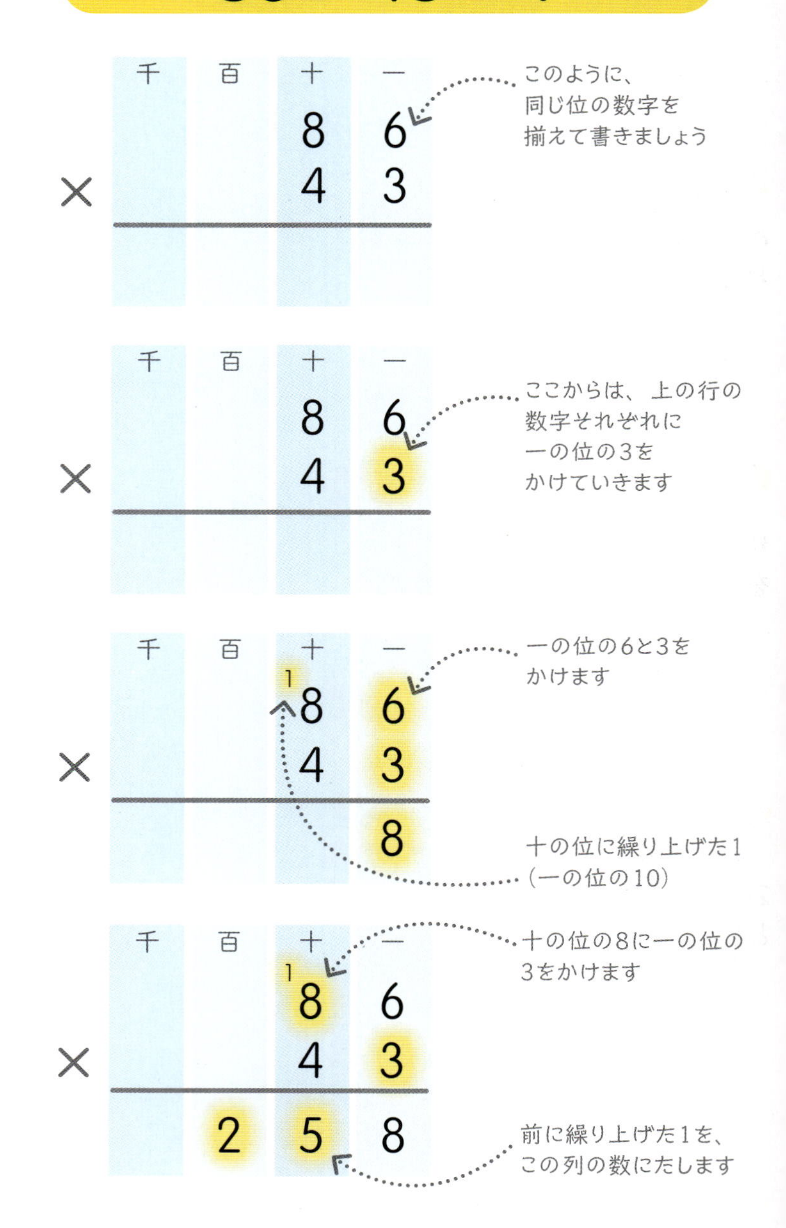

6 ここからは、上の行の数字全部に十の位の4をかけて、その答えを新しい行に書きます。

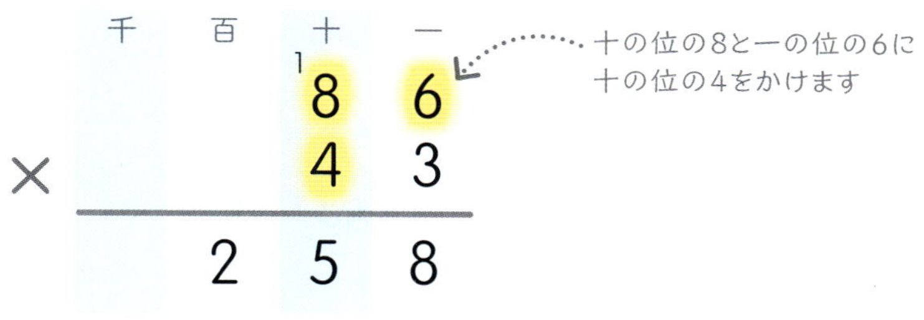

	千	百	十	一
			[1] 8	6
×			4	3
		2	5	8

十の位の8と一の位の6に十の位の4をかけます

7 この4は十の位にあるので、実際には、その10倍、つまり40をかけていることになります。そこで、まず新しい行の一の位に、場所をとっておくため、0を入れておきます。

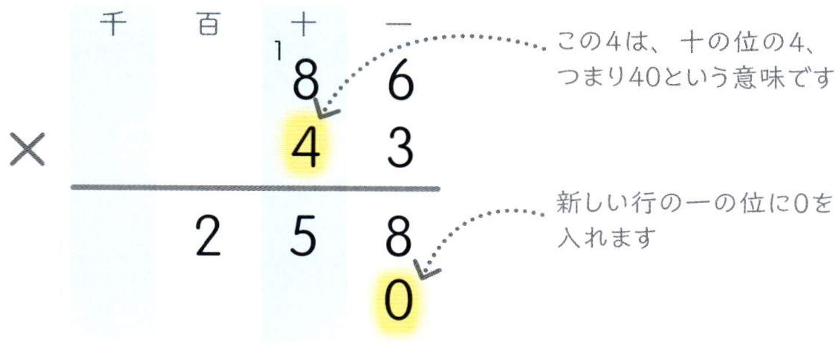

	千	百	十	一
			[1] 8	6
×			4	3
		2	5	8
				0

この4は、十の位の4、つまり40という意味です

新しい行の一の位に0を入れます

8 今度は、一の位の6と十の位の4をかけましょう。答えは十の位の24ですね。十の位に4を書き、百の位に2を繰り上げて、これは次の段階でたします。

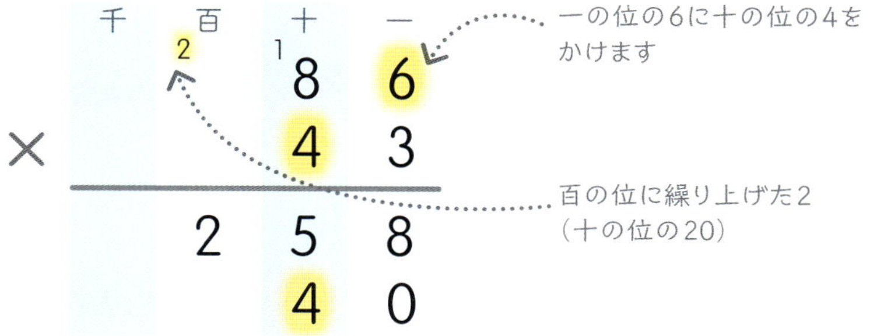

	千	百	十	一
		[2]	[1] 8	6
×			4	3
		2	5	8
			4	0

一の位の6に十の位の4をかけます

百の位に繰り上げた2（十の位の20）

9 次に、十の位の8と4をかけます。答えは百の位の32ですね。これに、前に繰り上げた2をたして、34にします。百の位に4を書き、千の位に3を書きます。

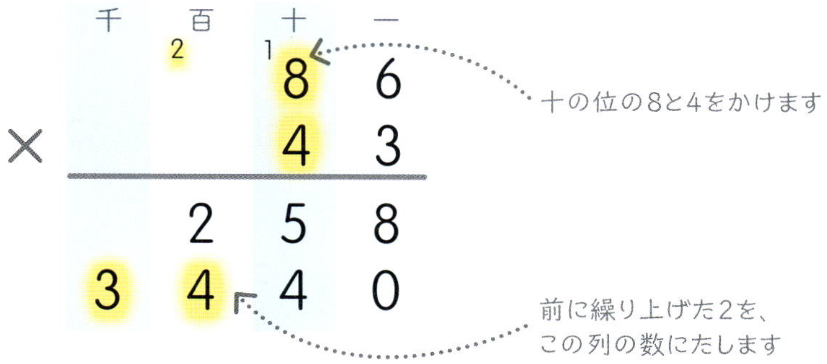

	千	百	十	一
		[2]	[1] 8	6
×			4	3
		2	5	8
	3	4	4	0

十の位の8と4をかけます

前に繰り上げた2を、この列の数にたします

10 これで、上の行の数字全部と下の行の数字全部をかけ終わりましたので、2行分の答えをたすと、258 + 3440 = 3698となります。

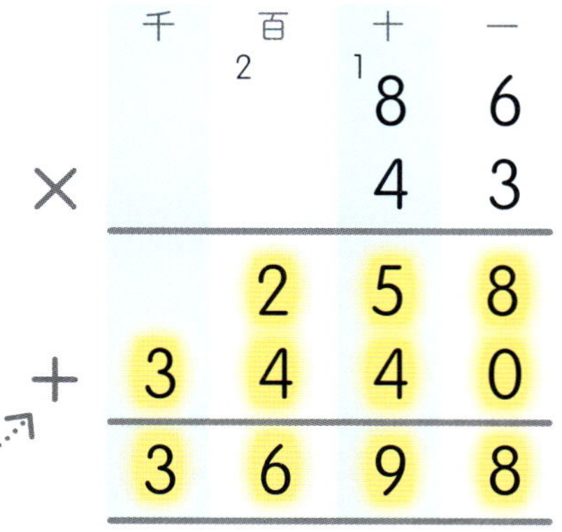

	千	百	十	一
		[2]	[1] 8	6
×			4	3
		2	5	8
+	3	4	4	0
	3	6	9	8

2行分の答えをたします

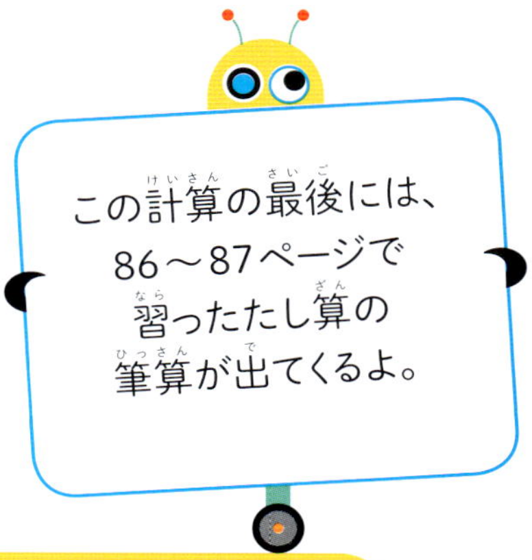

この計算の最後には、86～87ページで習ったたし算の筆算が出てくるよ。

11 つまり、86 × 43 = 3698になります。

86 × 43 = 3698

かけ算の筆算⑤

ここで説明するのは、3桁以上の数に2桁の数をかけるときの筆算です。大きな数が出てくる筆算は難しそうに見えますが、ただ計算する回数が増えるだけです。

1 7242に23をかけてみましょう。

2 2つの数を右のように書き出します。同じ位の数字が縦に揃うようにしましょう。ここからは、一の位から順番に、上の行の数字に下の行の数字をかけていきます。

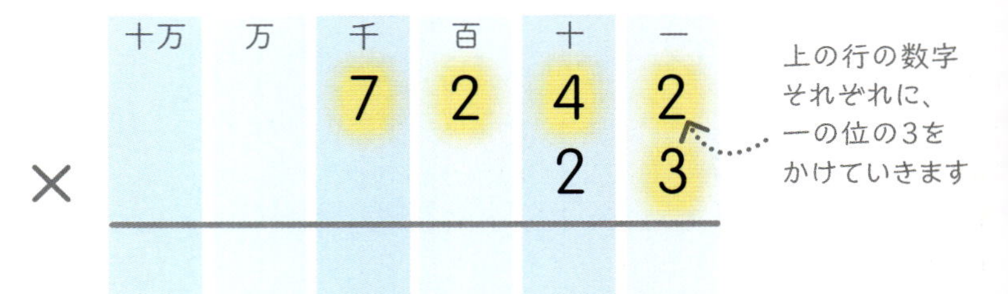

3 まず、一の位の2と3をかけます。答えは6ですね。新しい行の一の位に6を書きます。

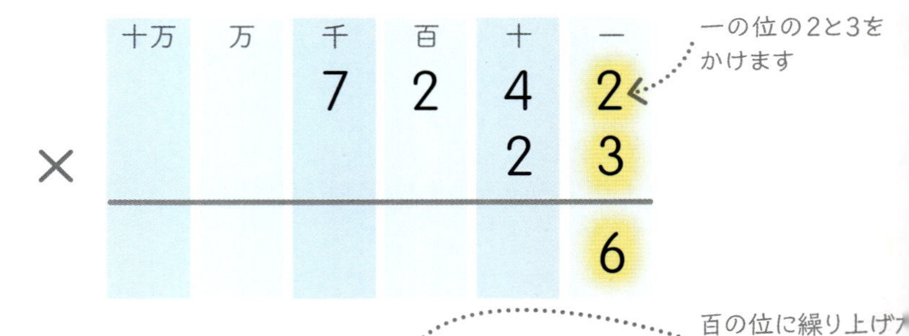

4 次は、十の位の4に3をかけます。答えは十の位の12、つまり120ですね。十の位に2を書きましょう。この1は100を表していますので、百の位に繰り上げて、次の段階でたします。

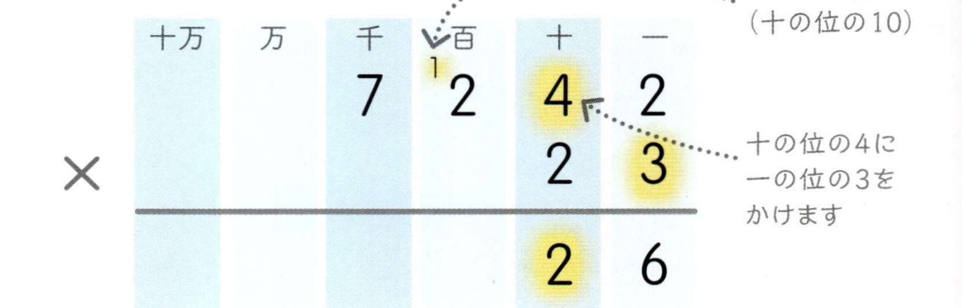

5 今度は、百の位の2に一の位の3をかけます。答えは百の位の6ですね。これに、十の位のかけ算で繰り上げた1をたして7にします。百の位に7を書きましょう。

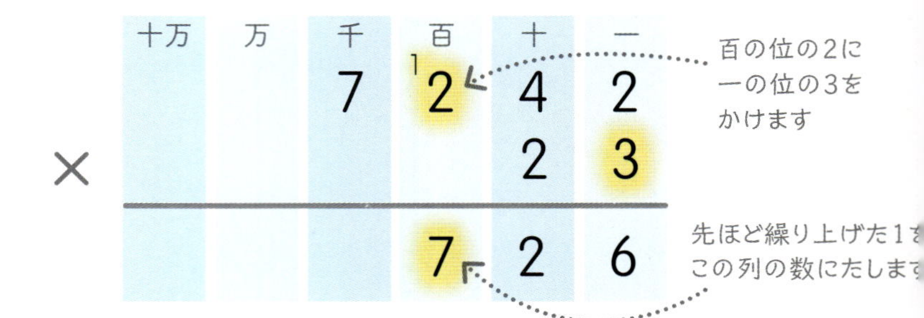

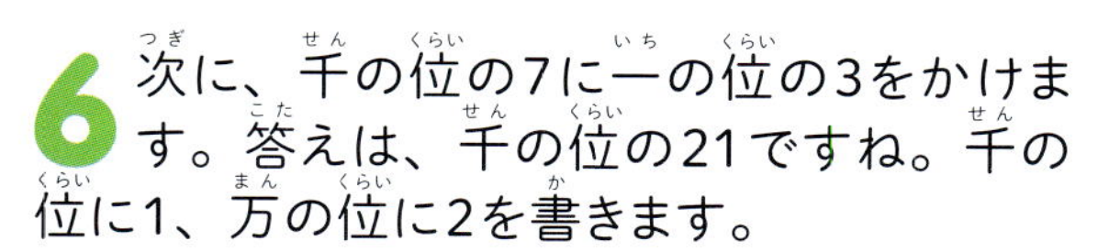

6 次に、千の位の7に一の位の3をかけます。答えは、千の位の21ですね。千の位に1、万の位に2を書きます。

	十万	万	千	百	十	一
			7	[1]2	4	2
×					2	3
		2	1	7	2	6

7 今度は、上の行の全ての数字に十の位の2をかけて、新しい行に答えを書きます。この2は十の位にあるので、実際には、その10倍、つまり20をかけていることになります。そこで、まず新しい行の一の位に、場所をとっておくために0を入れておきます。

	十万	万	千	百	十	一
			7	[1]2	4	2
×					2	3
		2	1	7	2	6
						0

8 次に、上の行に3をかけたのと同じやりかたで、上の行の数字に十の位の2をかけます。下の行の答えは、144840になります。

	十万	万	千	百	十	一
			7	[1]2	4	2
×					2	3
		2	1	7	2	6
	1	4	4	8	4	0

9 これで、上の行の数字全部と下の行の数字全部をかけ終わりましたので、たし算2行分の答えをたすと、21726 + 144840 = 166566となります。

	十万	万	千	百	十	一
			7	[1]2	4	2
×					2	3
		2	[1]1	7	2	6
+	1	4	4	8	4	0
	1	6	6	5	6	6

10 つまり、7242 × 23 = 166566になります。

7242 × 23 = 166566

小数のかけ算

小数のかけ算にチャレンジしてみましょう。難しそうに見えるかもしれませんが、実際には、他の数をかけ算するのと全く同じくらい簡単です。気をつけなければいけないのは、問題の小数点に揃えて答えの小数点を打つことだけです。

日本では6.3を「0.1が63個」と考えて計算するので、途中の小数点は打ちません。ここでは位ごとの大きさを使って分けて計算しています。

1 6.3に52をかけてみましょう。

$$6.3 \times 52 = ?$$

2 小数が入っている数を書き、その下に整数を書きます。数を位ごとに揃える必要はありません。問題の小数点に揃えて、新しい行にも小数点を打っておきます。

数を位ごとに揃える必要はありません

この小数点は、問題の小数点に揃えて打ちます

3 ここからは、上の行の数字と下の行の数字を1つずつかけていきます。最初に、上の行の数字と2をかけます。

上の行の数字それぞれに2をかけていきます

4 まず、3に2をかけます。答えは6ですね。一番右の列に6と書きます。

3に2をかけます

答えの6をここに書きます

5 次に、6に2をかけます。答えは12ですね。小数点の左にある次の列に2、その次の列に1を書きます。

6に2をかけます

$$\begin{array}{r} 6.3 \\ \times\ 52 \\ \hline 12.6 \end{array}$$

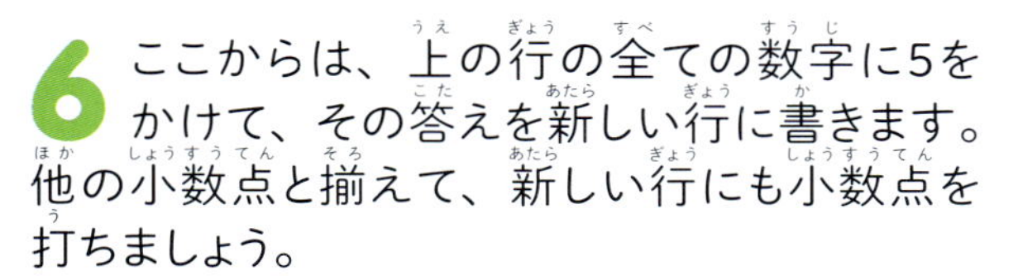

6 ここからは、上の行の全ての数字に5をかけて、その答えを新しい行に書きます。他の小数点と揃えて、新しい行にも小数点を打ちましょう。

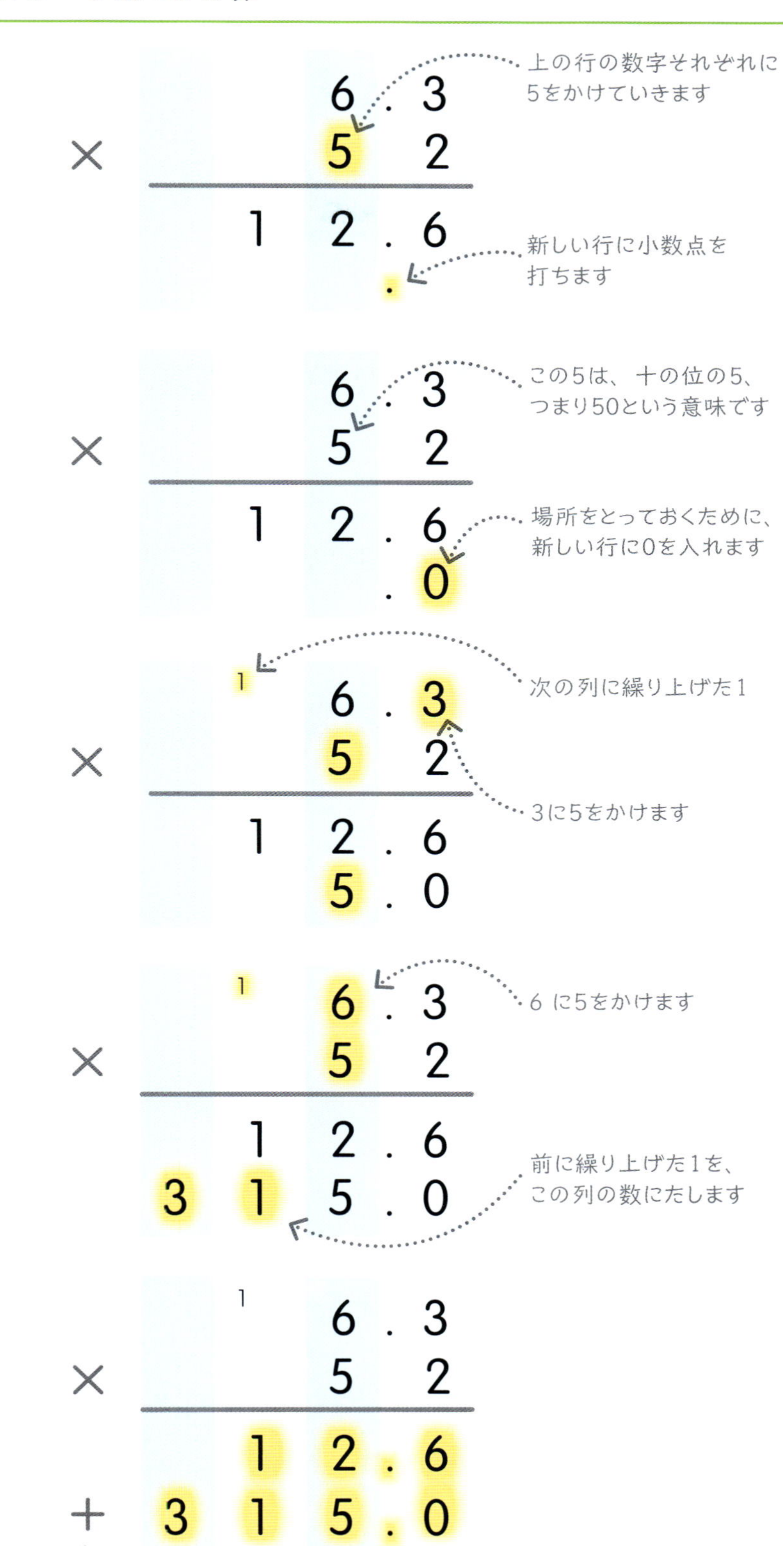
上の行の数字それぞれに5をかけていきます
新しい行に小数点を打ちます
この5は、十の位の5、つまり50という意味です
場所をとっておくために、新しい行に0を入れます
次の列に繰り上げた1
3に5をかけます
6 に5をかけます
前に繰り上げた1を、この列の数にたします
2行分の答えをたします

7 この5は十の位にあるので、実際には、その10倍、つまり50をかけていることになります。そこで、新しい行の一番右の列に、場所をとっておくために0を入れておきます。

8 それでは、3に5をかけましょう。答えは15ですね。小数点の左の列に5と書きます。次の列に1を繰り上げて、これは次の段階でたします。

9 次は、6に5をかけます。答えは30ですね。これに、先ほど繰り上げた1をたして、31にします。次の空列に1、その左の列に3を書きます。

10 これで、上の行の数字全部と下の行数字全部をかけ終わりましたので、2行分の答えをたすと、12.6 + 315.0 = 327.6となります。

11 つまり、6.3 × 52 = 327.6になります。

$$6.3 \times 52 = 327.6$$

格子法

これまで見てきた通り、かけ算には色々な方法があります。ここで説明する方法は、筆算④にとてもよく似ていますが、列ではなくマス目に数を入れます。大きな整数や、小数が入っている数に使えます。

この方法にはさまざまな名前がついていますが、ここでは格子法と呼びます。

1 マス目を使って78に64をかけてみましょう。

2 この計算の数は両方とも2桁ですので、縦横に2個ずつマスを描いて、表を作ります。かける数とかけられる数を図のように、縁にそって書きましょう。

3 今度は、それぞれのマスの右上から左下に向かって斜めの線を引きます。この線の間に書く数は、位が同じになっています。

4 次に、それぞれの列の上に書いてある数字に、それぞれの行の終わりに書いてある数字をかけます。7に6をかけると、答えは42になりますね。4をマスの上側、2をマスの下側に書きます。これは、積を十の位と一の位に分けて書いているのです。

5 さらに、全てのマスが埋まるまで、それぞれの列の上の数とそれぞれの行の終わりの数をかけていきましょう。

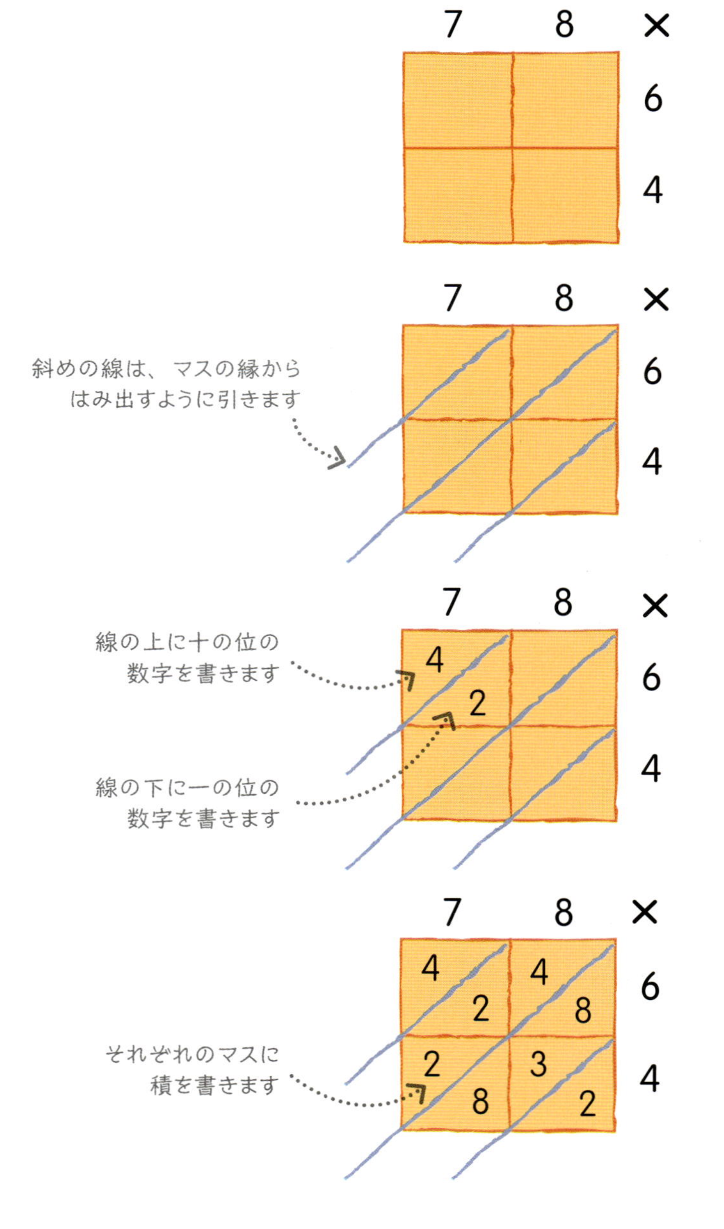

6 右下の角から始めて、斜めの部分に書いてある数をたしていきます。最初は2だけですので、斜めの部分の端に2を書きましょう。

7 今度は、8 + 3 + 8 = 19というように、二番目の数をたします。斜めの部分の端に9を書き、十の位の1は次の斜め部分に繰り上げて、次の段階でたします。

8 さらに、左上の角まで、斜めの部分に書いてある数をたしていきましょう。端に書かれた数は4、9、9、2ですので、答えは4992になります。

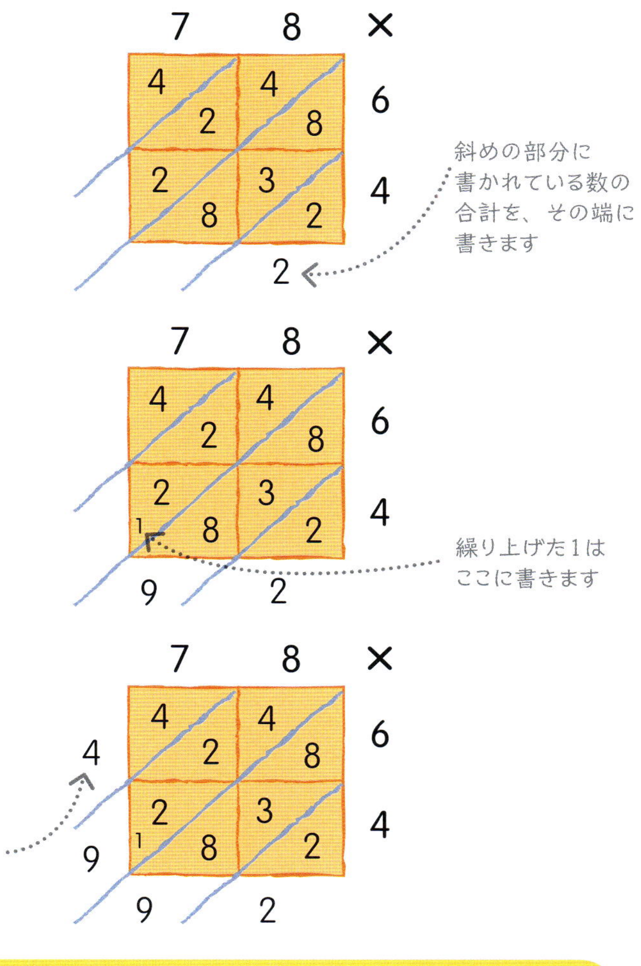

9 つまり、78 × 64 = 4992になります。

$$78 \times 64 = 4992$$

格子法を使って小数をかけ算する方法

この方法は、小数のかけ算にも使えます。整数のかけ算との違いは、小数点が交わる場所を探すことだけです。

1 それでは、3.59に2.8をかけてみましょう。まずは、この2つの数を表の縁にそって書き、それぞれの小数点も入れます。上で説明した整数のときと同じやり方で、数を入れていきます。

2 次に、列の上の小数点と行の右の小数点をたどっていき、2つの小数点がどこで交わるか調べます。

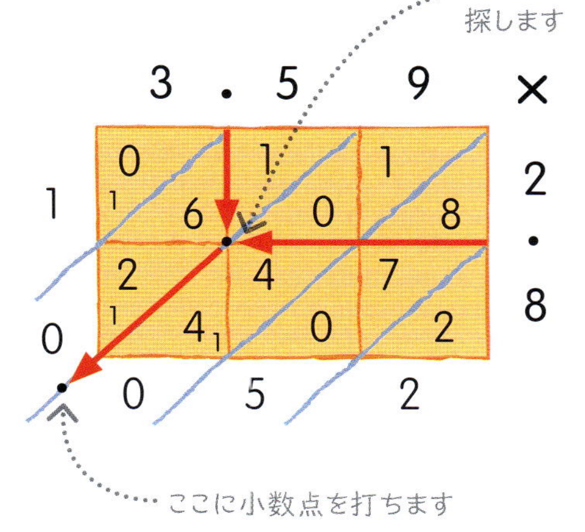

3 小数点が交わる場所からマスの左下まで斜めの線をたどっていき、その先にある2つの数の間に小数点を打ちます。

4 つまり、3.59 × 2.8 = 10.052になります。

わり算

わり算とは、数をわって等しい部分に分けることです。つまり、ある数を何倍にしたら別の数になるのかを求めることです。

わり算は、ぴったりの数の答えが出るとは限らないよ。時には、計算にあまりが出ることもあるよ。

わり算とは、数を分けること

リンゴの数など、何かをわるということは、それを等しい数に分けているのと同じことです。わり算の式は、部分ごとに名前があります。

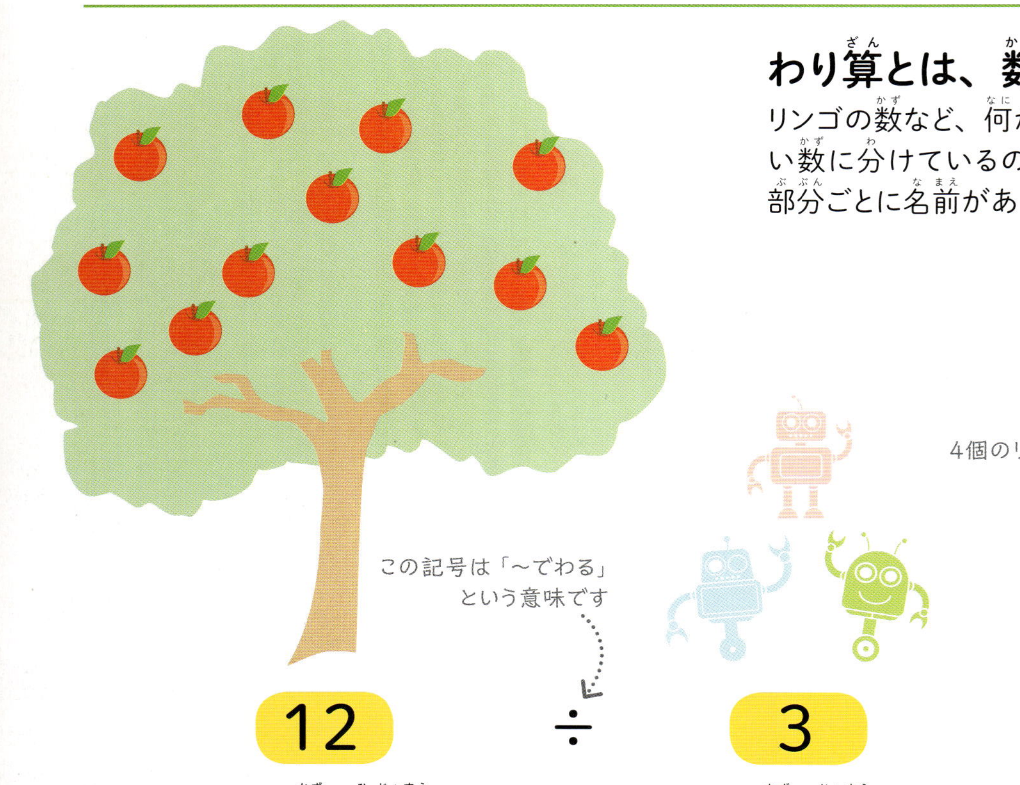

わられる数（被除数）
わるものを表す数

わる数（除数）
いくつに分けるかを表す数

商
分けられたものの1つ分を表す数

1 3体のロボットがこの木にやって来て、熟したリンゴを12個収穫しました。ロボット1体あたり何個もらえるでしょう？ わり算しないといけませんね。

2 リンゴ12個をロボット3体で平等に分けると、ロボット1体あたり4個もらえることになります。つまり、12 ÷ 3 = 4になります。

リンゴがもう1個あるとき

リンゴが12個ではなく、13個あったらどうなるでしょう？ロボット1体あたり4個もらえるのは変わりませんが、今度は1個だけ残ります。残ったリンゴのことを「あまり」といい、わり算の答えは「4あまり1」と書きます。

わり算はかけ算の反対

かけ算の暗算リストを覚えていれば、わり算の暗算リストの式にも答えられます。その理由は、わり算がかけ算の反対、つまり逆だからです。これを、先ほどのロボットとリンゴで説明しましょう。

1 3体のロボットが、リンゴを納屋に蓄えようとしています。それぞれのカゴにはリンゴが4個ずつ入っていて、そこから出して納屋に入れました。「4かける3は12」ですので、納屋に入れたリンゴの数は、全部で12個ということになります。

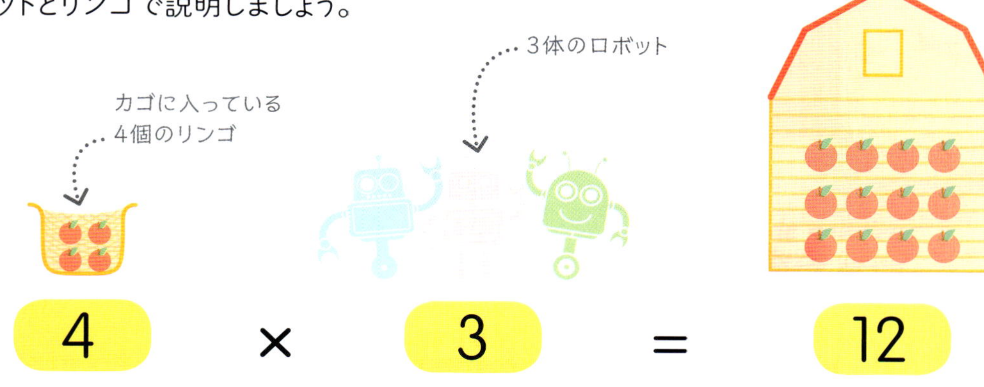

2 リンゴを蓄えたときのかけ算（4 × 3 = 12）は、リンゴを分けたときのわり算（12 ÷ 3 = 4）の逆になっています。3の位置は同じですが、他の数の位置は変わります。つまり、かけ算がわかっていれば、数を並べ替えるだけでわり算に直せることになり、逆の場合も同じことがいえます。

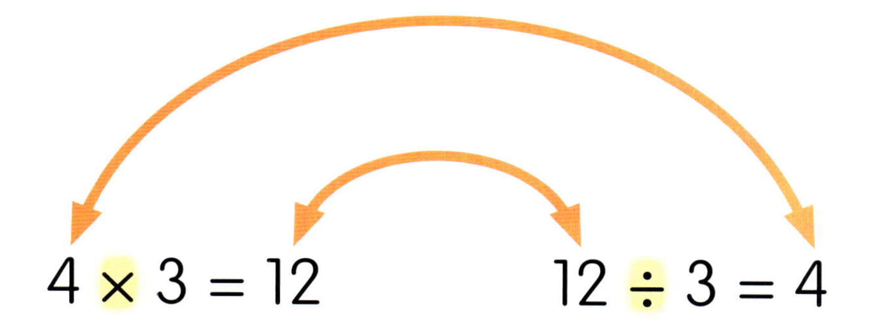

わり算は、ひき算の繰り返し（累減）

また、わり算は、ある数から別の数を繰り返しひくようなものです。これを「累減」といいます。先ほどのロボットが納屋からリンゴを取り出し始めたら、どうなるでしょうか。

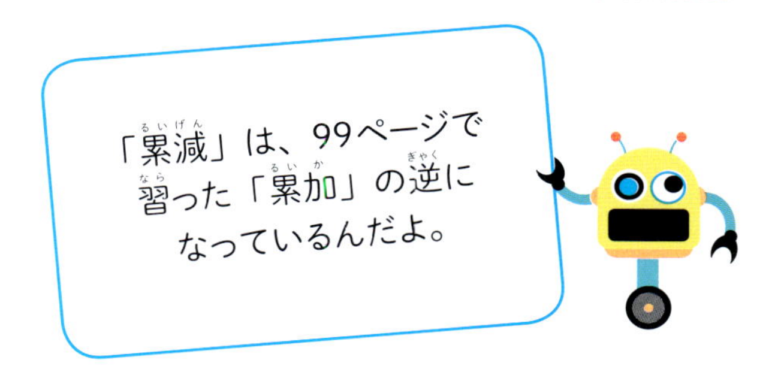

「累減」は、99ページで習った「累加」の逆になっているんだよ。

1 1体のロボットが、納屋から自分のリンゴ4個を取り出しました。納屋には8個のリンゴが残っています。

2 2体目のロボットが自分のリンゴ4個を取り出したので、納屋に残っているリンゴは4個になりました。

3 3体目のロボットが、残りのリンゴ4個を納屋から取り出しました。

4 これで、納屋は空になりました。このことから、12 ÷ 3 = 4になるとわかりますね。

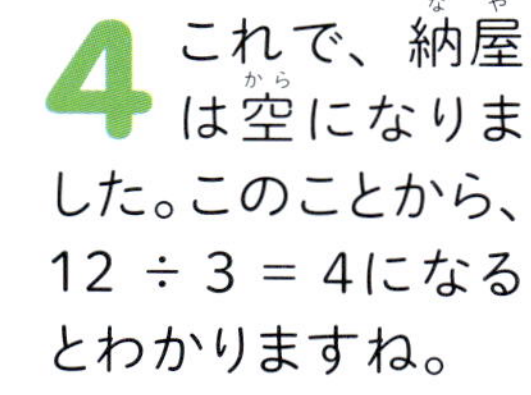

倍数でわる方法

これまで、たし算、ひき算、かけ算に数直線を使ってきましたね。ある数（わる数）を何倍にしたら別の数（わられる数）になるかを調べるときにも、数直線を使うことができます。わる数の倍数の分だけ前にジャンプすればいいのです。

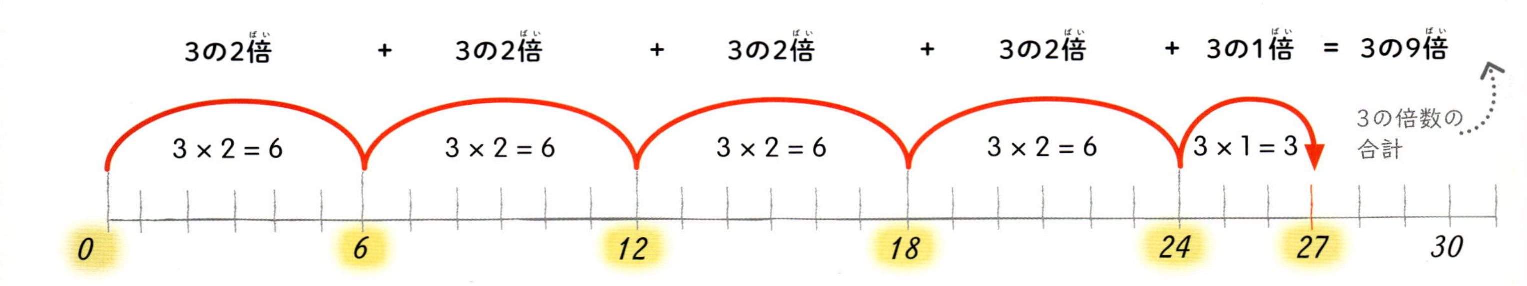

1 それでは、27 ÷ 3を計算してみましょう。0から始めて、毎回3の2倍分ジャンプします。1回ジャンプするごとに、6つ先に移ることになります。

27 ÷ 3 = ?

2 4回ジャンプすると、24まで来ました。あと3つで、27に着きますね。全部で3の9倍分なので、これが答えになります。

27 ÷ 3 = 9

3 もっと大きくジャンプすれば、もっと少ない回数で答えにたどり着けます。

あまりはどうなる?

時には、ジャンプしても目標の数ぴったりに届かないことがあります。下のような場合、あまりの分が残ります。それでは、数直線上で44を3でわるとどうなるのか、見ていきましょう。

倍数が大きければ大きいほど、少ない回数で答えにたどり着けるよ。

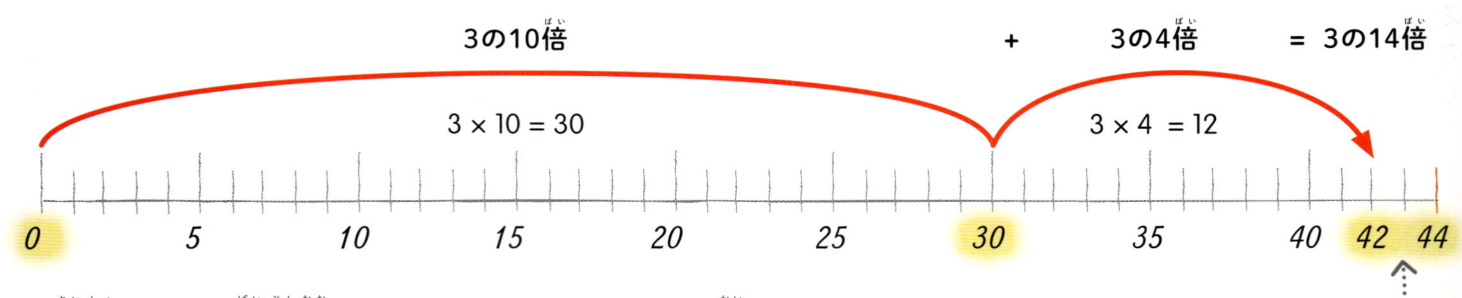

もう一度3の倍数をたすと、目標の数（44）を超えてしまうので、あまりは2になります

1 最初に3の10倍分大きくジャンプすると、30歩先に進めますね。そこから3の4倍分で、さらに12歩進むことになります。

44 ÷ 3 = ?

2 こうして2回ジャンプして42まで来ましたが、44にはあと2つ足りません。つまり、この計算のあまりは2いうことです。

44 ÷ 3 = 14あまり2

わり算の数表

かけ算の数表（106ページを見て下さい）は、わり算の数表としても使えます。数表の真ん中にある数が、わられる数、つまりわりたい数になります。一番上の行と一番左の列が、わる数と商になります。

1 それでは、わり算の数表を使って、56 ÷ 7を計算してみましょう。

56 ÷ 7 = ?

2 まず、数表でわる数を探します。一番上の青い行に沿って、7まで進みます。

3 次に、わりたい数、つまり56が見つかるまで、7の列を下に向かって進みます。

4 最後に、青い行の8に着くまで、56から左に向かって進みます。この8が、わり算の答え（商）です。

×	1	2	3	4	5	6	7	8	9	10	11	12
1	1	2	3	4	5	6	7	8	9	10	11	12
2	2	4	6	8	10	12	14	16	18	20	22	24
3	3	6	9	12	15	18	21	24	27	30	33	36
4	4	8	12	16	20	24	28	32	36	40	44	48
5	5	10	15	20	25	30	35	40	45	50	55	60
6	6	12	18	24	30	36	42	48	54	60	66	72
7	7	14	21	28	35	42	49	56	63	70	77	84
8	8	16	24	32	40	48	56	64	72	80	88	96
9	9	18	27	36	45	54	63	72	81	90	99	108
10	10	20	30	40	50	60	70	80	90	100	110	120
11	11	22	33	44	55	66	77	88	99	110	121	132
12	12	24	36	48	60	72	84	96	108	120	132	144

5 つまり、56 ÷ 7 = 8になります。これは、7 × 8 = 56の逆ですね。

56 ÷ 7 = 8

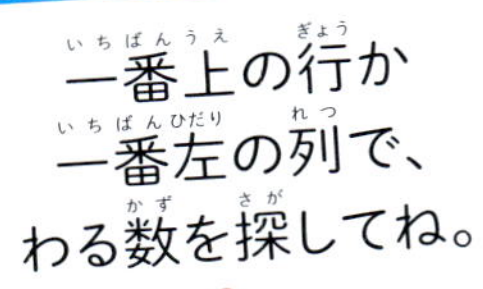

一番上の行か
一番左の列で、
わる数を探してね。

やってみよう

数表で答えを探そう！

この数表を使って、右のわり算の答えを求めましょう。

答えは319ページ

1. 賞金72万円を優勝者8人で分けました。1人あたり何円もらったでしょう？
2. ビー玉が54個入った袋があります。これを9人で分けると、1人あたり何個もらえるでしょう？

わり算表

日本では珍しいのですが、かけ算の暗算リストのように、わり算も暗算リストを表にすることができます。わり算表は、かけ算表の反対、つまり逆になっています。

1の段				
1	÷	1	=	**1**
2	÷	1	=	**2**
3	÷	1	=	**3**
4	÷	1	=	**4**
5	÷	1	=	**5**
6	÷	1	=	**6**
7	÷	1	=	**7**
8	÷	1	=	**8**
9	÷	1	=	**9**
10	÷	1	=	**10**
11	÷	1	=	**11**
12	÷	1	=	**12**

2の段				
2	÷	2	=	**1**
4	÷	2	=	**2**
6	÷	2	=	**3**
8	÷	2	=	**4**
10	÷	2	=	**5**
12	÷	2	=	**6**
14	÷	2	=	**7**
16	÷	2	=	**8**
18	÷	2	=	**9**
20	÷	2	=	**10**
22	÷	2	=	**11**
24	÷	2	=	**12**

3の段				
3	÷	3	=	**1**
6	÷	3	=	**2**
9	÷	3	=	**3**
12	÷	3	=	**4**
15	÷	3	=	**5**
18	÷	3	=	**6**
21	÷	3	=	**7**
24	÷	3	=	**8**
27	÷	3	=	**9**
30	÷	3	=	**10**
33	÷	3	=	**11**
36	÷	3	=	**12**

4の段				
4	÷	4	=	**1**
8	÷	4	=	**2**
12	÷	4	=	**3**
16	÷	4	=	**4**
20	÷	4	=	**5**
24	÷	4	=	**6**
28	÷	4	=	**7**
32	÷	4	=	**8**
36	÷	4	=	**9**
40	÷	4	=	**10**
44	÷	4	=	**11**
48	÷	4	=	**12**

5の段				
5	÷	5	=	**1**
10	÷	5	=	**2**
15	÷	5	=	**3**
20	÷	5	=	**4**
25	÷	5	=	**5**
30	÷	5	=	**6**
35	÷	5	=	**7**
40	÷	5	=	**8**
45	÷	5	=	**9**
50	÷	5	=	**10**
55	÷	5	=	**11**
60	÷	5	=	**12**

6の段				
6	÷	6	=	**1**
12	÷	6	=	**2**
18	÷	6	=	**3**
24	÷	6	=	**4**
30	÷	6	=	**5**
36	÷	6	=	**6**
42	÷	6	=	**7**
48	÷	6	=	**8**
54	÷	6	=	**9**
60	÷	6	=	**10**
66	÷	6	=	**11**
72	÷	6	=	**12**

やってみよう

ティーパーティーをめぐる難問

わり算表を使って、次の難問を考えてみましょう。

答えは319ページ

ティーパーティー用に、サンドイッチを24個作ったとします。招待客が次の人数だった場合、1人あたり何個のサンドイッチがもらえるでしょう。

1. 2人？
2. 3人？
3. 4人？
4. 6人？
5. 8人？
6. 12人？

7の段

7	÷	7	=	**1**
14	÷	7	=	**2**
21	÷	7	=	**3**
28	÷	7	=	**4**
35	÷	7	=	**5**
42	÷	7	=	**6**
49	÷	7	=	**7**
56	÷	7	=	**8**
63	÷	7	=	**9**
70	÷	7	=	**10**
77	÷	7	=	**11**
84	÷	7	=	**12**

8の段

8	÷	8	=	**1**
16	÷	8	=	**2**
24	÷	8	=	**3**
32	÷	8	=	**4**
40	÷	8	=	**5**
48	÷	8	=	**6**
56	÷	8	=	**7**
64	÷	8	=	**8**
72	÷	8	=	**9**
80	÷	8	=	**10**
88	÷	8	=	**11**
96	÷	8	=	**12**

9の段

9	÷	9	=	**1**
18	÷	9	=	**2**
27	÷	9	=	**3**
36	÷	9	=	**4**
45	÷	9	=	**5**
54	÷	9	=	**6**
63	÷	9	=	**7**
72	÷	9	=	**8**
81	÷	9	=	**9**
90	÷	9	=	**10**
99	÷	9	=	**11**
108	÷	9	=	**12**

10の段

10	÷	10	=	**1**
20	÷	10	=	**2**
30	÷	10	=	**3**
40	÷	10	=	**4**
50	÷	10	=	**5**
60	÷	10	=	**6**
70	÷	10	=	**7**
80	÷	10	=	**8**
90	÷	10	=	**9**
100	÷	10	=	**10**
110	÷	10	=	**11**
120	÷	10	=	**12**

11の段

11	÷	11	=	**1**
22	÷	11	=	**2**
33	÷	11	=	**3**
44	÷	11	=	**4**
55	÷	11	=	**5**
66	÷	11	=	**6**
77	÷	11	=	**7**
88	÷	11	=	**8**
99	÷	11	=	**9**
110	÷	11	=	**10**
121	÷	11	=	**11**
132	÷	11	=	**12**

12の段

12	÷	12	=	**1**
24	÷	12	=	**2**
36	÷	12	=	**3**
48	÷	12	=	**4**
60	÷	12	=	**5**
72	÷	12	=	**6**
84	÷	12	=	**7**
96	÷	12	=	**8**
108	÷	12	=	**9**
120	÷	12	=	**10**
132	÷	12	=	**11**
144	÷	12	=	**12**

約数ペアを使ったわり算

ある数の約数ペアとは、その数をかけ算で表したときの2つの数でしたね（28ページと101ページを見て下さい）。かけ算のときと同じように、わり算でも約数ペアが役に立ちます。

12の約数ペア

これがかける数です

- 1 × 12 = 12
- 2 × 6 = 12
- 3 × 4 = 12
- 4 × 3 = 12
- 6 × 2 = 12
- 12 × 1 = 12

12のわり算の暗算リスト

約数ペアのかける数が、ここではわる数になっています

- 12 ÷ 12 = 1
- 12 ÷ 6 = 2
- 12 ÷ 4 = 3
- 12 ÷ 3 = 4
- 12 ÷ 2 = 6
- 12 ÷ 1 = 12

1 上のかけ算の数は、どれも12の約数ペアです。かけ算の暗算リストの式を逆にしたものが、12のわり算の暗算リストになっています。約数ペアの乗数が、わり算の暗算リストではわる数になっていますね。

2 12を約数ペアの数でわると、そのペアのもう片方の数が答えになります。例えば、3と4は12の約数ペアなので、12 ÷ 3の答えは当然4になります。

約数ペアと10の倍数

10の倍数のわり算をするときも、約数ペアが使えます。上との違いはゼロがついていることだけで、他の数字はどれも同じです。いくつか例をあげてみましょう。

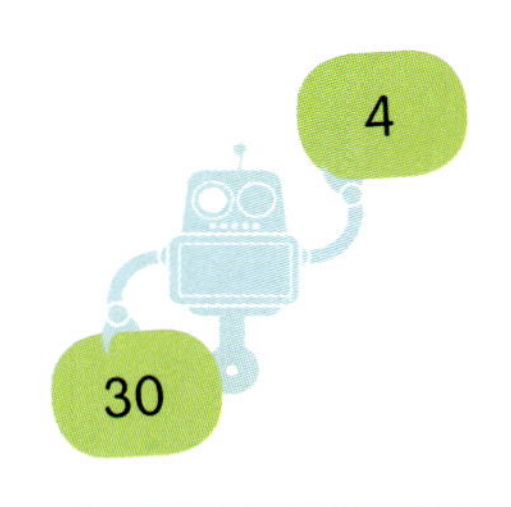

120 ÷ 30 = ?

120 ÷ 30 = 4

1 それでは、120 ÷ 30を見てみましょう。答えは4ですね。3と4が12の約数ペアですので、30と4は120の約数ペアだということになります。

120 ÷ 60 = ?

120 ÷ 60 = 2

2 それでは、120 ÷ 60はどうでしょう? 6と2が12の約数ペアなので、60と2は120の約数ペアになるはずですね。つまり、答えは2になります。

150 ÷ 50 = ?

150 ÷ 50 = 3

3 このことは、他の10の倍数にも当てはまります。例えば、5 × 3 = 15なので、5と3は15の約数ペアになります。つまり、150 ÷ 50の答えは3になるはずですね。

わり切れるかを確認する方法

数を見るだけ、または簡単な計算をするだけで、その数が整数でぴったりわり切れるかどうかわかることもあります。下の表のような確認をすれば、わり算が楽に解けるようになりますよ。

わる数	わり切れるときの条件	例
2	最後の数字が偶数	8、12、56、134、5000は、どれも2でわり切れます
3	数字の合計が3でわり切れる	18 1 + 8 = 9（9 ÷ 3 = 3）
4	最後の2桁の数が4でわり切れる	732 32 ÷ 4 = 8（32は4でわり切れてあまりが出ないので、732も4でわり切れます）
5	最後の数字が0か5	10、25、90、835、1260は、どれも5でわり切れます
6	数が偶数で、その数字の合計が3でわり切れる	3426 3 + 4 + 2 + 6 = 15（15 ÷ 3 = 5）
8	最後の3桁の数が8でわり切れる	75160 160 ÷ 8 = 20（160は8でわり切れてあまりが出ないので、75160も8でわり切れます）
9	数字の合計が9でわり切れる	6831 6 + 8 + 3 + 1 = 18（18 ÷ 9 = 2）
10	最後の数字が0	10、30、150、490、10000は、どれも10でわり切れます
12	数が3と4でわり切れる	156 156 ÷ 3 = 52 そして 156 ÷ 4 = 39（このように、156は3と4でわり切れるので、12でもわり切れます）

10、100、1000でわる方法

数字の位を変えるだけで、数を10、100、1000でわれるんだよ。

10でわる計算は簡単です。ただ数字を右の位に1つずつ移すだけで、わり算ができるのです。数字をさらに右に移せば、100や1000でもわることができます。

1 10でわる

6452を10でわって、この方法を試してみましょう。数を10でわると、それぞれの数字が10分の1になります。これを表すには、数字を右に1桁ずつ動かします。これで、6452 ÷ 10 = 645.2になることがわかりますね。

千　百　十　一　1/10
6　4　5　2.
6　4　5.2

数字が右に1つずつ移ります

2 100でわる

今度は、6452を100でわってみましょう。数を100でわると、それぞれの数字が100分の1になります。これを表すには、数字を右に2桁ずつ動かします。このように、6452 ÷ 100 = 64.52になります。

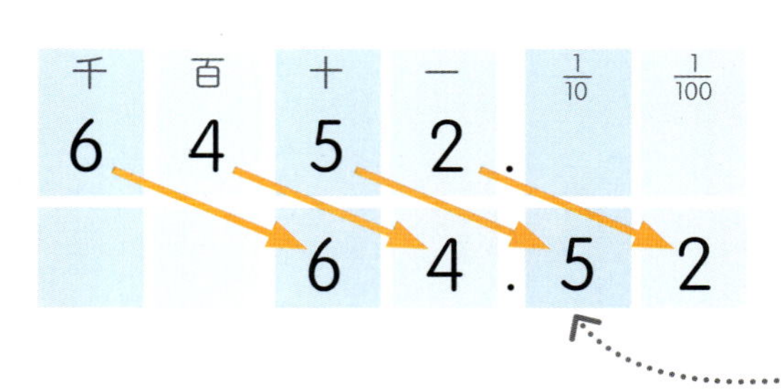

数字が右に2つずつ移ります

3 100でわる

最後に、6452を1000でわります。数を1000でわると、それぞれの数字が1000分の1になります。これを表すには、数字を右に3桁ずつ動かします。このように、6452 ÷ 1000 = 6.452になります。

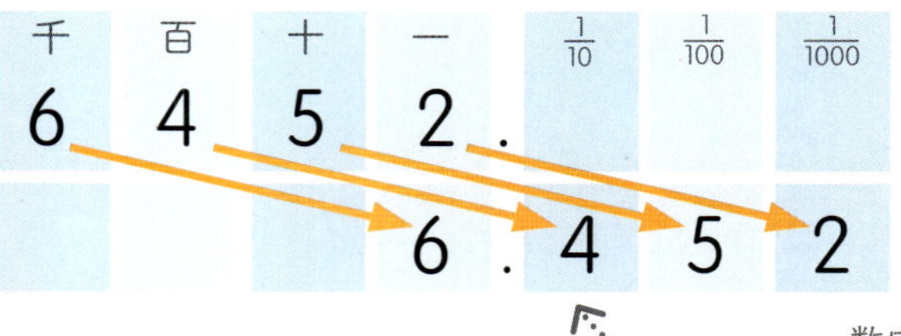

数字が右に3つずつ移ります

やってみよう
工場の仕事

「数字を右の位に移す」方法を使って、次の問題の答えを求めましょう。

答えは319ページ

1. ある工場主が、作業員1000人に18万2000円を分け与えました。作業員1人あたりいくらもらったでしょう？
2. 今年、この工場は44万5700台の車を作りました。これは、この工場が50年前に作った台数の100倍です。50年前は何台作ったのでしょう？

10の倍数でわる方法

わる数が10の倍数であれば、計算を簡単な2つのステップに分けることができます。例えば、50でわる代わりに、まず10でわって、それから5でわるのです。

1 右の計算は、30を何倍にしたら6900になるかという問題です。大きな数をわっていますが、見た目ほど難しくありません。

$$6900 \div 30 = ?$$

2 30は10の倍数なので、このわり算は分けられますね。10でわってから3でわる、と2段階にした方が、一気に30でわるよりも簡単です。

$$6900 \div 10 \div 3$$

第1段階（1回目のわり算）

第2段階（2回目のわり算）

3 まず、6900を10でわります。10でわる方法がわからなくなったら、（左の）136ページを見て下さい。答えは690ですね。

$$6900 \div 10 = 690$$

4 次に、690を3でわります。答えは230です。

$$690 \div 3 = 230$$

5 つまり、6900 ÷ 30 = 230になります。

$$6900 \div 30 = 230$$

やってみよう

大きな倍数

右の問題に出てくる除数は、10の倍数ですね。まず倍数を分けてから、答えを求めましょう。

答えは319ページ

1 20人のクラスで、学校の手芸フェアの宣伝チラシを860枚配らなければいけません。この作業を平等に分けると、生徒1人あたりのチラシの枚数は何枚になるでしょう?

2 このクラスの生徒たちは、フェアで売るビーズのブレスレットも作ります。このブレスレットには、1つあたり40個のビーズをつけます。ビーズが1800個ありますが、ブレスレットはいくつ作れるでしょう?

わり算の工夫

2桁以上の数をわるときは、数をくずして、つまり分けて元の数より小さい数にすると、計算しやすくなります。

分けて計算してみよう

わり算を分けて行うときの最初のステップは、わられる数（被除数）を元の数より小さい数2つに分けることです。被除数を10の倍数と他の数に分けると上手くいきます。数を分けたら、2つの数それぞれをわる数（除数）でわります。最後に、2つの答え（商）をたして、最終的な答えを出します。

140
147をわり算しやすい数に分けます
7

1 分けて計算する方法で、147を7でわってみましょう。

2 ここからは、147を140と7に分けて計算します。

3 まず、140を7でわります。かけ算表の7の段で、7 × 10 = 70になるとわかっていますので、7 × 20 = 140になります。これで、140 ÷ 7 = 20になることがわかりますね。

4 今度は、7を7でわります。これは簡単ですね。答えは1です。

5 あとは、別々にわり算して出した2つの答えを、20 + 1 = 21のようにたし算するだけです。

6 つまり、147 ÷ 7 = 21になります。

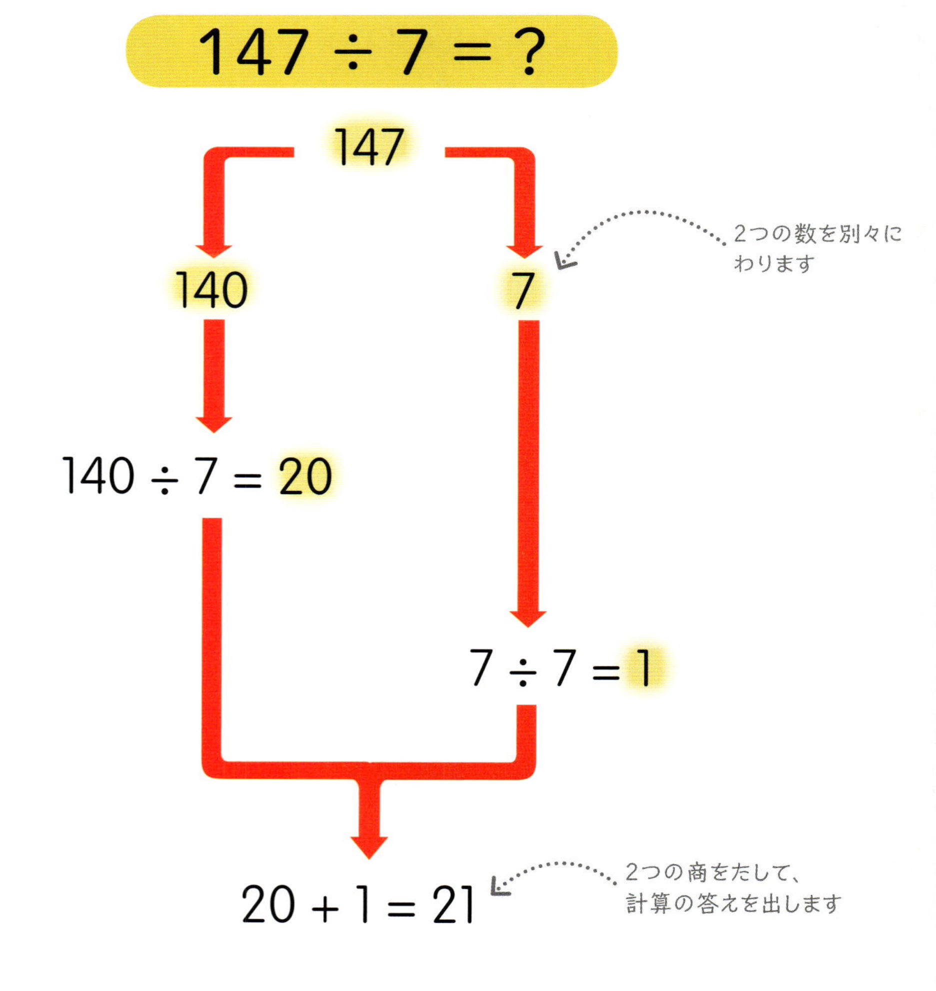

147 ÷ 7 = 21

あまりを答えに入れる

分けてわり算するときでも、あまりが出ることもあります。それにも、これまで見てきた方法が使えます。違いは、最後に答え（商）を合計するときに、あまりを入れることだけです。

1 あと291日で休暇になり、旅行に出かける予定だとします。あと何週間待てば休暇が始まるのでしょうか。1週間は7日間ですので、291を7でわれば、あと何週間なのかわかりますね。

2 かけ算表の7の段で、7 × 4 = 28ですので、7 × 40 = 280になることもわかりますね。280はわられる数（291）にとても近い数ですが、これより小さい数です。それでは、291を280と11に分けましょう。

3 7 × 40 = 280なので、280 ÷ 7 = 40になることもわかりますね。

4 今度は、11を7でわります。答えは1あまり4ですね。

5 2つの商をたして、あまりを入れると、最終的な答えは41あまり4です。

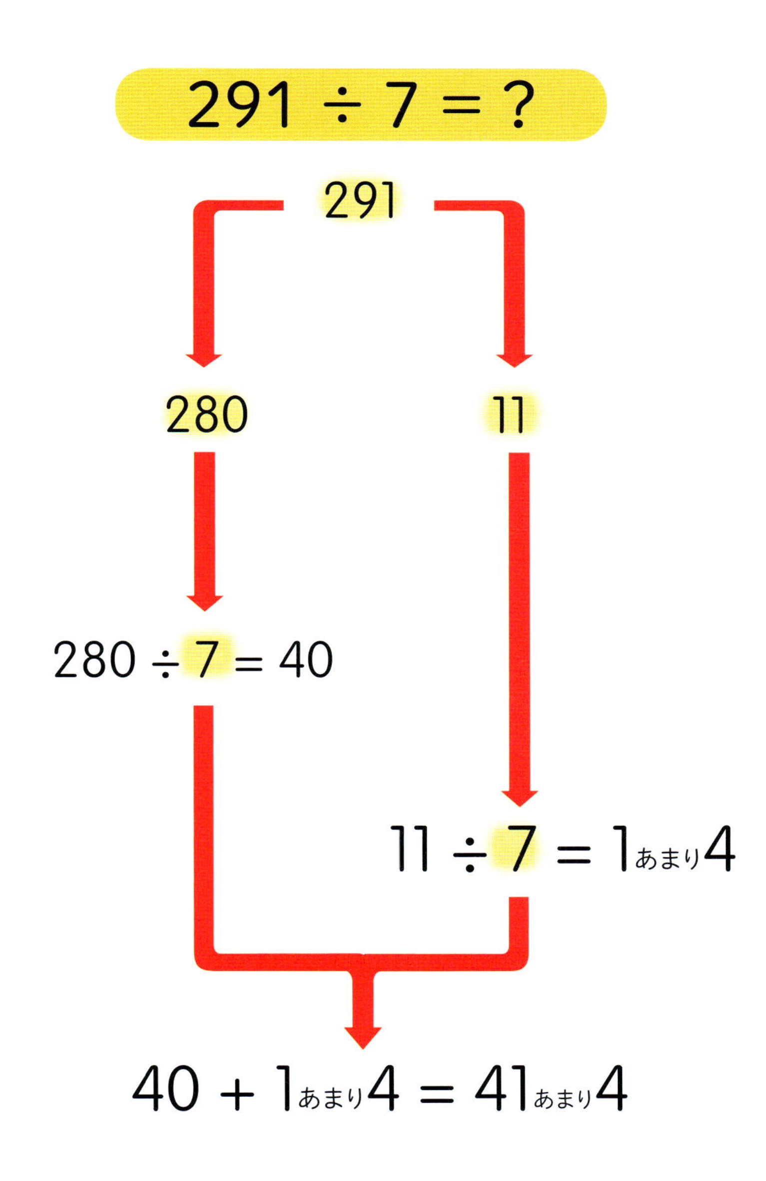

6 つまり、291 ÷ 7 = 41あまり4になります。

291 ÷ 7=41あまり4

7 あと何週間になるのかを数える問題でしたので、答えは「41週と4日」と書くことができます。

わり算の筆算①

わり算の筆算には、わる数（除数）が1桁しかないときに使う方法があります。わり算の筆算①を使えば、このような計算がもっと楽になります。この方法では、わる数の「かたまり」、つまりわる数の倍数をひきます。

1 それでは、筆算①を試すために、156を7でわってみましょう。

156 ÷ 7 = ?

2 まずは、わられる数（被除数）を書きます。ここでは、156ですね。この数をわり算のかっこで囲みます。かっこの左側にわる数の7を書きましょう。

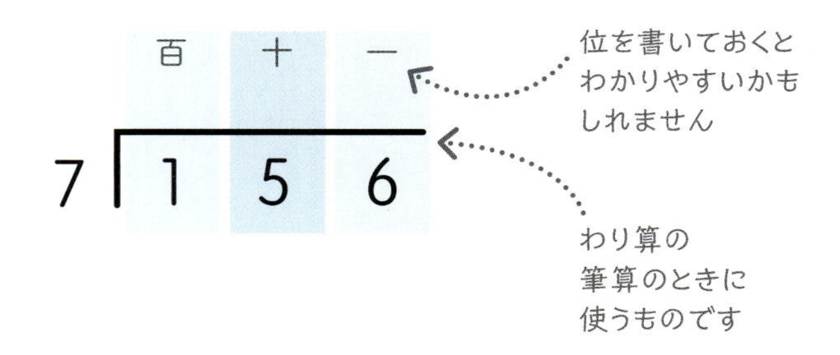

百　十　一
7 | 1 5 6
位を書いておくとわかりやすいかもしれません
わり算の筆算のときに使うものです

3 これで、わり算の準備ができました。筆算①は、累減（129ページ参照）と同じようなものですが、7を繰り返し取り除くのは大変なので、もっと大きな数のかたまりごとにひいていきます。まずは、70を取り除きましょう。これは、7の10倍ですね。こうして、156から70をひくと、残りは86になります。

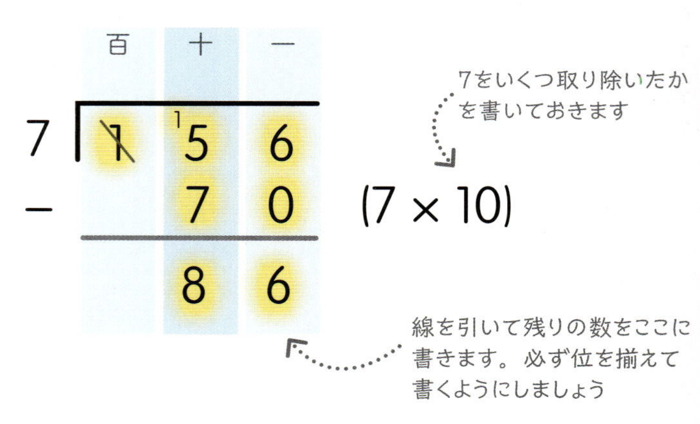

百　十　一
7 | 1 5 6
− 7 0 (7 × 10)
8 6
7をいくつ取り除いたかを書いておきます
線を引いて残りの数をここに書きます。必ず位を揃えて書くようにしましょう

4 残りは86ですので、70をもうひとかたまりひけますね。これで、残りは16になりました。ここまでで、156から7の20倍をひいたことになります。

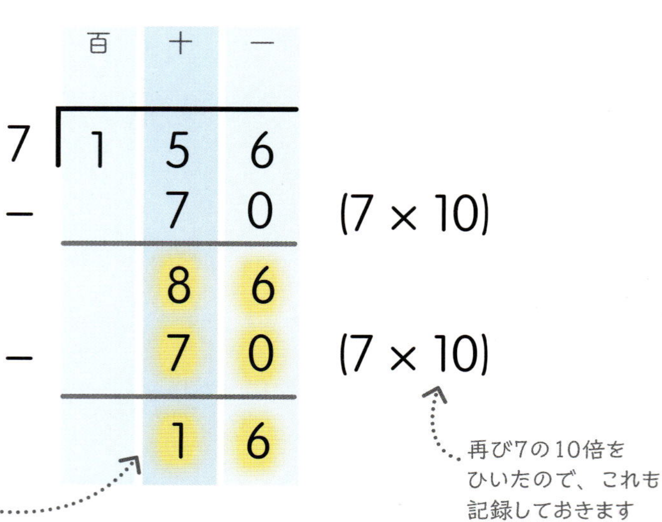

百　十　一
7 | 1 5 6
− 7 0 (7 × 10)
8 6
− 7 0 (7 × 10)
1 6
86 − 70 = 16
再び7の10倍をひいたので、これも記録しておきます

わり算の筆算の形は国によってちがうんだよ。この本ではイギリスで使われている形で紹介するよ。

5 これで、元のわられる数156の残りは、16だけになりました。この数は、もう一度70をひくには小さすぎるので、16からひける7の倍数の中で一番大きい数を探さなければいけません。答えはもちろん7の2倍で $7 \times 2 = 14$ ですね。

6 次に、16から14をひきます。これで、残りが2になりました。2からはもう7の倍数を取り除くことができないので、ここでひき算は終わりです。残った2があまりということになります。

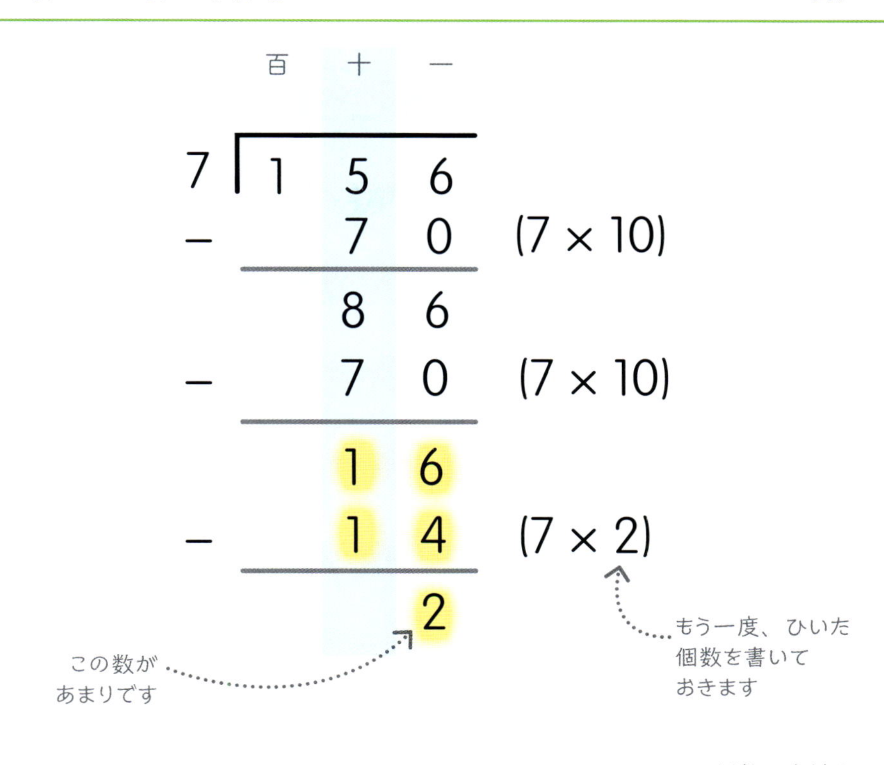

7 最後に、7を全部でいくつ取り除いたのかを数えます。筆算の横に書いておいたのは、このためです。取り除いた7の個数は、$10 + 10 + 2 = 22$ になります。一番上に22と書き、その横に「あまり2」と書いて、7では156をわり切れなかったことを表します。

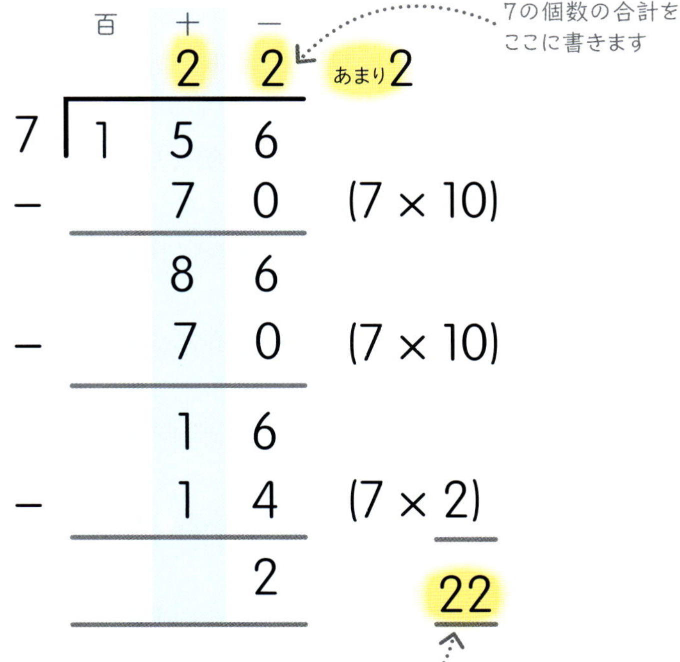

8 つまり、$156 \div 7 = 22$ あまり2になります。

$156 \div 7 = 22$ あまり2

やってみよう

筆算の力を伸ばそう

筆算①を使って、右のわり算を解いてみましょう。

1 $196 \div 6 = ?$

まずは、6の30倍からひいてみましょう。

2 $234 \div 5 = ?$

答えは319ページ

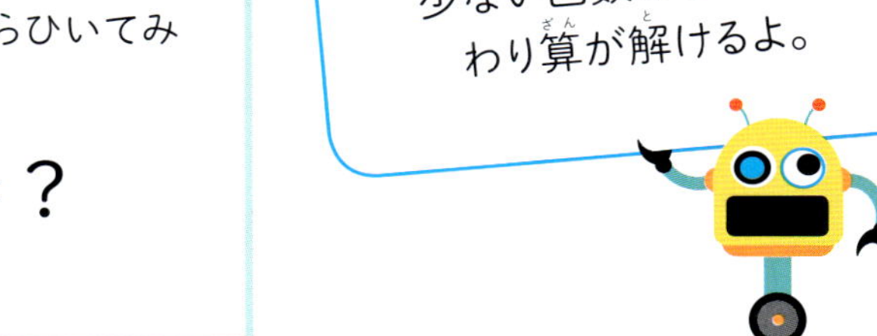

ひくかたまりが大きいほど、少ない回数のひき算でわり算が解けるよ。

わり算の筆算②

わる数（除数）が1桁のわり算に使うもう一つの筆算方法です。筆算①（140～141ページを見て下さい）と比べると、暗算の回数が多くなりますが、紙に書く回数は少なくてすみます。

1 156を7でわってみましょう。

156 ÷ 7 = ?

2 この計算を右のように書き出します。

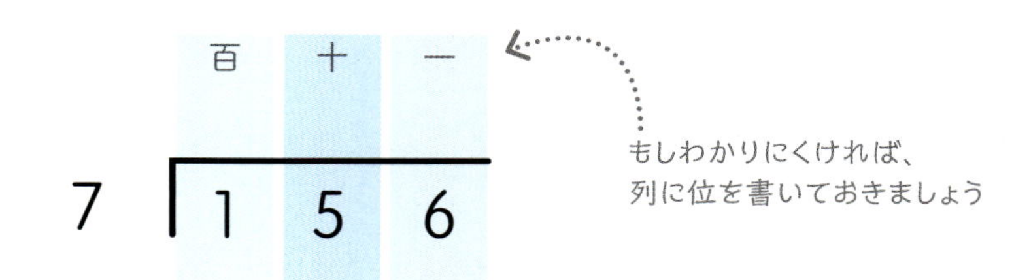

百 十 一
7 1 5 6
もしわかりにくければ、
列に位を書いておきましょう

3 ここからは、被除数156の数字を1つずつ7でわっていきます。最初の数字、つまり1から始めます。

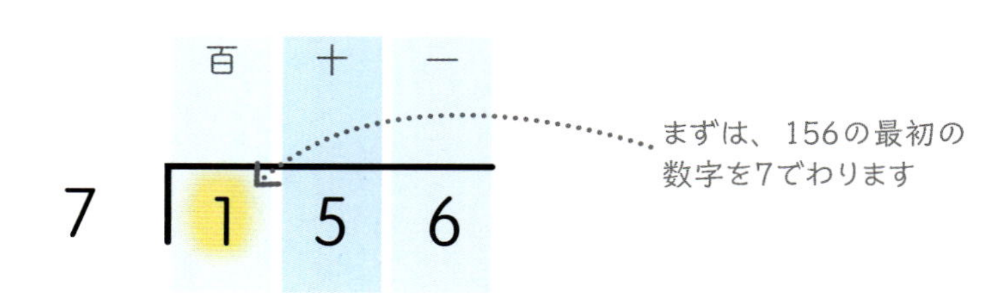

4 1は7でわれませんので、1の上には何も書きません。この1は十の位に繰り下げます。繰り下げた1は100を表しますが、これは十の位の10と同じです。

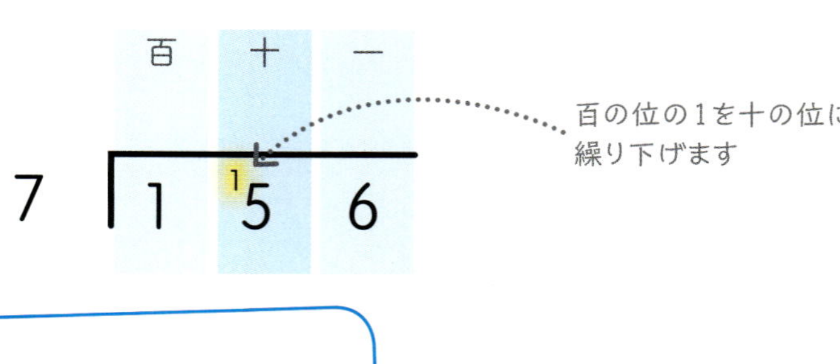

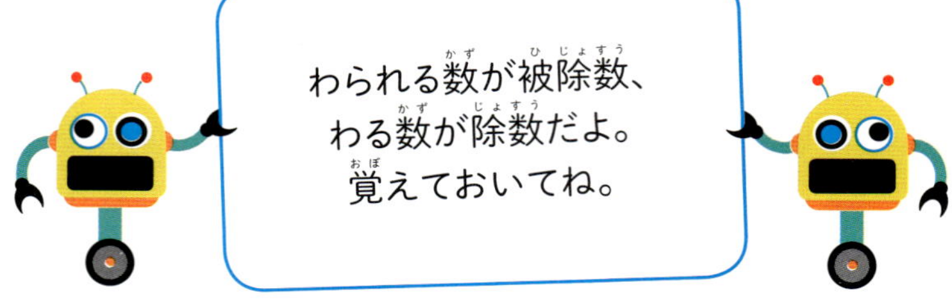

わられる数が被除数、
わる数が除数だよ。
覚えておいてね。

5 百の位から1を繰り下げたので、5を7でわる代わりに、15を7でわります。7 × 2 = 14ですので、15には7が2つあり、1が残るということになります。わり算のかっこの上の十の位に2を書き、あまった1は一の位に繰り下げましょう。この1は十の位の1、つまり一の位の10を表しています。

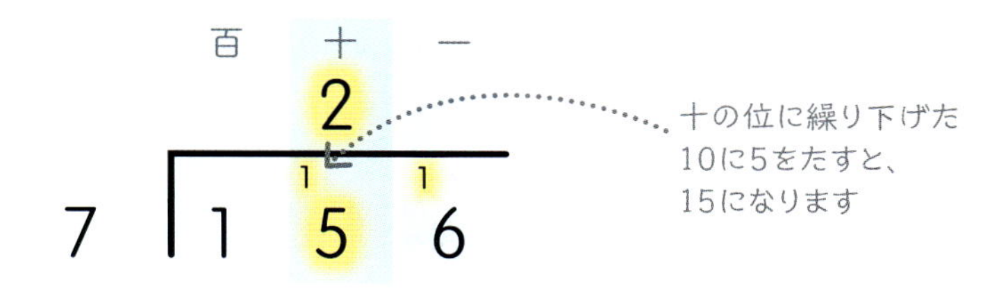

6 今度は、一の位を見て下さい。十の位から1を繰り下げたので、16を7でわります。16には7が2つあり、2が残ります。わり算のかっこの上の一の位に2を書き、その隣にあまりを書きます。

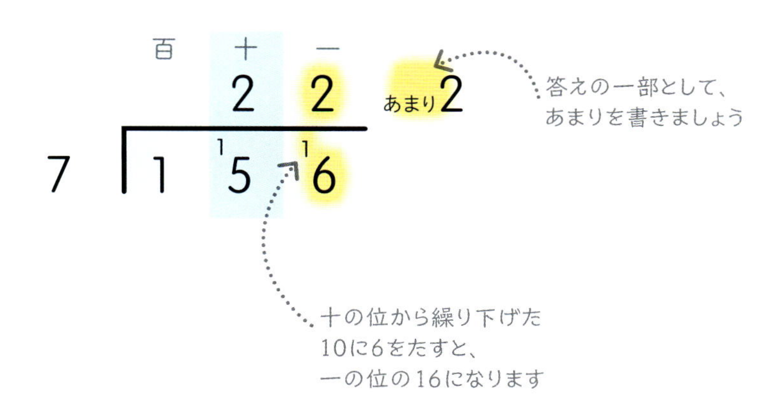

7 つまり、156 ÷ 7 = 22 あまり2になります。

156 ÷ 7 = 22あまり2

やってみよう

筆算の力を試してみよう

ロボットのグロップは、ネジの色分けで忙しくしています。今度は、ネジをすぐ使えるように、色分けしたネジの山を、さらにグループ分けしなければいけません。それぞれの山からグループがいくつ作れるか、グロップのために筆算②を使って計算してあげましょう。

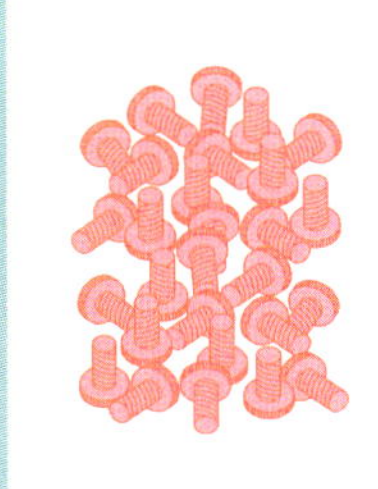

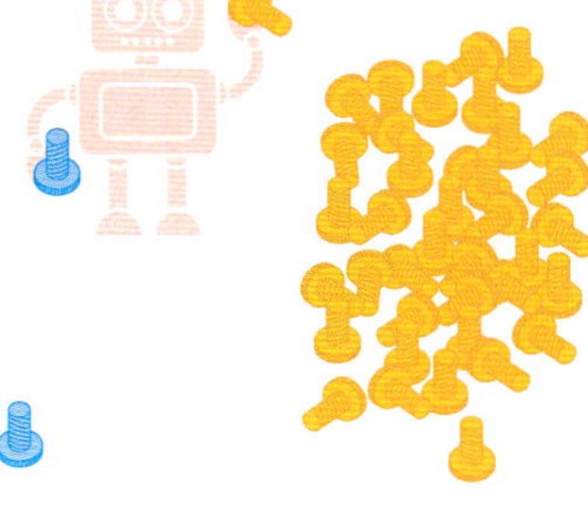

答えは319ページ

1. ピンクのグループには、ネジが279個あります。グロップは、この山を9個ずつのグループに分けなければいけません。
2. 青いネジは286個あり、4個ずつのグループを作らなければいけません。
3. 黄色いネジは584個あり、6個ずつのグループを作らなければいけません。
4. 緑のネジは193個あり、7個ずつのグループを作らなければいけません。

わり算の筆算③

筆算のもう一つの方法です。2ケタになるとこんなふうにもできます。146〜147ページで紹介する筆算の元々の意味になっています。

1 4728を34でわって、この筆算③がどのようなものか見ていきます。

4728 ÷ 34 = ?

2 わり算を始める前に、わりたい数、つまり被除数の4728を書きます。そして、この数をわり算のかっこで囲みます。わる数（除数）の34は、かっこの外側、4728の左に書きます。

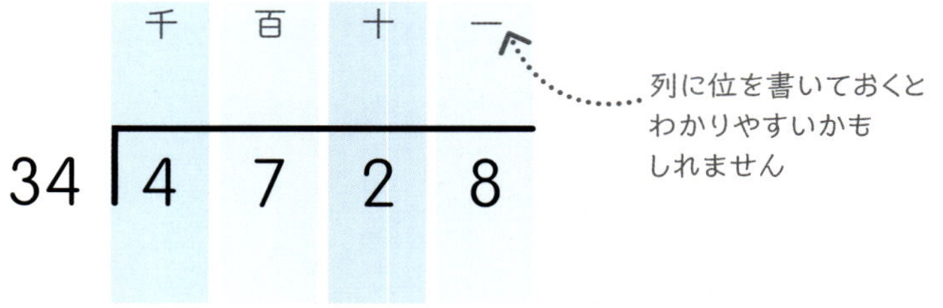

	千	百	十	一
34	4	7	2	8

列に位を書いておくとわかりやすいかもしれません

3 これで、わり算の準備が全て整いました。筆算①でやったように、数の大きなかたまりごとに取り除きます。一番簡単に取り除けるのは、34の100倍、つまり3400です。4728から3400をひくと、1328が残ります。34の個数を右側に書いておきます。

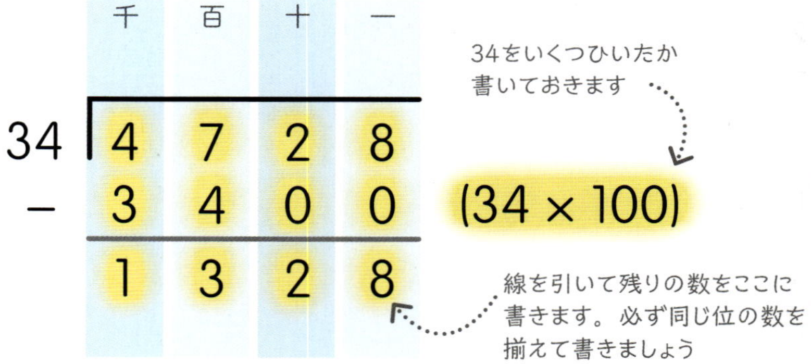

	千	百	十	一	
34	4	7	2	8	
−	3	4	0	0	(34 × 100)
	1	3	2	8	

34をいくつひいたか書いておきます

線を引いて残りの数をここに書きます。必ず同じ位の数を揃えて書きましょう

4 1328からもう一度3400をひくことはできませんので、もっと小さなかたまりを使います。34の50倍は1700、40倍は1360になりますが、両方とも大きすぎますね。それでは、34の30倍はどうでしょう?これは、1020になりますね。それでは、1328から1020をひいてみましょう。これで、残りが308になりました。

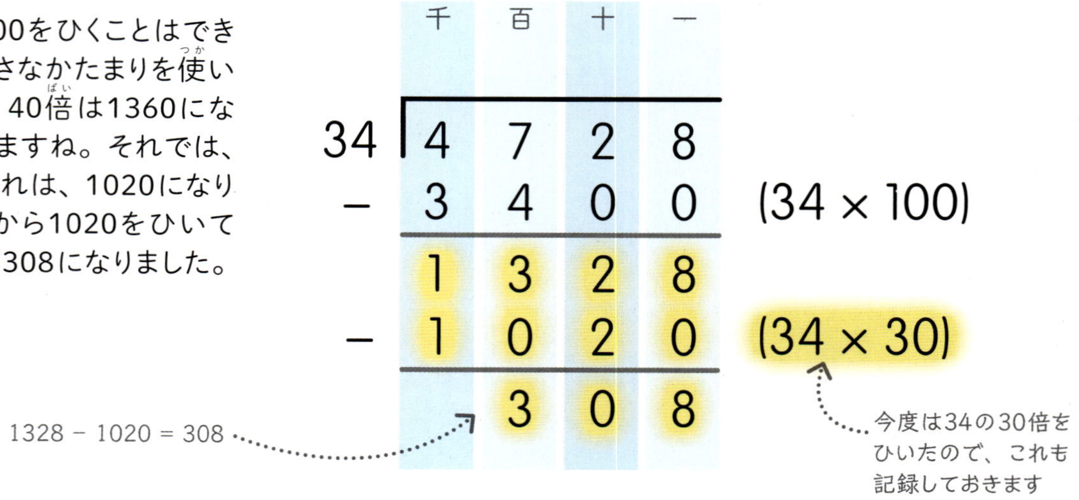

	千	百	十	一	
34	4	7	2	8	
−	3	4	0	0	(34 × 100)
	1	3	2	8	
−	1	0	2	0	(34 × 30)
		3	0	8	

1328 − 1020 = 308

今度は34の30倍をひいたので、これも記録しておきます

5 元のわられる数の4728の残りは、308になりました。これは、34の10倍のかたまり、つまり340を取り除けるほど大きな数ではありません。でも、34の9倍、つまり306ならひけますね。

6 308から306を取り除くと、2が残ります。ここからはもう、34の倍数を取り除くことができないので、ここでひき算は終わりです。この2があまりということになります。

	千	百	十	一	
34	4	7	2	8	
−	3	4	0	0	(34 × 100)
	1	3	2	8	
−	1	0	2	0	(34 × 30)
		3	0	8	
−		3	0	6	(34 × 9)
				2	

さらに、34をいくつひいたか書いておきます

2というあまりが出ました

7 最後に、筆算をしながら右に書いた計算を見て、34を全部でいくつ取り除いたのか数えましょう。100 + 30 + 9 = 139ですので、34を139個取り除いたことになります。かっこの上に139と書いて、その横に「あまり2」と書き、4728には34を139倍した数が入っていて、あまりが2であることを表します。

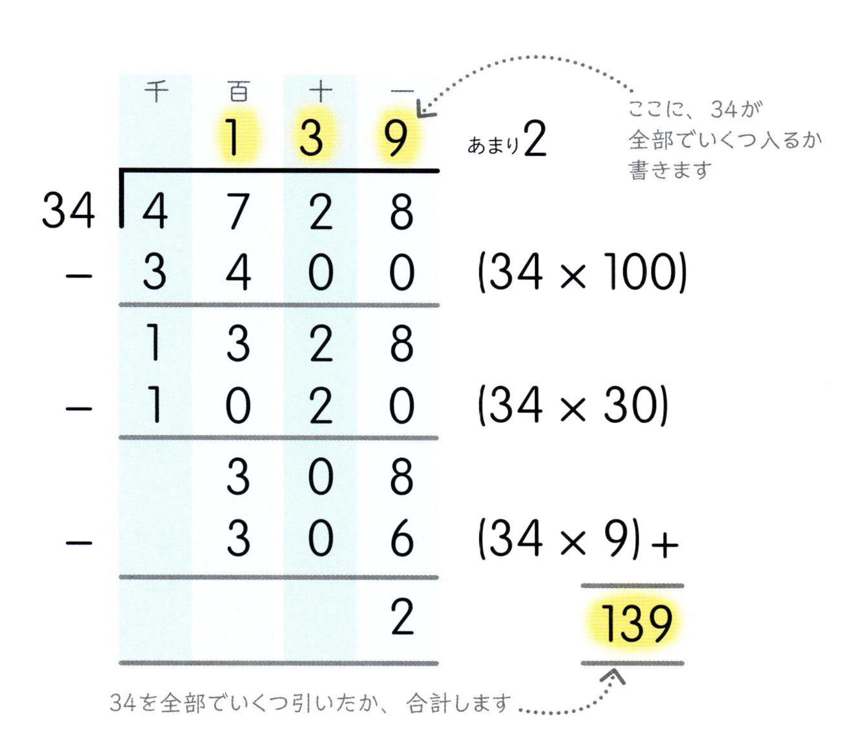

計算する数のかたまりが大きければ大きいほど、ひき算の回数が少なくなるんだよ。

8 つまり、4728 ÷ 34 = 139 あまり2になります。

4728 ÷ 34＝139あまり2

やってみよう

魚っとする問題！

ある漁師が、6495匹の魚を釣りました。釣った魚は43軒の魚屋に売って、それぞれの店に同じ量を渡しました。残った魚は、飼い猫にあげました。

答えは319ページ

1. 筆算③を使って、魚屋が一軒あたり何匹買ったのかを求めましょう。
2. 猫のエサ用に残ったのは何匹でしょう。

わり算の筆算④

わり算の筆算③（144～145ページを見て下さい）では、わる数の倍数をまとめてひいてわり算しました。筆算④は、それとは違い、わられる数の数字を1つずつ順番にわる方法です。

1 4728を34でわって、筆算④の仕組みを見ていきます。

4728 ÷ 34 = ？

2 まず、わられる数、つまり4728を書きます。それから、この数をわり算のかっこで囲みます。除数の34は、かっこの外側、4728のすぐ左に書きます。

	千	百	十	一
34	4	7	2	8

列に位を書いておくとわかりやすいかもしれません

3 それでは、被除数の最初の数字を34でわってみます。4では小さすぎて34が入らないので、次の数字を見て、47を34でわります。答えは1ですね。7の上に1を書きます。34は47の下に書きましょう。47から34をひいてあまりを求めると、13になりました。あまりの数は一番下に書いておきます。

	千	百	十	一
		1		
34	4	7	2	8
−	3	4		
	1	3		

ここには、47の中に34がいくつ入るかを書きます。これを「1をたてる」といいます

線を引いて、その下にひき算の合計を書きます

4 ここで、先ほど書いた13の隣にわられる数の次の数を下ろして、数を13から132に変えます。

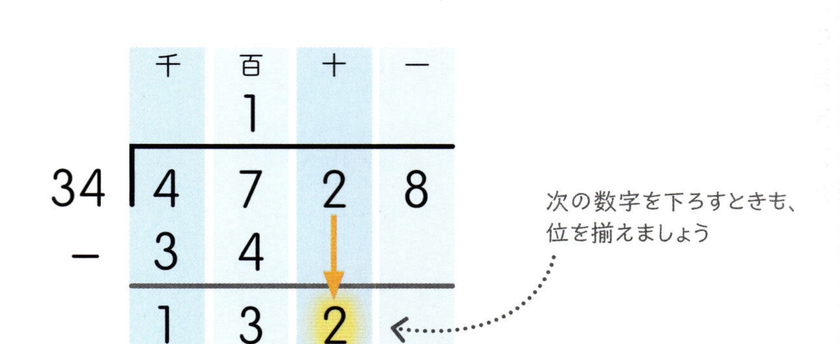

千
百
十
一
1
34
4
7
2
8
−
3
4
1
3
2
次の数字を下ろすときも、位を揃えましょう

筆算④では、「たてる」「かける」「ひく」「下ろす」というパターンに従って計算するんだよ。

5 今度は、132を34でわります。計算を楽にするために、34を十の位と一の位（30と4）に分けましょう。30 × 3は90、4 × 3は12ですので、3 × 34 = 102になります。2の上に3を書きましょう。102は132の下に書きます。132から102をひいてあまりを求めると、30になりました。

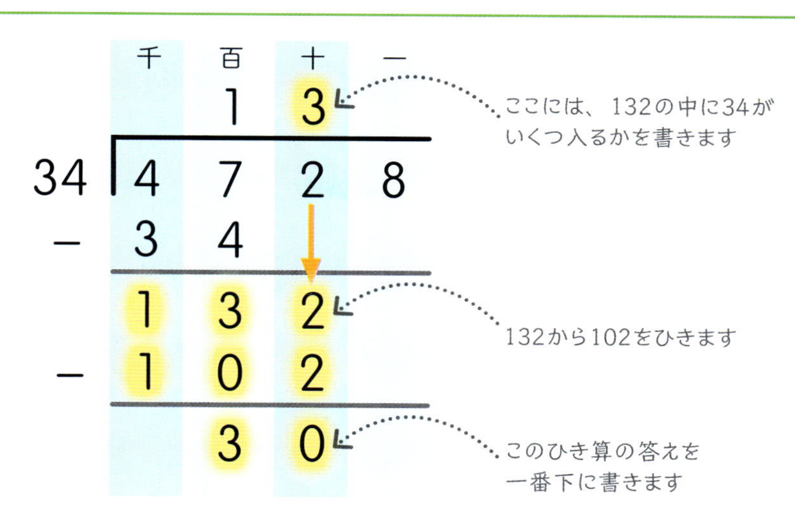

6 もう一度、前に書いた30の隣にわられる数の次の数を下ろし、30を308に変えます。

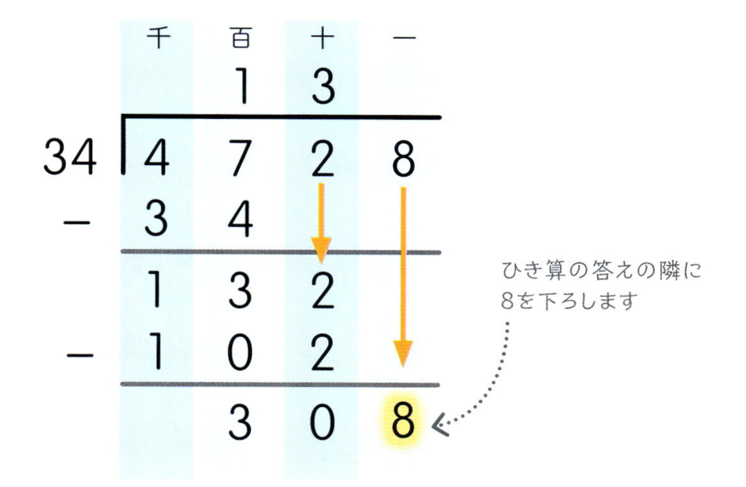

千
百
十
一
ひき算の答えの隣に8を下ろします

7 今度は、308を34でわります。3 × 9 = 27ですので、30 × 9は270になるはずですね。9 × 4 = 36で、270 + 36 = 306です。つまり、9 × 34は306になります。9を8の上に書きます。これは、9 × 34を表しています。308の下に306を書いて、308から306をひきます。あまりは2になりましたね。あまりの2を、かっこの上の答えに入れて書きます。

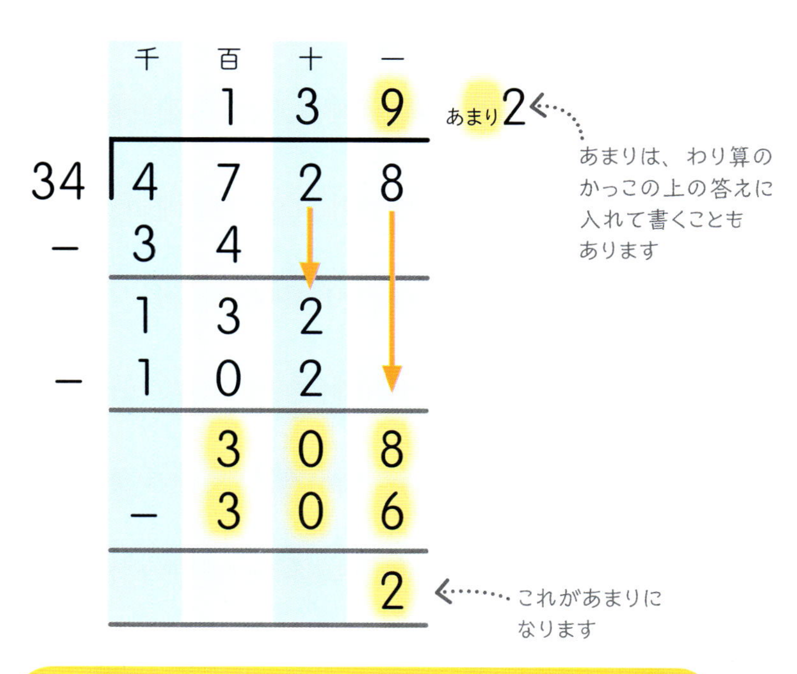

8 つまり、4728 ÷ 34 = 139 あまり2になります。

4728 ÷ 34 = 139 あまり 2

あまりの変換

わり算の答えのあまりは、小数か分数に変換することができます。

あまりを小数に変換する方法

わり算の答えにあまりがある場合は、わられる数に小数点をつけて計算を続けるだけで、あまりを小数に変換できます。

1 わり算の筆算①を使って75を6でわり、あまりを小数に変換してみましょう。

2 まず、この計算を右のように書き出します。

3 わられる数の最初の数字、7を6でわります。6は1個しか7に入らないので、7の上に1を書きます。ここは十の位ですね。6を7の下に書き、7から6をひくと、1というあまりが出ます。

4 今度は、わられる数の2番目の数字、5に移ります。この数字を、筆算の一番下にある1の隣に下ろしましょう。そして、15を6でわります。6 × 2 = 12ですので、わり算のかっこの上、一の位に2を書きます。12を15の下に書き、15から12をひきます。答えは3ですね。これがあまりになります。

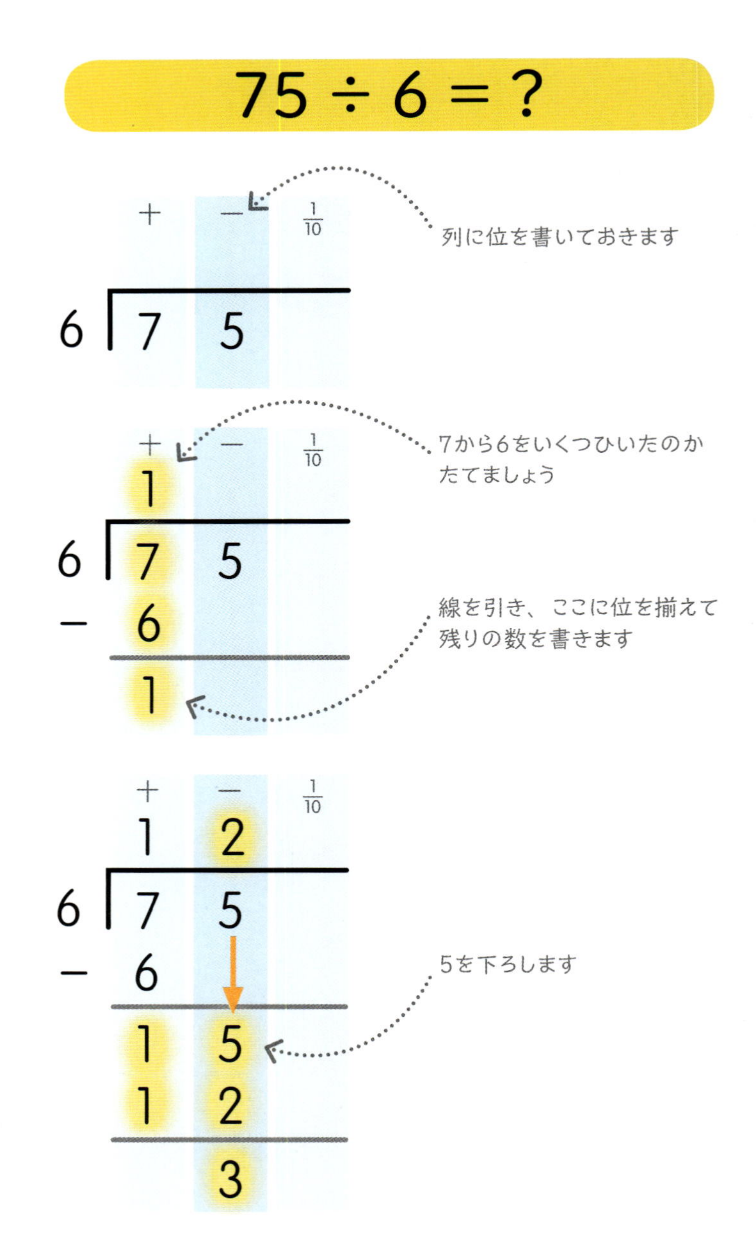

5 あまりの3を小数に変えるには、このまま計算を続けます。わられる数の後に小数点を打ち、その隣に0を入れましょう。わり算のかっこの上にも小数点を打ちます。その右側が十分の一の位です。わられる数に新しくつけた0を、あまりの3の隣まで下ろします。ここで、30を6でわります。6 × 5 = 30ですので、答えは5になります。これをわり算のかっこの上、十分の一の位に書きます。

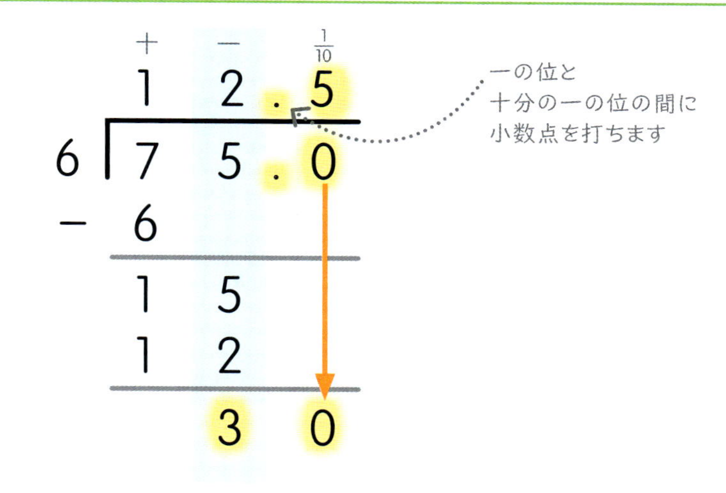

6 あまりがないので、この計算はここで終わりです。つまり、75 ÷ 6 = 12.5になります。

$$75 \div 6 = 12.5$$

あまりを分数に変換する方法

あまりを分数に直すのは簡単です。まずは、わり算をします。あまりを分数に変えるには、あまりを分子にして、わる数を分母にするだけです。

分数の上にある数が分子、
下にある数が分母だよ。

1 ここでは、20を8でわる計算に筆算①を使っています。答えは2あまり4になっていますね。

あまり4

あまりを分数の分子にします

わる数を分数の分母にします

2 8こずつとっていったら4このこったので、あまりは$\frac{4}{8}$だということです。$\frac{4}{8}$は$\frac{2}{4}$と同じ、$\frac{2}{4}$は$\frac{1}{2}$と同じですので、$\frac{4}{8}$の代わりに$\frac{1}{2}$という分数が使えますね。

あまり4は $\frac{4}{8} = \frac{2}{4} = \frac{1}{2}$

3 つまり、20 ÷ 8 = 2$\frac{1}{2}$になります。8の半分は4ですので、あまりの4は$\frac{1}{2}$と書き表すことができます、これで、あまりの数が正しいといえますね。

$$20 \div 8 = 2\tfrac{1}{2}$$

小数のわり算

整数をわる方法と、10の倍数をかける方法（108～109ページを見て下さい）がわかっていれば、ある数を小数でわる計算や、小数をわる計算も簡単です。

小数でわる方法

わる数が小数のときは、まず、その数が整数になるまで10をかけます。そして、わられる数にも同じだけ10をかけなければいけません。それからわり算をしますが、答えは、10をかけずに計算したときと同じになります。

計算する小数が整数になるまで、わられる数とわる数の両方に10をかけてね。

1 536を0.8でわってみましょう。

$$536 \div 0.8 = ?$$

2 まずは、わる数とわられる数の両方に10をかけます。すると、536が5360になり、0.8は8になりますね。

$$536 \times 10 = 5360$$

$$0.8 \times 10 = 8$$

3 これで、わり算をします。完成した筆算を見ると、5360 ÷ 8 = 670だとわかりますね。

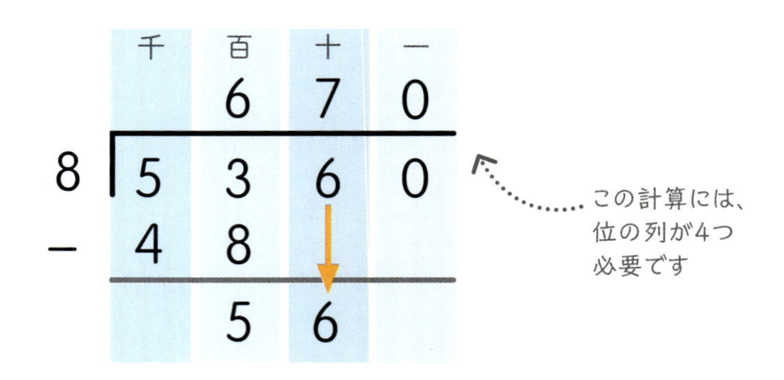

4 536 ÷ 0.8と5360 ÷ 8は、どちらも答えが670になります。

$$536 \div 0.8 = 670$$ そして $$5360 \div 8 = 670$$

小数をわる方法

小数が被除数（わられる数）の場合は、小数点がない場合と同じように計算するだけです。そして、必ず答えの正しい場所、つまりわられる数の小数点のすぐ上に、小数点を打ちましょう。日本では位の大きさを使って「0.1がいくつあるか」と考えるので計算の途中で小数点は打ちません。

1 1.24を4でわってみましょう。

1.24 ÷ 4 = ?

2 わる数がわられる数よりも大きいので、答えが1より小さくなるとわかりますね。わり算のかっこを使って、この計算を筆算にしましょう。これで、計算を始められます。

3 4は1の中には入らないので、1の上に0を入れ、その隣に小数点を打ちます。今度は、わられる数の次の数字を見て、12を4でわります。4 × 3 = 12ですので、2の上に、小数点に続けて3を書きます。わられる数の1.2の下には1.2と書きましょう。1.2から1.2をひくと、0になります。

4 次に、わられる数の最後の数字「4」を、この計算の一番下にある0の隣まで下ろします。

5 次に、4を4でわります。答えは1ですね。百分の一の位の4の上に1を書きます。あまりはないので、計算はこれで終わりです。

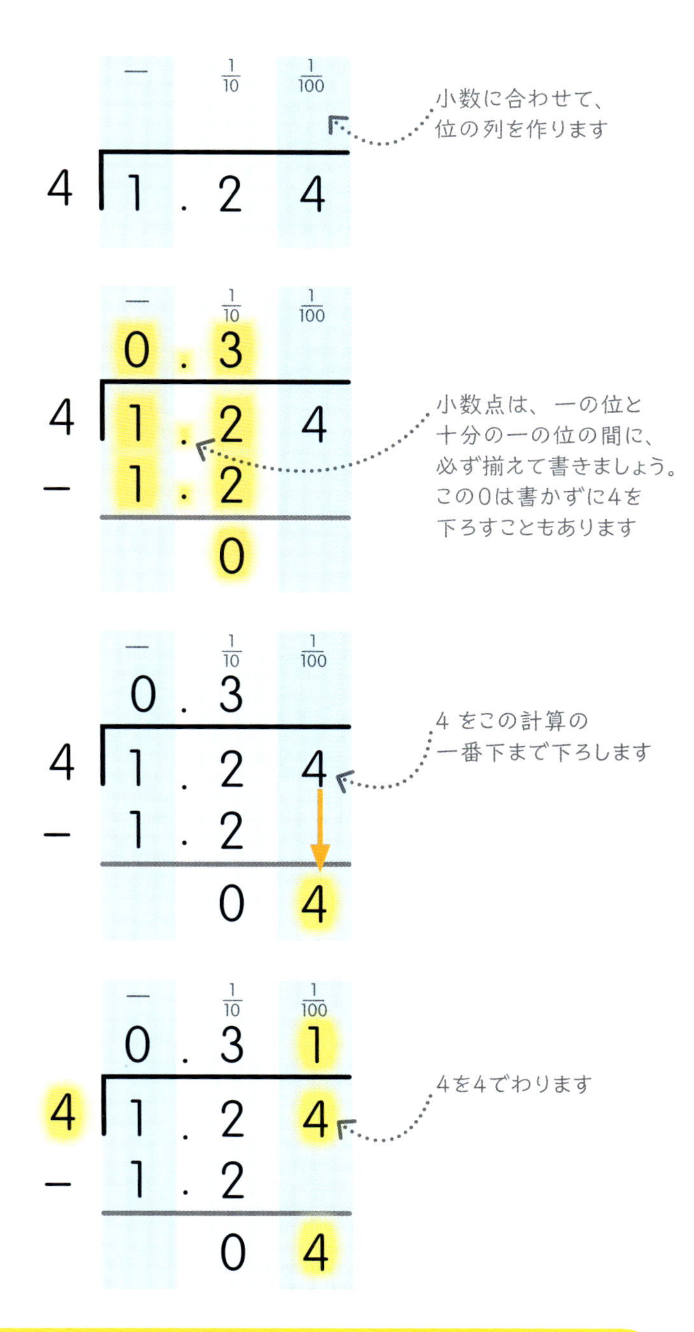

6 つまり、1.24 ÷ 4 = 0.31になります。

1.24 ÷ 4 = 0.31

計算の順番

2つの数を一度計算するだけの式もあれば、もっと複雑な計算もあります。式の中にいくつか違う計算が出てくることもあります。正しい答えを出すためには、計算の正しい順番を知っておくことが大切です。

計算する順番を守ろう

計算には正しい順番があります。この順番を守らないと正しい答えになりません。電卓を使って計算するときも気をつけましょう。問題が違う順番で書かれていても、必ずこの順番を守って計算しなければいけません。以下の1〜6の順に計算するのが算数の世界の約束なのです。

$4 \times \mathbf{(2 + 3)} = 20$

1 かっこ

上の式を見て下さい。2つの数がかっこの中に入っています。かっこがあるときは、その中を何より先に計算しなければいけません。つまり、まず2 + 3の答えを求めてから、4にその答えをかけて合計を求めなければいけないということです。

$5 + 2 \times \mathbf{3^2} = 23$

2 乗数（または累乗）

平方根は、乗数または累乗として知られています。この種類の数については、36〜39ページで習いましたね。かっこ内の計算が終わったら、こういった数を計算します。上の式では、まず3^2を9に直して、それから2 × 9 = 18とかけ算し、最後に5をたして、23という答えを出します。

$6 + \mathbf{4 \div 2} = 8$

3 かけ算とわり算

次は、わり算とかけ算を解きます。上の例のように、わり算より先にたし算が書かれているときでも、わり算から始めます。つまり、まず4 ÷ 2 = 2、それから6 + 2 = 8と計算するということです。

$\mathbf{8 \div 2 \times 3} = 12$

4 かけ算とわり算

わり算とかけ算の優先度は同じですので、この2つは式の左から右に向かって順番に計算します。上の例を見て下さい。この式は、8 ÷ 2 × 3 = 4 × 3 = 12というように、まずわり算をしてから、かけ算をして解きます。

$9 \div 3 \mathbf{+ 12} = 15$

5 たし算とひき算

最後に、たし算とひき算を解きます。上の式を見て下さい。たし算よりわり算を先に計算する約束ですので、9 ÷ 3 + 12 = 3 + 12 = 15と計算します。

$\mathbf{10 - 3} + 4 = 11$

6 たし算とひき算

かけ算とわり算の関係のように、たし算とひき算の優先度も同じですので、この2つも式の左から右に向かって順番に計算します。ここでは、10 − 3 + 4 = 7 + 4 = 11というように、まずひき算をしてから、たし算をして解きます。

計算の順番を守って計算

計算の順番を覚えていれば、すごく大変そうに見える計算でも、簡単に解くことができます。

1 右のややこしい計算に挑戦してみましょう。

$17 - (4 + 6) \div 2 + 36 = ?$

2 まず、かっこの中から解くきまりですので、4と6をたさなければいけません。このたし算の答えは10ですね。これで、この計算を17 − 10 ÷ 2 + 36と書き直せるようになりました。

$17 - 10 \div 2 + 36 = ?$

3 この計算には乗数がないので、次は10 ÷ 2 = 5とわり算をします。これで、17 − 5 + 36という計算に書き直せるようになりました。

$17 - 5 + 36 = ?$

4 あとは、左から右に向かって、たし算とひき算を一つ一つ解いていくだけです。17から5をひくと12になりますね。最後に、12に36をたして、48という答えを出します。

$12 + 36 = 48$

5 つまり、17 − (4 + 6) ÷ 2 + 36 = 48になります。

$17 - (4+6) \div 2+36=48$

やってみよう

順番を守って計算しよう

今度は、皆さんの番です。計算の順番に従って、正しい答えを出せるかどうか、右の問題で試してみましょう。

答えは319ページ

1. $12+16\div4+(3\times7)=?$
2. $4^2-5-(12\div4)+9=?$
3. $6\times9+13-22\div11=?$

日本では、乗数（累乗）は中学校の教科書で習うよ。

計算のきまり

計算をしているときはいつでも、「計算のきまり」という3つの基本的なルールを思い出すと便利です。特に、計算がいくつかの部分に分かれているときは、このルールが役に立ちます。

交換法則

2つの数をたしたりかけたりするときは、どちらの数を先にしても同じ答えになるので、順番は関係ありません。これを、交換法則といいます。

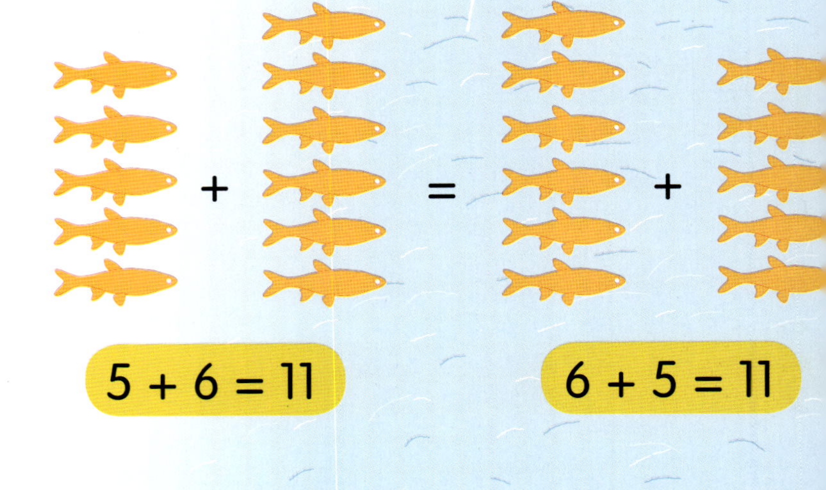

1 たし算
右の魚を見て下さい。5匹の魚に6匹の魚をたすと、11匹になりますね。6匹の魚に5匹の魚をたしても、やはり11匹になります。たし算は、どんな順番で解いても、同じ合計になります。

2 かけ算
右の図では、3匹の魚が2列いるので、全部で6匹になります。2匹の魚が3列いても、やはり全部で6匹になります。かけ算は、どんな順番で解いても、同じ答えになります。

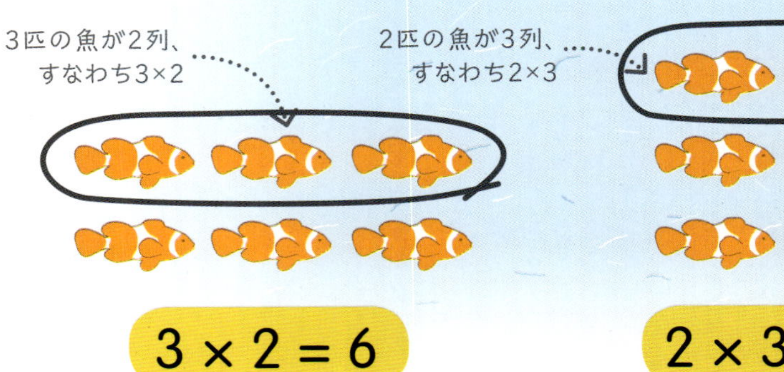

結合法則

3つ以上の数のたし算またはかけ算では、数のまとめ方を変えても、答えは変わりません。これが結合法則です。

1 たし算
結合法則は、136 + 47のように、計算しにくい数をたすときに便利です。

$$136 + 47$$

2 47は40 + 7に分けられます。この計算を解くと、答えは183になります。

$$136 + (40 + 7) = 183$$

3 かっこの位置を変えれば、この計算がもっと簡単になります。まず136と40をたして、それから7をたしても、答えはやはり183になります。

$$(136 + 40) + 7 = 183$$

分配法則

いくつかの数をまとめてたした数にある数をかけると、それぞれの数に別々にかけてたしたときと同じ答えが出ます。これを分配法則といいます。

かっこのついた数があるときは、かっこに入っている部分を先に計算するんだよ。この計算の順番については、152〜153ページで習ったよね。

1 3×14の答えを求めるときに、分配法則がどのように役立つのか見てみましょう。

$$3 \times 14 = ?$$

2 かけ算表の3の段を14まで覚えていないと、この計算はかなり大変です。そこで、14を$10 + 4$に分けましょう。これで、計算が楽になります。

$$3 \times (10 + 4) = ?$$

3 次に、かっこの中の数2つのそれぞれに3をかけると、この計算がもっと簡単に解けるようになります。

$$(3 \times 10) + (3 \times 4) = ?$$

4 これで、$(3 \times 10) + (3 \times 4) = 30 + 12 = 42$というように、2つのかっこの中を先に解いてからたし算できるようになりました。

$$30 + 12 = 42$$

5 このように、14を簡単な数に分けてから、分けた数に3をかけることで、$3 \times 14 = 42$になることがわかりました。

$$3 \times 14 = 42$$

---

1 **かけ算**

6×15のような難しいかけ算をするときにも、結合法則が役に立ちます。

$$6 \times 15 = ?$$

2 15は約数の5と3に分けられます。このように分けてから計算を解くと、答えは90になります。

$$6 \times (5 \times 3) = 90$$

3 結合法則を使えば、かっこの位置を変えて計算を楽にすることができます。3をかける前に6×5を求めても、答えはやはり90になります。

$$(6 \times 5) \times 3 = 90$$

電卓の使い方

電卓は、計算の答えを求めるのに便利な機械です。暗算や筆算で計算する方法を知っていることはとても大切ですが、電卓を使えば、もっと素早く、簡単に計算できることもあります。

電卓のキー

この図のように、ほとんどの電卓には同じ基本キーが付いています。電卓の使い方は、答えを出したい計算を入力して、[=] キーを押すだけです。それでは、それぞれのキーの役割を見ていきましょう。

1 電源「オン／クリア」キー

電卓の電源を入れるときや、画面をクリアする、つまり表示されている数値をゼロに戻すときに押すキーです。

2 数字キー

電卓のキーパッドの中で一番大事な部分は、0から9までの数です。数字キーは、計算の数を入力するときに使います。

3 小数点キー

小数の計算をする場合は、このキーを押します。4.9と入力するには、まず［4］、それから小数点［.］、次に［9］を押します。

4 +/ − キー

このキーは、正の数と負の数を切り替えます。

5 計算命令キー

どんな電卓にも、たし算［+］、ひき算［−］、かけ算［×］、そしてわり算［÷］のキーがあります。14 × 27を計算したいときは、［1］、［4］、［×］、［2］、［7］、［=］の順番に押すことになります。

やってみよう

電卓の問題

これで、電卓の主なキーの名前と使い方が全部分かりましたね。それでは、電卓を使って、次の問題が解けるかどうか試してみましょう。

1. 983+528=?
2. 7.61−4.92=?
3. −53+21=?
4. 39×64=?
5. 697÷41=?
6. 600の40%=?

答えは319ページ

6 メモリーキー
電卓に答えを覚えさせておいて、後で引き出すと便利なこともあります。[M+]は、電卓が記憶した数に表示している数をたし、[M－]は、表示中の数を記憶させた数からひきます。[MR]は、メモリに保存してある数を表示するものです。[MC]は、記憶させた数を消します。

7 平方根キー（ルートキー）
このキーを押すと、数の平方根が表示されます。

8 パーセントキー
[%]キーは、百分率を出すときに使えます。このキーの使い方は、電卓によって少し変わります。

9 イコールキー
「イコール記号（等号）」を表すキーです。例えば、14 × 27というように、キーパッドで計算を入力し終わったら、[=]を押すと答えが電卓の画面に出てきます。

答えを概算する方法

電卓を使うときは、違うキーを押して間違えやすいものです。答えが正しいことを確かめる一つの方法は、答えがどのくらいになるかを概算しておくことです。概算については、24～25ページで習いましたね。

307 × 49 = ?

1 それでは、307 × 49の答えを概算してみましょう。

300 × 50 = ?

2 これを暗算するのは大変ですので、数を四捨五入してみます。307を切り捨てて300に、49を切り上げて50にします。

300 × 50 = 15000

3 300 × 50の答えは15000ですので、307 × 49の答えも15000に近くなるということです。

4 電卓で307 × 49を計算したときに1813という答えが出たら、それが間違いだということ、そして入力するときに数を入れ忘れてしまったことがわかります。これは、答えが15000に近くなるはずだと概算でわかっているからです。

第3章

量(りょう)と測定(そくてい)

MEASUREMENT

b×h

m^2

kg

°c

人々は歴史の中で、実にさまざまな単位を生み出し、使ってきました。もし単位がなかったら、私たちの生活はもっと不便なものになっていたでしょう。今では、ものの大きさ、重さ、熱さなどを測るのに、世界のほとんどの国で同じ単位を使っています。同じ単位を使えば、計算が楽になるからです。また、単位の換算も簡単にできます。

長さ

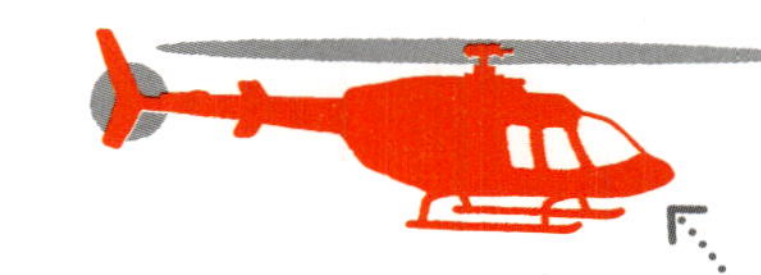

長さとは、2つの点の間の距離のことです。距離は、ミリメートル（mm）、センチメートル（cm）、メートル（m）、キロメートル（km）といったメートル法の単位で測ることができます。

メートルとキロメートル

長さはいろいろな言葉で表せますが、どの言葉もみんな「2つの点の間の距離」という意味です。

1 高さとは、地面からの距離のことです。地上から屋上の間の長さのことなので、同じ単位で測ります。この高層ビルの高さは700mです。

2 横方向の端から端までの寸法は幅ともいいます。こちらも長さのひとつです。このビルの横は250mです。

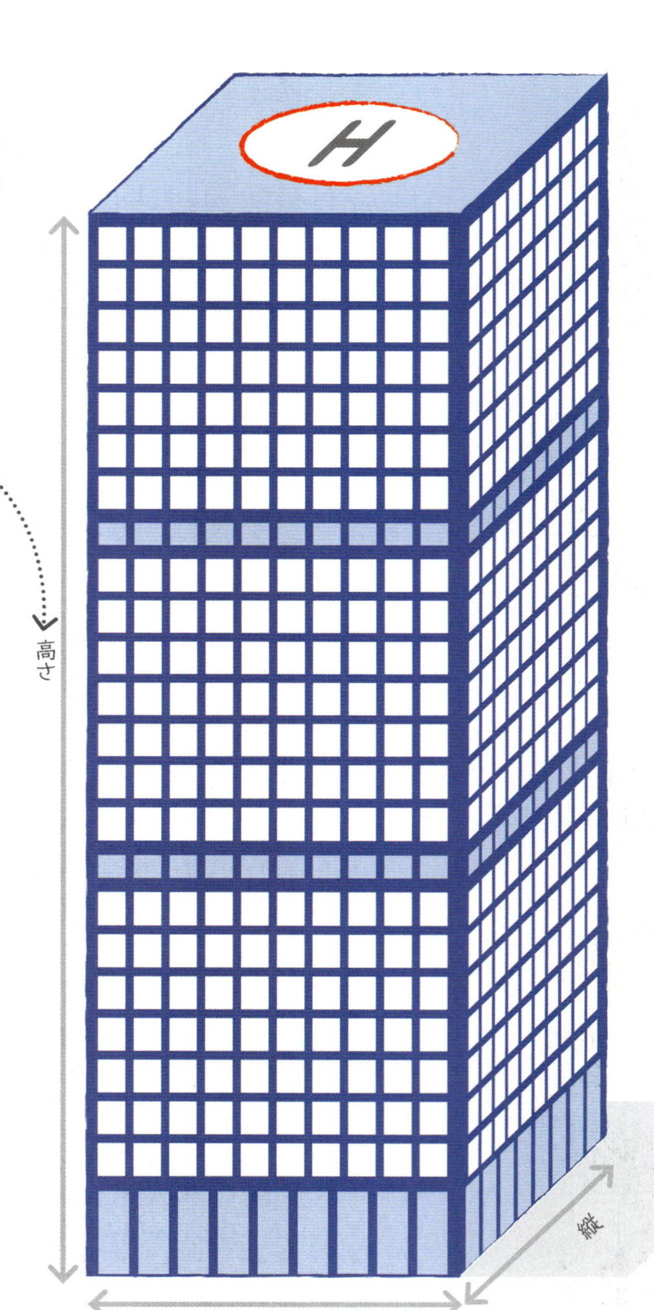

3 長さには、キロメートルという別の単位もあります。1kmは1000mです。このヘリコプターは高度1kmで飛んでいます。

4 これに1000をかければ、ヘリコプターの高度をメートルに変換することができます。つまり、このヘリコプターは地上1000mを飛んでいるということです。

5 「距離」は、ある場所が別の場所からどのくらい離れているかを表す言葉です。長い距離はキロメートルで測ります。

幅、高さ、距離など
長さについては、
全部同じ単位を使って
測るんだよ。

センチメートルとミリメートル

メートルとキロメートルは、大きなものを測るのに便利な単位ですが、小さなものの測定には向きません。短いものを測るときは、センチメートルやミリメートルといった単位が使えます。

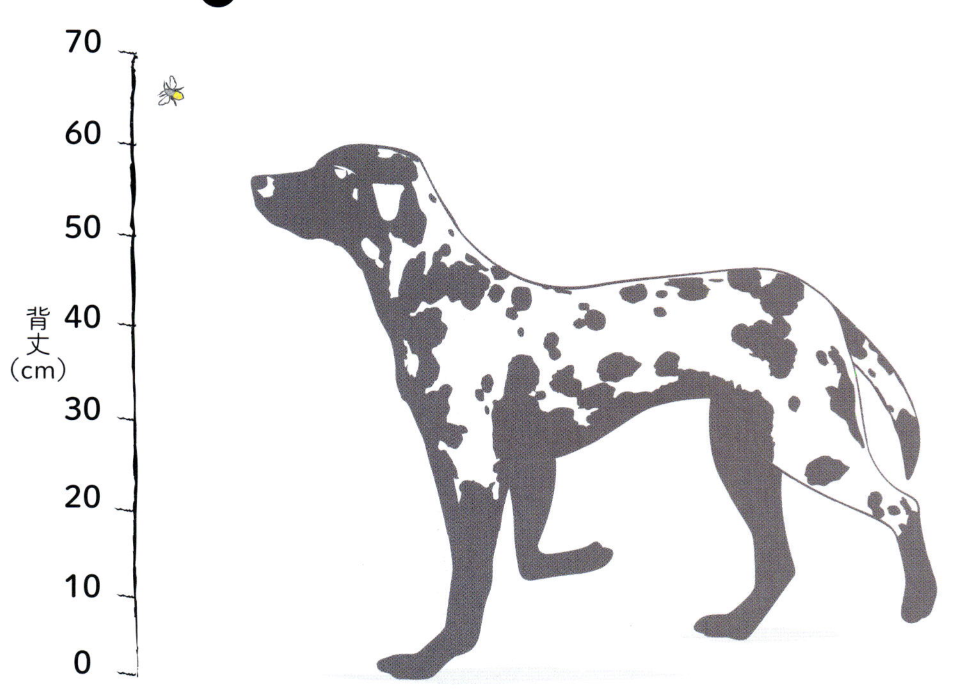

1 1m は100cm、1cm は10mm です。

2 左の犬を見て下さい。この犬の背丈は60cm です。

3 これを100でわれば、簡単に m に直せます。つまり、この犬の背丈は0.6m です。

4 また、10をかけて mm に直すこともできます。つまり、この犬の背丈は600mm だということです。

5 普通、mm は、この犬の横を飛んでいるハチのように、もっと小さなものを測るときに使います。このハチの背丈は15mm です。

長さの単位の変換

長さの単位は、10、100、または1000でかけ算やわり算をするだけで、簡単に変換できます。

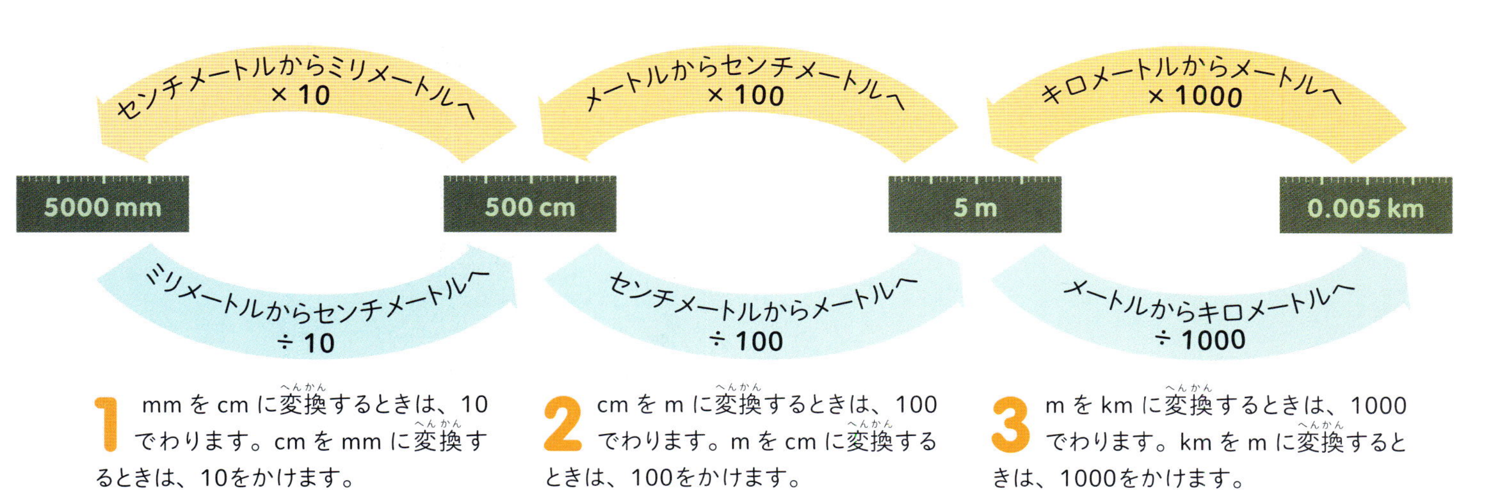

1 mm を cm に変換するときは、10でわります。cm を mm に変換するときは、10をかけます。

2 cm を m に変換するときは、100でわります。m を cm に変換するときは、100をかけます。

3 m を km に変換するときは、1000でわります。km を m に変換するときは、1000をかけます。

長さの計算

長さを測るときの計算も、他の計算と全く同じです。いつもと同じように、数をたしたり、ひいたり、かけたり、わったりするだけで計算できます。

同じ単位の計算

1 右の木の高さは16.6m です。4年前は、高さ15.4m でした。この木はどれだけ伸びたのでしょう?

2 高さの差を求めるには、大きい方の数から小さい方の数をひきます。これを式にすると、
16.6 − 15.4 = 1.2になりますね。

3 つまり、この木は4年間で1.2m伸びたということです。

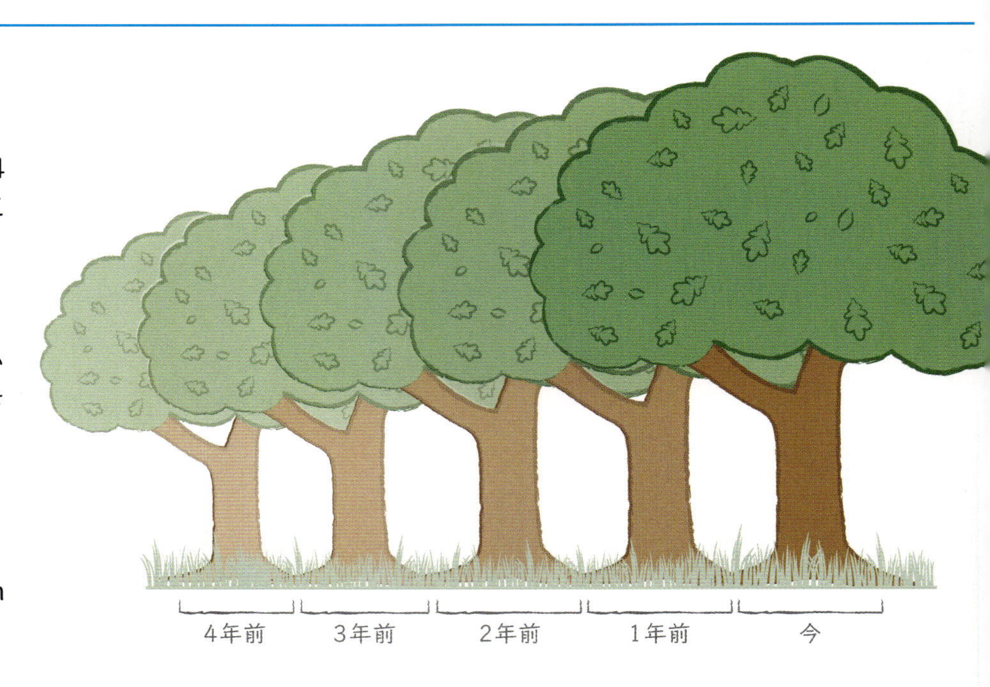

4 それでは、もう少し難しい問題に挑戦してみましょう。この木が4年間で1.2m 伸びたことはわかりましたが、1年当たりどれだけ伸びたのでしょう?

5 この問題は、伸びた分の長さを年数でわるだけで、簡単に解くことができます。これを式にすると、1.2 ÷ 4 = 0.3ですね。

6 つまり、この木は毎年0.3m 伸びたということです。

やってみよう

距離を分担しよう

右の陸上競技用トラックの長さは200m です。リレーのレースで、4体のロボットがそれぞれ同じ距離を走るとします。トラック全長を走り切るには、1体何メートル走ればいいでしょう?

答えは319ページ

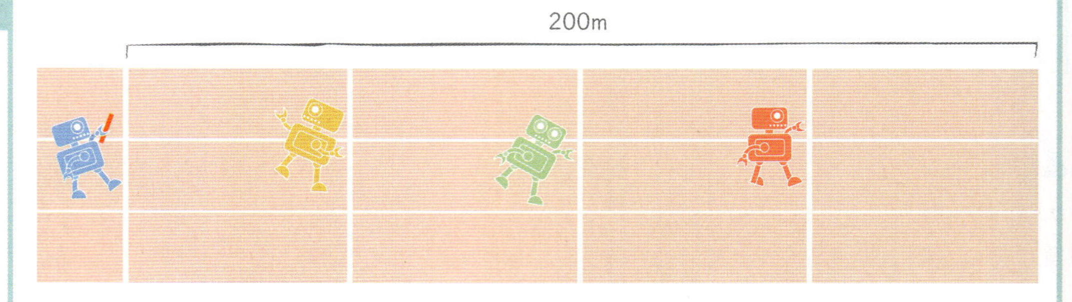

① この問題は、簡単なわり算だけで答えが出せます。

② トラックの長さを、距離を分担するロボットの数でわればいいのです。

違う単位の計算

長さを記録するのにいろいろな単位が使えることは、もうわかりましたね。長さの計算は、計算する値を全部同じ単位にしてから始めることが大切です。

距離の計算は、必ず単位を揃えてから始めよう。

1 下の図のロボットは、自分の家を出て760m 先のおもちゃ屋に行き、そこから1.2km 先の公園、さらに630m 先の動物園まで行こうとしています。全部でどれだけ移動することになるでしょう?

2 まず、距離の単位を揃えなければいけません。そこで、おもちゃ屋から公園までの距離を、キロメートルからメートルに直します。

3 1km は1000m と同じなので、キロメートルからメートルへの変換は、キロメートルの値に1000をかけるだけでしたね。これを式にすると、$1.2 \times 1000 = 1200$になります。

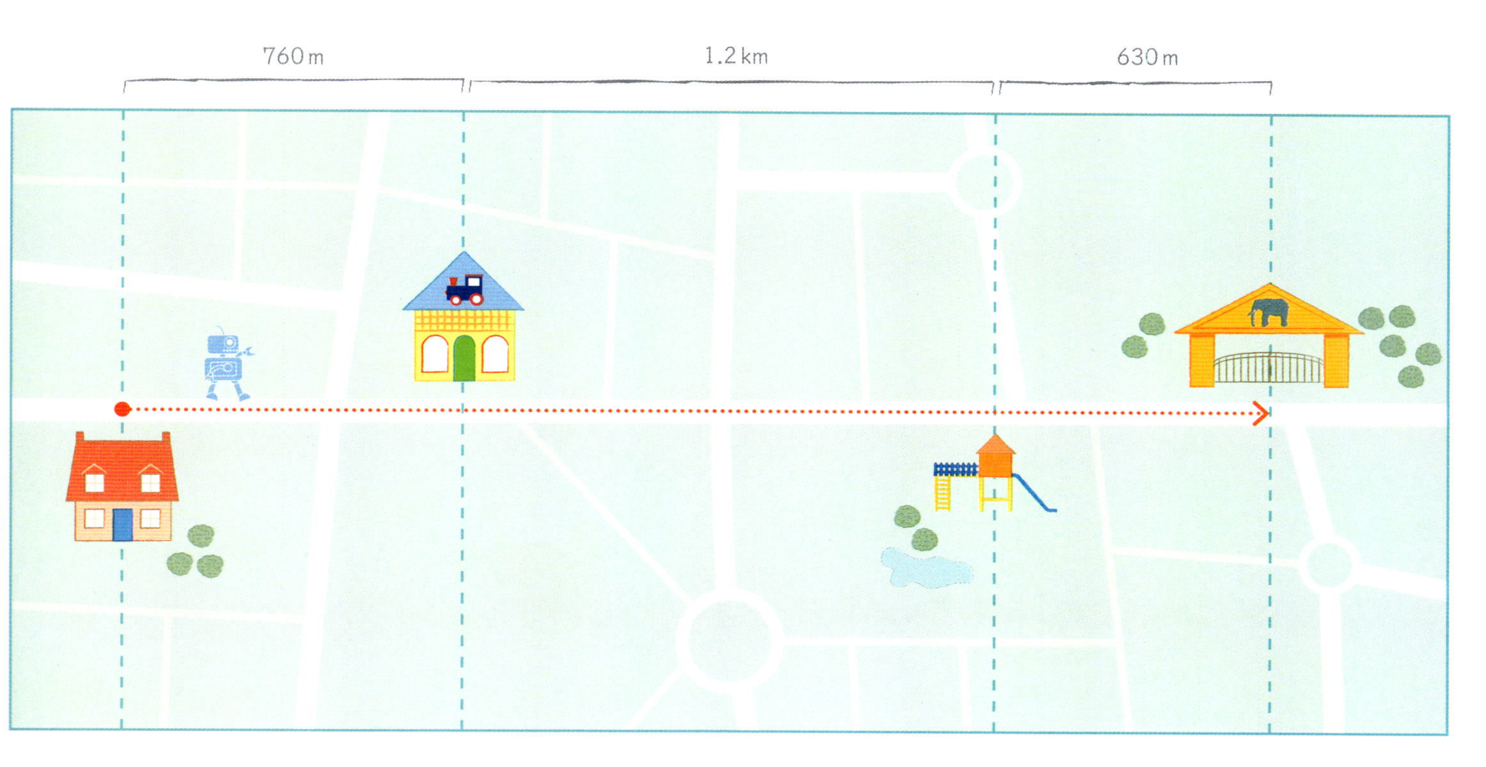

4 これで、3つの距離が全部メートル単位になりましたので、$760 + 1200 + 630 = 2590$とたし算することができます。

5 2590はかなり大きな数ですので、キロメートルに変換し直した方が、距離としてふさわしい数になります。キロメートルへの変換は、$2590 \div 1000 = 2.59$というように、1000でわるだけです。

6 つまり、このロボットが移動する距離の合計は、2.59km になります。

周りの長さ

さまざまな図形の周りの長さについて考えてみましょう。例えばフェンスに囲われた原っぱの周りの長さは、フェンスの長さと同じになります。

周りの長さというのは、その形の辺の長さを全部たした合計のことだよ。

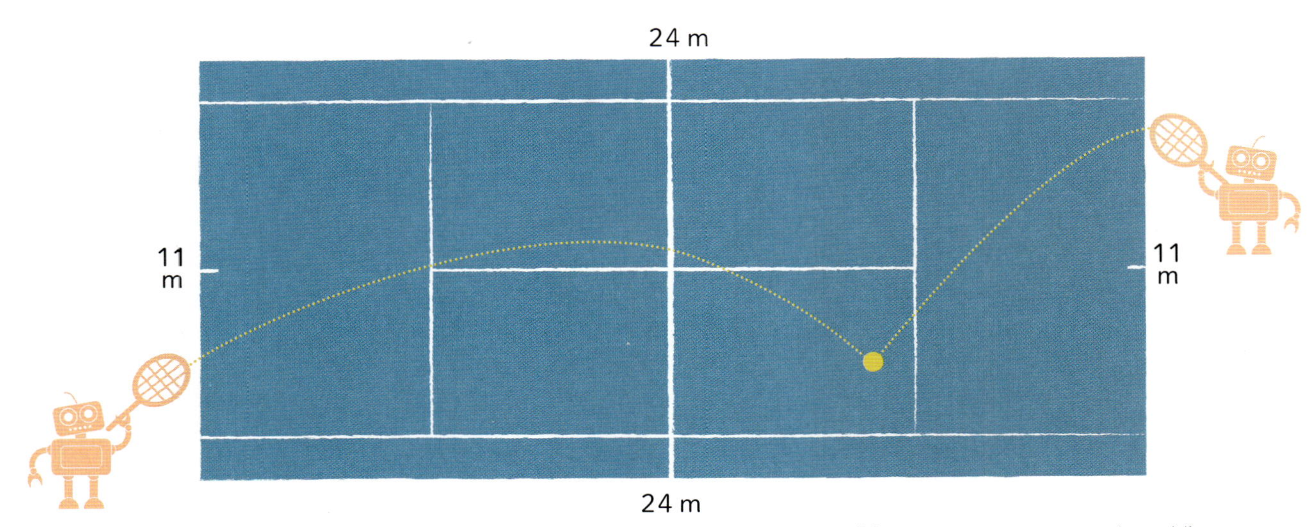

1 図形の周りの長さを求めるには、それぞれの辺の長さを測って、それを全部たさなければいけません。

2 長さを測るときに使うのと同じ種類の単位で各辺を測ります。大切なのは、合計するときに、辺の長さが全部同じ単位になっていることです。

3 上のテニスコートを見て下さい。それぞれの辺の長さをたせば、このコートの周りの長さを求めることができます。これを式にすると、
11 + 24 + 11 + 24 = 70になりますね。

4 つまり、このテニスコートの周りの長さは70m ということです。

やってみよう

珍しい形

長方形と同じように、珍しい形の周りの長さも、全ての辺の合計を求める方法で測ります。辺の長さを全部たして、右の2つの形それぞれの周りの長さを求めましょう。

答えは319ページ

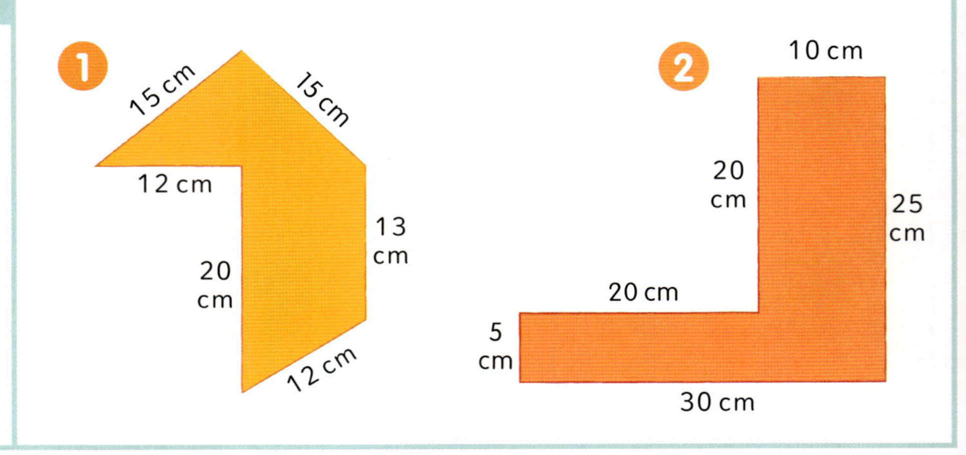

長さのわからない辺がある場合

辺の長さが全部わかっていないこともあります。いくつかの長方形を組み合わせた形で、辺の長さが一部分抜けている場合でも、その辺の長さと周りの長さを求めることができます。

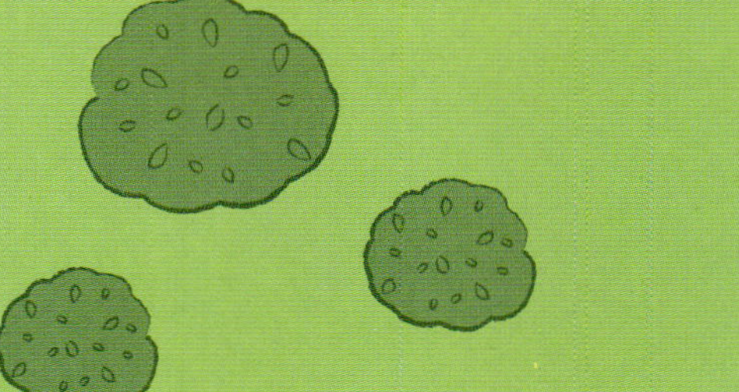

1 これはある農場の図です。周りの長さを求めなければいけないのですが、一辺の長さがわかりません。

2 この農場の角はどれも直角なので、向かい合っている辺同士は平行になっています。つまり、片方の辺の長さがわかっていれば、長さのわからないもう一方の辺の長さも求められるということです。

3 それでは、長さのわからない辺の長さを求めてみましょう。向かい合う辺の長さが12m なので、この辺に面している2つの辺の長さも合計12m になるはずです。

4 わからない部分の長さは、12から9をひくだけで求められます。これを式にすると、12 − 9 = 3ですね。つまり、長さのわからなかった辺は、3m になります。

5 これで、全ての辺の長さをたして、周りの長さの合計を求められるようになりました。これを式にすると、12 + 6 + 9 + 5 + 3 + 11 = 46ですね。

6 つまり、この農場の周りの長さは46m になります。

周りの長さを求める公式

二次元（平面）の図形の基本的な性質を覚えていれば、公式を使って周りの長さを求めることができます。ここで紹介する公式は、辺の長さを文字で表しています。こうすることで、さまざまな形の周りの長さの計算方法が覚えやすくなるのです。

正方形

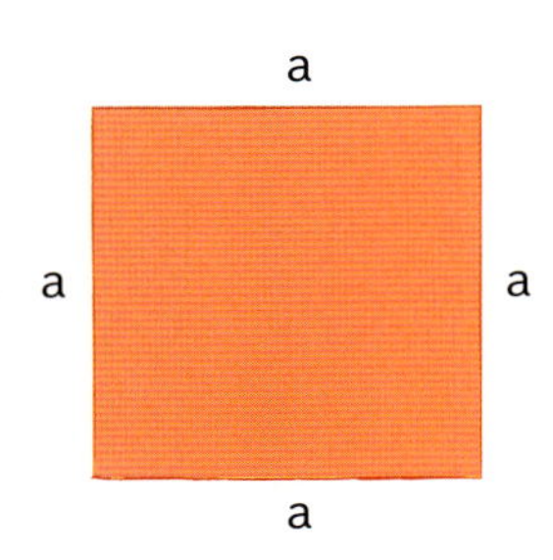

1 正方形の4つの辺は、全て同じ長さになっていますね。この4つの辺を全部たせば、正方形の周りの長さがわかります。

2 上の赤い正方形を見て下さい。それぞれの辺の長さを「a」とすると、周りの長さ＝a＋a＋a＋aになりますね。この式をもっと簡単にすると、下のようになります。

正方形の周りの長さ＝a×4

3 この正方形の4つの辺が、それぞれ長さ2 cmだとしましょう。これを公式に当てはめると2×4＝8になるので、この正方形の周りの長さは8 cmです。

長方形

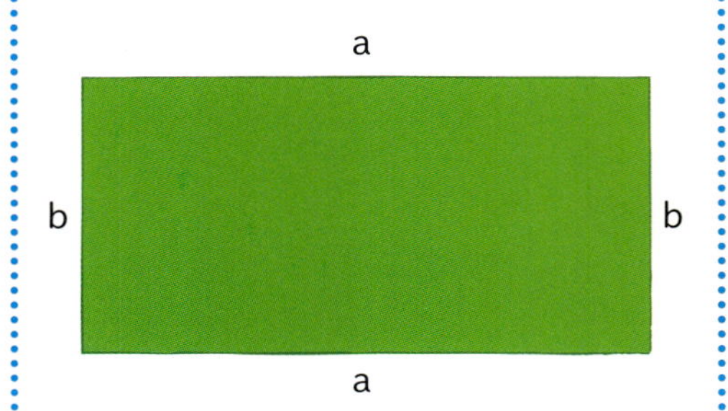

1 長方形には、平行で長さの等しい対辺が2組あります。このうち1組の辺の長さを「a」、もう1組の辺の長さを「b」としましょう。

2 長方形の周りの長さを求めるときは、まず長さの違う辺2つをたします。どちらの辺も2つずつあるので、先ほどの答えに2をかけます。この公式は、下のようになります。

長方形の周りの長さ
＝(a＋b)×2

3 長方形の辺の長さが2 cmと4 cmの場合、(4＋2)×2＝12という式になるので、周りの長さは12cmになります。

平行四辺形

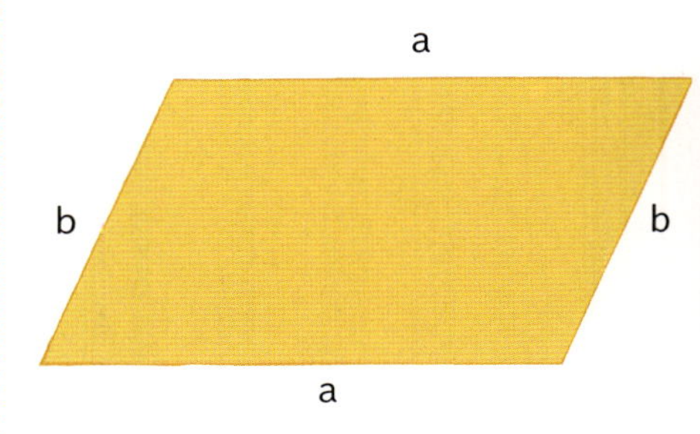

1 長方形と同じように、平行四辺形にも平行で長さの等しい対辺が2組あります。

2 ですから、平行四辺形にも「二つの隣接辺（隣同士の辺）の長さをたして、それに2をかける」という長方形のときと同じ公式が使えます。

平行四辺形の周りの長さ
＝(a＋b)×2

3 つまり、辺の長さが5 cmと3 cmの場合、(5＋3)×2＝16という式になるので、周りの長さは16 cmになります。

長さのわからない辺を周りの長さから求める方法

図形の周りの長さがわかっていて、辺の長さが1つだけわからない場合は、簡単なひき算で残りの辺の長さを求めることができます。

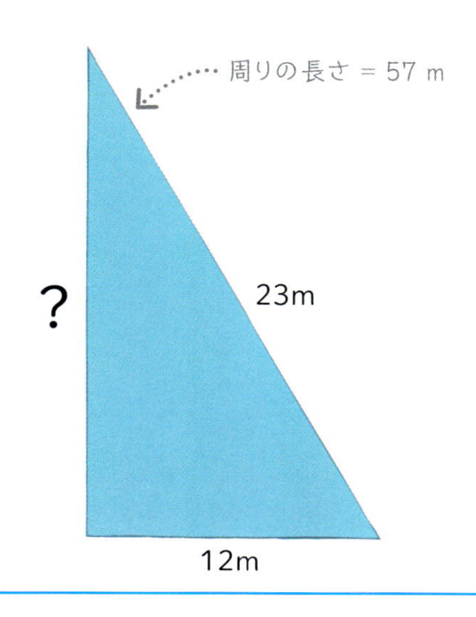

1 左の三角形を見て下さい。この三角形の周りの長さと2つの辺の長さはわかっています。それでは、残りの辺の長さを求めてみましょう。

2 残りの辺の長さは、長さがわかっている2つの辺を周りの長さからひくだけで求められます。これを式にすると、57 − 23 − 12 = 22ですね。

3 つまり、残りの辺の長さは22 m になります。

正三角形

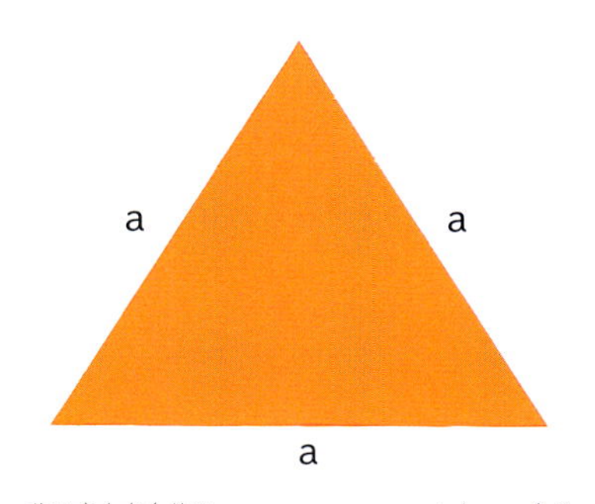

1 正三角形は、3つの辺が全て同じ長さになっていますね。

2 正方形の計算と同じように、1つの辺の長さに辺の数をかければ、周りの長さを求めることができます。辺の長さを「a」とすると、正三角形に使える公式は下のようになります。

正三角形の周りの長さ
= a × 3

3 3つの辺の長さが、それぞれ4 cm だとしましょう。これを公式に当てはめると4 × 3 = 12になるので、この正三角形の周りの長さは12 cm です。

二等辺三角形

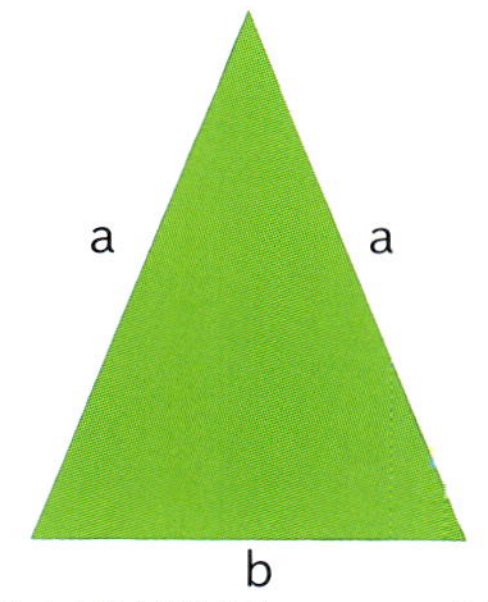

1 二等辺三角形には、長さの等しい辺が2つと、長さの違う辺が1つあります。

2 長さの同じ2つの辺を「a」としましょう。周りの長さを求めるには、「a」に2をかけて、それからもう1つの辺の長さ「b」をたします。

二等辺三角形の周りの長さ
= a × 2 + b

3 つまり、長さの等しい2つの辺が4 cm で、もう一つの辺が3 cm だとすると、4 × 2 + 3 = 11で、周りの長さは11 cm になります。

不等辺三角形

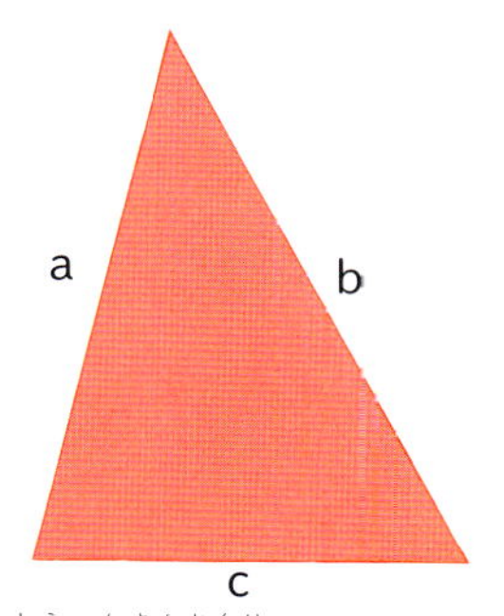

1 不等辺三角形には、どれも長さの違う辺が3つあります。

2 3つの辺を「a」、「b」、「c」とすると、この3つの長さを全部たせば、周りの長さを求めることができます。ここで使える公式は、下の通りです。

不等辺三角形の周りの長さ
= a + b + c

3 つまり、不等辺三角形の辺が5 cm、6 cm、4 cm だとすると、5 + 6 + 4 = 15という式になるので、周りの長さは15 cm になります。

面積

長方形の面積を求めるときは、その長方形を何個の正方形に分けられるか数えればいいんだよ。

広さのことを面積といいます。面積は、平方メートル（m²）や平方センチメートル（cm²）という単位で測ります。この単位は、長さに使う単位を基にして作られたものです。

1 右の芝を見て下さい。この芝は縦1 m、横1 mになっていますね。この面積を「1平方メートル」といい、「1 m²」と書きます。

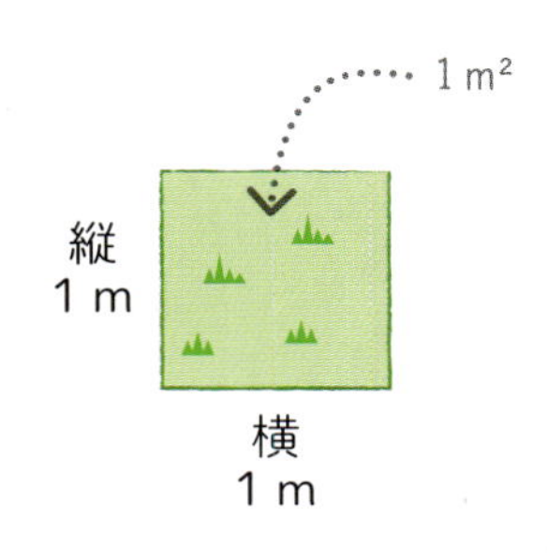

2 今度は右の庭を見て下さい。ここに1 m²の芝を敷き詰めて、使った芝の枚数を数えれば、庭の面積を求めることができます。

3 庭を芝で埋めていくと、縦に3枚、横に2枚敷けることがわかりますね。

4 1 m²の芝を全部で6枚使うと、この庭がぴったり埋まりました。つまり、この庭の面積は6 m²だということができます。

やってみよう

変わった形の面積

もっと複雑な形の面積を求めてみましょう。右の図形に入っている1平方センチメートルの正方形を数えて、それぞれの図形の面積を求めてみましょう。

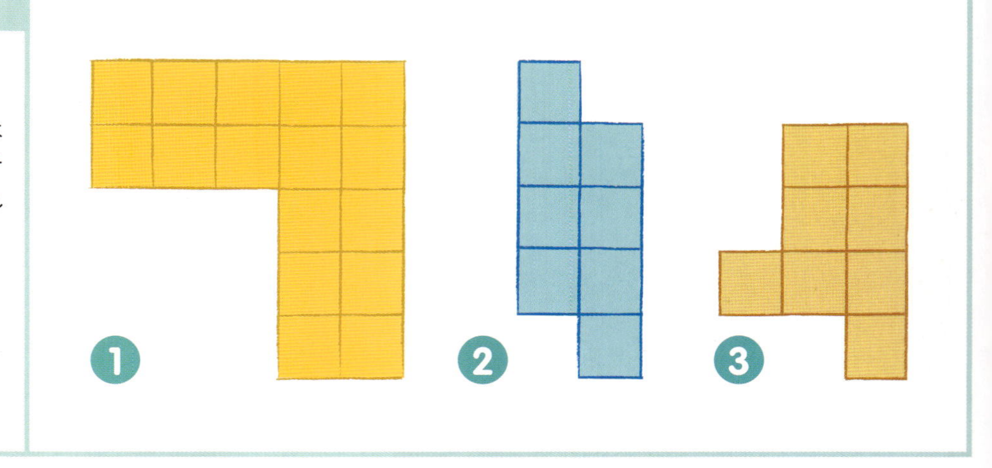

答えは319ページ

面積の概算

正方形や三角形でない形は、面積を求めるのが難しそうですね。でも、完全に埋まる正方形と部分的に埋まる正方形の数を組み合わせれば、面積を概算することができます。

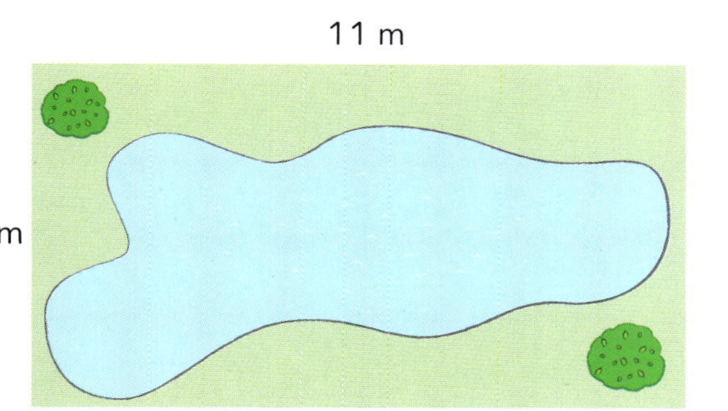

1 こちらの池を見て下さい。変わった形をしているので、面積を出すのが難しそうです。

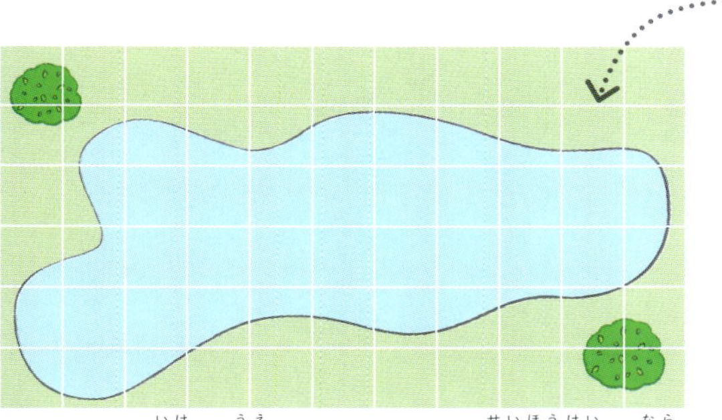

2 この池の上に、1 m² の正方形を並べたマスを描けば、面積を概算することができます。

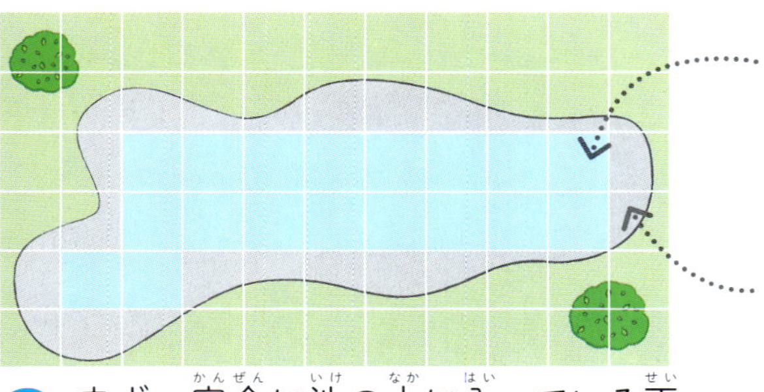

3 まず、完全に池の中に入っている正方形に色をつけて、全部でいくつあるか数えます。池の中に入った正方形は、18個ありました。

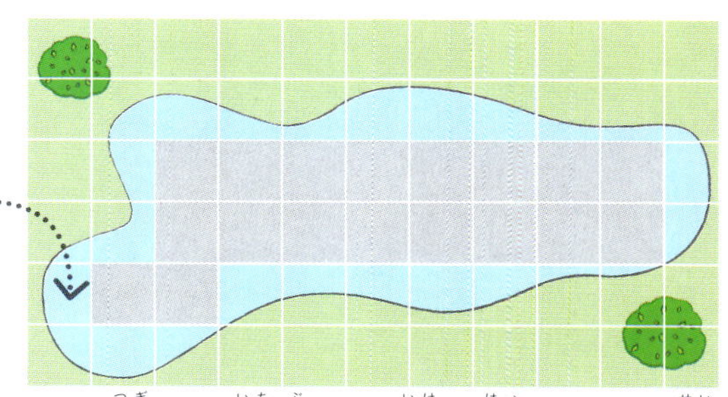

4 次に、一部だけ池に入っている正方形を数えます。部分的に入っている正方形は、26個ありました。

5 部分的に入っている正方形26個のうち、ほとんどは、正方形の半分より少し多いくらいか、たりないくらいですね。つまり、この26という数を2でわって半分にすれば、正方形何個分の面積になるかを概算できます。

6 これを式にすると、$26 \div 2 = 13$になります。最後に、池に入った正方形と18個をたして、総面積を概算します。これを式にすると、$18 + 13 = 31$ですね。

7 つまり、この池の面積は約31 m² になります。

変わった形の面積を求めるときは、上に正方形のマスを描くと概算しやすくなるよ。

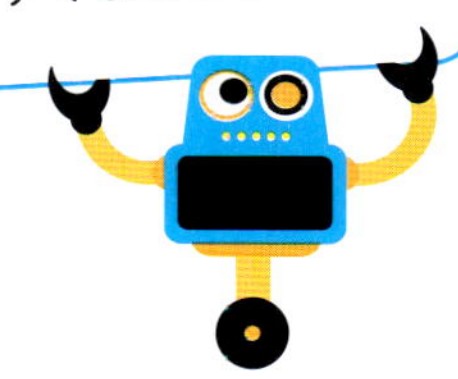

面積を求める公式

正方形を一つ一つ数える方法よりも、公式を使った方がずっと簡単に形の面積を求められます。公式で計算すれば、大きな形の面積をもっと素早く求めることができるのです。

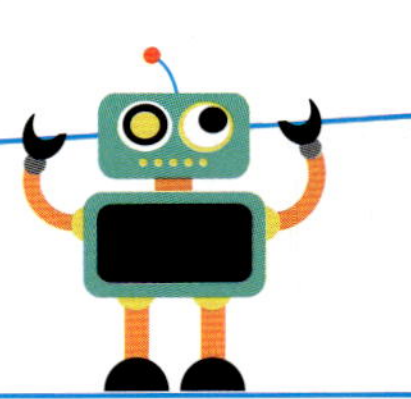

正方形や長方形の面積は、公式を使って求められるよ

1 右に公園の図があります。縦の長さが8 m、横の長さが6 m になっていますね。

2 この図の上に正方形のマスをのせると、1 m^2 の正方形が1列に8個、全部で6列分並ぶので、公園の面積は48 m^2 だとわかりますね。

3 けれども、正方形を数えるよりもっと早く面積を求める方法があります。公式を使えばいいのです。

4 8に6をかけると、答えは48になります。これは、公園に収まる1 m^2 正方形の数と同じ数です。

5 この式は、どんな長方形や正方形にも使える公式として、次のように書き表せます。

長方形の面積 ＝ 縦 × 横
正方形の面積 ＝ 一辺 × 一辺

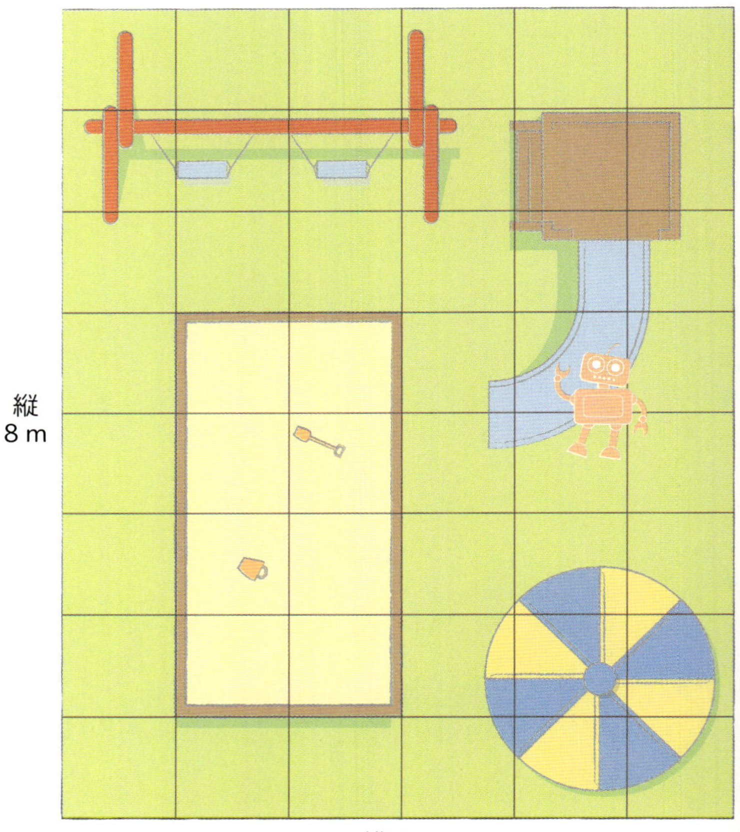

やってみよう

自分で確かめよう

この公園の砂場は、縦2 m、横4 m です。上の公式を使って、砂場の面積を求めてみましょう。

答えは319ページ

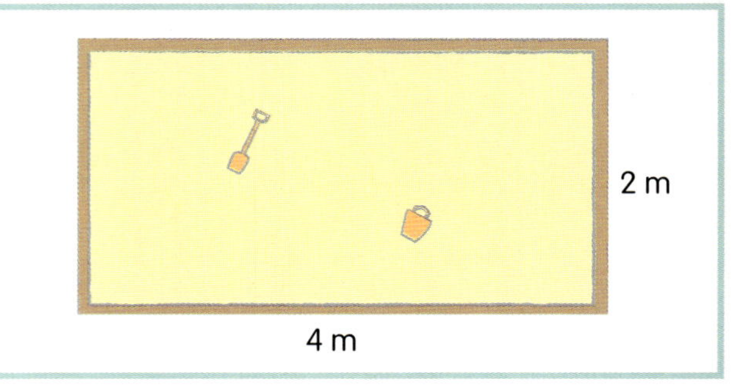

面積と長さのわからない辺

長方形の面積と辺の片方の長さはわかっているけれど、もう片方の辺の長さだけわからない、ということもありますね。わからない辺の長さは、わかっている数を使ってわり算するだけで求めることができます。

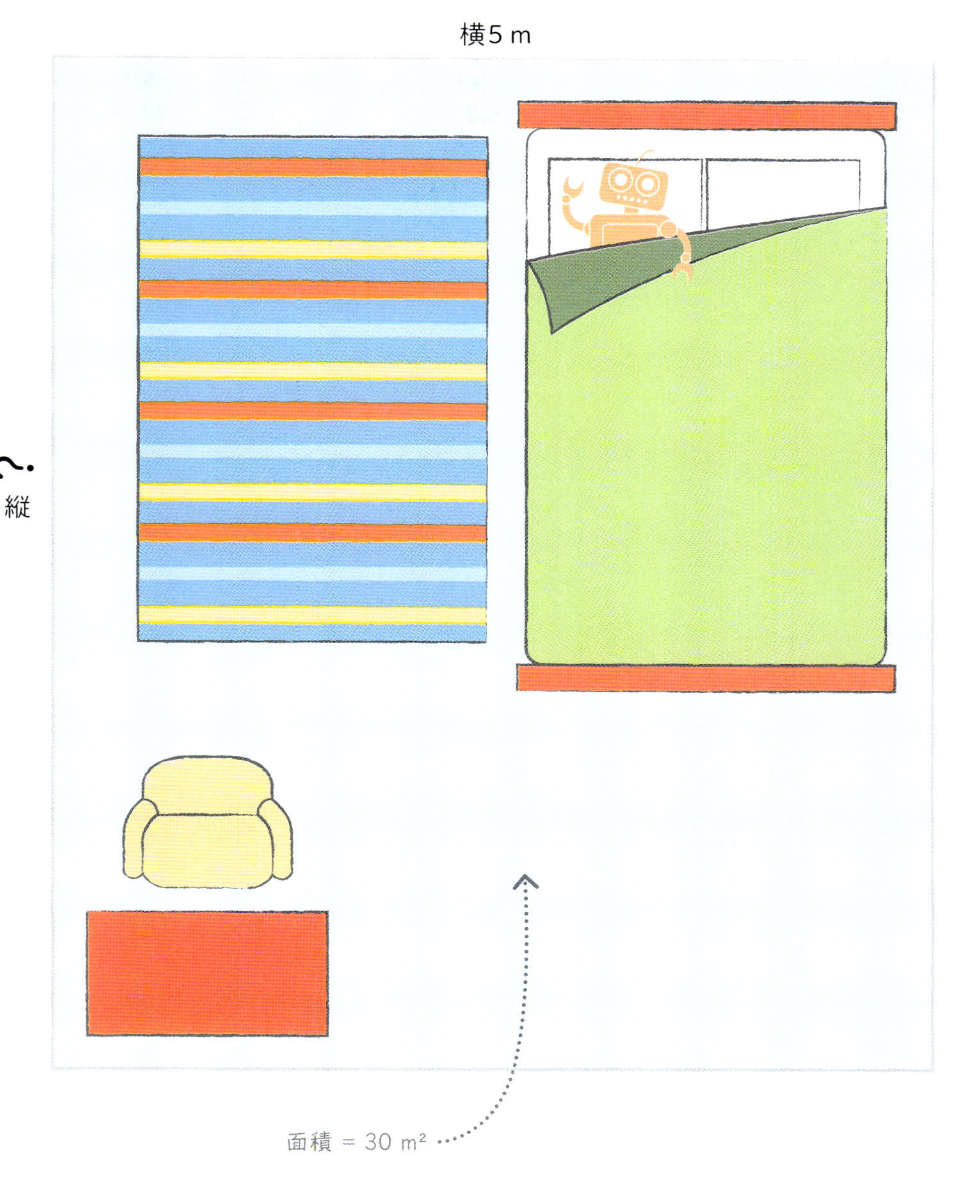

1 面積と片方の辺の長さがわかっているときは、面積をその辺の長さでわるだけで、もう片方の辺の長さを求めることができます。

2 この寝室の面積は30 m² で、横の長さは5 m です。それでは、この部屋の縦の長さを求めてみましょう。

3 縦の長さを求めるには、面積を横の長さでわります。これを式にすると、30 ÷ 5 = 6ですね。

4 つまり、この部屋の縦の長さは6 m ということです。

やってみよう

謎の長さ

長さがわからないときの計算方法がわかりましたね。それでは、自分でできるかどうか試してみましょう。このカーペットの面積は6 m²、縦の長さは2 m です。横の長さは何 m でしょう?

答えは319ページ

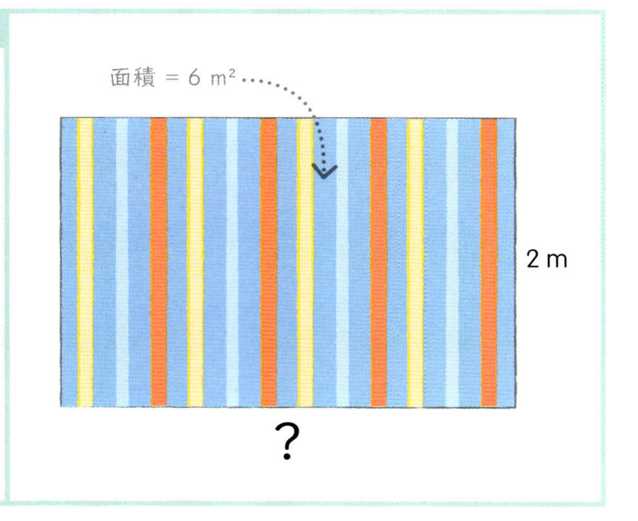

長方形の面積と片方の辺の長さがわかっているときは、面積をその辺の長さでわれば、もう片方の辺の長さがわかるんだよ。

三角形の面積

どんな三角形の面積も「底辺×高さ÷2」で求められるんだよ。

面積を求めるのに便利な公式がある図形は、正方形や長方形だけではありません。三角形など他の図形も、公式を使って面積を求めることができます。

直角三角形

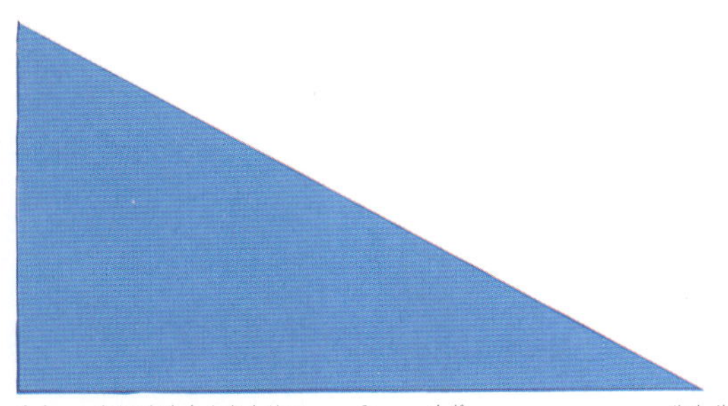

1 上の直角三角形を見て下さい。この面積を、公式を使って求めていきます。

2 同じ三角形をもう1つ組み合わせると、この三角形を長方形に変えられますね。つまり、この長方形のちょうど半分が、三角形の面積ということになります。

3 長方形の面積は「縦×横」でしたね。ここでは、長方形の横が三角形の底辺と等しく、長方形の縦と三角形の高さが等しくなっています。

4 また、三角形の面積は長方形の半分ですので、三角形の面積の公式は次のように書き表せます。

三角形の面積 = 底辺×高さ÷2

その他の三角形

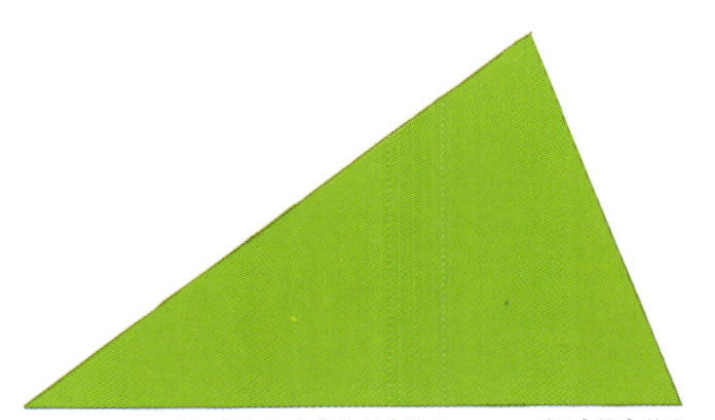

1 こちらの不等辺三角形は、長方形に変えるのが少し難しそうですね。

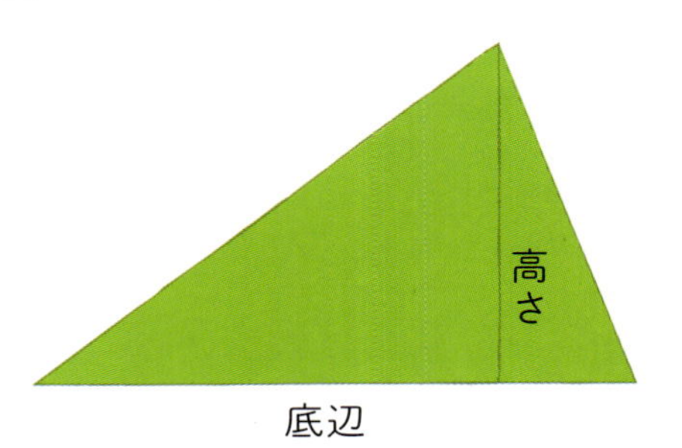

2 まず、三角形の頂点から底辺に向かって垂直に直線を引き、2つの直角三角形を作りましょう。

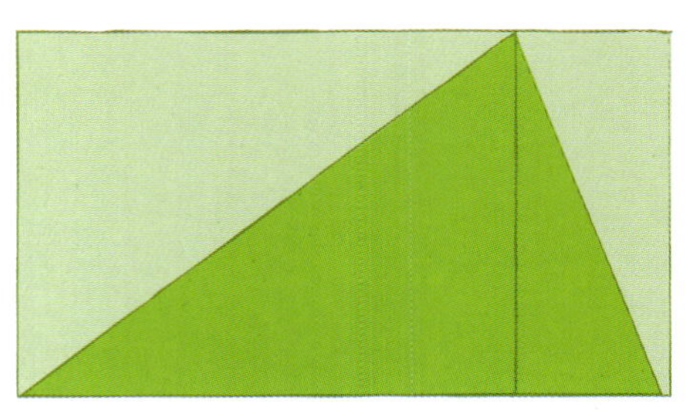

3 これで、前のように、2つの三角形を簡単に長方形に変えられますね。この三角形の面積も、長方形の半分になっています。つまり、公式は同じです。

三角形の面積 = 底辺×高さ÷2

平行四辺形の面積

平行四辺形は、長方形とそれほど変わりません。どちらの四角形にも、平行で長さの等しい対辺があります。このように、平行四辺形は変形させて長方形にすることができるので、よく似た公式を使って面積を求めることができます。

平行四辺形の面積は
「底辺×高さ」で
求められるんだよ

1 右の平行四辺形を見て下さい。なぜ長方形と平行四辺形は面積の公式が同じなのでしょうか。理由を考えてみましょう。

2 まずは、平行四辺形の上の角から底辺に向かって垂直に直線を引きましょう。これで、直角三角形ができましたね。

3 この三角形を切り取って、平行四辺形の反対側に持っていったとします。

4 すると、三角形が反対側にぴったり収まり、平行四辺形が長方形になりますね。

5 つまり、長方形のときと同じように、平行四辺形の高さと底辺の長さをかければ、面積が出せるということです。

平行四辺形の面積 = 底辺×高さ

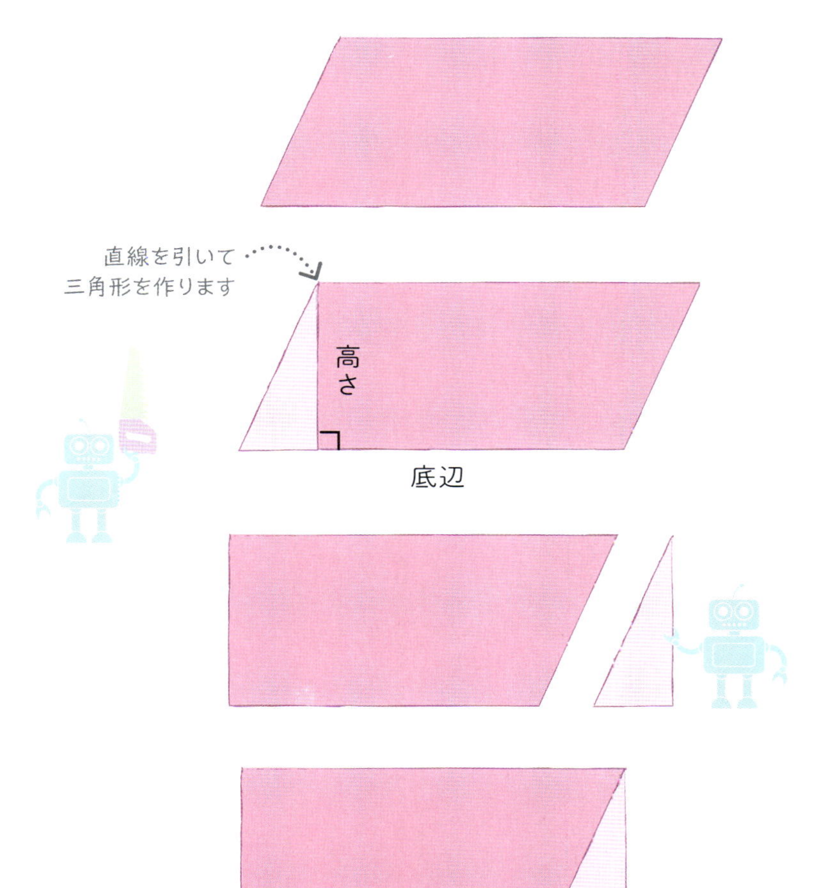
直線を引いて
三角形を作ります
高さ
底辺
三角形を動かすと、
平行四辺形が
長方形になります

複雑な形の面積

とても複雑そうな形の面積を求める問題が出てくることもあります。このような形は、長方形などの見慣れた図形になるように分けると、面積を求めるのがずっと楽になります。

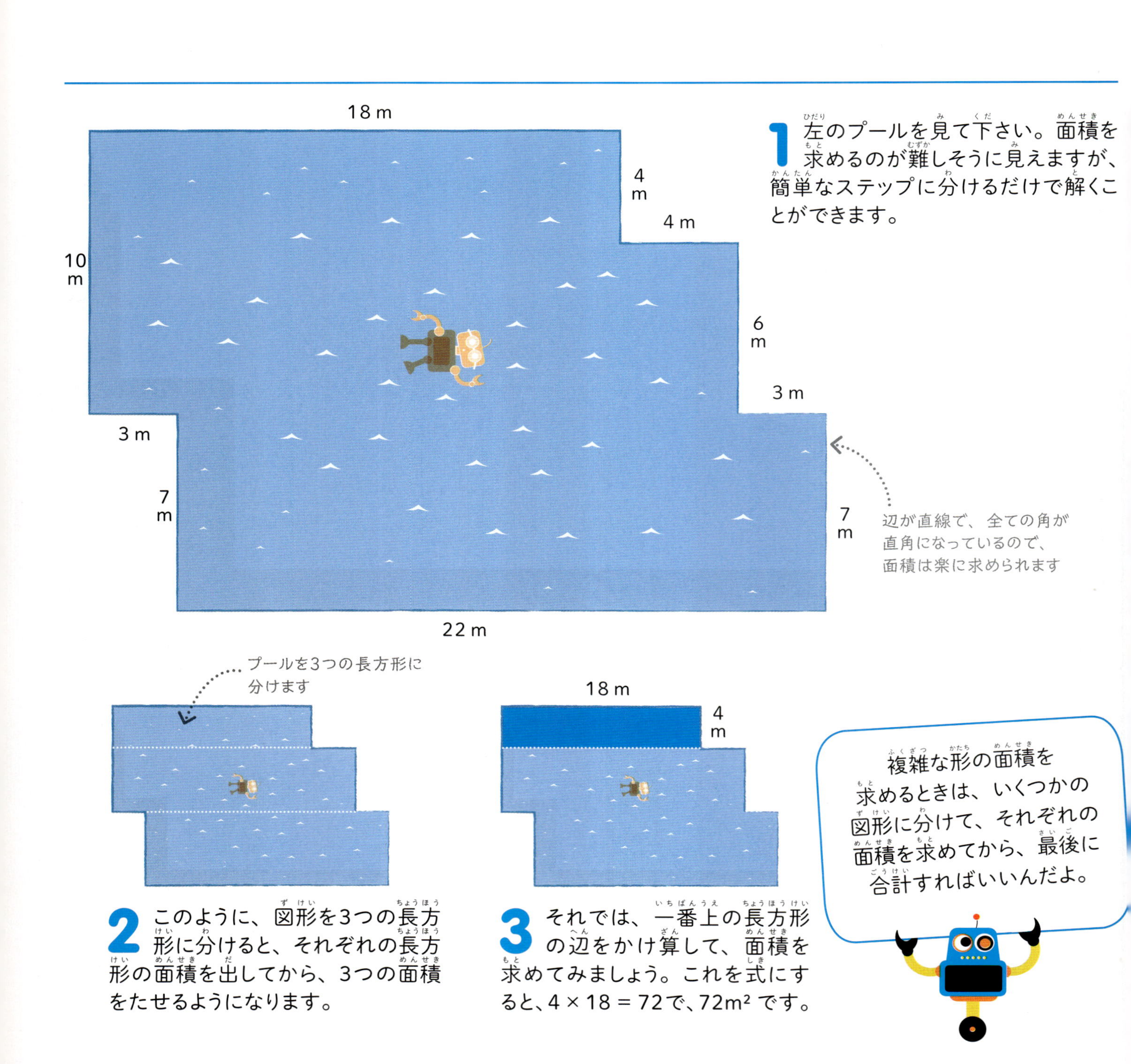
18 m
4 m
4 m
10 m
6 m
3 m
3 m
7 m
7 m
22 m
辺が直線で、全ての角が直角になっているので、面積は楽に求められます
プールを3つの長方形に分けます
18 m
4 m
複雑な形の面積を求めるときは、いくつかの図形に分けて、それぞれの面積を求めてから、最後に合計すればいいんだよ。

1 左のプールを見て下さい。面積を求めるのが難しそうに見えますが、簡単なステップに分けるだけで解くことができます。

2 このように、図形を3つの長方形に分けると、それぞれの長方形の面積を出してから、3つの面積をたせるようになります。

3 それでは、一番上の長方形の辺をかけ算して、面積を求めてみましょう。これを式にすると、$4 \times 18 = 72$で、72m² です。

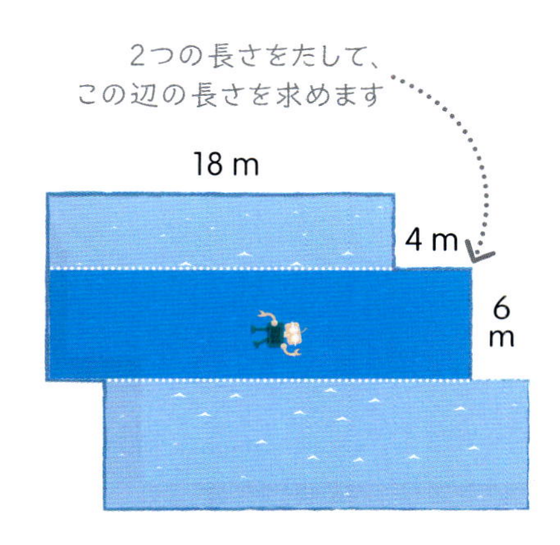

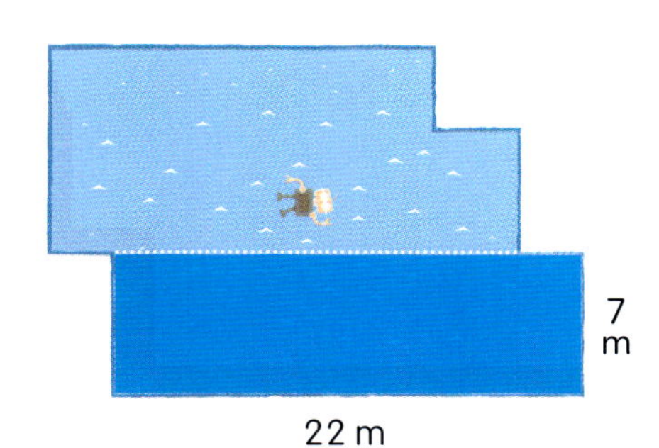

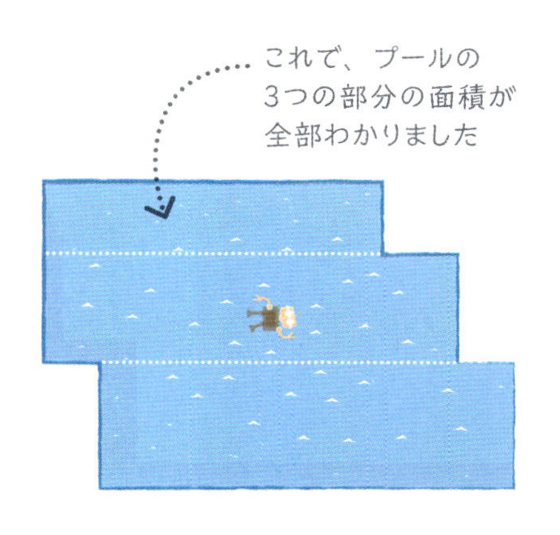

4 2番目の長方形の面積を求めるには、まず横の長さを求めます。4と18をたすと、答えは22になりますね。これで、
6 × 22 = 132となり、縦と横の辺の長さをかけて134 m² が出せるようになります。

5 一番下の長方形の面積は、7 × 22 = 154で、154 m² というように、縦と横の辺の長さをかけるだけで出せます。

6 ここまできたら、あとは72 + 132 + 154 = 358というように、3つの面積をたしてプール全体の面積を出します。

7 つまり、このプールの面積は358 m² です。

やってみよう

この部屋はどのくらい広いでしょう?

これで、複雑な形の面積を求める方法がわかりましたね。今度は、この部屋の床面積を求めてみましょう。

答えは319ページ

1 床を長方形に分けるところから始めましょう。これには、いろいろなやり方があります。

2 部屋の形を長方形に分けたら、必要な辺の長さを求めるために、何度かたし算やひき算をすることになりますね。

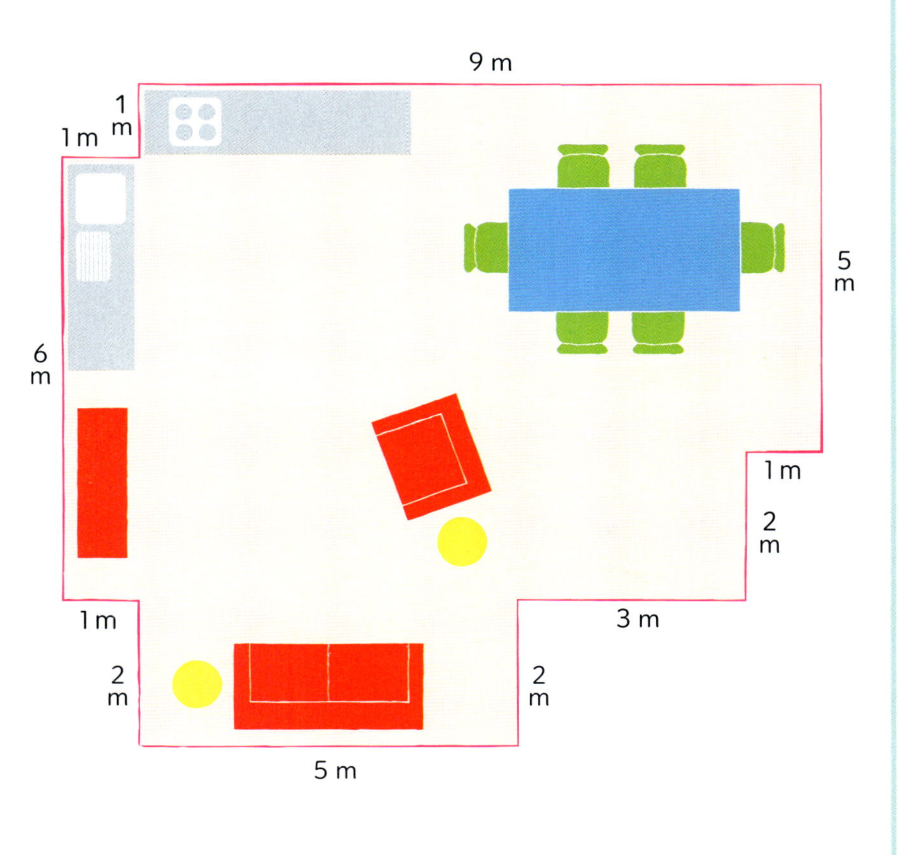

面積と周りの長さの比較

図形の面積と周りの長さの求め方はわかりましたが、この2つはどんな関係なのでしょう？　2つの形の面積が同じでも、周りの長さが同じとは限りません。その逆も同様で、周りの長さが同じでも、面積が同じとは限りません。

図形の面積が同じだとしても、周りの長さは違うかもしれないよ。それに、周りの長さが同じ図形でも、面積が違うこともあるんだ。

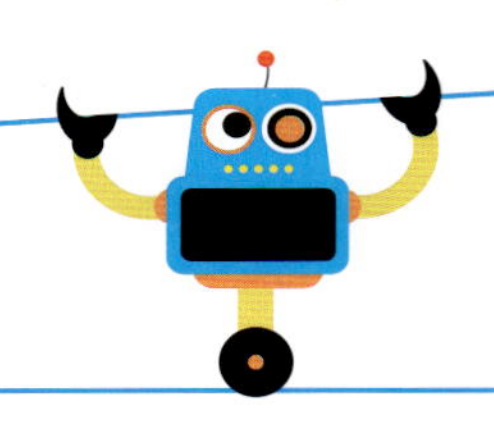

面積は同じでも、周りの長さが違う場合

動物園の檻が3つ並んでいます。3つとも面積は同じで、240 m² です。これは、周りの長さも同じだということでしょうか？

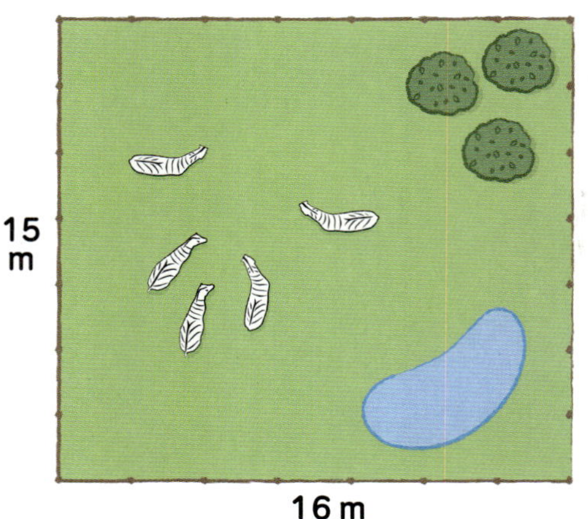

15 m

16 m

周りの長さ = 62 m
面積 = 240 m²

1 シマウマの檻を見ると、周りの長さが62m になっていますね。

12 m

20 m

周りの長さ = 64 m
面積 = 240 m²

2 ペンギンの檻の周りの長さは64m です。面積は同じなのに、周りの長さはシマウマの檻より長くなっていますね。

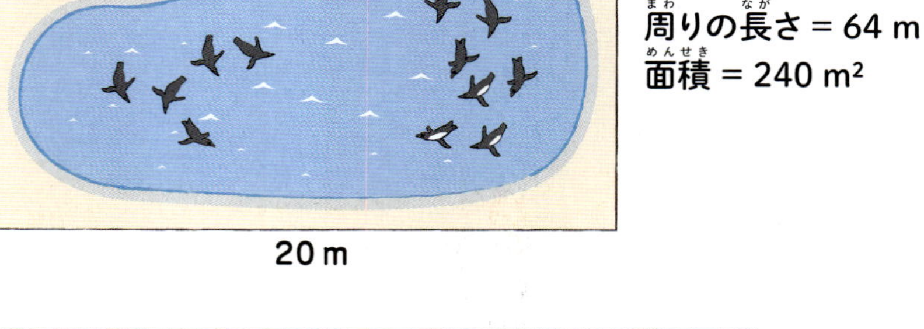

3 カメの檻は周りの長さがさらに長く、68m になっています。

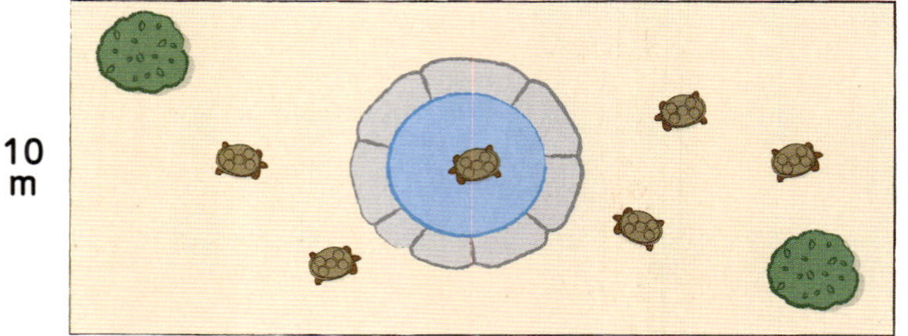

10 m

24 m

周りの長さ = 68
面積 = 240 m²

4 図形の面積が同じであっても、周りの長さは違う場合があると覚えておきましょう。

周りの長さは同じでも、面積が違う場合

今度は、右の2つの檻を見て下さい。どちらも周りの長さは80m です。これは、面積も同じだということでしょうか?

1 ヒョウの檻は、縦と横の辺の長さをかけると、面積が375 m² だとわかりますね。

15 m

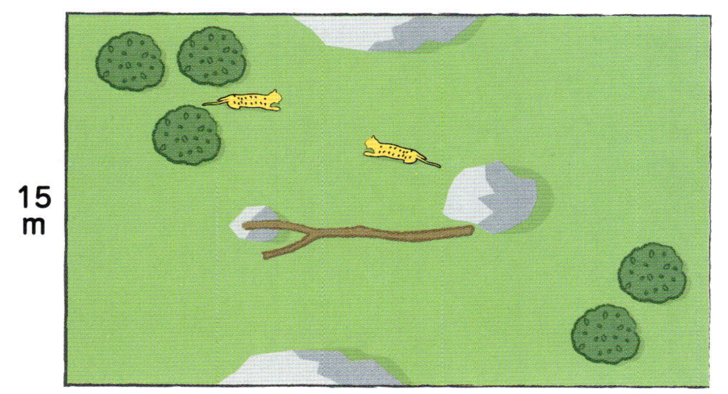

25 m

周りの長さ = 80 m
面積 = 375 m²

2 ワニの檻の面積は400 m² です。両方とも周りの長さは同じなのに、ヒョウの檻よりこちらの方が広いですね。

3 これで、周りの長さが同じ図形でも違う面積になる場合があるとわかりましたね。

20 m

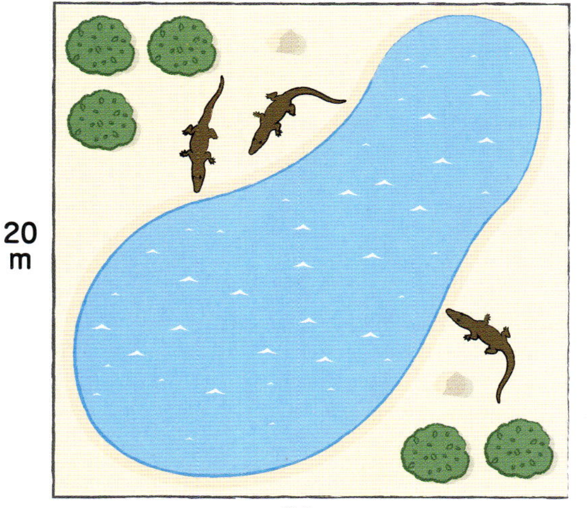

20 m

周りの長さ = 80 m
面積 = 400 m²

同じにならない理由は?

図形の寸法を変えるとき、なぜ周りの長さと面積は同じだけ変わらないのでしょうか? 面積は、周りの長さに囲まれた場所の広さのことです。一方を変えても、もう片方が同じように変わるとは限らないのです。

1 右の長方形を見て下さい。周りの長さを変えずに、横を1cm 長くして、縦を1cm 切り取るとすると、面積は変わらないような気がしますね。

2 周りの長さと面積はどうなったでしょうか? 図形を変えたとき、下から10 cm²分取り除いたことになりますが、代わりに横につけたしたのは3 cm²だけです。

3 つまり、周りの長さは変わらず同じままですが、面積はせまくなったということです。

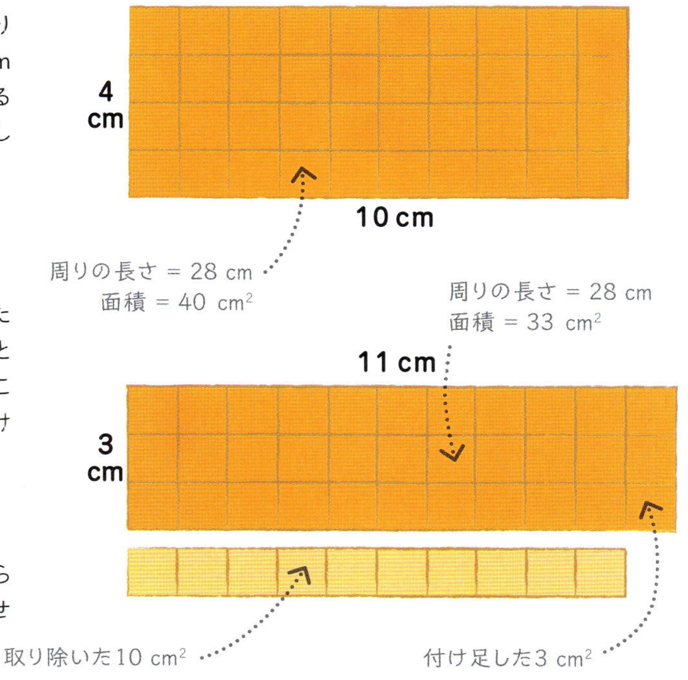

容積

入れ物（容器）の内側を占める空間の量を、その入れ物（容器）の容積といいます。水筒などの入れ物（容器）に入る液体の量を表すときに、よく使われる言葉です。入れ物の容積とは、中に入れられる最大量のことです。

1 容積は、ミリリットル（mL）やリットル（L）という単位を使います。1 L は1000 mL です。

2 ミリリットルは、ティーカップ（200 mL）やティースプーン（5 mL）など、小さな入れ物の大きさを測るのに使います。

3 リットルは、大きなジュースのパック（1 L）やお風呂（200 L）など、もっと大きな入れ物の大きさを測るのに使います。

4 上に水槽があります。この水槽の容積は50 L です。

リットルとミリリットルの変換

リットルとミリリットルの変換は簡単です。リットルをミリリットルに変換するときは、1000をかけます。ミリリットルをリットルに直すときは、1000でわります。

1 5 L をミリリットルに変換するには、5に1000をかけます。答えは5000 mL ですね。

2 ミリリットルからリットルへと逆に変換するときは、5000 mL を1000でわり、5 L にします。

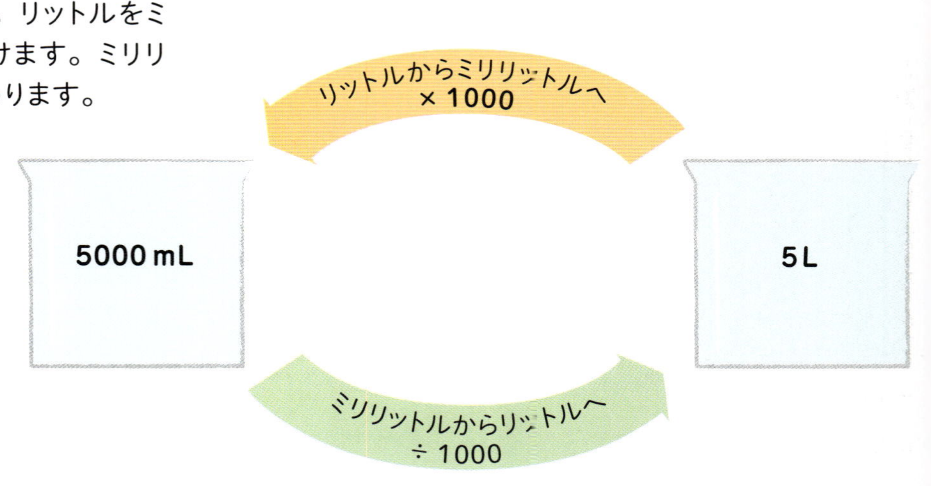

体積

体積とは、あるかたまりの大きさのことです。液体の体積は容積に似ていて、こちらもミリリットル（mL）やリットル（L）の単位を使います。体積をたしたりひいたりするのも、他の計算と全く同じです。

1 もう一度、この水槽を見て下さい。この水槽の容積は50 Lだとわかっていますが、今回は水が少し入っています。水の体積は10 L です。

2 この水槽に、ロボットがさらに30 L の水を注ぐと、水の体積は何 L になるでしょう?

体積は10 L です

体積（L）

50
40
30
20
10
0

3 この合計は、2つの体積をたすだけで出せます。これを式にすると、10 + 30 = 40ですね。

4 つまり、水槽に入っている水の体積は、40 L になったということです。

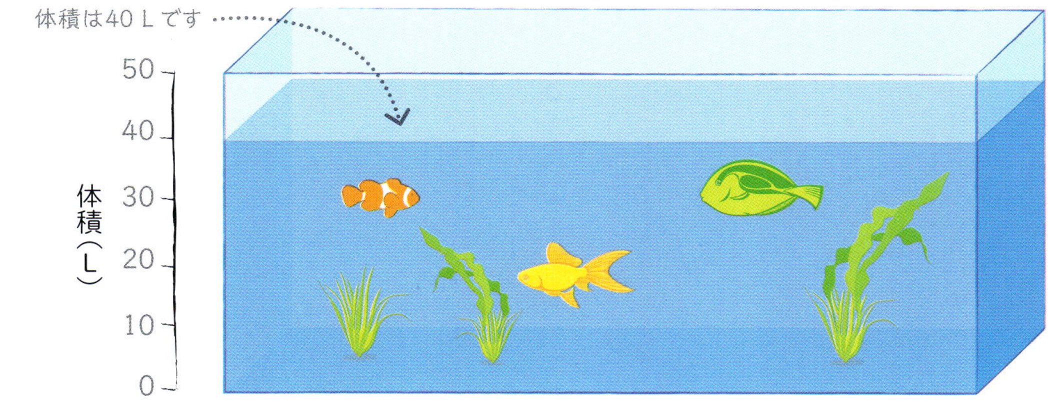

違う単位同士の計算

いろいろな単位の混ざった計算をしなければいけないこともあります。このような計算を簡単に解く方法は、単位を変換して全部を同じ単位にすることです。

1 このボトルにはジュースが1.5 L 入っています。このジュースを300 mL 飲んだとすると、ボトルにはどれだけ残っているでしょう?

2 2つの量のうち一方の単位を変えると、計算が楽になります。前に説明したように、リットルをミリリットルにするときは、1000をかけます。

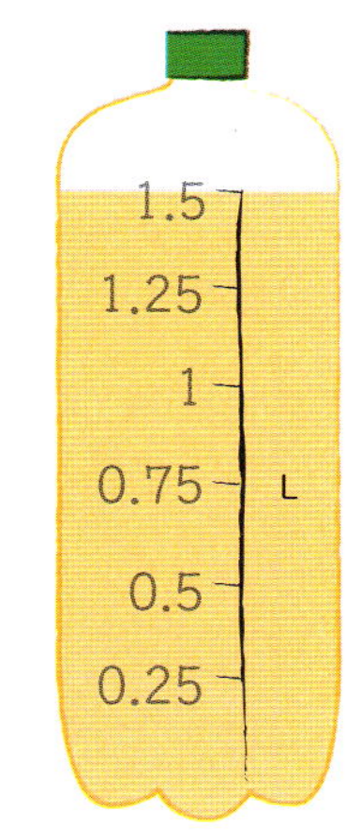

3 それでは、ボトルの体積をミリリットルにしましょう。1.5 x 1000 = 1500になりますね。

4 これで、計算が簡単になりました。1500 − 300 = 1200ですね。

5 つまり、ボトルには1200 mL 残っています。

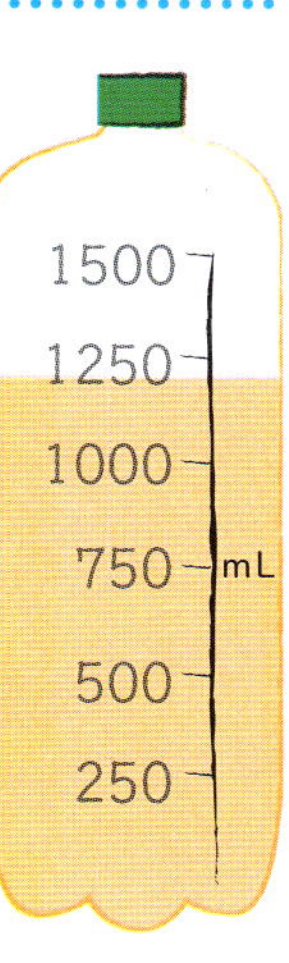

立体の体積

直方体や立方体など、立体の体積は、立方センチメートル（cm³）や立方メートル（m³）などを使って測ります。

1 右に角砂糖があります。角砂糖の辺の長さはそれぞれ1cm になっているので、これを1立方センチメートル、つまり1 cm³ といいます。

2 辺の長さがそれぞれ1 mm の場合、体積は1 mm³ になります。辺の長さが1 m の場合、1 m³ になります。

高さ 1 cm
横 1 cm
縦 1 cm
1 cm³

3 今度は箱があります。この箱を1cm³の角砂糖で埋めていくと、体積を出すことができます。

高さ 3 cm
横 4 cm
縦 2 cm

4 まず、箱の底部分を埋めてみましょう。この段は、角砂糖が8個、つまり8cm³分で埋まりますね。

8 cm³

5 箱全体が埋まるまで続けると、この箱には角砂糖が24個分入ることがわかります。つまり、箱の体積は24 cm³ だということです。

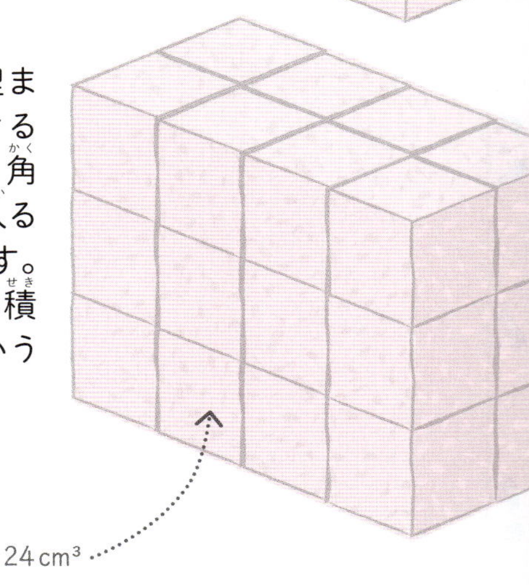

やってみよう

珍しい形

このページで習った方法を使えば、普通の形だけでなく、あらゆる種類の立体の体積を求めることができます。1cm³の立方体の数を数えて、右の3つの形それぞれの体積を求めましょう。

答えは319ページ

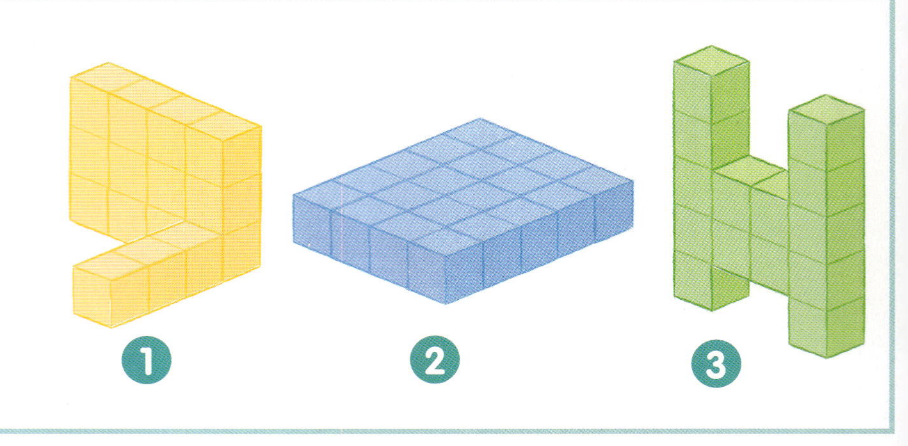

体積を求める公式

直方体などの単純な形は、1cm³の立方体が何個分なのかを数えることなく、もっと簡単な方法で体積を求めることができます。1cm³や1m³などの基本となる数を計算する公式が使えるからです。

立方体や直方体の体積は、「縦×横×高さ」で求められるんだよ。

1 直方体の体積は、次のように書き表せます。

直方体の体積 = 縦 x 横 x 高さ

2 それでは、右のシリアルの箱の体積を求めてみましょう。

3 まずは、8 x 24 = 192というように、縦と横の長さをかけます。

4 次は、前の答えに高さをかけます。これを式にすると、
192 x 30 = 5760ですね。

5 つまり、この箱の体積は5760 cm³になります。

やってみよう

大きな箱に小さなものを詰め込もう

このロボットは、1 cm³ のサイコロを段ボール箱いっぱいに詰め込もうとしています。この箱の体積は1 m³ です。体積の公式を使って、この箱にぴったり入るサイコロの数を求めてみましょう。びっくりするかもしれませんよ！ 計算を始める前に、箱の寸法をセンチメートルに変換するのをお忘れなく。

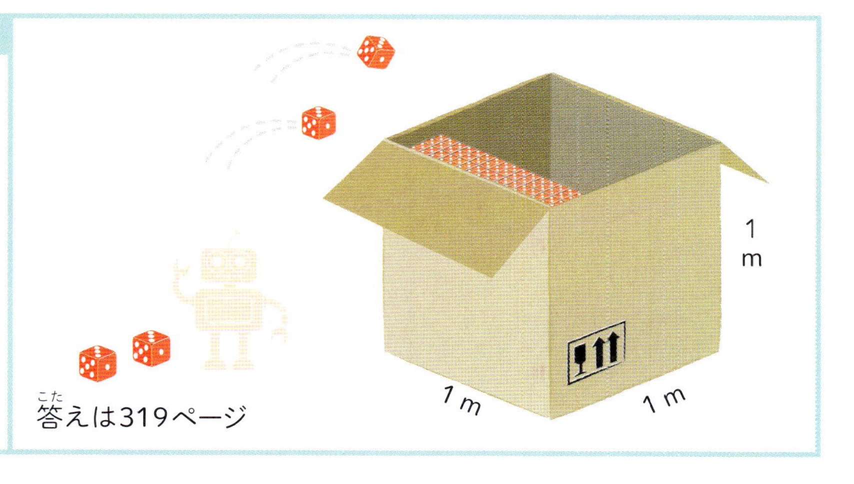

答えは319ページ

4 t

質量（重さ）

質量とは、物体に含まれている物質の量のことです。質量は、ミリグラム（mg）、グラム（g）、キログラム（kg）、トンといった国際単位のメートル法で測ることができます。

1 ミリグラム
とても軽いものは、ミリグラムで測ります。右のアリの質量は7 mg です。

7mg

2 グラム
右のカエルは、質量5 g です。1 g は1000mg です。クリップの質量が約1g になります。

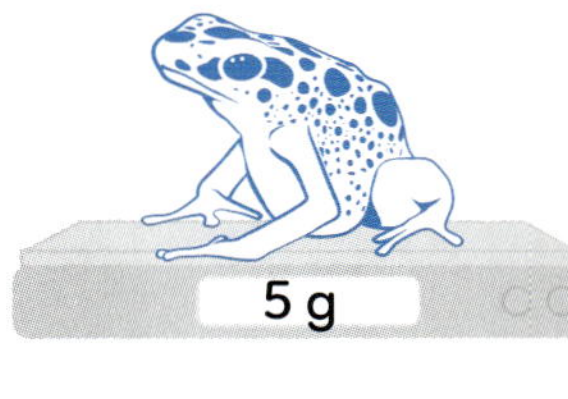

3 キログラム
右のヤマネコの質量は8 kg です。1 kg は1000 g です。

4 トン
トンは、重いものを測るときに使います。上のシャチは、重量4 t です。1 t は1000 kg と同じです。

質量の単位の変換

質量の単位は簡単に変換できます。1000をかけたり、1000でわったりするだけで、単位を切り替えられるのです。

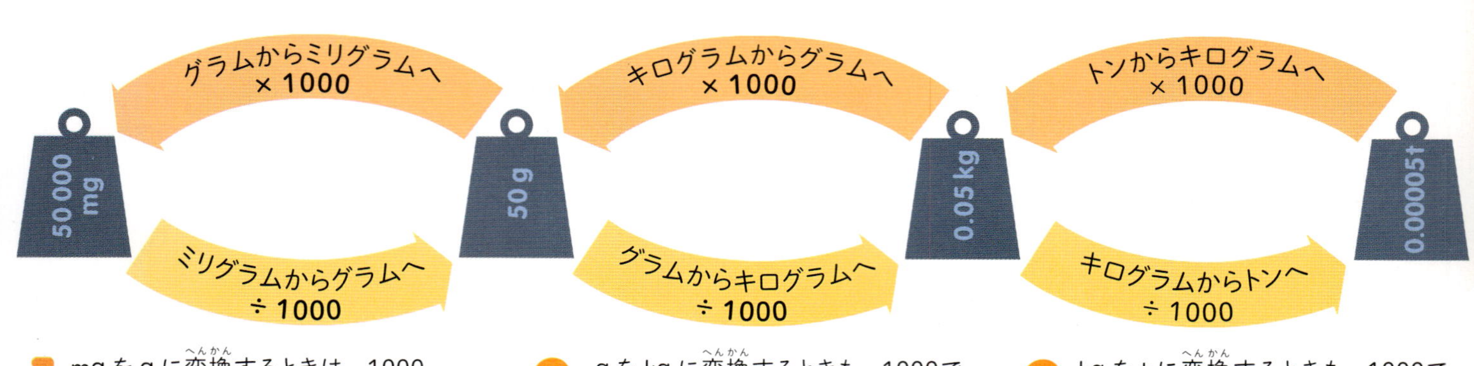

1 mg を g に変換するときは、1000でわります。逆に変換し直すときは、1000をかけます。

2 g を kg に変換するときも、1000でわります。逆に変換するときは、1000をかけます。

3 kg を t に変換するときも、1000でわります。kg に変換し直すときは、1000をかけます。

質量と重量

私たちは、「質量」という意味で「重量」という言葉をよく使いますが、実際には、この2つは同じではありません。重量は、物体を引き付ける重力の強さを表すもので、ニュートン（N）という特別な単位で測ります。

質量というのは、物体を作っている物質の量のことだよ。重量は、物体に働く重力の量を表しているよ。

1 宇宙を旅して回っているとしたら、自分がどこにいるかによって、重量（体重）が変わります。これは、自分に働く重力が場所によって変わるからです。

2 たとえ重量が変わったとしても、質量はそのまま変わりません。質量は自分を構成している物質の量なので、どこにいても変わらないのです。

地球にいるとき
質量 120 kg
重量 1200 N

3 質量と重量は、地球上のどこにいてもだいたい同じです。この宇宙飛行士は、地球上にいるときの重量が1200 N、質量は120 kg です。

月にいるとき
質量 120 kg
重量 200 N

4 月では、この宇宙飛行士の重量が地球にいるときの6分の1になります。これは、月の重力が地球の重力の6分の1だからです。

木星にいるとき
質量 120 kg
重量 2700 N

宇宙空間にいるとき
質量 120 kg
重量 0 N

5 宇宙空間には重力がありませんので、宇宙飛行士の重量もゼロになりますが、それでも質量は地球にいるときと変わりません。

6 木星では、この宇宙飛行士の重量が、地球にいるときの2倍を超えます。木星の重力は地球の重力よりずっと強いからです。自分の体がとても重くなったように感じるでしょうが、この宇宙飛行士の質量はそのまま変わりません。

質量の計算

質量の計算方法は、長さなど他の寸法の計算と同じです。計算する質量が同じ単位になってさえいれば、あとはたしたり、ひいたり、かけたり、わったりするだけです。

同じ単位の質量の計算

1 こちらのオウムたちを見て下さい。この3羽の質量をたすと、合計は何gになるでしょう?

2 この問題は、3つの質量をたすだけで解くことができます。これを式にすると、85 + 73 + 94 = 252ですね。

3 つまり、オウムたちの質量の合計は252 gになります。

違う単位の質量の比較

質量の問題に取り組むときに大切なのは、単位に注意することです。質量の単位が揃っていないときは、最初に変換をします。質量の変換については、182ページで習いましたね。

1 3種類の動物たちを見て下さい。この動物たちを、重い方から順番に並べてみましょう。

2 動物たちの質量が揃っていないので、最初は難しく見えるかもしれませんね。質量を比べやすくするために、これから単位を変換していきます。

3 それでは、オウムの質量をキログラムに直して、3つの質量を全部同じキログラム単位にしましょう。

やってみよう

比べてみよう

質量のひき算も、たし算と同じくらい簡単です。黄色のオオハシは緑色のオオハシより何g重いのか、計算してみましょう。大きい方の質量から小さい方の質量をひくだけで、答えが出せますよ。

答えは319ページ

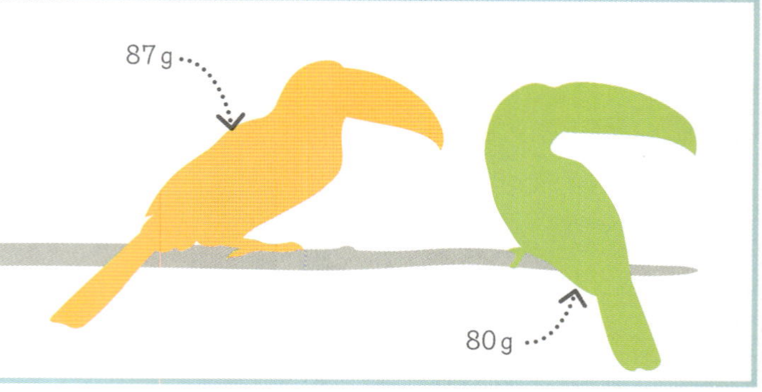

1 kg は1000 g、
1t は1000 kg だよ。
覚えておいてね。
35 kg
130 kg

4 85 g をキログラムに直すには、85 ÷ 1000 = 0.085というように、1000でわるだけです。オウムは0.085kg です。

5 これで、順番がずっとわかりやすくなったので、数を大きい方から小さい方に並べられますね。

6 トラの質量が一番大きく、130 kg、ヘビは次に大きく、35 kg、そしてオウムが一番小さく、たったの0.085 kg です。

やってみよう

変換して計算しよう

右のテナガザルたちの合計質量を求めましょう。単位をよく見て下さいね。

答えは319ページ

1. まずは、テナガザルの質量を変換して、同じ単位にします。
2. 変換が終わったら、あとは質量をたしていくだけです。

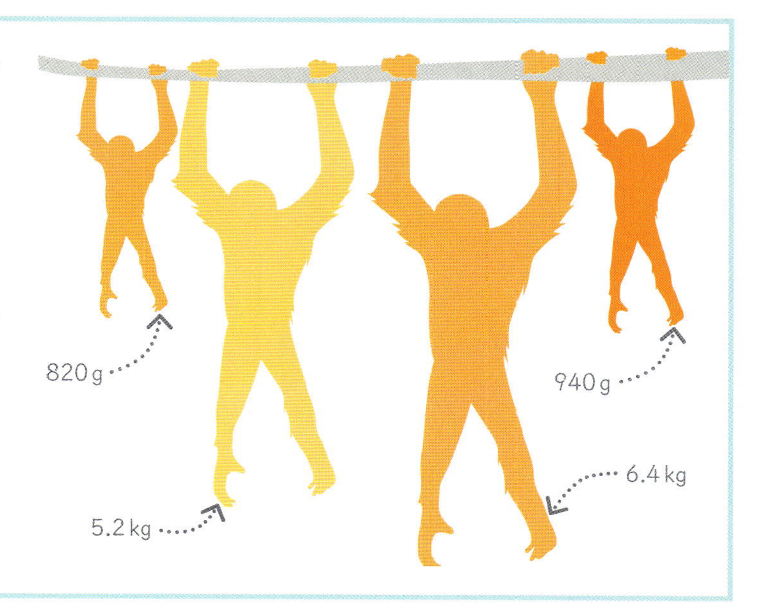

温度

温度とは、熱さや冷たさの度合いのことです。温度は、温度計を使って測り、摂氏（℃）という単位で記録します。また英語圏の国の一部では華氏（°F）という単位もよく使われます。

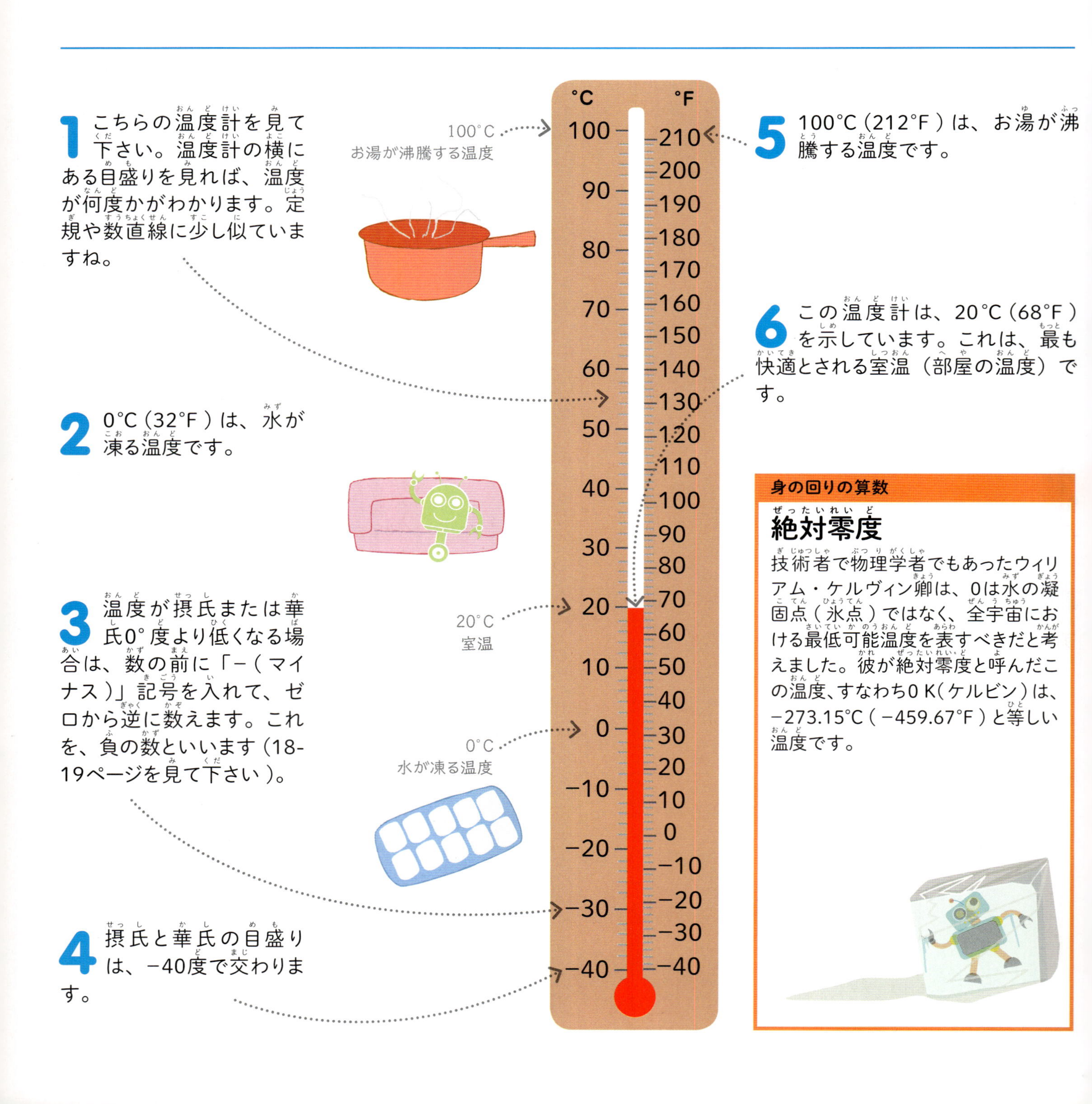

1 こちらの温度計を見て下さい。温度計の横にある目盛りを見れば、温度が何度かがわかります。定規や数直線に少し似ていますね。

2 0°C（32°F）は、水が凍る温度です。

3 温度が摂氏または華氏0°度より低くなる場合は、数の前に「−（マイナス）」記号を入れて、ゼロから逆に数えます。これを、負の数といいます（18-19ページを見て下さい）。

4 摂氏と華氏の目盛りは、−40度で交わります。

5 100°C（212°F）は、お湯が沸騰する温度です。

6 この温度計は、20°C（68°F）を示しています。これは、最も快適とされる室温（部屋の温度）です。

身の回りの算数

絶対零度

技術者で物理学者でもあったウィリアム・ケルヴィン卿は、0は水の凝固点（氷点）ではなく、全宇宙における最低可能温度を表すべきだと考えました。彼が絶対零度と呼んだこの温度、すなわち0 K（ケルビン）は、−273.15°C（−459.67°F）と等しい温度です。

温度の計算

摂氏や華氏で測る温度は、かけ算やわり算はできませんが、たし算とひき算はできます。

温度計の目盛りと数直線の目盛りの仕組みは、全く同じなんだよ。

1 この山のふもとの気温は30°Cです。山の頂上では、気温が40°C下がります。頂上の気温を求めましょう。

2 この問題は、ひき算をするだけで答えが出せます。40は30より大きい数ですので、答えは負の数になることがわかりますね。

3 それでは、30から40をひきましょう。これを式にすると、30 − 40 = −10になります。

4 つまり、この山の頂上の気温は、−10°Cです。

5 この気温の変化は、右のような数直線を描いて求めることもできます。

6 数直線上の30°Cから10の目盛り4個分を逆に数えると、−10°Cという答えが出せます。

やってみよう

世界の天気

スウェーデンの2月の平均気温は、−3°Cです。インドでは平均気温がこれより29°C高いとすると、インドの平均気温は何°Cでしょう?

答えは319ページ

ヤード・ポンド法（帝国単位）

ここまでは、国際単位系であるメートル法の単位を見てきました。しかし、国によっては、別の測定基準が使われることもあります。日本ではこれをヤード・ポンド法または帝国単位と呼んでいます。日常生活で目にすることもあるので、知っておくと便利です。

ヤード・ポンド法

ヤード・ポンド法の単位は、何千年にもわたってさまざまなものにヒントを得て作られてきた単位です。

1 質量
メートル法と同じように、ヤード・ポンド法の質量の単位にも種類があって、オンス、ポンド、ロングトンなどさまざまなものがあります。

2 ヤード・ポンド法では、この犬などの質量を測るのにポンドという単位を使います。

3 この犬は、質量55ポンドです。

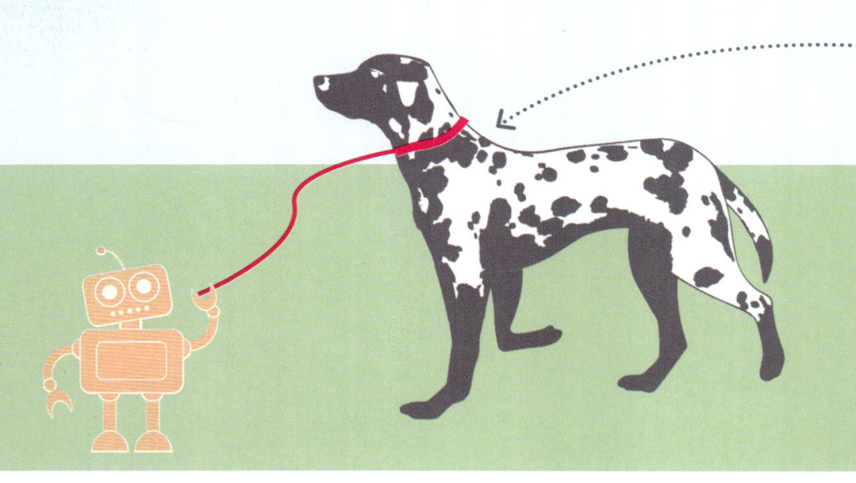

4 この犬をメートル法単位で測るとすると、キログラムで測ることになりますね。この犬は、質量約25キログラムです。

身の回りの算数

火星の混乱

1999年、NASA は、とても高くつく単位まちがいをしました。1億2500万ドルの火星探査機「マーズ・クライメイト・オービター」が、誰かの変換まちがいのせいで消えてなくなってしまったのです！ 探査機の操作にかかわるあるチームはメートル法単位で計算していましたが、別のチームではヤード・ポンド法で計算していました。その結果、探査機が火星に近寄りすぎてしまったのです。探査機はおそらく、火星空間に入ると同時に壊れてしまったと考えられています。

5 **長さ**
長さや距離のヤード・ポンド法単位は、インチ、フィート、ヤード、マイルがあります。

6 右の高層ビルは高さ760ヤードで、犬のいるところから1マイル離れた場所にあります。

7 メートル法で測ると、このビルは高さ約690メートルで、犬のいるところから1.6キロメートル離れた場所にあります。

8 **体積と容積**
体積と容積については、2つの単位がよく使われています。パイントとガロンです。この池の体積は、480パイントまたは60ガロンです。これは、270リットルとほぼ同じくらいです。

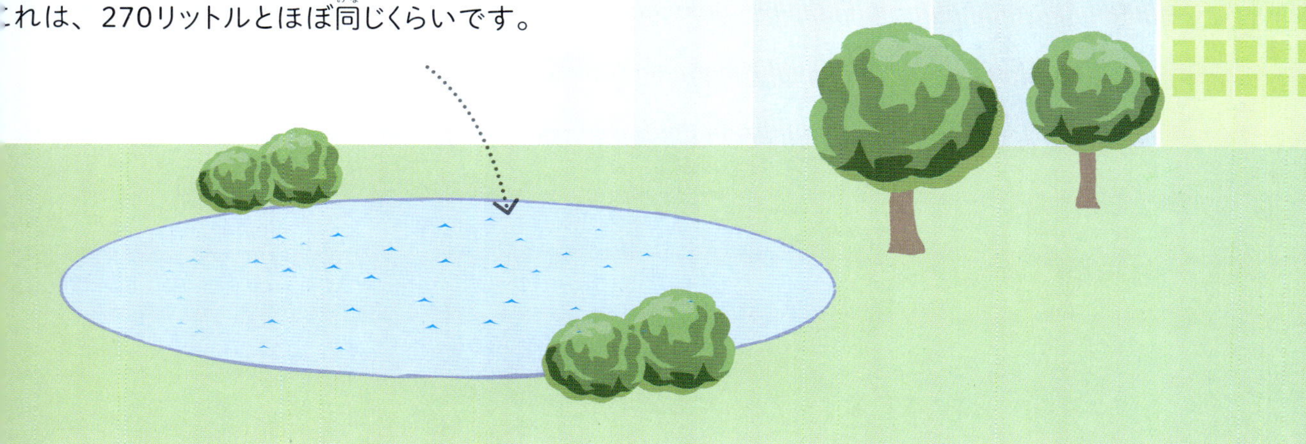

ヤード・ポンド法とメートル法の変換

これまでは、メートル法の中で寸法を変換する方法について勉強してきましたが、ヤード・ポンド法とメートル単位も変換することができます。変換係数という数さえあれば、どちらの単位にも変換できます。

1 それでは、26メートルをフィート（ft）に変換してみましょう。必要なのは、26メートルの各々1メートルに、フィートにしたときの値をかけるだけです。この値を、変換係数といいます。

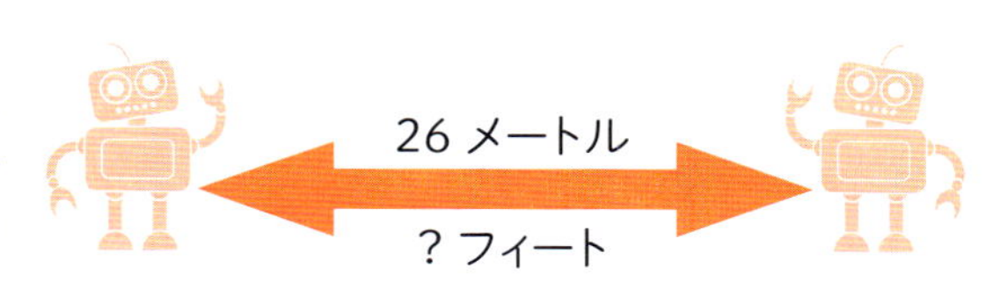

$26\,\text{m} = ?\,\text{ft}$

2 1メートルは3.3 フィートに等しいので、メートルをフィートに変えるときに使う変換係数は3.3です。

3 そこで、26に変換係数をかけて、26 × 3.3 = 85.8と計算します。

$$26 \times 3.3 = 85.8$$

4 つまり、26メートルは85.8フィートと同じです。

$26\,\text{m} = 85.8\,\text{ft}$

長さ、体積、質量を表すヤード・ポンド法

メートル法と同じように、ヤード・ポンド法にも、長さ、体積、容積、質量の単位がいろいろあります。メートル法の比較については、188～189ページで習いましたね。

長さ

1 長さは、インチ、フィート、ヤード、マイルという帝国単位で測ることができます。

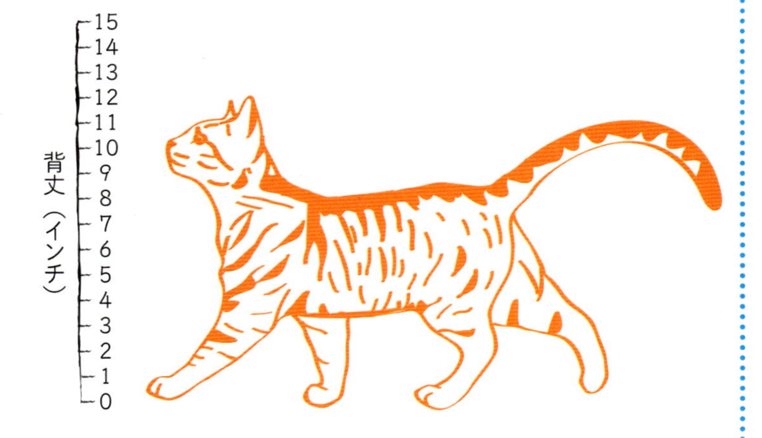

2 上のネコを見て下さい。このネコの背丈はインチで測れます。12インチですね。

3 1フィートは12インチなので、このネコの身長は1フィートということもできます。

4 ヤードは、もっと長い距離を測るときに使います。1ヤードは3フィートなので、このネコの背丈は$\frac{1}{3}$ヤードです。

5 マイルは、2つの町の距離など、さらに長い距離を測るときに使います。1マイルは1760ヤードです。

体積と容積

1 体積と容積は、パイントとガロンというヤード・ポンド法の単位で測れます。また、立方インチや立方フィートなども使えます。立方単位については、180～181ページで勉強しましたね。

2 上の水槽を見て下さい。この水槽の容積は、パイントで測れます。容積は88パイントです。

3 また容積は、ガロンというヤード・ポンド法で測ることもできます。1ガロンは8パイントです。

4 この水槽の容積は、11ガロンということもできます。ただし、ガロンという単位は、もっと大きな容器や液体の体積を測るときに使います。

質量

1 とても軽いものの質量は、オンスというヤード・ポンド法で測れます。この鳥の質量は3オンスです。

2 また、ポンドで質量を測ることもできます。このヤマネコの、質量は18ポンドです。1ポンドは16オンスです。

3 ロングトンは、とても重いものを測るときに使います。1ロングトンは2240ポンドです。このゾウの質量は、3ロングトンです。メートル法では、トン（メートルトン）というロングトンにとてもよく似た単位が使われています。

ヤード・ポンド法とメートル法

ヤード・ポンド法とメートル法単位は、それほど大きく関係していません。右の表は、メートル法とヤード・ポンド法の等しい値を表しています、これを見れば、それぞれの単位の関係がわかります。

長さ	
1 インチ = 2.54 センチメートル	1 センチメートル = 0.39 インチ
1 フィート = 0.30 メートル	1 メートル = 3.28 フィート
1 ヤード = 0.91 メートル	1 メートル = 1.09 ヤード
1 マイル = 1.61 キロメートル	1 キロメートル = 0.62 マイル
体積と容積	
1 パイント = 0.57 リットル	1 リットル = 1.76 パイント
1 ガロン = 4.55 リットル	1 リットル = 0.22 ガロン
質量	
1 オンス = 28.35 グラム	1 グラム = 0.04 オンス
1 ポンド = 0.45 キログラム	1 キログラム = 2.20 ポンド
1 ロングトン = 1.02 トン	1 トン = 0.98 ロングトン

時間の表し方

私たちは、時間の経過を測って日々の生活を送っています。何かにかかる時間を知っておかなければいけないこともあれば、特定の時刻に特定の場所にいなければいけないこともあります。時間を測るには、秒、時、日、週、月、年を使います。

12時間制で時刻を書くときは、その時刻が朝なのか昼過ぎなのかを表すために、「午前」か「午後」と書くんだよ。

時計

1 右の時計を見て下さい。縁に沿って書いてある数字を見れば、今が1日のうち何時間目に当たるのかわかります。1日は24時間で、午前に12時間、そして午後に12時間あります。

2 時計の一番短い針は、時針（短針）です。この針は、「時」を示しています。

3 時計の周りの目盛りは、「分」を表しています。1時間は60分です。

時計の針は、この矢印の方向に回転します。これを「時計回り」といいます。

4 今は何分なのかを正確に表す数は、どこにも書いてありません。その代わり、「時」の数を見ながら、5ごとに数えて「分」を出します。長い方の針（長針）は、分を指しています。

5 1分は60秒です。文字盤の周りを素早く動く、長くて細い秒針という針がある時計もあります。この針が1周するのには、1分かかります。

時計の種類

全ての時計が、上と同じような形をしているわけではありません。針が1本もない時計もあります。1から12までの数だけを使う代わりに、1日の24時間全てを表示する時計もあります。

4という数が「IIII」と書かれていることもあります

1 ローマ数字で「時」を表す時計もあります。ローマ数字については、10～11ページで勉強しましたね。

2 24時間制の時計には、12から24まで数えるための追加の数があります。これは、1日が24時間だからです。

3 デジタル時計には針がありません。数字で時刻を表します。デジタル時計には、24時間制がよく使われます。

時間の読み方

時刻を言い表すときは、「今が1日の何時間目にあたるのか」と「その時間のうち何分が経っているのか」を伝えます。1時間のうち過ぎ去った分の数を言い表すこともできますが、次の正時までに何分あるのかを言い表すこともできます。

4時になってから5分が経っています

分針が時計の半分を回っているので、時刻は〜時半です

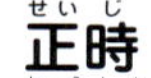

1 正時

長針が12を指しているときは、時刻が正時になっています。この場合は、「〜時」という言葉を使います。上の時計は、8時を示しています。

2 〜時半

長針が6を指しているときは、1時間のうち半分（30分）が経っているということです。上の時計の時刻は、2時半（2時30分）です。

3 〜時〜分過ぎ

その他の時刻については、正確に伝える代わりに、5の倍数で言い表すのが普通です。上の時計の時刻は4時5分過ぎ。つまり、4時から5分経っているということです。

4 〜時15分

1時間は、4つ（15分ずつ）に分けることができます。長針が3を指しているときは、「〜時15分」といいます。上の時計は、10時15分を示しています。

5 〜時15分前

ここでは、長針が9を指しています。この場合は、「〜時45分」という代わりに、次の正時の「15分前」ということもできます。上の時計の時刻は、7時15分前です。

6 〜時〜分前

分針が6を過ぎているときは、次の正時まで何分あるかで伝えることもできます。上の時計は5時10分前を示しています。

秒、分、時、日の変換

1分は60秒、1時間は60分、1日は24時間です。このように時間の変換は、10、100、1000などでかけたりわったりできる他の単位と比べて、難しくなっています。

分から秒へ ×60　時から分へ ×60　日から時へ ×24

21600 秒　360 分　6 時間　0.25 日

秒から分へ ÷60　分から時へ ÷60　時から日へ ÷24

1 21600秒を分に変換するときは、60でわるので、答えは360分になります。分を秒に変換するときは、60をかけます。

2 360分を時に変換するときは、60でわるので、答えは6時間になります。時を分に変換するときは、60をかけます。

3 6時間を日に変換するときは、24でわるので、答えは0.25日になります。日を時に変換するときは、24をかけます。

年・月・週・日

時間は、時・分・秒だけでなく、年・月・週・日という単位でも計ることができます。これらの単位は、24時間よりも長い期間を計るときに使います。

1年は365日だけど、うるう年だけは366日になるんだよ。

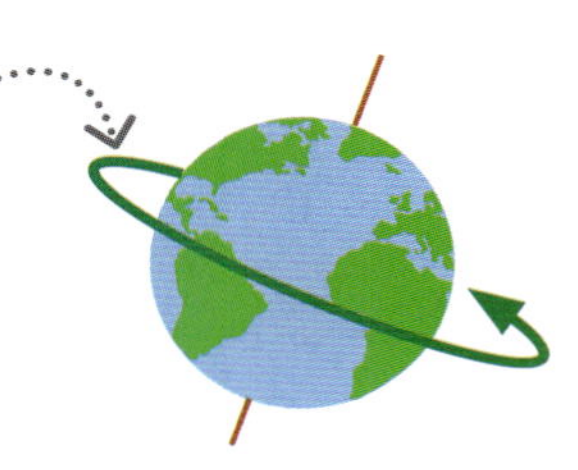

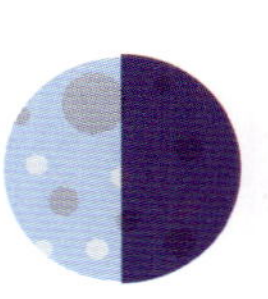
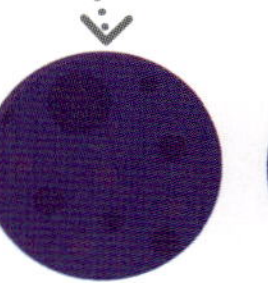
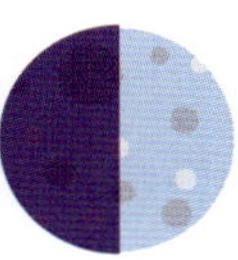
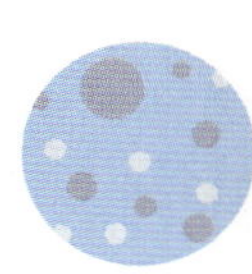

1 日
1日は24時間です。1日というのは、地球が自転により地軸の周りを1回転するのにかかる時間の長さです。

2 週
日は、週という時間の単位に入ります。1週間は7日間です。これは、1週間が月の周期（満月から次の満月までの期間）の四分の一だからだと考えられます。

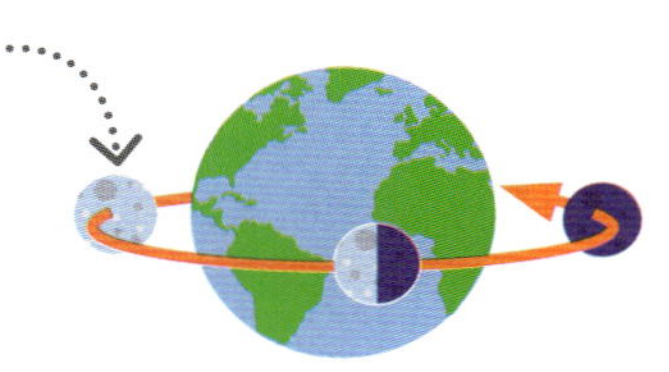

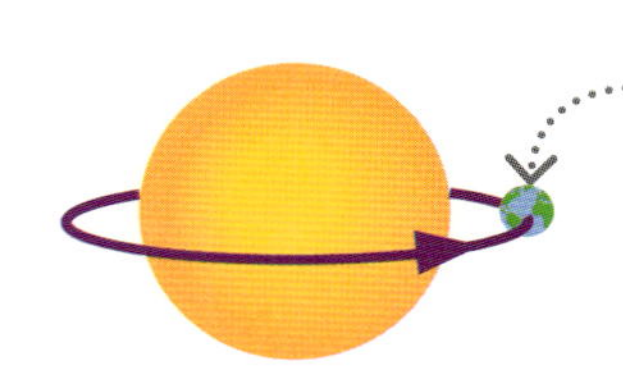

1年というのは、
地球が太陽の周りを
1まわりするのに
かかる時間です

3 月
ひと月は28日間から31日間です。最初は太陰暦から来たのかもしれませんが、暦のしくみは時代と共に変わってきました。ひと月の日数は、その月によって変わります。

4 年
1年は365日です。これは、52週や12カ月と同じです。1年というのは、公転により、地球が太陽の周りを1周するのにかかる時間の長さです。

月の長さを調べる方法

時間の計算をするには、それぞれの月の日数を知っておくと便利です。ほとんどの月は30日間か31日間です。2月は28日間ですが、うるう年だけは29日間になります。

1 両手の指の関節を見て下さい。7つの関節と、その間のくぼみに、月の名前がついていますね。

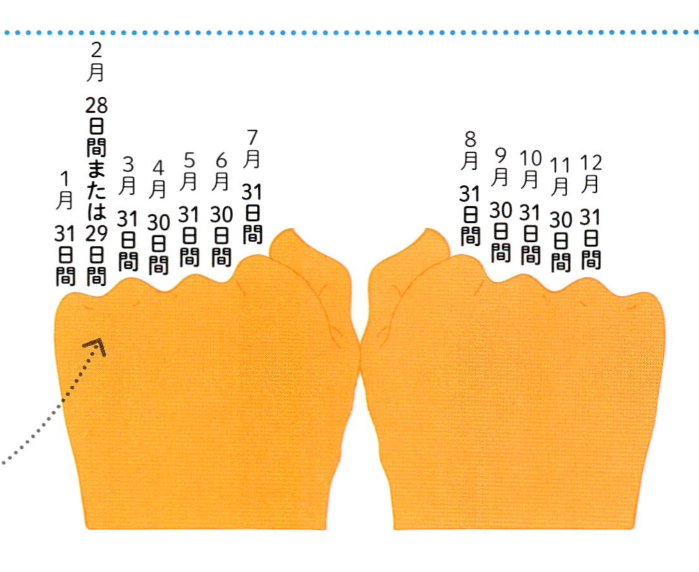

2 指の関節の上に書てある月、1月、3月
5月、7月、8月、10月
12月は、31日間です。
本では「大の月」と呼ぶ
ともあります。

3 2月以外で、関節
間のくぼみに書い
ある月、4月、6月、9月
11月は、どれも30日間
す。日本では「小の月
と呼ぶこともあります。

カレンダー

カレンダーは、1年間の全ての日を、月と週に分けて並べたものです。カレンダーを使えば、時間の経過を数えたり記録をつけたりすることができます。

この年の1月は、金曜日から始まり、日曜日で終わっています

1月

月	火	水	木	金	土	日
				1	2	3
4	5	6	7	8	9	10
11	12	13	14	15	16	17
18	19	20	21	22	23	24
25	26	27	28	29	30	31

2月

月	火	水	木	金	土	日
1	2	3	4	5	6	7
8	9	10	11	12	13	14

2月は月曜日から始まっています

1 左にある1月のカレンダーを見て下さい。

2 1年間の365日は、週や月の日数にぴったり収まらないので、ひと月の始めと終わりの曜日は毎年変わります。

3 ここでは、1月が金曜日から始まり、日曜日で終わっています。つまり、前の年の12月が木曜日で終わっていて、次の月の2月は月曜日から始まるということです。

4 次の年の1月は、始まりと終わりが違う曜日になります。

5 1年の中で特定の日、つまり日付を言いたいときは、年月日を伝えます。

6 このカレンダーの1月の最終日は、「1月31日の日曜日」といいます。

年・月・週・日の変換

1週間は7日、1年は12カ月ですので、時間の単位の変換はかなり難しいときもあります。週と日の数は月によって変わるため、週や日を月に変換するのはずっと難しくなるのです。

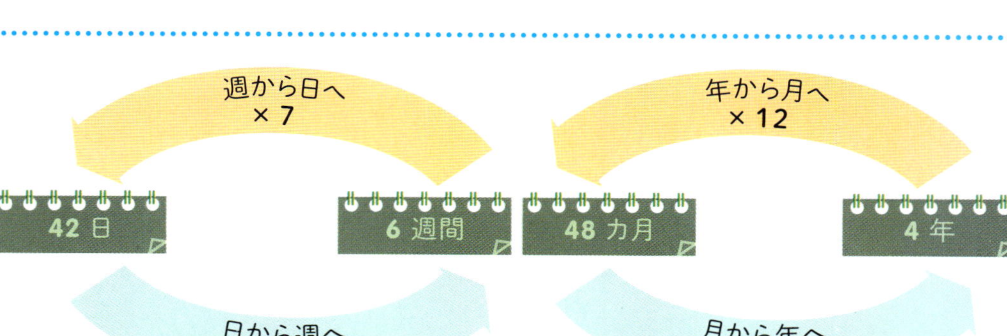

1 42日を週に変換するときは、7でわるので、答えは6週になります。週から日へ変換し直すには、7をかけるだけです。これで42に戻ります。

2 48カ月を年に変換するときは、12でわるので、答えは4年になります。逆に変換し直すには、12をかけるだけです。これで48カ月に戻ります。

時間の計算

時間のたし算、ひき算、かけ算、わり算は簡単です。他の計算と同じように、数の単位が揃っているかどうか、必ず確認しましょう。

時間の計算をするときは、計算し始める前に、時間を変換して単位を揃えてね。

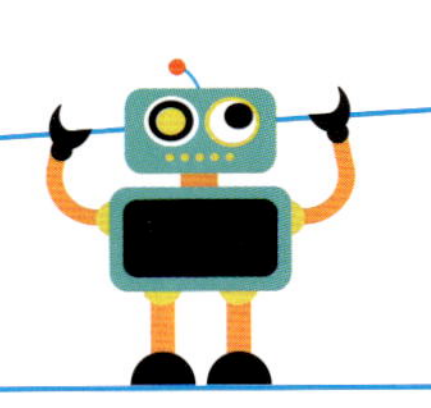

同じ単位の時間の計算

時間が同じ単位になっている場合は、たし算やひき算が楽になります。けれども、ある時刻から何十分後に何時になるかを知るには、少し工夫が必要です。

1 今は午後2時50分です。あるロボットが、観覧車に乗って、それから遊園地の出口に歩いて行こうとしています。それでは、ロボットが出口に着くのは何時になるか、計算してみましょう。

2 まずは、それぞれにかかる時間をたさなければなりません。この観覧車には8分待ちの行列ができていて、乗車時間は6分間、そして遊園地の出口までは歩いて2分かかります。それでは、3つの時間をたしてみましょう。8 + 6 + 2 = 16になりますね。

3 次に、午後2時50分に何分かをたして、次の正時にします。午後2時50分に10分たせば、午後3時ちょうどになりますね。

4 最後に、16分から10分引いた、残り6分をたすと、時刻は3時6分になります。

5 つまり、ロボットが遊園地の出口に着く時刻は、午後3時6分です。

単位が違う時間の比べ方

違う単位が混ざっている時間を計算する問題も出てきます。計算を始める前に、数の単位が揃っているかどうか、よく確認しなければいけません。

1 ニューヨーク発の3つのフライトの時間を見て下さい。それぞれの飛行時間を比べて、一番短いフライトを選びましょう。

2 時間の単位がバラバラになっていると、一番短いフライトがどれかを判断するのは難しいですね。そこで、時単位に変換して、もっと簡単に比べられるようにしましょう。

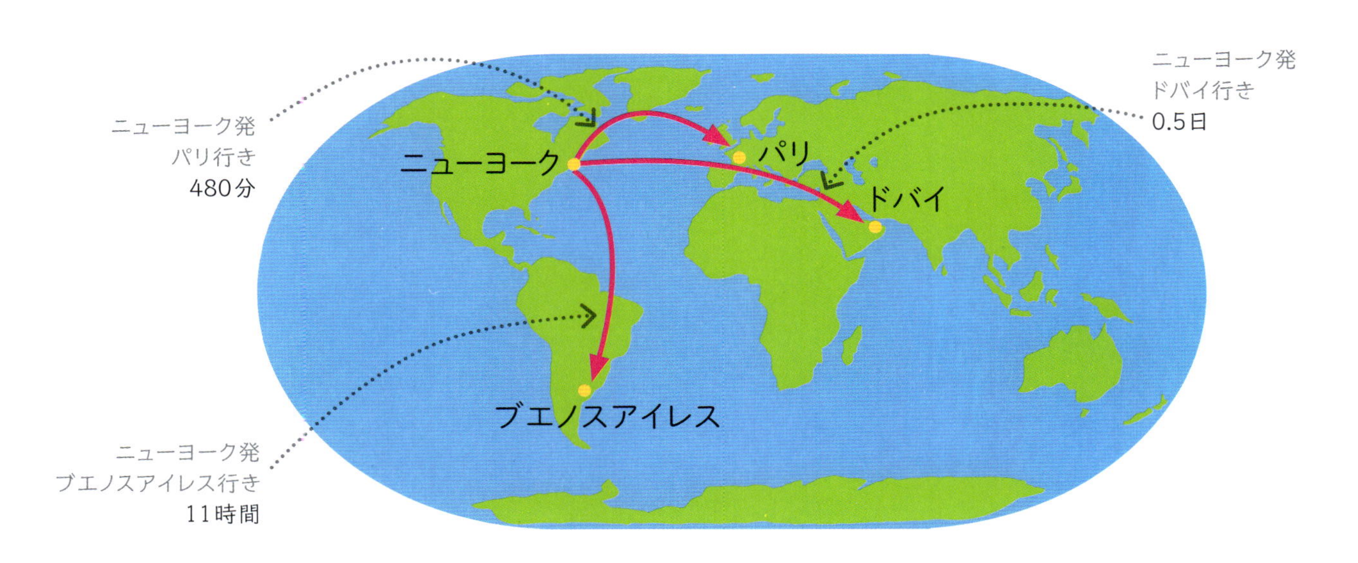

3 ブエノスアイレス行きのフライトは元々時単位になっているので、ドバイ行きのフライトの飛行時間から変換しましょう。1日は24時間なので0.5日はその半分ですから
24 ÷ 2 =12になります。つまり、ニューヨークからドバイまでは12時間かかるということです。

4 次に、パリ行きのフライトの飛行時間を時単位に変換します。1時間は60分なので、この飛行時間を60でわります。これを式にすると、480 ÷ 60 = 8になりますね。つまり、ニューヨークからパリまでを飛ぶには8時間かかるということです。

5 これで、ニューヨークを出てからパリに着くまでに8時間、ブエノスアイレスに着くまでに11時間、そしてドバイに着くまでには12時間かかることがわかりました。つまり、パリまでの飛行時間が一番短いことになります。

やってみよう

時間を計算しよう

ロボットたちが2時間半の映画を観ています。この映画を観始めてから80分経ちました。映画はあと何分残っているでしょう?

答えは319ページ

① まず、映画の上映時間を分単位に変換しましょう。

② あとは、分に直した上映時間から、これまでに観た分の時間をひくだけです。

お金

お金のことがわかれば、ものの値段を調べたり、買い物のときにおつりを確かめたりすることができます。世界では、たくさんの貨幣制度が使われています（これを通貨といいます）。日本では円という通貨を使います。

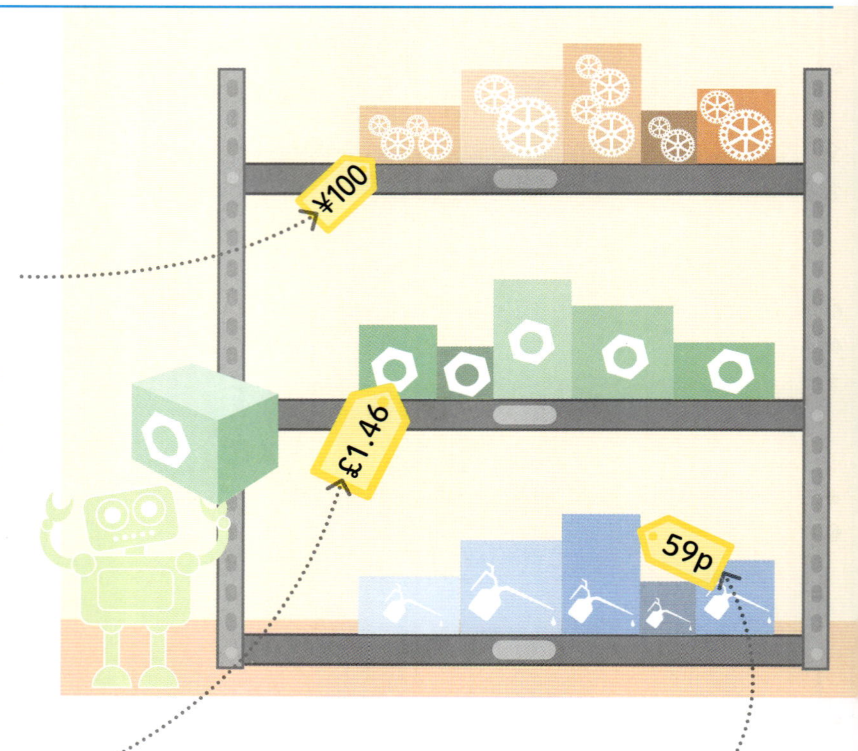

1 このお店の商品を見て、値段の書き方を調べてみましょう。

2 日本では「¥」という記号を書きます。世界にはさまざまな通貨があり、アメリカではドル（$)、イギリスではポンド（£）を使います。

3 イギリスにはポンドのほかにペンスという補助通貨があります。£1（1ポンド）は100p（100ペンス）です。ポンドは「10進制通貨」といって、金額を小数として考えることができます。

4 £とpは一緒に並べて書きません。金額が99pを超える場合は、ポンドで金額を書きます。ペンスの数字は、ポンドの小数として書くのです。

5 1ポンド46ペンスであれば「£1.46」と書きます。

6 1ポンド未満の金額は、ペンスの記号「p」をつけて書きます。つまり、59ペンスは「59p」と書くことになります。

補助通貨とは?

£1は100pなので、ポンドとペンスの変換は簡単です。ペンスをポンドに変換するときは、100でわります。ポンドをペンスに変換するときは、100をかけます。ちなみに日本では「銭」という補助通貨があります。普段の生活では使われてはいませんが、株価のニュースなどで耳にすることがありますね。

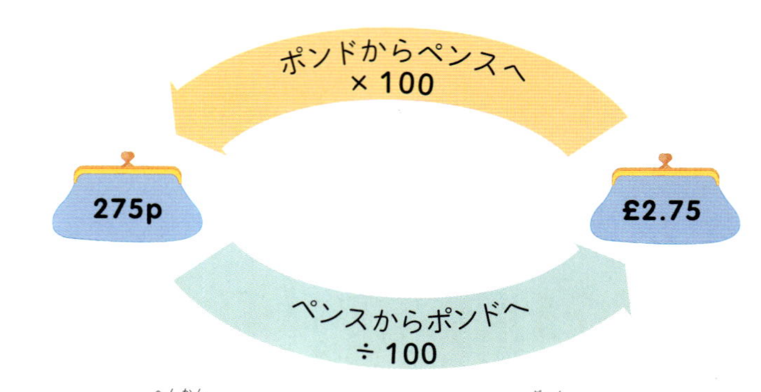

1 275pをポンドに変換するときは、275を100でわります。この計算の答えは、£2.75ですね。

2 逆にポンドをペンスに変換するには、2.75に100をかけて、275pにします。

お金の使い方

日本のお金には、6種類の硬貨（1円、5円、10円、50円、100円、500円）と4種類の紙幣（1万円、5千円、2千円、千円）があります。これを組み合わせたり交換したりすれば、どんな金額でも作れるようになります。

1 右に並んでいる全種類の硬貨を使えば、いろいろな金額が作れます。それでは、金額の合計を1270円にする場合、どんな組み合わせがあるか見てみましょう。

2 500円、100円、50円、10円というように、できるだけ大きな金額の硬貨を組み合わせると、使う硬貨の数が一番少なくなります。

3 他の硬貨を組み合わせても、同じ合計金額にすることができます。

4 1円玉だけを1270枚でも1270円が作れます！　使える組み合わせはいろいろあるのです。

5 お店にいるときは、1270円より多く払ってお釣りを受け取ることもできます。例えば、5000円札で払って3730円のお釣りを受け取ることができます。

お札（紙幣）と硬貨を組み合わせれば、もっといろんな金額が作れるよ。

身の回りの算数

古代のお金

人々は長い歴史の中で、ありとあらゆるものをお金として使ってきました。例えば、タカラガイ、ゾウの尻尾の毛、鳥の羽、クジラの歯などは、貴重品だと考えられていたので、お金として使われていました。

お金の計算

イギリスのお金の計算にチャレンジしてみましょう。お金の計算方法は、小数の計算と同じ。たし算の筆算②（86〜87ページ参照）やひき算の筆算②（96〜97ページ参照）を使えれば、すばやくお金の計算ができるようになります。

金額をたす方法

1 たし算の筆算②を使って£26.49と£34.63をたしてみましょう。たし算の筆算②のやり方は86〜87ページで勉強しましたね。

£26.49 + £34.63 = ?

2 まずは、数を縦に揃えて書きます。小数点が揃うように書いたら、答えの行にも小数点を揃えて打ちます。

3 次に、右から左に向かって、それぞれの数字を順番にたしていきます。答えは£61.12ですね。

	£		.	p	
	[1]2	[1]6	.	[1]4	9
+	3	4	.	6	3
	6	1	.	1	2

小数点を揃えます

4 つまり、£26.49 + £34.63 = £61.12になります。

£26.49 + £34.63 = £61.12

数を切り上げよう

もうひとつのお金の計算方法は、四捨五入することです。値段は、ポンドの整数に近くなっていることが多いので、金額を切り上げておおよその合計を出す方が簡単です。概算できたら、あとは最後に答えを調整するだけです。£1は100p でしたね。

1 それでは、£39.98 と£45.99という2つの数を整数に切り上げてから、たし算してみましょう。

£39.98 + £45.99 = ?

2 まずは、£39.98に2p をたして£40に、£45.99に1p をたして£46にします。全部で3p たしたことになりますね。

£40 + £46 = ?

3 次は、£40 + £46 = £86というように、二つの金額をたします。

£40 + £46 = £86

4 最後は、£86 − 3p = £85.97というように、始めにたした3p をひくだけです。

£86 − 3p = £85.97

5 こうして、£39.98 + £45.99 = £85.97になります。

£39.98 + £45.99 = £85.97

お釣りの計算

何かを買ってお金を払うときは、お釣りをいくらもらえるのか計算できると便利です。この計算は簡単で、商品の値段と払った金額との差を求めるだけです。これには、数え上げる方法を使います。金額の単位が揃っていない場合は、最初に変換をしましょう。

1 右の動物たちを見て下さい。£10のお札を出してハムスター3匹とウサギ1羽を買った場合、いくらお釣りがもらえるのか計算してみましょう。

ハムスター
1匹80p

2 まずは、動物たちの代金の合計をポンドで求めなければいけません。80pは£0.80と同じですので、(0.80 × 3) + 2.70 = 2.40 + 2.70 = 5.10という式になります。動物たちの代金は合計£5.10ですね。

3 これで、£10払った場合のお釣りが計算できるようになりました。まずは、ペンスをたして、ポンドの整数にします。£5.10に90pをたすと、£6になりますね。

4 次に、£10になるまでポンドをたします。£4たせば合計が£10になりますね。

5 今度は、£4 + 90p = £4.90というように、2つの金額をたします。

6 つまり、£10のお札1枚でこの動物たちを買った場合、お釣りは£4.90になります。

やってみよう

代金を計算しよう

右の商品全部の代金は合計何ポンドでしょう？ 金額を変換して、同じ単位にするのを忘れずに。

答えは319ページ

第4章

幾何学(図形)

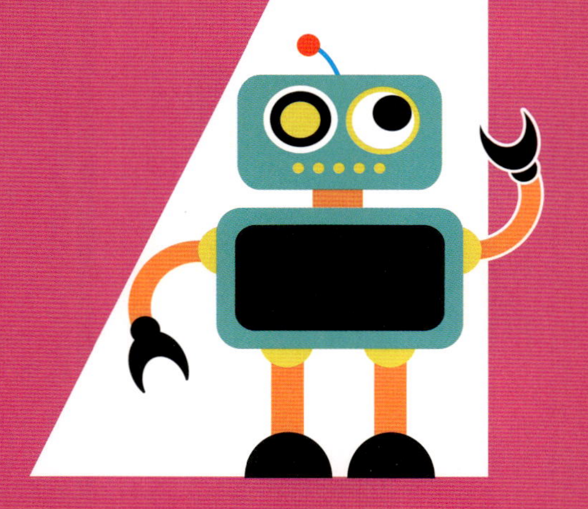

GEOMETRY

線、角、図形、対称、空間についての学問を幾何学といいます。幾何学模様とは左右対称な雪の結晶をはじめとして、自然界にたくさん見られるものです。また、旅の道案内、橋やビル、家の設計など、日常生活でもあらゆるところで活躍しています。

線とは？

線のことを「一次元」というんだよ。線には長さがあるけど、厚さはないんだ。

線というのは、2つの点をつなげるものです。幾何学の線には、直線と曲線があります。線には、測定できる長さがありますが、厚さはありません。

1 AとBの間の直線を見て下さい。この線は、2つの点の最短距離を表しています。

2 右の曲線は木のところで曲がっていて、AとBの間が直線のときより長くなっています。

証明しよう

この地図は、A地点とB地点を行き来できる道順を3つ示しています。ここで紹介する方法を使えば、直線が2つの地点の最短距離だと簡単に証明できます。

1 道順1は真っ直ぐな道です。この道に沿うように、A地点からB地点に向かって1本のひもを伸ばしましょう。B地点に着くところで、ひもに印をつけておきます。

2 同じように、今度は道順2で同じことをして、B地点に着くところでひもに印をつけます。新しい印は道順1の印より先の方についたので、道順2は道順1より長いはずですね。

3 今度は、道順3の川に沿うように、同じひもを置きます。今回の印は、3回の中で一番先の方につきました。つまり、道順3が最も長い道のりになるということです。

横線と縦線

方向や他の線との関係の違いを表すために、線には異なる名前がつきます。横線というのは、左右に伸びる平らな線ですが、縦線というのは、上下に真っ直ぐ伸びる線です。

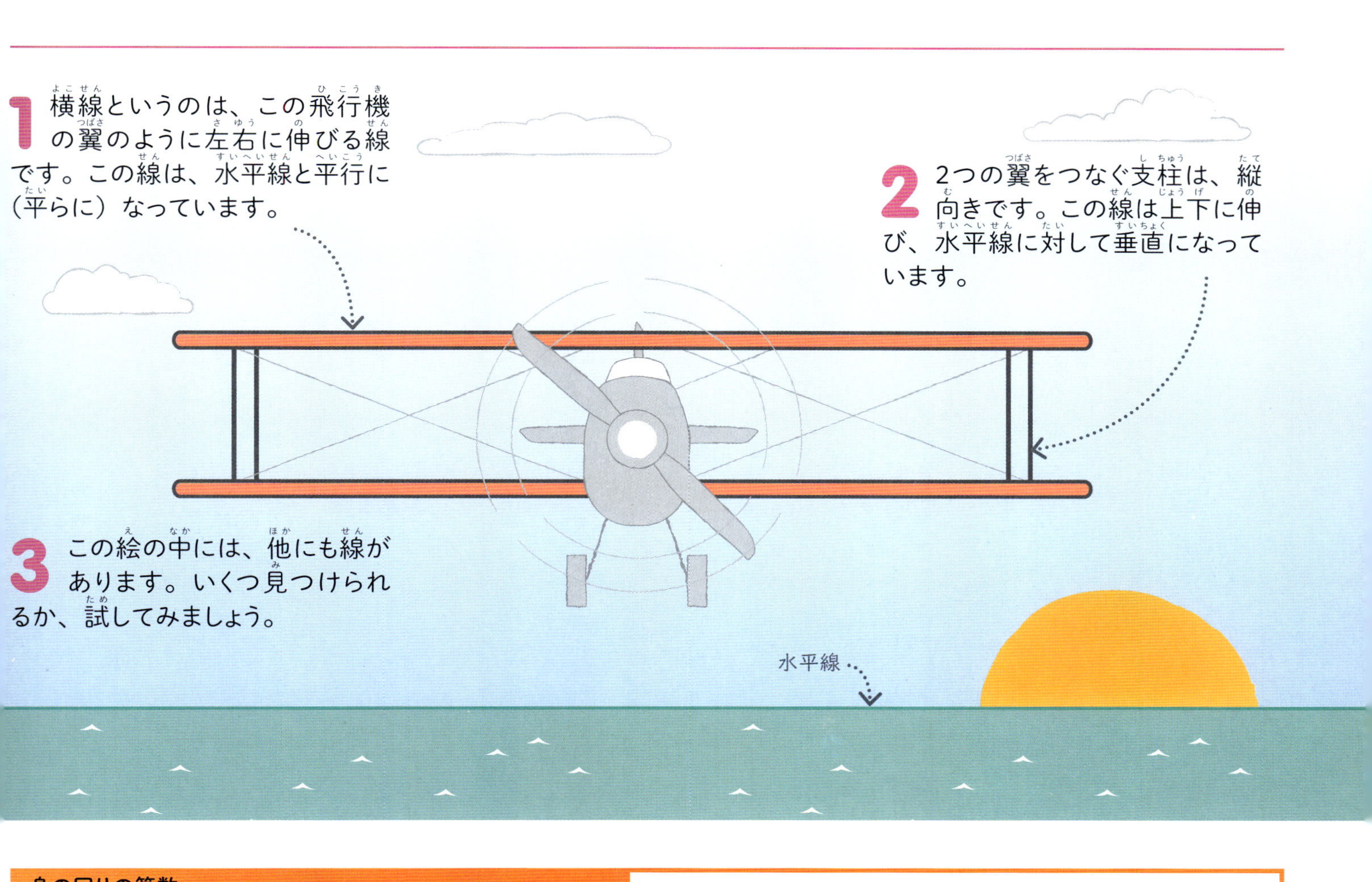

1 横線というのは、この飛行機の翼のように左右に伸びる線です。この線は、水平線と平行に（平らに）なっています。
2 2つの翼をつなぐ支柱は、縦向きです。この線は上下に伸び、水平線に対して垂直になっています。
3 この絵の中には、他にも線があります。いくつ見つけられるか、試してみましょう。
水平線

身の回りの算数

水平になっているかな？

横線（水平の線）というのは、完全に平らな線です。世の中には、本棚や、家の壁に使われるレンガの層など、水平でなければいけないものがあります。水平でない道の傾斜がどんなにゆるやかだとしても、サイドブレーキを引いておかない限り、車は坂の下まで転がり落ちてしまいます！

斜線

傾いている直線のことを、斜線といいます。斜線は、縦でも横でもありません。

直線というのは、
縦、横、または
斜めになるんだよ。

1 このジップライン（滑車を使ってワイヤーをすべり降りる遊具）の絵を見て下さい。この遊具は、縦線、横線、そして斜線でできていますね。

図形の内側にある斜線

幾何学における斜線には、もう一つの名前があります。図形の内側で、隣り合っていない2つの角を結ぶと、1本の直線ができますね。このような斜線のことを、「対角線」と呼んでいます。

1 ここで紹介しているのは、図形の内側にできる斜線の例です。それぞれの図形の中に、対角線が1本ずつ引かれています。

2 図形の辺の数が多ければ多いほど、対角線の数も多くなります。

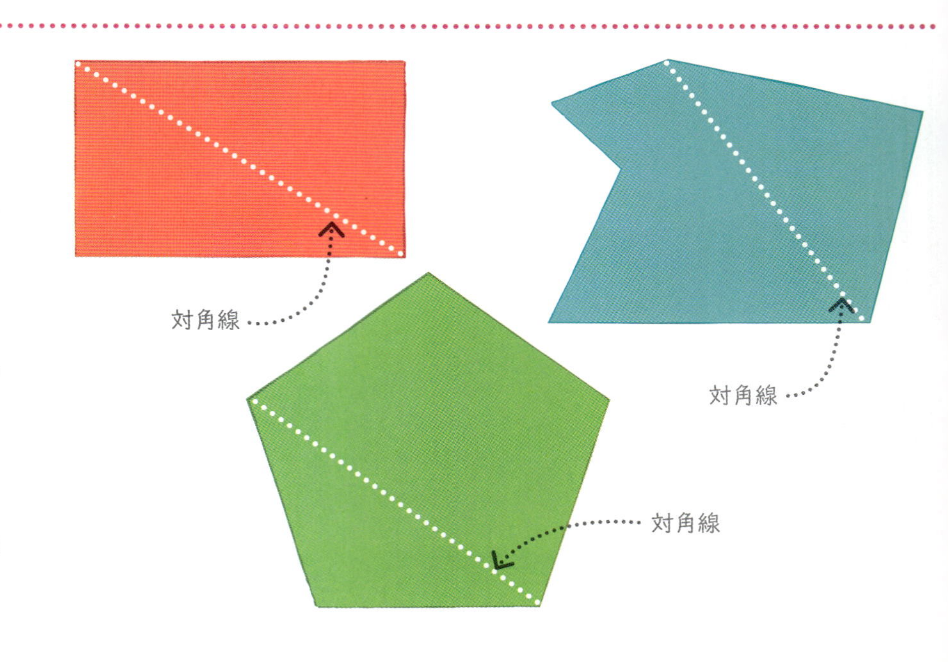

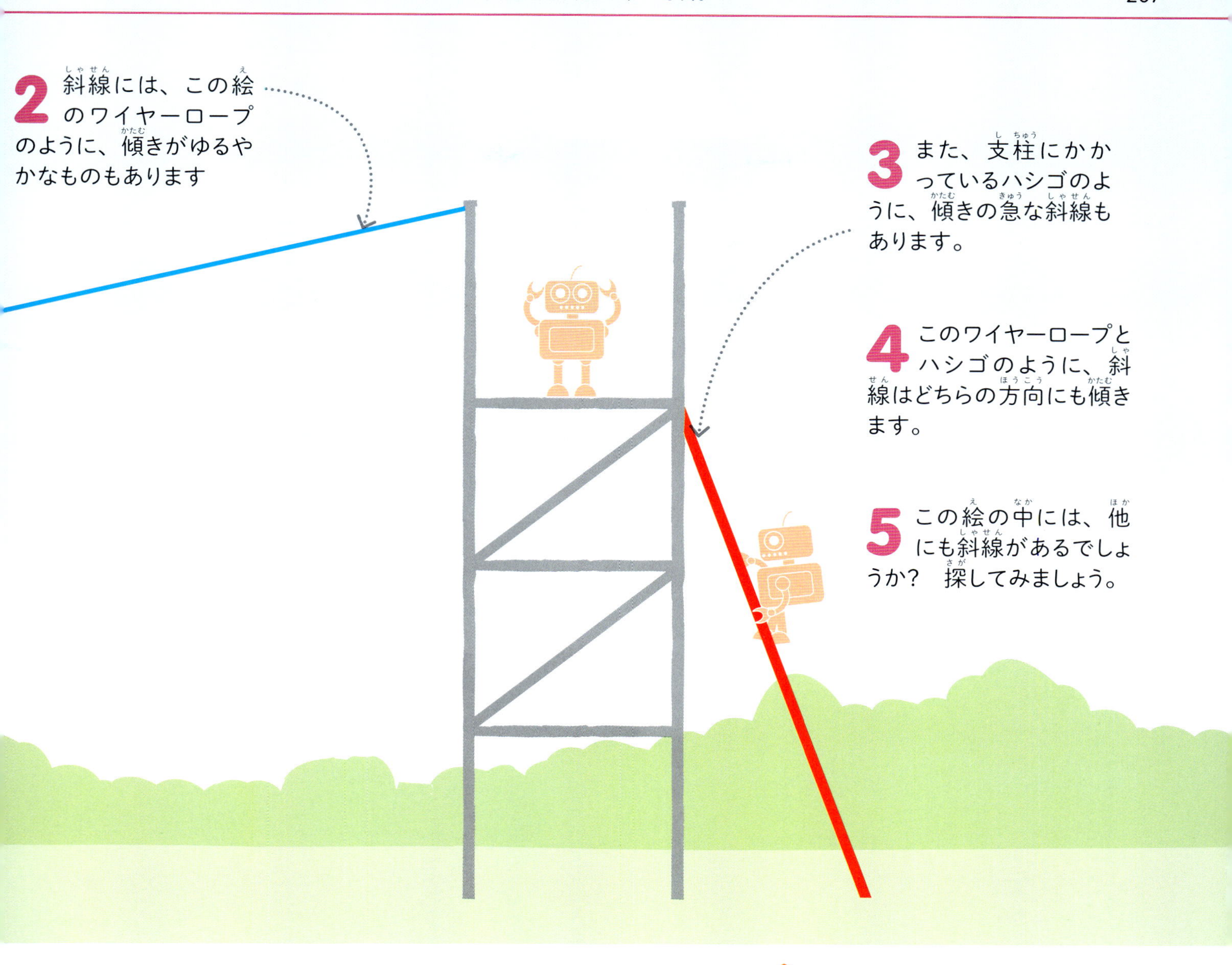

2 斜線には、この絵のワイヤーロープのように、傾きがゆるやかなものもあります
3 また、支柱にかかっているハシゴのように、傾きの急な斜線もあります。
4 このワイヤーロープとハシゴのように、斜線はどちらの方向にも傾きます。
5 この絵の中には、他にも斜線があるでしょうか？　探してみましょう。

やってみよう

対角線で模様を作ろう

正六角形（同じ長さの辺が6本ある図形）を描きましょう。右の図に紙をのせて、なぞって描いてもいいですよ。正六角形が描けたら、定規と鉛筆を使って、それぞれの角から他の角に向かって対角線を引きます。この図には、白い対角線が3本引いてあります。線を全部引き終わったとき、図形の内側にある斜線（対角線）は何本でしょう？　320ページで完成図を確かめたら、色を塗って模様を作りましょう。

六角形のそれぞれの角から対角線を引きます

答えは320ページ

平行線

線が2本以上並んでいて、線と線の間の距離がどこまでも全く変わらないとき、これらの線を「平行線」といいます。

※日本の小学校の教科書では、平行曲線は扱っていません。

平行線というのは、1本だけということはあり得ないよ。必ず2本以上あるものなんだ。

1 平行線

この2本のスキー跡は、平行になっています。どれだけ長く伸ばしたとしても、この2本が交わる、つまり交差することは絶対にありません。

平行線は、たとえ永遠に続いていたとしても、決して交わりません

2 非平行線

このスキー跡は、平行になっていません。線同士の距離が場所によって違いますね。このスキー跡がのび続ければ、片方の端で交わることになります。

この2本の非平行線は、こちら側にのびればのびるほど、さらに離れていきます

3 平行曲線

平行線は、このスキー跡のような波の形になったり、ジグザグになったりすることもあります。重要なのは、線と線の間が必ず同じ距離になっていること、そして線が決して交わらないことです。

4

線が平行になっているときは、右のように小さな矢印をつけます。

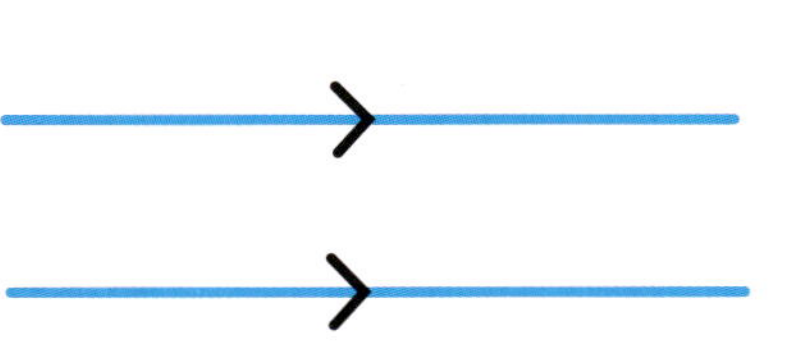

やってみよう

平行になっているかな?

右の図を見て下さい。この図には、平行線が何組かあります。全部見つけられるかな?

答えは320ページ

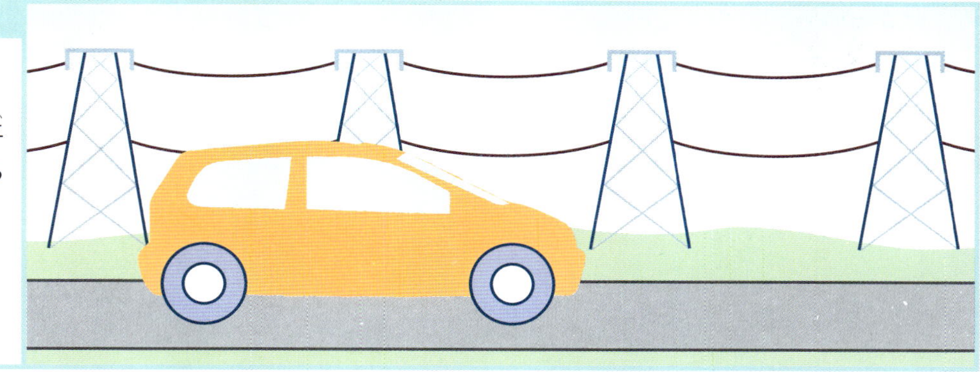

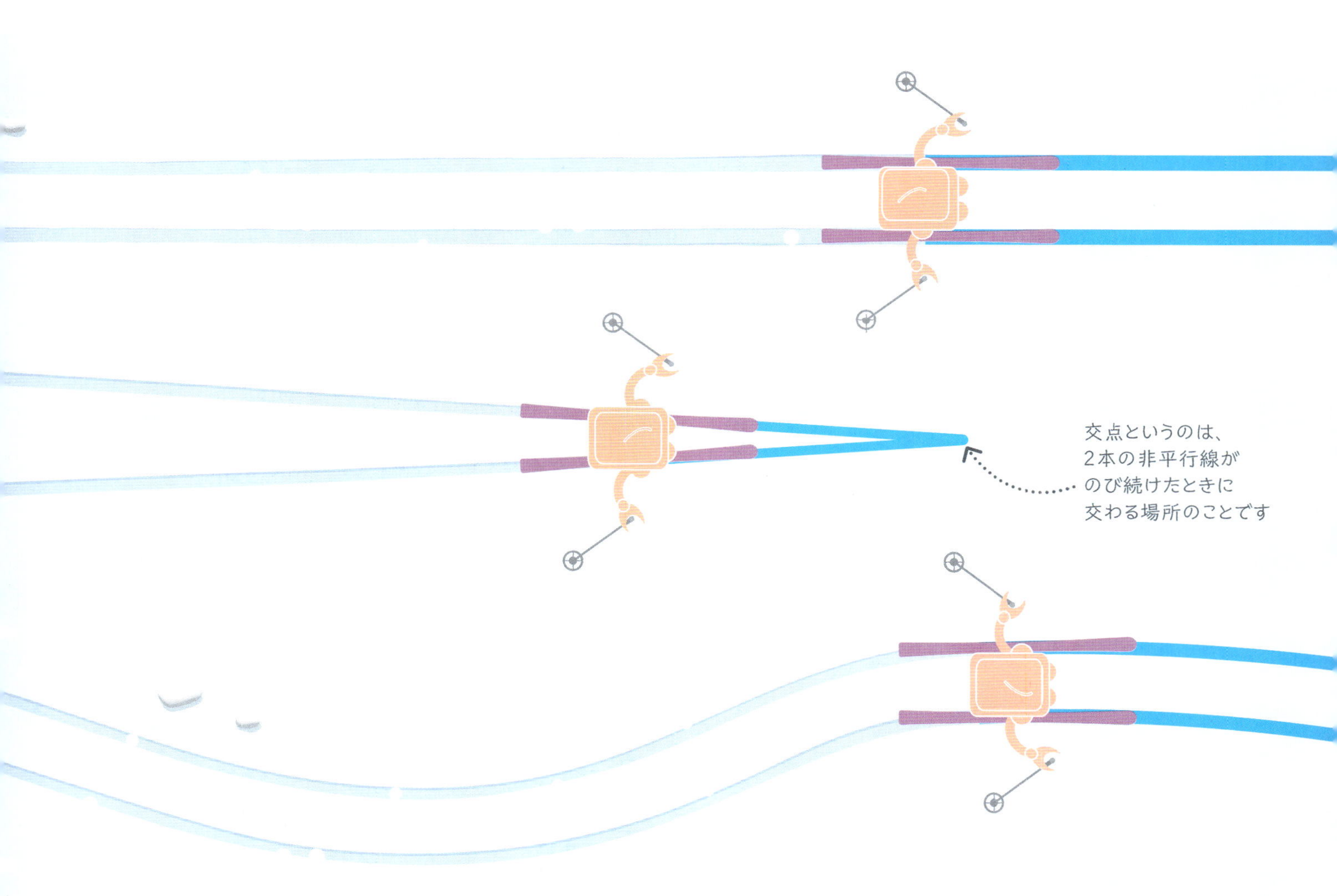

交点というのは、
2本の非平行線が
のび続けたときに
交わる場所のことです

5 平行線は、2本で1組とは限りません。2本以上の線が平行になることもあります。また平行線は、同じ長さである必要はありません。

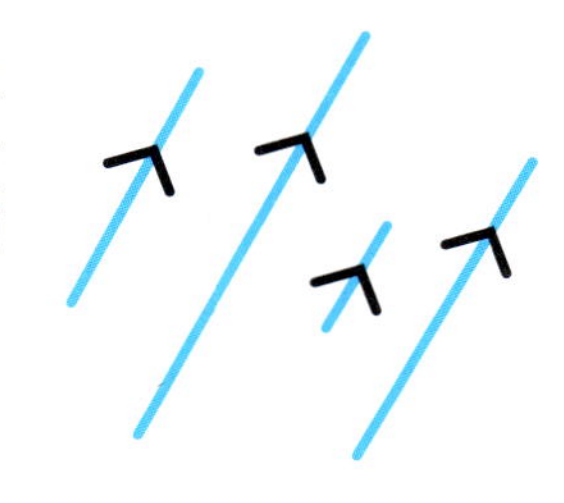

6 円を描く線同士が平行になることもあります。右の2つの円がその例です。このように、中心が同じ位置にある2つ以上の円を「同心円」といいます。

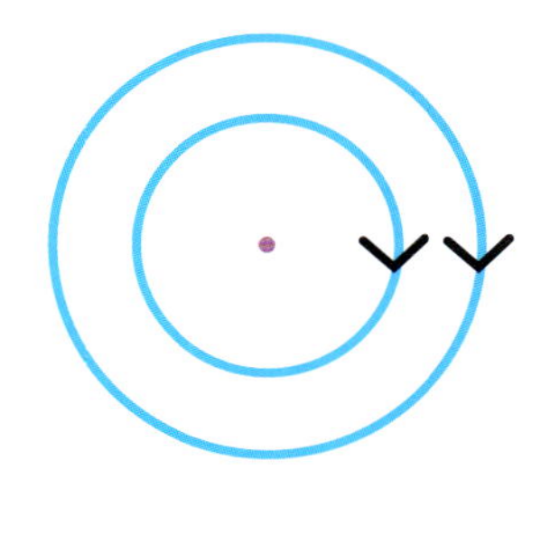

垂線

垂線は、対(ペア)で起こります。垂直の線、つまり垂線というのは、互いに直角になっている2本の線のことです。直角については、232ページでくわしく説明します。

1 ロケット発射台の絵を見て下さい。横線、縦線、そして斜線が描かれていますね。これらの線のうち、いくつかは垂線になっています。

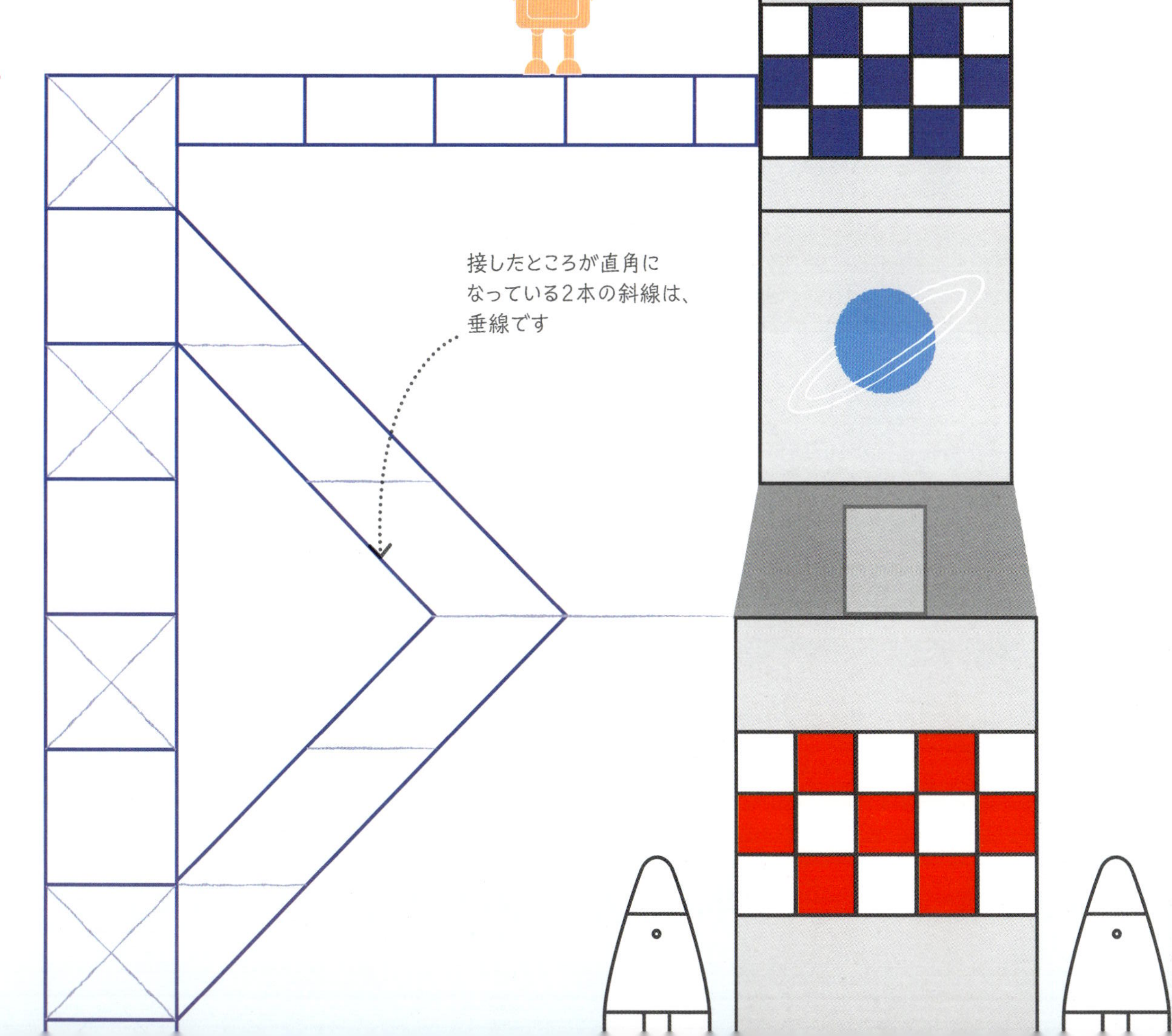

接したところが直角になっている2本の斜線は、垂線です

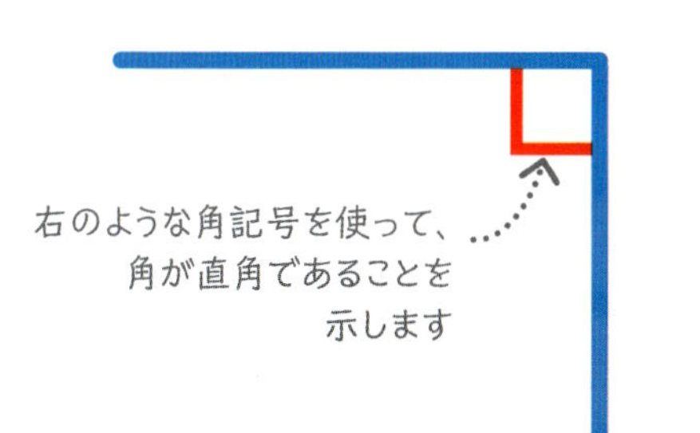

右のような角記号を使って、角が直角であることを示します

2 上のように横線と縦線が接している場合、この2本は「互いに垂直である」といいます。2本の線が接しているところを「直角」といいます。

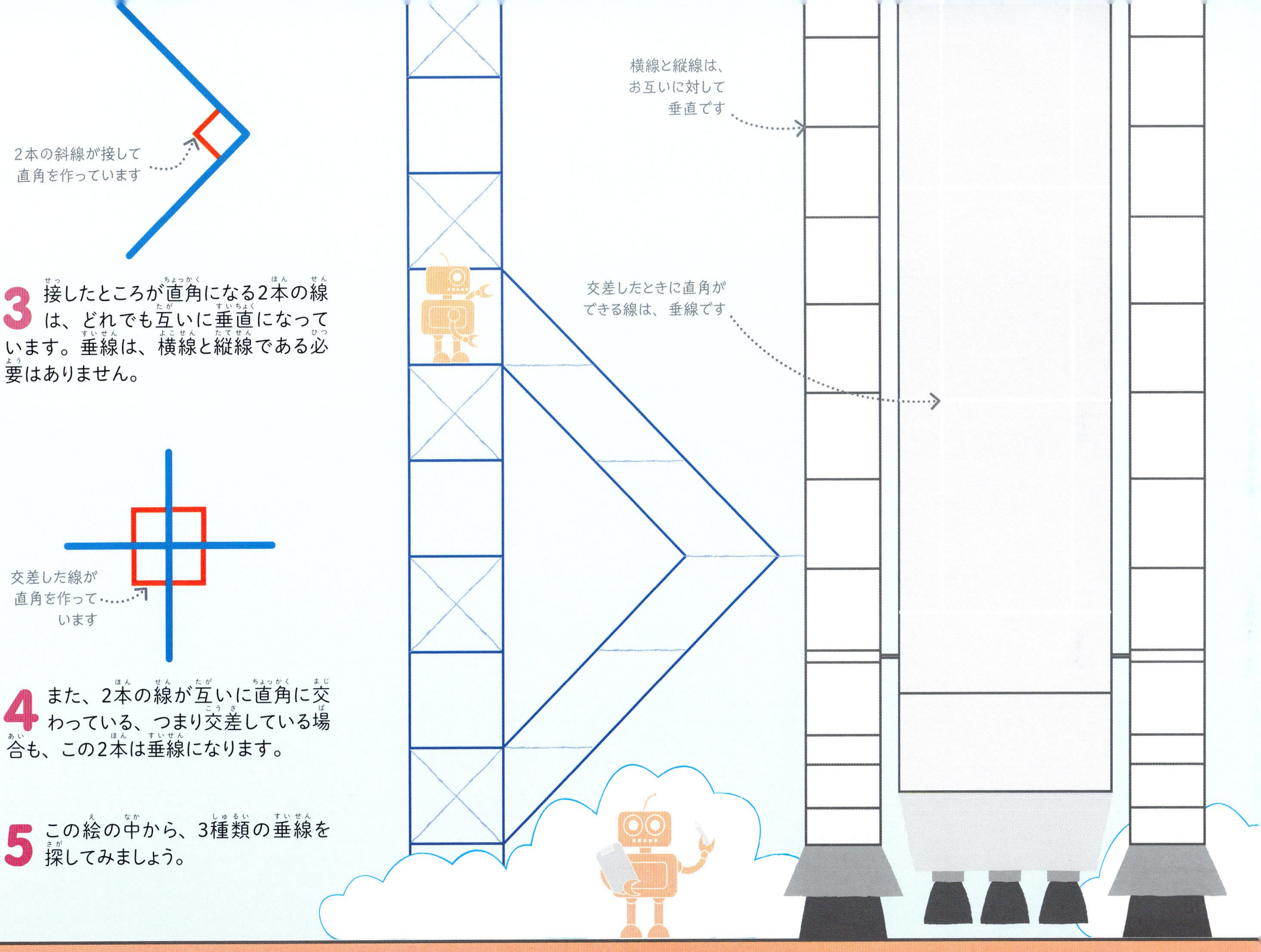

3 接したところが直角になる2本の線は、どれでも互いに垂直になっています。垂線は、横線と縦線である必要はありません。

4 また、2本の線が互いに直角に交わっている、つまり交差している場合も、この2本は垂線になります。

5 この絵の中から、3種類の垂線を探してみましょう。

平面図形

平面図形というのは、紙やパソコンの画面に描くような平らな図形のことです。縦と横の長さはあっても厚さはない図形ですので、平面図形は「二次元」の形ということになります。

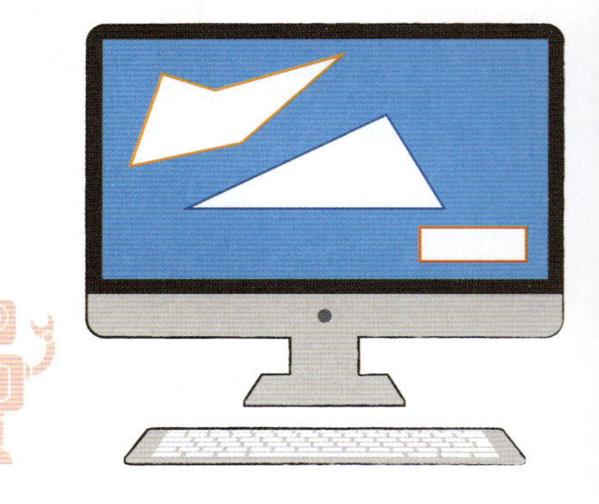

多角形と非多角形

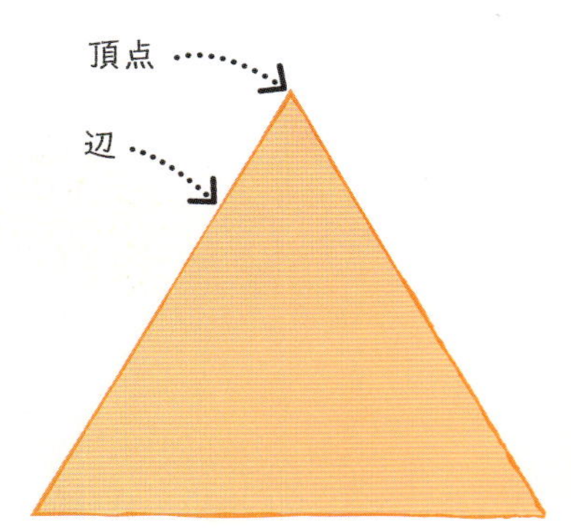

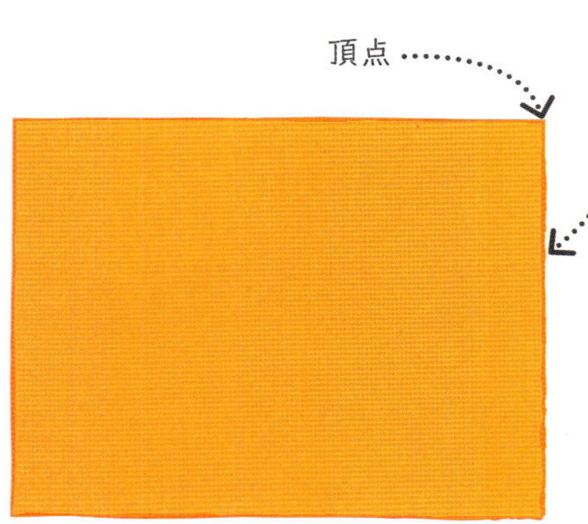

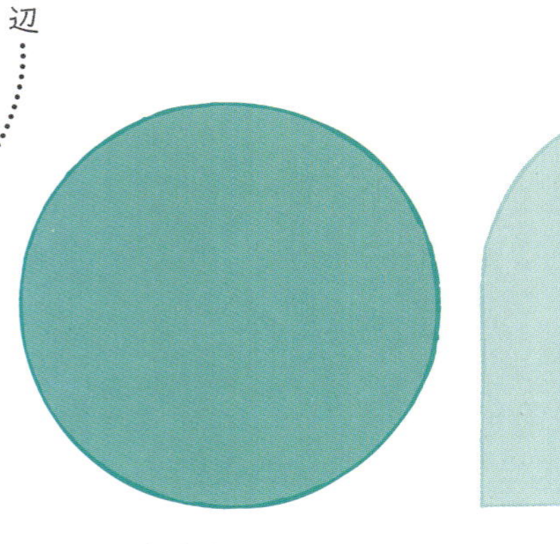

1 多角形
多角形というのは、直線に囲まれていて、3つ以上の辺と角でできた図形のことです。角というのは、2本の線が頂点という点で接してできるものです。

2 非多角形
その他の平面図形には、上の円のように曲線でできたものもあれば、その隣の図形のように直線と曲線を組み合わせてできたものもあります。

多角形の表し方

多角形の辺には、ダッシュ記号という短い線をつけて、長さの同じ辺を表します。

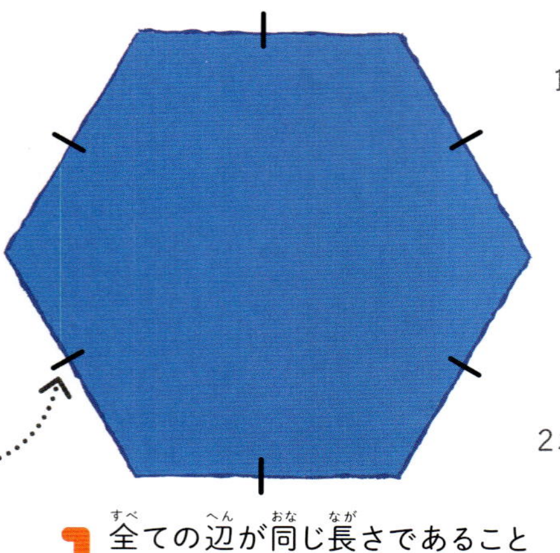

辺の長さがどれも等しいことを示すために、全ての辺に1つずつダッシュ記号をつけています

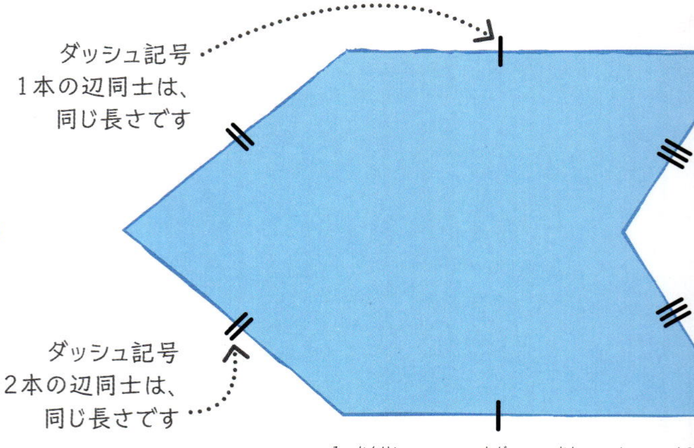

1 全ての辺が同じ長さであることを示すため、6本の辺に囲まれた形（六角形）の辺に、それぞれダッシュ記号1本がついています。

2 こちらの六角形には、長さの同じ辺が3組あります。最初の1組にはダッシュ記号1本、2組目にはダッシュ記号2つ、そして3組目にはダッシュ記号が3つついています。

正多角形と不規則多角形

多角形というのは、直線の辺に囲まれた平面図形です。正多角形には、長さが全て同じになっている辺と、大きさの等しい角があります。不規則多角形には、長さの違う辺と、大きさの違う角があります。

1 三角形

3本の直線（辺）で囲まれた形を三角形といいます。三角形にはいろいろな種類があります。

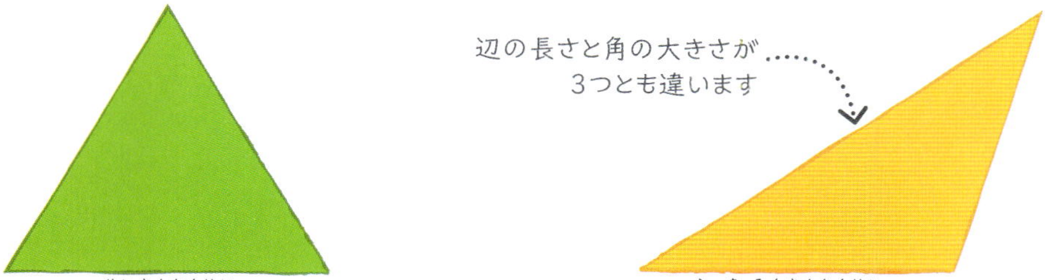

辺の長さと角の大きさが3つとも違います

正三角形

不規則三角形

2 四角形

四角形というのは、4本の直線（辺）で囲まれた形です。正四角形のことを正方形といいます。

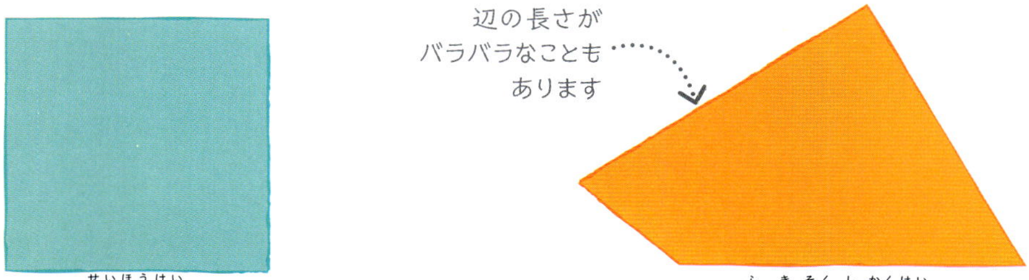

辺の長さがバラバラなこともあります

正方形

不規則四角形

3 六角形

6本の直線（辺）に囲まれた多角形は「六角形」といいます。

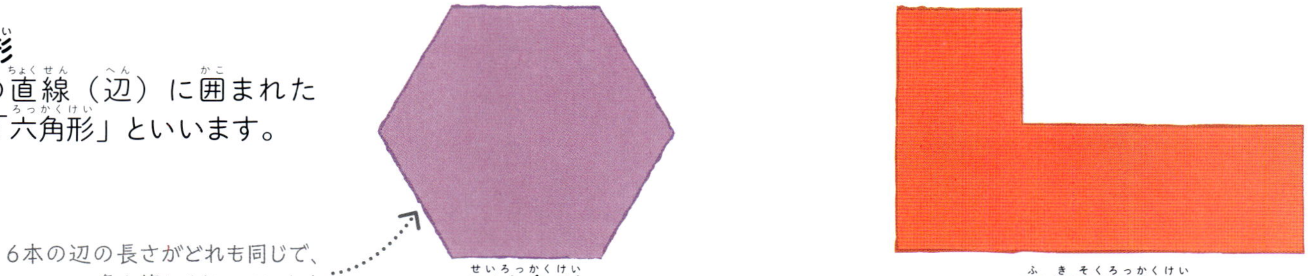

6本の辺の長さがどれも同じで、角も等しくなっています

正六角形

不規則六角形

やってみよう

仲間外れを選ぼう

5本の辺に囲まれた多角形が3つ並んでいます。このうち1つだけは、辺の長さが同じで、角の大きさも等しい正多角形です。どれだかわかりますか？

答えは320ページ

1　2　3

三角形

三角形は多角形の一種です。三角形には、3本の辺、3つの頂点、そして3つの角があります。

三角形について

それぞれ特別な名前がついています。

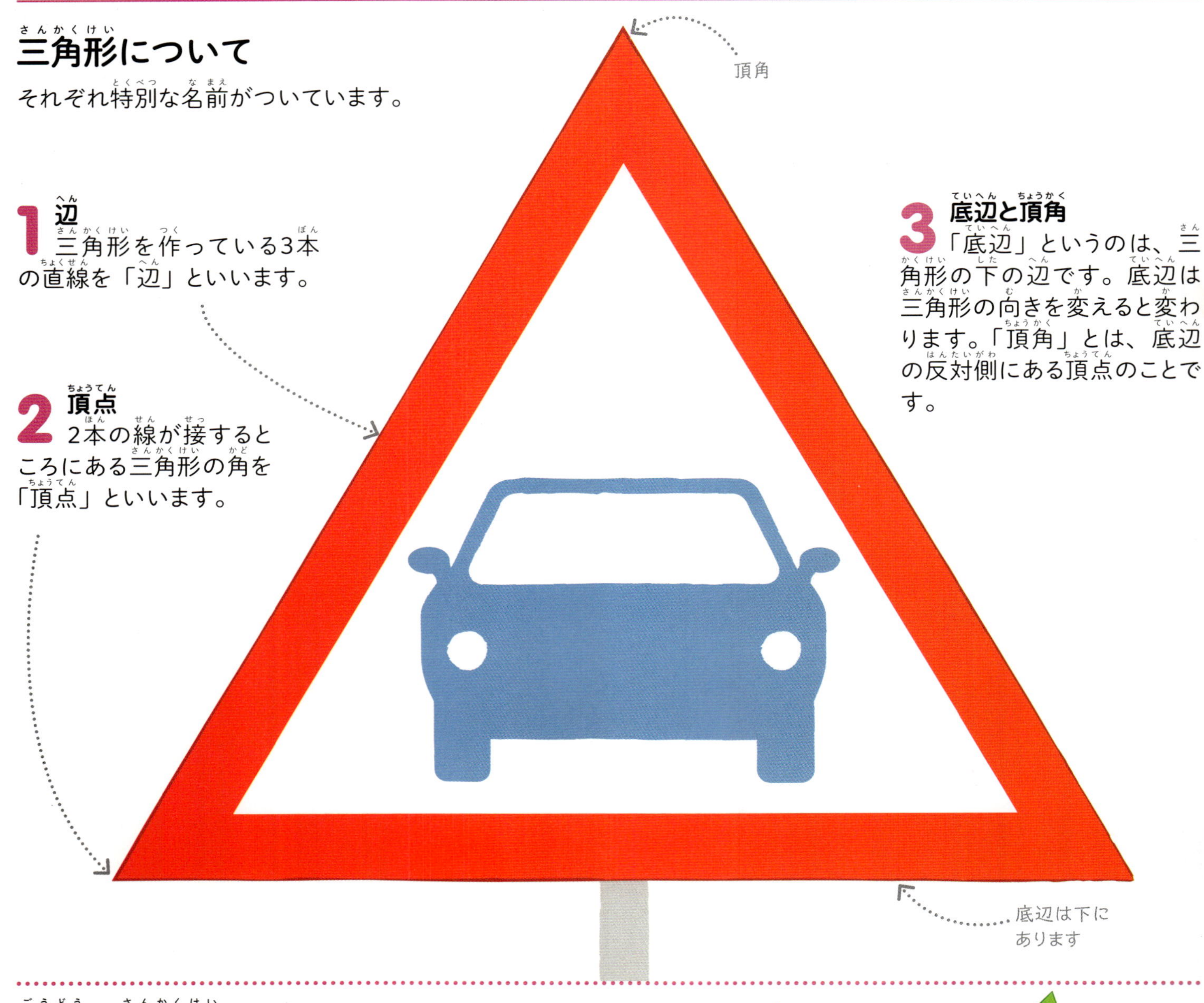

1 辺
三角形を作っている3本の直線を「辺」といいます。

2 頂点
2本の線が接するところにある三角形の角を「頂点」といいます。

3 底辺と頂角
「底辺」というのは、三角形の下の辺です。底辺は三角形の向きを変えると変わります。「頂角」とは、底辺の反対側にある頂点のことです。

合同な三角形

2つ以上の三角形について、辺の長さと角の大きさが等しい場合、これらの三角形を「合同な三角形」といいます。右の三角形はそれぞれ違う方向を向いていますが、合同であることに変わりありません。

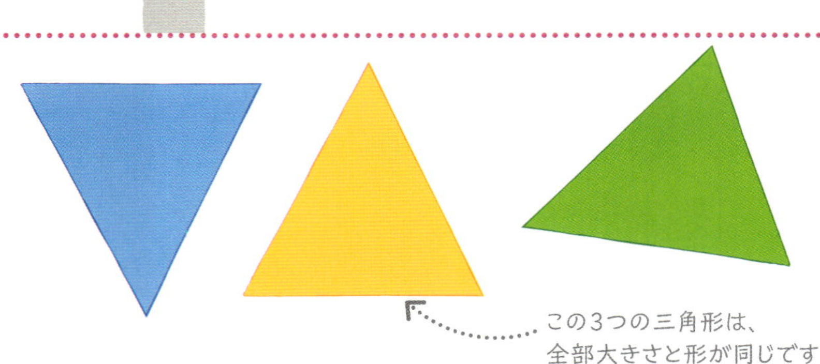

この3つの三角形は、
全部大きさと形が同じです

三角形の種類

三角形の名前は、辺の長さと角の大きさによって変わります。三角形の角については、240〜241ページで詳しく説明します。

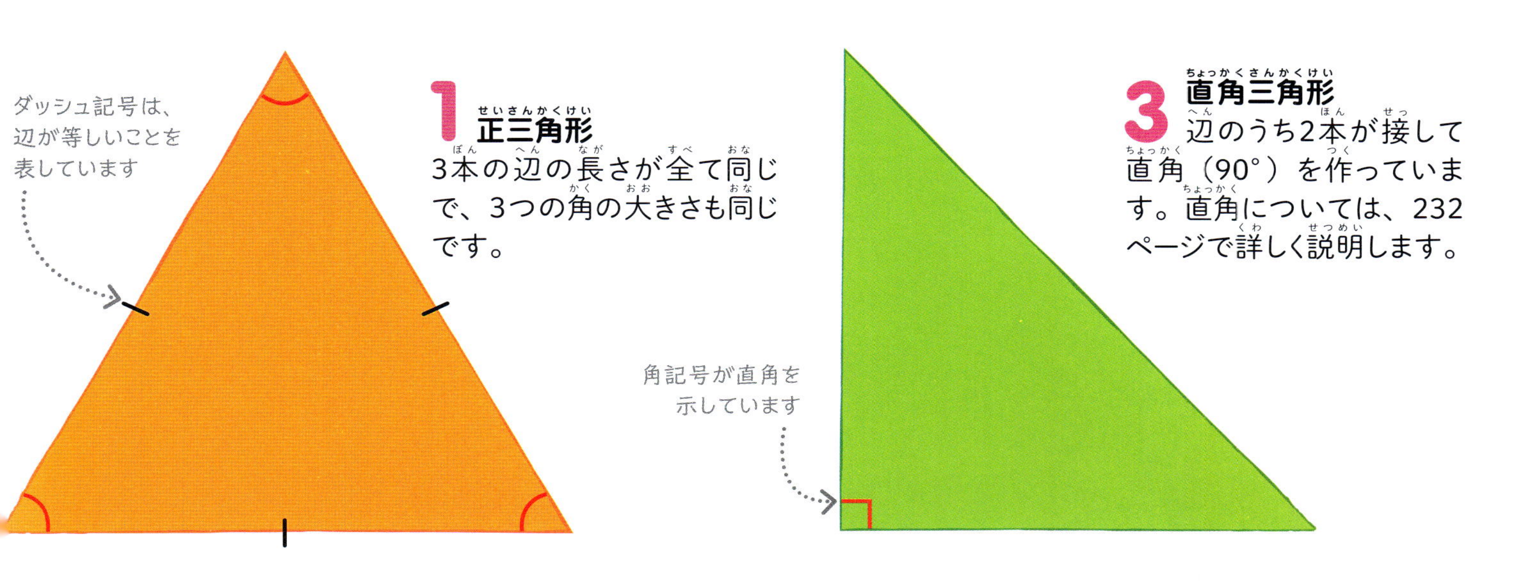

1 正三角形
3本の辺の長さが全て同じで、3つの角の大きさも同じです。

3 直角三角形
辺のうち2本が接して直角（90°）を作っています。直角については、232ページで詳しく説明します。

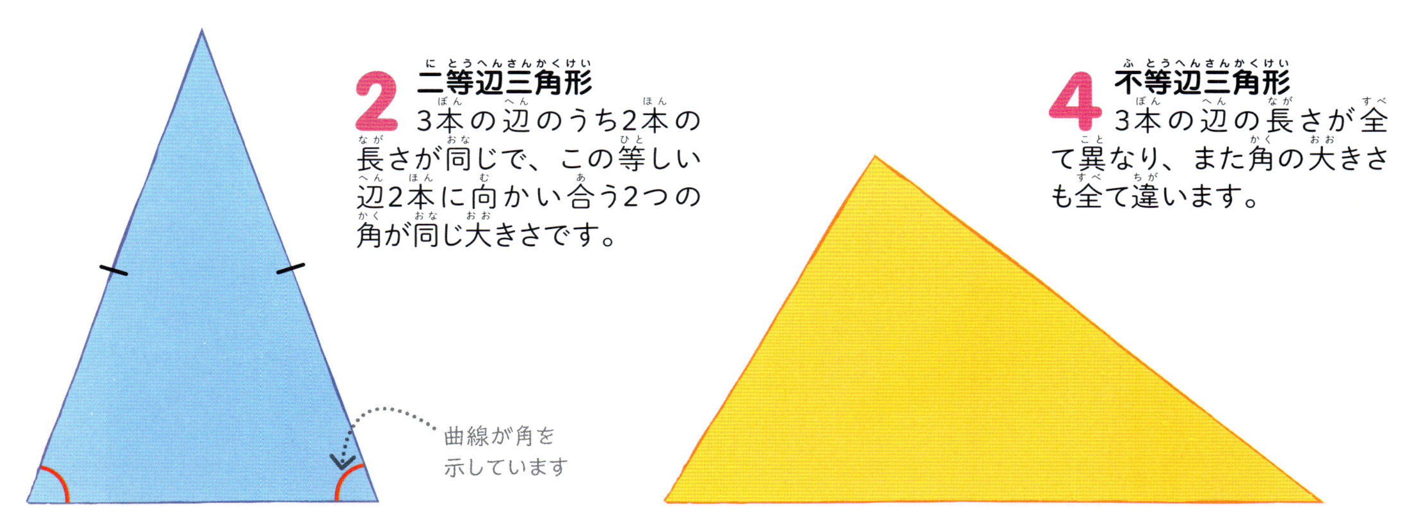

2 二等辺三角形
3本の辺のうち2本の長さが同じで、この等しい辺2本に向かい合う2つの角が同じ大きさです。

4 不等辺三角形
3本の辺の長さが全て異なり、また角の大きさも全て違います。

やってみよう

三角形のテスト

この図には、いろいろな種類の三角形が描かれています。正三角形、二等辺三角形、不等辺三角形、直角三角形をそれぞれ1つずつ見つけましょう。

答えは320ページ

四角形

4本の直線で囲まれている多角形を四角形というよ。

四角形というのは、直線の辺が4本、頂点が4つ、角が4つある多角形のことです。英語では四角形を quadrilateral といいますが、この「quad」は、ラテン語の「4」に由来しています。

四角形の種類

ここでは、最も一般的な四角形をいくつか紹介します。

対辺にダッシュ記号を付けて、同じ長さであることを表しています

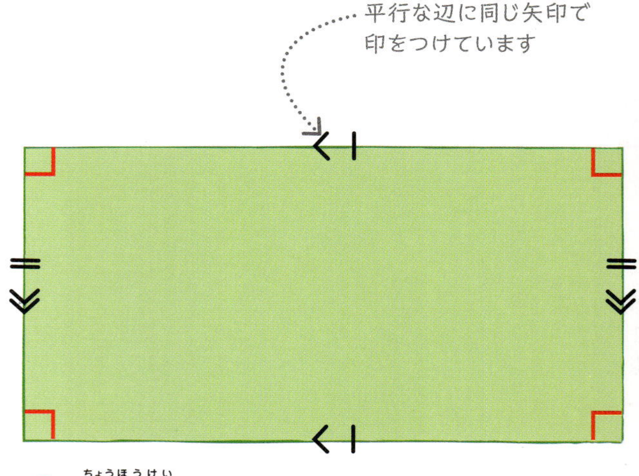
平行な辺に同じ矢印で
印をつけています

1 平行四辺形

平行四辺形には、平行な辺が2組あります。平行四辺形の対辺（向かい合う辺）と対角（向かい合う角）は、それぞれ等しくなっています。

2 長方形

長方形は、対辺が同じ長さで、互いに平行になっています。長方形の4つの角はどれも直角です。

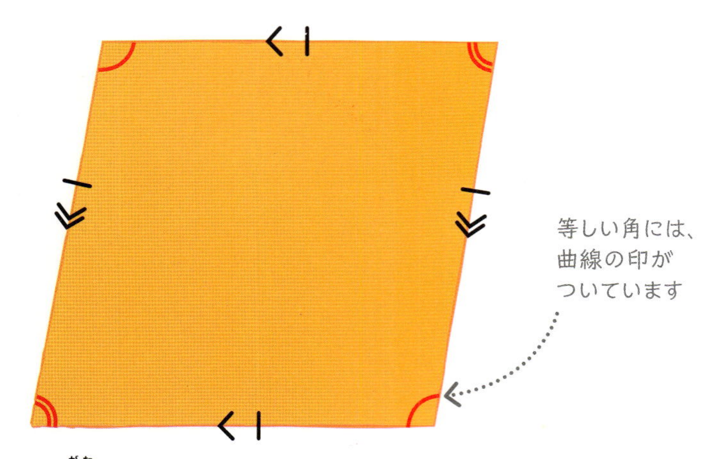
等しい角には、
曲線の印が
ついています

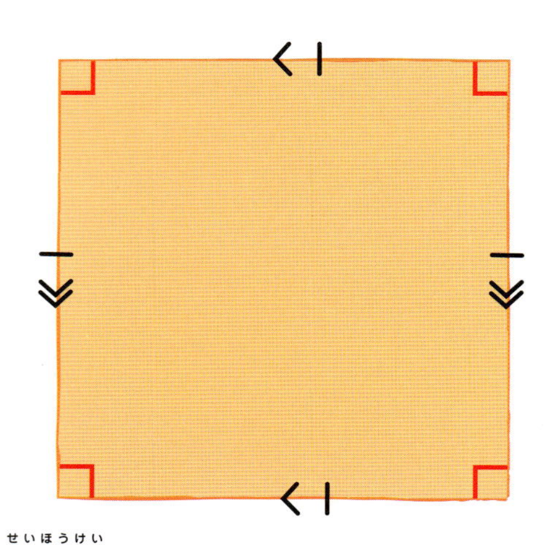

3 ひし形

ひし形には、長さの等しい辺が4本あります。対辺が平行になっていて、また対角が等しくなっています。

4 正方形

正方形には、長さの等しい辺が4本あります。4つの角はどれも直角です。正方形の対辺は平行になっています。

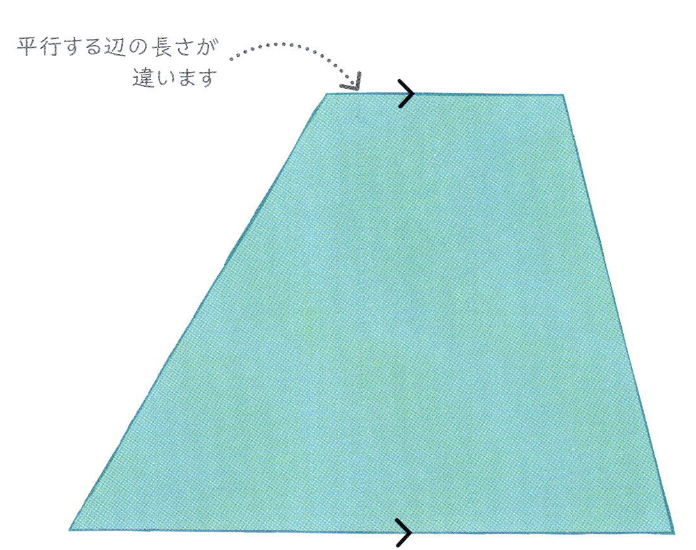
平行する辺の長さが
違います

平行でない辺が
同じ長さです

5 台形

台形には、平行な辺が1組あります。

6 二等辺四辺形（等脚台形）

この図形は普通の台形に似ていますが、平行でない辺が同じ長さになっているところが違います。

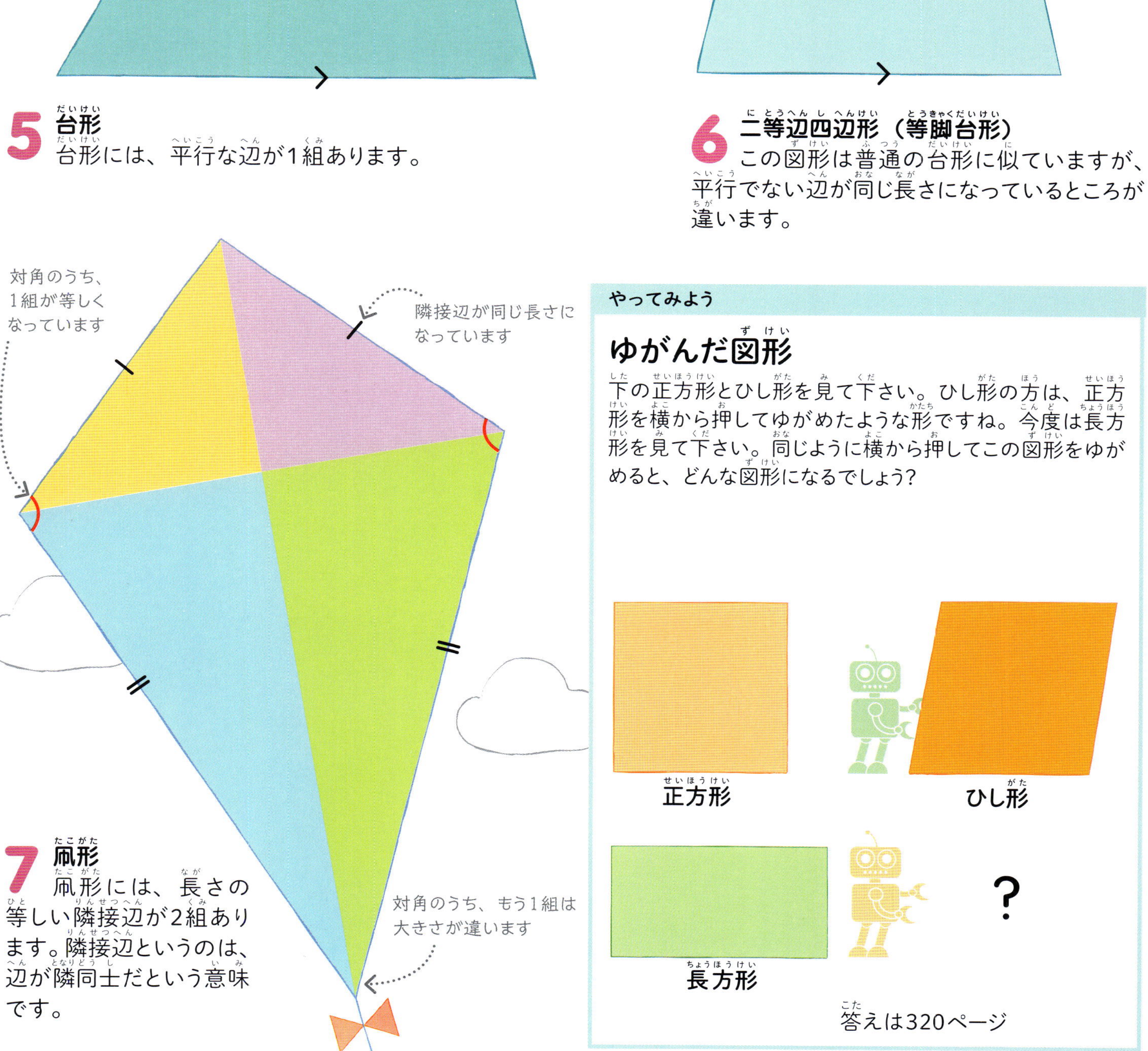
対角のうち、
1組が等しく
なっています
隣接辺が同じ長さに
なっています
対角のうち、もう1組は
大きさが違います

7 凧形

凧形には、長さの等しい隣接辺が2組あります。隣接辺というのは、辺が隣同士だという意味です。

やってみよう

ゆがんだ図形

下の正方形とひし形を見て下さい。ひし形の方は、正方形を横から押してゆがめたような形ですね。今度は長方形を見て下さい。同じように横から押してこの図形をゆがめると、どんな図形になるでしょう?

正方形　**ひし形**

長方形　?

答えは320ページ

多角形の名前

多角形は、辺と角の数によって名前が決まります。ここでは、最も一般的な多角形をいくつか紹介します。()内に表記したのは英語での呼び名です。英語では、多角形の名前のほとんどが、ギリシャ語の数を表す言葉に由来しています。

Triangle
（トライアングル）
3
3本の辺と
3つの角

正三角形

不規則三角形

多角形は、辺の数と
角の数が必ず同じに
なるんだよ。

Hexagon
（ヘキサゴン）
6
6本の辺と
6つの角

正六角形

不規則六角形

Heptagon
（ヘプタゴン）
7
7本の辺と
7つの角

正七角形

不規則七角形

身の回りの算数

六角形に入ったハチミツ

ハチの中には、自分たちが作ったハチミツを保管するため、体内で作られるミツロウで巣を造るものがいます。ハチの巣の小部屋は、ぴったりと組み合わせられる正六角形の形になっています。おかげで、頑丈で、広さも最大限に使えるハチミツ保管庫になっているのです。

正十角形

不規則十角形

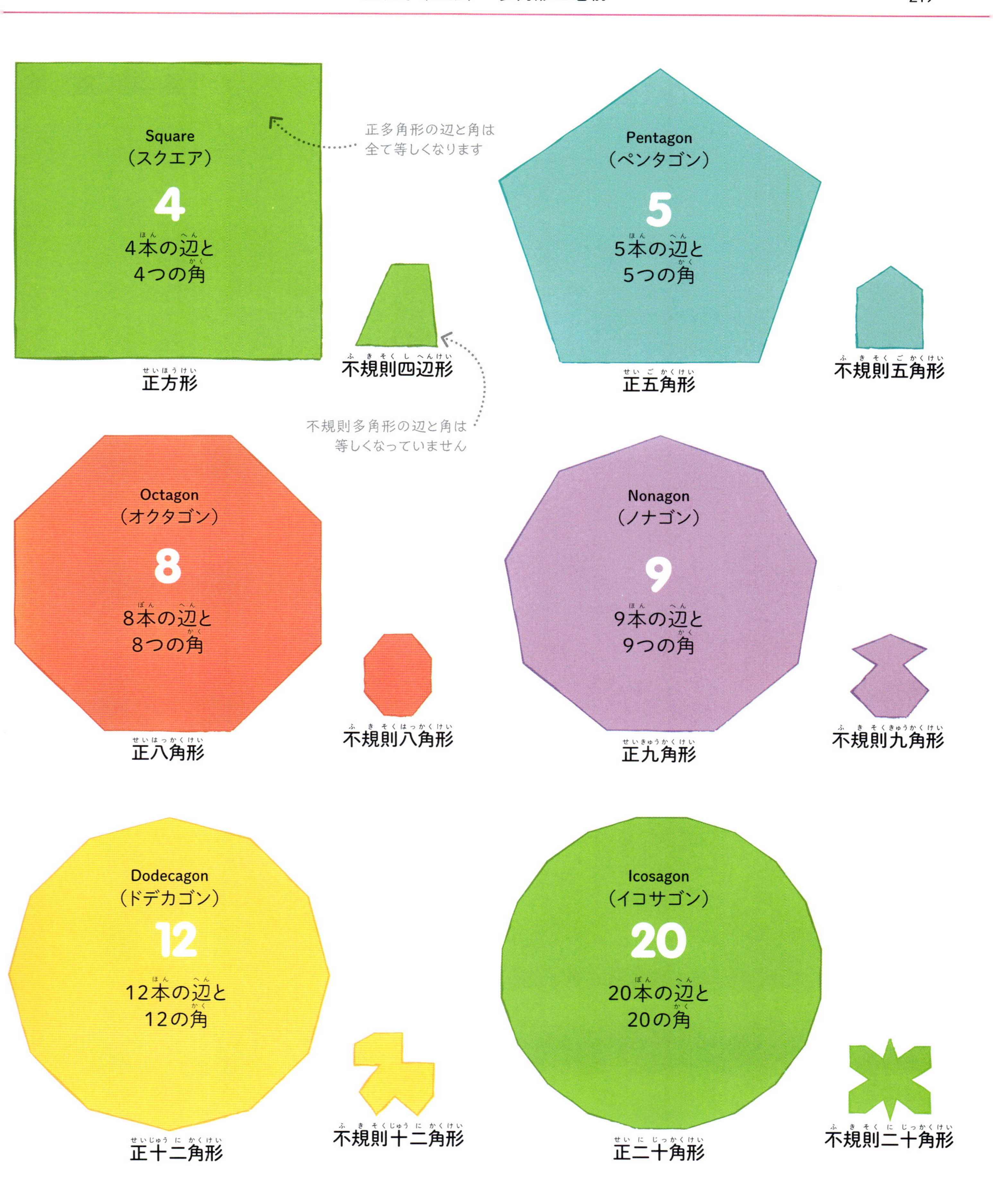
Square
（スクエア）
4
4本の辺と
4つの角
正方形
正多角形の辺と角は
全て等しくなります
不規則四辺形
不規則多角形の辺と角は
等しくなっていません
Pentagon
（ペンタゴン）
5
5本の辺と
5つの角
正五角形
不規則五角形
Octagon
（オクタゴン）
8
8本の辺と
8つの角
正八角形
不規則八角形
Nonagon
（ノナゴン）
9
9本の辺と
9つの角
正九角形
不規則九角形
Dodecagon
（ドデカゴン）
12
12本の辺と
12の角
正十二角形
不規則十二角形
Icosagon
（イコサゴン）
20
20本の辺と
20の角
正二十角形
不規則二十角形

円

コンパスなどで描いたような、まるい形のことを円といいます。

円の中心から円周上の点までの距離は、必ず同じになるんだよ。

円について

円については、他の平面図形で使わない特別な名前がついています。

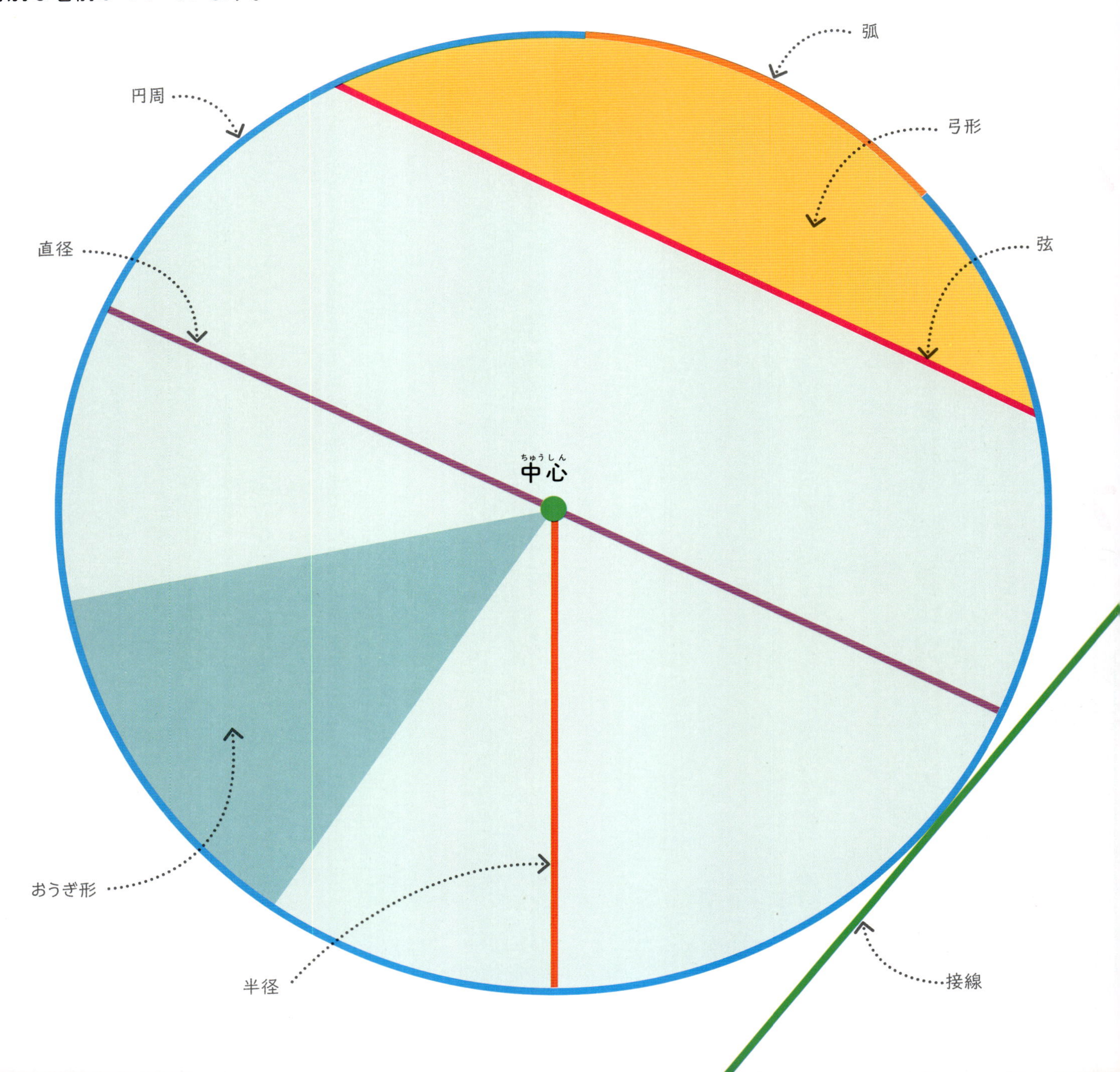

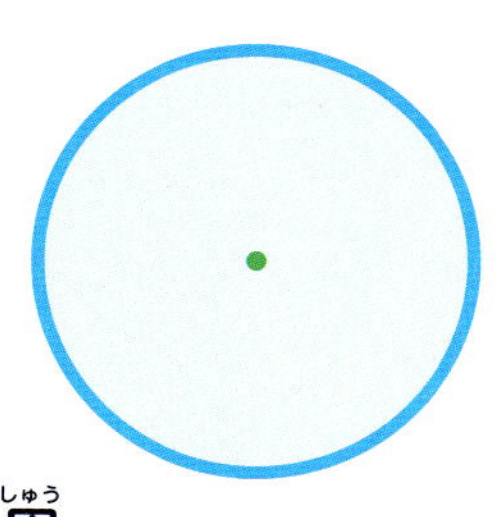

1 円周
円の一周分の距離。円の周りの長さ。

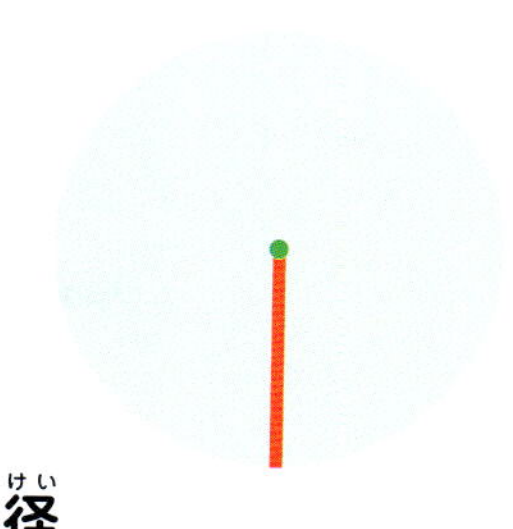

2 半径
円の中心から円周までの直線。

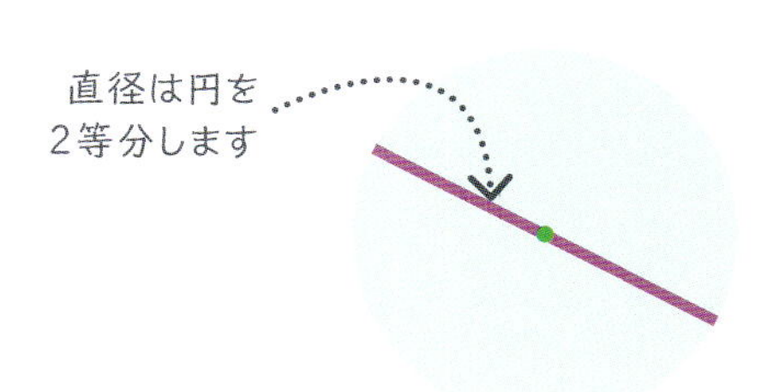

3 直径
円の中心を通って片側から反対側までを結ぶ直線。直径は半径の長さの2倍。

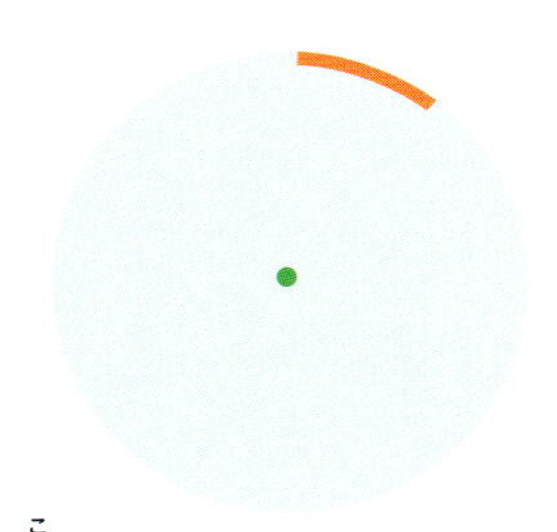

4 弧
円周の一部分のこと。

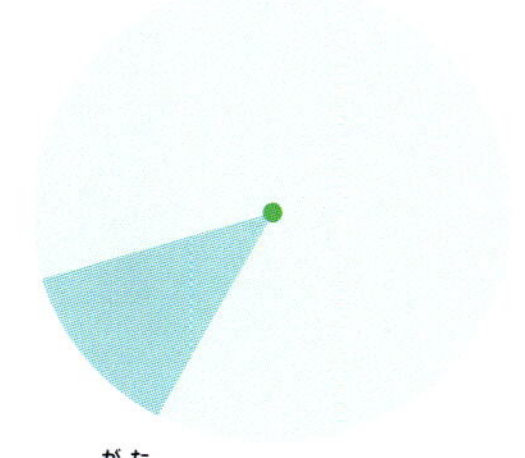

5 おうぎ形
2つの半径と弧が作る円の一部分。

6 面積
円周の内側の空間の大きさ。

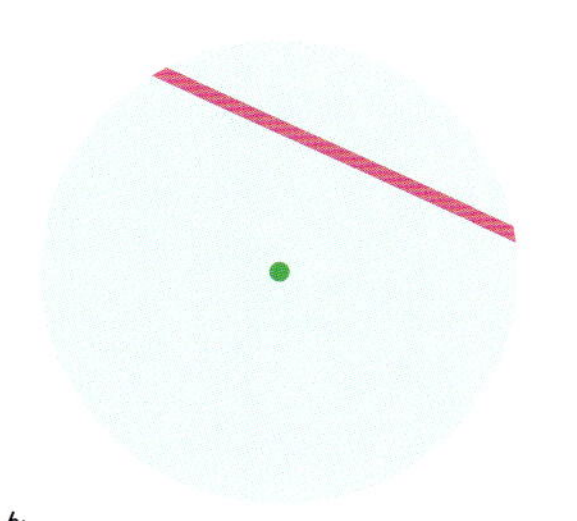

7 弦
中心を通らずに円周上の2つの点を結ぶ線。

8 弓形
弦と弧の間にある空間。

9 接線
円周の一点に接する直線。

やってみよう

円周を測ろう

円周を測るのに、定規は使えません。曲線は定規で測れませんからね！　けれども、ラッキーなことに、直径に3.14をかければ、どんな円の円周でも求められるのです。

答えは320ページ

1 まず、この車輪の直径を測りましょう。そして、その直径に3.14をかけて円周を求めます。

2 今度は、この円周にひもを置いてみましょう。そして、定規でひもの長さを測ります。答えは同じになったでしょうか？

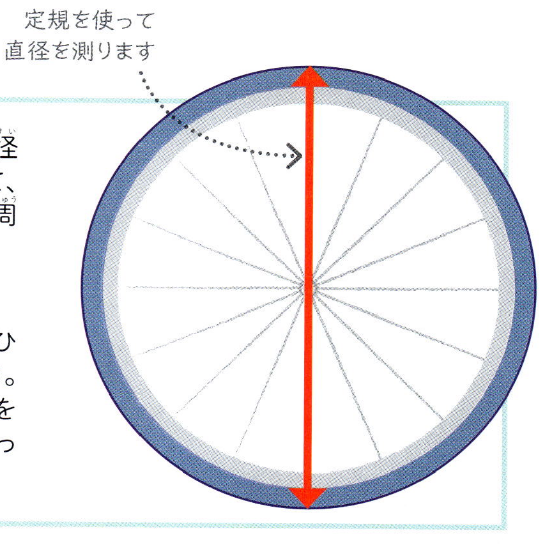

立体図形

立体図形とは、縦、横、高さのある三次元図形のことです。岩のように中身が詰まっているものもあれば、ボールのように中が空洞になっているものもあります。

どんな立体図形にも「縦、横、高さ」という3つの寸法があるんだよ。平面図形には、「縦と横」または「底辺と高さ」のどちらかしかないんだ。

1 この温室の絵を見て下さい。この温室は、平らな表面、継ぎ目、そして角でできていますね。幾何学では、この3つを面、辺、そして頂点といいます。

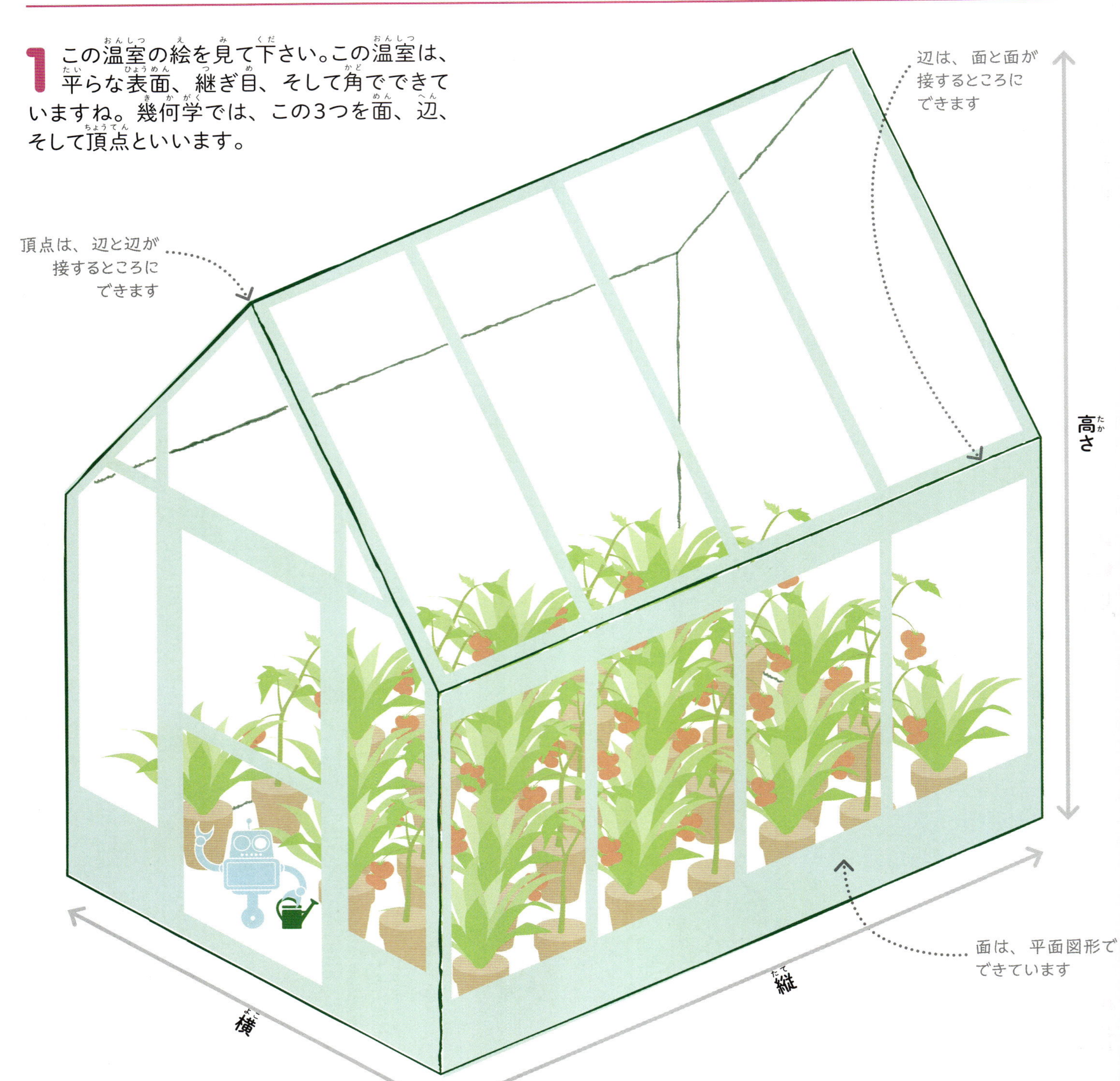

辺は、面と面が接するところにできます
頂点は、辺と辺が接するところにできます
高さ
面は、平面図形でできています
縦
横

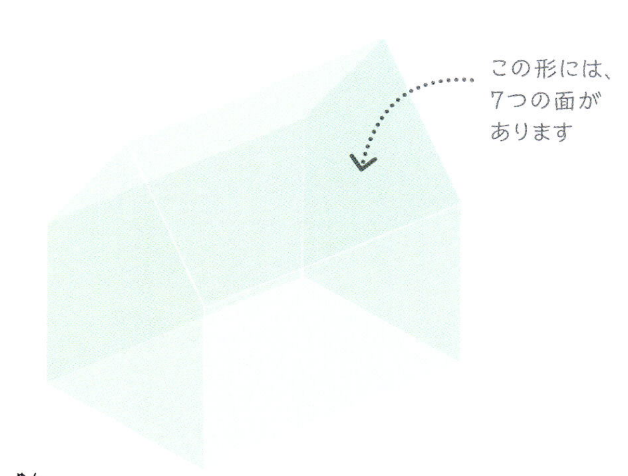

2 面

三次元の物体の表面は、面という平面図形でできています。面は、平らなこともあれば、曲がっていることもあります。

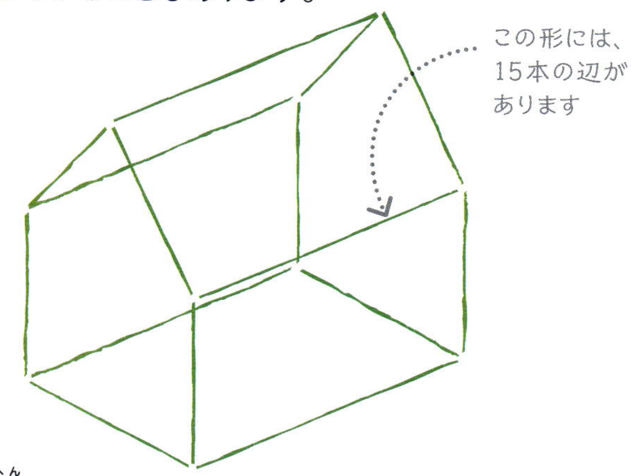

3 辺

辺というのは、三次元の物体の面2つ以上が接したときにできるものです。

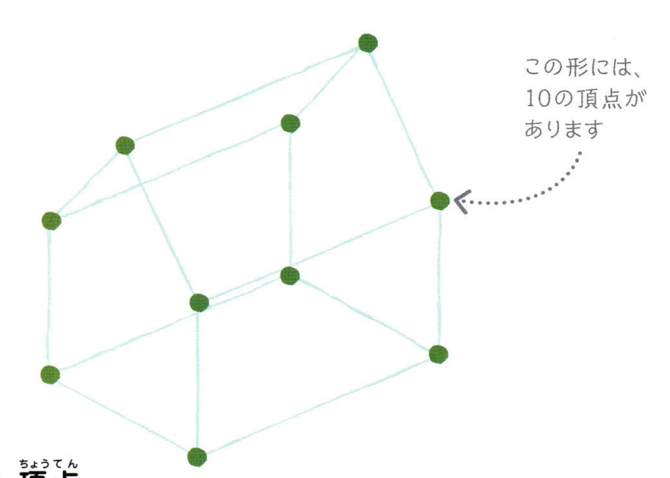

4 頂点

2本以上の辺が集まるところにある点を、頂点といいます。

やってみよう

探してみよう

この立体図形の面、辺、頂点は、それぞれいくつあるでしょう?

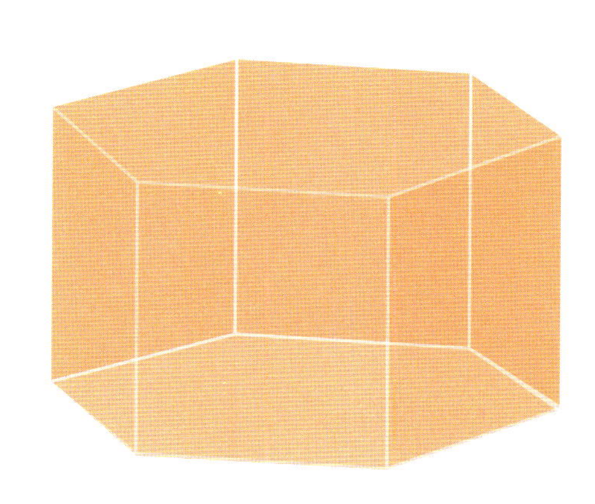

答えは320ページ

身の回りの算数

三次元の世界

縦、横、高さのあるものは、どんなものでも必ず三次元です。厚さが1 mm もない紙1枚のような薄い物体でも、少しは高さがあるので、これも三次元になります。この鉢植えのように、さまざまな寸法があって測りにくい複雑な形も、やはり三次元なのです。

立体図形の種類

三次元の物体の形や大きさはさまざまですが、幾何学でよく出てくるものがいくつかあります。それでは、最も一般的な立体図形について、もっと詳しく見てみましょう。

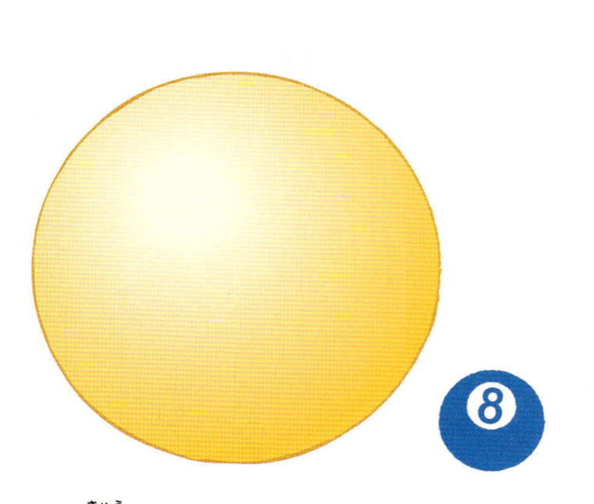

2つの半球の
平らな面を合わせると、
球が1つできます

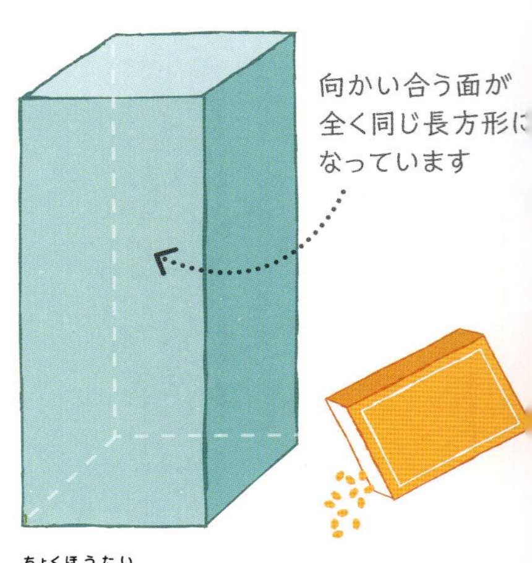

1 球

球というのは、丸い立体のことです。球には表面が一つあるだけで、辺や頂点はありません。表面上の点は、どれも球の中心からの距離が同じになります。

2 半球

半球というのは、球の半分の名前です。半球には、平らな表面と曲がった面が1つずつあります。

3 直方体

直方体というのは、6つの面、8つの頂点、そして12本の辺がある箱のような形です。直方体の向かい合う面は、全く同じです。

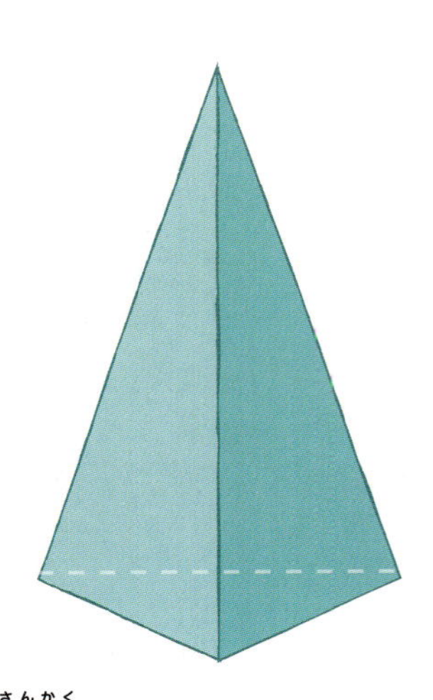

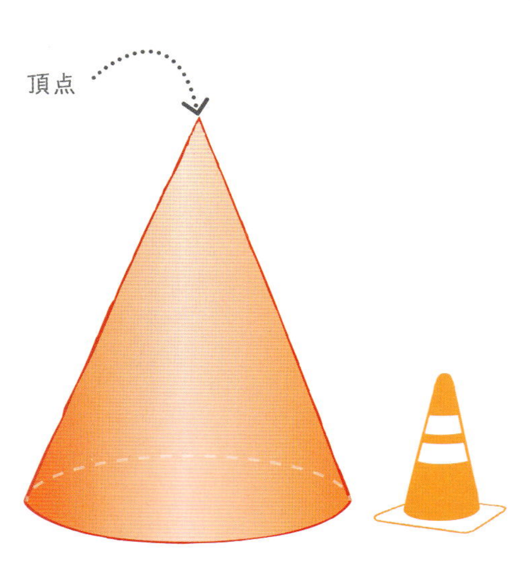

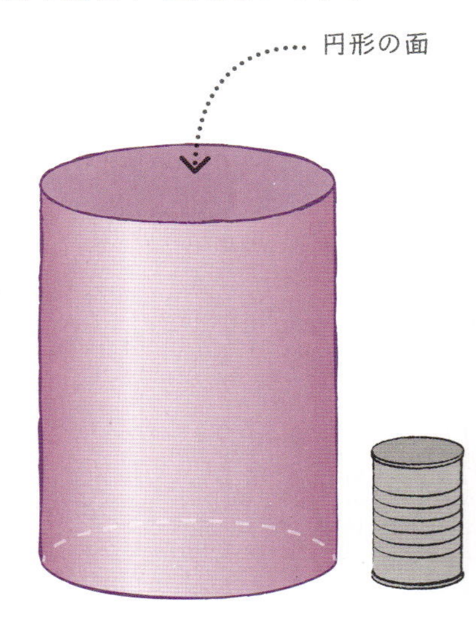

5 三角すい

三角すいは「四面体」ともいいます。三角すいには、4つの面、4つの頂点、そして6本の辺があります。現実の世界では、このような角すいはめったに見られません。

6 円すい

円すいには、円形の底面と曲がった表面があります。この表面は、底面の中心の真上にある点まで続きます。

7 円柱

円柱には、1つの曲がった表面があり、これにつながる底面2つは全く同じ円形です。

ほとんどの立体図形は、面、辺、そして頂点でできているけど、球には辺や頂点が一つもないんだよ。

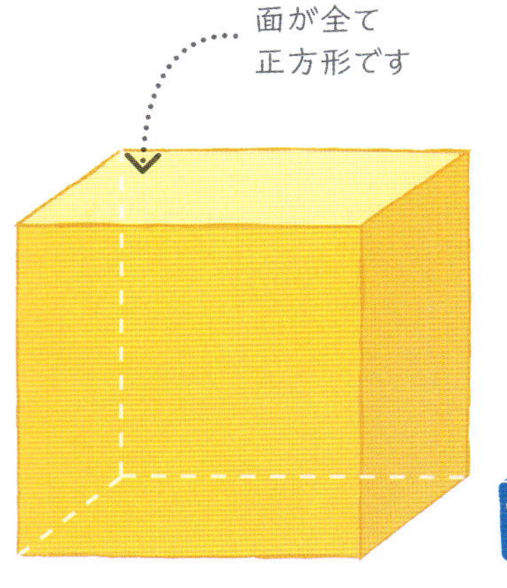

4 立方体

立方体というのは、特殊な直方体です。6つの面、8つの頂点、12本の辺があるのは直方体と同じですが、立方体の辺は全部同じ長さで、面は全て正方形になっています。

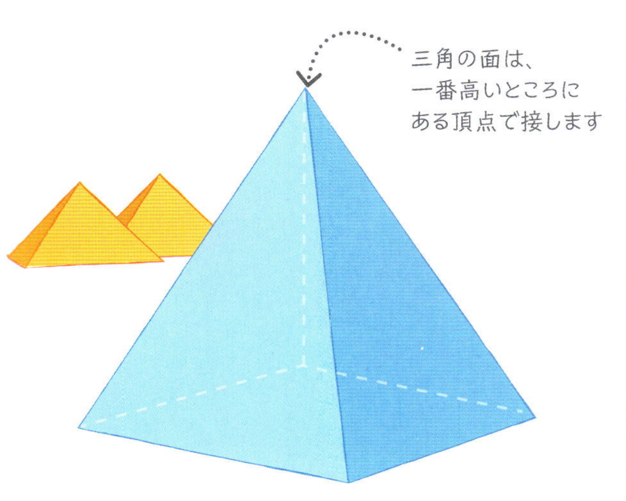

8 四角すい

四角すいは、正方形の面にのっています。その他の面は三角形です。四角すいには、頂点が5つ、辺が8本あります。

正多面体

正多面体というのは、同じ形と大きさの正多角形が面になっている立体図形のことです。正多面体は5種類しかありません。この5種類は、古代ギリシャの数学者、プラトンにちなんで「プラトンの立体」と呼ばれています。

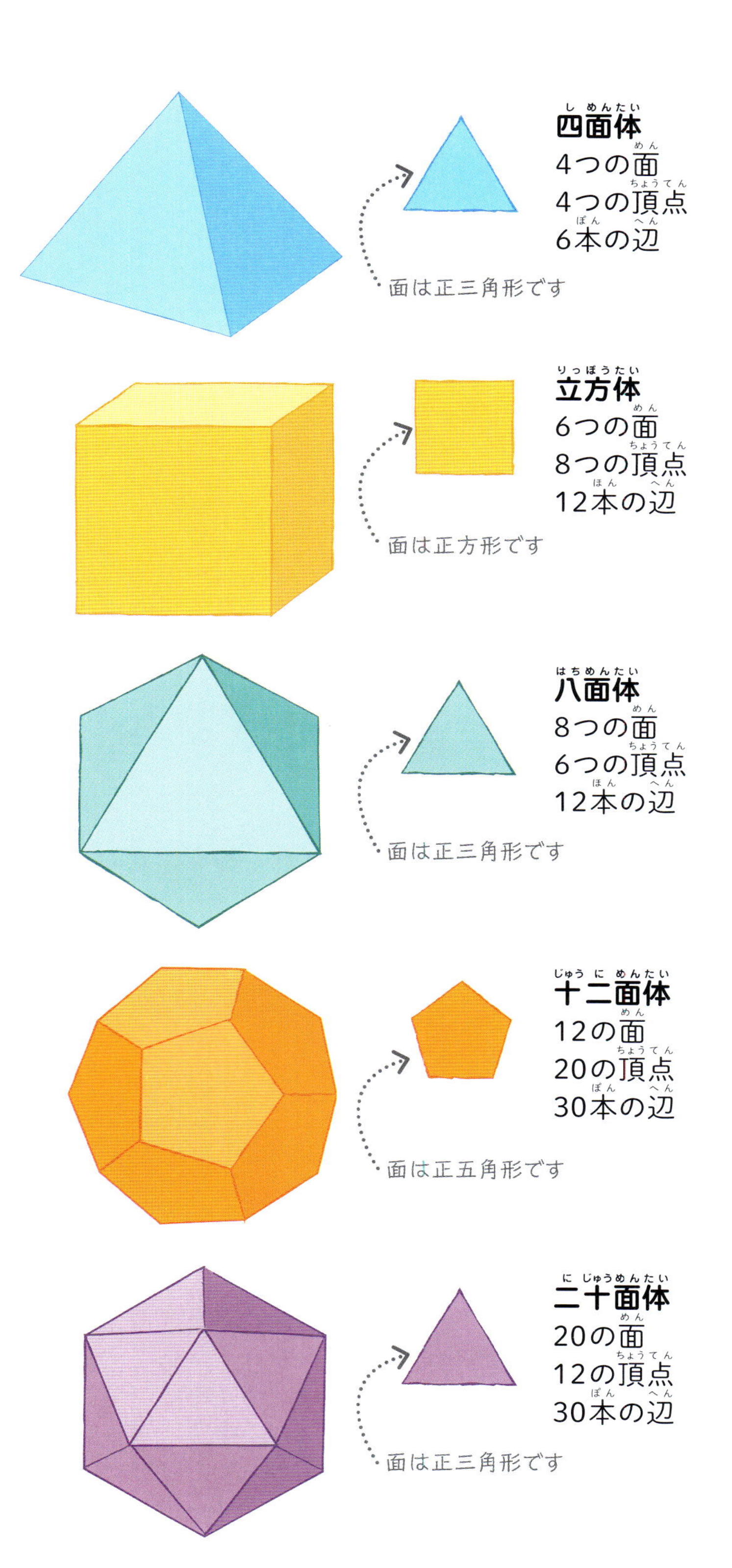

角柱

角柱というのは、特殊な立体図形です。角柱は多面体ですので、全ての面が平らになっています。また、2つの底面は形と大きさが同じで、互いに平行になっています。

角柱の断面は、端から端まで形と大きさが変わらないよ。

角柱を見つけよう

こちらのキャンプ場の絵を見て下さい。いくつかの角柱に矢印がついていますが、他の角柱も見つけられるでしょうか？全部で8つ見つかるはずです。探してみましょう。

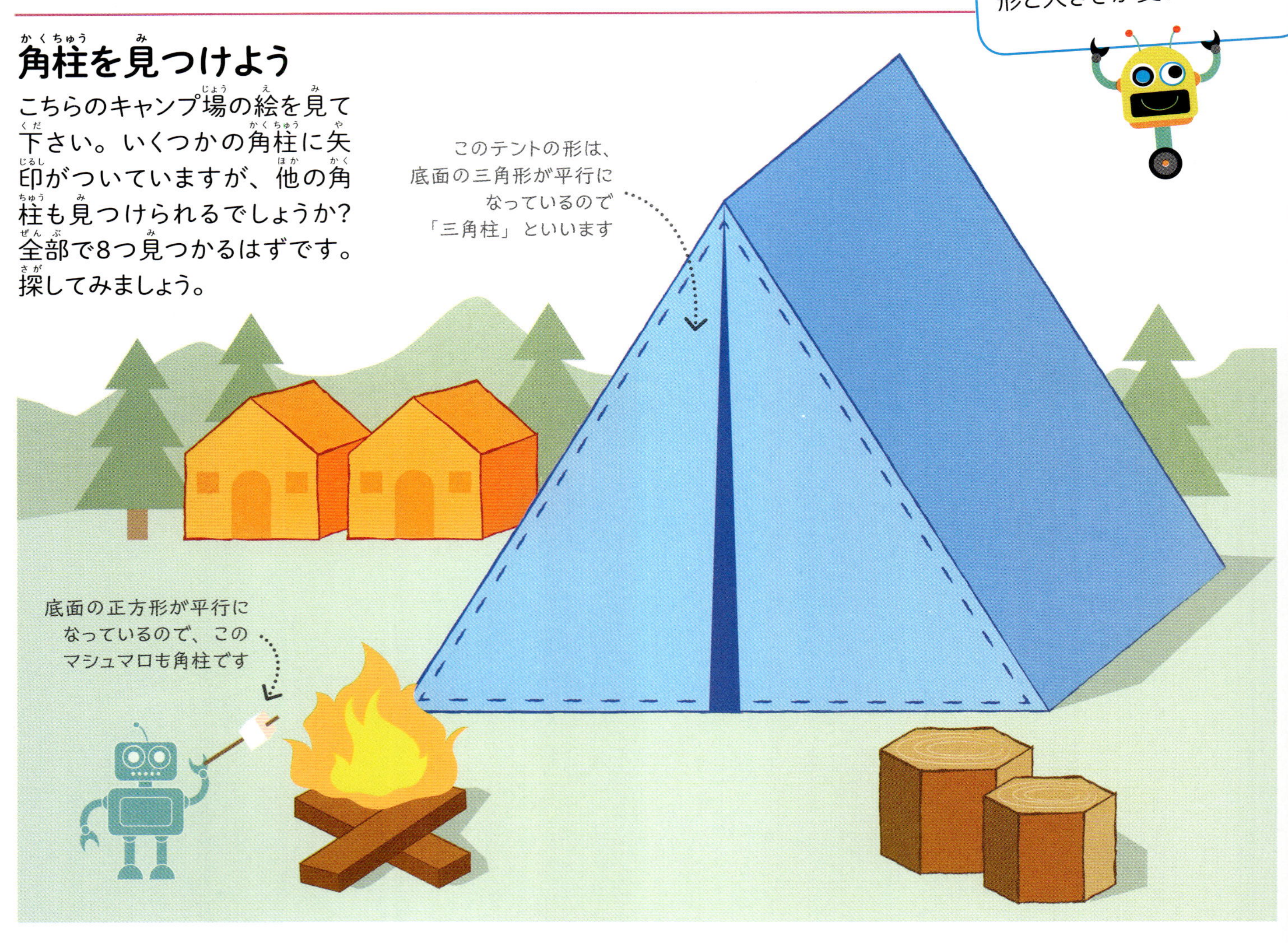

このテントの形は、底面の三角形が平行になっているので「三角柱」といいます
底面の正方形が平行になっているので、このマシュマロも角柱です

断面

底面の1つと平行になるように角柱を切った場合、新しくできた面のことを「断面」といいます。断面は、形と大きさが元の底面と同じになります。

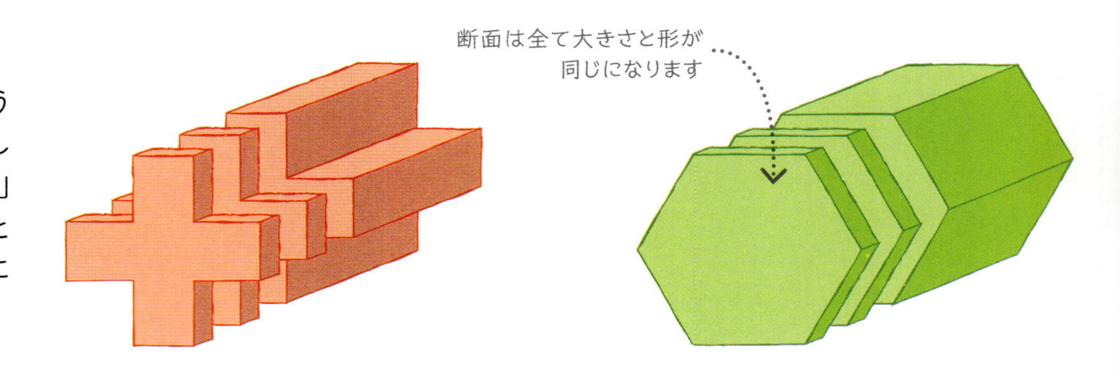

角柱の種類

幾何学では、たくさんの角柱が出てきます。ここでは、最も一般的なものをいくつか紹介します。

角柱の側面は、長方形でできています

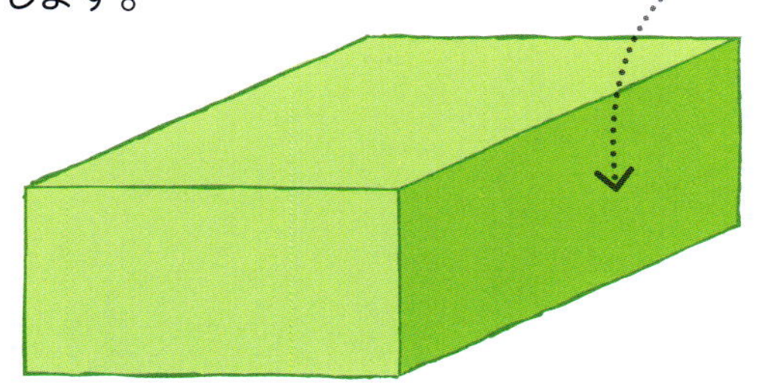

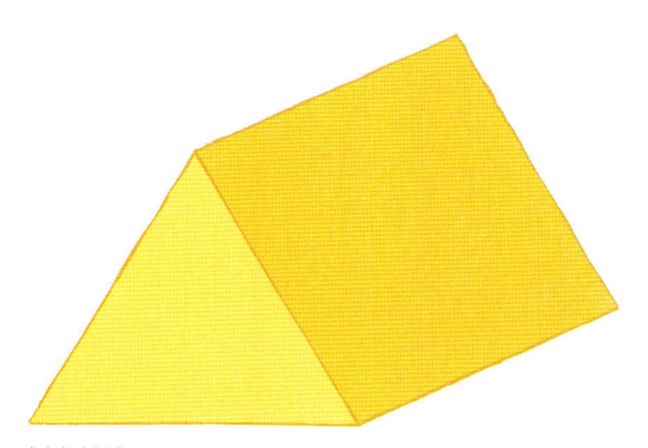

1 直方体
直方体は角柱の1つです。両端の底面が長方形なので、長方形角柱ともいいます。

2 三角柱
三角柱は、先ほどのテントのように、両端が三角形になっています。

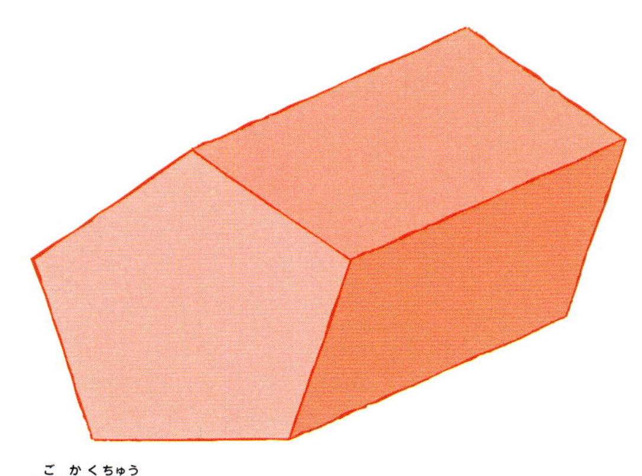

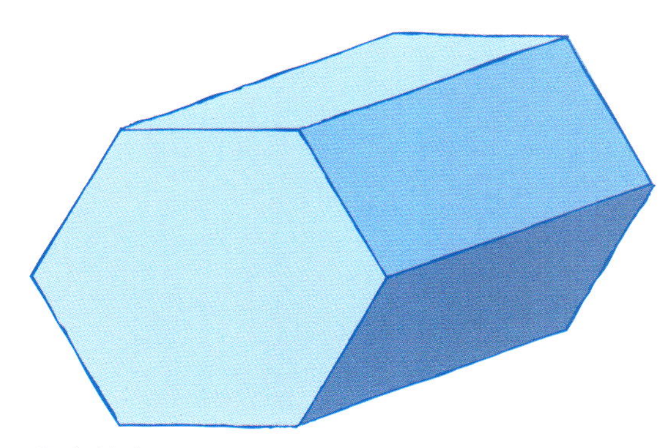

3 五角柱
五角柱は、2つの底面が五角形、5つの側面が長方形になっています。

4 六角柱
六角柱は、平行する底面2つが六角形、つまり6つの辺に囲まれた多角形になっています。

やってみよう

角柱ではない図形を当てよう

右の形のうち、角柱でないものはどれでしょう？　まずは、両端に平行する面があるかどうか確かめて下さい。また、底面と平行になるように図形を切った場合、全ての断面が同じになるかどうかを考えてみましょう。

答えは320ページ

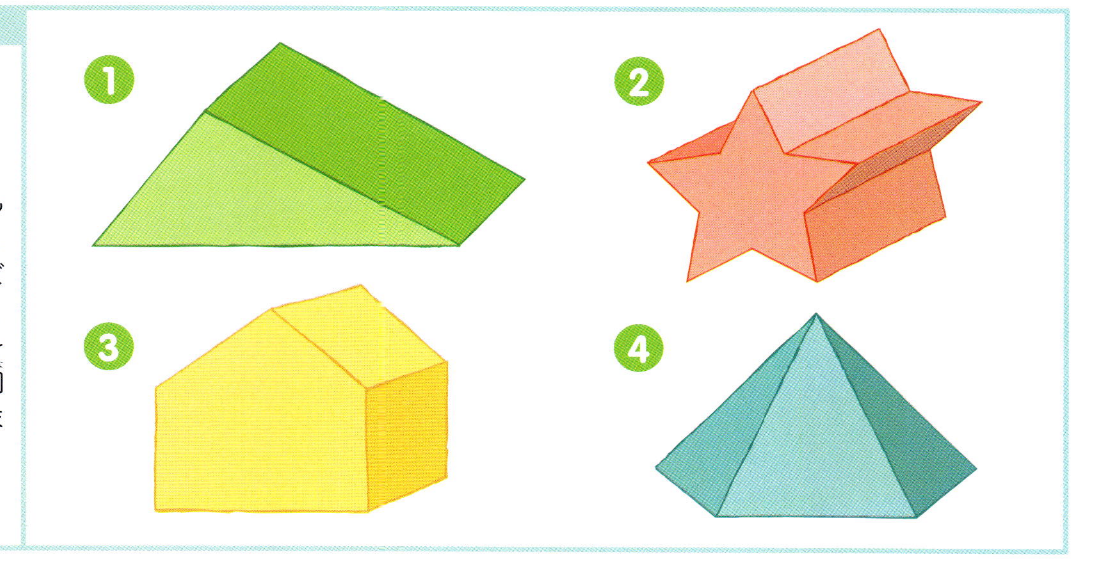

展開図

展開図というのは、立体図形を平面上に広げたときの図のことだよ。

展開図とは、立体図形を作るために切り抜き、折り曲げ、貼り合わせる平面図形のことです。このページのように、立方体の展開図も1種類ではなくいろいろあります。

立方体の展開図

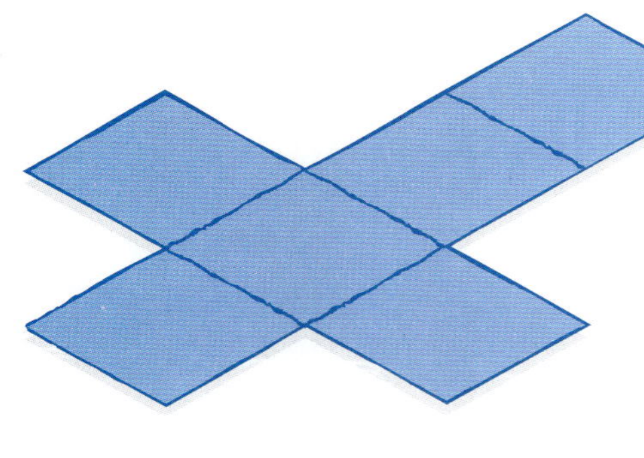

1 6つの正方形でできたこの図形を折り曲げると、立方体ができます。幾何学では、「この形は立方体の展開図です」といいます。

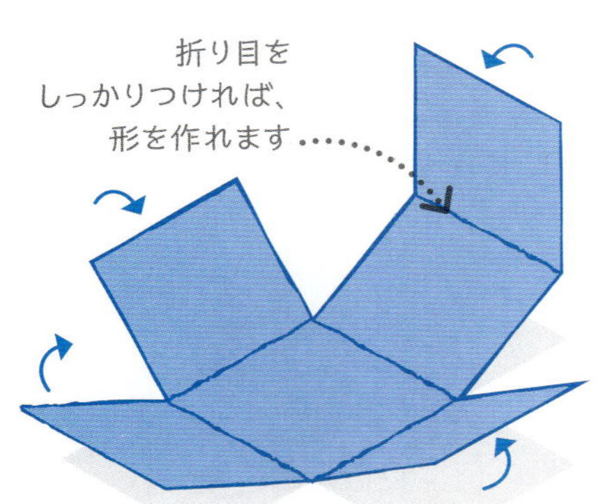

折り目をしっかりつければ、形を作れます

2 この図形は、正方形を分けている線が折り目になっています。線を折り曲げたところは、立方体の辺になります。

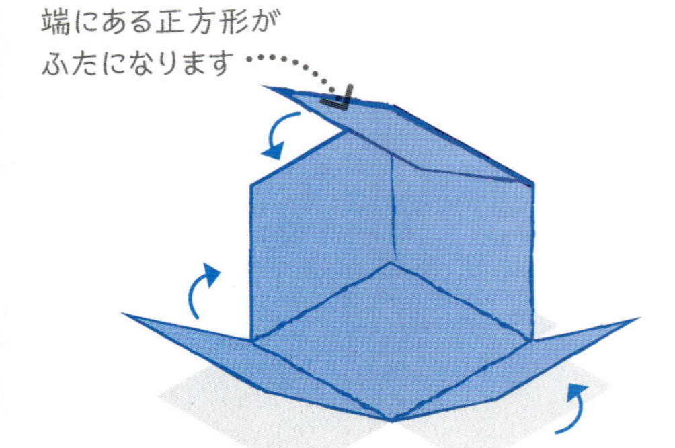

3 中心にある正方形の周りの正方形は、立方体の側面になります。中心にある正方形から一番離れた正方形が、ふたの部分になります。

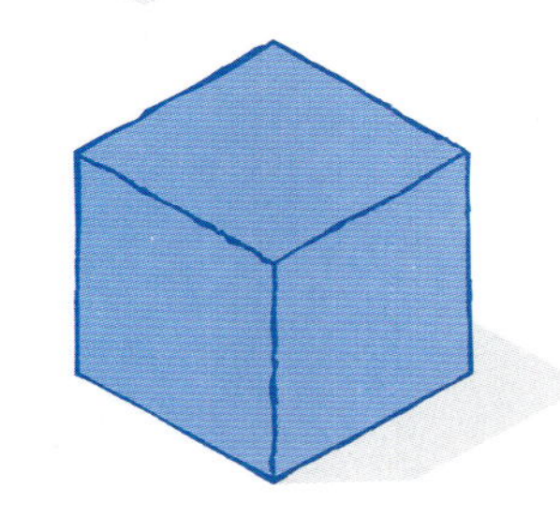

4 これで、平面の展開図が立方体になりました。

やってみよう

展開図をもっと探そう

立方体の展開図がもう3種類並んでいます。立方体には、なんと11種類の展開図があります。他の展開図がどんな形になるのか、考えてみましょう。

1

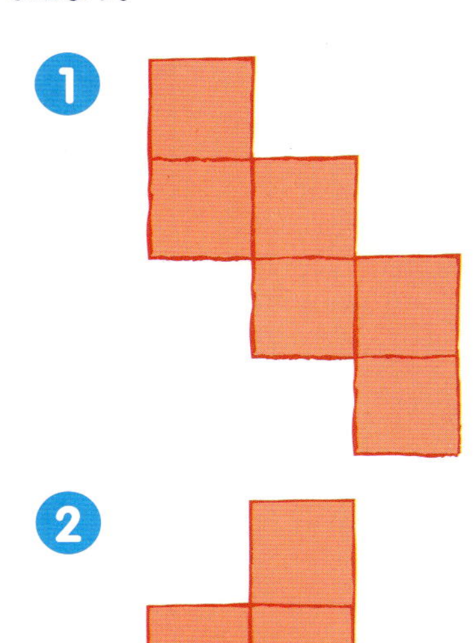

2

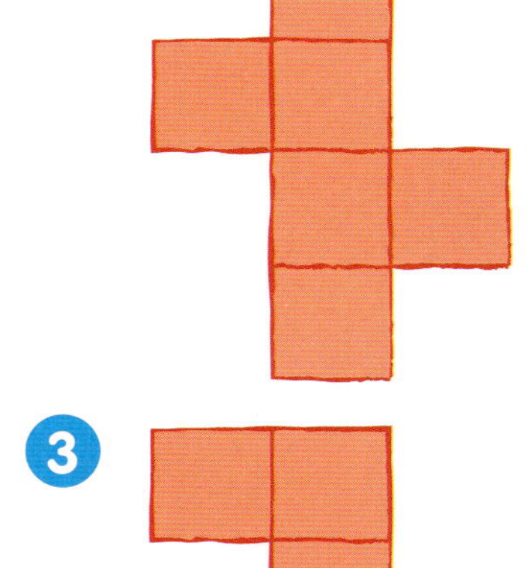

3

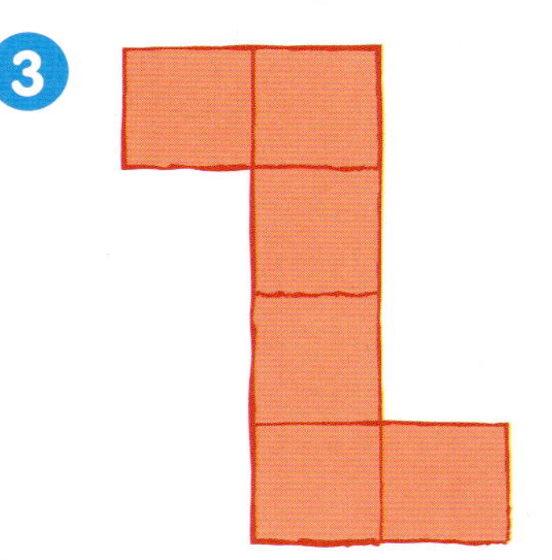

答えは320ページ

その他の立体図形の展開図

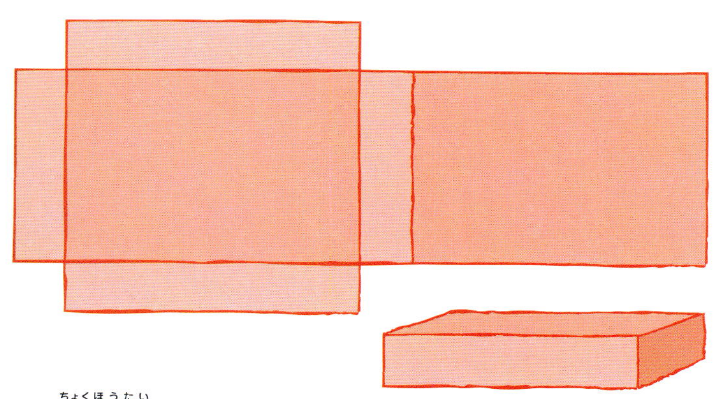

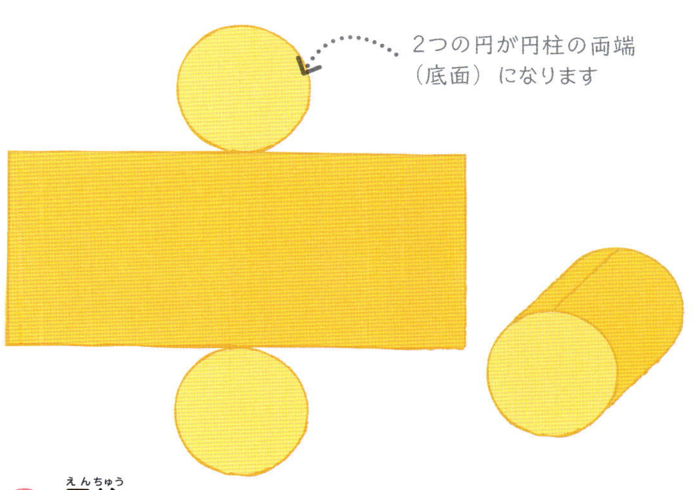

1 直方体
直方体の展開図は、3種類の大きさの長方形6つでできています。

2 円柱
円柱の展開図は、円2つと長方形1つだけでできています。

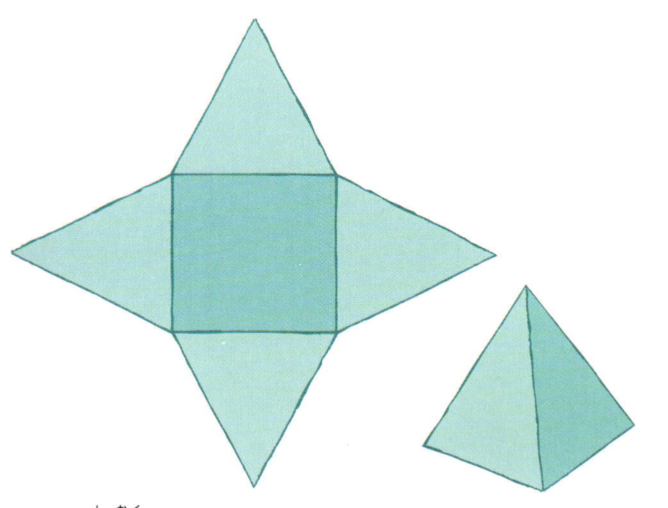

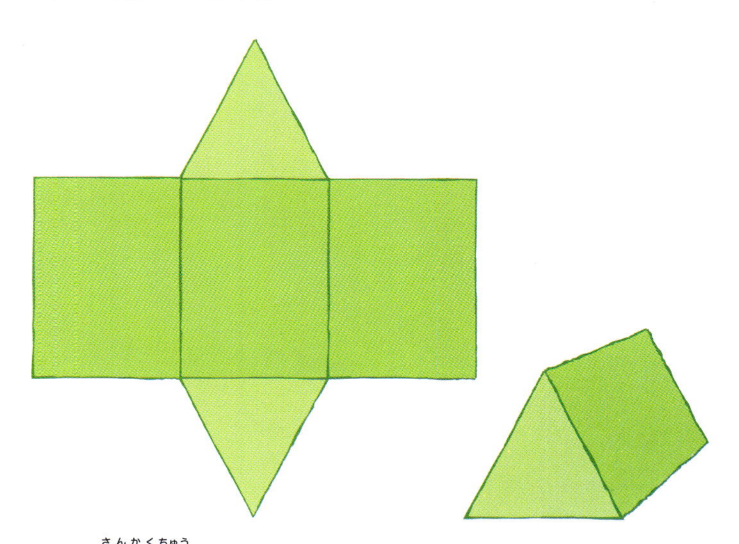

3 四角すい
正方形1つと三角形4つで、四角すいの展開図ができます。

4 三角柱
三角柱は、長方形3つと三角形2つの展開図からできています。

身の回りの算数

箱にはのりしろが必要
本物の立体図形の展開図を描くときは、普通、のりしろをつけます。のりしろというのは、いくつかの形の横につける折り込み部分のことで、これがあると箱を貼り合わせるのが楽になります。空になった箱を分解してみると、のりしろが出てきます。こののりしろの部分が、箱を作るときにのりづけされていたのです。

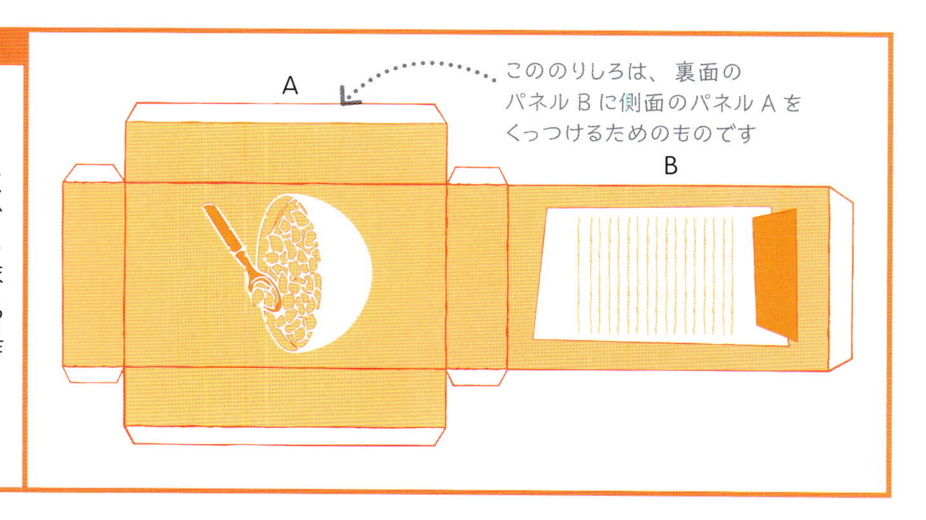

A
B
こののりしろは、裏面のパネルBに側面のパネルAをくっつけるためのものです

角度

角度というのは、ある方向から別の方向へ回転したときにできた形の大きさのことです。また、1つの頂点からでている2本の線の間にできる形でもあります。

角度というのは、決まった点の周りをどれだけ回転したかを測ったものなんだよ。

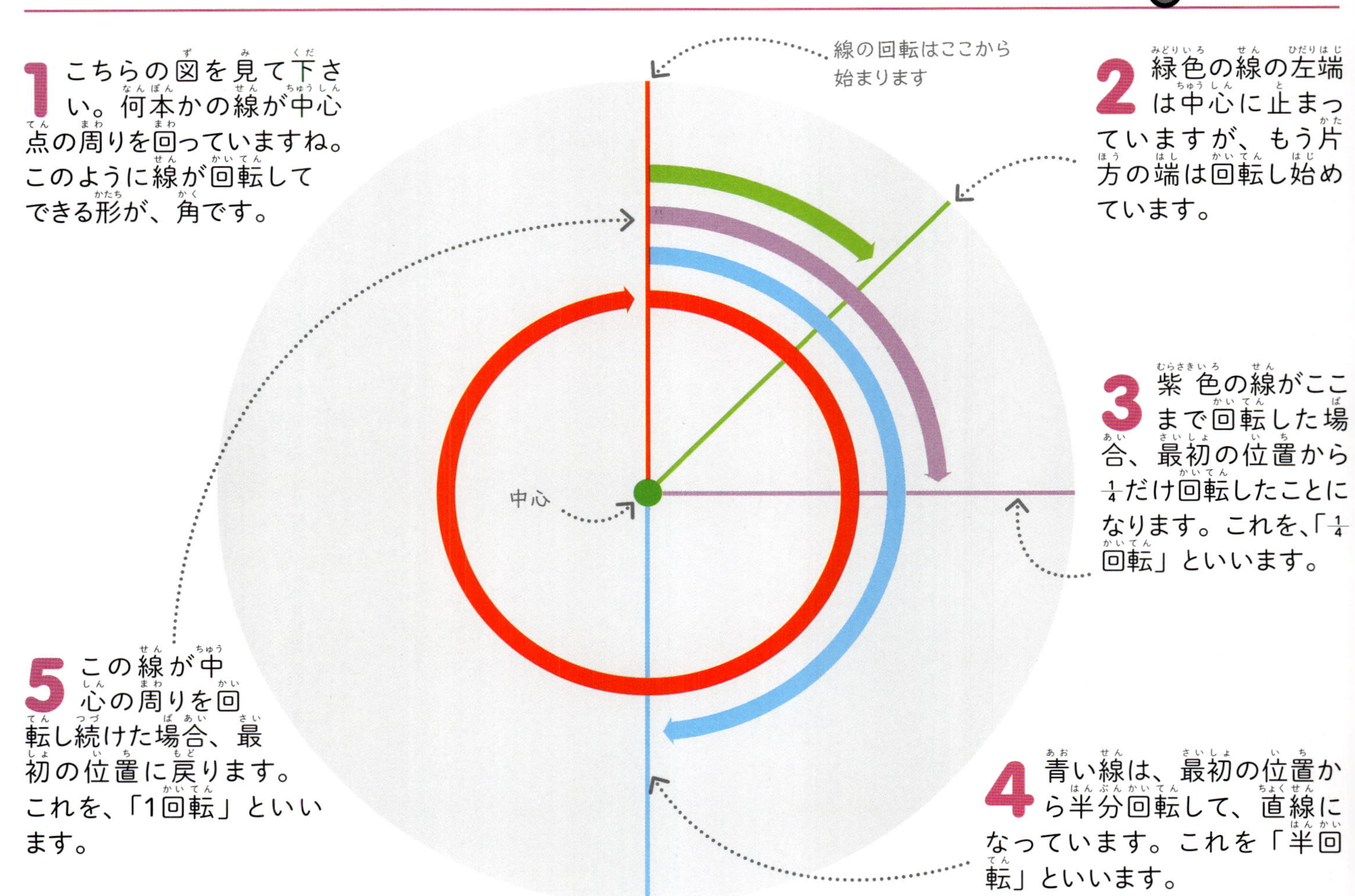

線の回転はここから始まります
中心

1 こちらの図を見て下さい。何本かの線が中心点の周りを回っていますね。このように線が回転してできる形が、角です。

2 緑色の線の左端は中心に止まっていますが、もう片方の端は回転し始めています。

3 紫色の線がここまで回転した場合、最初の位置から$\frac{1}{4}$だけ回転したことになります。これを、「$\frac{1}{4}$回転」といいます。

4 青い線は、最初の位置から半分回転して、直線になっています。これを「半回転」といいます。

5 この線が中心の周りを回転し続けた場合、最初の位置に戻ります。これを、「1回転」といいます。

角度の表し方

角度は、1つの頂点からでている2つの辺の間にできるので、辺の間に弧を描いて表します。角度の大きさは、弧の内側か横に書きます。

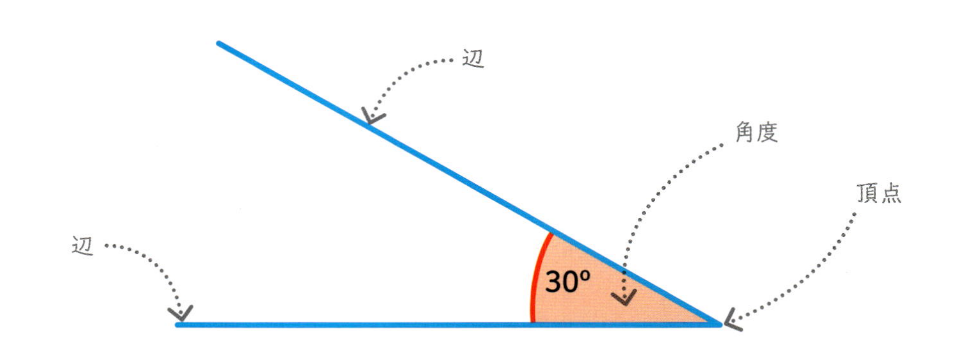

度

回転の大きさを正確に表すには、「度」という単位を使います。こうして角度の大きさを測るのです。度の記号は数字の右上に「°」という小さな丸を書きます。

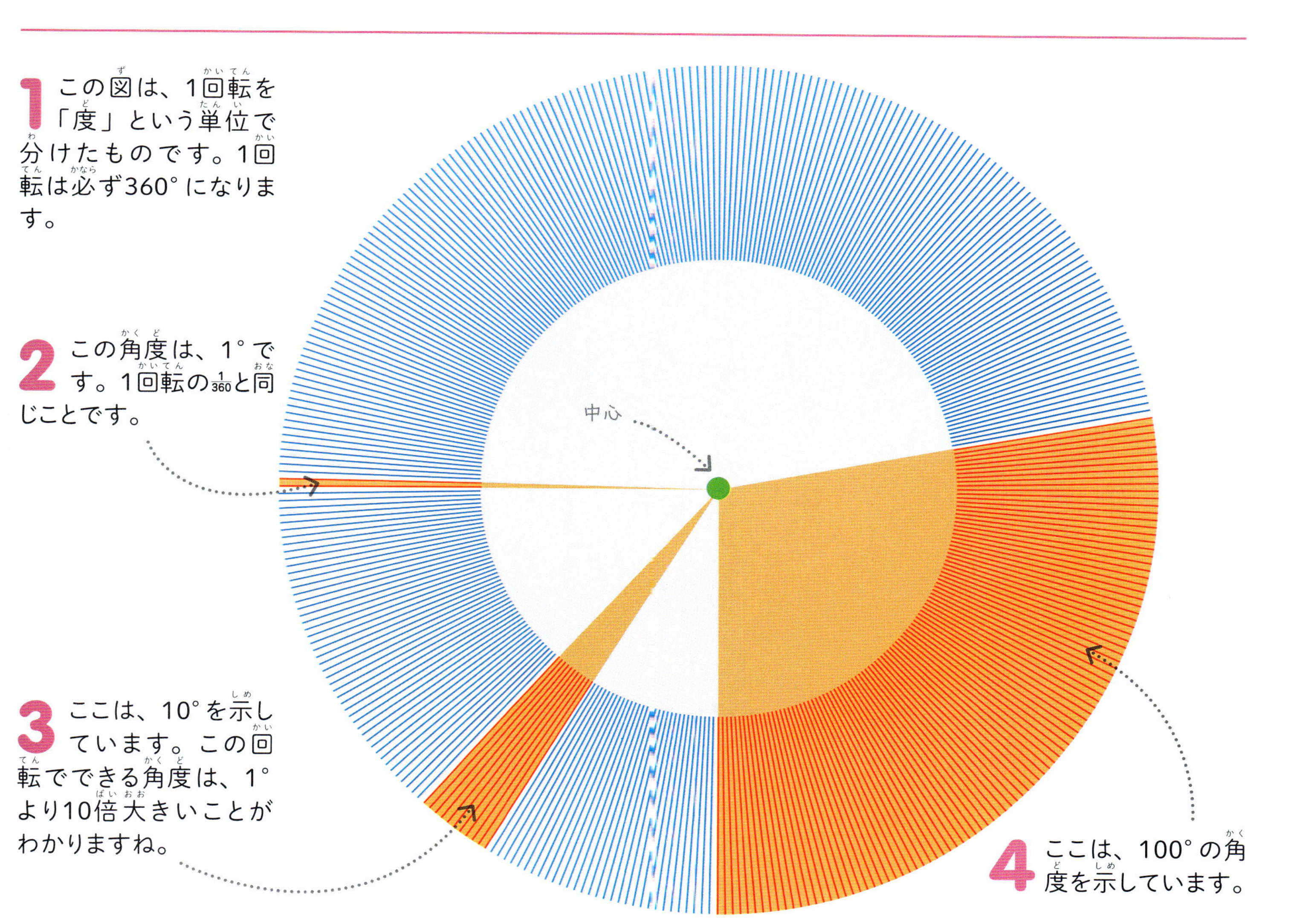

1 この図は、1回転を「度」という単位で分けたものです。1回転は必ず360°になります。

2 この角度は、1°です。1回転の$\frac{1}{360}$と同じことです。

3 ここは、10°を示しています。この回転でできる角度は、1°より10倍大きいことがわかりますね。

4 ここは、100°の角度を示しています。

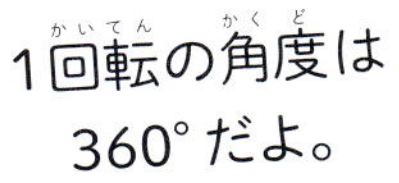

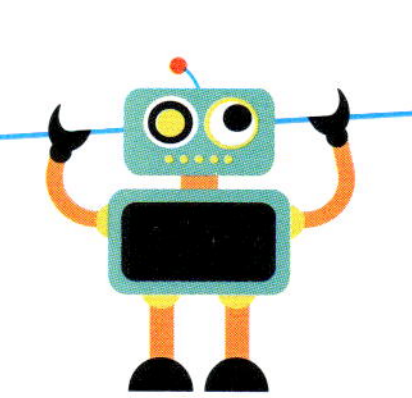

暮らしの中の算数

なぜ360°なの？

1回転が360°になっている理由を説明する理論の1つに、「古代バビロニアの天文学者が1回転を360の部分に分けたから」というものがあります。なぜ360に分けたかというと、古代バビロニア人は1年を360日間としていたからです。

直角

直角は、幾何学では重要な角です。実際に、特別な記号がつけられているくらい重要です！

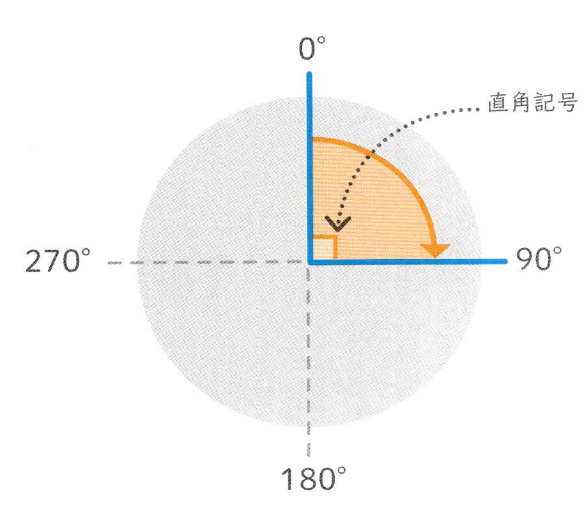

1 上のような$\frac{1}{4}$回転は90°です。これを「直角」といいます。直角に印をつけるときは、「∟」のような角記号をつけます。記号の横に「90°」と書く必要はありません。

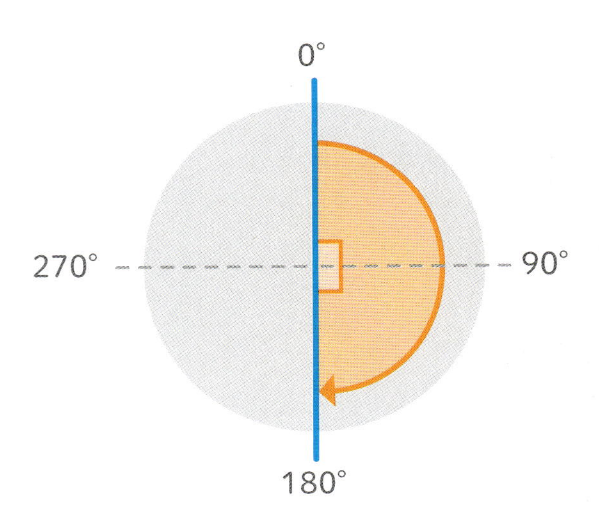

2 半回転は180°です。この角度は直線になるので、「平角」ともいいます。平角というのは、2つの直角だと考えることもでき、2直角ともいいます。

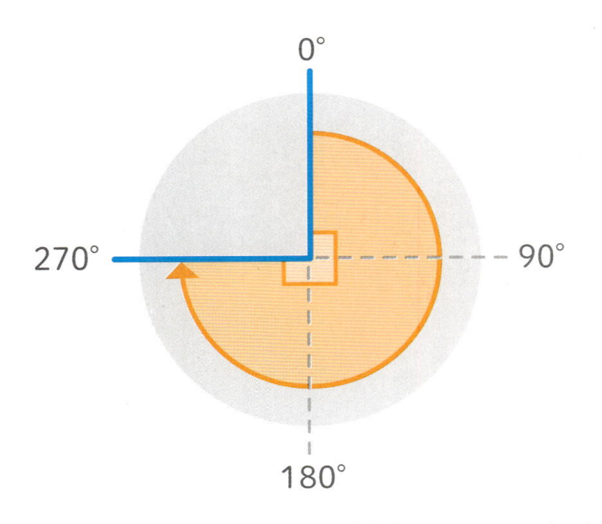

3 $\frac{3}{4}$回転は270°です。この角度は、3つの直角でできています。3直角ともいいます。

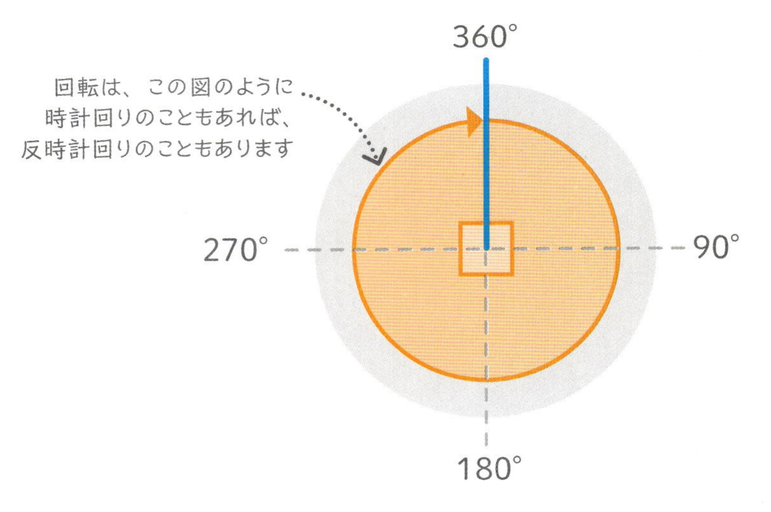

360°
回転は、この図のように
時計回りのこともあれば、
反時計回りのこともあります
270°
90°
180°

4 1回転というのは、直線が動き始めたところまで1周することです。これは360°です。1回転は、4つの直角でできていて、4直角ともいいます。

角度の種類

角度の種類には、直角の他にも重要なものがあり、それぞれの大きさによって違う名前がついています。

1 鋭角

角度が90°より小さい角を「鋭角」といいます。

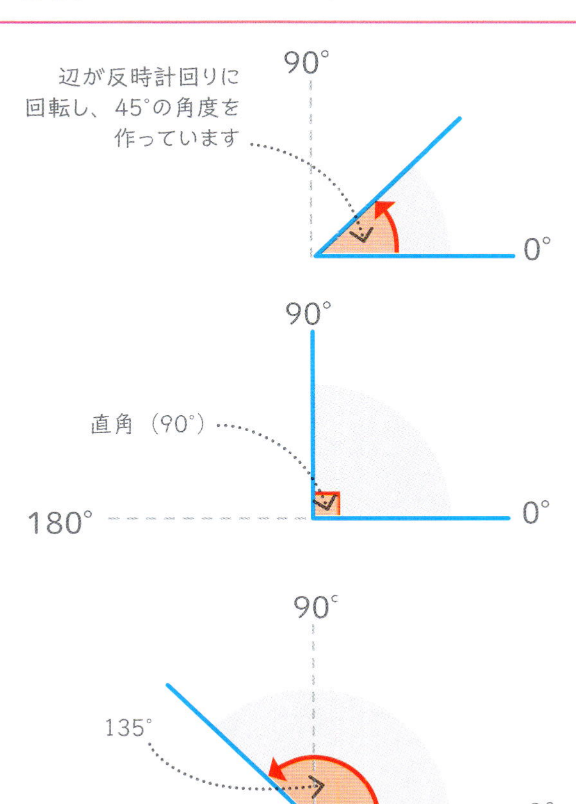

2 直角

$\frac{1}{4}$回転がちょうど90°です。これを「直角」といいます。

3 鈍角

角度が90°より大きく180°より小さい角を「鈍角」といいます。

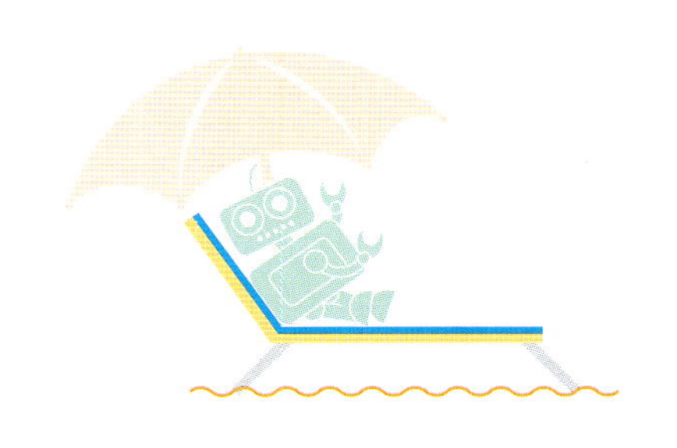

4 平角

角度がちょうど180°の角を「平角」といいます。

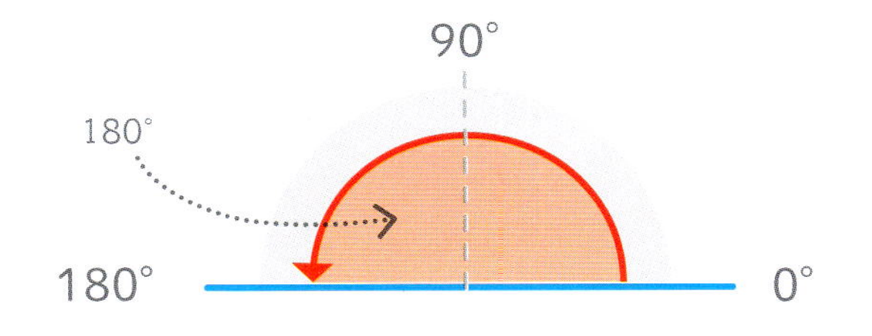

5 優角

角度が180°と360°の間の角を「優角」といいます。

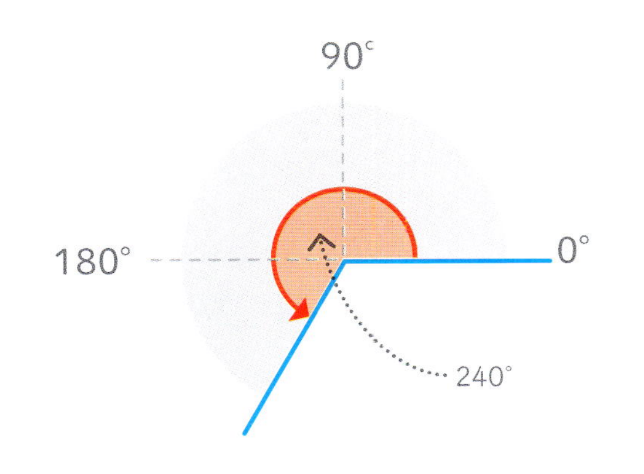

直線上の角度

簡単なルールによって、わかっていない角度を計算して出せることがあります。このルールを使って直線を表すこともできます。

直線上の角度は、必ず合計が180°になるんだよ。

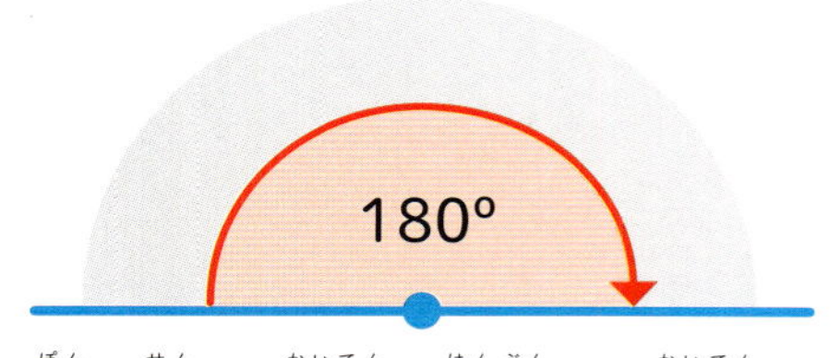

1 1本の線を1回転の半分だけ回転させると、この線は180°回転したことになります。

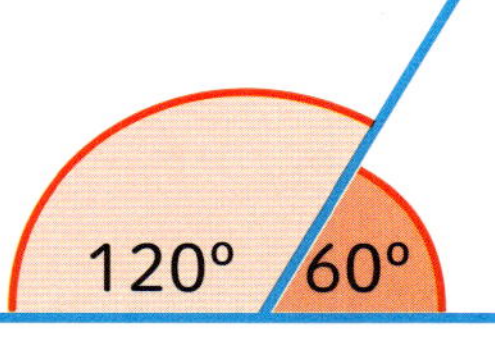

2 線が半回転する途中で止まり、そこにもう1本の線ができたとします。新しい線が作る2つの角をたすと、180°になります。

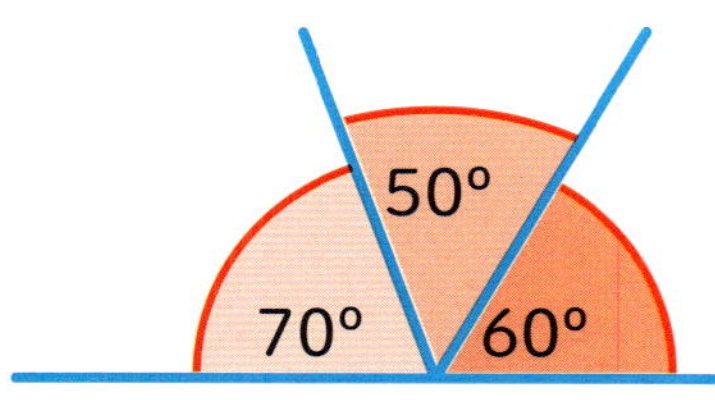

3 一直線上で角度をどれだけたくさん作ったとしても、その角度を作る線がどれも同じ点からでている限り、合計は180°になります。

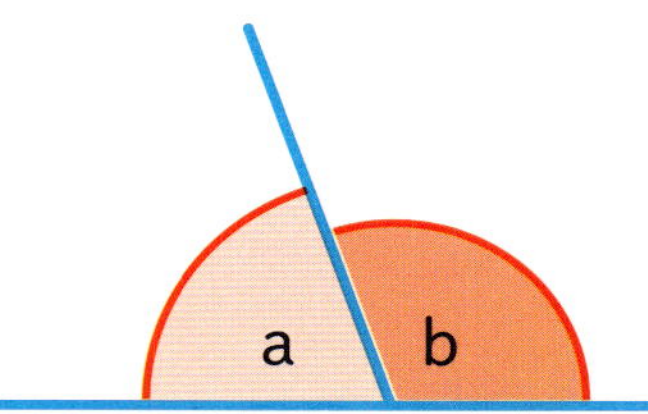

4 一直線上の2つの角度を「a」「b」とすると、このルールは次の公式で書き表せます。

$$a + b = 180°$$

直線上のわからない角度の求め方

1 上のルールを使って、右下のわからない角度を求めてみましょう。

2 直線上の角度の合計は180°でしたね。

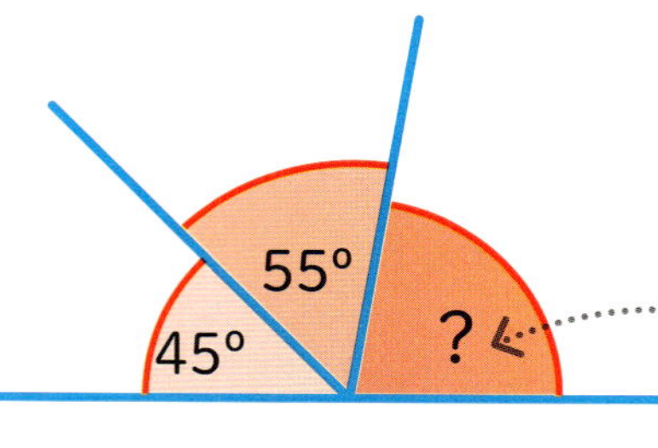

3 角度のうち1つは45°で、もう1つは55°ですね。この2つの角度をたしてみましょう。これを式にすると、45 + 55 = 100になるので、100°になります。

4 今度は、180°から先ほどの合計をひきます。式にすると、180 − 100 = 80になるので、80°になります。

5 つまり、わからなかった角度は80°です。

一点で接する角度

幾何学のもう一つのルールは、「一点で接する角度の合計は、必ず360°になる」というものです。このルールを使えば、一点を囲む複数の角のうち、わからない角度を求められるようになります。

ある一点の周りの角度は、必ず合計が360°になるんだよ。

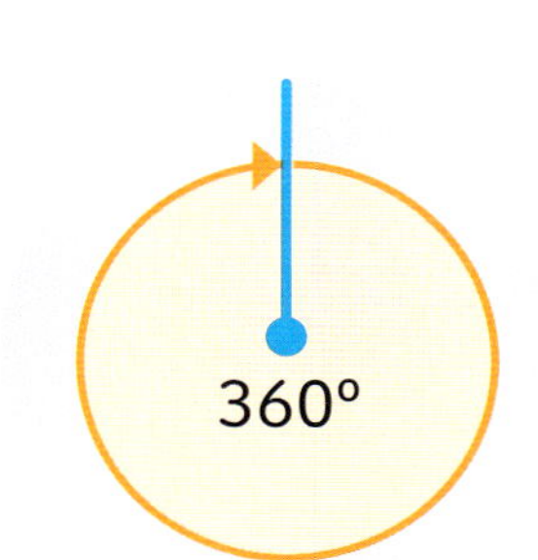

1 ある1本の線を、回転させて一周させると、360° になると習いましたね。

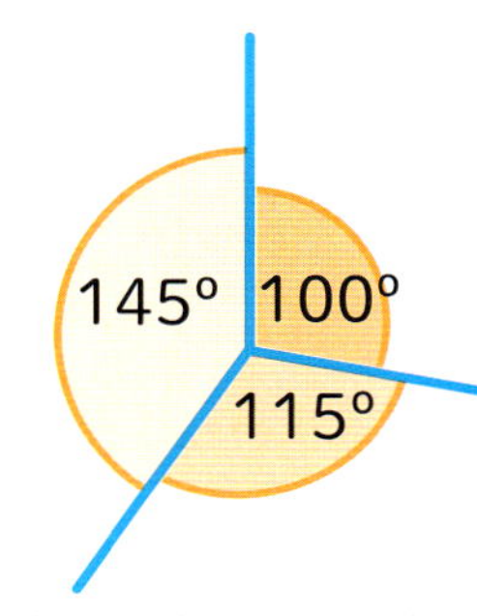

2 この線を1回転の途中で何度か止めて、同じ点に接する新しい線をいくつか作ったとします。そうしてできた角度を全部たすと、360° になります。

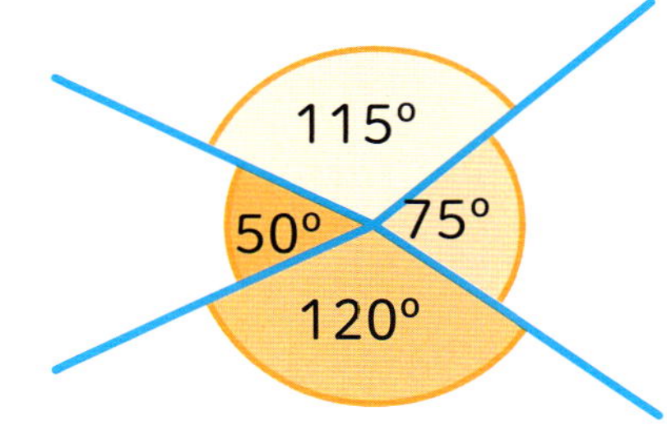

3 今回は、1つの点に4本の線が接しています。しかし、線が何本になったとしても、角度の合計は必ず360° になるのです。

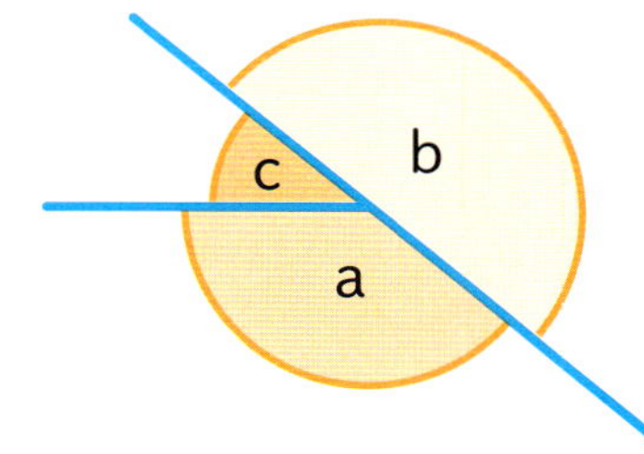

4 ある点に接する角度を「a」「b」「c」とすると、このルールは次の公式で書き表すことができます。

$$a + b + c = 360°$$

点を囲むわからない角度の求め方

1 上のルールを使って、この点の周りの角度のうち、わからない角度を求めてみましょう。

2 この点の周りにある3つの角度の合計は、360° でしたね。

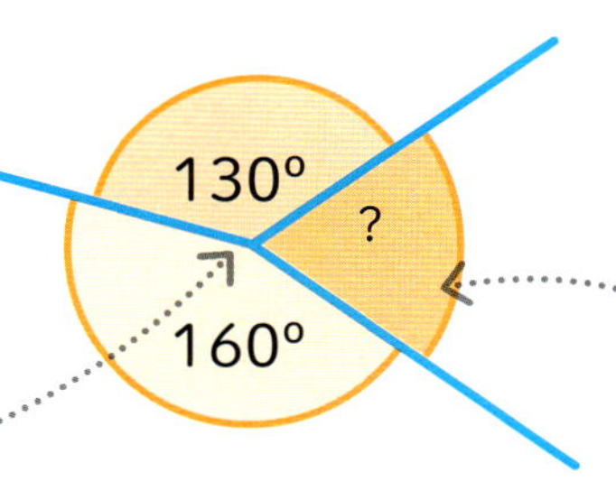

3 また、角度のうち1つが160°、もう1つが130° だとわかっていますね。この2つの角度をたしてみましょう。これを式にすると、160 + 130 = 290になるので、290° になります。

4 今度は360° から前の合計をひきましょう。式にすると、360 − 290 = 70になるので、70° になります。

5 つまり、わからなかった角度は70° です。

対頂角

2本の直線が交わると、向かい合う位置に「対頂角」という対の角が2組できます。対頂角の性質を使えば、わからない角度を求めることができます。

2本の線が交差すると、ちょうど反対側にある角同士が必ず等しくなるんだよ。

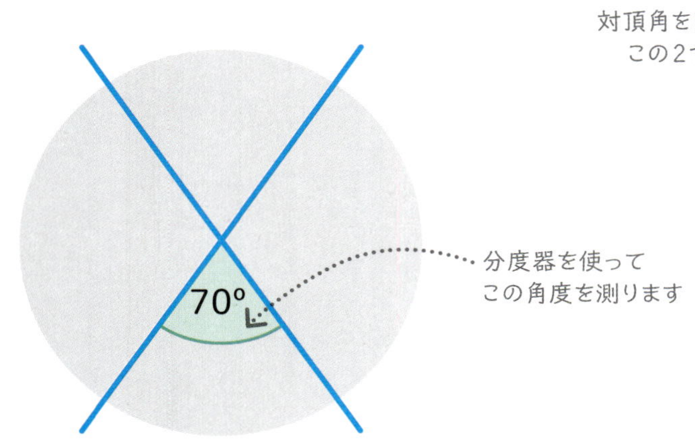

対頂角を同じ青色にして、この2つが等しいことを示しています

70°

70°

1 それでは、対頂角の性質を見ていきましょう。まずは、交差する2本の直線を引き、下の角度を測ります。

2 上の角度を測ると、下と同じ角度になっています。反対側にある角同士は等しくなるということです。

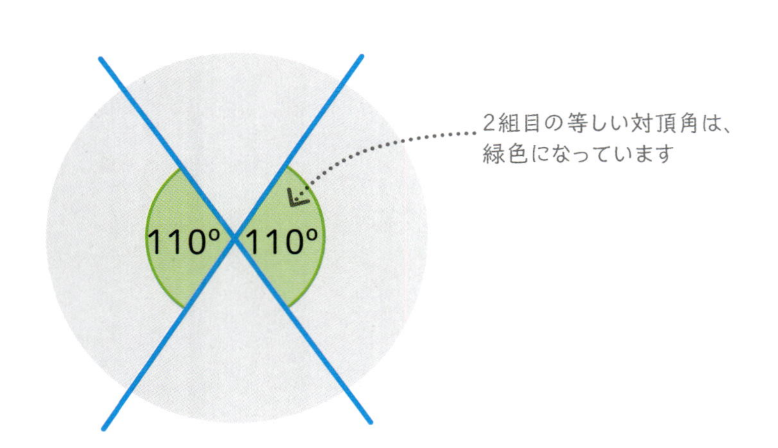

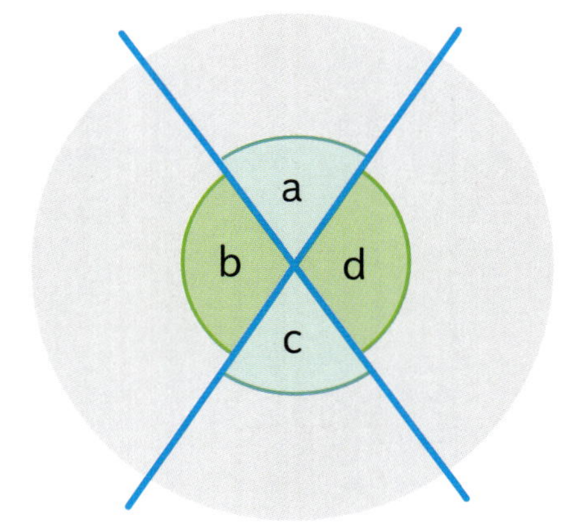

3 今度は、もう1組の対頂角を見てみましょう。角度を測ってみると、両方とも110°なので、この2つも等しいことがわかりました。

4 この4つの角を「a」「b」「c」「d」とすると、対頂角についてわかったことを次のように書き表せます。

a = c　　b = d

わからない角度の求め方

2本の線が交差しているときは、角度が1つだけわかっていれば、他の角度も全部求めることができます。

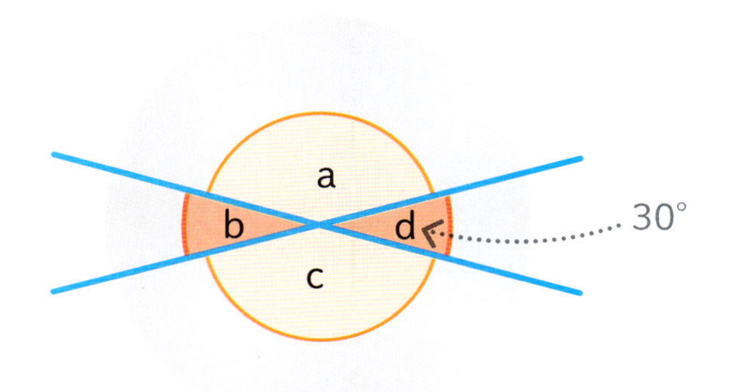

bとdは対頂角なので、角度が等しくなります

30°　b　d　30°

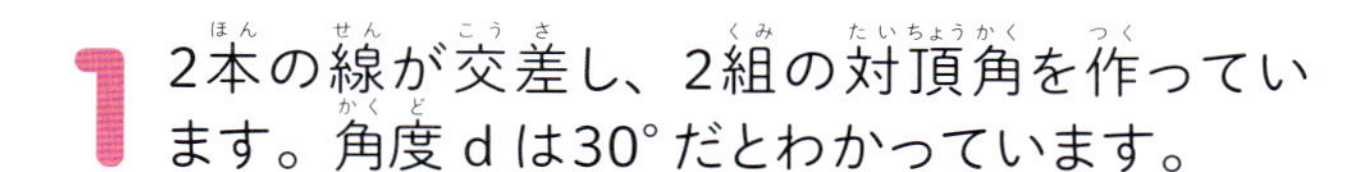

1 2本の線が交差し、2組の対頂角を作っています。角度 d は30° だとわかっています。

2 角 b と角 d は向かい合っているので、角 b も30° になるはずだとわかりますね。

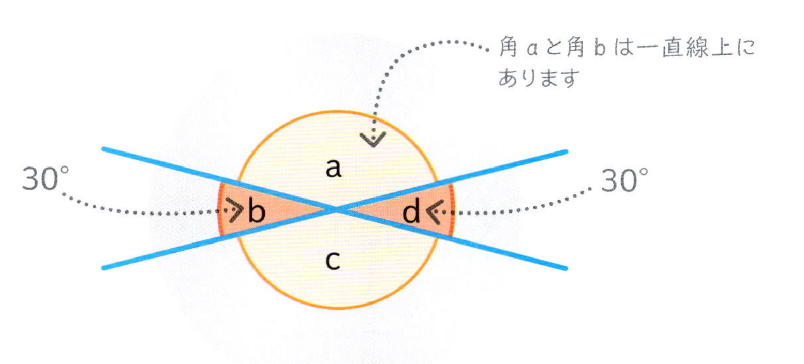

150°　30°　a　b　d　c　30°

3 一直線上の角について習ったことを使えば、角 a の角度も求められます。a + b = 180° ですので、角 a の角度は180 − 30になるはずですね。つまり、a = 150° です。

4 角 a と角 c は対頂角なので、この2つが等しい角だとわかりますね。つまり、角 c は150° です。

やってみよう

角度の応用問題

角度のわからない角がいくつかあります。直角の大きさ、直線上の角について習ったこと、そして「対頂角は等しい」という性質を使って、それぞれの角度を求めましょう。

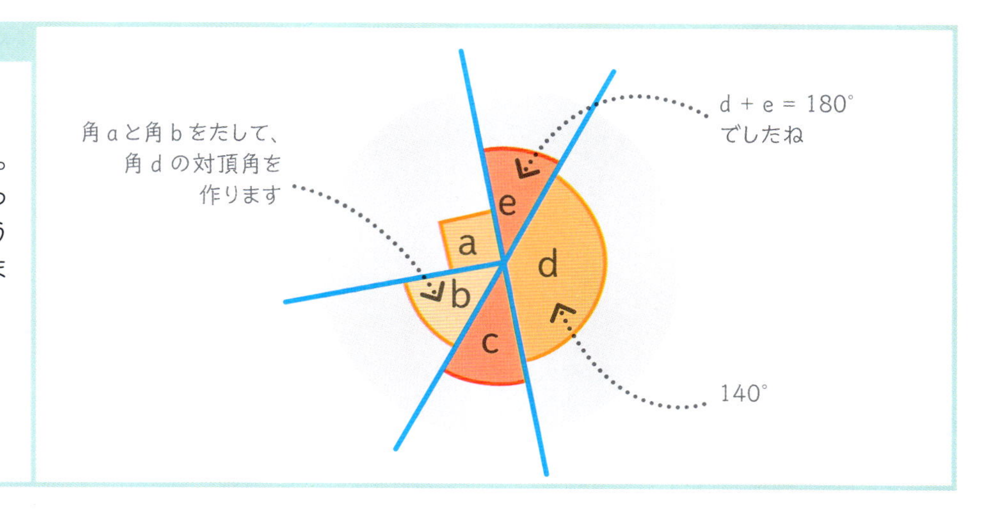

答えは320ページ

分度器の使い方

正確に角度を描いたり測ったりするには、分度器を使います。分度器には、180°まで測れるものもあれば、360°まで測れるものもあります。

分度器の中心を角の頂点（点）にぴったり合わせてね。

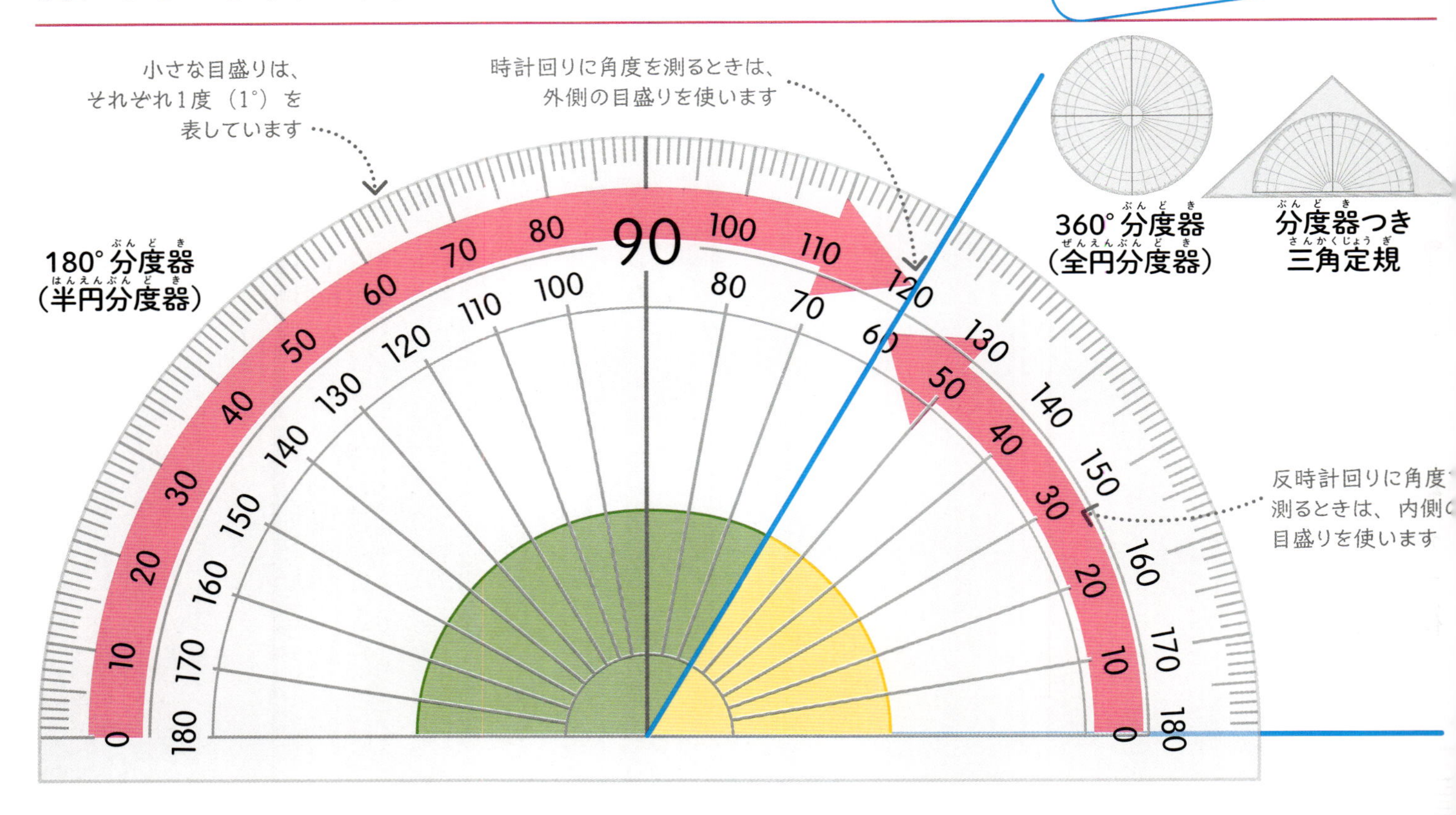

角度の描き方

角度を正確に描く場合は、分度器が必要です。

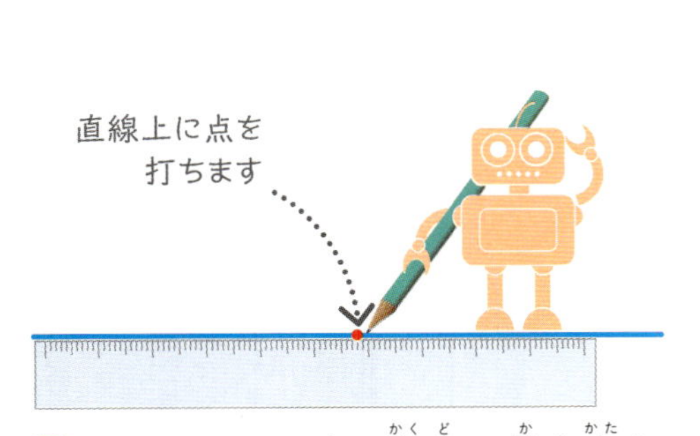

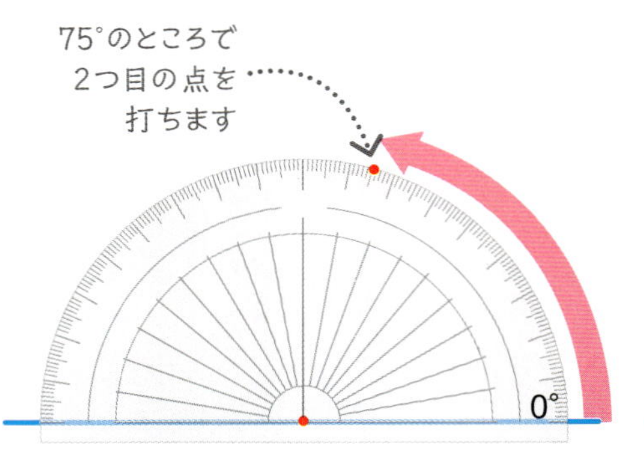

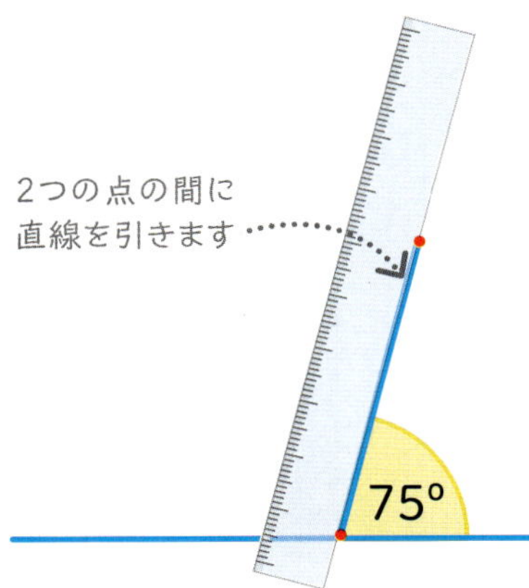

1 ここでは、75°の角度の描き方を説明します。鉛筆と定規で直線を引き、その直線上に点を打ちます。

2 その点に分度器の中心を合わせます。0°から数えて、75°のところで2つ目の点を打ちます。

3 定規と鉛筆を使って2つの点の間に線を引きます。それから、できあがった角に記号をつけ、角度を書きます。

180°までの角度の測り方

2本の線で作られた角は、分度器で測ることができます。

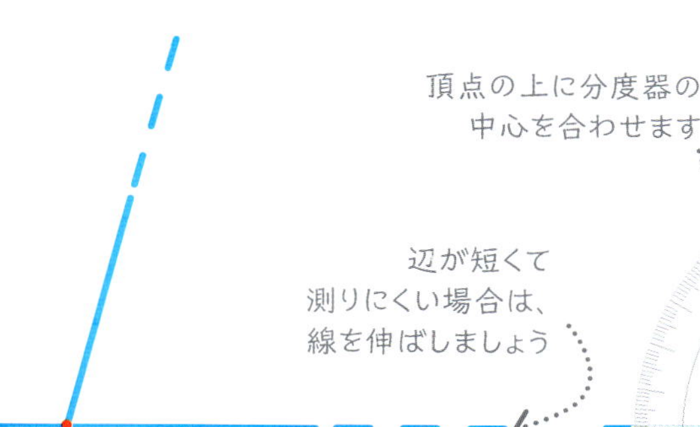
辺が短くて
測りにくい場合は、
線を伸ばしましょう

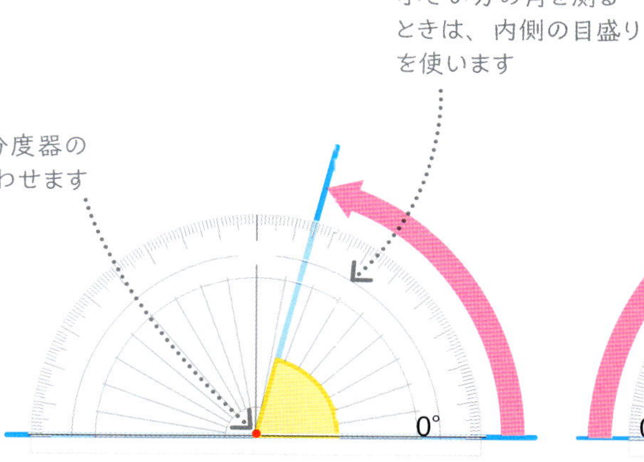
頂点の上に分度器の
中心を合わせます
小さい方の角を測る
ときは、内側の目盛り
を使います
0°

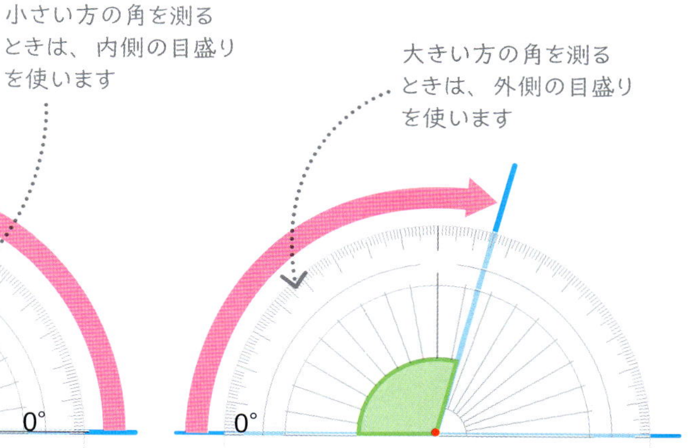
大きい方の角を測る
ときは、外側の目盛り
を使います
0°

1 必要があれば、定規と鉛筆で角を作る辺2本を伸ばします。これで、角度が測りやすくなります。

2 角の辺のうち1本に合わせて分度器を置きます。もう1本の辺が分度器と交わるところを測ります。

3 大きい方の角度を測るには、分度器の反対側の0から数えます。

優角の測り方

180°より大きい角のことを優角と呼ぶこともあります。角度の計算について習ったことを組み合わせれば、180°までしか測れない半円分度器でも優角を測ることができます。

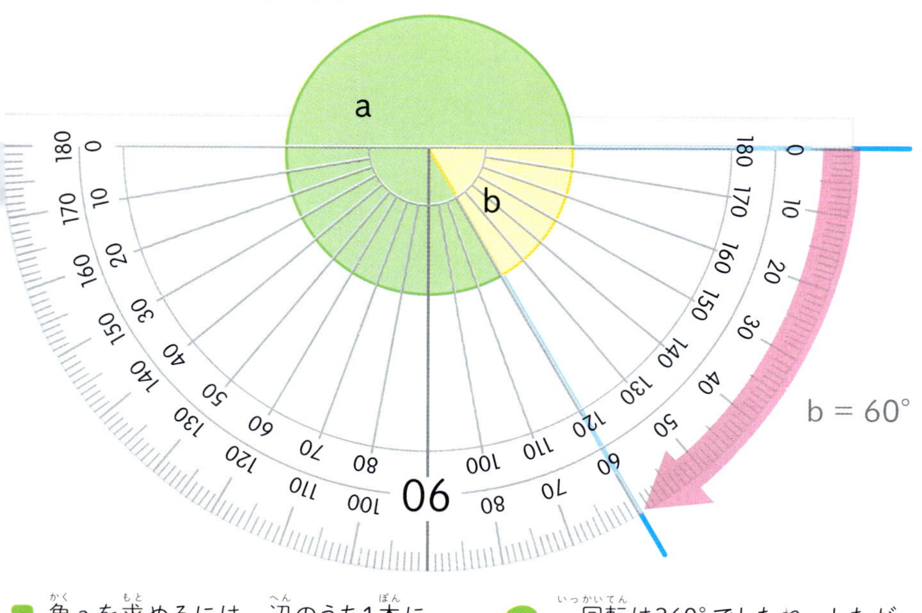
a
b
b = 60°

1 角aを求めるには、辺のうち1本に合わせて分度器を下向きに置きます。

2 角bを測ると、角度は60°でした。

3 一回転は360°でしたね。したがって、角aは360° − 60°になるはずです。

4 つまり、a = 300°になります。

やってみよう

角度を測ってみよう

下の2つの角度を測って、分度器の使い方を練習しましょう。測る前に、角度を概算しておくと便利です。こうすれば、正しく目盛りを読んでいるかを確かめることができます。

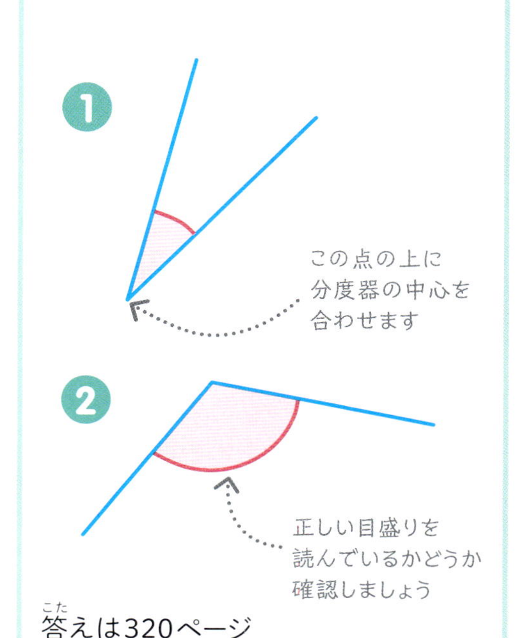
1
この点の上に
分度器の中心を
合わせます
2
正しい目盛りを
読んでいるかどうか
確認しましょう

答えは320ページ

三角形の内角

三角形は、辺の長さと角の大きさによって名前が変わります。三角形の辺については214ページで習いましたが、今度は三角形の角についてくわしく見てみましょう。

暮らしの中の算数

丈夫な形

三角形が安定していて形が崩れにくいことを利用したのがこのジオデシックドームです。三角形のパネルを組み合わせることで、均等に重量を支えています。そのため軽くてとても頑丈になっているのです。日本では富士山レーダードーム館で見ることができます。

三角形の種類

ここで紹介するのは、幾何学でよく出てくる三角形です。

三角形には、正三角形、直角三角形、二等辺三角形、不等辺三角形の4種類があるんだよ。

60°

60°

60°

等しい角には、弧で印をつけます

等しい辺には、ダッシュ記号で印をつけます

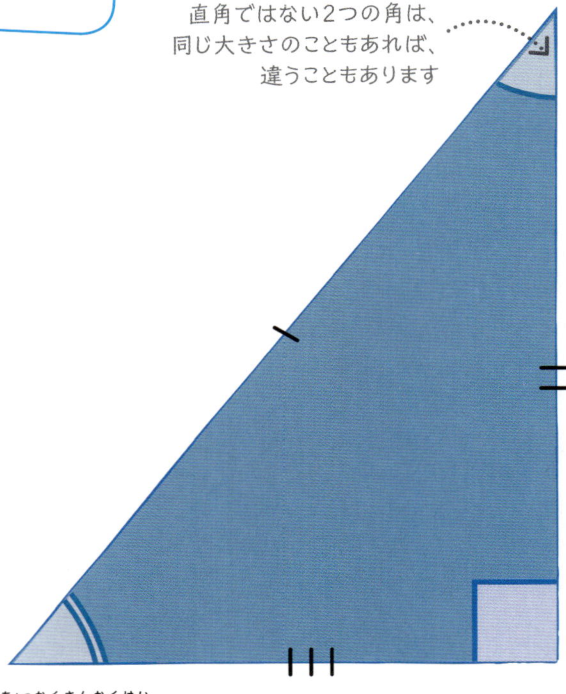

1 正三角形

正三角形はよく使われる三角形です。正三角形の3つの角は全て60°です。また、3本の辺も必ず同じ長さになります。

2 直角三角形

直角三角形には、ちょうど90°の直角があります。他の2つの角は、角度が同じこともあれば、上のように違うこともあります。また、2本の辺が同じ長さになっていることもあれば、3本とも長さが違うこともあります。

3 二等辺三角形

二等辺三角形には、大きさの等しい2つの角と、長さの等しい2本の辺があります。3つ目の角はどんな大きさにもなることができます。

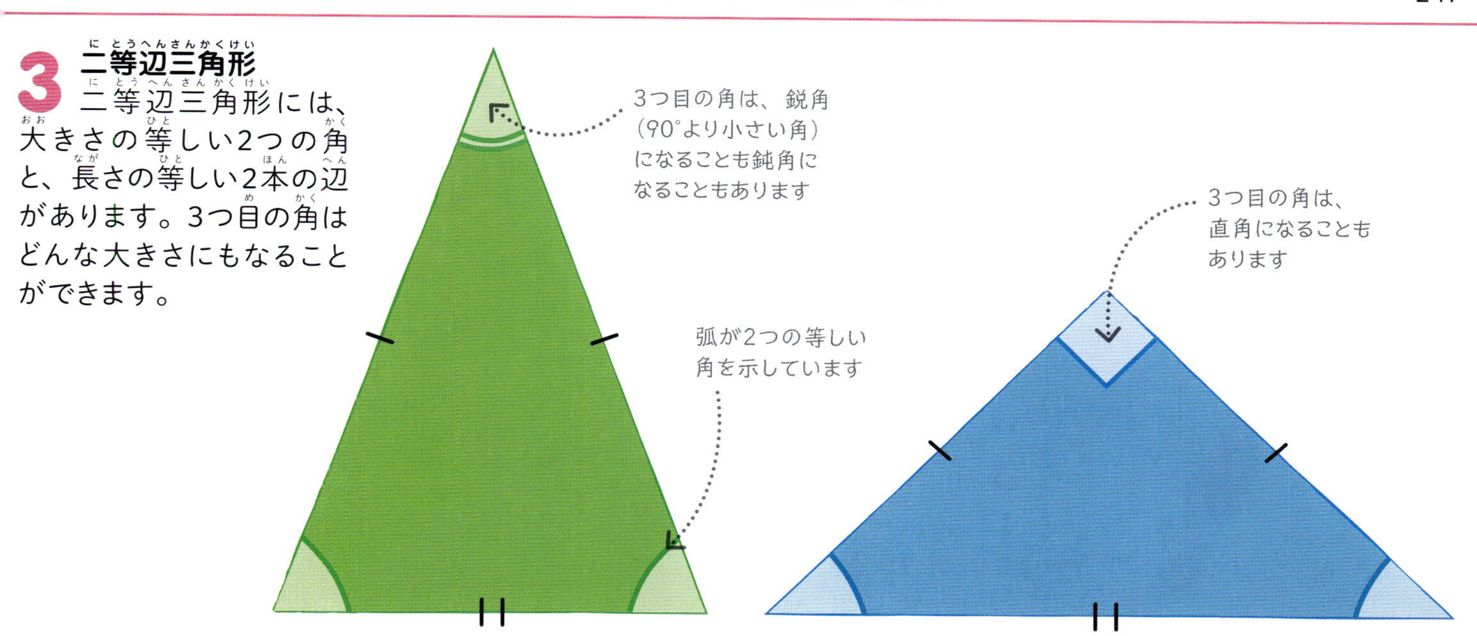
3つ目の角は、鋭角（90°より小さい角）になることも鈍角になることもあります
3つ目の角は、直角になることもあります
弧が2つの等しい角を示しています

4 不等辺三角形

不等辺三角形には、等しい辺がありません。また、角度も全部違います。直角が1つあることもあれば、鋭角と鈍角が組み合わさっていることもあります。

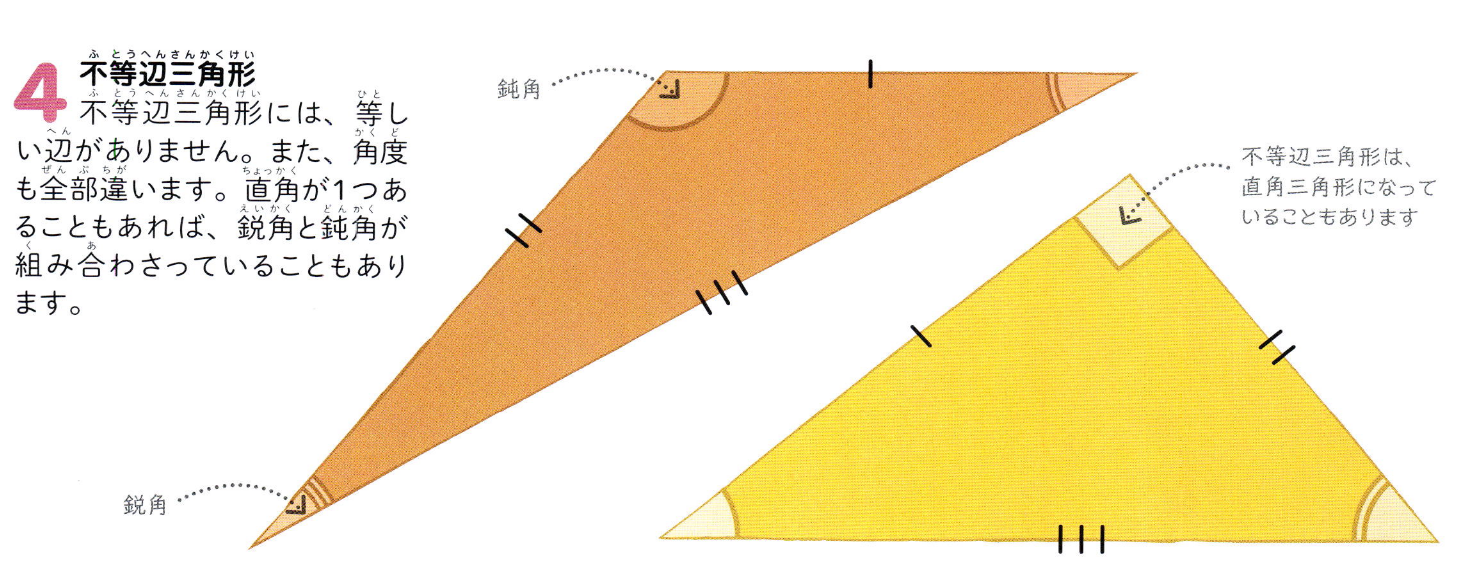
鈍角
不等辺三角形は、直角三角形になっていることもあります
鋭角

やってみよう

角度を求めよう

三角形の種類がわかっていれば、角度が1つしかわかっていない場合でも、全ての角度を求められることがあります。右の図で、角度のわからない2つを求められるかどうか、試してみましょう。もし行き詰ってしまったら、①～③を順にヒントにしましょう。

答えは320ページ

1. これは二等辺三角形です。角 a と角 b は角度が等しくなっています。
2. a + b + c = 180° という公式がありましたね。角 c は40° ですので、180° から40° をひけば、答えは a + b と同じになります。
3. 前の答えを2でわると、角 a と角 b の大きさがわかります。

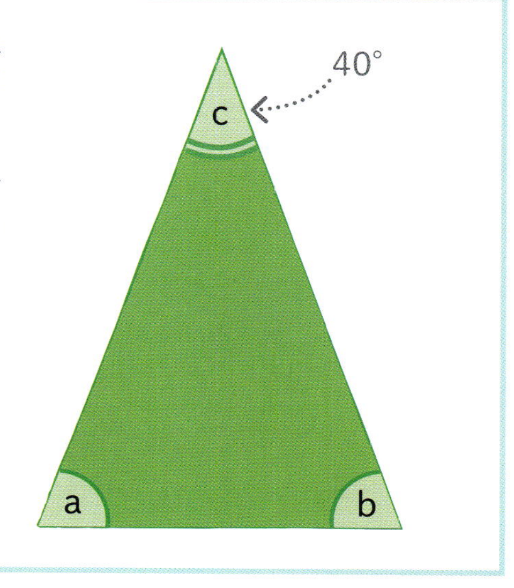
40°
c
a
b

三角形の内角の計算

三角形の内角には、合計が必ず180° になるという性質があります。辺の長さや角度が同じかどうかは関係ありません。角度を合計すれば、必ず同じ答えになります。

3 この三角形は、2つの角が同じ大きさになっています。3つの角度を合計すると、70 + 70 + 40 = 180になりますね。

4 この三角形も種類が違います。けれども、40 + 50 + 90 = 180になるので、やはり答えは同じです。

1 この船の3つの帆を見て下さい。どれも三角形ですが、3つとも違う種類です。

2 この三角形の角は、それぞれ60°、30°、90° です。3つの角度を合計すると
60 + 30 + 90 = 180
になりますね。

証明しよう

三角形の内角の合計が180° になることを試す1つの方法に、三角形から3つの角を切り取って、一直線上にぴったり並ぶかどうかを確かめるという方法があります。直線は180° でしたね。

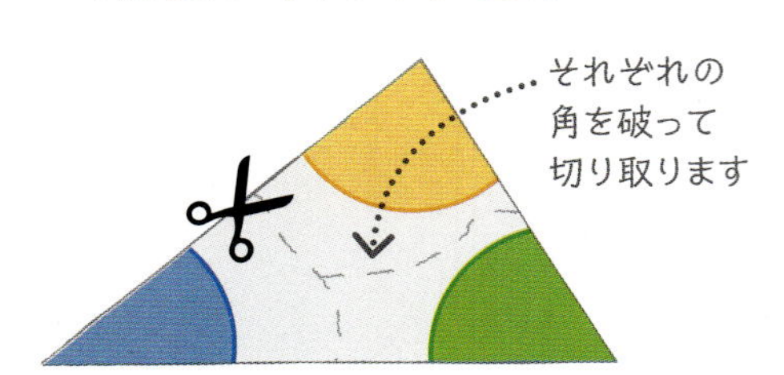

1 三角形を紙から切り抜きます。辺の長さと角の大きさは何でも構いません。今度は、3つの角を破って切り取ります。

2 3つの角を回転させて、組み合わせましょう。

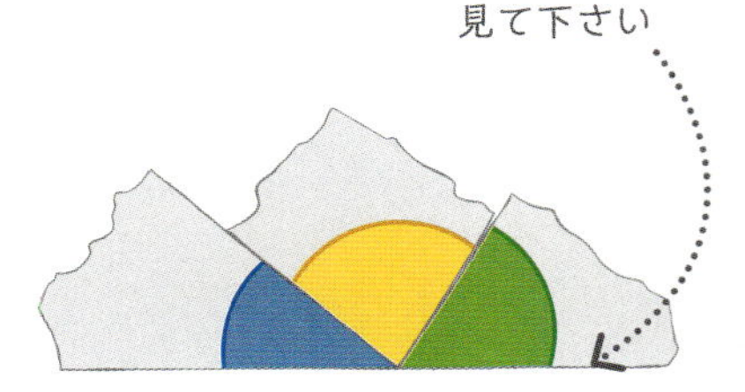

3 角が3つとも接するように並べます。こうすると、3つの角が直線を作っていますね。直線は180° です。

三角形の中のわからない角度を求める方法

先ほど習ったルールは、とても役に立ちます。三角形の内角のうち2つの角度がわかっていれば、3つ目の角度も出せるからです。

1 この角は何度でしょう?

2 内角のうち1つが55°、もう1つが75°になっていますね。

55°

75°

3 この2つの角をたしてみましょう。55 + 75 = 130になりますね。

4 今度は、180°から先ほどの合計をひきましょう。
180 − 130 = 50になりますね。

5 つまり、わからなかった角度は50°だということです。

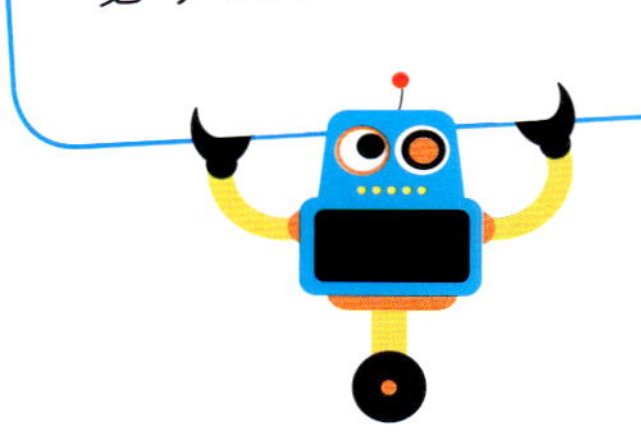

やってみよう

謎の角度を求めよう

それでは、このページで習ったばかりの方法を使って、右の三角形の中で角度のわからない角が何度なのかを求めましょう。

答えは320ページ

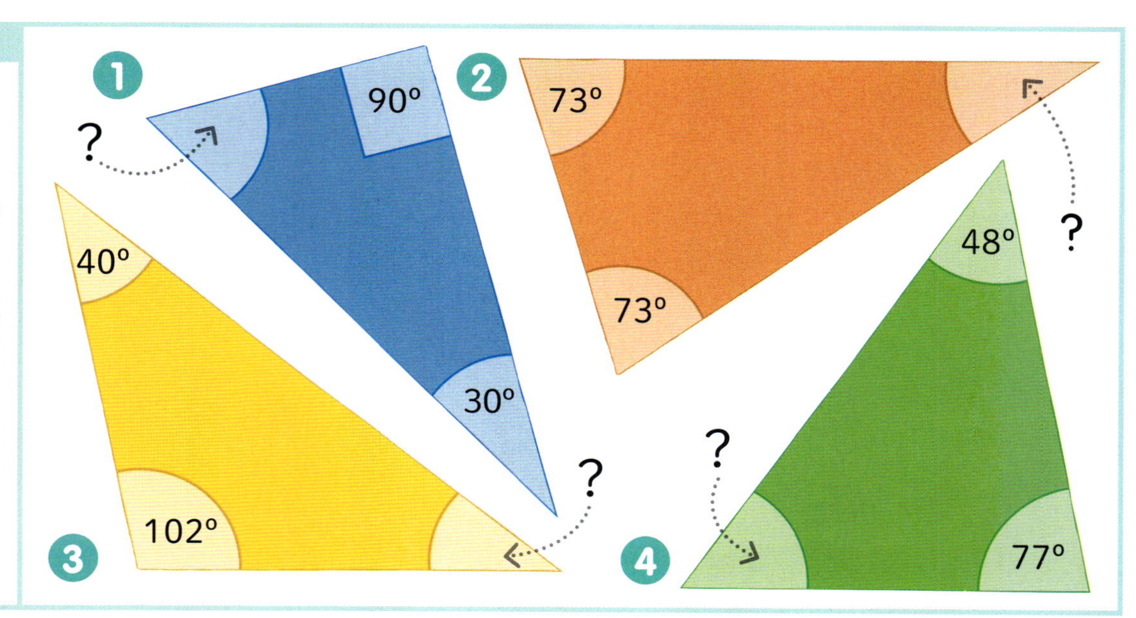

四角形の内角

四角形は、辺や角の性質によって名前が変わります。四角形の辺については、216～217ページで勉強しましたね。今度は、四角形の角について詳しく見ていきましょう。

どんな四角形にも必ず4つの角、4本の辺、4つの頂点があるんだよ。

四角形の種類

四角形は、4本の辺と4つの角がある多角形です。ここでは、幾何学でよく出てくる四角形をいくつか紹介します。

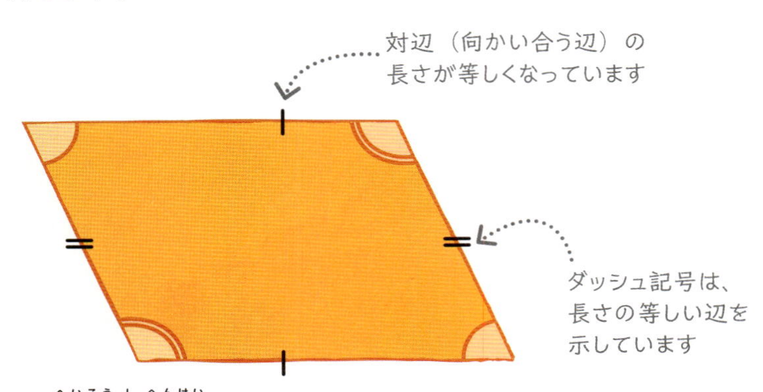

1 平行四辺形
平行四辺形には、向かい合う等しい角が2組あります。

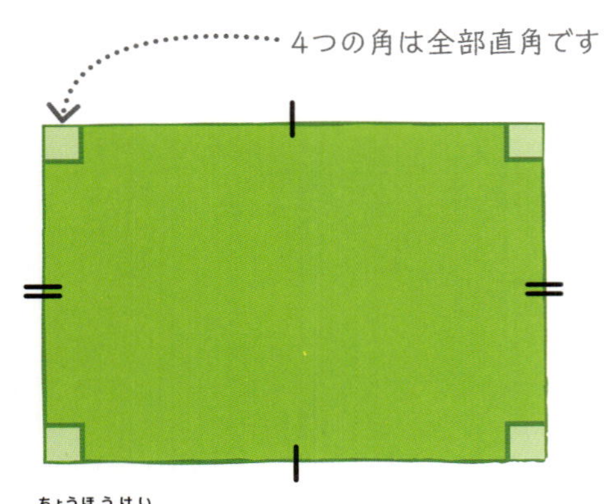

4つの角は全部直角です

2 長方形
長方形には、4つの直角と、平行する等しい辺が2組あります。

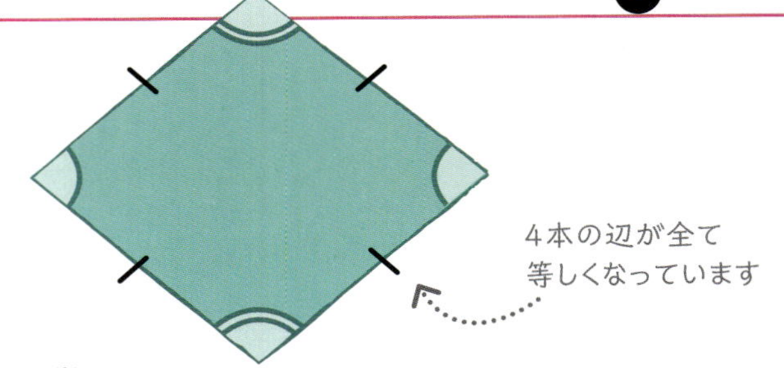

3 ひし形
ひし形は、対角が等しくなっています。ひし形には、「ダイヤモンド形」という名前もあります。

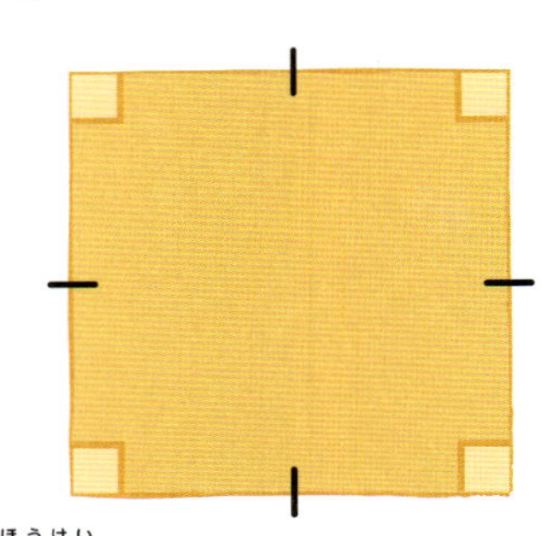

4 正方形
正方形は、4つの直角と4本の等しい辺がある特殊な長方形です。

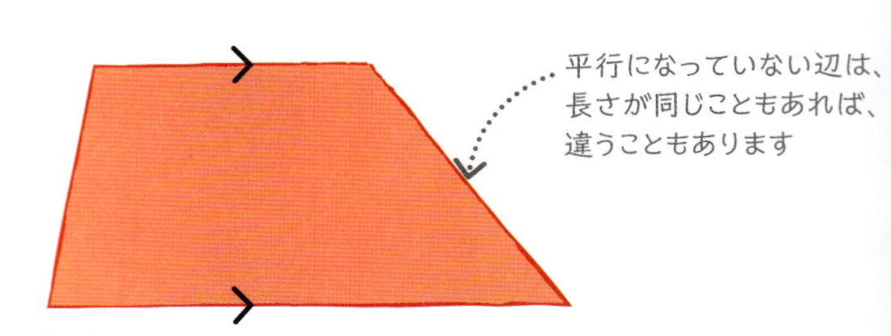

平行になっていない辺は、長さが同じこともあれば、違うこともあります

5 台形
台形の角のうち2つは、90°より大きくなっています。台形には、平行する辺が1組あります。

四角形の内角の計算

四角形の内角は、必ず合計が360°になります。
これが真実だと証明する方法は、2通りあります。

1 三角形を作る

右の図のように、四角形は2つの三角形に分けることができます。三角形の内角の合計は180°でしたね。つまり、四角形の内角の合計は2 × 180° なので、360° だということになります。

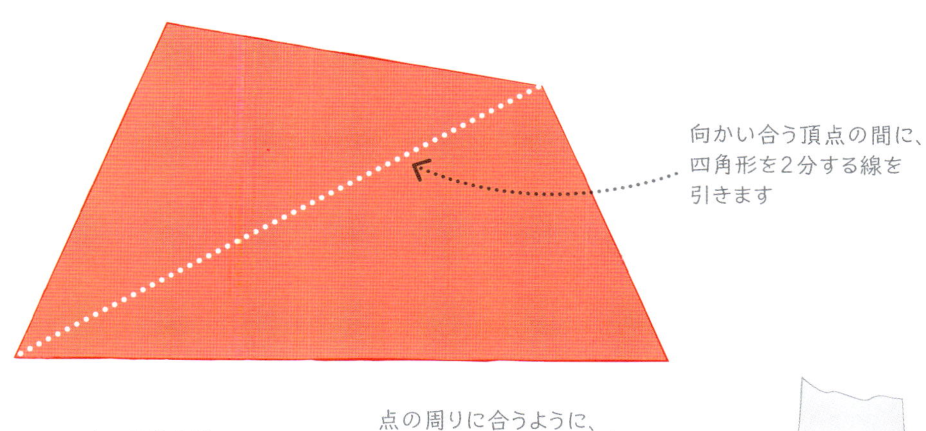

向かい合う頂点の間に、
四角形を2分する線を
引きます

2 一点の周りに角を置く

右のように、四角形の角を破いて切り取り、一点の周りに並べる方法もあります。点の周りの角度は合計で360° になりますので、この四角形の角度も360° になるはずですね。

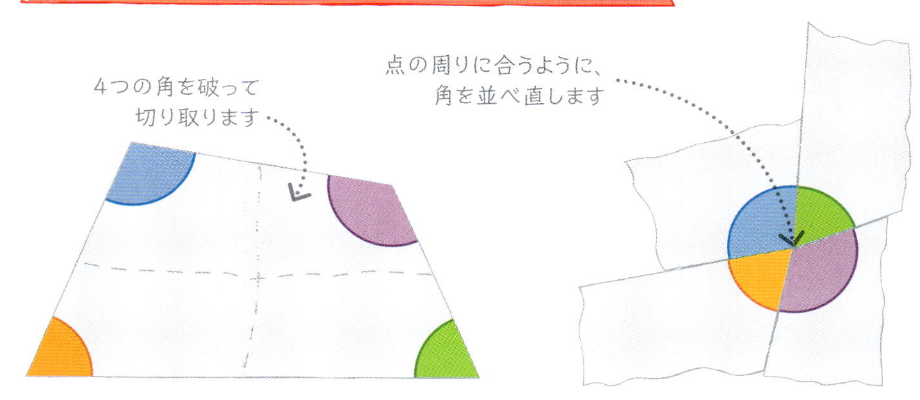

わからない角度の求め方

これで、四角形の内角の合計が360° になるとわかりましたね。この決まりを使えば、四角形の内角のうち、わからない角度を求めることができます。

1 この図形を見て下さい。角度のわからない角は何度でしょう?

2 内角のうち3つは75°、95°、130° だとわかっていますね。この3つをたしてみましょう。
75 + 95 + 130 = 300になりますね。

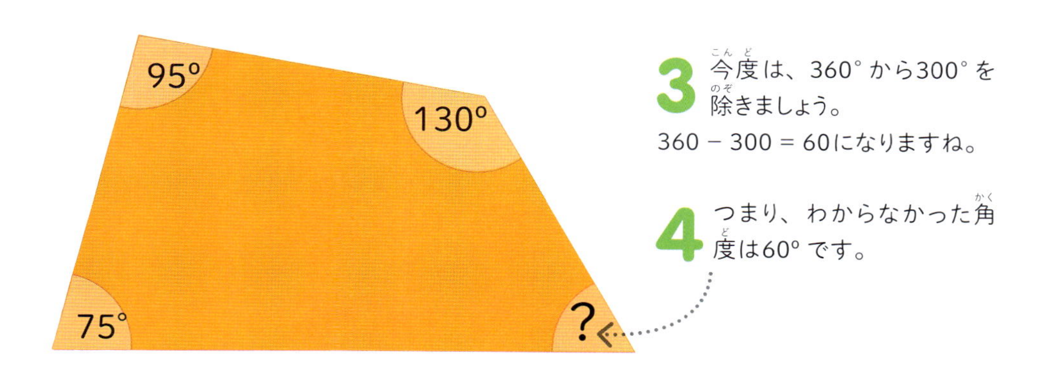

3 今度は、360° から300° を除きましょう。
360 − 300 = 60になりますね。

4 つまり、わからなかった角度は60° です。

多角形の内角

多角形の名前は、辺と角の数によって決まります。多角形の辺については、218～219ページで習いましたね。ここからは、多角形の角に注目します。

多角形の内角の合計は、辺の数によって決まるんだよ。

辺の数が多いほど角度が大きくなる

正多角形の内角は、全て同じ大きさです。つまり、1つの角の角度がわかっていれば、全ての角度がわかるということです。下の多角形を見て下さい。正多角形の辺の数が多ければ多いほど、角度が大きくなることがわかりますね。

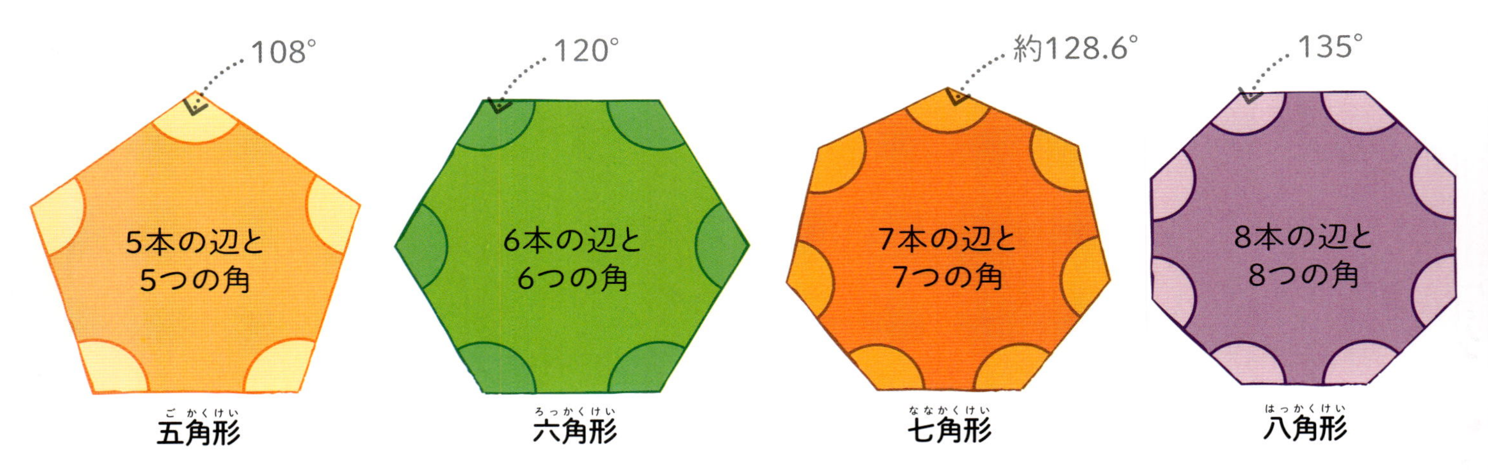

正多角形と不規則多角形の内角

多角形は、辺の数が同じであれば、必ず内角の合計も同じになります。それでは、2種類の六角形の内角を見てみましょう。

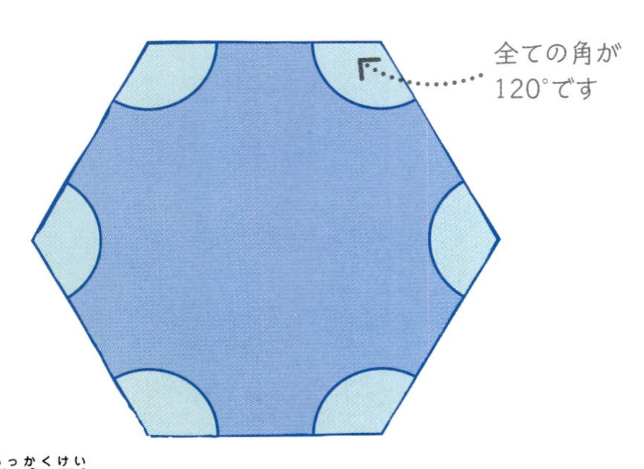

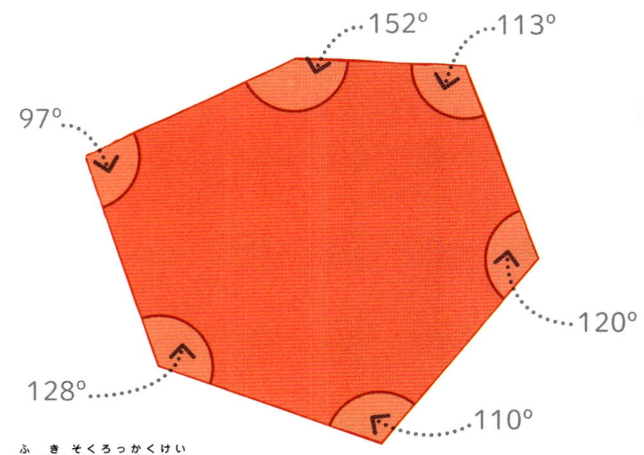

1 正六角形

この正六角形の内角は、全て同じ大きさです。120°の角が6つで、合計は720°になります。

2 不規則六角形

この不規則六角形の内角は、それぞれ大きさが違います。けれども、全部たすと合計は720°になるので、正六角形と同じですね。

多角形の内角の計算

多角形の内角全ての合計を求めるには、その多角形の中に入る三角形の数を数えるか、特別な公式を使います。

三角形を数える方法

1 この五角形を見て下さい。5本の辺に囲まれたこの図形は、3つの三角形に分けられますね。

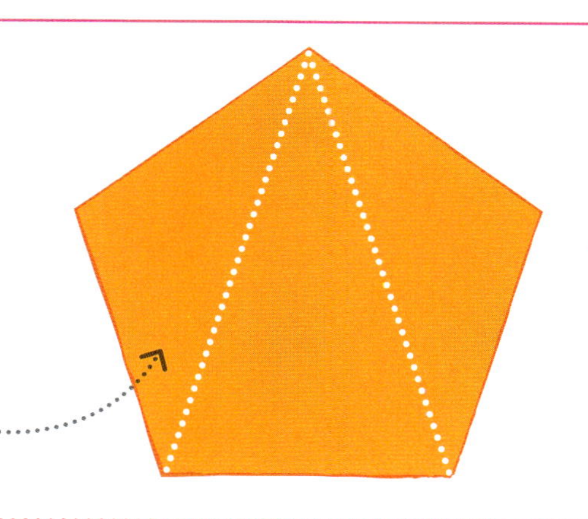

2 三角形の内角の合計は180° でしたね。この五角形は3つの三角形からできているので、角度の合計は180 × 3になり、540° です。

公式を使う方法

1 多角形の内角についての法則は次の通りです。
「多角形を分割できる三角形の数は、必ずその多角形の辺の数より2本少ない」

2 それでは、もう一度五角形を見てみましょう。この図形には辺が5本あるので、3つの三角形に分けられるということになりますね。

3 つまり五角形の内角の合計は、180×(5−2)＝180 × 3 ＝540と書き表すことができます。

4 全ての多角形に使える公式があります。辺の数を「n」とすると、次のようになります。
多角形の内角の合計
＝ 180 × (n − 2)

やってみよう

多角形の応用問題

多角形の内角について習ったことを組み合わせて、右の不規則七角形の7つ目の角が何度になるか求めましょう。多角形の辺の数がわかっていれば、内角の合計も出せますよね。

答えは320ページ

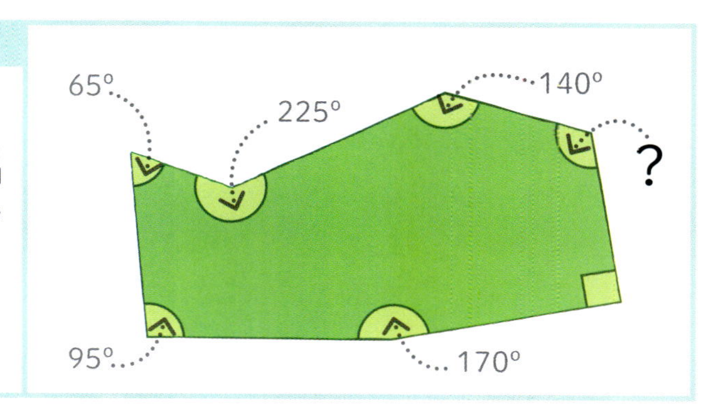

座標

座標の組では、
必ずX座標がY座標より
先にくるんだよ。

座標とは点の位置や、点と点との距離を表すために使う、2つの数の組のことです。座標を使えば、地図や格子の上で、地点や場所を表したり、探したりすることができます。

座標格子

1 右の図は「座標格子」と呼ぶこととします。「格子」とは縦線と横線が交差してできたしま模様のことです。この図も縦と横の線が交わって、正方形を作っています。

2 この格子上で最も重要な2本の線が、X軸とY軸です。この2つを使えば、格子上の点の座標を表すことができます。

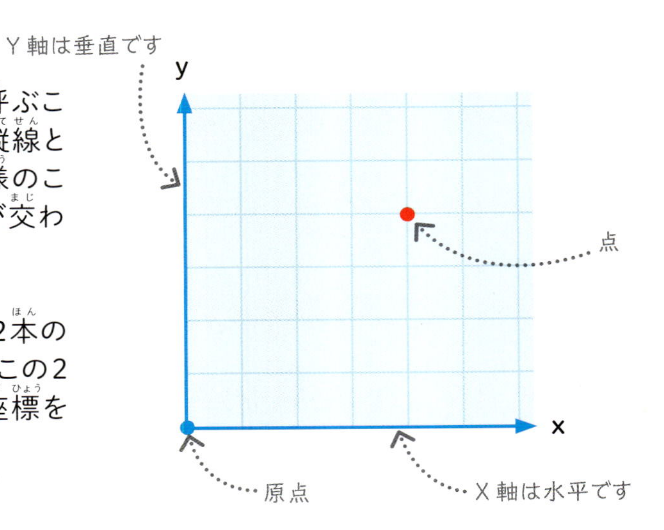

3 X軸は必ず水平(横)、Y軸は垂直(縦)になります。

4 格子上でX軸とY軸が交差する点を「原点」といいます。

点の座標の求め方

格子上のどんな点の位置も、その座標で表すことができます。

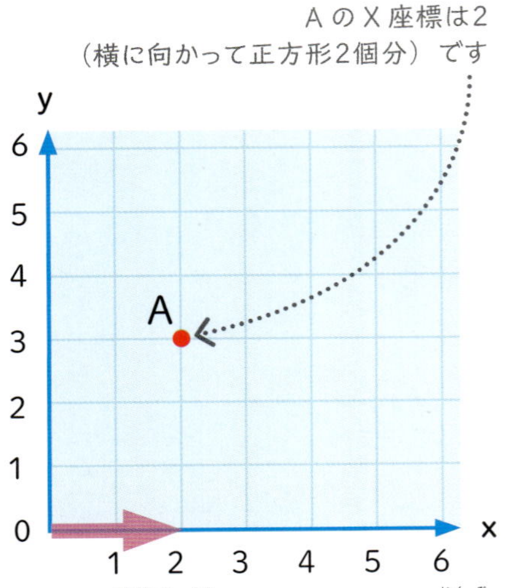

1 Aの座標を求めるには、まずX軸沿いに正方形がいくつあるかを数えます。原点からX軸に沿って横に数えると、正方形が2個あるので、X座標は2になります。

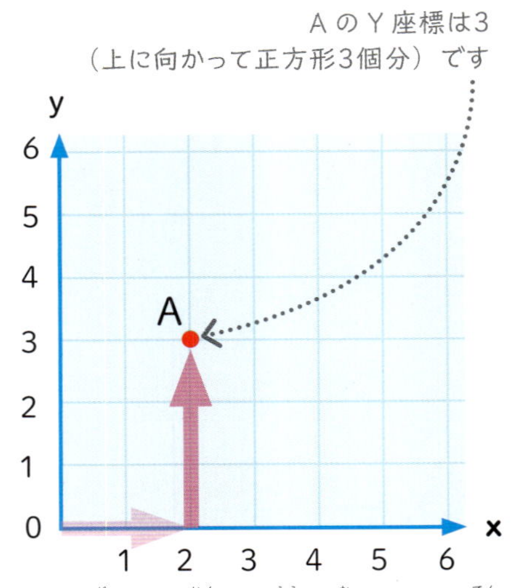

2 次に、Y軸から上に向かって、点Aまで正方形がいくつあるかを数えます。原点から上に正方形が3個分あるので、「Y座標は3」といいます。

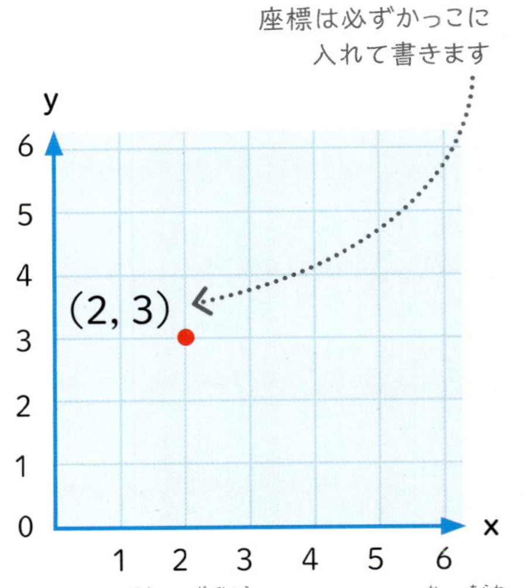

3 この点の座標は、(2, 3)と書き表します。正方形が横に2個分、上に3個分ある場所、という意味です。座標はかっこに入れて書きます。

座標を使って点を表示する方法

座標を使えば、格子上に正確に点を置く、つまり表示することができます。

格子上で特定の場所を示すことを、点を表示するというんだよ。

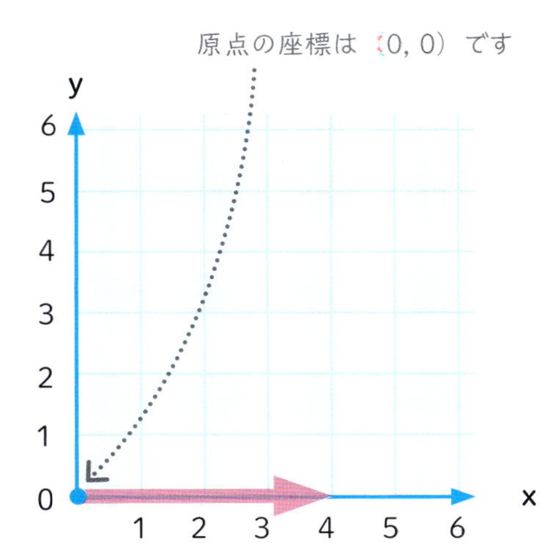

1 座標（4, 2）を表示するには、まずX軸に沿って横に正方形4個分を数えます。

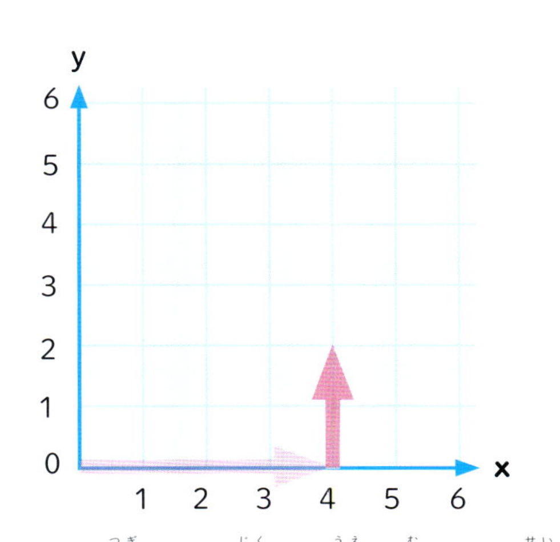

2 次に、Y軸から上に向かって正方形2個分を数えます。

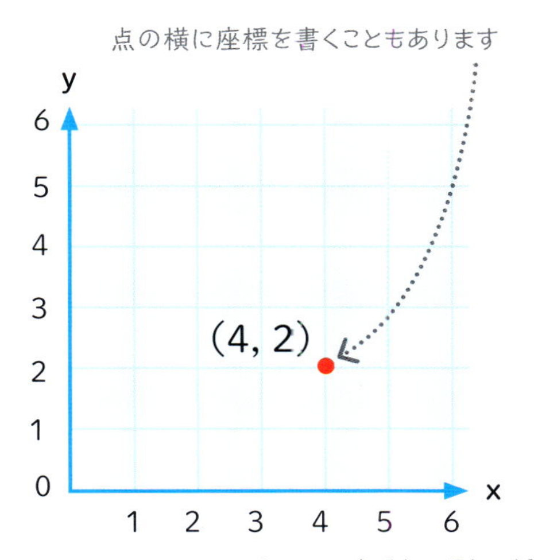

3 こうして、着いた地点に点で印をつけます。

やってみよう

座標を見つけよう

点A、点B、点C、点Dのそれぞれの座標を書きましょう。X座標を先に書き、それからY座標を書くのが決まりでしたね。

答えは320ページ

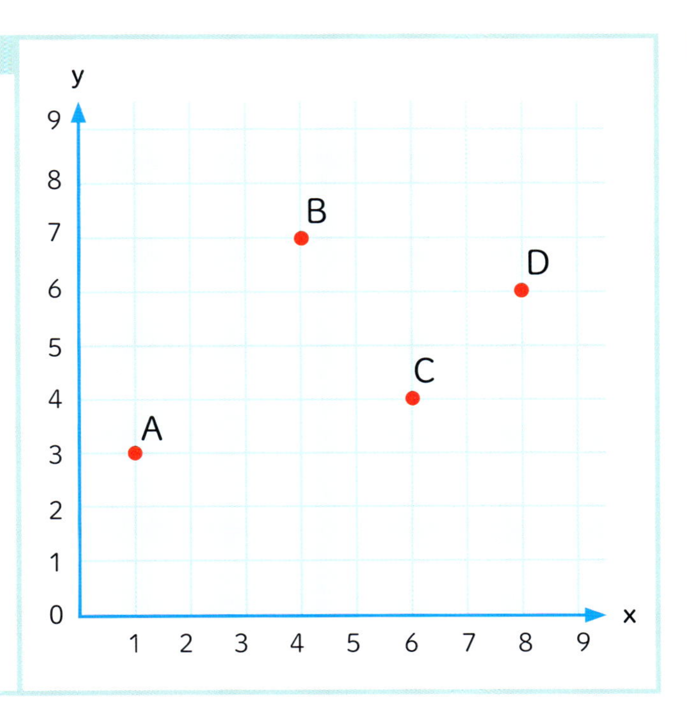

身の回りの算数

格子と地図

格子上の座標を利用するのに、最も一般的なのは、地図上で場所を探すことです。ほとんどの地図には、座標格子がついています。

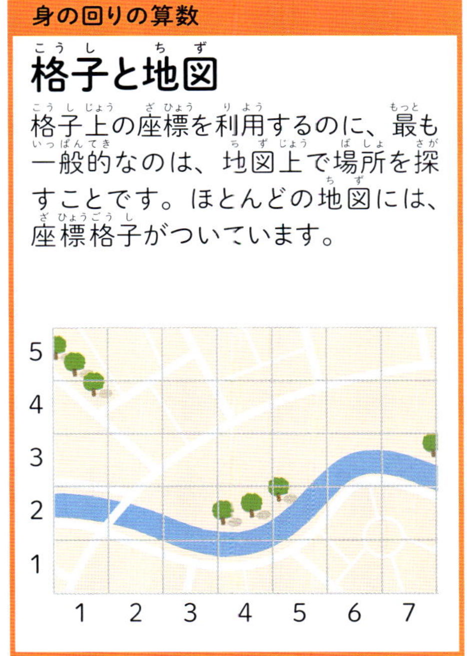

正の座標と負の座標

数直線のときと同じように、格子上のＸ軸とＹ軸も、ゼロのどちら側にも進むことができます。このような種類の格子では、点の位置を正の座標と負の座標で表します。

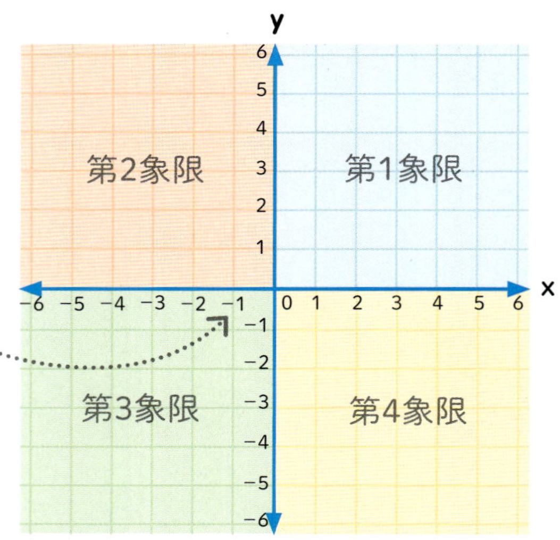
y
x
第1象限
第2象限
第3象限
第4象限
座標は、どこに配置されているかによって、正になるか負になるかが決まります

グラフの象限

格子のＸ軸とＹ軸を伸ばしていくと、図のように4つの部分ができます。これを、難しい言葉で第1象限、第2象限、第3象限、第4象限といいます。

正の座標と負の座標の表示方法

格子上の点には、正の座標か負の座標がついていることもあれば、両方が混ざっていることもあります。これは、点が配置されている象限によって決まります。

1 第1象限では、両方の座標が正の数になっています。点Ａは、Ｘ軸の2マス目、Ｙ軸の4マス目にあるので、この点の座標は（2, 4）です。

2 第2象限では、点Ｂが原点（0, 0）より2マス前にあるので、Ｘ座標は−2です。また、Ｙ軸の3マス目にあるので、点Ｂの座標は（−2, 3）になります。

3 第3象限では、点ＣがＸ軸上では原点の前、Ｙ軸上では原点の下にあるので、座標が両方とも負の数になります。この点の座標は（−5, −1）です。

4 第4象限では、点ＤがＸ軸の6マス目、Ｙ軸の下の3マス目にあります。つまり、この点の座標は（6, −3）です。

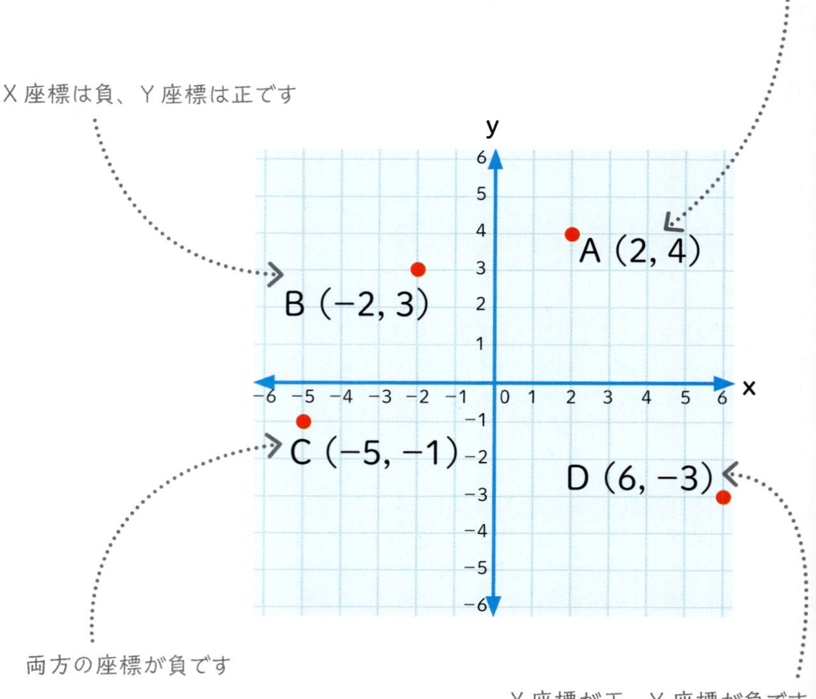
両方の座標が正です
Ｘ座標は負、Ｙ座標は正です
A（2, 4）
B（−2, 3）
C（−5, −1）
D（6, −3）
両方の座標が負です
Ｘ座標が正、Ｙ座標が負です
y
x

座標を使って多角形を描く方法

座標を記入して、それから直線で点をつなげると、格子上に多角形を描くことができます。

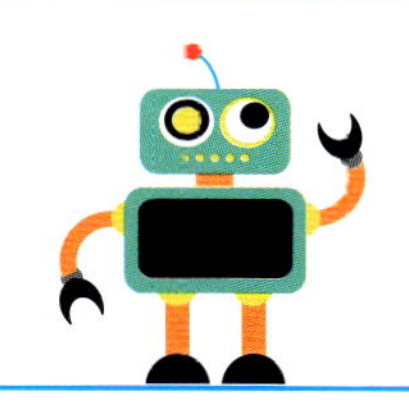

座標の数の正負を見れば、どの象限に点があるかわかるんだよ。覚えておいてね。

格子上に点を記入して多角形を描く方法

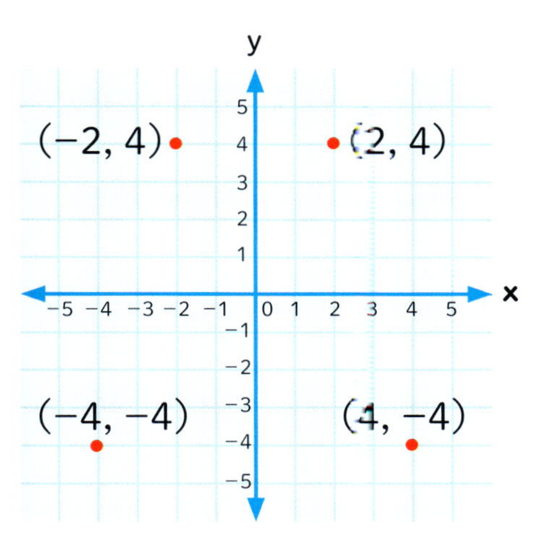

1 まずは、格子上に（2, 4）、（−2, 4）、（−4, −4）、（4, −4）の4つの座標を記入します。

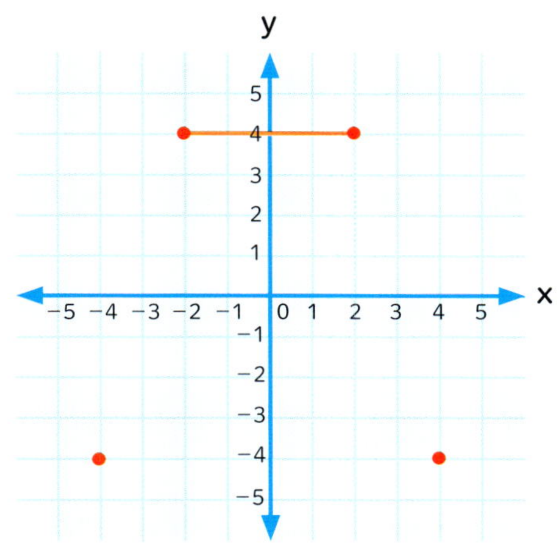

2 今度は、鉛筆と定規を使い、前に描いた点のうち最初の2つをつなげます。

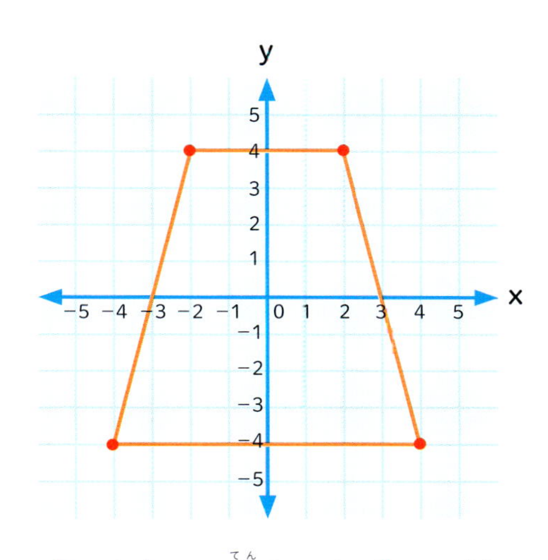

3 さらに、点をつなげていくと、台形という図形ができます。

やってみよう
座標の応用問題

1 右は、6本の辺で囲まれた六角形という図形です。この図形の6つの点を作る座標を求めましょう。

2 次の座標を格子に描き、直線で順番に点をつなげると、どんな図形ができるでしょう？
（1, 0）（0, −2）（−2, −2）（−3, 0）（−1, 2）

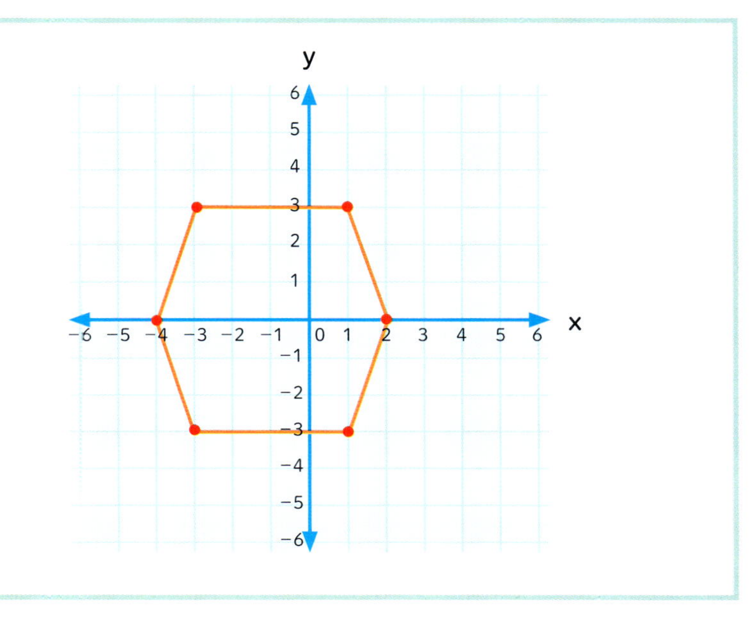

答えは320ページ

位置と方向

格子と座標を使えば、地図上の位置を示すことができます。

地図上で座標を使う方法

地図には、よく正方形の格子が入っています。つまり、ある場所の位置を座標を使って表現すれば、その場所を正確に示すことができるのです。

1 地図上の全ての正方形は、その座標で表すことができます。

2 座標で表すということは2つの数字、または文字の組み合わせで表すということです。

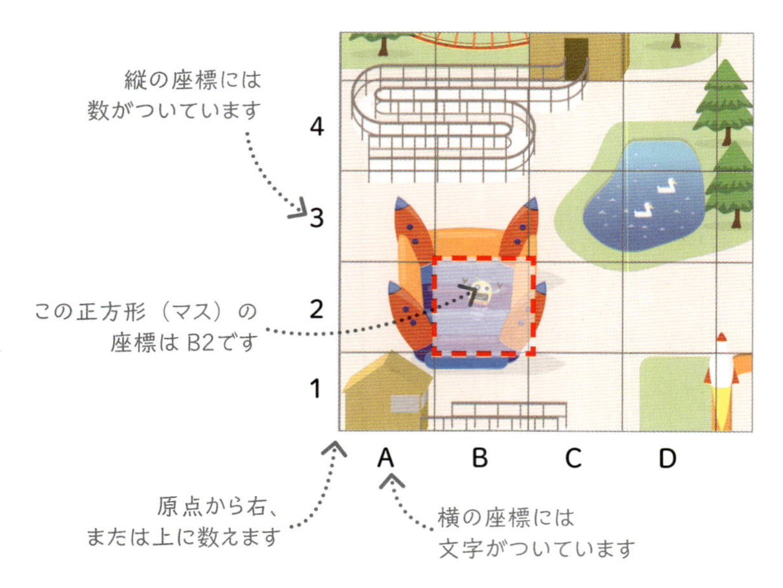
縦の座標には
数がついています
4
3
2
1
この正方形（マス）の
座標はB2です
A
B
C
D
原点から右、
または上に数えます
横の座標には
文字がついています

3 この地図は、横の座標に文字、縦の座標に数がついています。横の座標と縦の座標の両方に数がついている地図もよくあります。

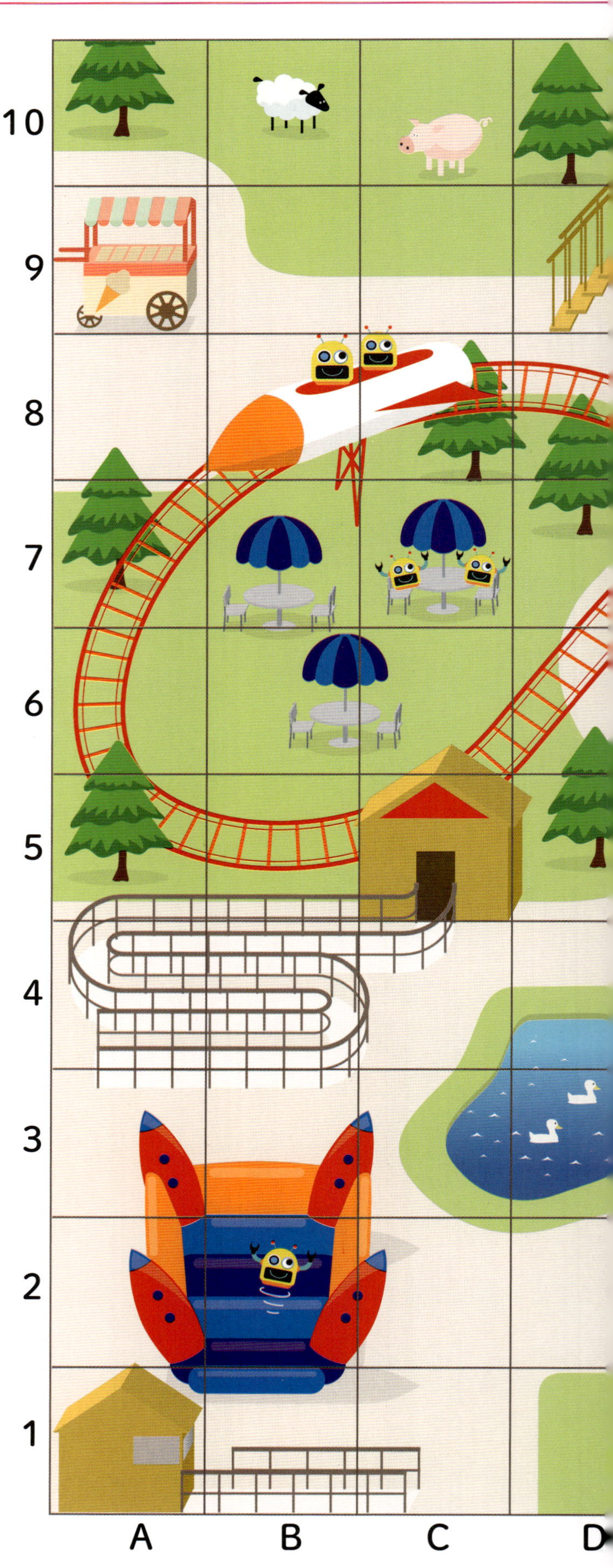
10
9
8
7
6
5
4
3
2
1
A
B
C
D

4 地図座標を使えば、ここに描かれたサイバータウンの遊園地、アストロ・ワールドの歩き方がわかります。動物園の羊は、右に2マス、上に10マスのところにいます。座標はB10です。

5 池のアヒルたちは、右に4マス、上に3マスのところにいます。つまり、このアヒルたちの座標はD3です。

6 A9のマスに何があるかを知るには、右に1マス、上に9マス数えます。このマスにあるのは、アイスクリームのカートでしたね。

やってみよう

場所を探そう

次の3つを探して、この地図で道案内できるかどうか試してみましょう。

1. G10のマスにあるものは何でしょう?
2. 今度は、H3を見つけましょう。このマスには何があるでしょう?
3. 2人のロボットが座っているテーブルの座標を書いてみましょう。

答えは320ページ

方位磁針の方位

方位磁針は、場所を探したり、特定の方角に移動するのに使う道具です。方位磁針には、北の方角を必ず示す針があります。

方位磁針が指す主な方角は、北（N）、南（S）、東（E）、西（W）の4つだよ。

方位磁針の点

方位磁針の点は、北方向から時計回りに測った角度として方角を示しています。このような方角を「方位」といいます。

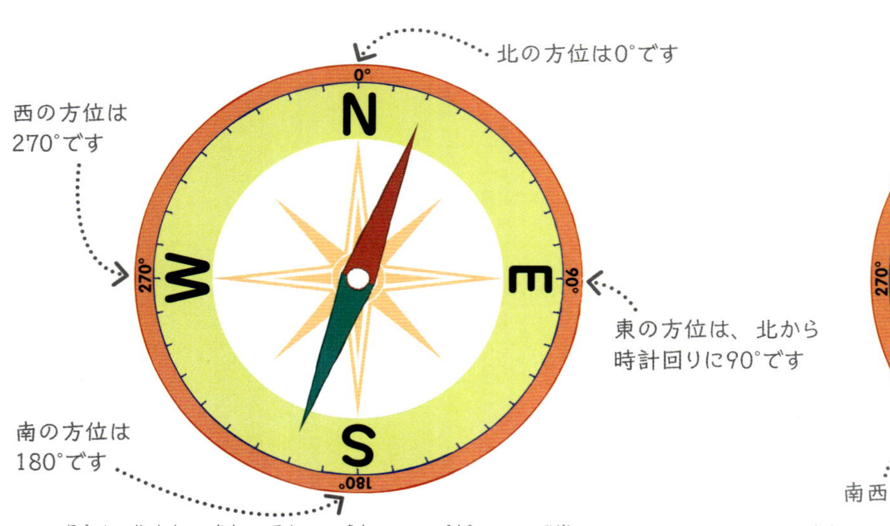

1 方位磁針の主な点は、北（N）、南（S）、東（E）、西（W）です。

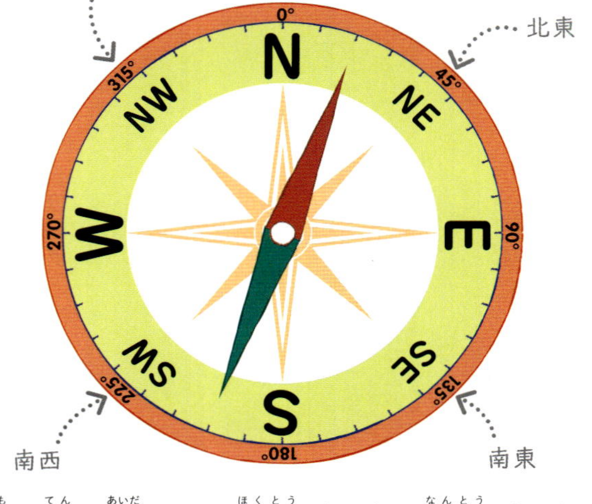

2 主な点の間には、北東（NE）、南東（SE）、南西（SW）、北西（NW）があります。

地図を見ながら方位磁針を使う方法

ほとんどの地図には、北を指す矢印がついています。地図上に示された北に方位磁針の北を合わせると、地図上で他の場所への方角がわかります。そうすれば、方位磁針を使って場所から場所へと移動できるようになります。

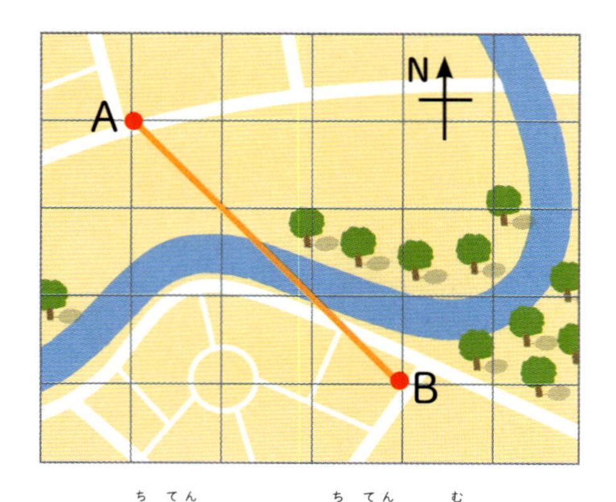

1 A 地点から B 地点に向かうときの方角を調べましょう。まず、地図を回して方位磁針の北の矢印に合わせます。

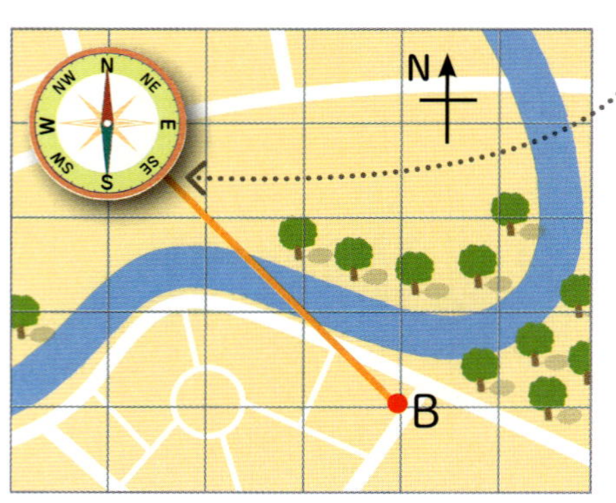

2 今度は、A 地点の上に方位磁針を置きます。B 地点は A 地点の南東だと分かりますね。つまり、方位磁針を使って南東に向かえば、A から B に移動できるということです。

方位磁針を道案内に使う方法

方位磁針の方位を使う練習をしましょう。右のサイバーランドにあるアンドロイド島の道案内をして下さい。

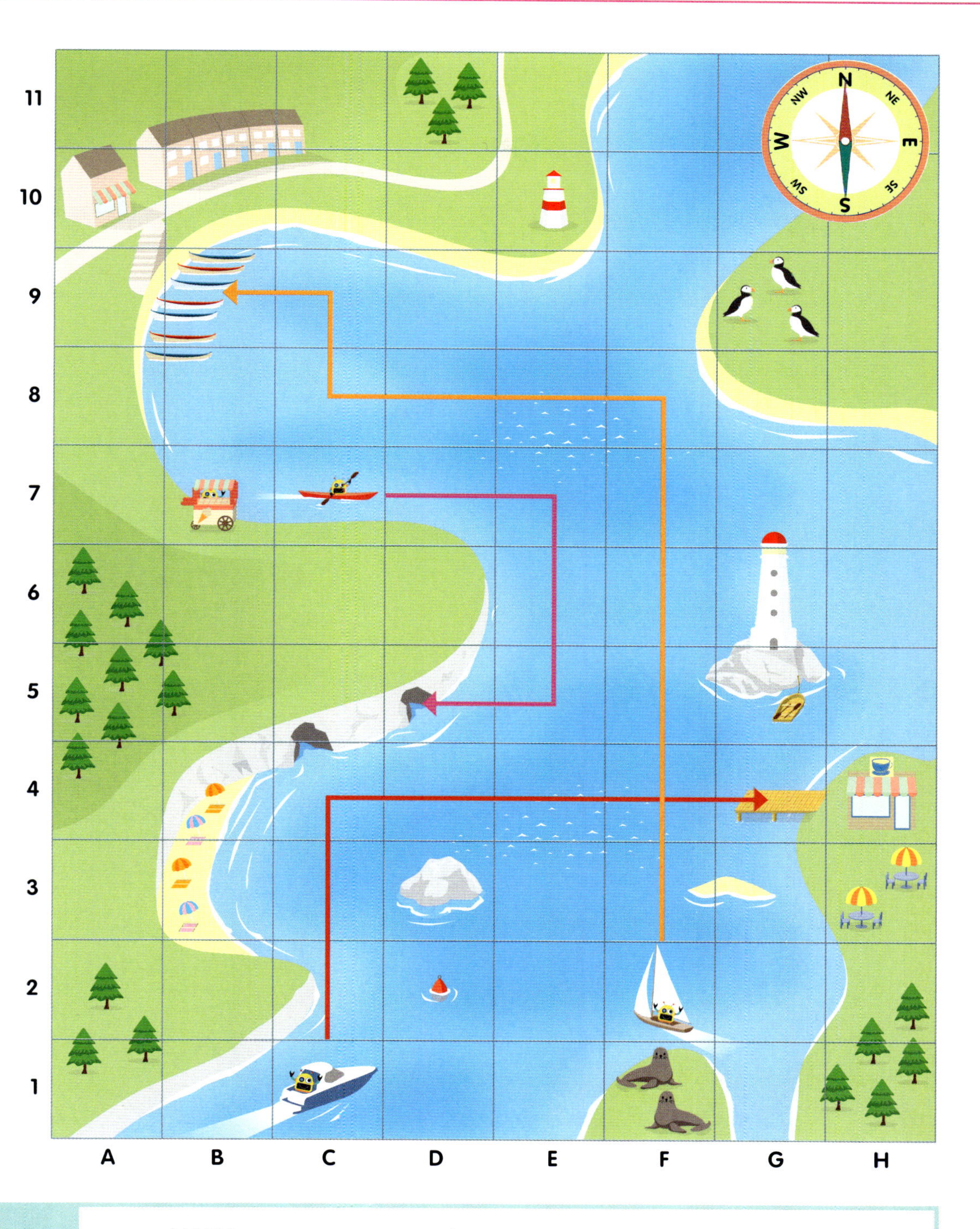

1 モーターボートは、北に3マス、東に4マスというコースを通れば、カフェに行くことができます。これを、3N、4Eと書きます。

2 カヌーを漕いでいる人は、2E、2S、1Wというコースに従えば、洞窟にたどり着けます。

3 ヨットが港に行くコースの1つは、6N、3W、1N、1Wと進むことです。

やってみよう

方位を測ろう

今度は皆さんが上のアンドロイド島の道案内をする番です。湾内をめぐる旅の案内をしてみましょう。

答えは320ページ

1 灯台守は、アイスクリームが欲しいと思っています。彼のボートがアイスクリーム・カートまで行けるよう、道順を教えてあげましょう。

2 ツナメドリ島のツナメドリを観に行けるよう、モーターボートを誘導してあげましょう。

3 ヨットが1W、2N、2W、1S、1Wというコースを航行した場合、どこに着くでしょう？

4 カヌーを3E、6Sの順に漕いでいくと、どこにたどり着くでしょう？

線対称

図形の真ん中に線を引いたときに、半分になったもの同士が同じ形（合同）で、互いにぴったり重ねることができれば、その図形は線対称ということになります。

対称の軸は「対称線」や「鏡映線」ともいうんだよ。

対称の軸は何本？

対称な図形には、1本、2本、あるいはそれ以上の対称の軸があります。円の対称の軸は無限です！

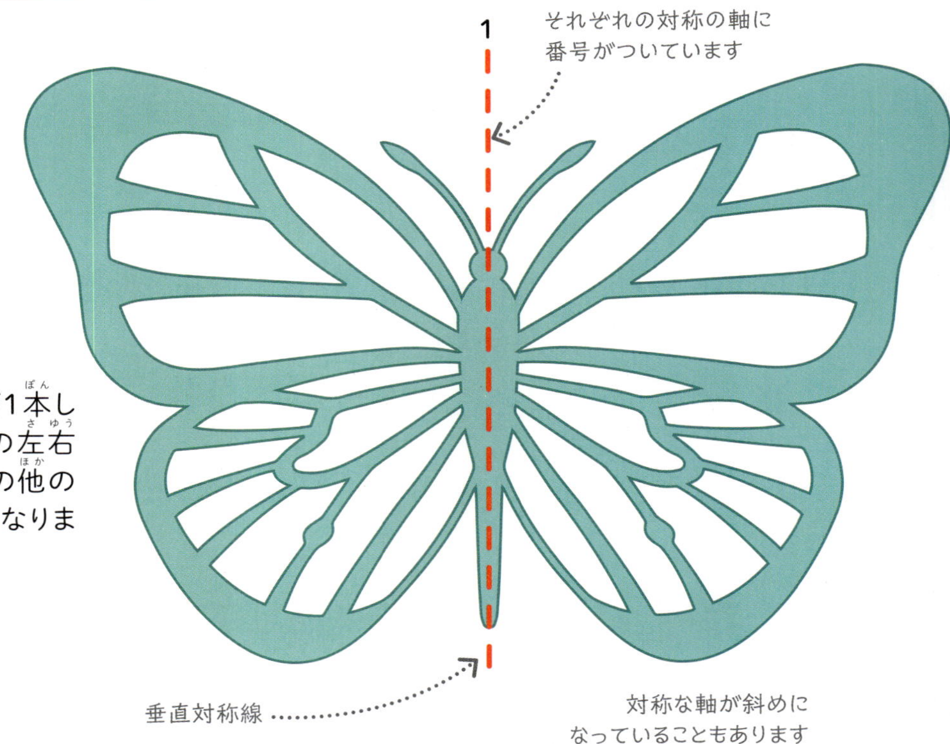

1
それぞれの対称の軸に番号がついています
垂直対称線

1　1本の垂直な対称の軸

このチョウの図には、対称の軸が1本しかありません。この図は、対称の軸の左右が全く同じ形になっています。この図の他の場所に線を引いても、両側が同じ形になりません。

水平対称線

1

2

1

対称な軸が斜めになっていることもあります

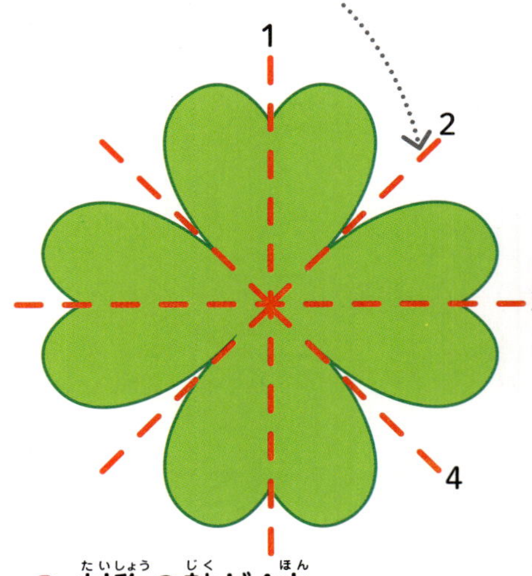

2　水平な対称の軸

この図は、上半分と下半分がお互いの鏡合わせになっています（上下が対称になっています）。

3　2本の対称の軸

この図には、水平な対称の軸と垂直な対称の軸の両方があります。

4　対称の軸が4本

このクローバーの図には、垂直な対称の軸が1本、水平な対称の軸が1本、そして斜めの対称の軸が2本あります。

平面図形の対称の軸

ここでは、一般的な平面図形にある対称の軸を紹介します。

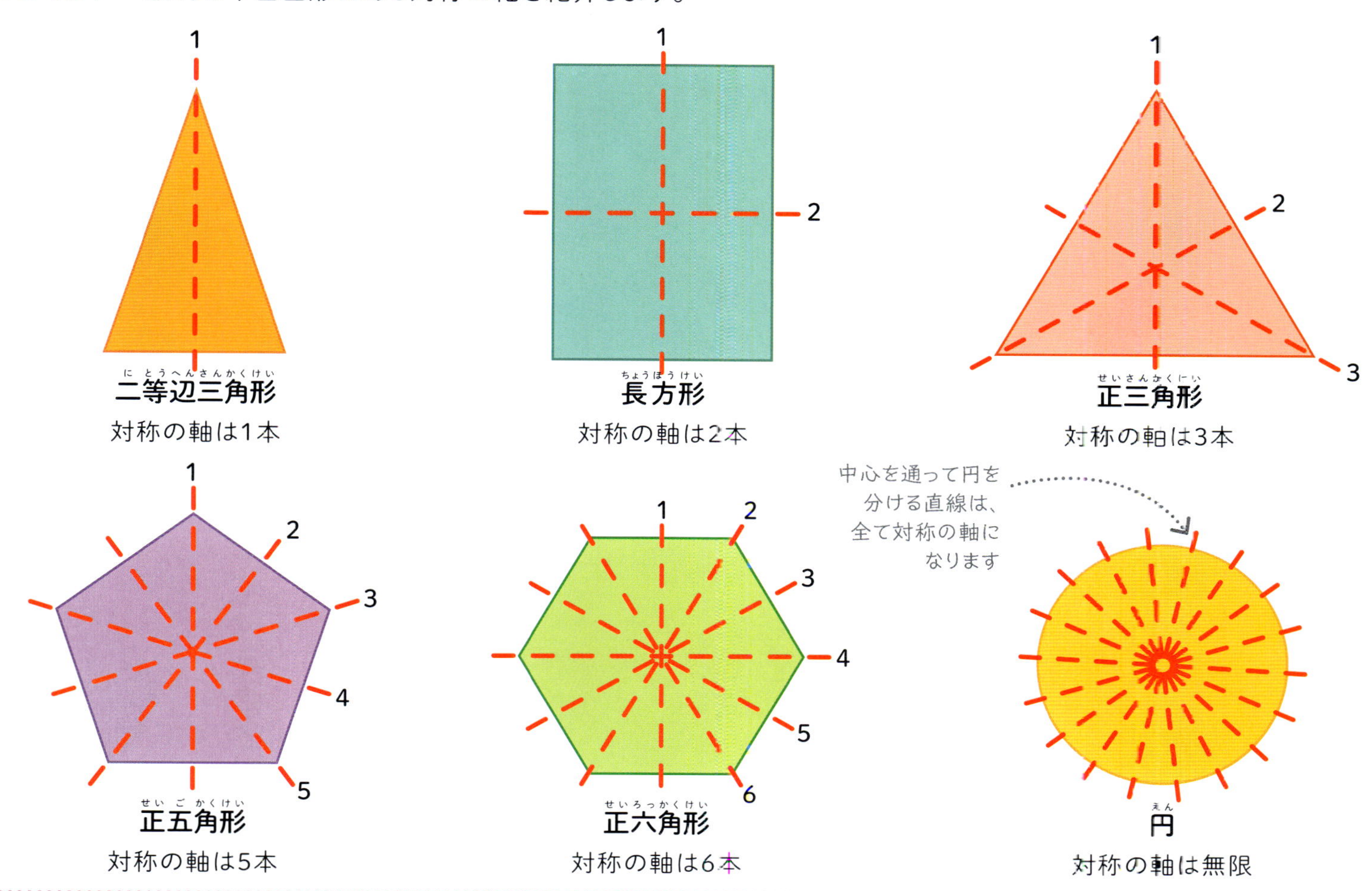

非対称

対称になっていない図形もあります。このような図形には、対称の軸が1本もありません。どこに線を引いても線対称な形を作れないからです。

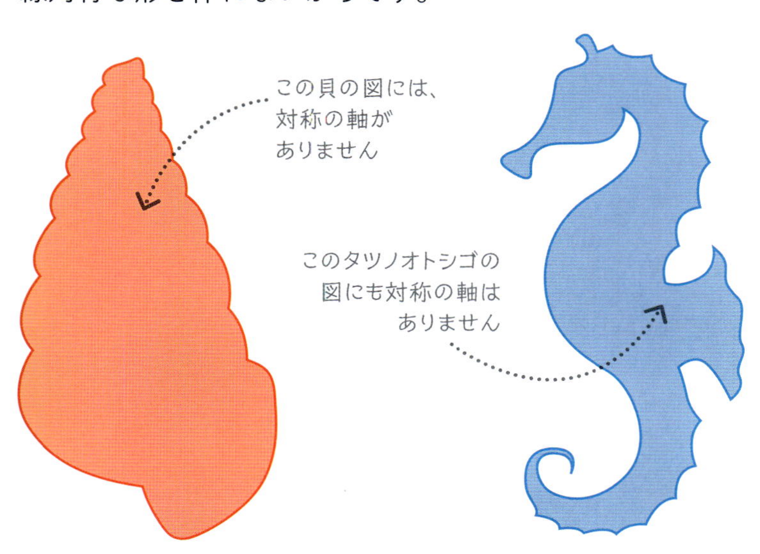

やってみよう

数の対称

下の数を見て下さい。それぞれの数に、対称の軸は何本あるでしょう。答えは、1本、2本、0本のどれかになります。

3 7 6 8

答えは320ページ

点対称

ある一点を中心に図形を回転させたとき、元の形にぴったり重なる場合、そのような物体または形を「点対称な図形」といいます。

点対称の中心

回転させるときの中心点を、点対称の中心といいます。

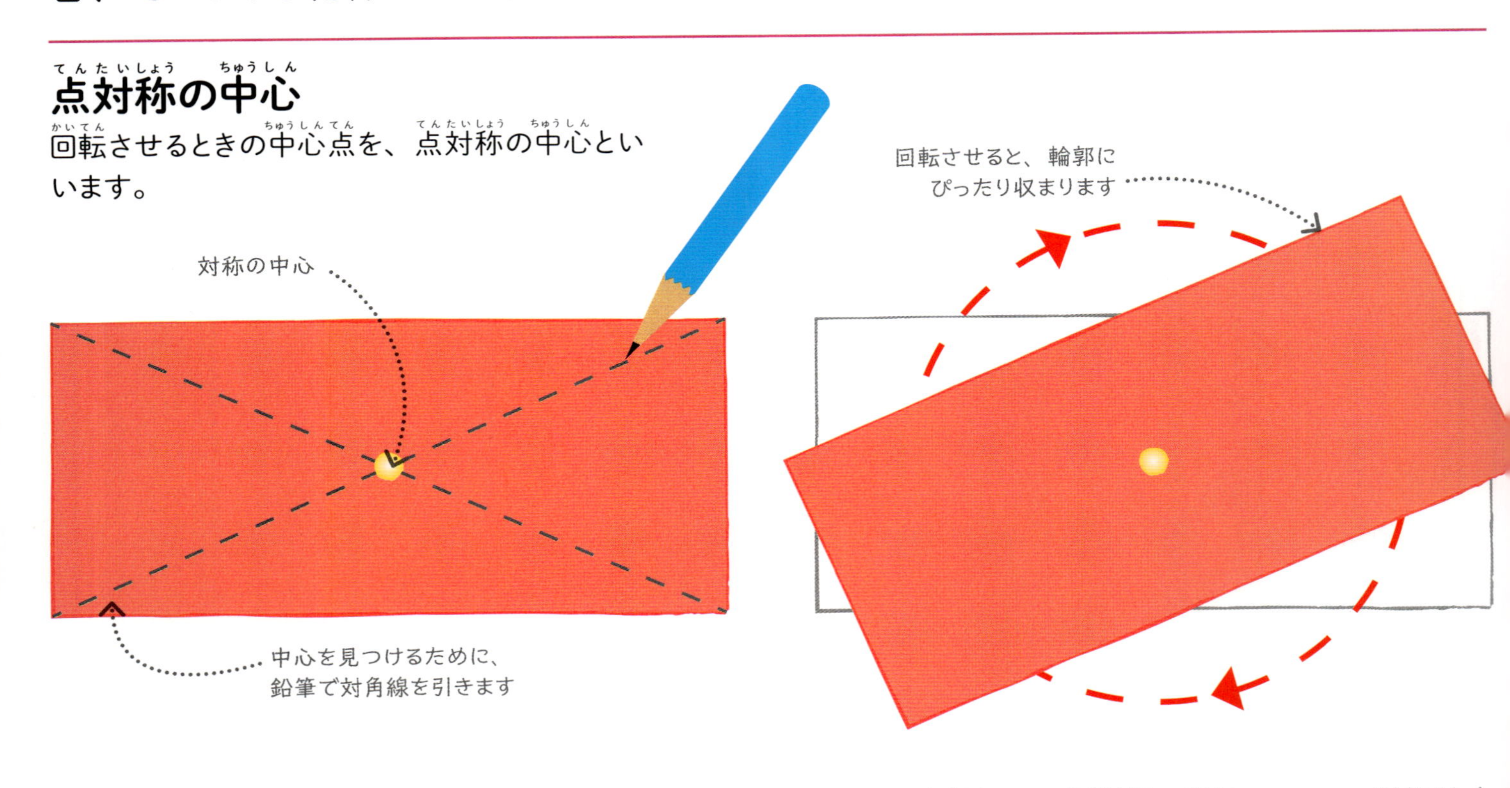

1 長方形のカードを1枚出して、その中心をピンで留めましょう。中心というのは、長方形の対角線2本が交わる点です。今度は、長方形の輪郭をなぞりましょう。

2 ピンを中心にして長方形を回転させると、半回転後に先ほど描いた輪郭にぴったり収まります。つまり、この図形は点対称だということです。もう一度半回転させると、長方形が最初の位置に戻ります。

やってみよう

対称になっているかな?

右の花の図形のうち、3つは点対称です。点対称でない図形はどれでしょう?

答えは320ページ

※日本の教科書では、「180° 回転させたときにぴったり重なる図形を点対称という」と定義しています。

点対称の位数

図形が1回転する間に輪郭にはまる回数を、その図形の「点対称の位数」といいます。

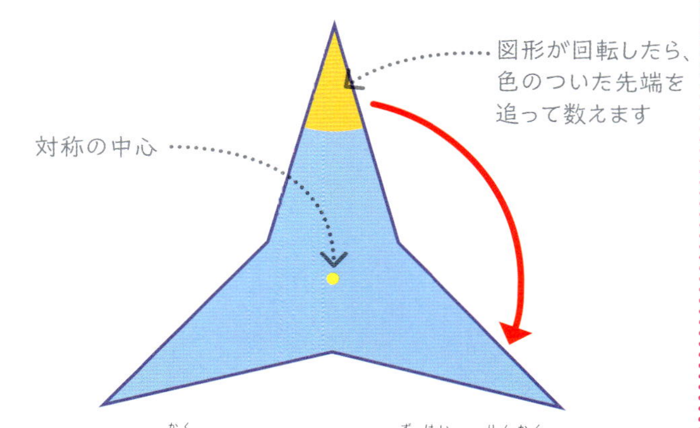

図形が回転したら、色のついた先端を追って数えます
対称の中心

1 それでは、角が3つあるこの図形が輪郭にはまる回数を数えてみましょう。まずは、黄色の先端が次の先端部に着くまで回転させます。

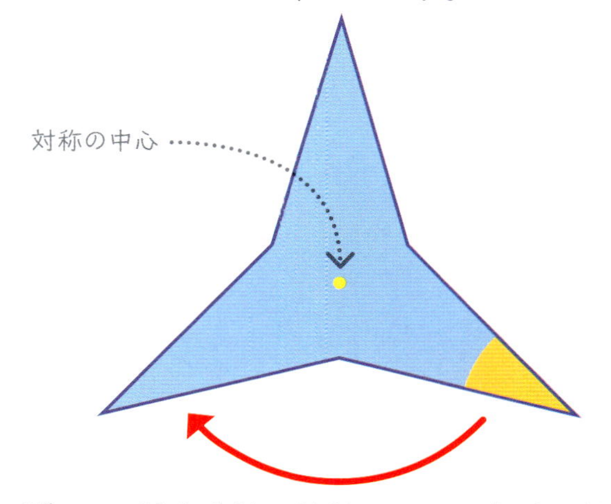

2 次にもう一度図形を回転させて、黄色い先端を次の先端部に移します。

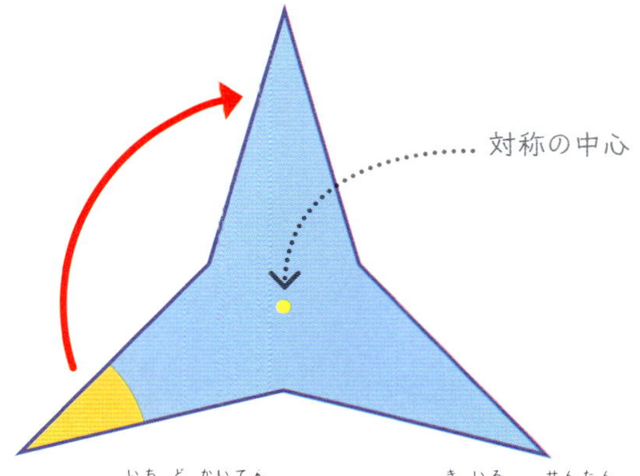

3 そして、もう一度回転させると、黄色い先端が最初の位置に戻ります。この図形は元の形に3回重なったので、点対称の位数は3になります。

平面図形の点対称の位数

ここでは、一般的な平面図形の点対称の位数を紹介します。

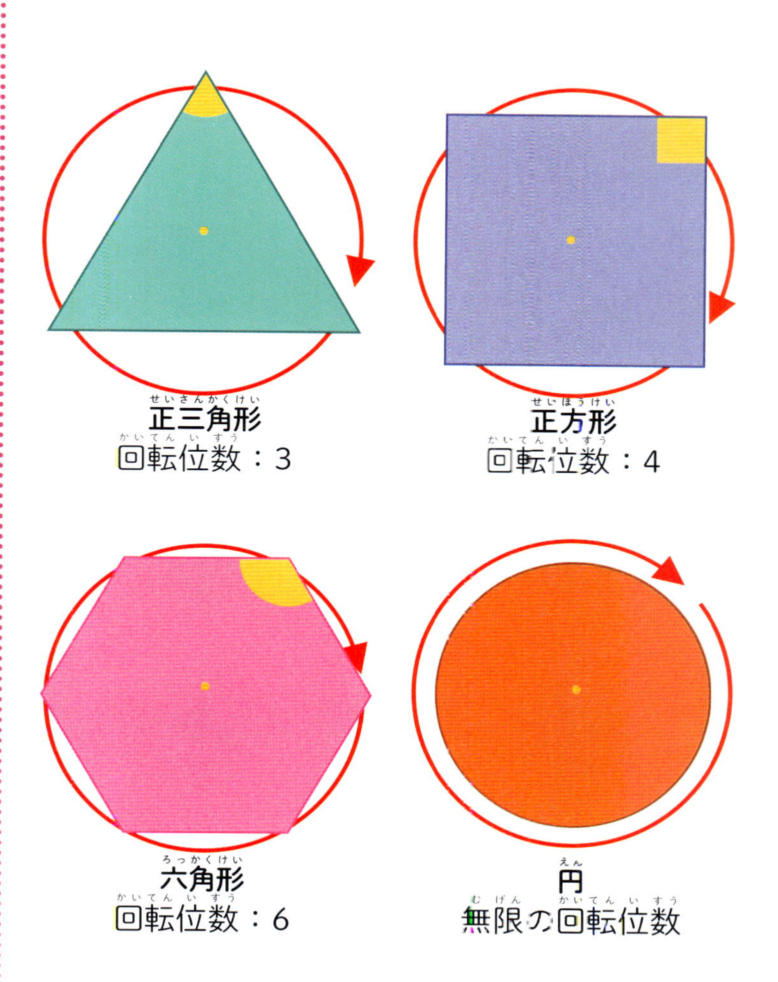

暮らしの中の算数

対称でつくる模様

点対称は、装飾模様を作るのによく使われます。イスラム美術では、モスクなどの建物用タイルの複雑な模様を作るのに、線対称や点対称が使われます。

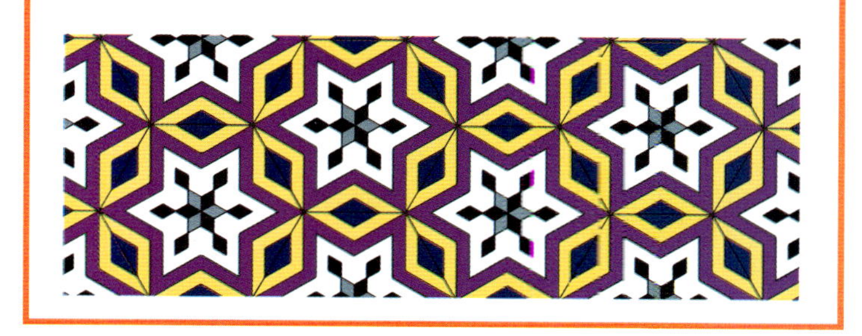

反射

反射というのは、物体や形を想像上の線でひっくり返すことだよ。

数学では、物の大きさや位置の変化を「変換」といいます。反射は変換の一種で、物を鏡に映したときのような形を作ります。

反射とは?

反射は、ひっくり返された物、または形を映します。つまり、反射線を挟んでその物体や形の鏡映になります。

1 元の物体は「原像」といいます。

2 反射というのは、このような反射線を挟んで起こります。反射線は、反射軸や鏡映線ともいいます。

3 元の形や物が反射したものを「（反射）像」といいます。

反射線

ある形とその反射像は、常に反射線の両側にあります。像と反射線の距離は、どこを測っても、原像と反射線の距離と同じです。反射線は、水平（横）、垂直（縦）のこともあれば、斜めになっていることもあります。

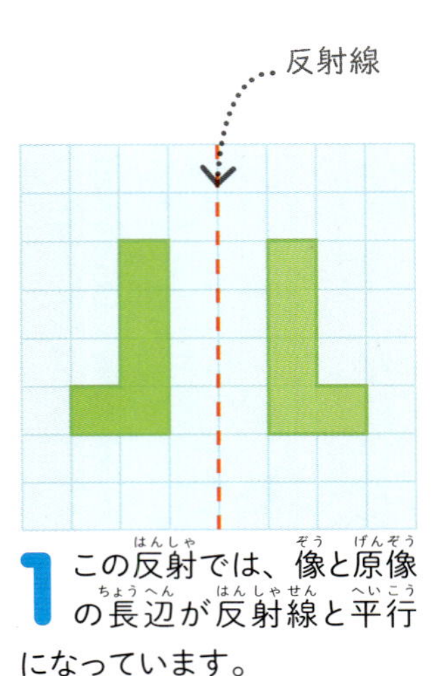

1 この反射では、像と原像の長辺が反射線と平行になっています。

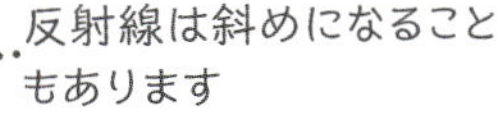

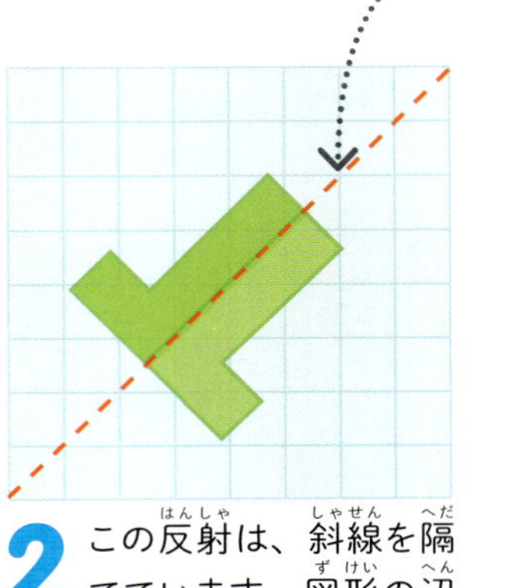

2 この反射は、斜線を隔てています。図形の辺が反射線に沿っています。

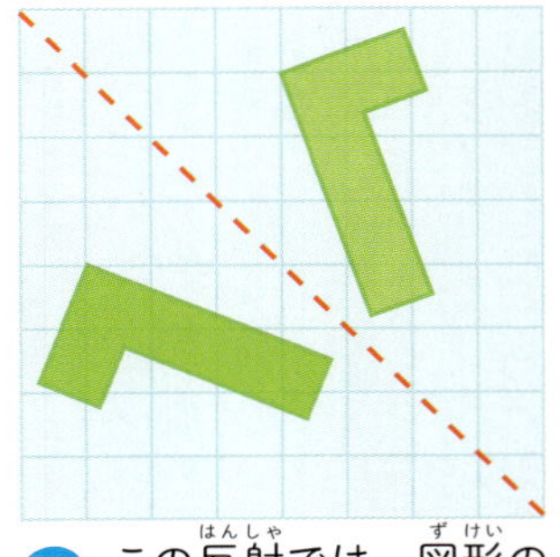

3 この反射では、図形のどの部分も反射線と平行ではなく、また反射線に接していません。

反射の描き方

反射は、格子や点のついた紙を使った方が描きやすく、正確に配置できるようになります。

像の点は、どれも反射線からの距離が原像と同じなんだよ。

垂直反射線

2つの点を結ぶ線は、反射線と直角に交わります

1 三角形を反射させてみましょう。まず、格子や点のついた紙に三角形を描きます。頂点にA、B、Cと文字を入れておきます。今度は、垂直の反射線を引きましょう。

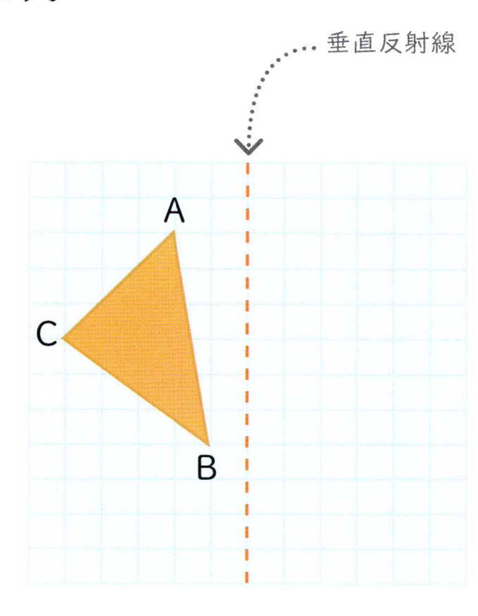

2 頂点Aから反射線までに何マスあるかを数えます。今度は、反射線の反対側で同じ数を数えて、そこにA'と印をつけます。

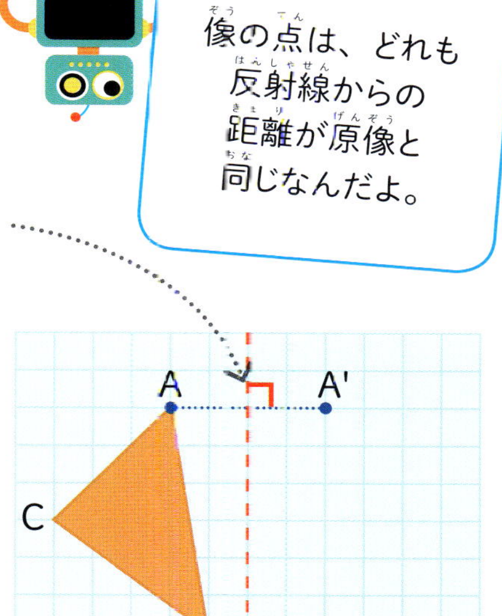

3 三角形の残りの頂点2つについても、同じように描き、新しくできた点にB'とC'という印をつけます。

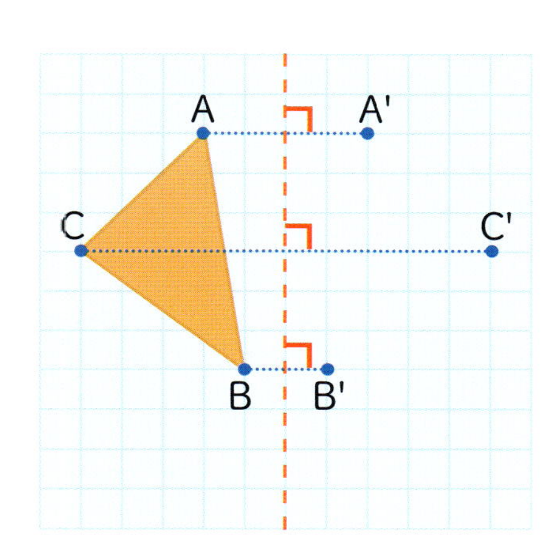

4 点A'、点B'、点C'を線でつなげます。これで、三角形ABCの反射になる新しい三角形A' B' C'ができました。

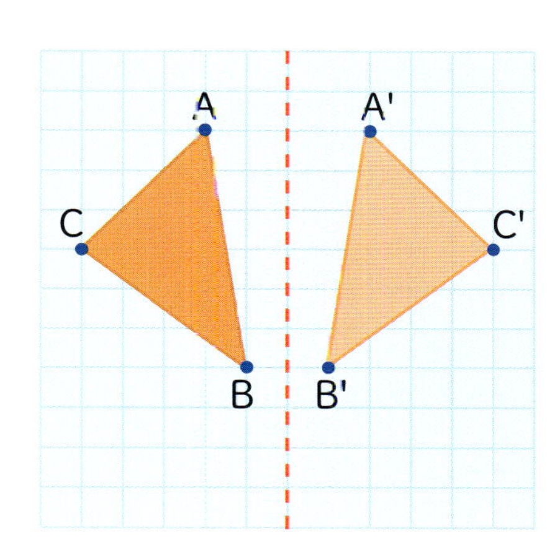

やってみよう

反射で模様を作ろう

反射を使えば、対称な模様を作ることができます。格子のついた紙に縦線と横線を引いて、4つの象限を作ります。そして、第1象限にこのデザインを写します。それから、それぞれの象限に水平と垂直に反射させて、模様を完成させましょう。

答えは320ページ

回転

回転は変換の一種で、物体や図形が回転中心という点の周りを回ることです。図形の回転の大きさを「回転角」といいます。

回転中心

回転中心というのは、固定された点です。つまり、回転中心は動きません。同じ形をいろいろな回転中心から時計回りに回転させるとどうなるか、見ていきましょう。

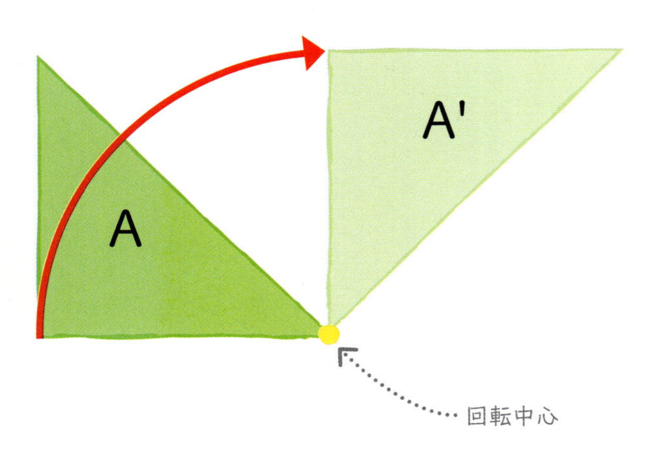

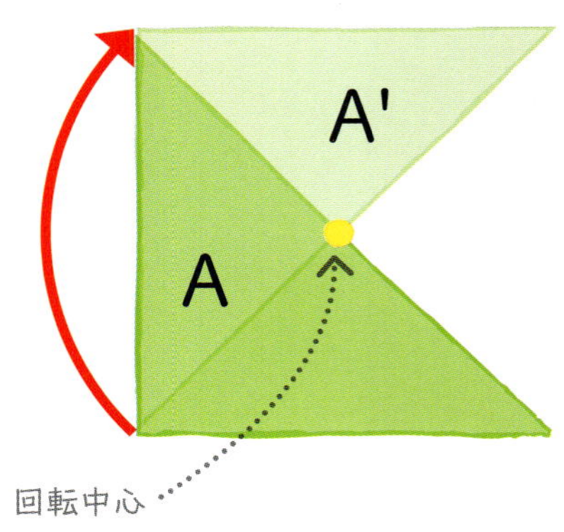

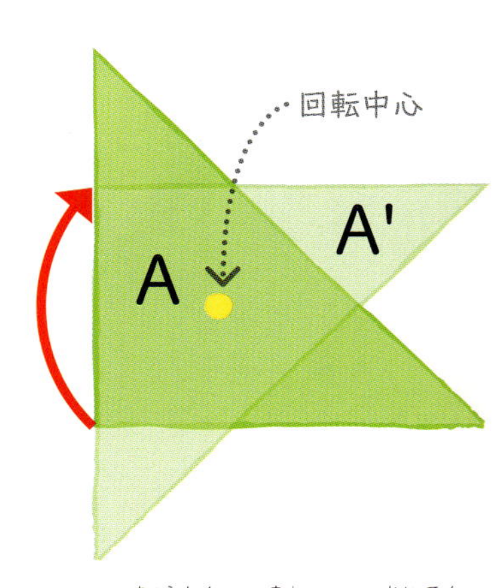

1 まずは、三角形 A の頂点のうち1つを中心として、この三角形を回転させて、新しい三角形を作りましょう。新しくできた三角形を A' とします。

2 最も長い辺の中心の周りを回転させると、新しい三角形の半分が元の三角形と重なります。

3 A がその中心の周りを回転すると、新しい三角形の別の部分が元の三角形の真ん中に重なります。

回転角

回転角とは、何かがある一点の周りを回転する距離を角度で測ったものです。それでは、右の風車の羽を回転させるとどうなるか、見ていきましょう。

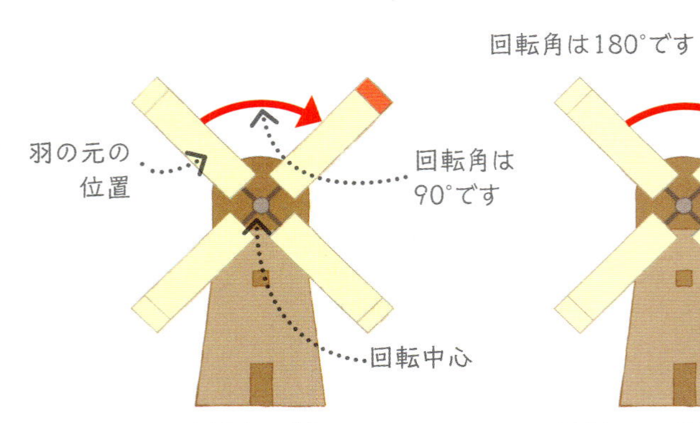

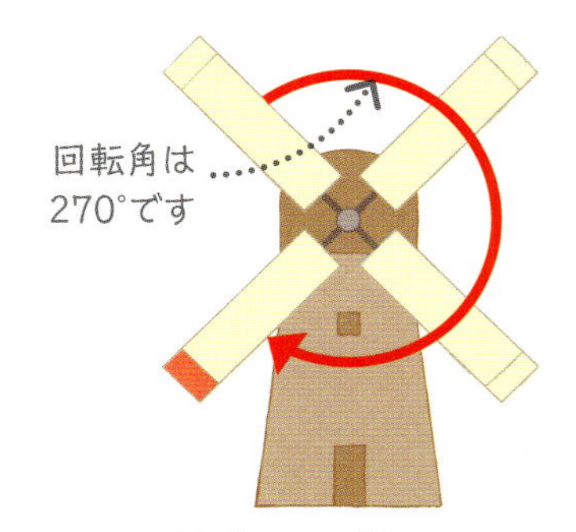

1 この風車の羽は、90°（直角1つ分）回転しました。

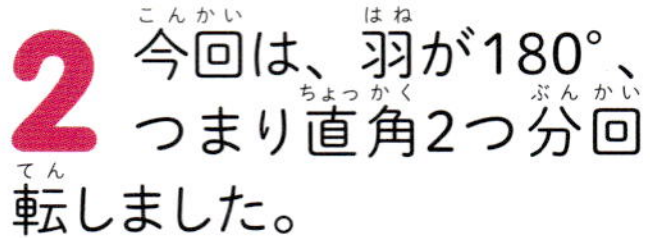

2 今回は、羽が180°、つまり直角2つ分回転しました。

3 今度は、羽が270°、つまり全部で直角3つ分回転しました。

回転模様

同じ回転中心の周りを何度も回転させることで模様を作ることができます。このＴの図を回転させると、回転数や回転角によって違う模様ができます。

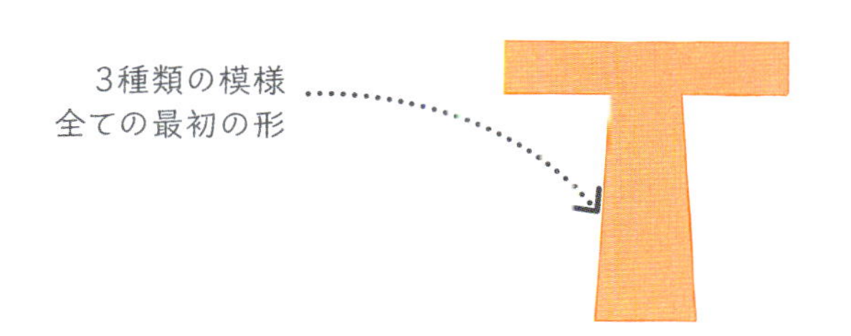

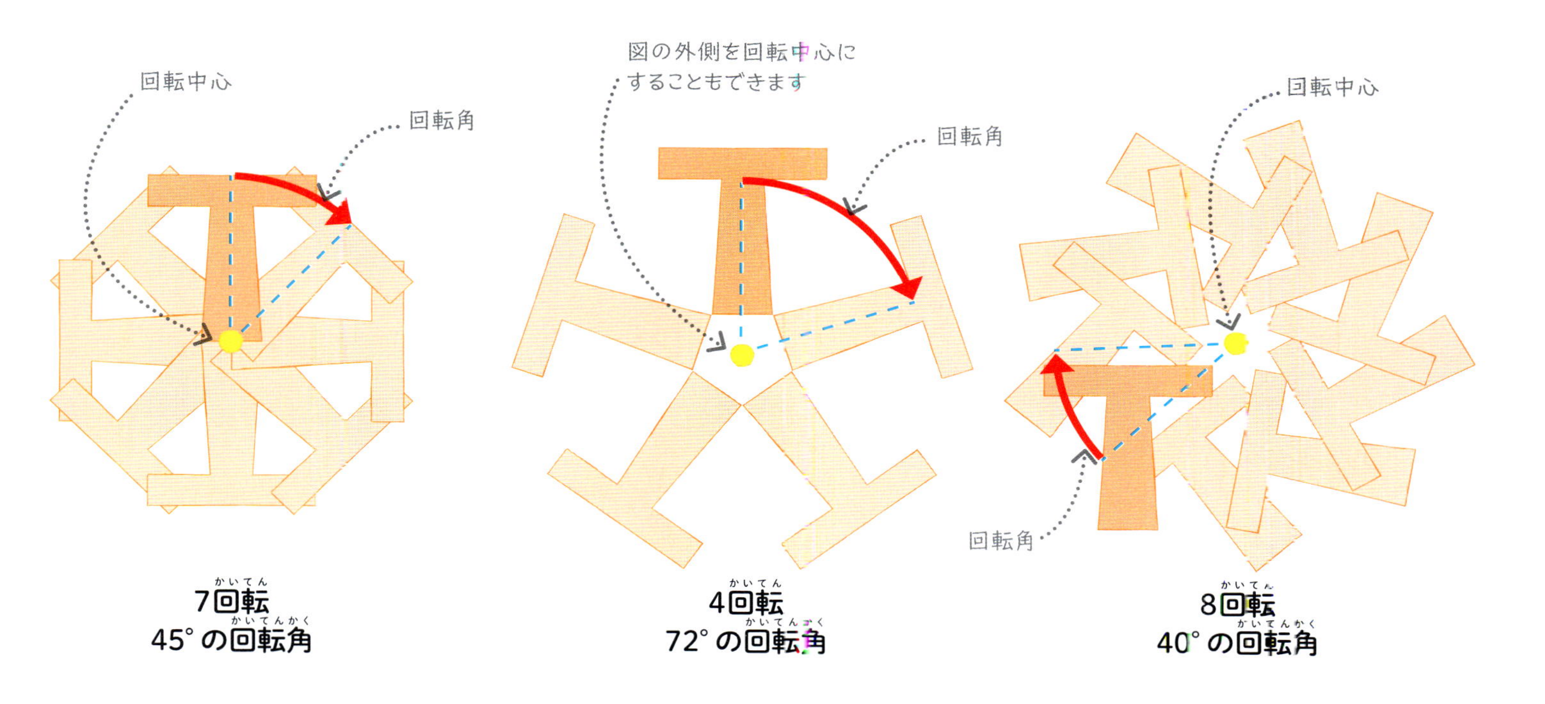

7回転
45°の回転角

4回転
72°の回転角

8回転
40°の回転角

やってみよう

回転で作品を作ろう

何枚かの紙とノート、ピン、ハサミ、鉛筆さえあれば、自分で回転模様が作れます。

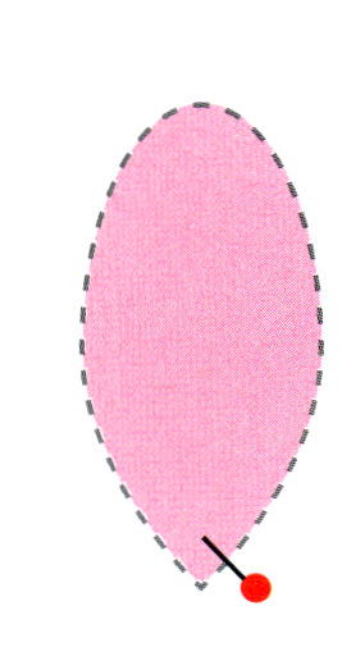

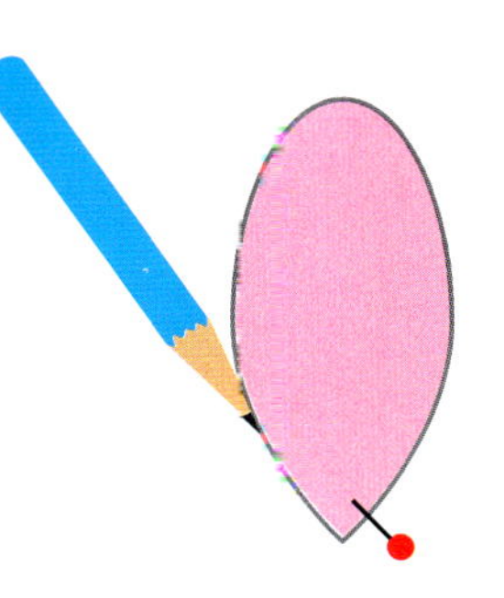

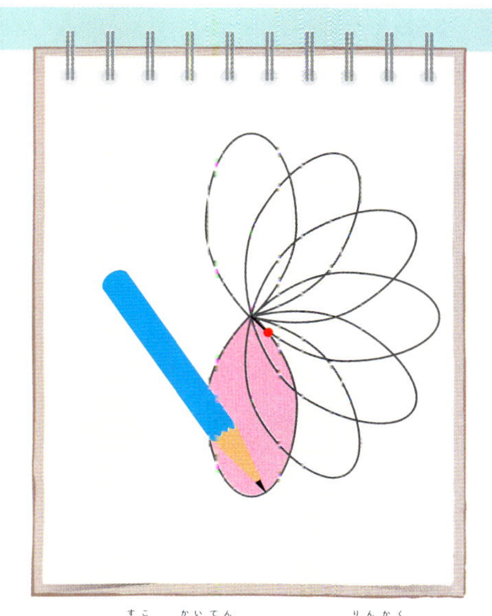

1. 紙に簡単な形を描いて、その形を切り抜きます。
2. 切り抜いた形にピンを刺して、回転中心を作ります。
3. この形をノートに刺したら、鉛筆で輪郭をなぞります。
4. 少し回転させて、輪郭をもう一度なぞります。好きな模様ができるまで、これを繰り返しましょう！

平行移動

平行移動とは、物や図形を上下または左右に滑らせて新しい位置に移すことです。平行移動しても形や大きさは変わりません。

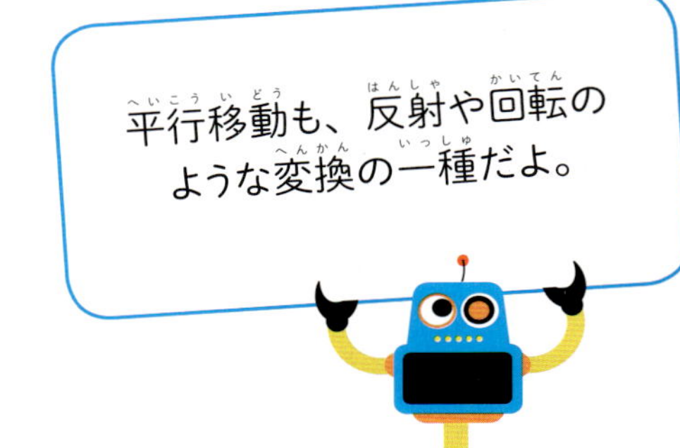

平行移動も、反射や回転のような変換の一種だよ。

平行移動とは?

反射や回転のように、平行移動も変換の一種です。平行移動では、元の物体が反射したり、回転したり、違う大きさになったりしないので、物体とその像は全く同じになります。物体が滑って位置を変えるだけです。

元の物や形を「原像」といいます

平行移動した物や形を「像」といいます

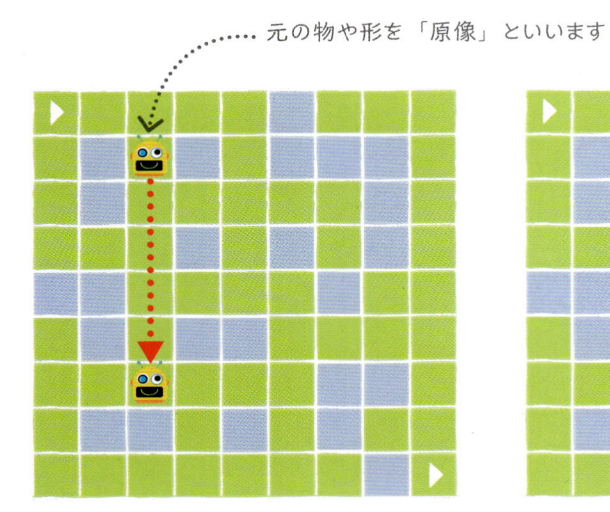

1 上の迷路の中にいるロボットを見て下さい。このロボットは、垂直に5マス下まで移動しました。

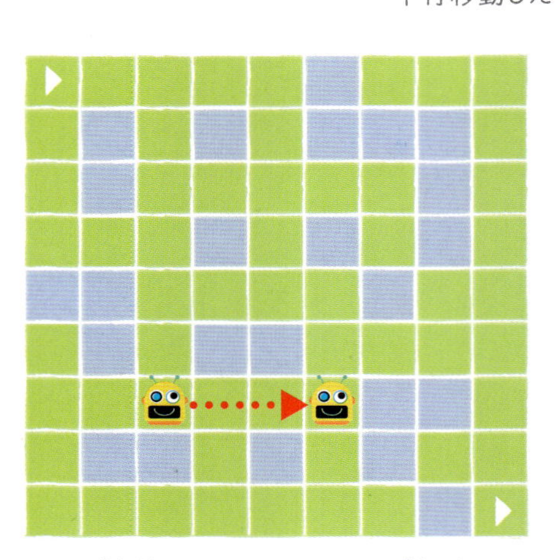

2 今回は、ロボットが水平に3マス右へ移動しました。

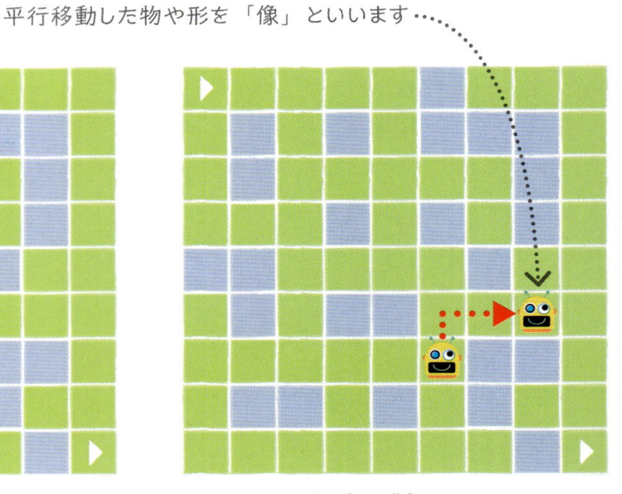

3 この平行移動では、ロボットが1マス上に移動し、それから2マス右に移動しました。

身の回りの算数

モザイク模様の平行移動

平行移動は、同じ形を隙間なく並べたモザイクという模様を作るのによく使われます。こちらのモザイク模様は、紫色とオレンジ色のネコの形の組み合わせができるように、斜めに平行移動させて作られています。

格子を使って図形を平行移動させる方法

格子を使って図形を平行移動させたときのマスの数を表すのに「単元」という言葉を使います。それでは、三角形を平行移動させてみましょう！

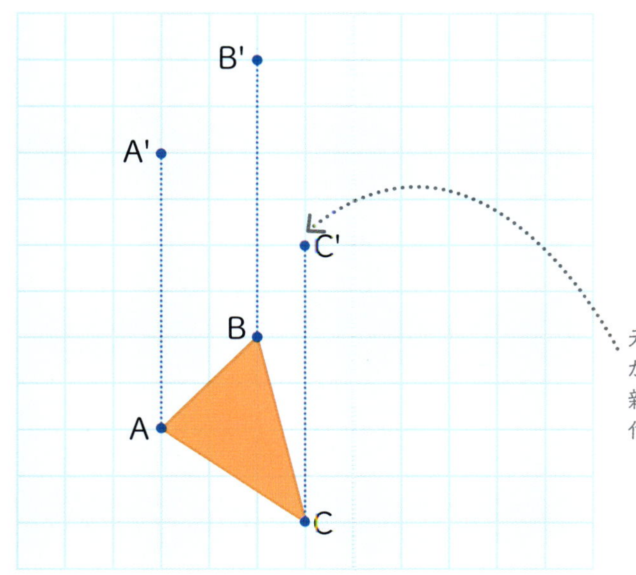

1 この三角形を上に6単元動かしましょう。まず、頂点にA、B、Cと文字をつけておきます。そして、それぞれの頂点から6単元上に数えて、新しくできた点にA'、B'、C'と印をつけます。

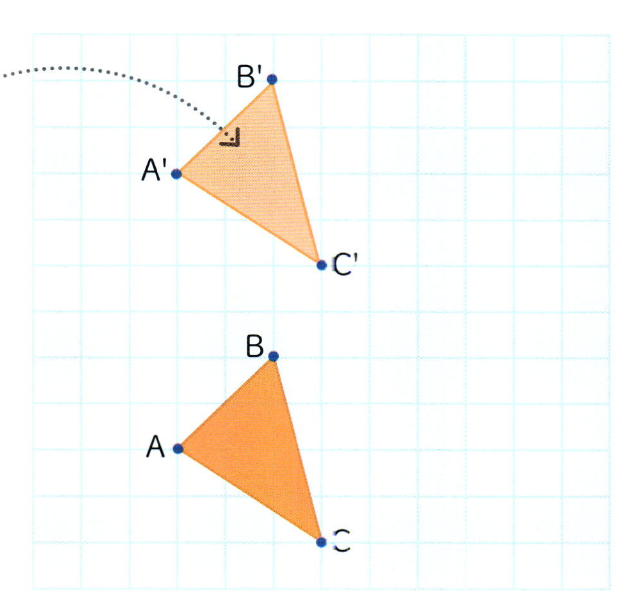

新しい三角形は、大きさと形が元の三角形と全く同じです
B'
A'
C'
B
A
C

2 次に、定規と鉛筆を使って先ほどの点を結び、新しい三角形 A' B' C' を描きます。

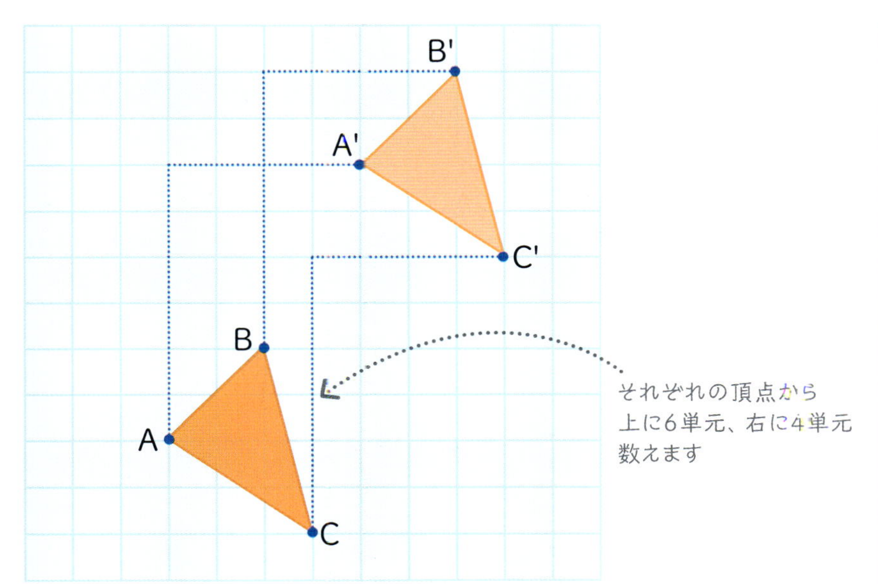

3 斜めに平行移動させるときは、2段階で行います。例えば、それぞれの頂点からまず上に6単元数えて、それから右に4単元数えます。新しい点3つを書き、新しい三角形 A' B' C' を描きます。

やってみよう

三角形の平行移動

このボードでは、三角形の平行移動が何種類できるでしょう？　ヒントとして、例を1つ出しておきましょう。今度は、皆さんの番ですよ！

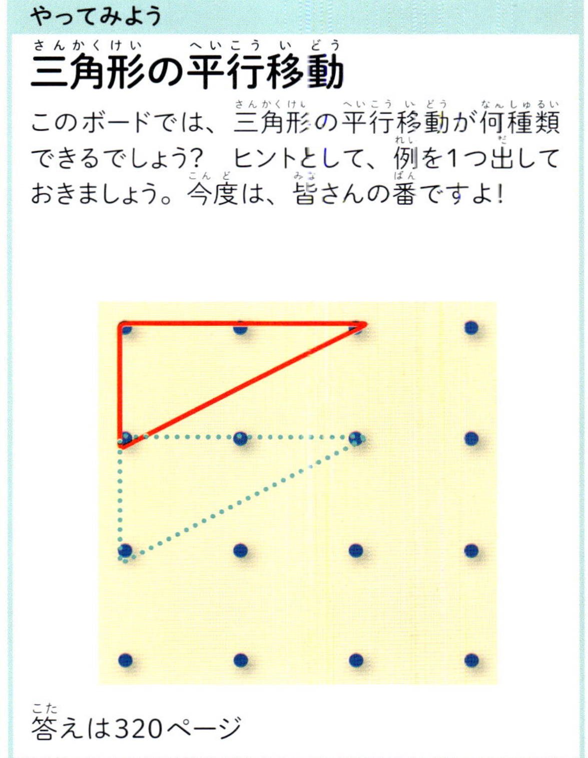

答えは320ページ

第５章

統計（とうけい）

STATISTICS

データを集めて、そのデータから何がわかるのかを調べるのが統計です。大量のデータを整理して分析するのに最もわかりやすい方法は、グラフやチャートなど、ひと目でわかる形にすることです。また、統計の手法を使って、未来に何かが起こる可能性やその確率を求めることもできます。

データ処理

統計は、よく「データを処理すること」といわれます。「データ」とは、情報です。統計には、データの収集、整理、そして発表（表示）が含まれます。また、データの解釈（データが意味する内容を理解しようとすること）も統計に含まれます。

1 データを集めるには、調査を行う必要があります。人々に質問をしたりして、回答を記録するのです。右の調査ロボットは、あるクラスの生徒たちに好きな果物を聞いて回っています。

2 調査したい内容は、「質問票」という用紙に書かれています。こちらは、ロボットたちが持っている質問票です。5種類の果物の中から選んで下さい、と子どもたちにたずねる内容ですね。

このチェックは、1人の子どもが「ブドウが1番好き」と答えたことを表しています

3 質問に対していくつかの答えが考えられるときは、答えが選べるようになっています。この場合、それぞれの答えの横にチェックボックスがついています。こうすると、素早く、簡単に回答を記録することができるのです。

4 データが整理される前の回答を「生データ」といいます。

投票

データを集めるもう一つの方法は、何かについて投票を行うことです。何か質問をすると、例えば手を挙げるなどして、人々が回答します。それから、挙がった手の数を数えます。右のロボットたちは、ナット（留めねじ）とボルトのどちらが好きかについて、投票をしています。

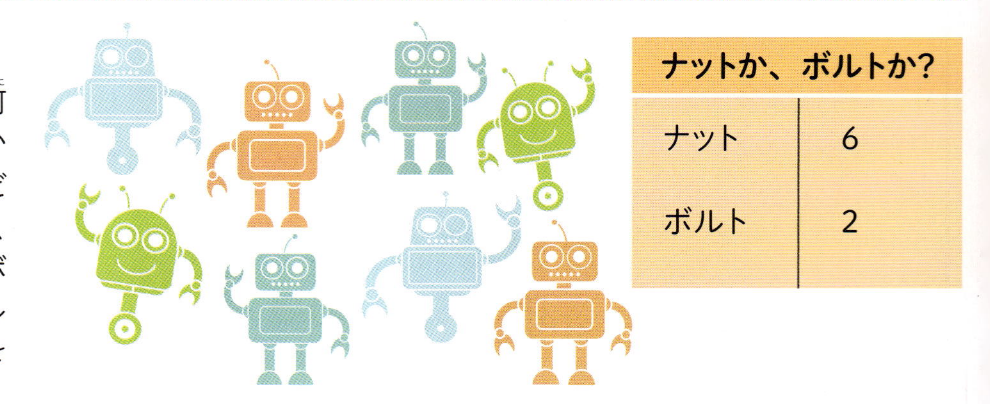

ナットか、ボルトか?	
ナット	6
ボルト	2

集めたデータはどうする?

データが集まったら、整理して発表しましょう。データを読みやすく、わかりやすくする手っ取り早い方法としては、表、図、グラフなどがあります。

一番人気のある果物	
果物の種類	子どもの人数
オレンジ	3
リンゴ	6
ブドウ	8
スイカ	2
バナナ	5

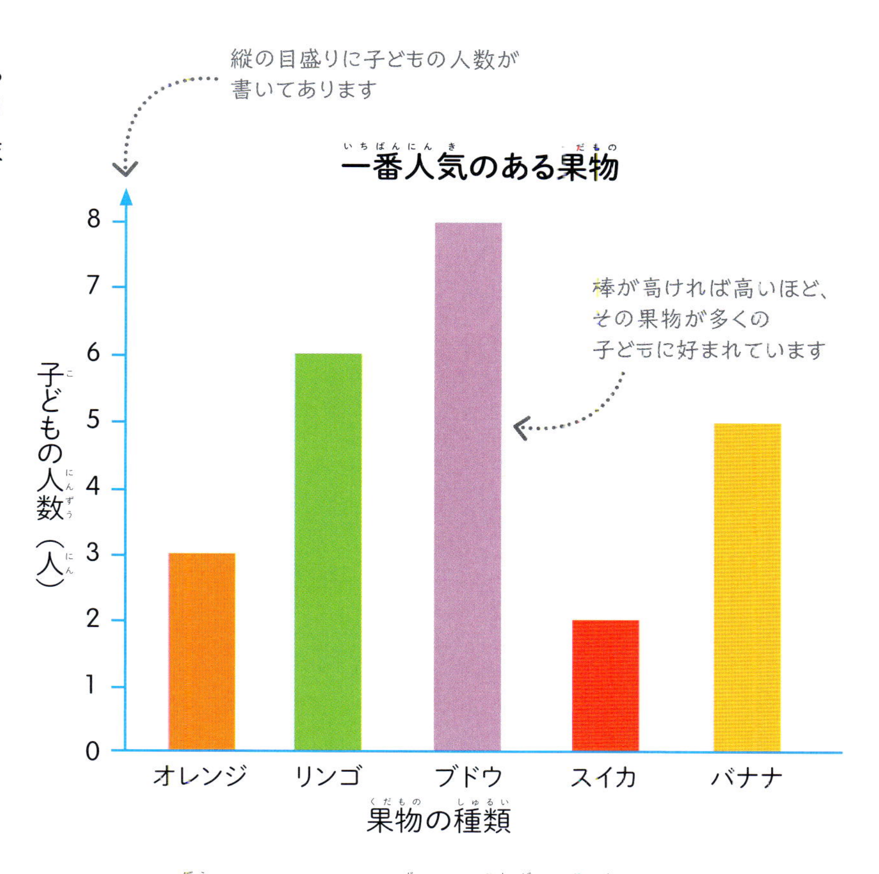

1 上の表はそれぞれの果物を選んだ子どもの人数を表しています。

2 「棒グラフ」という図は、言葉で説明したり、数のリストを作ったりしなくても、結果を表すことができます。

データ集合

集合というのはデータの集まりで、数、言葉、人、イベント、物などを集めたものです。集合は、下位集合というもっと小さな集合に分けることもできます。

1 ロボットたちが好きな果物について聞いた子どものクラスも、集合のひとつです。このクラスには24人の子どもがいて、男子と女子が混ざっています。

2 8人の男の子(赤)は、このクラスの下位集合です。16人の女の子(緑)も下位集合になります。この2つの下位集合を合わせると、クラス全体の集合になります。

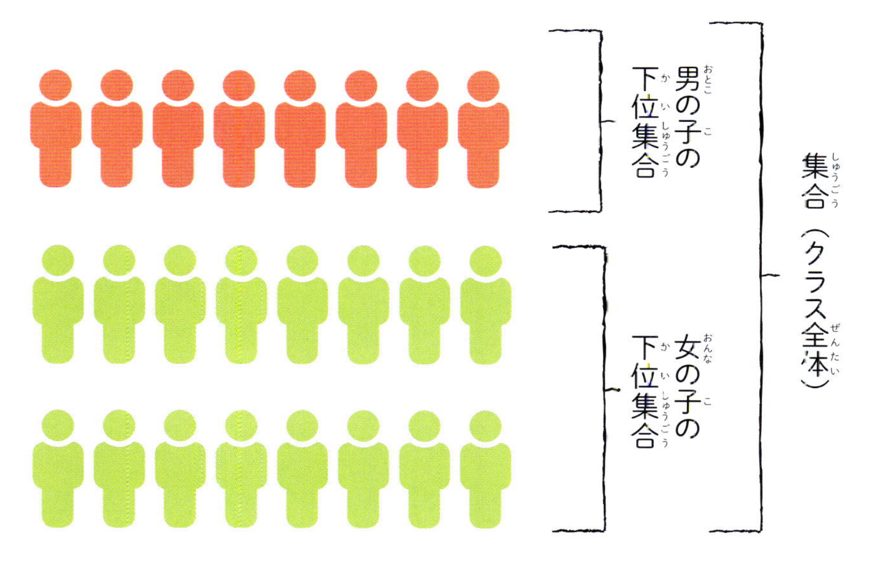

「正」の字で数える

質問調査の回答などのデータを集めているときは、線の本数で数を表現する画線法を使うと、結果をすぐに数えることができて便利です。

日本では画線法というより「正」の字で数えるというのが一般的だよ。

1 「正」の字を書いて、記録した結果を表しましょう。右は、1から5までの数を「正」の字で表したものです。

一	丅	下	𤴓	正
1	2	3	4	5

2 結果を5のグループにすると、素早く合計が出せるようになります。まず、5のグループを全部数えて、それから余りの線をたします。右は、18を「正」の字で表したものです。

正　正　正　下

5 + 5 + 5 + 3 = 18

3 下の図は、「正」の字で調査の結果を表したものです。

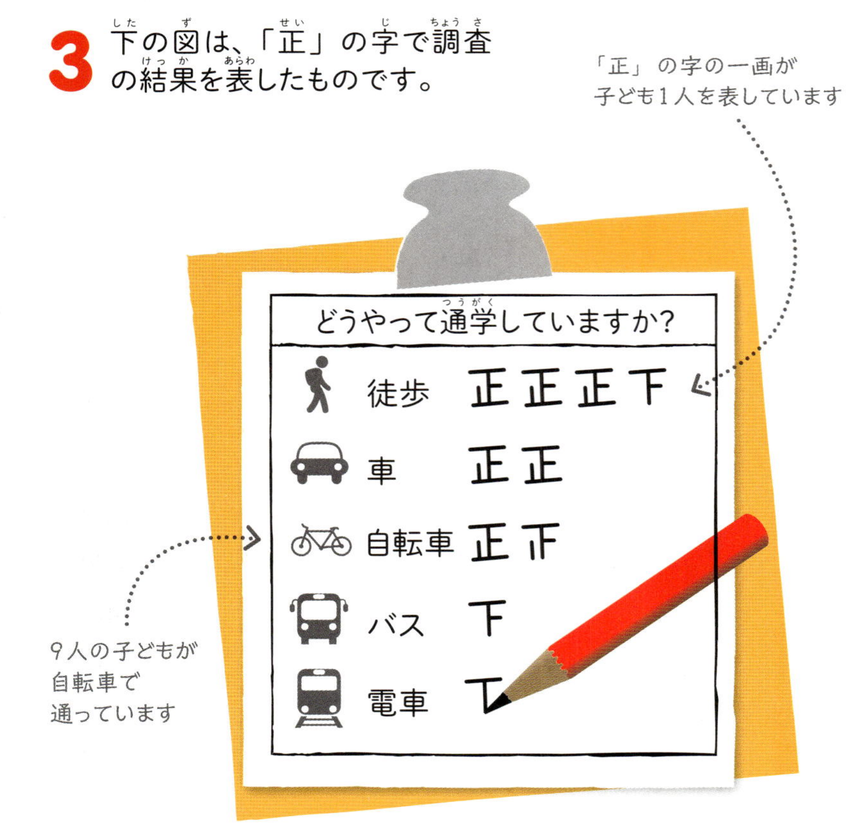

「正」の字の一画が子ども1人を表しています
どうやって通学していますか？
徒歩 正正正下
車 正正
自転車 正𤴓
バス 下
電車 丅
9人の子どもが自転車で通っています

身の回りの算数

その他の画線法

画線法の形は、世界各地で異なります。欧米の一部の国では、4本の線を描いた後、上に斜めの線を引いて5を表現する「タリーマーク」という画線法を使っています。

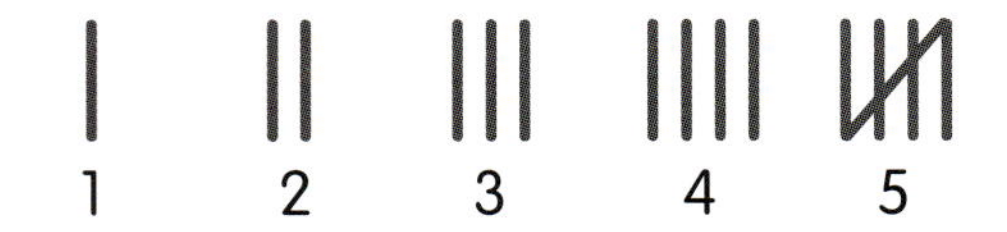

南米の一部では、4本の線を引いて正方形を作り、5本目の線を正方形の対角線にします。

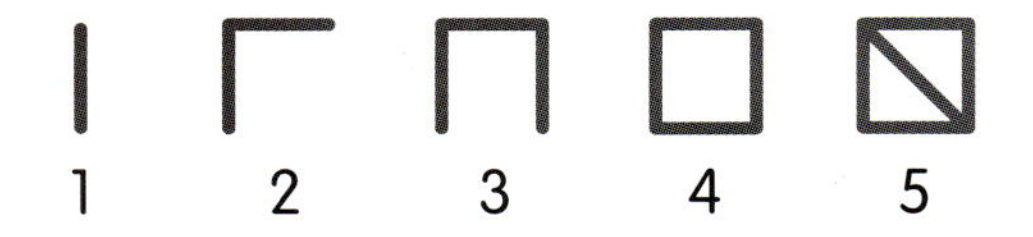

表

データの集合をまとめる一つの方法は表を使うことです。この表は、データの集合の中で、それぞれの数、イベント、項目などが何回起こるのかを正確に表します。

表を使うことで、「数が最も多い」など特徴が読み取りやすくなるよ。

1 「正」の字を数えて、別の列に合計を書けば右のような表が作れます。

2 この表は、子供たちが通学に使った交通手段について、調査をもとにして作られたものです。回数の列は、それぞれの交通手段を使った子供が何人いるかを表しています。

通学に使った交通手段

交通手段	「正」の字	回数
徒歩	正正正下	18
車	正正	10
自転車	正下	9
バス	下	3
電車	丅	2

「正」の字を数えて、この列に合計を入れます

3 表は、必ずしも同じような見た目にはなりません。右の表は、上の表と同じデータを使っていますが、「正」の字がついていません。そのため、表がシンプルでわかりやすくなっています。

通学に使った交通手段

交通手段	回数
徒歩	18
車	10
自転車	9
バス	3
電車	2

数だけで回数を表しています

4 もっとたくさんの情報を見せられるように、データを分けている表もあります。右の表には、1週間の間に恐竜博物館に来た大人と子供の数が曜日ごとに書かれています。また、それぞれの曜日の来場者数の合計（大人＋子供）もわかりますね。

この博物館は月曜が休館日です

恐竜博物館の来場者数

曜日	大人	子供	合計
月曜日	0	0	0
火曜日	301	326	627
水曜日	146	348	494
木曜日	312	253	565
金曜日	458	374	832
土曜日	576	698	1274
日曜日	741	639	1380

二次元表（キャロル表）

二次元表は、人の集団や数などのデータの集合がどのように分類されているかを表します。二次元表は、ある基準を設けて、それに合わせてデータを仕分けしたいときに使います。

1 ここでは「はい／いいえ」で答える質問のような形で基準を作ってみました。下の12種類の動物を分類してみましょう。「その動物は鳥ですか?」というのが、ここで使う基準です。

2 下の二次元表は、「鳥かどうか」という基準で、2つのボックスに動物を分類しています。鳥は、全て左側のボックスに入れます。右側のボックスには、鳥ではない動物が入ります。

鳥	鳥ではない
ハト アヒル ペンギン ワシ 白鳥 ダチョウ	チョウチョ ネコ コウモリ ハチ 犬 馬

どの動物もどちらかのボックスに収まります

3 この二次元表で動物の集団をさらに分類するために、「それは空を飛ぶ動物ですか?」という新しい基準を追加しました。今度は、動物がどれかのボックスに収まるには、2つの基準を満たさなければいけません。

	鳥	鳥ではない
空を飛ぶ	ハト ワシ 白鳥 アヒル	チョウチョ コウモリ ハチ
空を飛ばない	ペンギン ダチョウ	犬 馬 ネコ

鳥であり、空を飛べる動物

鳥ではないが、空を飛べる動物

鳥ではなく、空を飛べない動物

鳥ではあるが、空を飛べない動物

数の分類

二次元表は、数を分類して、その関係を表すことができます。ここでは、1から20までの数を奇数、偶数、素数、非素数に分類しています。

1 表の1列目（黄色い部分）を見れば、素数が全部わかります。2列目（緑色の部分）には、非素数が全部のっています。

1から20までの素数の下位集合

1から20までの非素数の下位集合

	素数	非素数
偶数	2	4 6 8 10 12 14 16 18 20
奇数	3 5 7 11 13 17 19	1 9 15

2 表の1行目（青い部分）を見ると、偶数が全部わかります。2行目（赤い部分）には、奇数がのっています。

1から20までの偶数の下位集合

1から20までの奇数の下位集合

	素数	非素数
偶数	2	4 6 8 10 12 14 16 18 20
奇数	3 5 7 11 13 17 19	1 9 15

3 素数でない偶数は、全て右上のボックスに入っています（オレンジ色の部分）。素数でない奇数は、その下のボックスに入っています（ピンク色の部分）。

1から20までの偶数の非素数の下位集合

1から20までの奇数の非素数の下位集合

	素数	非素数
偶数	2	4 6 8 10 12 14 16 18 20
奇数	3 5 7 11 13 17 19	1 9 15

4 偶数の素数である唯一の数、2は、左上のボックスに入っています（黄色の部分）。その下のボックス（緑色の部分）には、奇数の素数が全部入っています。

1から20までの偶数の素数の下位集合

1から20までの奇数の素数の下位集合

	素数	非素数
偶数	2	4 6 8 10 12 14 16 18 20
奇数	3 5 7 11 13 17 19	1 9 15

ベン図

ベン図というのは、複数の異なるデータ集合の関係を表すもので、重なった円の中にデータを分類します。重なった部分は、集合に共通しているものを表しています。

ベン図は、データの集合を重なった円で表すよ。

1 集合というのは、物や数の集まり、あるいは人の集団でしたね。例えば、集合は、皆さんの好きな食べ物や家族の誕生日を集めたものかもしれません。右の8人も、一つの集合です。彼らのほとんどが、放課後に活動をしています。

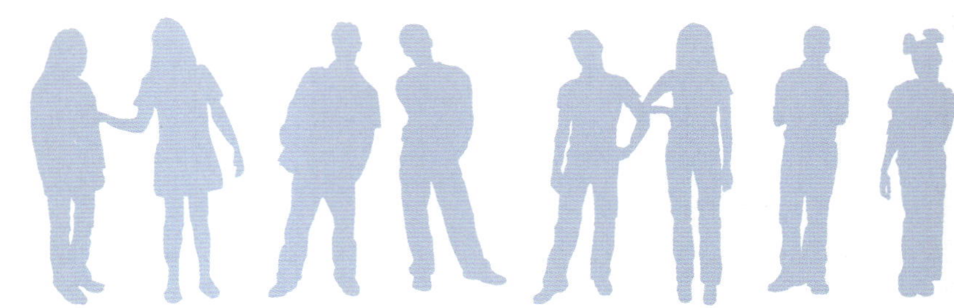

サラ　テッサ　スティーブ　オーウェン　ピーター　メイベル　シャヒード　ローナ

2 集合の中にあるそれぞれの物や人を、集合の「要素」（元）といいます。集合は、周りに円を描いて表すことがよくあります。こちらは、この8人の集合です。

シャヒード　テッサ　サラ　ローナ　メイベル　オーウェン　スティーブ　ピーター

調査をする集合

一人ひとりが集合の要素です

3 彼らが行っている放課後の活動は、音楽のレッスン、美術のクラス、そしてサッカーの練習という3種類です。それぞれが行っている放課後の活動によって、彼らを小さな集合に分けることができます。

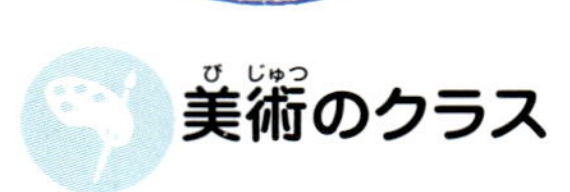

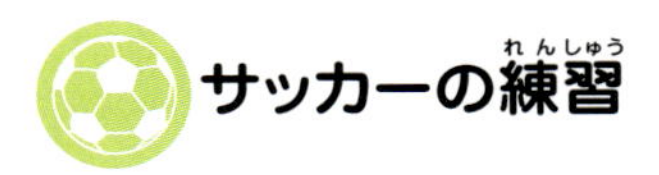

放課後の活動を何もしていない

活動なし

4 それでは、音楽とサッカーの集合を合わせて、それぞれの円が重なるようにしましょう。2つの集合をまとめたものを「和集合（合併集合）」といいます。これでベン図ができました。

5 2つの集合の重複部分は、共通部分です。これは、何かが2つ以上の集合に属している場合を表します。この共通部分は、ローナとスティーブが両方の活動をしていることを表しています。

6 今度は、美術の集合を他の2つとあわせて、3つの集合が全部重なるようにしましょう。共通部分を見ると、誰が2つ以上の活動をしているかわかりますね。

7 3つの集合のベン図には、8人の仲間のうち7人しか入っていません。オーウェンは放課後の活動を何もしていないので、どの集合にも入っていないのです。

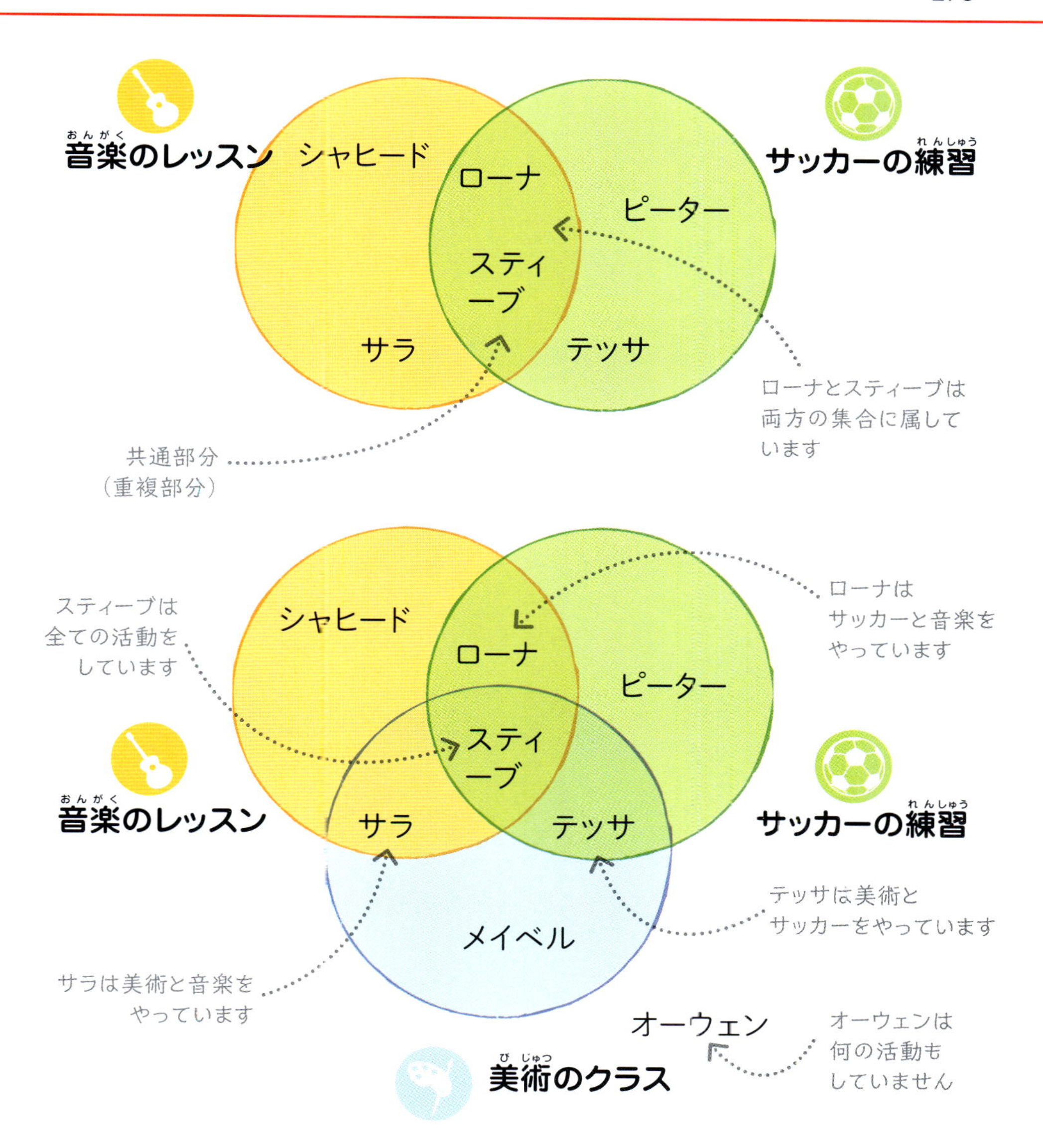

全体集合

全体集合とは、分類されている人全員または全ての物を含んでいる集合のことで、重なっている集合に入っていないものも含まれます。

1 全体集合を表すために、上の図の中にある交差する円全ての周りに四角を描きます。

2 この四角には、オーウェンも入れなければいけません。彼は放課後の活動の集合のうち、どの集合にも入っていませんが、それでも分類されたグループの一部だからです。

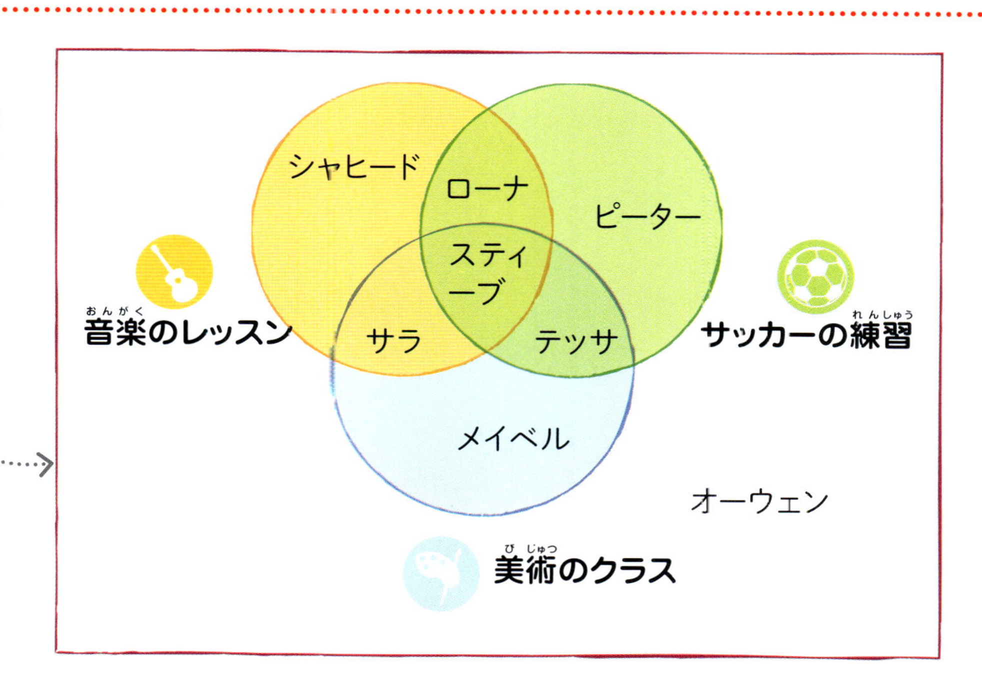

平均

平均というのは、データの集合を表すのに使われる「中間の」値の一種です。平均を使えば、異なるデータを比べたり、データの中にある値一つ一つを理解したりすることができます。

平均というのは、データの集合の中で最も代表的な値だよ。

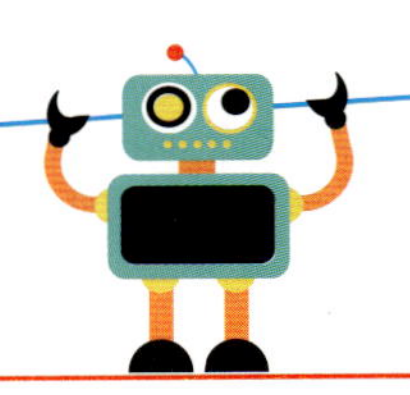

1 レッズは、平均年齢10歳のサッカーチームです。選手全員が10歳というわけではなく、9歳の選手もいれば、11歳の選手もいます。けれども、10歳というのがチーム全体を代表する年齢なのです。

10 10 10 10 10 10
9 9 10 11 11

平均年齢=10歳

選手の年齢

2 ブルーズは、平均年齢12歳のサッカーチームです。この2つの平均を比べると、ブルーズのチームは、レッズよりも年上だと分かりますね。

12 12 12 12 12 12
11 12 12 12 13

平均年齢=12歳

3 また、一つ一つの値が、データ集合の中で代表的なのか珍しいのかも、平均を見ればわかります。例えば、レッズの平均年齢が10歳だとわかっていれば、右の9歳、10歳、11歳の選手3人が、チームの中で代表的な年齢なのかどうかがわかります。

チームを代表する年齢ではない

10歳

チームを代表する年齢

チームを代表する年齢ではない

平均の種類

データの集合を表すには、こちらのキリンの群れの背丈のように、3種類の平均が使えます。この3種類を「平均値」、「中央値」、「最頻値」といいます。この3つは、それぞれ伝えている内容は違うものの、どれもこの群れ全体のことを表す値です。詳しくは、277～279ページを見て下さい。

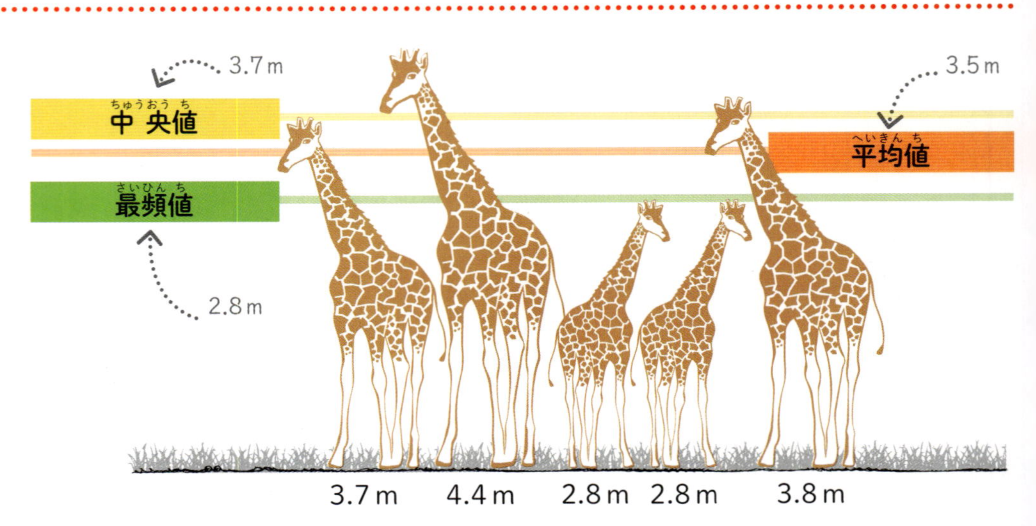

平均値

平均というと、普通は「平均値」のことです。平均値は、集団の値一つ一つを合計して、それを値の数でわって求めます。

平均値というのは、全ての値の合計を値の数でわったものだよ。

1 このキリン5頭の背丈の平均を求めてみましょう。

2 まずは、全てのキリンの背丈を合計します。これを式にすると、3.7 + 4.4 + 2.8 + 2.8 + 3.8 = 17.5ですね。

3 今度は、身長の合計をキリンの数でわります。これを式にすると、17.5 ÷ 5 = 3.5になりますね。

4 つまり、このキリンたちの背丈の平均は3.5 mです。

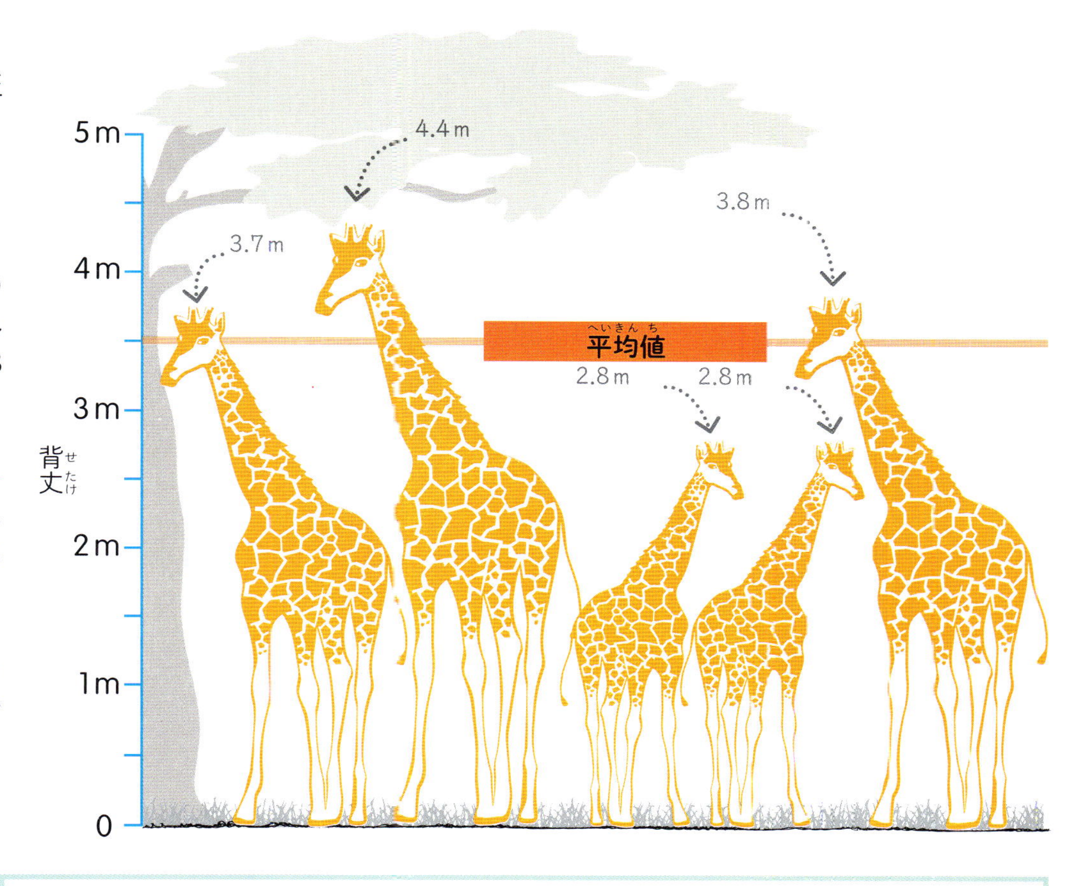

やってみよう

今日は暑い？ それとも、ごく平均？

天気予報では、よく平均気温について伝えていますね。こちらは、日中の気温の週間予報です。1週間の平均気温を出してみましょう。

答えは320ページ

1. まず、一つ一つの気温を全部たします。
2. それから、何日分の気温かを数えます。今回は1週間なので7つの気温がでてきます。
3. 平均値を求めるには、気温の合計を気温の数でわります。

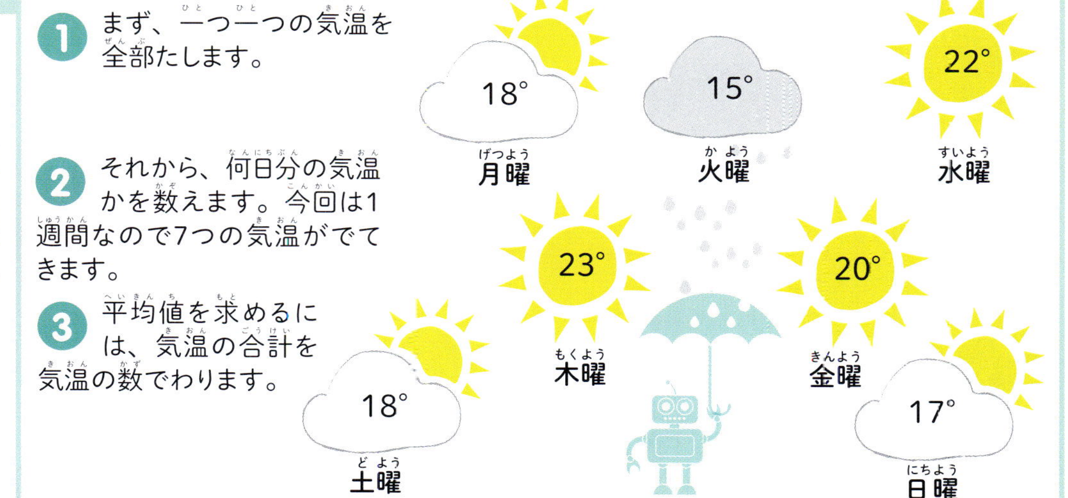

中央値

中央値というのは、全ての値を小さい方か大きい方へ、あるいは大きい方から小さい方へ順番に並べたとき、データの集合の中央になる値です。

中央値というのは、全ての値を順番に並べたときに中央になる値だよ。

1 前ページのキリンの群れをもう一度見て下さい。今回は、背丈の中央値を出しましょう。

2 一番低いものから順番に、背丈を書き出します。2.8、2.8、3.7、3.8、4.4という順番になりますね。

3 それでは、背丈の中央値を求めましょう。答えは3.7になります。なぜなら、この背丈より低い背丈が2つ、高い背丈が2つあるからです。

4 つまり、背丈の中央値は3.7 m です。

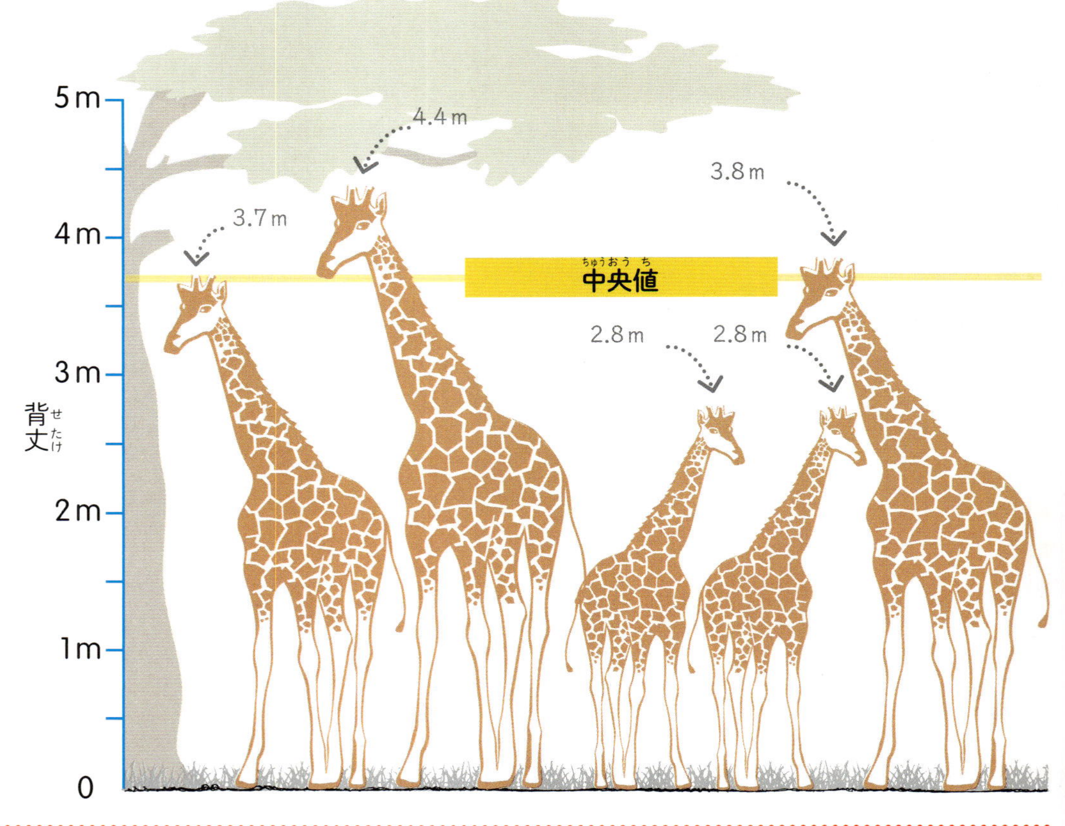

キリンがもう1頭増えた場合

この群れに背丈4.2m のキリンが1頭加わり、全部で6頭になったら、中央値はどうなるでしょうか？　キリンの数が偶数なので、中間の背丈がありません。それでも、中間にある2つの背丈の平均を出せば、中央値を求めることができます。

1 まずは、キリン6頭の背丈を順番に並べます。2.8、2.8、3.7、3.8、4.2、4.4という順番になりますね。

2 中間の背丈2つは、3.7と3.8です。それでは、この2つの平均値を求めましょう。(3.7 + 3.8) ÷ 2 = 3.75になりますね。

3 もう1頭キリンが加わったことで、中央値が3.75 m に変わりました。

最頻値

最頻値というのは、データ集合の中で最もよく登場する値のことです。データの集合1つに最頻値が2つ以上あることもあります。

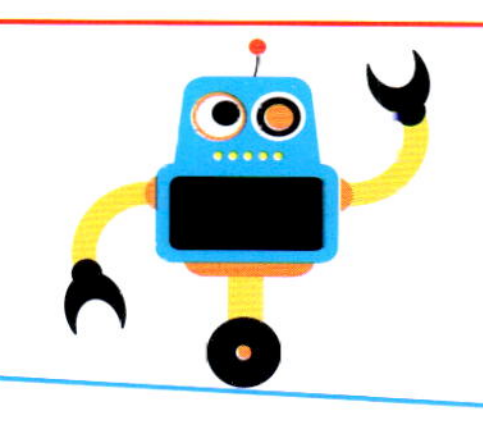

最頻値は、最もよく出てくる値を探せばいいんだよ。値を順番に並べると見つけやすくなるよ。

1 これまでに、キリンたちの背丈の平均値と中央値を求めましたね。今度は、最頻値を求めましょう。

2 最もよく出てくる値を見分けるには、背丈を低い方から高い方に並べるとわかりやすくなります。2.8、2.8、3.7、3.8、4.4という順番になりますね。

3 それから、背丈の一覧を見て、最もよく出てくる背丈を探します。答えは2.8ですね。これは2回出てきます。

4 つまり、キリンたちの背丈の最頻値は2.8 m です。

複数の最頻値

2つ以上の値が、他の値よりよく出てきて、その回数が等しい場合は、いずれの値も最頻値になります。それでは、この群れに4.4 m の背丈のキリンをもう1頭加えるとどうなるか、見ていきましょう。

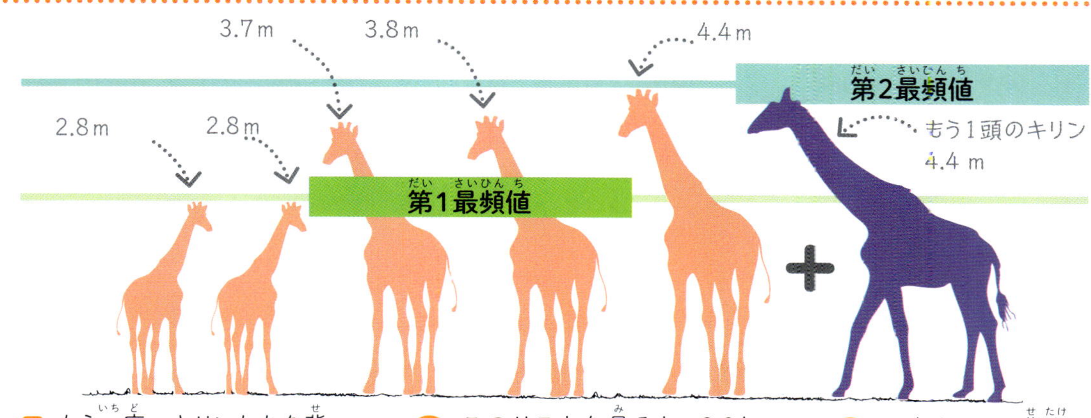

1 もう一度、キリンたちを背丈の低い方から高い方へ順番に並べましょう。2.8、2.8、3.7、3.8、4.4、4.4という順番になりますね。

2 このリストを見ると、2.8と4.4は両方とも2回出てきて、他の背丈は1回ずつしか出てこないことが分かりますね。

3 つまり、この背丈のグループは、最頻値が2.8 m と 4.4 m の2つになったということです。

範囲

集合の中で値がどのように分布しているかを知るには、「範囲」をみることです。範囲というのは、集合の最大値と最小値の差のことです。平均のように、範囲もデータの集合を比較するのに使えます。

1 それでは、キリンたちの背丈の範囲を求めてみましょう。まずは、キリンたちの背丈を低い方から順番に書き出します。2.8、2.8、3.7、3.8、4.4という順番になりますね。

2 今度は、一番低い背丈と一番高い背丈を見つけましょう。2.8 m と4.4 m ですね。

3 次に、一番高い背丈から最も低い背丈を引きます。これを式にすると、4.4 − 2.8 = 1.6になりますね。

4 つまり、キリンたちの背丈の範囲は1.6 m です。

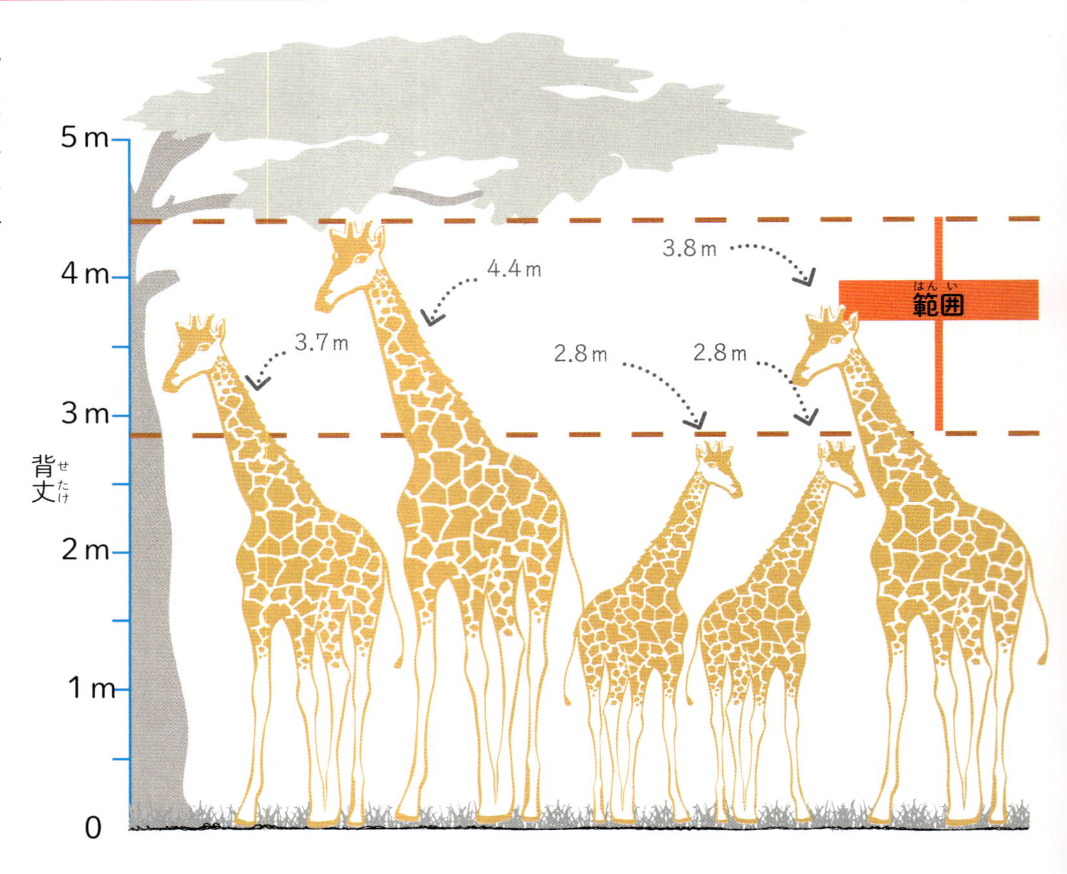

やってみよう

サイコロを振って、平均を求めよう

キリンの群れは見たことがない？　それなら、サイコロで考えてみましょう。この調査に必要なのは、サイコロ2個だけです。実際にためしてみることができますね。

1. 2つのサイコロを振ります。2つの目の合計数を書き出します。
2. これを10回繰り返します。
3. 計算して、サイコロの目の平均値、最頻値、中央値、そして範囲を求めましょう。
4. サイコロを20回振ったら、どうなるでしょう？　平均値、最頻値、中央値、範囲は同じになるでしょうか？

範囲を求めるには、最大値から最小値をひけばいいんだよ。この計算の答えが範囲になるんだ。

平均の使い方

平均値、中央値、最頻値のどれを使うのが一番いいのかは、データの値と、関わってくるデータの種類によって決まります。どれも同じ場合は、範囲が役に立ちます。

他と比べて1つの値だけがすごく高かったり低かったりする場合は、平均値を使うのはやめておこう。

1 データの集合の値が均等に、むらなく広がっている場合は、平均値を使います。ここには、5人の子どもたちの貯金額が書いてあります。平均値（「貯金額の合計」÷「子どもの数」）は、£66.00 ÷ 5 = £13.20になりますね。

2 1つの値だけが残りの値よりずっと高かったり低かったりする場合、平均値では誤解を招くこともあります。

3 例えば、リーロイの貯金額が£14.50ではなく、£98.50だった場合どうなるか、考えてみましょう。この場合、平均値が£150 ÷ 5 = £30.00になり、他の子どもたちが実際よりもずっと多く貯金しているように見えてしまいます。このような場合は、£13.25という中央値（中間の値）を使う方がふさわしいです。この値の方が、ほとんどの子どもたちの貯金額にずっと近くなります。

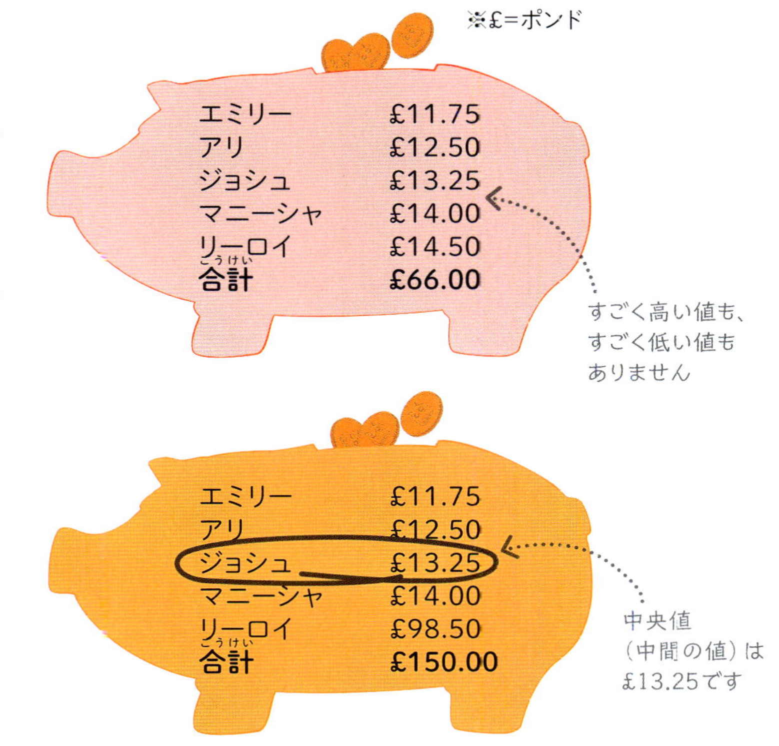

4 最頻値（最も一般的な値）は、数ではないデータと一緒に使うことができます。例えば、町でよく見かける車の色の調査では、最頻値が青になることがあります。

範囲の使い方

範囲（値の分布）は、データ集合の平均値、中央値、最頻値が同じときに、その差を表すのに便利です。

1 2つのサッカーチームが、5試合でそれぞれ20得点ずつ挙げました。両チームの1試合ごとの得点の平均値は、20 ÷ 5 = 4で4です。

2 それぞれのチームの中央値（中間の値）も4点です。また、両チームが4得点を2回決めているので、最頻値（最も一般的な値）も同じです。

3 範囲は違います。レッズの範囲は8 − 1 = 7得点です。ブルーズは、6 − 1 = 5得点です。つまり、レッズのデータの方が値に開きがあるということです。

得点	
レッズ	ブルーズ
8	6
4	5
4	4
3	4
1	1
合計：20	合計：20

ピクトグラム

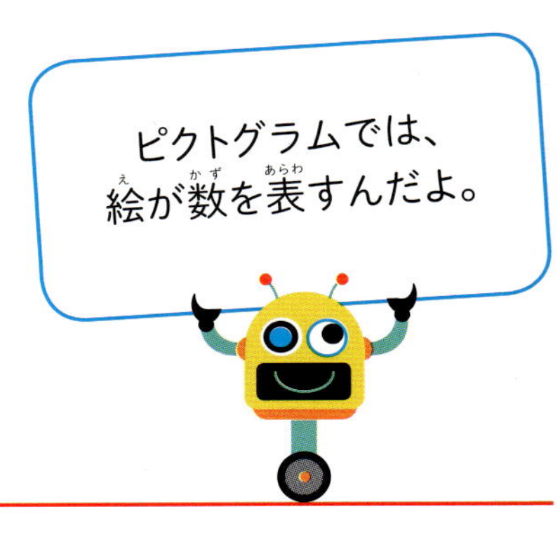
ピクトグラムでは、
絵が数を表すんだよ。

ピクトグラム（絵グラフ）では、小さな絵やマークを使ってデータを表します。データをグループに分けるときは、このような絵を列や行に配置します。

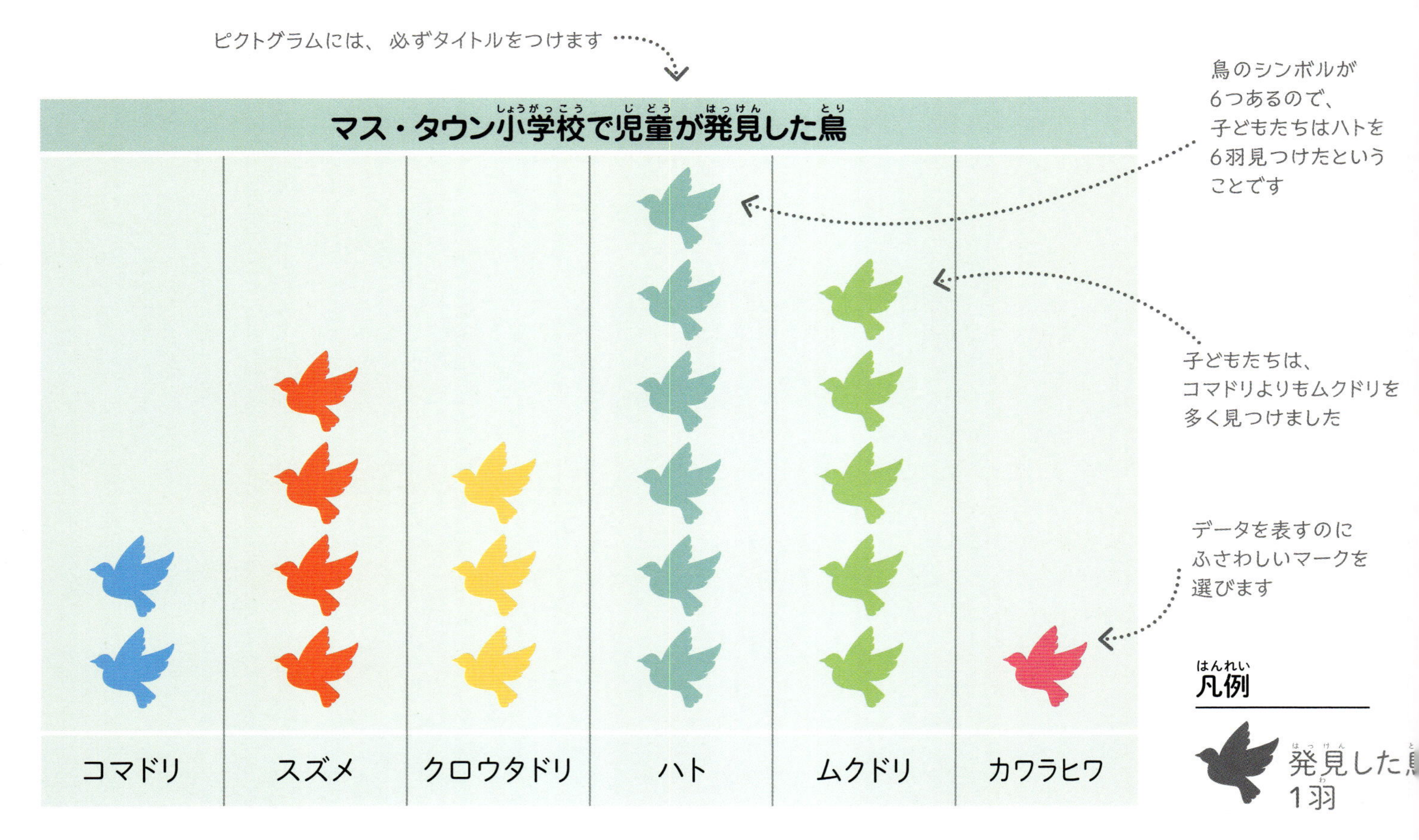
ピクトグラムには、必ずタイトルをつけます
マス・タウン小学校で児童が発見した鳥
コマドリ
スズメ
クロウタドリ
ハト
ムクドリ
カワラヒワ
鳥のシンボルが6つあるので、子どもたちはハトを6羽見つけたということです
子どもたちは、コマドリよりもムクドリを多く見つけました
データを表すのにふさわしいマークを選びます
凡例
発見した鳥
1羽

1 上の簡単なピクトグラムを見てみましょう。このピクトグラムは、小学校の子どもたちが見つけた鳥の種類と数を調査した結果を表しています。

2 このピクトグラムで表しているデータの集合は、見つかった鳥の全てです。それぞれの鳥の種類は、この大きな集合の下位集合です。例えば、クロウタドリの下位集合が1つありますね。

3 ピクトグラムには、マークや絵が何を表しているかを説明する凡例が必要です。上のピクトグラムの凡例は、マーク1つが発見された鳥1羽だということを表しています。

4 列のマークを数えれば、子どもたちがその種類の鳥を何羽見つけたのかがわかります。これは、下位集合の度数です。例えば、クロウタドリの数は3になります。

大きな数の場合

ピクトグラムで大きな数を表さなければいけないときは、それぞれの絵やマークで2つ以上のものを表すことができます。下のピクトグラムでは、マーク1つが図書館の来訪者2人を表しています。マークの半分は、1人を表します。

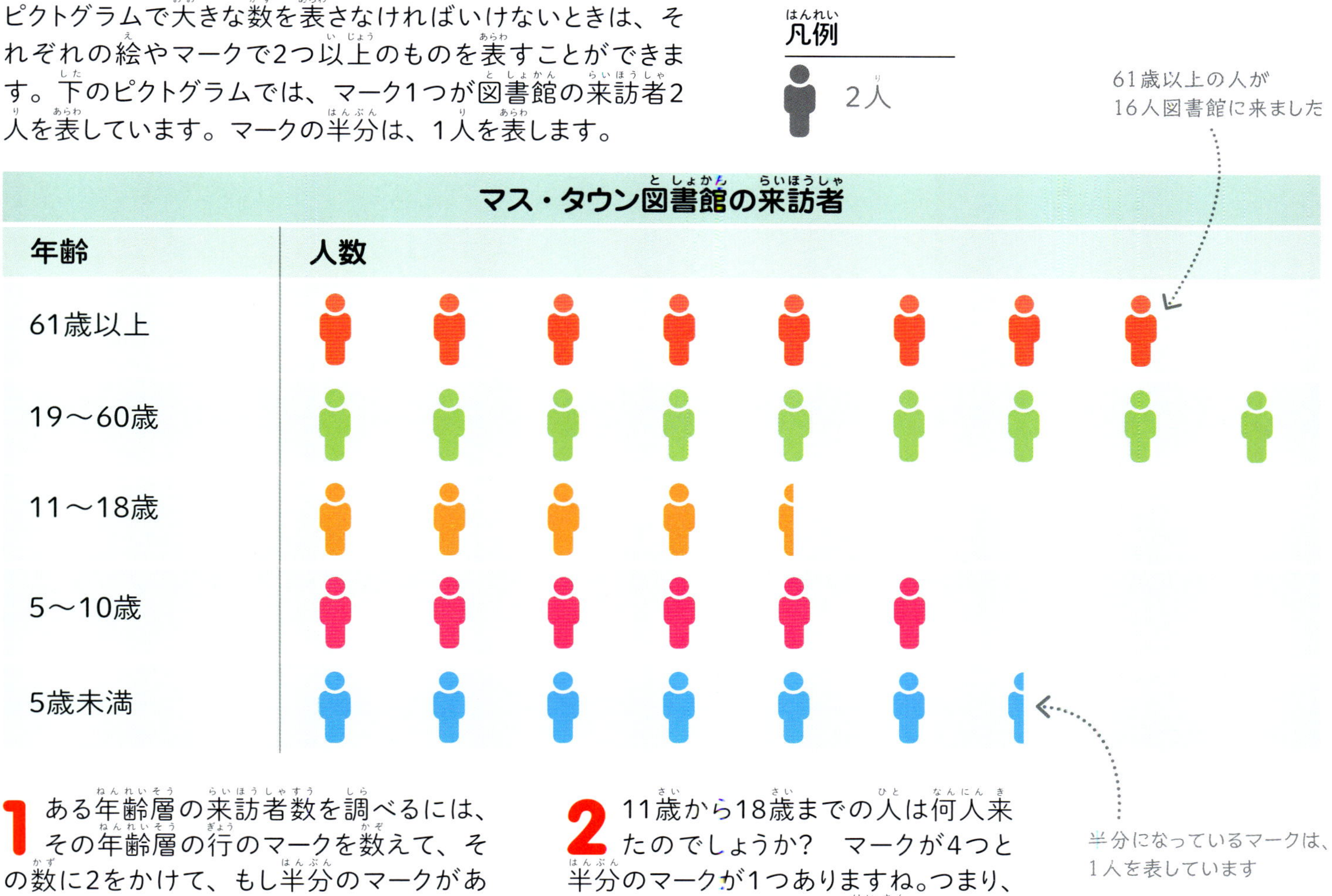
凡例
2人
61歳以上の人が
16人図書館に来ました
マス・タウン図書館の来訪者
年齢
人数
61歳以上
19～60歳
11～18歳
5～10歳
5歳未満
半分になっているマークは、
1人を表しています

1 ある年齢層の来訪者数を調べるには、その年齢層の行のマークを数えて、その数に2をかけて、もし半分のマークがあれば1をたします。

2 11歳から18歳までの人は何人来たのでしょうか？　マークが4つと半分のマークが1つありますね。つまり、(4 × 2) + 1 = 9という計算になります。

やってみよう

ピクトグラムを作ろう

右の表を使って、リーロイが平日の間、どれだけの時間をゲームに使ったのかを表すピクトグラムを作りましょう。

1. ピクトグラムに使う絵かマークを決めましょう。ピクトグラムにふさわしく、解りやすいものでなければいけません。
2. 決まったマークは、何分を表していますか。この他に、半分のシンボルも使いますか？
3. マークは、縦の列に並べますか、それとも横の行にしますか？

リーロイのゲーム時間

曜日	ゲームに使った時間
月曜日	30分
火曜日	60分
水曜日	15分
木曜日	45分
金曜日	75分

グラフに表そう

集めたデータや資料は、グラフで表すと、数を比べるときに便利です。ここではブロックを列の形に積み上げていく方法を紹介します。

グラフは、集めたデータをひと目でわかる形で表したものだよ。

1 右の表は、子どもたちが一番好きな果物について調査した結果を表しています。それでは、このデータを使ってグラフを作ってみましょう。

2 線の数は、1人の子どもがその果物を選んだということを示しています。

一番好きな果物はどれですか？	
オレンジ	下
リンゴ	正一
ブドウ	正下
スイカ	丅
バナナ	正

「正」の字でデータの数を記録しています

6人の子どもが、1番好きなのはリンゴだと答えました

3 「正」の字の線1本につき、グラフにブロックを1個描きます。ブロックは、全て同じ大きさにしなければいけません。

4 各列の果物の名前の上に、ブロックを重ねていきます。列の間にはすき間を空けておきましょう。列に並んだブロックの数が、その果物を選んだ人数を表しています。

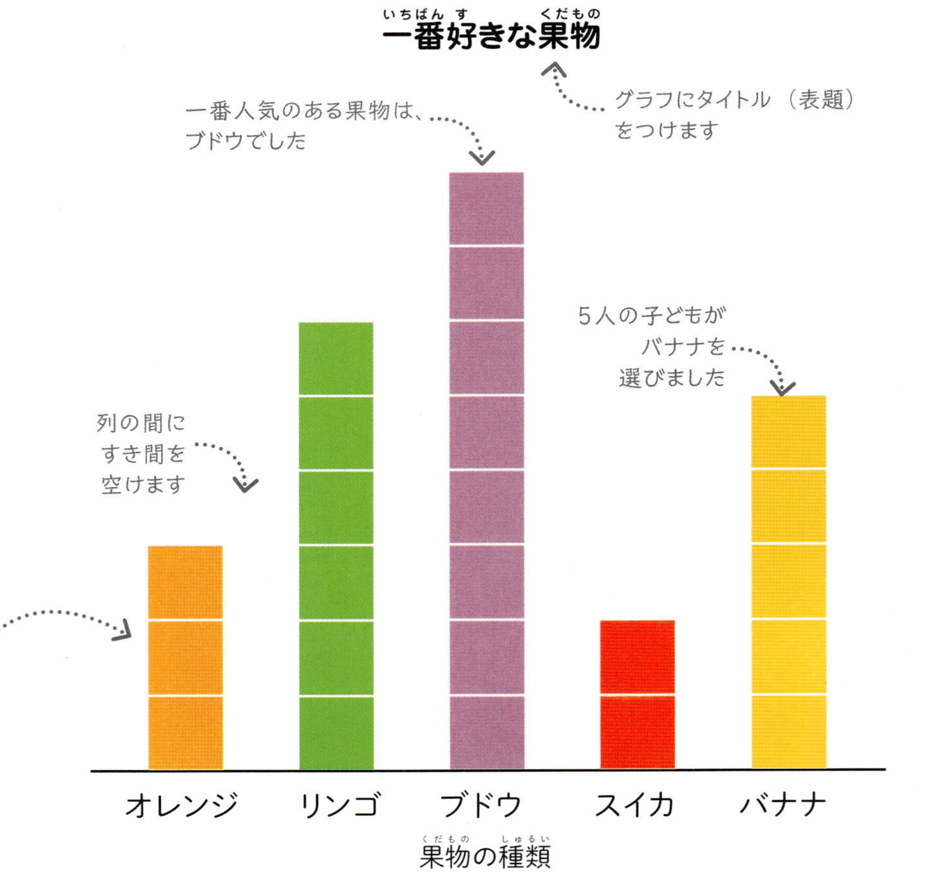

ブロック1個は、子ども1人がその果物を選んだことを表しています

棒グラフ

棒グラフは、列に棒を描いてグループやデータの集合を表します。それぞれの棒の長さが、データの度数を表しています。

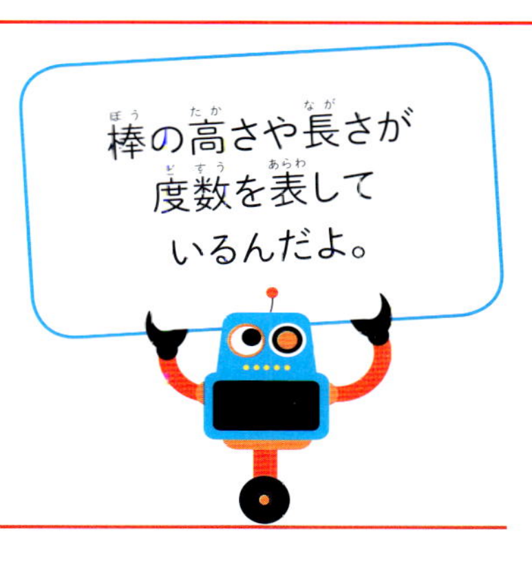

1 右の棒グラフを見て下さい。このグラフは、町で見かけた車の色についての調査のデータを使っています。棒はどれも同じ幅で、間にすき間があります。

2 このグラフは、縦と横の両側が軸という線で囲まれています。横軸に色の種類を書きます。縦軸の目盛りは、車の数（度数）を表しています。

3 白い車をいくつ見かけたのかを調べるには、白の棒の一番先から横にたどって縦軸を見ます。そして、目盛りの数（5）を見ます。

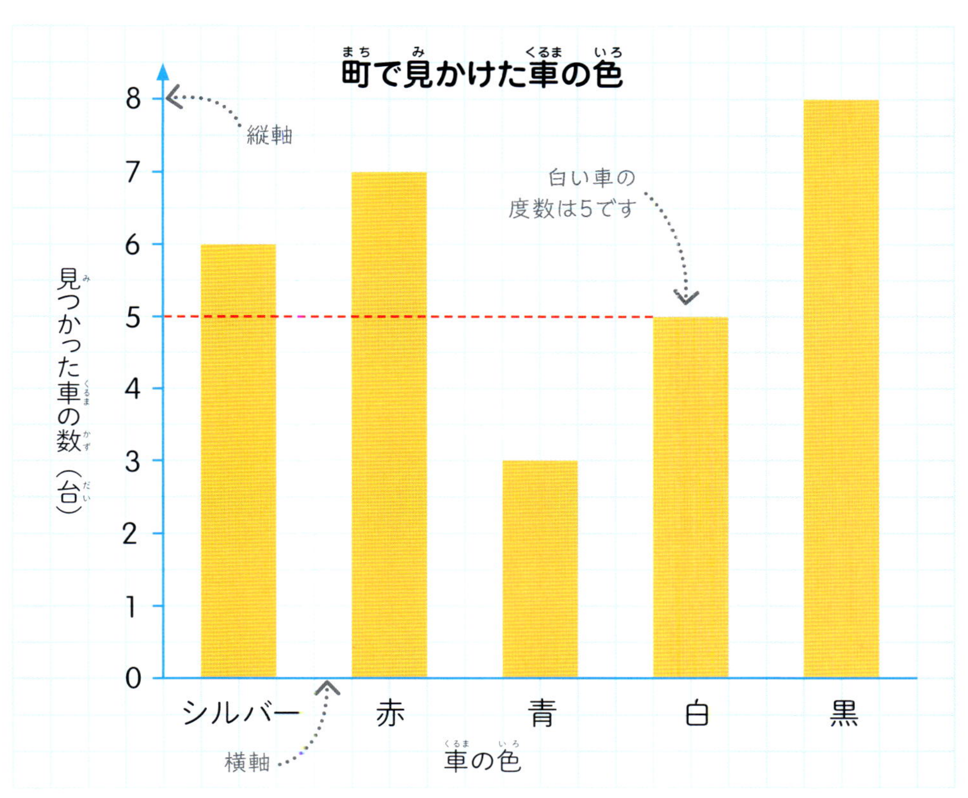

4 棒を縦にする代わりに、横にして同じグラフを描き直すこともできます。

5 描き直したグラフでは、車の色を縦軸、車の数（度数）を横軸で読めるようになりました。

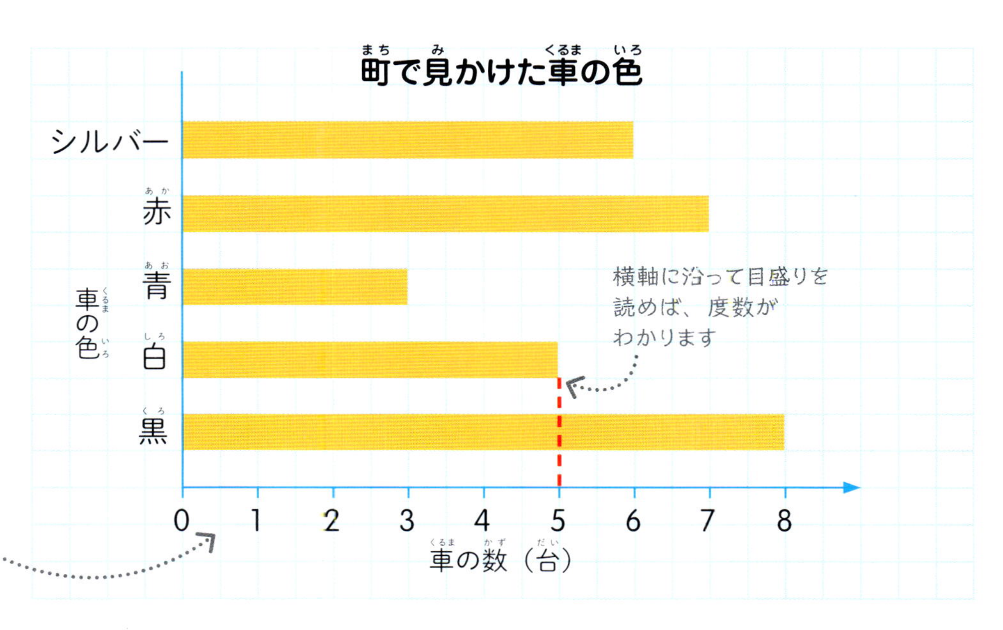

棒グラフの描き方

棒グラフを描くのに必要なのは、鉛筆、定規、消しゴム、カラーペンまたは色鉛筆やクレヨン、そして方眼紙です。もちろん、一番大事なのは、データです！

方眼紙に棒グラフを描いてみよう。

1 右の表のデータを使いましょう。この表は、子どもたちが習っている楽器を調査した結果です。

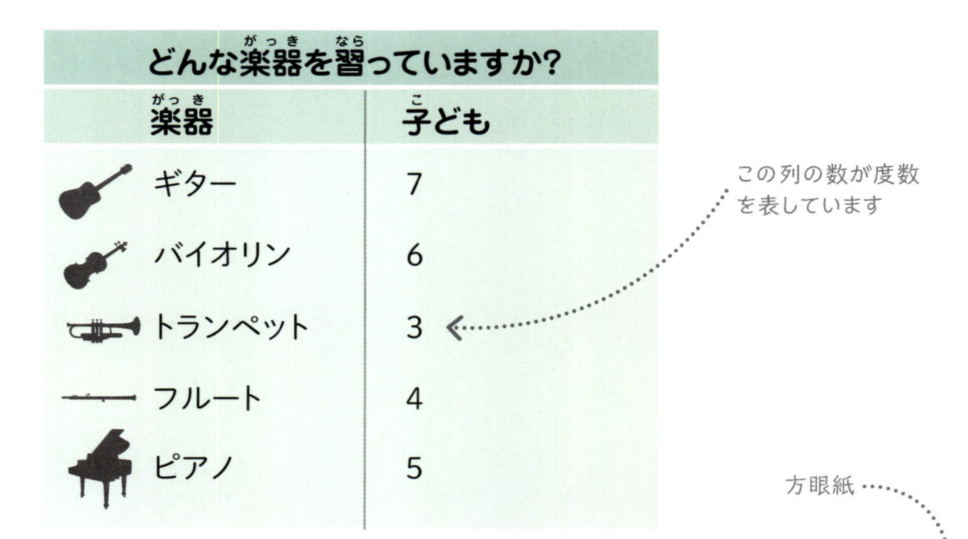

どんな楽器を習っていますか?	
楽器	子ども
ギター	7
バイオリン	6
トランペット	3
フルート	4
ピアノ	5

2 棒グラフは、方眼紙に描くのが一番です。そうすれば、目盛りに印をつけたり、棒を描いたりするのが楽になります。

3 まずは、横軸になる線、そして縦軸になる線を引きます。

4 次に、横軸に印をつけて、いろいろな楽器を表す棒の幅を表します。どの棒も同じ幅にしなければいけません。ここでは、棒の幅をマス目2個分にしましょう。

5 次に、子どもの数を表せるように、縦軸に目盛りをつけましょう。一番多い数を表す棒が描けるような目盛りが必要ですが、グラフが間延びしたりつぶれて見えたりしないようにします。ここでは、0から8までの目盛りを入れるとちょうど良くなります。

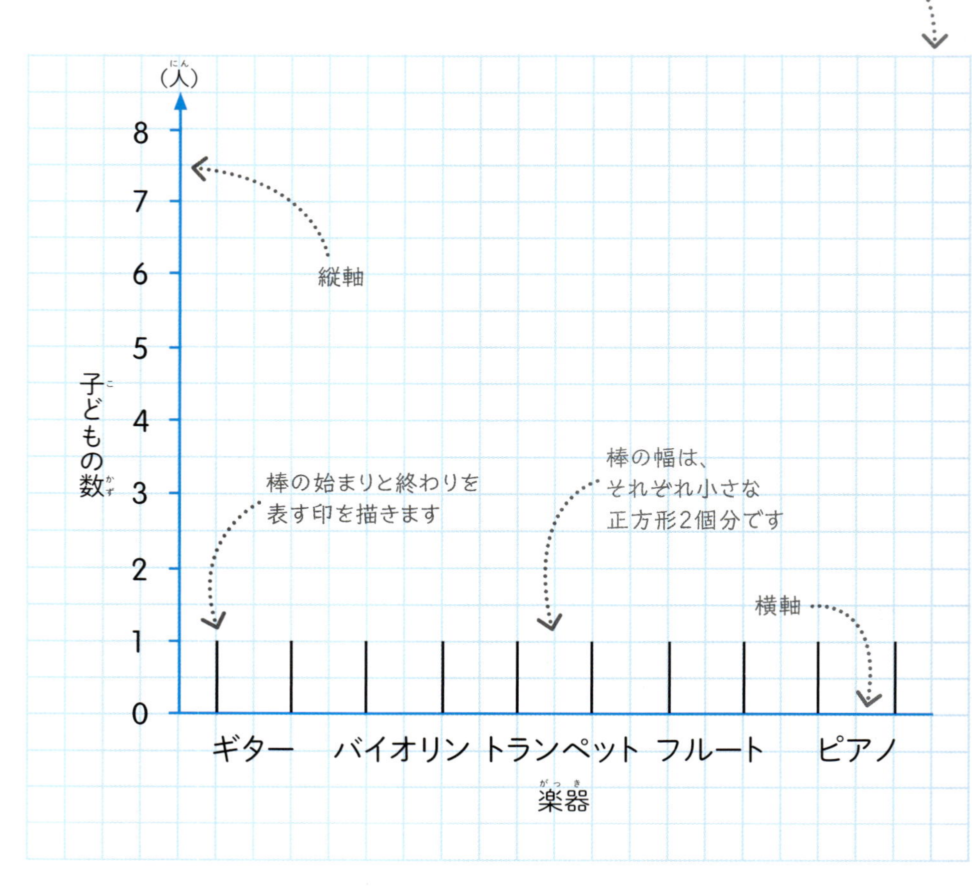

6 それでは、棒を描き始めましょう。表の最初の度数は7ですね。これは、ギターを弾いている子どもの数を表しています。

7 縦軸の縦の目盛りで7を探します。次に、7のところに短い横線を引きます。横軸のギターの印から見て真上の位置になります。印の幅と同じように、新しい線もマス目2個分の長さにします。

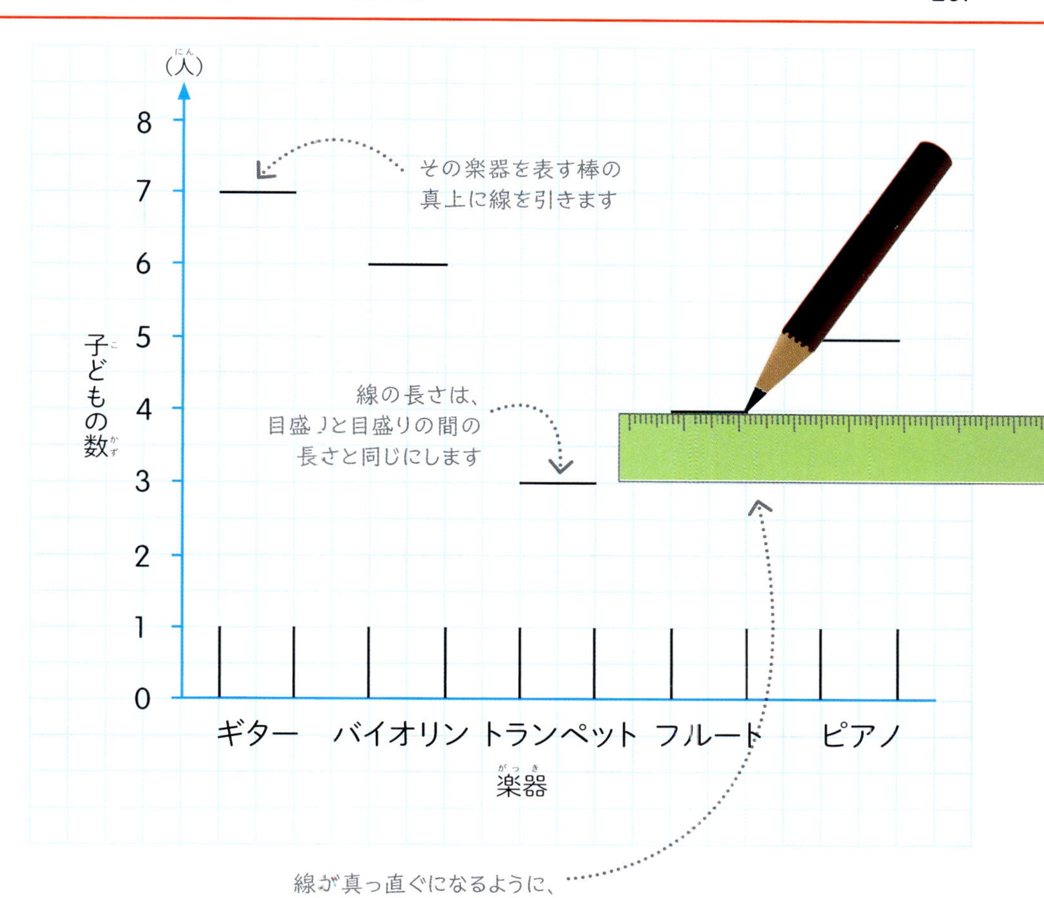
(人)
8
7
6
5
4
3
2
1
0
子どもの数
その楽器を表す棒の
真上に線を引きます
線の長さは、
目盛りと目盛りの間の
長さと同じにします
ギター
バイオリン
トランペット
フルート
ピアノ
楽器
線が真っ直ぐになるように、
定規を使って線を引きます

8 その他の楽器についても、同じように描きます。

9 ギターの棒を完成させるには、横軸の印から上に縦線を2本引きます。この2本の線は、先ほど描いた横線につながります。

10 他の楽器全ても、同じように描きます。

11 最後は、棒に色を塗りましょう。棒を全部同じ色にしてもかまいませんが、それぞれの棒に違う色を塗ると、グラフがわかりやすくなることもあります。

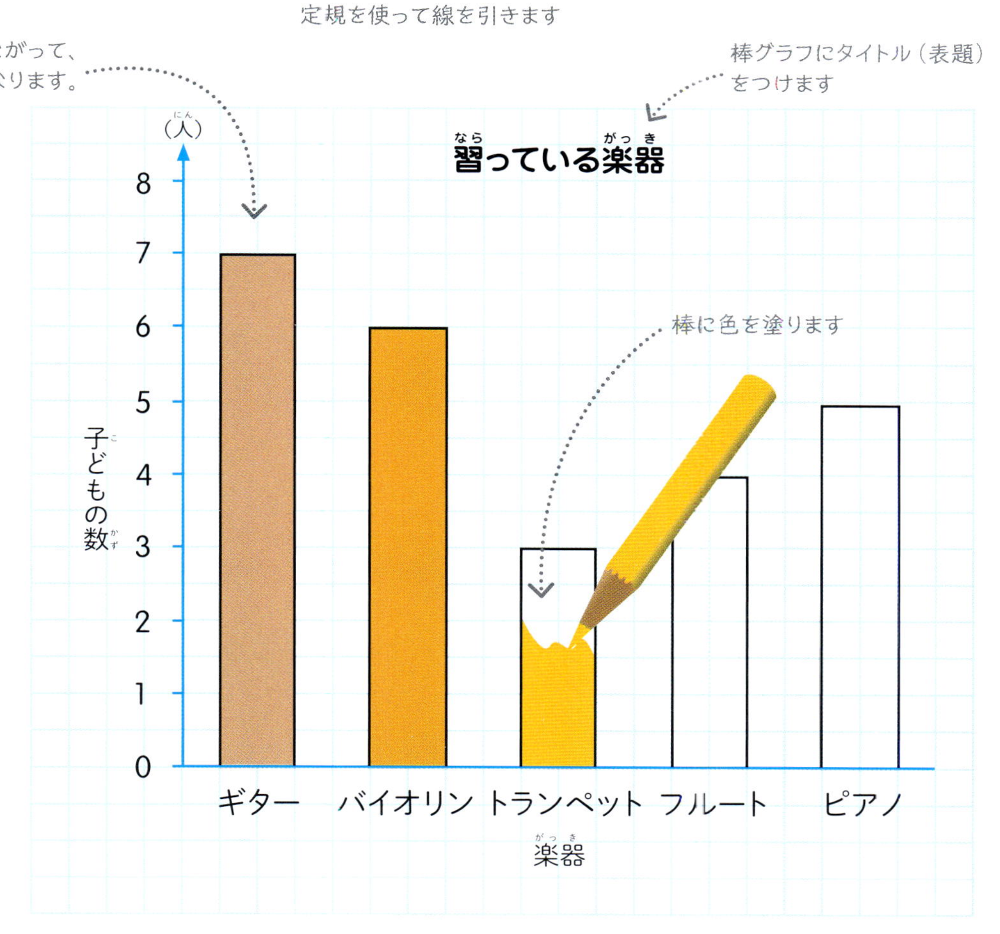
2つの縦線が横線とつながって、
棒の形になります。
棒グラフにタイトル（表題）
をつけます
習っている楽器
(人)
8
7
6
5
4
3
2
1
0
子どもの数
棒に色を塗ります
ギター
バイオリン
トランペット
フルート
ピアノ
楽器

折れ線グラフ

折れ線グラフは、変化の様子がわかるグラフです。度数や測定結果が点として表示されます。そして、隣同士の点が直線でつながれます。

※このページのグラフはイギリス式でバツ印になっていますが、日本では印として点を使うのが普通です。

折れ線グラフは、長い時間をかけて集められたデータを表すのに便利だよ。

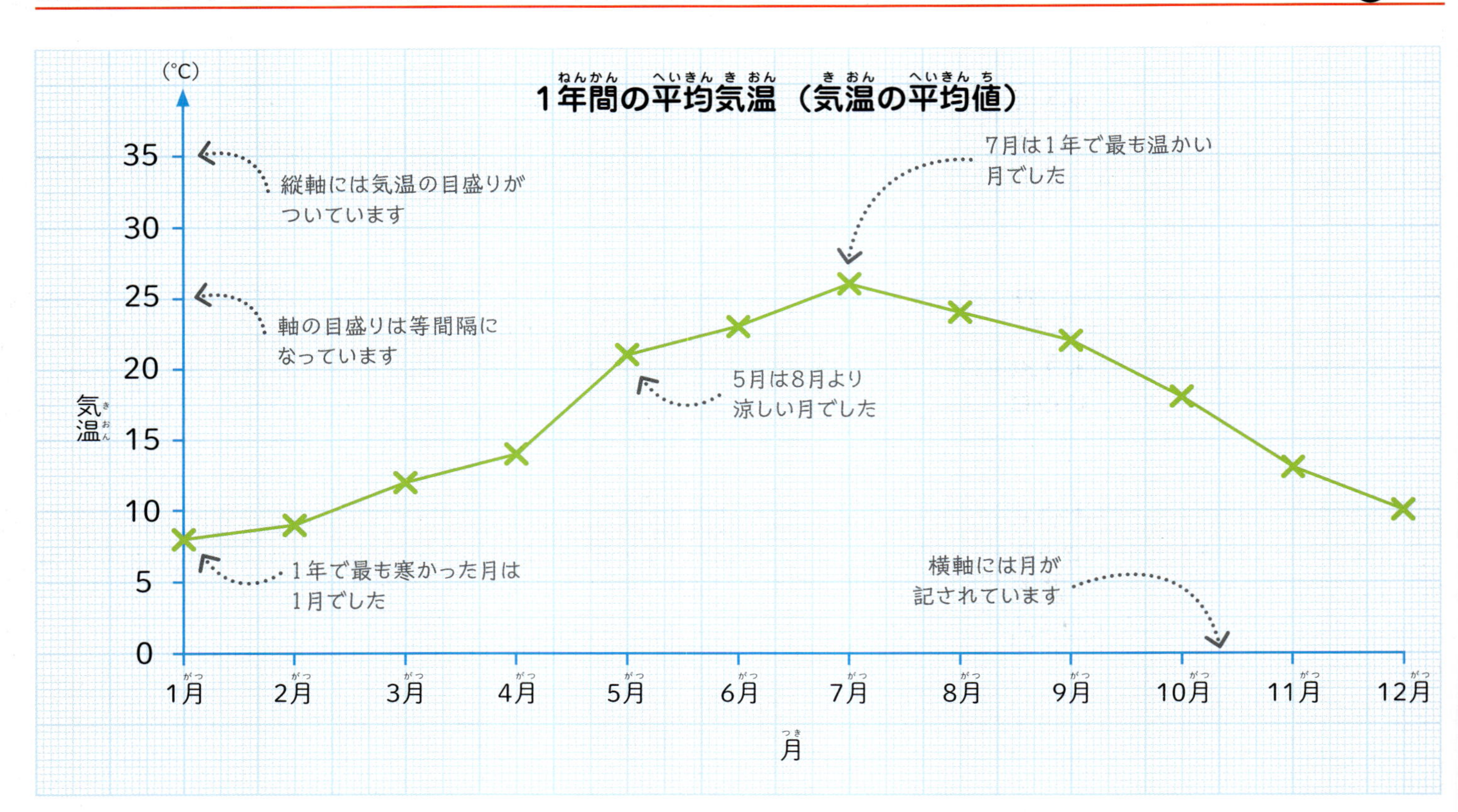

1 上の折れ線グラフを見て下さい。このグラフは、1年間に記録された月毎の平均気温を表しています。

2 横軸には月、縦軸には上に向かって気温の目盛りが振ってあります。

3 それぞれの月の平均気温は、「X」（日本では点）で表示されています。この印は全てつながっていて、1本の連続した線になっています。

4 このグラフを見れば、1年で最も暑かった月と最も寒かった月が簡単にわかります。また、いろいろな月の気温を比べることもできます。

身の回りの算数

脈拍を数える機械

心電図というのは、脈の速さを記録する機械です。この機械が画面や出力紙に映し出すデータは、右の絵のような折れ線グラフになっています。

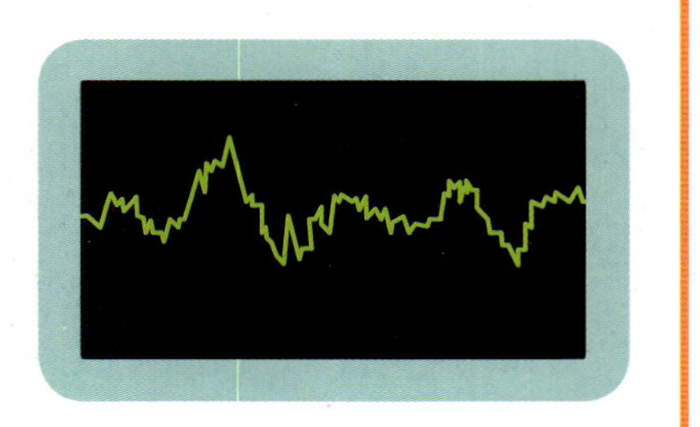

折れ線グラフの読み方

このグラフは、ジェイコブの2歳から12歳までの成長記録を表しています。横軸から上に向かって折れ線に当たるところまで行き、それから縦軸の方に曲がって目盛りを読めば、彼の身長が何歳のときに何センチあったのかがわかります。また1年毎の測定値の間の身長も推定することができます。

1 それでは、ジェイコブが6歳のときの身長を見てみましょう。横軸で6を探して、そこから真っ直ぐ上に行きます。

2 緑の線のところまで来たら、縦軸まで横に真っ直ぐ進みます。これで、ジェイコブが6歳のときの身長は110 cm だったことがわかりますね。

3 また、ジェイコブが9歳半のときの身長も求めることができます。前と同じように上と横へと進んで縦軸を見れば、およそ132 cm だったことがわかりますね。

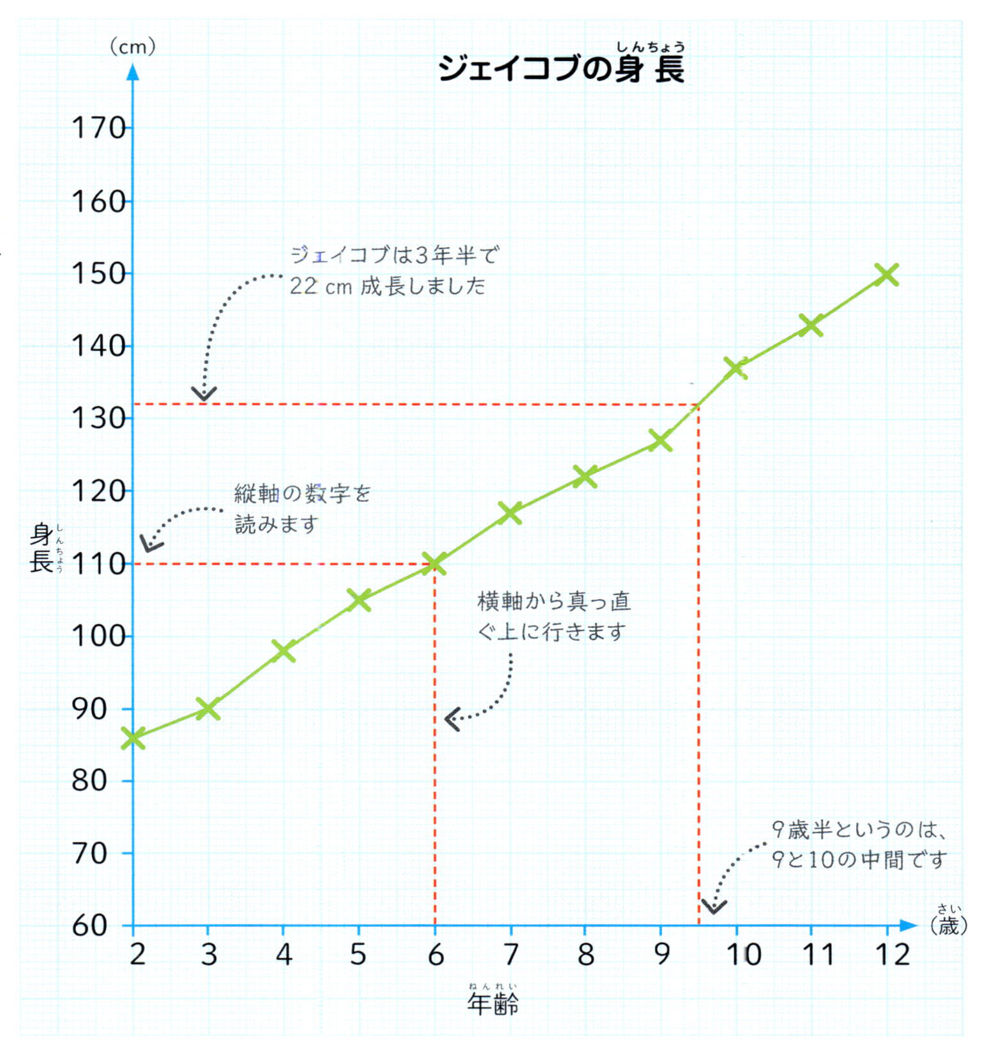

変換グラフ

変換グラフとは、2種類の単位の関係を直線で表したものです。

1 このグラフは、横軸がキロメートル、縦軸がマイルになっています。一方の単位からもう片方の単位に変換するときに使えます。

2 80km をマイルに直すには、横軸に沿って横に進み、80の目盛りまで来ます。それから、上に向かって直線まで進み、直線にぶつかったところで横に曲がって縦軸に行きます。縦軸の目盛りを見れば、50マイルだとわかりますね。

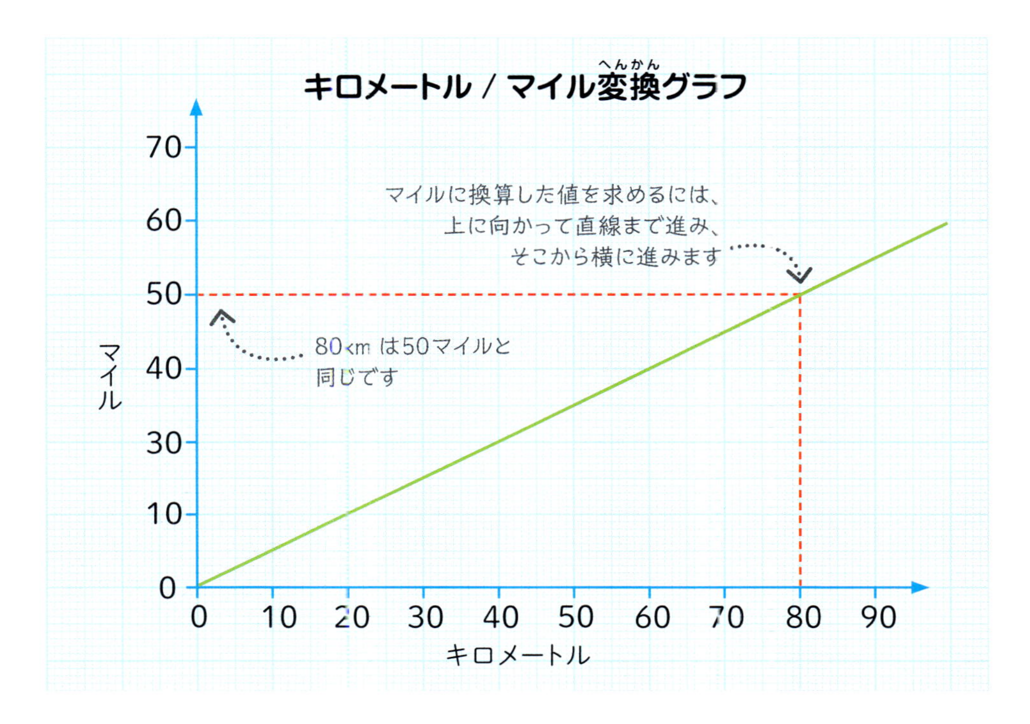

折れ線グラフの描き方

折れ線グラフでは、点の印を記入して、データを表示していきます。そして、その印をつなげて1本の連続した線を作るのです。

※このページのグラフはイギリス式でバツ印になっていますが、日本では印として点を使うのが普通です。

1 理科の実験で、あるクラスの生徒たちが1時間毎の気温を記録しました。それでは、この表のデータを使って、折れ線グラフを描いてみましょう。

1時間毎の気温

時刻	気温（℃）
0800	6
0900	8
1000	9
1100	11
1200	12
1300	15
1400	16
1500	15
1600	13

この列の数は、それぞれの時刻の気温を表しています

2 グラフの作成には、細かいマス目の付いた特殊なグラフ用紙を使うと便利です。これで、正確にデータを表示したり、線を引いたりすることができます。

3 まず、横軸と縦軸を引きます。時刻は、横軸に沿って進みます。0800（午前8時）から始めて、この軸に沿って目盛りをつけて、時刻を入れていきます。

4 気温は、縦軸の縦軸に沿って進みます。グラフには、最高値から最低値まで（範囲）を表す目盛りをつけますが、ここでは、0℃から18℃までが適しています。それでは、2℃毎に目盛りを入れておきましょう。これより狭くすると、目盛りが細かすぎて見にくくなってしまいます。

5 横向きの横軸には「時刻」、縦の縦軸には「気温（℃）」と書きます。

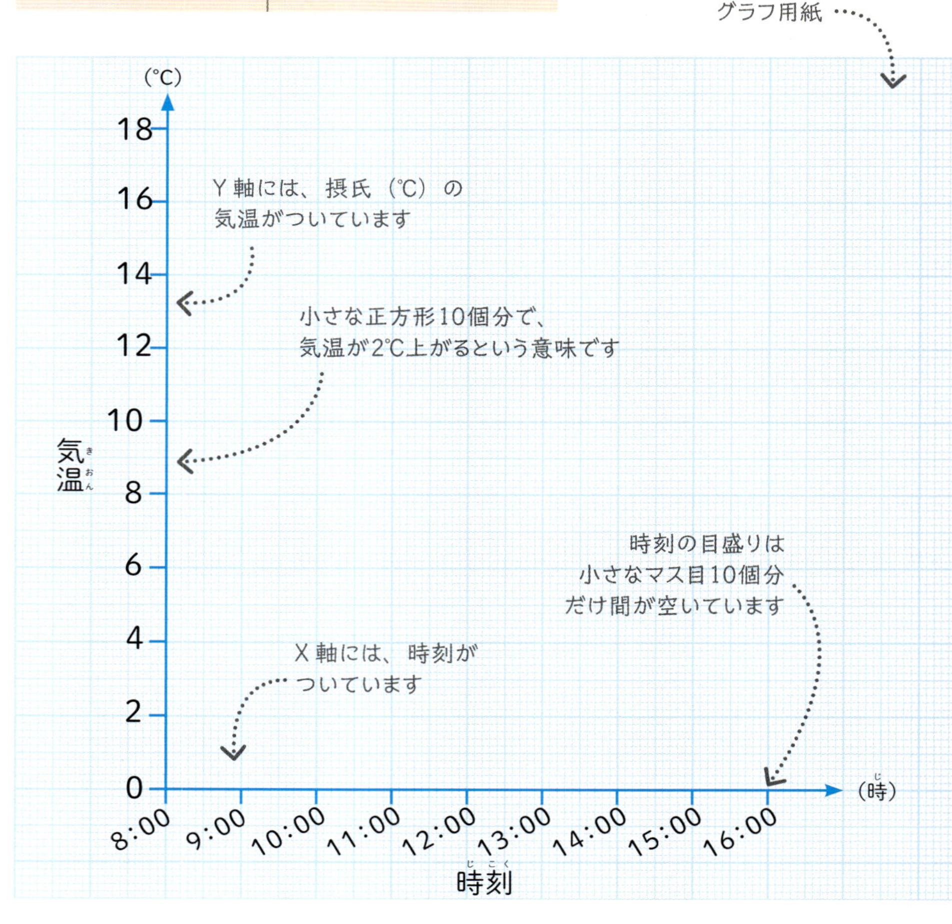

6 これで、グラフにデータを表示できるようになりました。それでは、順番に気温を見て、グラフ上の位置を探しましょう。

7 最初の気温は、0800（午前8時）の6℃です。横軸の0800から縦軸を上に向かって進み、6まで行きます。この位置に、鉛筆で印をつけます。

8 今度は、次の気温、0900の8℃を表示します。横軸に沿って0900のところまで進み、縦軸上の8の高さまで行きます。そして、また印をつけます。

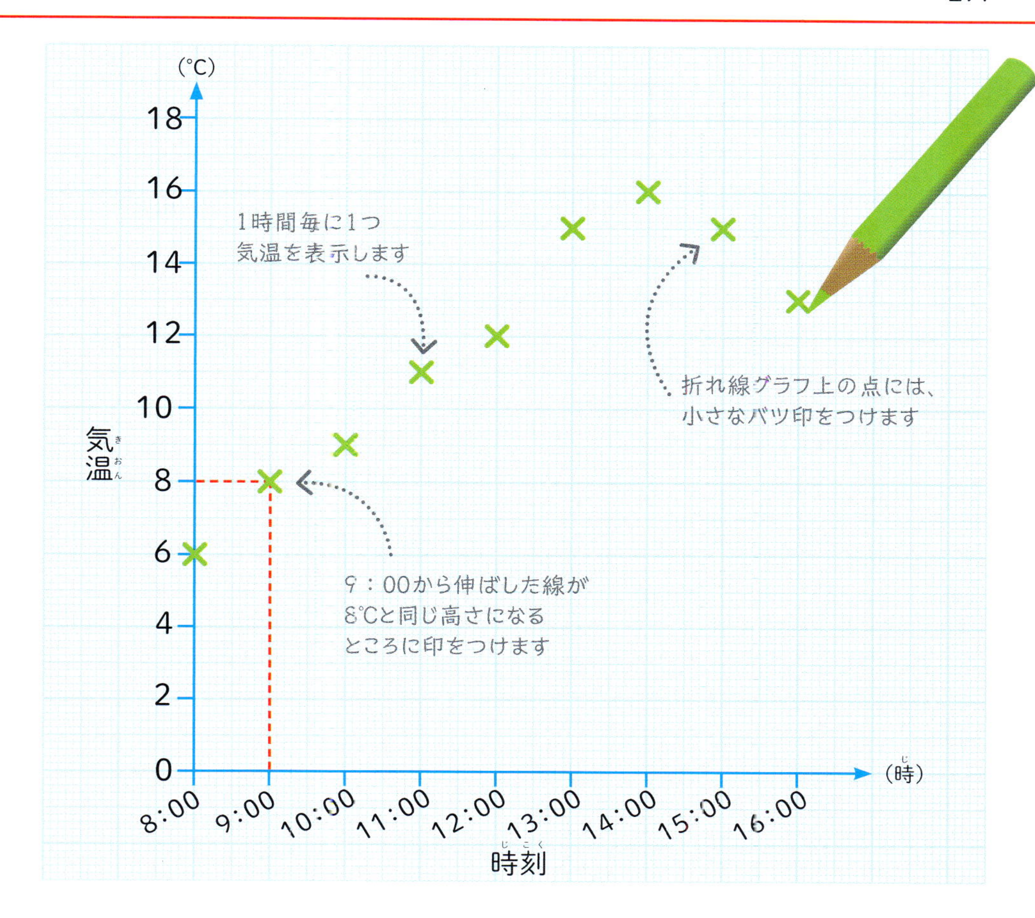

9 全ての気温を表示したら、定規で直線を引いてバツ印をつなげます。グラフ上の全ての印をつなげて、途切れのない線を作りましょう。

10 仕上げに、グラフに表題（タイトル）をつけましょう。こうすれば、何のグラフなのかすぐにわかります。

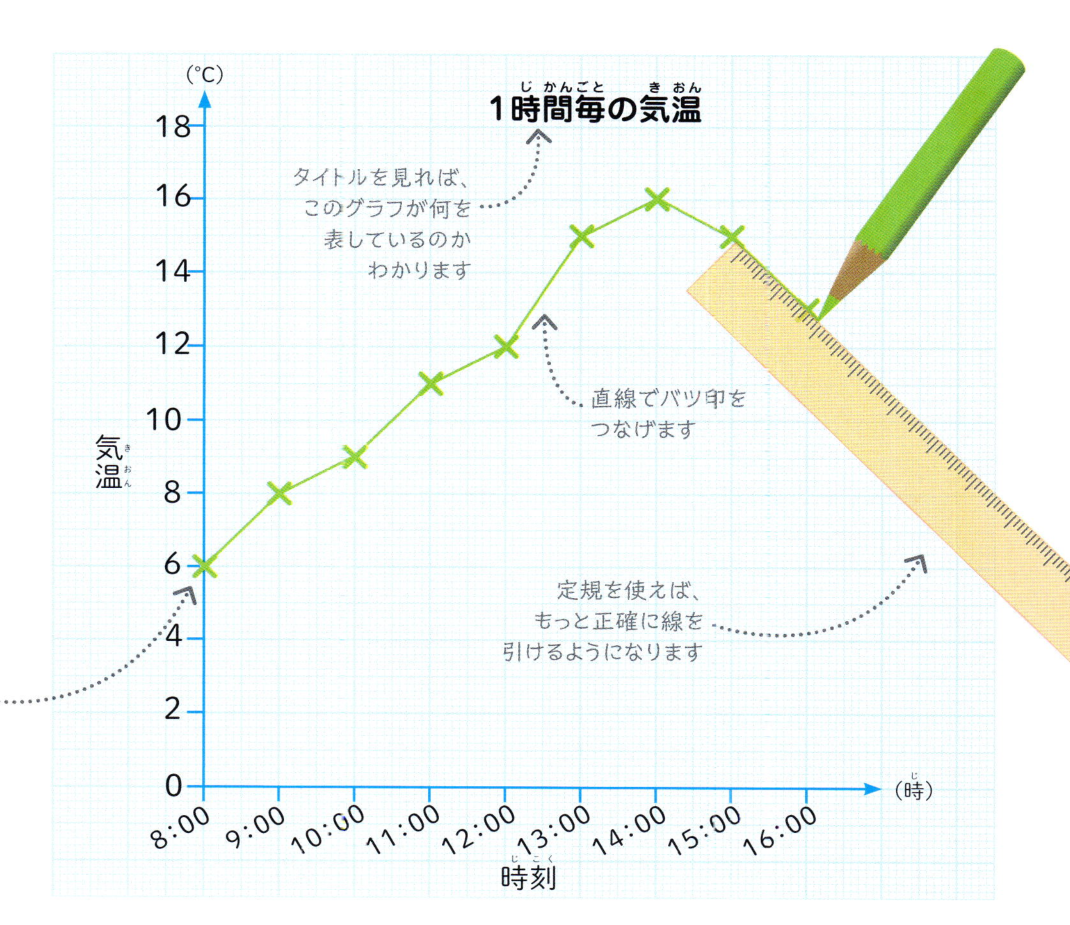

円グラフ

円グラフがあれば、情報をひと目でわかるように示すことができます。円グラフというのは、円を区切って表している図のことです。データの集まりの割合を比べるのに役立ちます。

円グラフのおうぎ形部分が大きいほど、より多くのデータを表していることになるよ。

好きな映画のジャンル

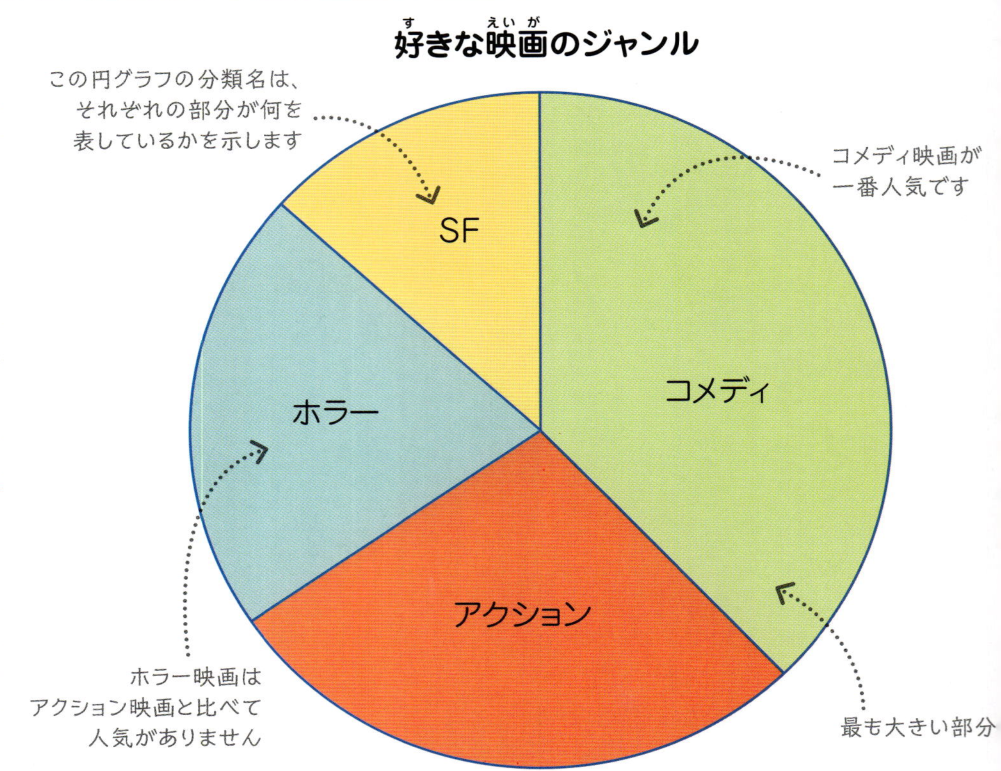

この円グラフの分類名は、それぞれの部分が何を表しているかを示します
SF
コメディ映画が一番人気です
コメディ
ホラー
アクション
ホラー映画はアクション映画と比べて人気がありません
最も大きい部分

1 右の円グラフを見てみましょう。このグラフは、生徒たちが最も好きな映画のジャンルについて表しています。

2 円グラフの部分が大きければ大きいほど、より多くの生徒たちがそのジャンルを選んだということです。この円グラフには数がひとつも書いてありませんが、それでも内容を理解することができます。

3 この円グラフを見るだけで、人気のある映画のジャンルを比べることができます。最も人気があるのはコメディで、最も人気がないのはSF映画だとすぐにわかりますね。

円グラフの書き方

円グラフには、凡例を使う方法と分類名をグラフ内に書きこむ方法の2種類があります。

凡例

SF

コメディ

ホラー

アクション

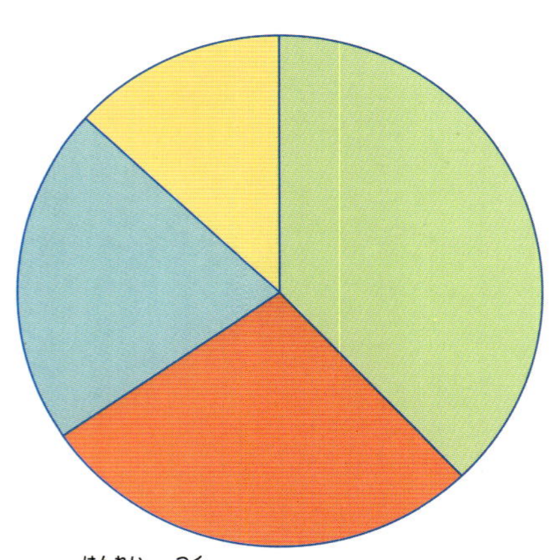

1 凡例を作る
凡例の色を見れば、それぞれの部分が表している映画のジャンルが分かります。

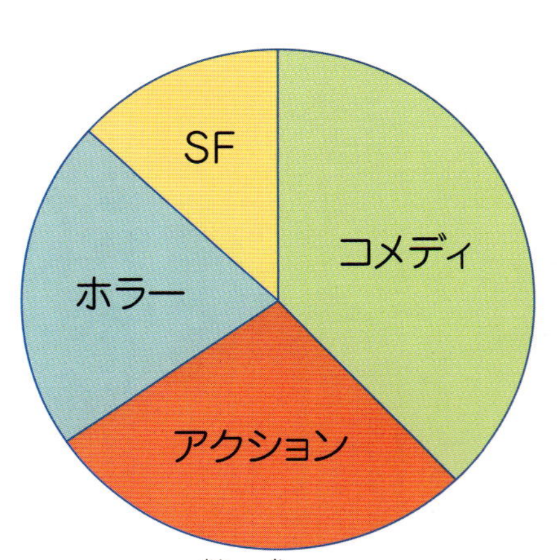

SF
コメディ
ホラー
アクション

2 グラフ内に書く
円グラフの横や、上のように円グラフの中に分類名を書くこともできます。

円グラフのおうぎ形部分

円グラフの「円」が表しているのは、データの集合全体です。おうぎ形部分は、それぞれが下位集合となっています。おうぎ形部分を全てをたすと、円全体になります。おうぎ形部分の大きさは、角度、真分数、または百分率で表すことができます。

1 円グラフは円の形をしているので、ひとまわりが360°です。グラフを作っているおうぎ形は、この大きな角度の一部です。

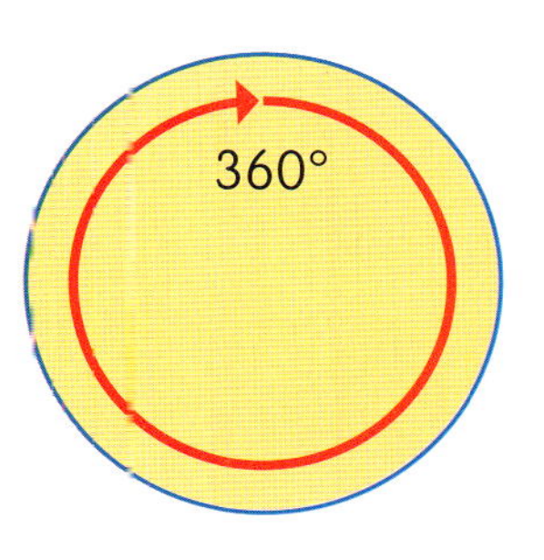

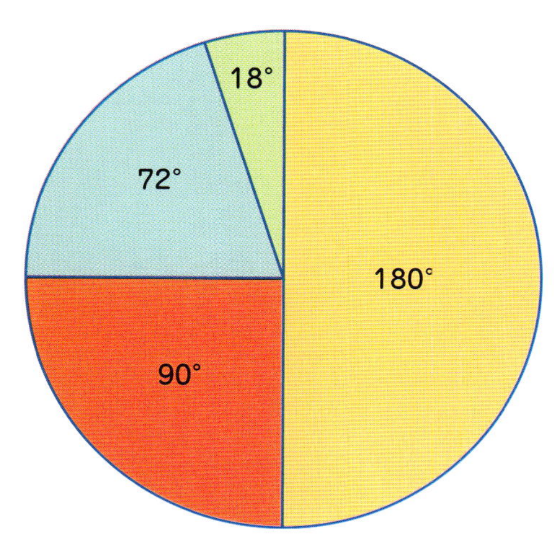

$18° + 72° + 90° + 180° = 360°$

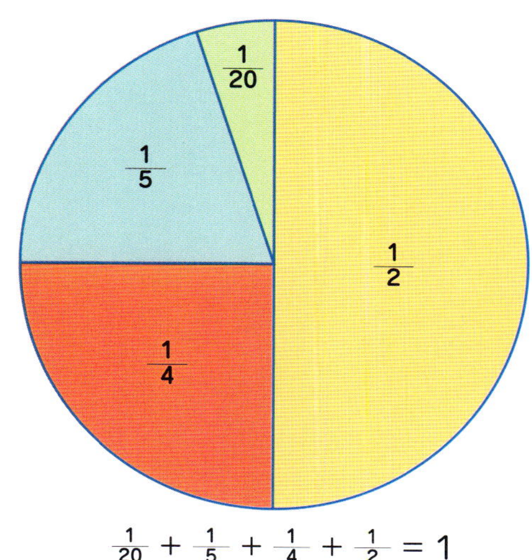

$\frac{1}{20} + \frac{1}{5} + \frac{1}{4} + \frac{1}{2} = 1$

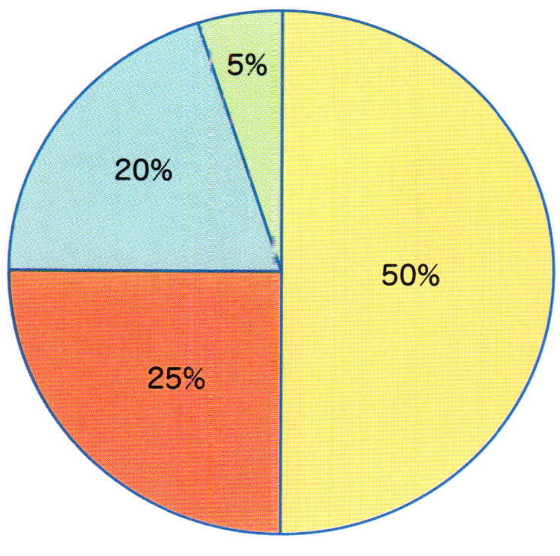

5% + 20% + 25% + 50% = 100%

2 角度
おうぎ形部分の角度は、中心から測ります。全部を合わせると、おうぎ形部分の角度は必ず360°になります。

3 分数
それぞれのおうぎ形部分は、円グラフの分数にもなります。例えば、角度が90°の部分は、$\frac{1}{4}$を表しています。全部合わせると、全ての分数は1になります。

4 百分率
おうぎ形部分は、百分率で示すこともできます。角度が90°の部分は25%です。全部合わせると、百分率は100%になります。

やってみよう

円グラフのパズル

右の2つの問題を解いてみましょう。円グラフのおうぎ形部分の角度は合計が360°になること、百分率で表すと合計が100%になることを思い出しながら解いて下さい。

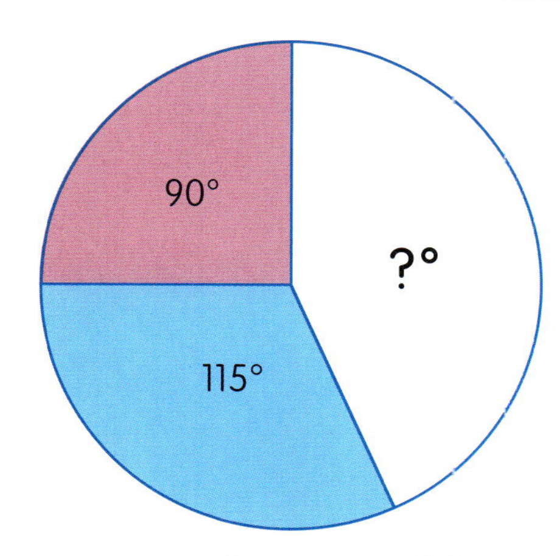

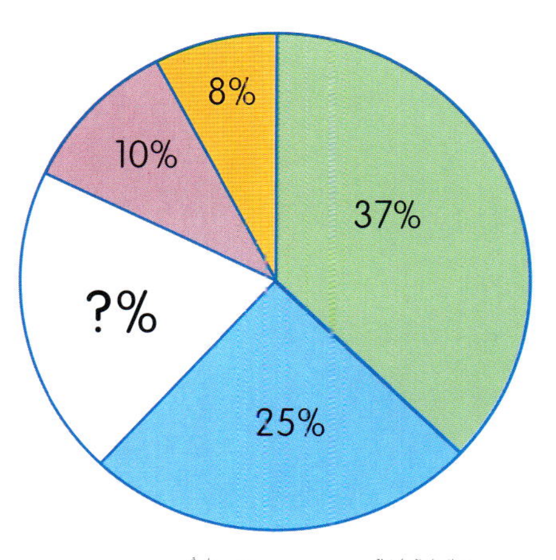

1 この円グラフで、角度がわからない3つ目の部分は、何度でしょう？

2 この円グラフで、百分率がわからない部分の値は、何%でしょう？

答えは320ページ

円グラフの描き方

コンパスと分度器を使えば、データの表から円グラフを描くことができます。また、ある公式を使えば、円グラフのおうぎ形部分それぞれの角度が出せるようになります。

円グラフのおうぎ形部分の角度は、全部たすと360°になるんだよ。

角度の計算方法

円グラフを描くときの最初のステップは、おうぎ形部分の角度を計算することです。

1 右の表のデータを使って、円グラフを描いてみましょう。円グラフのおうぎ形部分がアイスクリームのフレーバーを表すことになります。

アイスクリームの売り上げ

フレーバー	売上数
レモン	45
マンゴー	25
ストロベリー	20
ミント	10
合計	100

数（それぞれのフレーバーの売上数）

総数（アイスクリームの総売上数）

2 角度を求めるには、それぞれのフレーバーの売上数を右の公式に当てはめます。

$$角度 = 360 \times \frac{数}{総数}$$

3 この表は、売れたアイスクリーム100個のうち、45個がレモンフレーバーだったことを示しています。この2つの数を公式に入れて計算すれば、レモン部分の角度を出せます。45 ÷ 100 × 360 = 162という式になりますね。

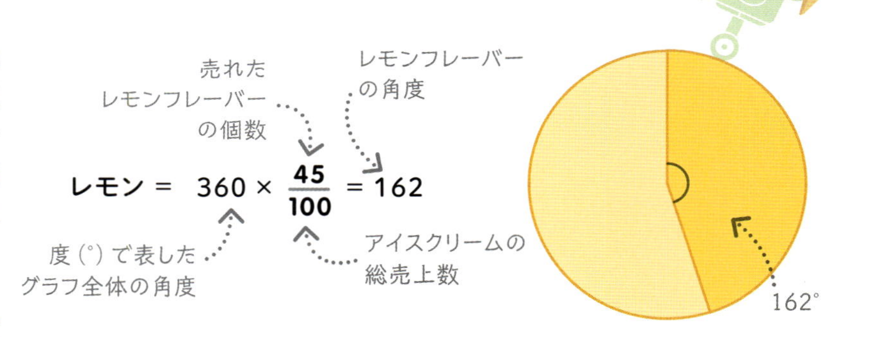

4 今度は、同じ方法で他の部分の角度を求めます。それから、全ての角度を合計して、答えが360°になるかどうかを確かめます。162 + 90 + 72 + 36 = 360になりましたね。

$$マンゴー = 360 \times \frac{25}{100} = 90$$

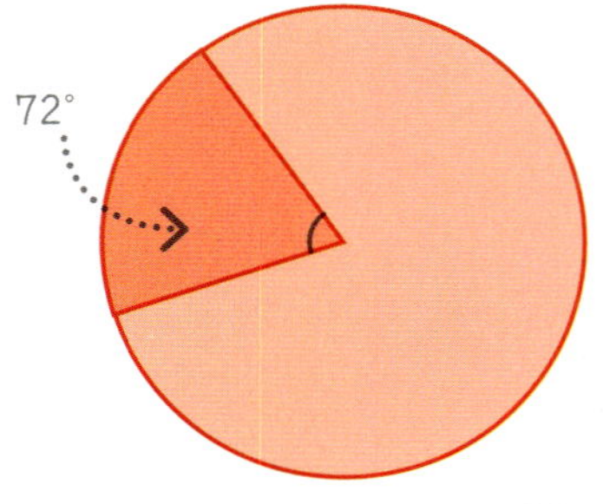

$$ストロベリー = 360 \times \frac{20}{100} = 72$$

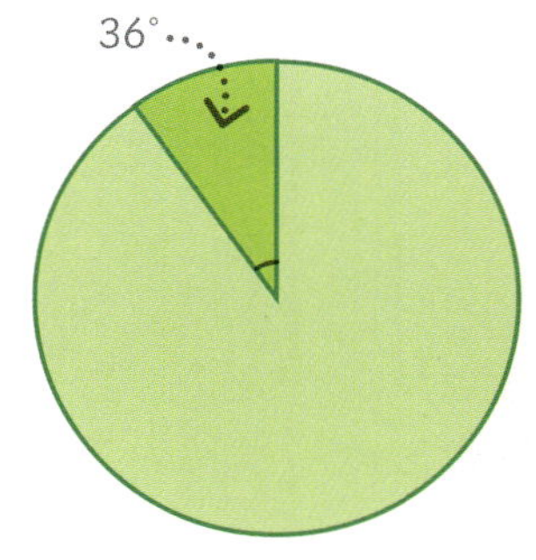

$$ミント = 360 \times \frac{10}{100} = 36$$

円グラフの描き方

おうぎ形部分の角度が全部わかったら、円グラフ作りの準備は完了です。ここからは、分度器とコンパスを使います。

1 コンパスを使って正確に円を描きます。後で色を塗ったり分類名をつけたりするのが楽になるように、円の大きさを考えて描きましょう。

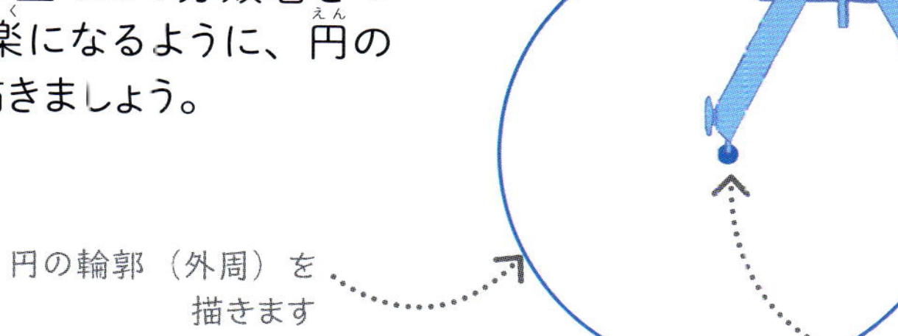

円の輪郭（外周）を描きます

中心

0°

円周に向かって直線を引きます

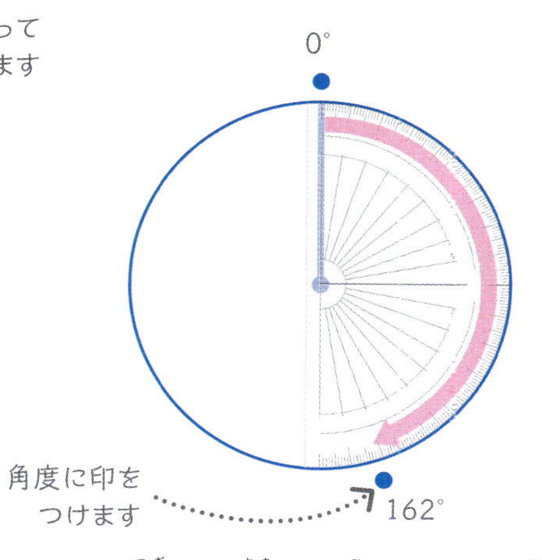

0°
角度に印をつけます
162°

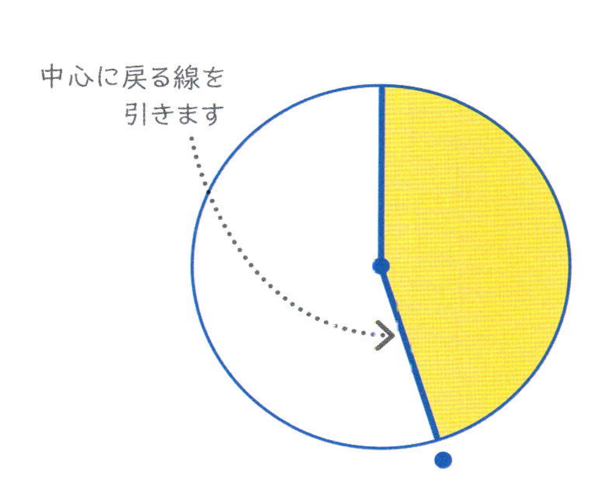

中心に戻る線を引きます

2 円の中心から円周に向かって、1本の直線を引きましょう。ここを0°として、最初の角度を測るのに使います。

3 次に、先ほど引いた0°の線に分度器を合わせ、目盛りを使ってレモン部分の角度、162°を測ります。

4 今度は、162°の角度から中心に戻る線を引きます。これでレモン部分は完成です。できあがったおうぎ形部分に色を塗りましょう。

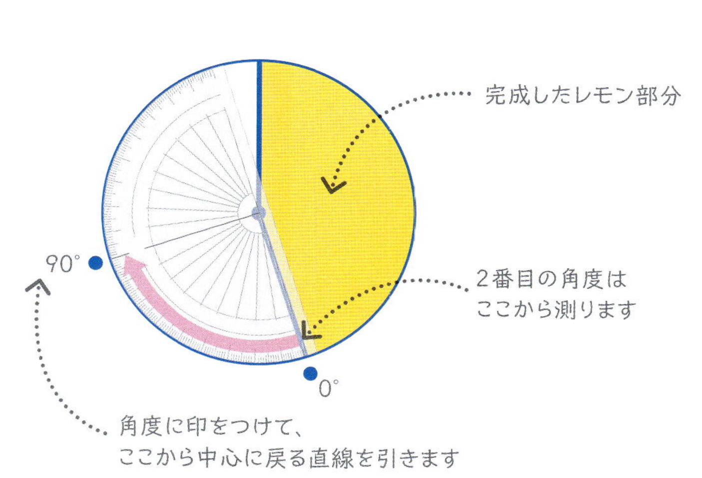

完成したレモン部分
90°
2番目の角度はここから測ります
0°
角度に印をつけて、ここから中心に戻る直線を引きます

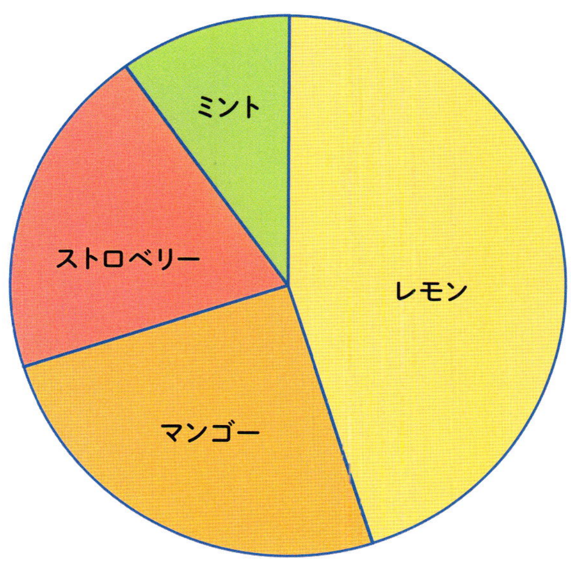

アイスクリームの売り上げ
ミント
ストロベリー
レモン
マンゴー

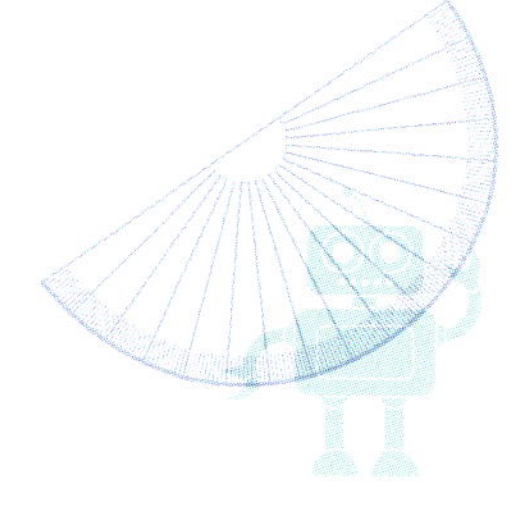

5 今度は、レモン部分の下の端に分度器を合わせて、マンゴー部分の角度、90°を測ります。このマンゴー部分を完成させて、色を塗ります。

6 同じ方法で残りの部分を描きます。最後に分類名と表題（タイトル）をつけたら、円グラフは完成です。

確率

確率というのは、何かが起こる可能性の度合いのことです。確率が高い場合、それが起こりそうだ、ということになります。確率が低いと、それが起こる可能性は低くなります。

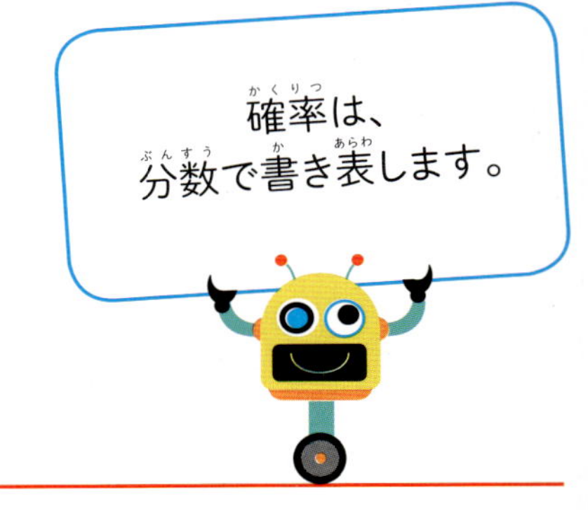

1 コインを投げる場合を考えてみましょう。起こり得る結果は、表になるか、裏になるかの2つしかありません。

2 それでは、コインが表になる確率はどのくらいでしょうか？　表を出す可能性は裏を出す可能性と同じなので、表が出る見込みは均等、つまり「五分五分」だということです。

3 サイコロを振る場合は、起こり得る結果が6つあります。つまり、ある数、例えば3が出る確率は、コインを投げて表が出る確率よりも低いということです。

4 確率は、分数で書き表しましょう。コイントスで表が出る見込みは2回に1回ですので、これを$\frac{1}{2}$と書き表します。サイコロを振って3が出る見込みは6回に1回ですので、これは$\frac{1}{6}$と書き表します。

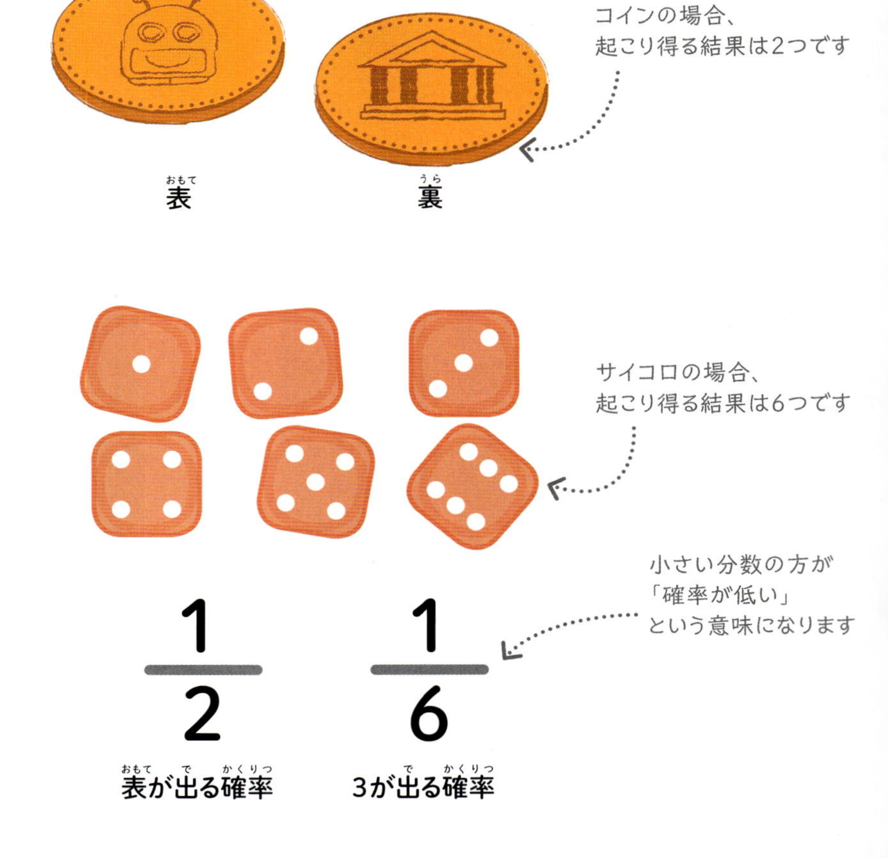

身の回りの算数

レインコートは必要？

気象予報士が予想するときは、計算して確率を出しています。雨が降るかどうかを予測するには、気圧や気温などの気象条件が似ている過去の数日間を見ます。その数日間のうち何日間雨が降ったのかを調べて、それから今日雨が降る見込みを計算しているのです。

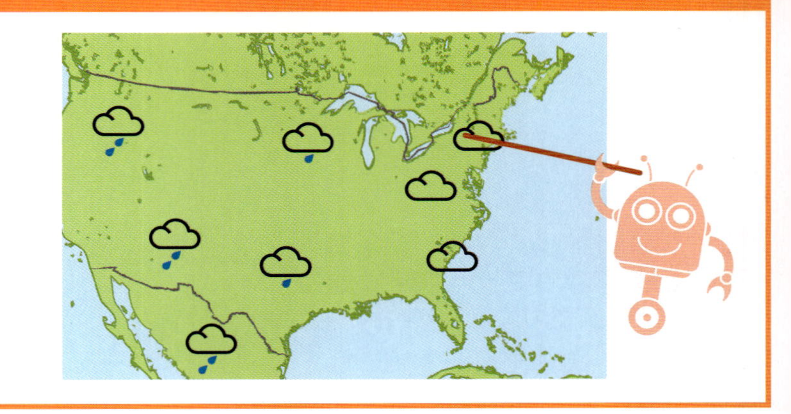

確率目盛り

全ての確率は、確率目盛りという線で表せます。この目盛りは1から0まで続きます。確実に起こる事柄は1、不可能なことは0になります。その他は、全てこの2つの値の間に入ります。

1 明日の朝、太陽が昇ることは「確実」です。日の出の得点は1で、確率目盛りの一番上になっていますね。

2 今の時点で、世界のどこかで飛行機が空を飛んでいる可能性は、「非常に高い」です。

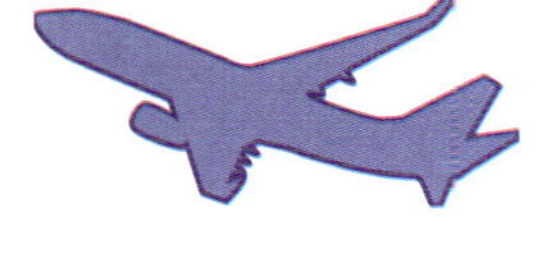

3 皆さんの学校の生徒や職員のうち、少なくとも1人が今週誕生日を迎える可能性は「高い」です。

4 コインを投げると出てくる表と裏には「均等」な機会があります。均等な機会は、目盛りの半分の地点です。

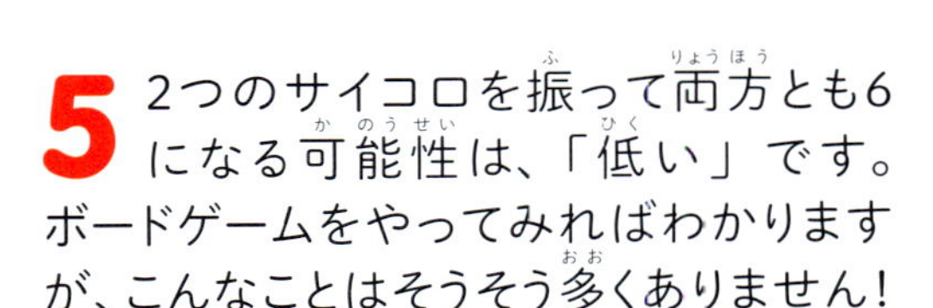

5 2つのサイコロを振って両方とも6になる可能性は、「低い」です。ボードゲームをやってみればわかりますが、こんなことはそうそう多くありません！

6 雷に打たれる可能性は、ほとんどありません。もちろん起こり得ることではありますが、可能性は「非常に低い」です。

7 空飛ぶゾウの得点は0です。ゾウには羽がありませんので、空飛ぶゾウを見るのは「不可能」です。

得点が1の事柄は、確実に起こります

1

確実

1に近づくと、可能性が高くなります

可能性が非常に高い

可能性が高い

可能性が高い

$\frac{1}{2}$

可能性はどちらも同じくらい

確率が$\frac{1}{2}$の事柄は、起こる可能性が起こらない可能性と全く同じです

可能性が低い

可能性が低い

0に近づくと、可能性が低くなります

可能性が非常に低い

不可能

0

確率が0の事柄は、絶対に起こりません

確率の計算

簡単な公式を使えば、何かが起こる確率を出せるようになります。ここで説明する公式は、確率を分数で表していますが、小数や百分率に直すこともできます。

1 物が12個入る箱があります。この箱には、6個のリンゴと6個のオレンジがバラバラに入っています。目を閉じながら1個取った場合、その果物がリンゴである可能性はどのくらいでしょうか？

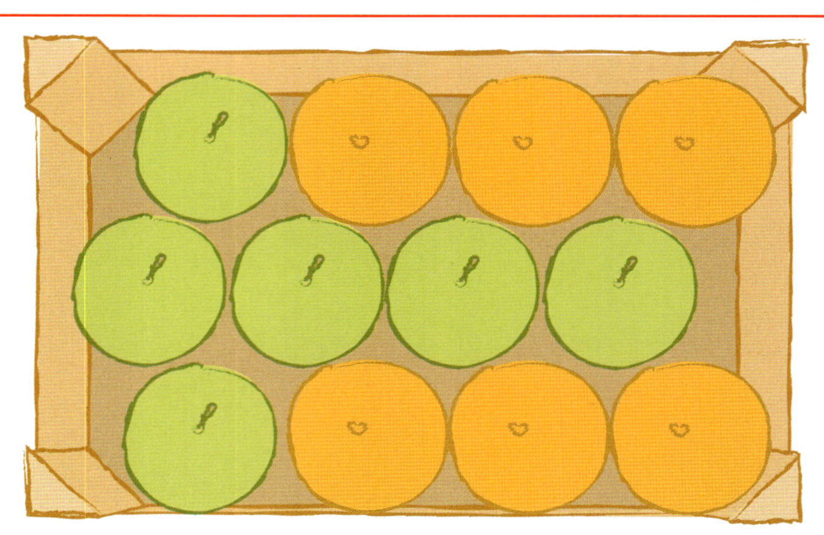

2 それでは、下の公式を使って、リンゴを取る確率を求めてみましょう。

$$\frac{\text{求める場合の数}}{\text{全ての場合の数}}$$

3 この公式は、右のような絵で表すことができます。公式の分子は、箱から取り出せるリンゴの数（6個）を示しています。分母は、選べる果物の総数（12個）です。

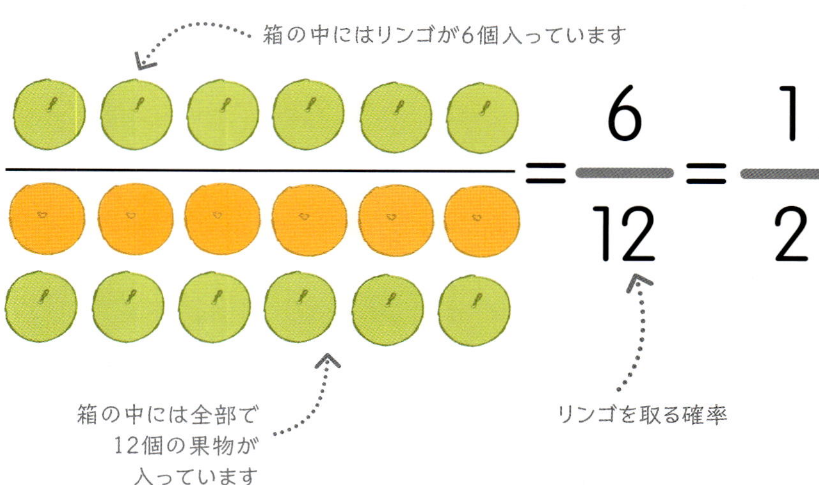
箱の中にはリンゴが6個入っています
= 6/12 = 1/2
箱の中には全部で12個の果物が入っています
リンゴを取る確率

4 つまり、リンゴを取る可能性は12回に6回だということです。これを、$\frac{6}{12}$という分数で表します。この分数は、$\frac{1}{2}$に直せますね。

身の回りの算数

予想外の結果

確率というのは、これから起こることを必ずしも正確に教えてくれるわけではありません。右のコマが赤のところで止まる可能性は、6回に1回です。このコマを6回まわせば、少なくとも1回は赤で止まるように思えます。けれども、6回とも赤で止まることもあれば、1回も止まらないこともあるのです。

確率は、分数だけでなく、小数、または百分率（パーセンテージ）で書き表せるよ。

小数と百分率

確率は、分数で書き表しますが、小数や百分率で表すこともできます。

1 右のケーキ12個入りの箱には、チョコレートケーキ3個とバニラケーキ9個が入っています。目を閉じながらケーキを取った場合、チョコレートケーキを選ぶ可能性は、12回に3回です。

2 この確率を分数で書き表すと、$\frac{3}{12}$になります。これは、$\frac{1}{4}$に直せますね。今度は、1を4でわって、確率を小数にします。これを式にすると、1 ÷ 4 = 0.25ですね。この小数を百分率に直すときは、100をかけるだけです。つまり、0.25 × 100 = 25% になります。

チョコレートケーキ3個、バニラケーキ9個

チョコレートケーキ9個、バニラケーキ3個

3 それでは、箱に入っているのがチョコレートケーキ9個とバニラケーキ3個だった場合、確率がどうなるか見ていきましょう。

4 今度は、チョコレートケーキを取る確率が$\frac{9}{12}$、つまり$\frac{3}{4}$になります。これは、0.75、75% と同じです。

やってみよう

確率のサイコロ

サイコロを振るのは、確率を調べるのにとても便利な方法です。ボードゲームではサイコロの目がとても大事なので、特定の組み合わせになる確率がわかっていれば、もっとゲームが得意になるかもしれませんよ!

答えは320ページ

1 2つのサイコロを一緒に振ったとき、一番出やすい合計数はいくつでしょう? まず、出る可能性のある点を全て書き出しましょう。そして、書き出した数を合計します。

2 最も出にくい合計数2つは、それぞれいくつでしょう?

3 最も出やすい合計数が出る確率と、最も出にくい合計数が出る確率は、それぞれいくつでしょう?

第6章

代数（だいすう）

ALGEBRA

代数とは、数の代わりに文字や記号を使って、数の性質やつながりを考えることです。また、公式という便利なルールを使えば算数の問題が簡単に解けるようになります。

方程式

方程式とは、等号（=）が含まれている式のことです。方程式は、数を使って書くこともできますが、数の代わりに文字や記号で書き表すこともできます。このような種類の算数を、代数といいます。

方程式のバランスを取る

方程式とは、等号の左右が必ずつり合わなければいけません。等号の左側にあるものは、必ず等号の右側にあるものと同じ値になります。この仕組みを表したものが右のたし算の図です。

14
+
6
この方程式の両側はつり合っています。つまり、等しいということです。
=

3つの計算のきまり

方程式には、右のような3つの計算のきまりがあります。この法則が実際の数に働く仕組みについては、154～155ページで勉強しましたね。数を文字に置き換えれば、代数で同じ法則を書き表すことができます。

計算のきまりを使えば、方程式がつり合うことを確かめられるよ。

1 交換法則

この法則では、数がどんな順番でもたしたりかけたりできること、そして答えは必ず同じになることがわかります。下のたし算を見れば、交換法則の仕組みがわかるので、この法則を代数で書き表せます。

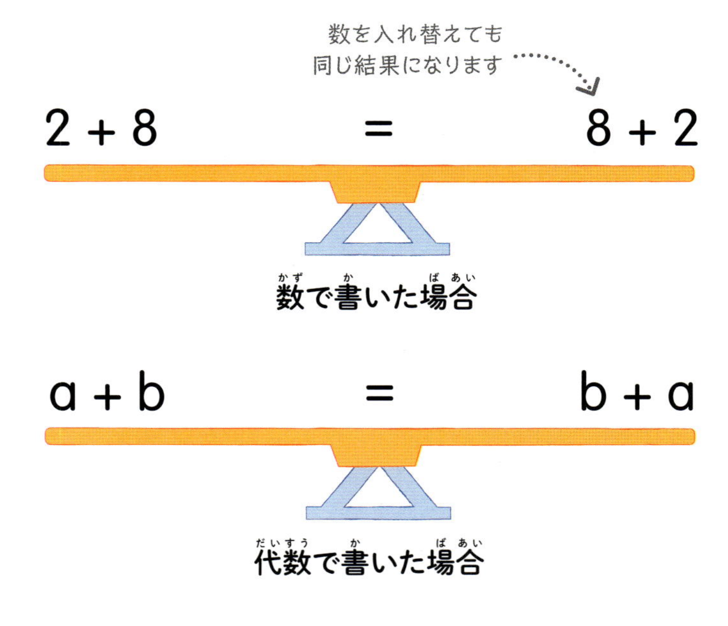

代数で方程式を書く方法

代数では、いくつかの特別な用語や表現を使います。また、数を使っているときとは少し違う方法で方程式を書き表します。

代数では、まだわかっていない数を文字で表すことができます。これを、変数（記号）といいます。	b
a × b と書く代わりに、簡単に ab と書きます。かけ算記号は x という文字に似すぎているので、代数では省略します。	ab
数と文字をかけるときは、数を先に書きます	4ab
数、文字、または両方の組み合わせを「項」といいます。	2b
算数記号で分けられた2つ以上の項を、「式」といいます	4 + c

2 結合法則

かっこを見れば、計算のどの部分から始めたらいいかわかりますね。この法則では、たし算やかけ算をしているときは、かっこをどこに入れても答えは変わらない、ということがわかります。下のたし算を見て下さい。

3 分配法則

これは、かけ算についての法則です。ある数のまとまりを合計してから別の数をかけると、それぞれのかけ算を別々に解いてからたすのと同じになります。下の例で、この法則の仕組みを説明します。

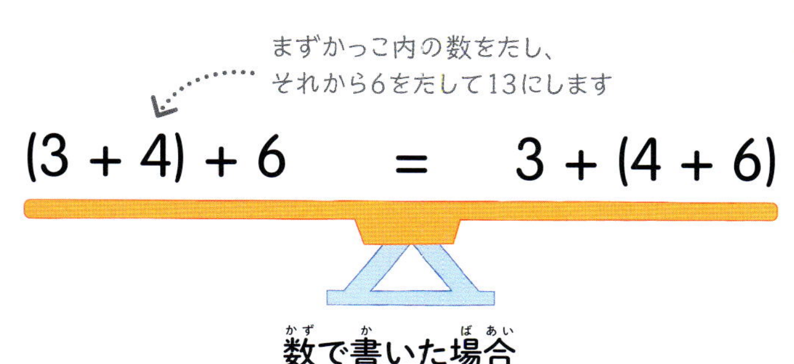

数で書いた場合

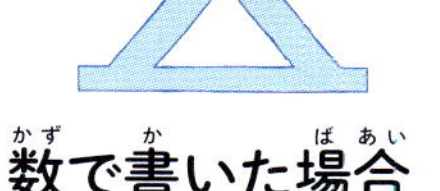

数で書いた場合

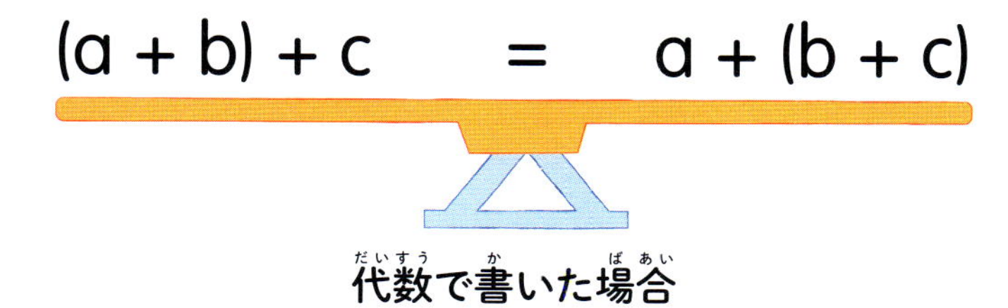

代数で書いた場合

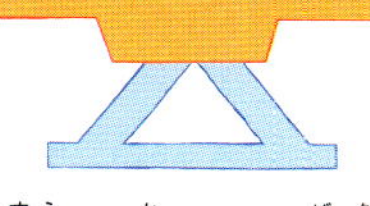

代数で書いた場合

※小学校では a ×（b+c）= a × b + a × c と表記していましたね。

方程式の解き方

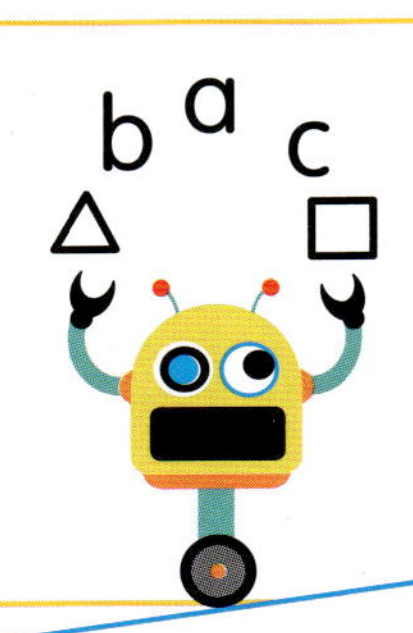

方程式を並べかえれば、わからない数の値を求めることができます。わからない数のことを変数といいます。

図形と文字のどちらが変数を表していても、やり方は同じだよ。

一次方程式

代数では、文字や記号が変数を表します。方程式の両側が必ず釣り合うことは、もう習いましたね。つまり、等号をはさんだ片側が変数だけの場合、もう片方の計算をすればその値を求めることができるのです。

図形がわからない値を表しています

1 記号を使った方程式
右の2つの方程式は、わからない値を図形で表しています。答えを求めるには、かけ算やわり算をするだけです。

△ = 12 × 7
△ = 84

□ = 72 ÷ 9
□ = 8

文字がわからない値を表しています

2 文字を使った方程式
右の2つの例では、文字を使ってわからない値を表しています。この方程式も同じ方法で解くことができます。ただ算数記号に従って計算するだけです。

$a = 36 + 15$
$a = 51$

$b = 21 - 13$
$b = 8$

身の回りの算数

毎日の代数

私たちは、毎日の生活でも知らず知らずのうちに代数を使っています。例えば、ジュース3本、シリアル2箱、そしてリンゴ6個買いたい場合、右のような代数方程式を使って代金を計算しているのです。

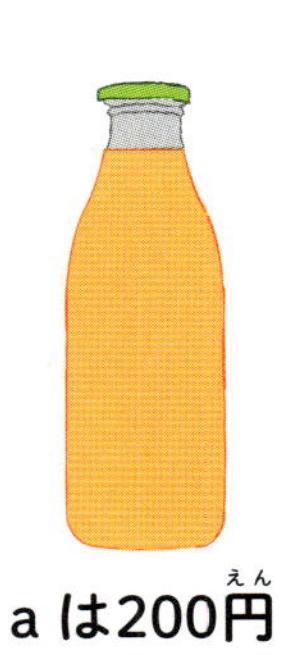
a は200円

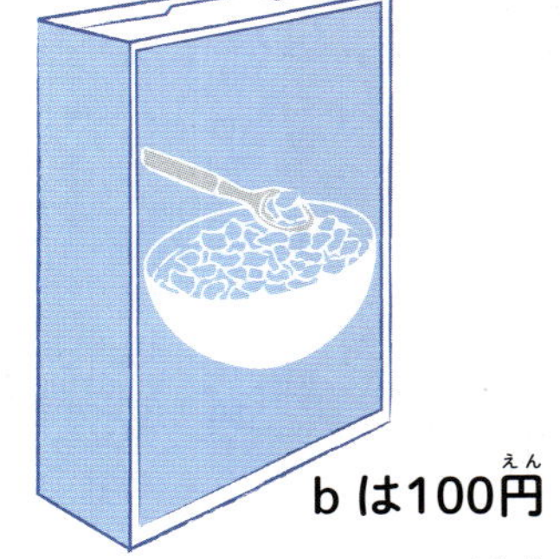
b は100円

c は50円

1 「3a + 2b + 6c = 代金の合計」と書き表します。

2 今度は、「200 × 3 + 100 × 2 + 50 × 6 = 1100」というように、文字を値段に置きかえます。

方程式の並べ替え

方程式の片側で変数が他の項と混ざっていると、変数の値を求めるのがもっと難しくなります。この場合、方程式を並べ替えて、等号の片側を変数だけにする必要があります。方程式を解くカギは、両側が必ず釣り合うようにすることです。

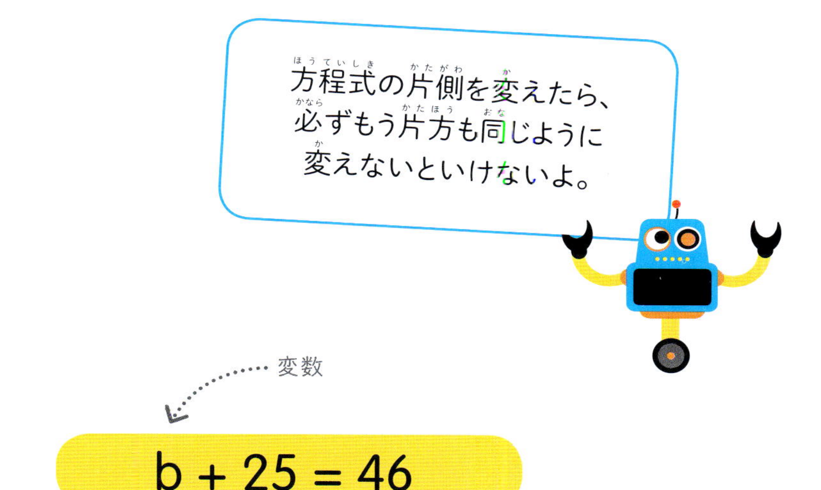

方程式の片側を変えたら、
必ずもう片方も同じように
変えないといけないよ。

1 こちらの方程式を見てみましょう。簡単なステップで解いていけば、左側をbという文字だけにして、その値を求められるようになります。

変数

$$b + 25 = 46$$

2 まずは、両側から25をひいて、方程式を書き直します。25ひく25はゼロになりますね。これで、2つの25がお互いを消すことになります。

25と −25が
お互いを消します

$$b + 25 - 25 = 46 - 25$$

3 等号の左側には文字bだけが残りました。これで、等号の右側を計算すれば、bの値を求めることができます。

これで、変数を
計算しやすくなりました

$$b = 46 - 25$$

4 46−25を解くと、21が残ります。つまり、bの変数は21になります。

$$b = 21$$

5 元の方程式の文字を21に置き換えて計算すれば、答えを確かめることができます。

方程式の両側が
つり合っています

$$21 + 25 = 46$$

やってみよう

わからない値

右の方程式を簡単にして、わからない値を求めましょう。

答えは320ページ

❶ $73 + b = 105$

❷ $42 = 6 \times \square$

❸ $i - 34 = 19$

❹ $7 = \triangle \div 3$

公式と数列

数列とは、法則に従って並んだ数のことです（14～17ページを見て下さい）。公式を使って数列のルールを書けば、一連の数を全部書かなくても、どんな項の値でも求めることができます。

数の法則

数列は、ある法則、つまりルールに従います。数列に入っているそれぞれの数を「項」といいます。数列の最初の数が第1項、2番目の数が第2項、というように続いていきます。

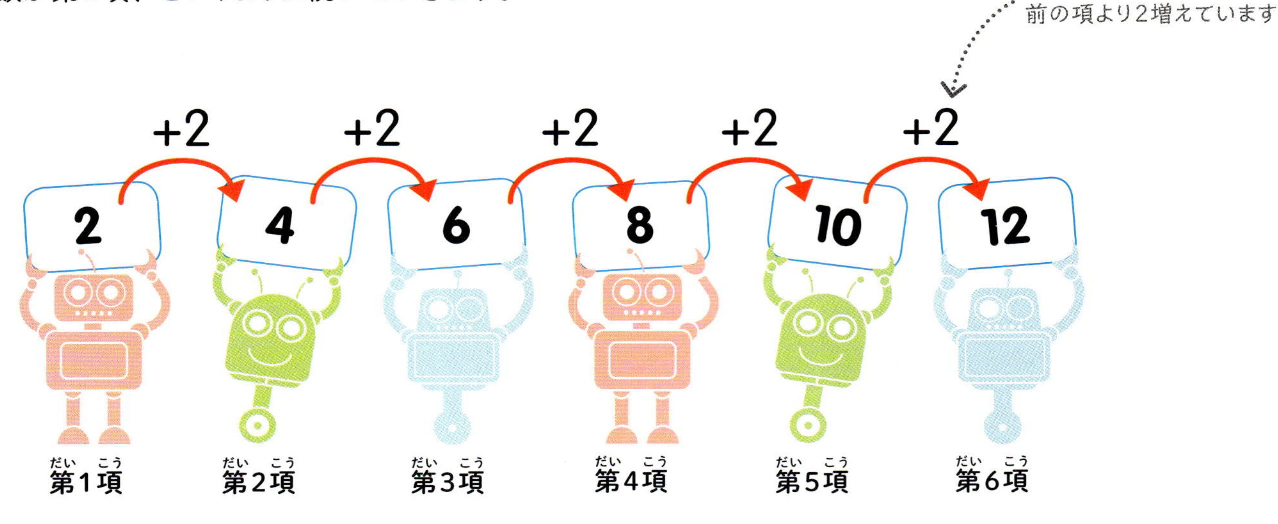

第ｎ項

代数では、数列の中でわからない項の値のことを「第ｎ項」といいます。「n」というのは、わからない値のことです。数列の一般項という公式を書けば、どんな項の値でも求めることができます。

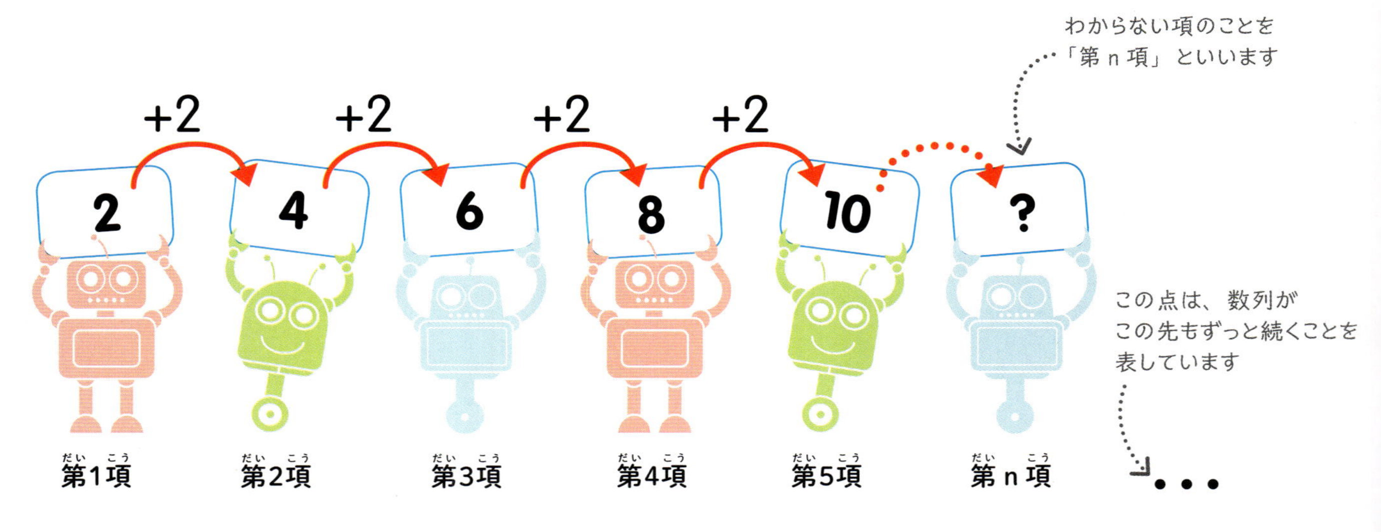

単純な数列

数列の公式を求めるには、法則を見つけなければなりません。一部の数列には明らかな法則がありますので、それを見つけて公式として書き表すことができます。

「項に4をかける」というのが法則です

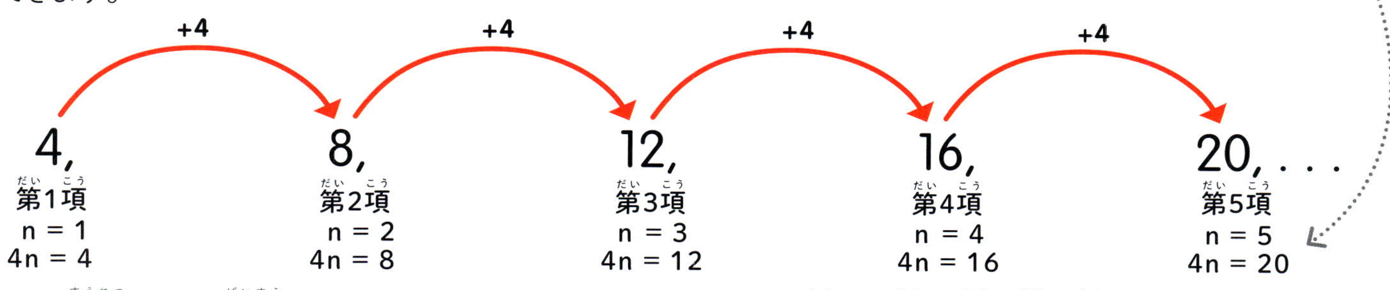

1 この数列は、4の倍数でできています。つまり、第 n 項は4 × n だと言えます。代数では、これを4n と書きます。

2 例えば第30項の値を求めるときは、この公式の n を30に置き換えて、4 × 30 = 120と計算するだけで答えが出せるのです。

2段階の公式

かけてからひく、かけてからたす、など、2段階のステップに従う数列もあります。

この数列の規則は、「項に5をかけて、それから1をひく」です

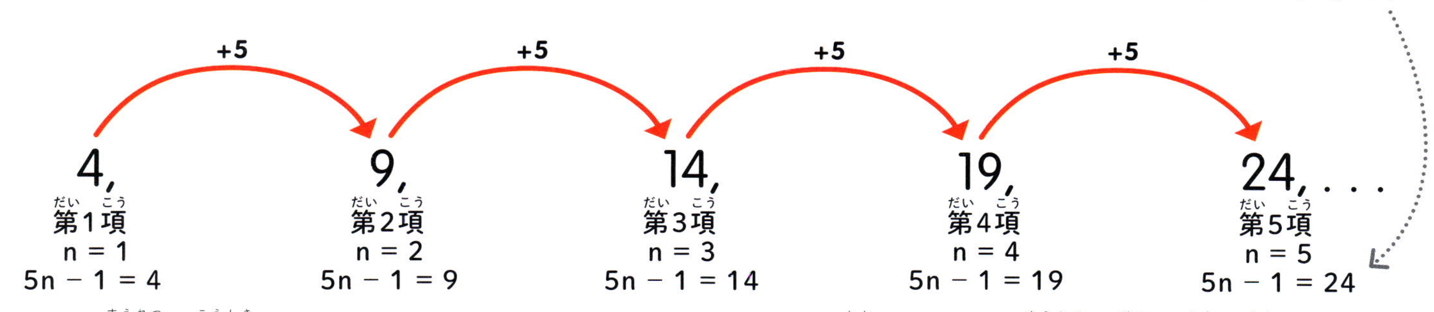

1 この数列の公式は、5n-1です。つまり、この数列の項をもとめるには、かけ算の後にひき算をするということです。

2 例えば、この数列の第50項を求めるには、公式の n を50に置き換えます。そうすると、5 × 50 − 1 = 249と書き表すことができます。つまり、第50項は249です。

やってみよう

項を求めよう

この数列の公式は、6n + 2です。この公式に当てはめて、右の問題を解いてみましょう。

答えは320ページ

8,　14,　20,　26,　32,　38,...

1 この数列の後に続く5つの数を書きましょう。

2 第40項 の 値 を計算しましょう。

3 第100項 の 値 を計算しましょう。

公式

公式というのは、何かの値を求めるための法則です。公式は、数や量を表す数字記号と文字を組み合わせて書き表します。

公式では、言葉で
説明する代わりに、
文字と式を使うんだよ。

公式の書き方

公式は料理のレシピのようなものですが、言葉の代わりに記号や文字を使います。公式には、3つの部分があります。テーマ、等号、そしてレシピの指示を含む文字と数の組み合わせです。それでは、最も簡単な公式の一つとして、長方形の面積の公式を見てみましょう。この公式は、面積=縦×横です。代数を使う場合、この公式はA=lwと書き表せます（A：面積、l：縦、w：横）。

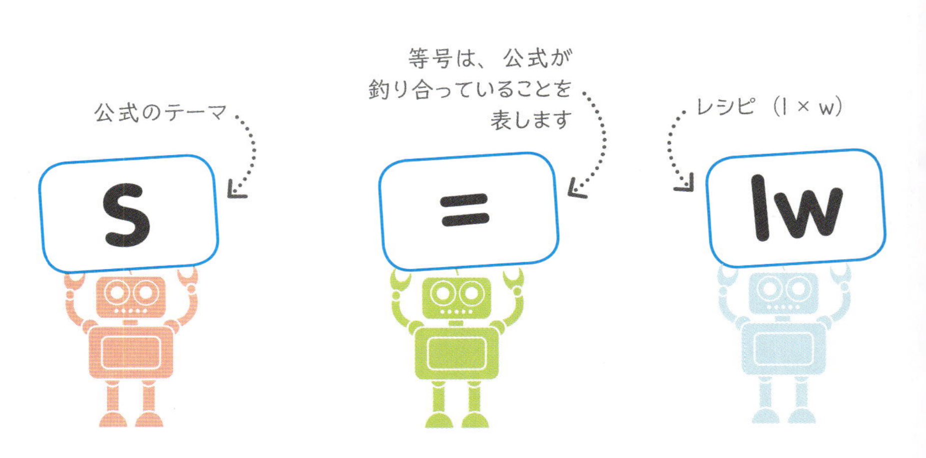

文字を使う方法

公式は、言葉で説明するかわりに文字を使います。つまり、文字が何を表しているかを知っておかなければいけません。ここで紹介するのは、寸法を含む算数の問題を解くときに使う文字です。日本ではあまり使わない文字もありますが、英語圏ではよく使われるのでここで紹介しておきます。

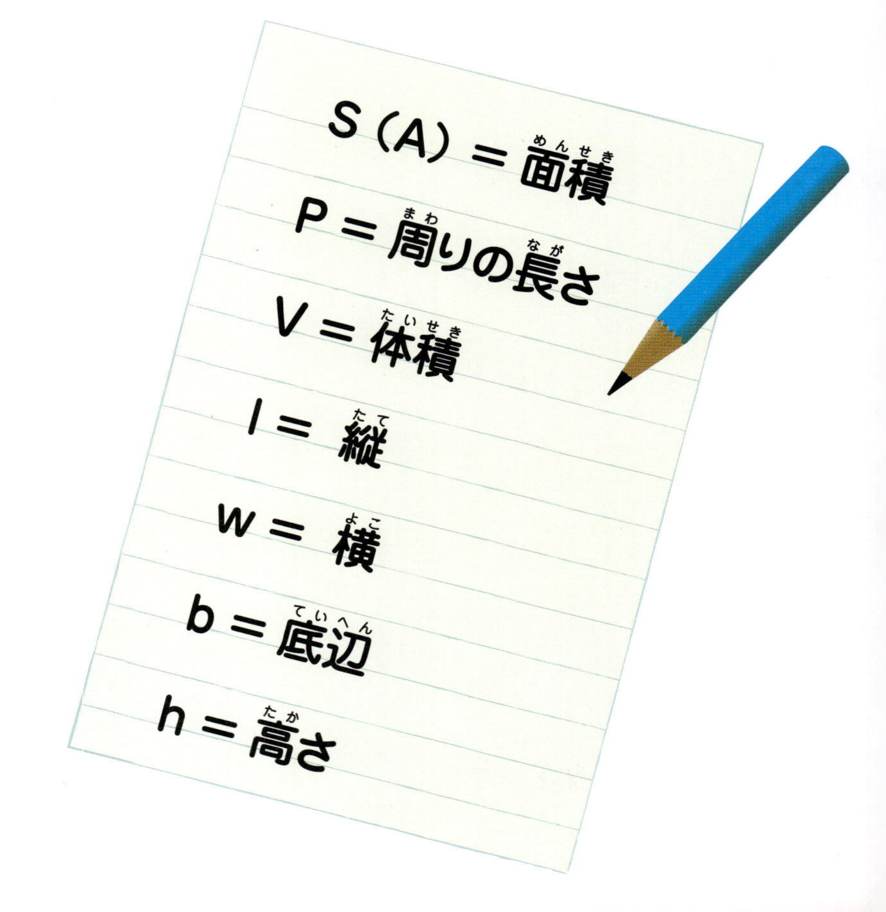

公式を書くときは、かけ算記号を省略するんだよ。

公式の使い方

算数では、公式を使って実際の値を求めます。公式のテーマになっている値は、等号の反対側にある変数の値がわかっていれば求められます。

3 m

5 m

ここでいう面積とは、このプールに占められている空間のことです

1 まずは、「S（面積）= lw（縦横）」の言葉を実際の寸法に置き換えます。A = 5 × 3という式になりますね。

2 縦と横の長さをかけると、15になります。つまり、この長方形のプールの面積は、15 m^2 です。

共通公式

ここでは、一般的な形の面積、周りの長さ、そして体積を求めるときに必要な公式を紹介します。

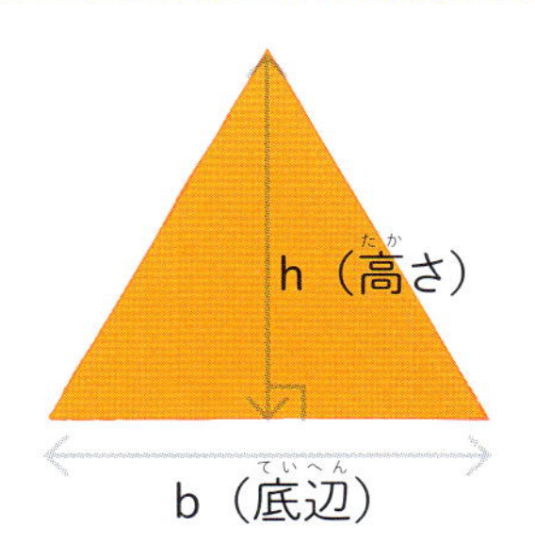

三角形の面積 $= \frac{1}{2}bh$

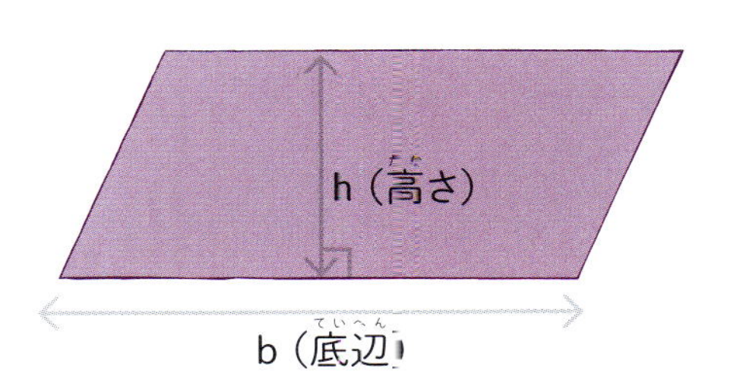

平行四辺形の面積 $= bh$

周りの長さというのは、図形の外周の長さです

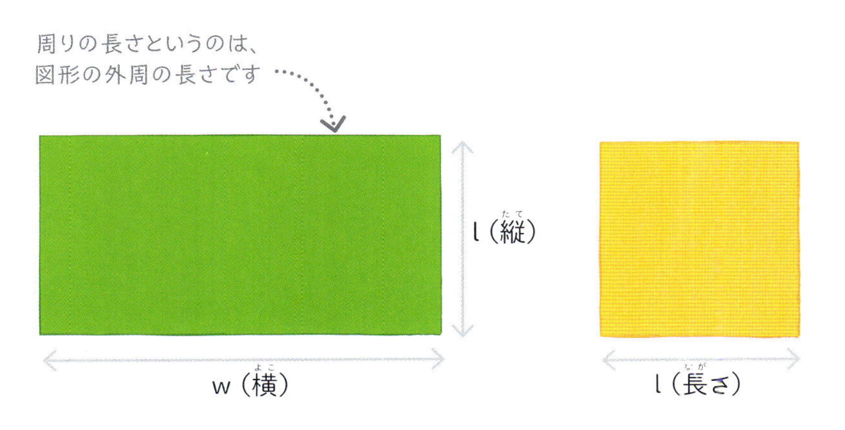

長方形の周りの長さ $= 2(l + w)$

正方形の周りの長さ $= 4l$

体積というのは、立体図形の中の空間の大きさです

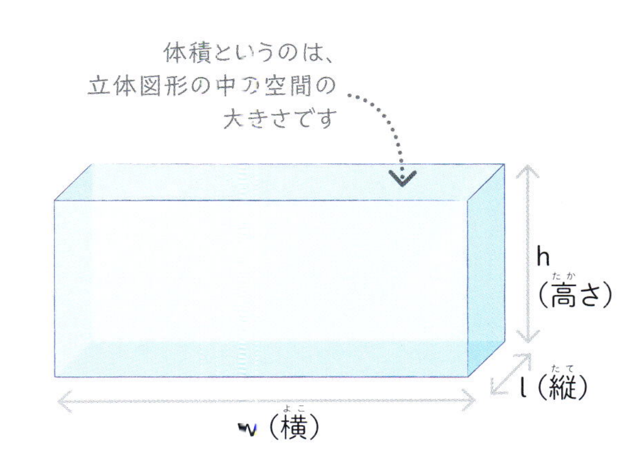

直方体の体積 $= lwh$

用語集

本書に出てくる算数特有の言葉を解説します

【値】 何かの量や大きさ。

【あまり】 ある数が別の数でわり切れないときに残る数。

【鋭角】 90度より小さい角。

【X軸】 格子やグラフに表示された点の位置を測るのに使われる横線（水平の線）。

【円グラフ】 円の「おうぎ形」部分でデータを表す図表。

【円周】 円の外側1周分の長さ。

【円すい】 底面が円形で面が頂角に向かって狭まる立体図形。「頂角」参照。

【円柱】 1つの曲がった表面があり、これにつながる底面2つが全く同じ円形になっている立体図形。缶もその一つ。

【おうぎ形】 ケーキひと切れのような形をした円の一部分。2つの半径と1つの弧に囲まれている。

【折れ線グラフ】 点を直線でつないでデータを表す図表。気温など値が時間と共に変化する様子を表すのに向いている。

【下位集合】 より大きな集合の一部である集合。「集合」参照。

【概算】 正解に近い答えを求めること。多くの場合、1つまたは複数の数を四捨五入して求める。

【回転】 時計の針の動きなど、ある一点の周りを動くこと。

【角柱】 2つの底面が全く同じ多角形になっている立体図形。端から端まで断面の大きさと形が変わらない。

【角度】 ある方向から別の方向への回転の大きさを表す度合。また、「一つの点で交わる2本の線の方向の違い」と考えることもできる。角度は度で測定する。「度」参照。

【確率】 何かが起こる、または何かが真実である可能性。

【華氏目盛り】 温度目盛りの一つ。この目盛りの212度で湯が沸騰する。

【かっこ】 数を囲むのに使われる ( ) や [ ] などの記号。式の中で最初に解くべき計算を示す。

【仮分数】 1より大きい分数。例えば$\frac{5}{2}$は仮分数だが、帯分数で$2\frac{1}{2}$と書き表すこともできる。「帯分数」参照。

【球】 丸い、ボール状の立体図形。球の表面上の点は、どれも中心からの距離が等しい。

【キログラム（kg）】 質量を表すメートル法単位の一つ。1000グラムに等しい。

【キロメートル（km）】 長さを表すメートル法単位の一つ。1000メートルに等しい。

【位の値】 ある数の中で数字が表している大きさのこと。例えば、120の2の場合は位の値が20であるが、210の2は200を表している。

【グラム（g）】 質量を表すメートル法の単位の一つ。キログラムの1000分の1。

【グリッド法】 紙に描いたマスを用いるかけ算方法の呼び名の1つ。

【結合法則】 例えば1 + 2 + 3を計算する場合、1 + 2を先にたしても2 + 3を先にたしても答えは変わらない、という法則。この法則はたし算とかけ算に働くが、ひき算とわり算には働かない。

【弦】 中心を通らずに円を横切る直線。

【原点】 座標のX軸とY軸が交差するところにできる点。

【弧】 円周の一部を成す曲線。

【交換法則】 例えば、1 + 2は2 + 1と同じなので数の順番は関係ない、という法則。この法則はたし算とかけ算に働くが、ひき算とわり算には働かない。

【公式】 数学記号を用いて書き表すルール。

【格子法】 斜線の入ったマスを用いるかけ算方法の呼び名の1つ。

【合同】 大きさと形が等しい幾何学的図形。

【公倍数】 2つ以上の異なる数の倍数になる数。例えば、24は3の倍数であり4の倍数でもあるので、この2つの数の公倍数となる。「倍数」参照。

【公約数】 2つ以上の数が共有する約数。「約数」参照。

【コンパス】 円や円の一部を描くのに使う道具。

【最小公倍数】 2つ以上の数の公倍数のうち最も小さな数。例えば、24は2、4、6の公倍数だが、これらの数の最小公倍数は12である。「倍数」、「公倍数」参照。

【最大公約数】 2つ以上の数に共通する約

数の中で最も大きな数。例えば、8は24と32の最大公約数である。「約数」参照。

【最頻値】データの集合の中で最もよく出てくる値。

【座標】格子上の点、線、図形の位置、または地図上の場所の位置を表す数の組。

【三角形】3本の直線に囲まれた形。

【三次元】長さ、幅、奥行きがあること。非常に薄い紙のようなものであっても、立体の物体は全て三次元である。

【四角形】4本の直線に囲まれた形。

【軸】(1) 格子上の主な線。点、線、図形の位置を測るために使用する。「X軸」、「Y軸」参照。(2)「対称の軸」は「対称線」の別名。

【四捨五入】数を10や100の倍数など、元の値に近く計算しやすい数に変えること。

【質量】物体における物質の量。「重量」参照。

【斜線】垂直でも水平でもない直線。

【集合】言葉、数、物体などのグループ、あるいは集まり。

【周長】図形の外縁の距離。

【重量】物体に働く重力の強さの度合い。「質量」参照。

【商】ある数を別の数でわったときに得られる答え。

【象限】X軸とY軸で分けられている格子の4分の1を占める部分。

【小数】基本の単位を10等分し、1より小さい半端分を表した数。小数は、小数点という点を使って書く。この点の右側にある数が、十分の一の位、百分の一の位などの数になる。例えば、4分の1($\frac{1}{4}$)を小数で表すと0.25となり、これは一の位が0、十分の一の位が2、百分の一の位が5という意味になる。

【除数】わり算における「わる」数。

【真分数】値が1より小さい分数。例えば$\frac{2}{3}$のように、分子が分母より小さくなる。

【垂直】何か他のものに対して直角に接していること。

【水平】平らで、上下ではなく左右に伸びていること。

【数】何かを数えたり計算したりするのに使う値。正の場合もあれば負の場合もあり、整数と分数、小数が含まれる。「負の数」、「正の数」参照。

【数字】全ての数を表すのに使われる0から9までの記号10個のうちの一つ。ローマ数字は書き表し方が異なり、I、V、Xなどの大文字のアルファベットを使う。

【数直線】横線(水平の線)の上に数を書いたもので、何かを数えたり計算したりするのに使われる。最も小さな数が一番左、最も大きな数が一番右となる。

【数列】決まった法則に従って順番に並ぶ数の配列。

【正三角形】3本の辺と3つの角が全て等しい三角形。

【整数】8、36、5971など分数や小数ではない数。

【正の数】ゼロより大きい数。

【正方形】4本の辺に囲まれた平面図形。辺の長さが全て同じで、角は全て90度になっている。正方形は特殊な長方形である。「長方形」参照。

【積】数をかけ合わせた結果として出る数。

【摂氏目盛り】温度目盛りの一つ。この目盛りの100度で湯が沸騰する。

【全体集合】調べているデータを全て含んでいる集合。「集合」参照。

【線対称】図形に線を引いたときに、半分に分かれた部分2つが互いの鏡像となる場合、その図形は線対称である。

【線分】線の一部。

【素因数】約数であり、かつ素数でもある数。

【素数】1より大きい整数で、自分自身と1以外の整数でわり切れない数。

【対角線】図形の内側で、隣接していない2つの角または頂点を結ぶ線。

【台形】辺の1組が平行になっている四角形。不等辺四辺形ともいう。

【対称】反射や回転の後で見た目が全く変わらない図形や物体は、対称である。

【対称の軸】平面図形の中を通り、その図形を全く同じ形に2分割する想像上の線。1本も対称の軸がない図形もあれば、複数の対称の軸を持つ図形もある。

【代数】計算をする際に、わからない数を文字や記号で表すこと。

【体積】物体の三次元の大きさ。

【対頂角】2本の線が交差してできる向かい合う角。対頂角は角度が等しい。

【帯分数】2 $\frac{1}{2}$など、整数の部分と分数の部分がある数。

【多角形】三角形や平行四辺形など、直線の辺が3本以上ある平面図形。

【多面体】面が多角形になっている立体図形。

【タリーマーク】何かをいくつ数えたかを記録するために引く線。日本の「正」の字のようなもの。

【単位】メートル（長さの測定単位）やグラム（質量の測定単位）など、測定の基準になるサイズ。

【単位分数】例えば$\frac{1}{3}$など、分子が1の分数。

【断面】図形を面の1つと平行に切ったときにできる新しい面。「面」参照。

【中央値】データの集合の値を低いものから高いものへと並べたときの中間値。

【頂角】図形の一番上にある尖った先端。

【頂点】平面図形または立体図形の曲がった角の端。

【長方形】4本の辺に囲まれた平面図形。対辺が同じ長さで、（4つの）角が全て直角になっている。

【直方体】6つの面がある箱のような形。向かい合う面が長方形になっている。

【直角】縦線と横線が作る角のように、角度が90度（4分の1回転）の角。

【直角三角形】（3つの）角のうち1つが直角の三角形。

【直径】円または球の中心を通って片側から反対側までを結ぶ直線。

【通分】いくつかの分数を、大きさをかえずに同じ分母の分数になおすこと。

【帝国単位】フィート、マイル、ガロン、オンスなどの（イギリスの）伝統的な測定単位。科学や数学（算数）の世界では、より計算しやすいメートル法単位に替わってきている。

【底辺】図形が表面上にのっていると考えた場合、その図形の最も下の辺。

【データ】収集された情報で、比較が可能なもの。

【展開図】折り曲げると特定の立体図形ができる平面図形。

【点対称】ある一点の周りで図形を回転させたとき、元の輪郭にぴったりはまる場合、その図形は点対称である。

【度（°）】（1）回転や角度の大きさの度合い。1回転は360度である。（2）温度目盛りで使われる単位。

【同値分数】別の分数と同じ大きさだが書き方の違う分数。例えば、$\frac{2}{4}$は$\frac{1}{2}$の同値分数である。

【時計回り】時計の針と同じ方向に回っていること。

【度数】（1）物事が起こる頻度。（2）統計用語では、ある共通した特徴のある人やものの数。

【トン（t）】メートル法の質量単位の一つ。1000キログラムに等しい。メートルトンともいう。トンは帝国単位にもあり、帝国単位のトンはメートル系のトンとほぼ同じ質量である。

【鈍角】角度が90度から180度までの角。

【二次元】長さと幅、または長さと高さがあり、厚さがないこと。

【二次元表】データを異なるボックスに分類するのに使われる図表（キャロル表ともいう）。

【二等辺三角形】2本の辺が同じ長さで2つの角が同じ大きさの三角形。

【倍数】2つの整数をかけ合わせた結果としてできる数。

【範囲】データの集合における最小値から最大値までの値の分布。

【半径】円の中心から円周までの直線。

【反射】変換の一種で、元の物体の鏡像を作り出す。「変換」参照。

【反射線】物体とその反射のちょうど中間にある線。鏡映線ともいう。

【反時計回り】時計の針と逆方向に回っていること。

【比】2つの数の関係を表すもの。コロン（：）という記号で2つの数を分けて書き表す。

【ピクトグラム】小さな絵の入った行や列でデータを表す図表。

【ひし形】4本の辺が全て同じ長さになっている四辺形。ひし形は特殊な平行四辺形で、辺の長さが全て等しくなっている。「平行四辺形」参照。

【被除数】わり算における「わられる」数。

【非対称】反射対称性も回転対称性もない図形は非対称である。

【非単位分数】例えば$\frac{3}{4}$のように、分子が1より大きい分数。

【百分率（%）】全体を100としたときの割合の表し方。例えば、25パーセント（25%）は$\frac{25}{100}$や0.25と同じ。

【平角】角度がちょうど180度の角。

【不等辺三角形】辺と角の大きさが全て異なる三角形。

【負の数】ゼロより小さい数。例えば、−1、−2、−3など。

【分子】$\frac{3}{4}$の3など、分数の上の数。

【分数】整数ではない数。例えば$\frac{1}{2}$、$\frac{1}{4}$、$\frac{3}{10}$など。

【分配法則】例えば、2 × (3 + 4) は (2 × 3) + (2 × 4) と同じである、という法則。

【分母】$\frac{3}{4}$の4など、分数の下の数。

【平均】データの集合を代表する中間的な値。平均にはいろいろな種類がある。「平均値」、「中央値」、「最頻値」参照。

【平均値】データの集合の値を合計し、値の数でわることによって求めた平均。

【平行】近づいたり離れたりすることなく、並んで伸びていること。

【平行移動】図形や物体の大きさや形を変えずに位置だけを変えること。

【平行四辺形】四辺形の一種。対辺が2組とも平行で等しくなっている。

【平方数】例えば4 × 4 = 16の16など、ある数に同じ数をかけたときの答えを平方数という。

【平方単位】平面の大きさを測るのに使う単位。「単位」参照。

【変換】反射、回転、あるいは平行移動により図形や物体の大きさや位置を変えること。

【変換係数】ある単位を別の種類の単位に直すためにかけたりわったりする数。例えば、メートルで測った長さをフィートに直す場合は、3.3をかける。

【ベン図】データの集合を重なった円で示す図表。重なった部分は、集合に共通しているものを表す。

【変数】方程式における値のわからない数。代数では、通常、変数を文字や図形で表す。

【方位磁針】磁石の作用を使って、北の方角、ならびに他の方角を示す道具。

【棒グラフ】高さの異なる四角い棒でデータを表す図表。

【方程式】例えば2 + 2 = 4のように、何かと何かが等しいことを表す数学的命題。

【ミリグラム (mg)】メートル法の質量単位の一つ。グラムの1000分の1に等しい。

【ミリメートル (mm)】メートル法の長さの単位の一つ。メートルの1000分の1に等しい。

【ミリリットル (mL)】メートル法の容積単位の一つ。リットルの1000分の1に等しい。

【メートル法】メートル（長さの測定単位）やキログラム（質量の測定単位）などの標準測定単位系。メートル法の単位を使えば、10、100、あるいは1000でかけ算やわり算をすることで単位の異なる測定結果を簡単に比較できる。

【メートル (m)】メートル法の主な長さの単位。100センチメートルに等しい。

【面】立体図形の平面。

【面積】平面図形の内側にある空間の大きさ。面積は平方単位で測定する。

【約数】ある数をわり切れて別の数にすることができる整数。例えば、4と6は12の約数である。

【約分】分数の分母と分子をその公約数でわり、かんたんな分数に直すこと。

【優角】角度が180度から360度までの角。

【弓形】円の弦と円周の間の部分。

【容積】容器の内側を占める空間の量。

【立体】幾何学で、中が空洞のものを含むあらゆる立体図形を表す用語。

【リットル (L)】容積の測定に使われるメートル系単位の一つ。

【立方数】同じ数を3回かけ合わせた（3乗した）結果を立方数という。

【立方単位】立方センチメートルなど、立体図形の体積を測るための単位。

【Y軸】格子やグラフに表示された点の位置を測るのに使われる縦線（垂直の線）。

【割合】全体と一部を比べた場合の、その一部の全体に対する大きさ。

さくいん

あ

か

さ

は

ら

わ

答え

第1章　数

p11　1) 1998　2) MDCLXVI と MMXV

p15　1) 67、76　2) 24、28　3) 92、90　4) 15、0

p19　1) 10　2) −5　3) −2　4) 5

p21　1) 5123 < 10221
2) −2 < 3
3) 71399 > 71000
4) 20 − 5 = 11 + 4

p23　トレバー1歳、ベラ3歳、バスター7歳、ジェイク9歳、アンナ13歳、ダンおじさん35歳、ママ37歳、パパ40歳、おじいちゃん67歳、おばあちゃん68歳

p27　1) 170 cm　2) 200 cm

p31　**8の倍数：** 16、32、48、56、64、72、144
9の倍数： 18、27、36、72、81、90、108、144
公倍数： 72、144

p35　樹形図の完成図の一例。

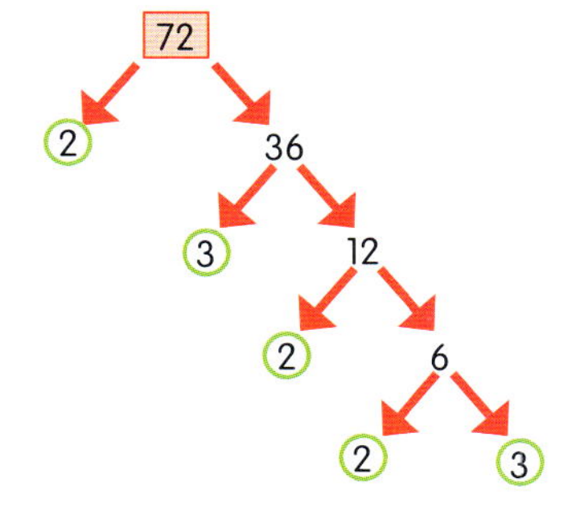

p38　1) 100　2) 16　3) 9

p47　18羽

p51　ジークが$\frac{24}{30}$正解したのに対し、ウークは$\frac{25}{30}$が正解だったので、成績が良かったのはウークの方です。

p57　1) $\frac{1}{20}$　2) $\frac{1}{10}$　3) $\frac{1}{21}$　4) $\frac{1}{6}$

p61　ツイーグ17.24秒、ブループ16.56秒、グルーク17.21秒、クウォンク16.13秒、ザーグ16.01秒。
一番速かったのはザーグのタイムです。

p63　1) 4.1　2) 24.4　3) 31.8　4) 20.9

p65　1) 25%　2) 75%　3) 90%

p66　1) 75%　2) 50%　3) 40%

p67　1) 20　2) 55　3) 30

p69　1) 10000円　2) 3500円　3) 1350円

p73　ティラノサウルスの高さは560cm(5.6m)、長さは1200cm (12m) です。

p75　1) $\frac{35}{100}$ 約分すると$\frac{7}{20}$
2) 3%、0.03
3) $\frac{4}{6}$ 約分すると$\frac{2}{3}$

第2章　計算

p82　1) 100　2) 1400　3) 100
4) 1　5) 100　6) 3000

p85　1) 823　2) 1590　3) 11971

p87　1) 8156　2) 9194　3) 71.84

p90　1) 800　2) 60　3) 70　4) 70
5) 0.02　6) 0.2

p91　377本

p93　1) 676円　2) 288円　3) 4002円

p95　1) 207　2) 423　3) 3593

p99　1) 24　2) 56　3) 54　4) 65

p101　1) 1と14、2と7
2) 1と60、2と30、3と20、4と15、5と12、6と10
3) 1と18、2と9、3と6
4) 1と35、5と7
5) 1と24、2と12、3と8、4と6

p103　1) 28、35、42　2) 36、45、54
3) 44、55、66

p105　52、65、78、91、104、117、130、143、156

p108　1) 679　2) 480000　3) 72

p109　1) 1250　2) 30　3) 6930
4) 3010　5) 2.7　6) 16480

p111　1) 770　2) 238　3) 312　4) 1920

p115　3072本

p117　1) 2360　2) 4085　3) 8217
4) 16704　5) 62487

p131　1) 1人9万円　2) 1人6個

p133　1) 12個　2) 8個　3) 6個
4) 4個　5) 3個　6) 2個

p136　1) 182円　2) 4557台

p137　1) 43枚　2) 45個

p141　1) 32あまり4　2) 46あまり4

p143　1) 31　2) 71あまり2
3) 97あまり2　4) 27あまり4

p145　1) 151匹　2) 2匹

p153　1) 37　2) 17　3) 65

p157　1) 1511　2) 2.69　3) −32
4) 2496　5) 17　6) 240

第3章　量と測定

p162　50 m

p164　1) 87 cm　2) 110 cm

p168　1) 16 cm^2　2) 8 cm^2　3) 8 cm^2

p170　8 m^2

p171　3 m

p175　77 m^2

p180　1) 15 cm^3　2) 20 cm^3　3) 14 cm^3

p181　1000000 (百万)

p184　7 g

p185　13360g または 13.36 kg

p187　26°C

p197　70分

p201　£9.70

第4章　幾何学（図形）

p207 全部で 9 本の斜線（対角線）があります。

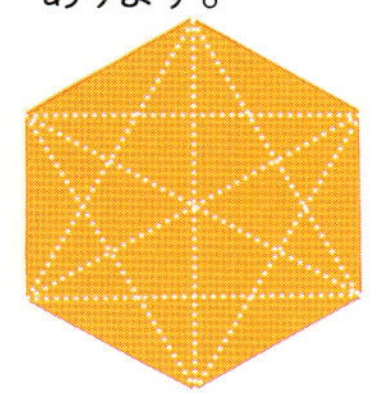

p209 点線で表したところが平行線です。

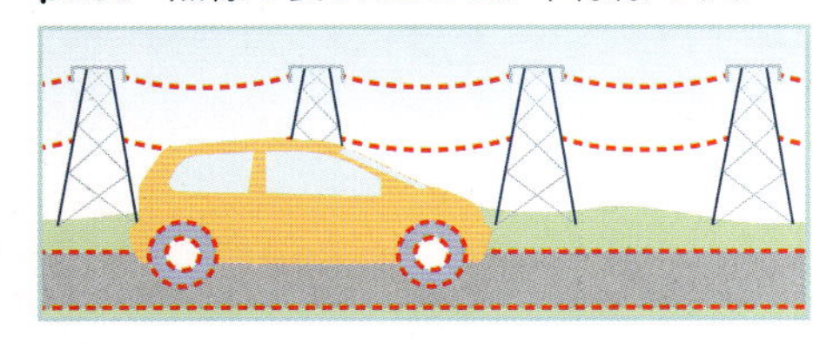

p213 図形 1 が正多角形です。

p215

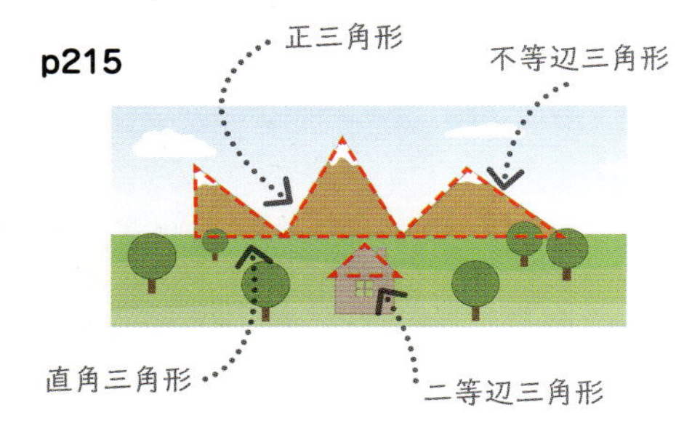

p217 平行四辺形になります。

p221 直径は 6 cm、円周は 18.84 cm です。

p223 この立体図形には、8 つの面、18 本の辺、12 の頂点があります。

p227 図形 4 は角柱ではありません。

p228 その他の立方体の展開図は、次の通りです。

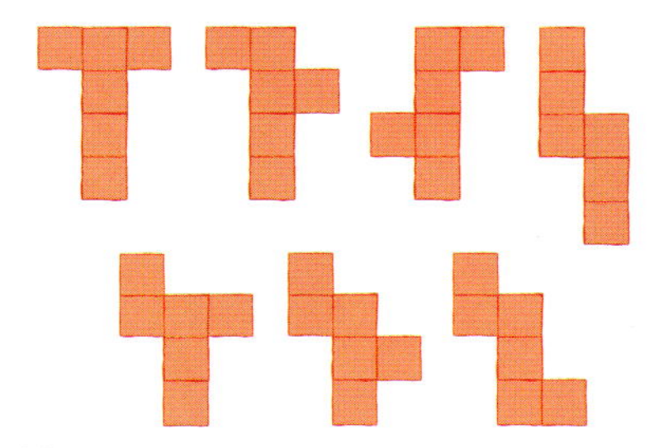

p237 a = 90°、b = 50°、c と e = 40°

p239 **1）** 30°　**2）** 120°

p241 角度はそれぞれ 70° です。

p243 **1）** 60°　**2）** 34°　**3）** 38°　**4）** 55°

p247 115°

p249 A = (1, 3)　B = (4, 7)
C = (6, 4)　D = (8, 6)

p251 **1）** (2, 0)、(1, 3)、(− 3, 3)、(− 4, 0)、(− 3, − 3)、(1, − 3)

2） 次の図形ができます。

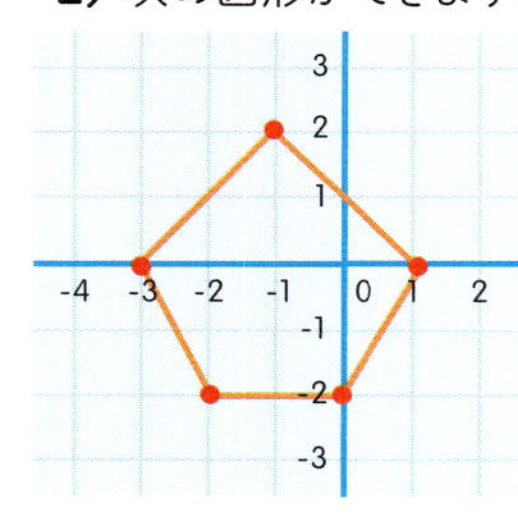

p253 **1）** オレンジ色のモノレールの車両
2） 2 番ボート
3） C7

p255 **1）** 2W、2N、3W
2） 経路の一例　2E、8N、1E
3） 砂浜　**4）** アシカの島

p257 7 と 6 は 0 本、3 は 1 本、8 は 2 本です。

p258 ③は点対称ではありません。

p261

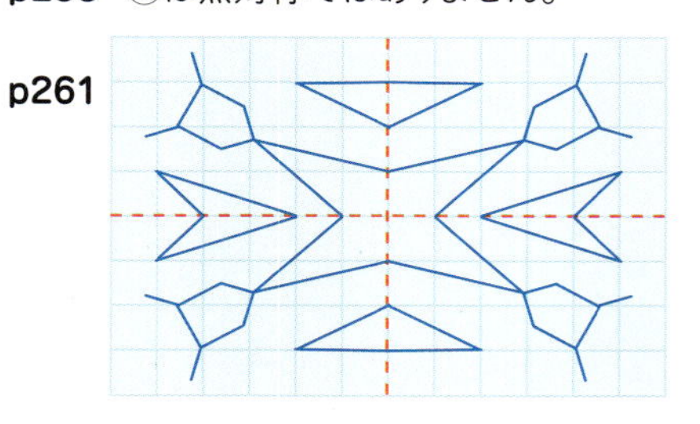

p265 次の通り、三角形の位置は 5 つ考えられます。

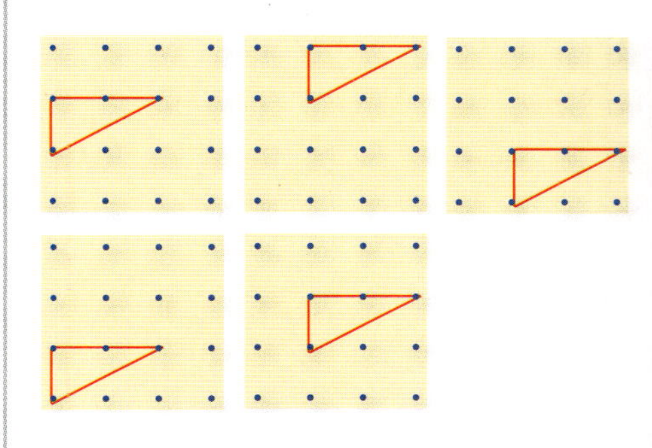

第5章　統計

p277 19°C

p283 ピクトグラムの一例は、次の通りです。

リーロイのゲーム時間	
曜日	ゲーム時間
月曜日	☻☻☻
火曜日	☻☻☻☻☻☻
水曜日	☻◐
木曜日	☻☻☻☻◐
金曜日	☻☻☻☻☻☻☻◐

凡例　☻　10分

p293 **1）** 155°　**2）** 20%

p299 **1）** 7　**2）** 2 と 12　**3）** $\frac{1}{6}$ と $\frac{1}{36}$

第6章　代数

p305 **1）** 32　**2）** 7　**3）** 53　**4）** 21

p307 **1）** 44、50、56、62、68
2） (6 × 40) + 2 = 242
3） (6 × 100) + 2 = 602

Acknowledgments

Dorling Kindersley would like to thank: Thomas Booth for editorial assistance; Angeles Gavira-Guerrero, Martyn Page, Lili Bryant, Andy Szudek, Rob Houston, Michael Duffy, Michelle Baxter, Clare Joyce, Alex Lloyd, and Paul Drislane for editorial and design work on early versions of this book; Kerstin Schlieker for editorial advice; and Iona Frances, Jack Whyte, and Hannah Woosnam-Savage for help with testing.

多角形

正三角形

3
3本の辺と
3つの角

全ての辺の長さと
全ての角が同じ

直角三角形

3
3本の辺と
3つの角

1つの角が
直角（90°）

二等辺三角形

3
3本の辺
と3つの角

2本の辺と
2つの角が同じ

不等辺三角形

3
3本の辺と
3つの角

全ての辺と
全ての角がちがう

4
4本の辺と
4つの角

正方形

4
4本の辺と
4つの角

長方形

5
5本の辺と
5つの角

正五角形

6
6本の辺と
6つの角

正六角形

7
7本の辺と
7つの角

正七角形

8
8本の辺と
8つの角

正八角形

9
9本の辺と
9つの角

正九角形

10
10本の辺と
10の角

正十角形

12
12本の辺と
12の角

正十二角形

20
20本の辺と
20の角

正二十角形

円の要素

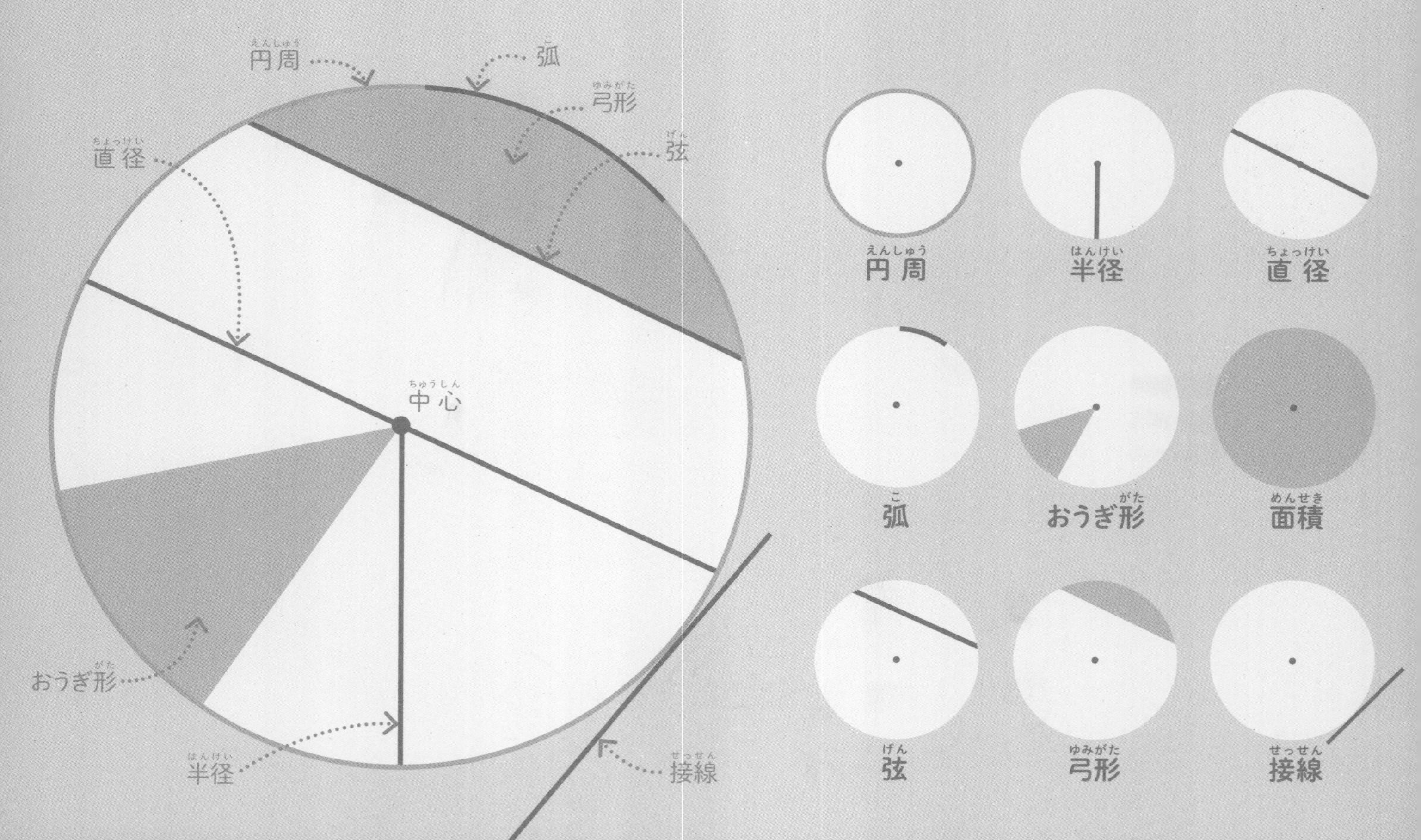